科学与技术丛书

手把手教你学DSP

基于TMS320F28335的应用开发及实战

微课视频版

顾卫钢 郭 巍 张 蔚 李跃威 ◎ 编著

Gu Weigang Guo Wei Zhang Wei Li Yuewei

LEARNING DSP MICROCONTROLLER STEP BY STEP

APPLICATION DEVELOPMENT AND PRACTICE BASED ON TMS320F28335

清華大學出版社

北京

内容简介

本书以 TI 公司 C2000 系列的 DSP TMS320F28335 的开发为主线，采用生活化的语言，深入浅出地介绍了与 C2000 DSP 开发相关的方方面面，包括 DSP 开发环境的搭建、新工程的建立、CCS 6.0 的使用、CMD 文件的编写、硬件电路的设计、存储器的映像、三级中断系统以及 TMS320F28335 各个外设模块的功能和使用，并介绍了程序固化到 Flash 的方法。在介绍每个部分的内容时，都结合应用实例，详细讲解例程的编写过程，所有代码都标注有详细的中文注释，为读者快速熟悉并掌握 DSP 的开发方法和技巧提供了方便。

本书可作为高等学校电子、通信、计算机、自动控制和电力电子技术等专业的本科生和研究生"数字信号处理原理与应用"相关课程的教材或参考书，也可以作为数字信号处理器应用开发人员的参考书。

图书在版编目(CIP)数据

手把手教你学 DSP：微课视频版：基于 TMS320F28335 的应用开发及实战/顾卫钢等编著. —北京：清华大学出版社，2020.7（2025.1 重印）
（计算机科学与技术丛书）
ISBN 978-7-302-55068-6

Ⅰ. ①手… Ⅱ. ①顾… Ⅲ. ①数字信号处理 Ⅳ. ①TN911.72

中国版本图书馆 CIP 数据核字(2020)第 039401 号

责任编辑：刘 星 李 晔
封面设计：吴 刚
责任校对：时翠兰
责任印制：杨 艳

出版发行：清华大学出版社
网　　址：https://www.tup.com.cn，https://www.wqxuetang.com
地　　址：北京清华大学学研大厦 A 座　　**邮　　编**：100084
社 总 机：010-83470000　　**邮　　购**：010-62786544
投稿与读者服务：010-62776969，c-service@tup.tsinghua.edu.cn
质量反馈：010-62772015，zhiliang@tup.tsinghua.edu.cn
课件下载：https://www.tup.com.cn，010-83470236
印 装 者：三河市龙大印装有限公司
经　　销：全国新华书店
开　　本：186mm×240mm　　**印　张**：25.75　　**字　　数**：596 千字
版　　次：2020 年 7 月第 1 版　　**印　　次**：2025 年 1 月第 10 次印刷
印　　数：11301～12800
定　　价：89.00 元

产品编号：066600-01

序言

FOREWORD

当下，计算机技术和数字信号处理技术已经与我们的生活密不可分。数字信号处理器(Digital Signal Processor，DSP)自20世纪80年代诞生以来，经过30余年的飞速发展，已经深入工业控制、家用电器、雷达、通信等诸多工业领域，成为了非常具有竞争力的技术之一。

德州仪器(Texas Instruments，TI)是一家具有全球领先技术的跨国半导体公司，致力于设计、制造、测试、销售模拟和嵌入式处理器芯片。TI也是当今世界上最大的DSP处理器供应商，DSP相关产品的销售在全球市场上遥遥领先。TI公司推出的C2000系列的实时控制微处理器是目前世界上用于工业控制领域的最有影响力及主流的微处理器之一。

C2000系列的微处理器不仅运行速度快、处理功能强，还具有丰富的片内外围设备，便于接口和模块化设计，性价比极高，不但适用于大批量和多品种的家电产品、数码相机、电话、测试仪器仪表应用，还可广泛应用于数字马达控制、工业自动化、电力转换系统、通信设备等。C2000系列处理器优异的性能和极高的性能价格比，使它的应用价值日益突显，得到越来越多国内高校和企业的青睐。

目前，国内许多高校针对相关专业的本科生及硕士生已经开设了基于C2000系列的DSP应用课程，并建立了DSP重点实验室；许多企业也正在对C2000系列处理器进行开发和应用研究，因此迫切需要这方面的教材和参考书籍。顾卫钢老师基于自己多年从事C2000研究和应用的经验编写了本书，且2019年与本书相配套的C2000培训视频也已经登录全国大学生电子设计竞赛培训网(www.nuedc-training.com.cn)。相信本书的出版将助力C2000处理器在高校和企业中的应用，为C2000相关工程实践类人才的培养提供极大的帮助。

王承宁

德州仪器(TI)全球大学计划总监

2020年5月

前言

PREFACE

当您翻开这一页的时候，我想您已经准备好踏上征服C2000 DSP的旅程了。或许您对DSP并没有太多的了解，或许您对自己是否能够掌握这门技术还没有足够的信心。我知道，一个人埋头学习，就像独自远行，会孤单、寂寞，困难时更会焦虑、彷徨。如果能有一个伙伴同行，相互关心，相互帮助，我想，这一路上应该会有许多欢声笑语吧。收拾心情，勇敢上路吧！我愿意与您同行，一起开始这段虽然艰辛但也充满乐趣的DSP学习之旅，一起来学习与C2000 DSP开发相关的内容。

TI公司C2000系列处理器整合了DSP和微控制器的最佳特性，集成了增强型PWM模块EPWM、A/D转换模块ADC、增强型捕获模块ECAP、增强型正交编码解码模块eQEP、SCI通信接口、SPI外设接口、eCAN总线通信模块、看门狗电路、通用数字I/O口、多通道缓冲串口、外部中断接口等多种功能模块，为功能复杂的控制系统设计提供了方便；同时由于其性价比高，越来越多地被应用于数字电机控制、工业自动化、电力转换系统、医疗器械及通信设备中。

C2000简介

作者从读者的角度出发，根据多年来采用C2000系列数字信号处理器开发项目的经验，结合以往自身学习过程中曾经遇到过的问题来编写此书。

本书特色

- 紧扣读者需求，采用朴实简练的语言，结合生活中丰富形象的例子来讲解DSP开发过程中的疑点和难点，尽量把原本难以理解的知识点写得生活化、简单化，以便于讲解透彻。
- 在介绍各外设单元功能的同时，以HELLODSP的HDSP-SUPER28335开发板为硬件平台，介绍了相关的应用实例，详细讲解了如何编写工程，并给出了详细的C语言程序清单，所有的程序都经过了验证。
- 配套资源丰富，除了硬件板卡与程序外，还有教学视频、PPT课件、C2000助手软件等，极大地方便了C2000的学习。

配套资源，超值服务

- 本书提供的程序代码、教学课件、附赠资源等可扫描此处二维码获取。

配套资源

- 本书配套微课视频，可扫描书中对应位置的二维码进行观看。
- 读者也可访问“TI 官网”和“HELLODSP 官网”下载相关程序、手册等资源。此外，作者还会定期与读者在论坛进行在线互动交流，解答读者的疑问。
- 如需购买 C2000 相关的开发板、仿真器、实验箱等产品，可以搜索淘宝店铺“傅立叶电子”或者加微信 fourier888。

本书主要由顾卫钢编写，参与编写的还有南通大学的张蔚教授，南京瑞途优特信息科技有限公司(原傅立叶电子)的郭巍、李跃威、杨佳峰等。

本书的出版需要感谢清华大学出版社刘星编辑的辛勤付出，感谢东南大学博士生导师林明耀教授和胡仁杰教授的悉心指导，感谢我的妻子徐丹，感谢我的儿子顾徐晨，感谢我的父母及岳父母，感谢我的伙伴陈亚明、李杰、佘峰、董春光、易琴、蒋伟、陈永斌、孙跃、李奇、张仪、宋长婧，感谢我在东南大学的师兄弟和所有关爱我的亲人与朋友。最后，感谢所有关心和支持我工作的用户、朋友和合作者，正是有了你们的帮助，才有了我的成长。

由于本人水平有限，虽尽力完善，但不当之处在所难免，恳请大家批评指正，有兴趣的读者请发送邮件到 workemail6@163.com。

顾卫钢

2020 年 2 月于南京

目录

CONTENTS

第 1 章

TMS320F28335 的特性、外设资源及引脚分布

TMS320F28335 是 TI 推出的 32 位浮点 DSP 处理器，它不但具有强大的数字信号处理能力，能够实现复杂的控制算法，而且具有较为完善的事件管理能力和嵌入式控制功能，因此广泛应用于工业控制，特别是应用在对处理速度、处理精度要求较高的领域，或者是应用于需要大批量数据处理的测控场合，例如电机驱动、电力电子技术应用、智能化仪器仪表、工业自动化控制等。本章将详细介绍 TMS320F28335 的特性、外设资源、引脚分布以及引脚功能，从最基本的知识开始了解 TMS320F28335。

1.1 初识 TMS320F28335

图 1-1 就是 TMS320F28335 芯片，不要看其外表普通，其实它拥有一颗强劲的内"芯"。它有一个 32 位的 CPU 内核(TMS320C28x)，主频高达 150MHz，处理起数据来相当高效，同时它具有模数转换器 ADC、增强的 PWM 模块、捕获电路、正交编码器接口、串口通信接口、串行外设接口、多通道缓冲串口、增强的 CAN 通信模块等外设，功能丰富强大，使得用户可以方便地用它来开发高性能的数字控制系统。特别由于其片内集成了 Flash 存储器，所以用户只需将开发完成的代码直接烧写到 Flash 中，便可实现程序的脱机运行。

图 1-1　TMS320F28335

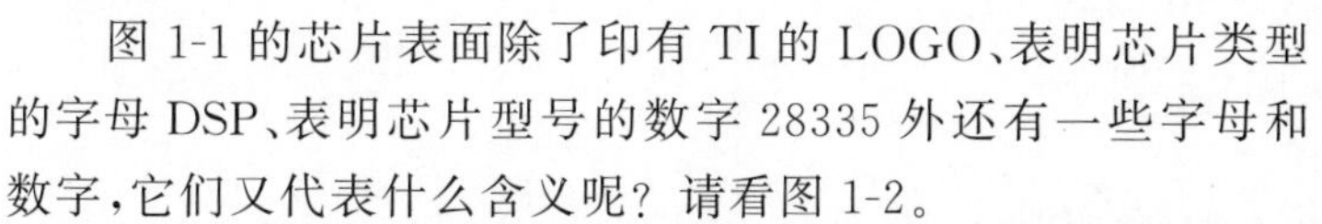

图 1-1 的芯片表面除了印有 TI 的 LOGO、表明芯片类型的字母 DSP、表明芯片型号的数字 28335 外还有一些字母和数字，它们又代表什么含义呢？请看图 1-2。

图 1-1 中芯片表面在 F28335PGFA 下方的数字和字母是 TI 的内部信息，表明芯片的生产批次、生产工厂等信息，用户无须了解。

讲到 TMS320F28335(简称 F28335)，就不得不提一下它的"大哥"TMS320F2812(简称 F2812)，F2812 比 F28335 推出的时间要早一些，两者均是 32 位处理器，主频也都是 150MHz，两者的外设资源也都差不多，只是 F2812 是定点处理器，F28335 是浮点处理器，

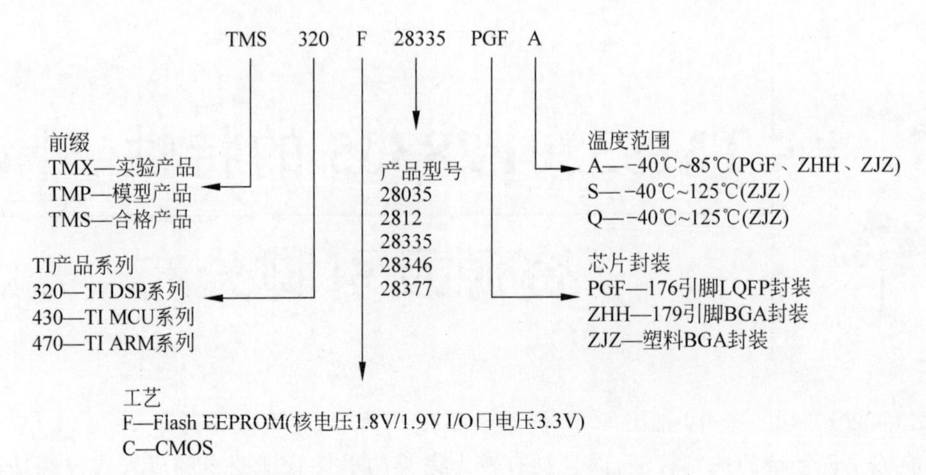

图 1-2 TMS320F28335 芯片表面字母的含义

F28335 比 F2812 多了浮点运算单元 FTU。这里要强调一下容易误解的地方,定点和浮点的区别在于小数数据的表达方式不一样,而不是说定点处理器就不能处理小数数据。当然,在处理单精度浮点数据时,浮点处理器更加得心应手,处理的速度要比定点处理器快些。所以,F28335 与 F2812 的主要区别在于 F28335 处理复杂运算时,速度上要比 F2812 来得快。

1.2 TMS320F28335 的特性

TMS320F28335 是一款高性能的 32 位浮点处理器,其主要特性如下:

(1) TMS320F28335 采用了高性能静态 CMOS 技术。

- CPU 主频高达 150MHz,指令周期为 6.67ns。
- 采用低功耗设计,内核电压为 1.9V,I/O 口引脚电压为 3.3V,Flash 编程电压为 3.3V。

(2) 采用高性能 32 位中央处理器(TMS320C28x)。

- 具有 IEEE-754 单精度浮点运算单元(Floating-Point Unit)。
- 可进行 16×16 位和 32×32 位的乘法累加操作。
- 具有两个 16×16 位的乘法累加器。
- 采用哈佛总线结构模式。
- 具有快速的中断响应和中断处理能力。
- 具有统一的寄存器编程模式。
- 编程可兼容 C/C++语言以及汇编语言。

(3) 6 通道 DMA 处理器,可用于 ADC、McBSP、ePWM、XINTF 和 SARAM。

(4) 16 位或 32 位外部接口(XINTF),地址范围超过 2M×16 位。

(5) 片上有 34K×16 位的 SARAM,256K×16 位的 Flash 和 1K×16 位的一次性可编

程(OTP)ROM。

(6) 具有 8K×16 位的引导 ROM。

- 带有软件引导模式(可通过 SCI、SPI、CAN、I2C、McBSP、XINTF 和并行 I/O)。
- 带有标准数学表。

(7) 时钟和系统控制。

- 支持动态改变锁相环的倍频系数。
- 片上振荡器。
- 看门狗定时模块。

(8) GPIO0 到 GPIO63 引脚可以设置为 8 个外部中断中的一个。

(9) 外设中断扩展模块(PIE)可支持 58 个外设中断。

(10) 具有 128 位安全密钥。

- 可保护 Flash/OTP/RAM 模块。
- 可防止固件逆向工程,就是可防止固件被读取。

(11) 3 个 32 位 CPU 定时器。

(12) 多达 88 个具有输入滤波功能、可单独编程的多路复用通用输入/输出(GPIO)引脚。

(13) 丰富的外设功能,使其能够非常方便地应用在控制领域。

(14) 先进的 JTAG 仿真调试功能,具有实时分析以及设置断点的功能;支持硬件仿真。

(15) 低功耗模式和省电模式。

- 支持空闲(IDLE)、待机(STANDBY)、暂停(HALT)模式。
- 可独立禁用没有用到的外设的时钟。

(16) 可选封装。

- 无铅、绿色环保封装。
- 薄型四方扁平封装(PGF、PTP),平时用得最多的是 PGF。
- MicroStar BGA(ZHH)。
- 塑料 BGA 封装(ZJZ)。

(17) 温度选项。

- A:−40℃~85℃(PGF、ZHH、ZJZ),通常买到的 F28335 工作温度范围是 A。
- S:−40℃~125℃(PTP、ZJZ)。
- Q:−40℃~125℃(PTP、ZJZ)。

(18) 开发工具。

- TI 公司 DSP 集成开发环境 CCS(Code Composer Studio)。
- JTAG 仿真器,目前主要的仿真器有 XDS100 系列、XDS200 系列,较早的还有 XDS510 系列。

1.3 TMS320F28335 的片内外设资源

TMS320F28335 的功能框图如图 1-3 所示。TMS320F28335 片内含有丰富的外设资源,已基本满足工业控制的需要,大大降低了硬件电路的设计难度,优良的性价比使得其能够被广泛应用。

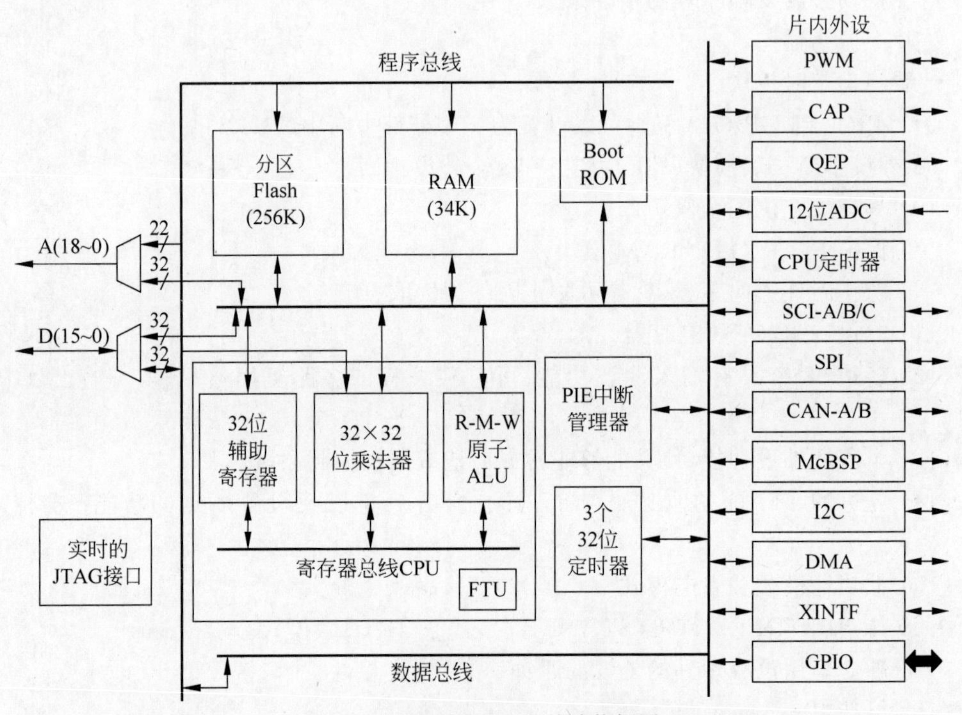

图 1-3 TMS320F28335 的功能框图

从图 1-3 可以看到,TMS320F28335 内部具有 PWM、捕获 CAP、正交编码 QEP、ADC 采样、CPU 定时器、串行通信接口 SCI、串行外围设备接口 SPI、局域网通信控制器 CAN、多通道缓冲串行接口 McBSP、串行总线 I2C、直接存储器访问 DMA、外部接口 XINTF 等外设功能。下面详细介绍各个外设单元的主要功能。

1. 增强型脉宽调制 PWM 模块

(1) PWM 波可用来驱动控制开关器件,常见的比如 MOSFET、IGBT、IPM 模块等,是电机控制、电力电子等应用不可缺少的部分。

(2) 包含 6 个独立的增强型 PWM 模块:ePWMx(x=1~6)。

(3) 每个 ePWM 模块可输出两路 PWM 波:ePWMxA 和 ePWMxB,既可独立输出,也可互补输出。

(4) 具有可编程的死区控制,可安全驱动桥式的开关器件。

2. 增强型脉冲捕获 CAP 模块

(1) CAP 可用来捕获方波脉冲的边沿信号,可用来测量脉冲频率等。

（2）包含 6 个增强型脉冲捕获 CAP 模块：eCAPx(x=1～6)。

（3）可捕获脉冲的上升沿或下降沿。

（4）当 eCAP 模块不用来捕获脉冲时，还可以配置成单通道的 PWM 输出，即 APWM。

3. 增强型正交编码 QEP 模块

（1）QEP 可用来测量带编码器的电机转子旋转的位置、方向、速度等信息。

（2）包含两个增强型正交编码器模块：eQEP1 和 eQEP2。

（3）每个 QEP 模块有 4 个引脚，分别是正交输入 eQEPxA 和 eQEPxB，索引 eQEPI 和锁存 eQEPS。

（4）QEP 模块既可工作于正交计数模式，也可工作于直接计数模式。

4. 模数转换器 ADC 模块

（1）ADC 可用来对物理量进行采样，将电压、电流、温度等模拟量转变为数字量。

（2）片内的 ADC 模块采样精度为 12 位。如果输入的电压为 1V，理论上其误差为 ±0.122mV，但实际应用中由于各种因素的影响，实际的采样精度会低于理论值。

（3）采样信号范围为 0～3V，高于 3V 的电压和 3V 电压的转换结果是一样的，都是满量程。需要注意的是，给 ADC 施加的电压范围请调整为 0～3V。加负电压或者过高的电压都会使 F28335 烧坏，单次实验表明，施加的电压超过 4.2V 时，DSP 烧坏，由于超过 3V 对于 ADC 来说已经没有意义了，所以请不要施加超过 3V 的输入电压。

（4）最高转换速率为 80ns(12.5MSPS)。

（5）总共 16 个专用的采用通道。

（6）具有两个采样保持器，每个采样保持器都负责 8 个通道。

5. CPU 定时器

（1）CPU 定时器通常可以用来计时，类似于秒表、闹钟，可利用其计时功能来处理某些事件，比如每隔 1s 发送一次数据。

（2）包含 3 个 32 位的 CPU 定时器：TIMERx(x=0,1,2)。

（3）定时器 0 和定时器 1 可正常使用，如果用户不使用 DSP/BIOS 功能，定时器 2 也可正常使用。

6. 串行通信接口 SCI 模块

（1）SCI 通常可用来设计成 RS232、RS485、RS422 等串行通信接口，此时可与计算机或其他具有相同通信接口的设备进行通信。

（2）采用接收、发送双线制。

（3）包含 3 个 SCI 接口：SCIA、SCIB 和 SCIC，相比 F2812，多了一个 SCI 接口。

（4）标准的异步串行通信接口，即 UART 口。

（5）支持可编程配置为多达 64K 种不同的通信速率。

（6）可实现半双工或者全双工的通信模式。

（7）具有 16 级深度的发送/接收 FIFO 功能，从而有效降低了串口通信时 CPU 的开销。

7. 串行外设接口 SPI 模块

（1）SPI 一般用来和同样具有 SPI 接口的设备进行通信，从而实现外设功能的扩展，比如和同样支持SPI的芯片相连可以实现USB、以太网、无线通信等功能。

(2) 具有两种可选择的工作模式：主模式或者从模式。

(3) 支持125种可编程的数据传输速率。

(4) 同时接收和发送操作,发送功能可在软件中被禁用。

(5) 具有16级深度的发送/接收FIFO功能,发送数据的时候数据与数据之间的延时可以进行控制。

8. 增强型控制器局域网CAN模块

(1) CAN模块可以设计成CAN接口与同样具有CAN接口的设备进行通信,CAN是在工业现场使用比较多的总线协议。

(2) 与CAN协议,2.0B版本完全兼容。

(3) 最高支持2Mbps的数据速率。

(4) 具有32个可编程的邮箱。

(5) 低功耗模式。

(6) 具有可编程的总线唤醒模式。

(7) 可自动应答远程请求消息。

9. 多通道缓冲串行接口McBSP模块

(1) McBSP是一种多功能的同步串行通信接口,具有很强的可编程能力,可以配置为多种同步串口标准。由于McBSP是在标准串行接口的基础上对功能进行扩展的,因此McBSP具有与标准串行接口相同的基本功能,它可以和DSP器件、编码器等其他串口器件进行通信。

(2) 全双工通信方式。

(3) 双缓存发送和三缓存接收数据寄存器,以支持连续传送。

(4) 收和发使用独立的帧和时钟。

(5) 128个通道用来发送和接收。

(6) 可以与工业标准的编解码器Codec、模拟接口芯片AIC、串行A/D、D/A等设备直接相连。

10. I2C总线模块

(1) I2C总线是一种由Philips公司开发的通信协议,可通过数据线和时钟线这两条信号线来完成数据的串行通信。I2C模块可以用来与其他具有I2C接口的设备进行串行通信,比如扩展键盘、数码管、存储器等功能。

(2) 与Philips公司的I2C总线协议兼容。

(3) 具有一个16位接收FIFO和一个16位发送FIFO。

(4) 可以启用或者禁止I2C模块功能。

11. 直接存储器访问(DMA)模块

(1) DMA是数字信号处理器中用于快速数据交换的重要技术,它具有独立于CPU的后台批量数据传输能力,用硬件方式来实现存储器与存储器之间、存储器与I/O设备之间直接进行高速数据传送。由于不需要CPU的干预,减少了中间环节,所以极大地提高了批量数据的传送速度。

(2) 具有 6 个 DMA 通道,每个通道都有独立的 PIE 中断。

(3) 具有多个外设中断触发源。

(4) 字大小：16 位或 32 位。

(5) 吞吐量：4 周期/字。

视频讲解

1.4 TMS320F28335 的引脚分布与引脚功能

图 1-1 中的 TMS320F28335 芯片是 176 引脚的 LQFP 封装,也是平时最为常见的封装形式,其封装顶视图如图 1-4 所示。

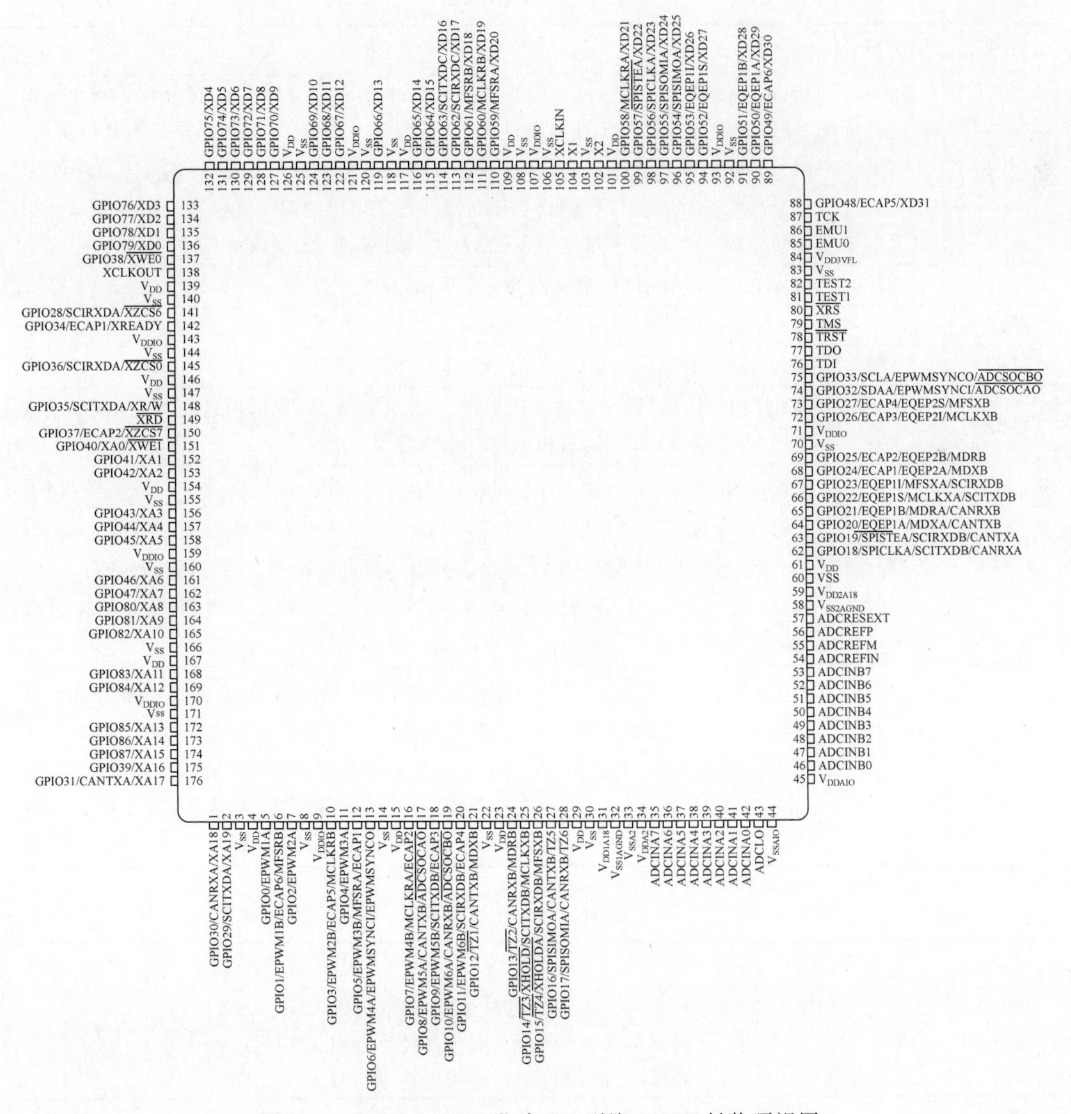

图 1-4 TM320F28335 芯片 176 引脚 LQFP 封装顶视图

TMS320F28335 的引脚将其按照功能进行归类，可以分为 JTAG 接口、Flash、时钟信号、复位引脚、ADC 模拟输入信号、CPU 和 I/O 电源引脚、GPIO 和外设信号，其具体的引脚功能如表 1-1～表 1-7 所示。需要说明的是，表中的 I 表示输入，O 表示输出，Z 表示高阻态，↓表示内部下拉，↑表示内部上拉。所有具有 XINTF 功能的引脚有 8mA 的驱动能力，即使没有配置成 XINTF 功能，也有此驱动能力。其他引脚有 4mA 的驱动能力，除非另有说明。所有的 GPIO 引脚均有一个内部上拉的电阻，此内部上拉电阻可在每个引脚上通过配置有选择的启用或者禁用。这一特性只适用于 GPIO 引脚。GPIO0～GPIO11 引脚上的上拉电阻在复位时不启用，而 GPIO12～GPIO87 引脚上的上拉电阻复位时会被启用。

表 1-1 JTAG 引脚

名称	引脚编号	说 明
$\overline{\text{TRST}}$	78	JTAG 测试复位引脚，带有内部下拉电阻，可以进行 JTAG 测试复位。当为高电平时，该引脚扫描系统获得器件运行的控制权。如果该引脚悬空或为低电平时，则器件在功能模式下运行，并且测试复位信号被忽略。需要注意的是，$\overline{\text{TRST}}$ 是一个高电平有效测试引脚且必须在器件正常运行期间一直保持低电平。这个引脚需要接一个外部下拉电阻，一般为 2.2kΩ 就能提供足够的保护(I，↓)
TCK	87	JTAG 测试时钟引脚，带有内部上拉电阻(I，↑)
TMS	79	JTAG 测试模式选择引脚，带有内部上拉电阻(I，↑)
TDI	76	JTAG 测试数据输入引脚，带有内部上拉电阻(I，↑)
TDO	77	JTAG 扫描输出，测试数据输出引脚。当 TCK 下降沿时，所选寄存器(指令或数据)的内容从 TDO 引脚移出(O/Z，8mA 驱动)
EMU0	85	仿真器引脚 0。当 $\overline{\text{TRST}}$ 为高电平时，该引脚被作为中断输入或中断来自仿真系统，并通过 JTAG 扫描定义为输入/输出。当该引脚为高电平，而 EMU1 为低电平时，测试复位引脚 $\overline{\text{TRST}}$ 上的上升沿会将设备锁存至边界扫描模式(I/O/Z，8mA 驱动，↑)。注意：建议在该引脚上连接一个外部上拉电阻，这个电阻值根据调试器的驱动能力来确定，一般取 2.2～4.7kΩ
EMU1	86	仿真器引脚 1。当 $\overline{\text{TRST}}$ 为高电平时，该引脚被作为中断输入或中断来自仿真系统，并通过 JTAG 扫描定义为输入/输出。当该引脚为高电平，而 EMU1 为低电平时，测试复位引脚 $\overline{\text{TRST}}$ 上的上升沿会将设备锁存至边界扫描模式(I/O/Z，8mA 驱动，↑)。注意：建议在该引脚上连接一个外部上拉电阻，这个电阻值根据调试器的驱动能力来确定，一般取 2.2～4.7kΩ

表 1-2 Flash 引脚

名称	引脚编号	说 明
V_{DD3VFL}	84	3.3V Flash 内核电源引脚，这个引脚应该一直被连接至 3.3V
TEST1	81	测试引脚。TI 保留，必须保持悬空(I/O)
TEST2	82	测试引脚。TI 保留，必须保持悬空(I/O)

表 1-3 时钟信号

名　称	引脚编号	说　明
XCLKOUT	138	时钟输出引脚，来自 SYSCLKOUT。XCLKOUT 与 SYSCLKOUT 的频率可以相等，也可以是其 1/2 或 1/4，这是由 XTIMCLK[18:16]和在 XINTCNF2 寄存器中的位 2(CLKMODE)控制的。复位时，XCLKOUT＝SYSCLKOUT/4。通过将 XINTCNF2[CLKOFF]设定为 1，XCLKOUT 信号可被关闭。与其他 GPIO 引脚不同，复位时，XCLKOUT 不是高阻态(O/Z，8mA 驱动)
XCLKIN	105	外部振荡器输入。该引脚是从外部 3.3V 振荡器获得时钟信号。在这种情况下，X1 引脚必须接 GND。如果采用晶振/谐振器(或外部 1.9V 振荡器被用来把时钟馈入 X1 引脚)提供时钟信号，那么此引脚必须接 GND
X1	104	内部/外部振荡器输入。为了使用这个振荡器，在 X1 与 X2 引脚之间要接一个石英晶振或者陶瓷谐振器。X1 引脚以 1.9V 内核数字电源为基准。一个 1.9V 外部振荡器可与 X1 引脚相连，此时 XCLKOUT 引脚必须接 GND。如果一个 3.3V 的外部振荡器与 XCLKIN 引脚一起使用，那么 X1 必须接 GND
X2	102	内部振荡器输出，在 X1 与 X2 之间要接一个石英晶振或者陶瓷谐振器。当不用 X2 引脚时，该引脚必须保持悬空

表 1-4 复位信号

名　称	引脚编号	说　明
$\overline{\text{XRS}}$	80	器件复位输入引脚和看门狗复位输出引脚。 复位脚，该引脚使器件复位，终止运行。PC 指针将指向在位置 0x3FFFC0 中的地址。当 $\overline{\text{XRS}}$ 为高电平时，程序从 PC 所指的位置开始执行。当看门狗复位时，该引脚为低电平。在看门狗复位期间，在 512 个 OSCCLK 周期的看门狗复位持续时间内，$\overline{\text{XRS}}$ 引脚被驱动为低电平。这个引脚的输出缓冲器为带有内部上拉电阻的开漏器件，建议该引脚由开漏驱动器件来驱动

表 1-5 ADC 模拟输入信号

名　称	引脚编号	说　明
ADCINA7	35	ADC 模块 A 组的 8 通道模拟输入(I)
ADCINA6	36	
ADCINA5	37	
ADCINA4	38	
ADCINA3	39	
ADCINA2	40	
ADCINA1	41	
ADCINA0	42	

续表

名　称	引脚编号	说　明
ADCINB7	53	ADC 模块 B 组的 8 通道模拟输入(I)
ADCINB6	52	
ADCINB5	51	
ADCINB4	50	
ADCINB3	49	
ADCINB2	48	
ADCINB1	47	
ADCINB0	46	
ADCLO	43	模拟输入的公共地,接到模拟地(I)
ADCRESEXT	57	ADC 外部电流偏置电阻,接一个 22kΩ 电阻到模拟地
ADCREFIN	54	外部基准输入(I)
ADCREFP	56	内部基准电压正输出。需要在该引脚和模拟地之间接一个低等效串联电阻(ESR)(低于 1.5Ω)的 2.2μF 陶瓷旁路电阻(O)
ADCREFM	55	内部基准输出。需要在该引脚和模拟地之间接一个低等效串联电阻(ESR)(低于 1.5Ω)的 2.2μF 陶瓷旁路电阻(O)

表 1-6　CPU 和 I/O 电源引脚

名　称	引脚编号	说　明
V_{DDA2}	34	ADC 模拟电源引脚
V_{SSA2}	33	ADC 模拟接地引脚
V_{DDAIO}	45	ADC 模拟 I/O 电源引脚
V_{SSAIO}	44	ADC 模拟 I/O 接地引脚
V_{DD1A18}	31	ADC 模拟电源引脚
$V_{SS1AGND}$	32	ADC 模拟接地引脚
V_{DD2A18}	59	ADC 模拟电源引脚
$V_{SS2AGND}$	58	ADC 模拟接地引脚
V_{DD}	4	CPU 和逻辑数字电源引脚
V_{DD}	15	
V_{DD}	23	
V_{DD}	29	
V_{DD}	61	
V_{DD}	101	
V_{DD}	109	
V_{DD}	117	
V_{DD}	126	
V_{DD}	139	
V_{DD}	146	
V_{DD}	154	
V_{DD}	167	

续表

名　称	引脚编号	说　明
V_{DDIO}	9	数字 I/O 电源引脚
V_{DDIO}	71	
V_{DDIO}	93	
V_{DDIO}	107	
V_{DDIO}	121	
V_{DDIO}	143	
V_{DDIO}	159	
V_{DDIO}	170	
V_{SS}	3	数字接地引脚
V_{SS}	8	
V_{SS}	14	
V_{SS}	22	
V_{SS}	30	
V_{SS}	60	
V_{SS}	70	
V_{SS}	83	
V_{SS}	92	
V_{SS}	103	
V_{SS}	106	
V_{SS}	108	
V_{SS}	118	
V_{SS}	120	
V_{SS}	125	
V_{SS}	140	
V_{SS}	144	
V_{SS}	147	
V_{SS}	155	
V_{SS}	160	
V_{SS}	166	
V_{SS}	171	

表 1-7　GPIO 和外设信号

名　称	引脚编号	说　明
GPIO0 EPWM1A	5	通用 I/O 引脚 0(I/O/Z) 增强型 PWM1 输出 A 通道和 HRPWM 通道(O)
GPIO1 EPWM1B ECAP6 MFSRB	6	通用 I/O 引脚 1(I/O/Z) 增强型 PWM1 输出 B 通道(O) 增强型捕获 I/O 口 6(I/O) 多通道缓冲串口 B(McBSP-B)的接收帧同步(I/O)

续表

名　　称	引脚编号	说　　明
GPIO2 EPWM2A	7	通用I/O引脚2(I/O/Z) 增强型PWM2输出A通道和HRPWM通道(O)
GPIO3 EPWM2B ECAP5 MCLKRB	10	通用I/O引脚3(I/O/Z) 增强型PWM2输出B通道(O) 增强型捕获I/O口5(I/O) 多通道缓冲串口B(McBSP-B)的接收时钟(I/O)
GPIO4 EPWM3A	11	通用I/O引脚4(I/O/Z) 增强型PWM3输出A通道和HRPWM通道(O)
GPIO5 EPWM3B ECAP1 MFSRA	12	通用I/O引脚5(I/O/Z) 增强型PWM3输出B通道(O) 增强型捕获I/O口1(I/O) 多通道缓冲串口A(McBSP-A)的接收帧同步(I/O)
GPIO6 EPWM4A EPWMSYNCI EPWMSYNCO	13	通用I/O引脚6(I/O/Z) 增强型PWM4输出A通道和HRPWM通道(O) 外部ePWM同步脉冲输入(I) 外部ePWM同步脉冲输出(O)
GPIO7 EPWM4B MCLKRA ECAP2	16	通用I/O引脚7(I/O/Z) 增强型PWM4输出B通道(O) 多通道缓冲串口A(McBSP-A)的接收时钟(I/O) 增强型捕获I/O口2(I/O)
GPIO8 EPWM5A CANTXB $\overline{\text{ADCSOCAO}}$	17	通用I/O引脚8(I/O/Z) 增强型PWM5输出A通道和HRPWM通道(O) 增强型CAN-B发送端口(O) ADC转换启动A(O)
GPIO9 EPWM5B SCITXDB ECAP3	18	通用I/O引脚9(I/O/Z) 增强型PWM5输出B通道(O) SCI-B发送端口(O) 增强型捕获I/O口3(I/O)
GPIO10 EPWM6A CANRXB $\overline{\text{ADCSOCBO}}$	19	通用I/O引脚10(I/O/Z) 增强型PWM6输出A通道和HRPWM通道(O) 增强型CAN-B接收端口(O) ADC转换启动B(O)
GPIO11 EPWM6B SCIRXDB ECAP4	20	通用I/O引脚11(I/O/Z) 增强型PWM6输出B通道(O) SCI-B接收端口(O) 增强型捕获I/O口4(I/O)

续表

名　称	引脚编号	说　明
GPIO12 $\overline{\text{TZ1}}$ CANTXB MDXB	21	通用 I/O 引脚 12(I/O/Z) PWM 触发区输入 1 增强型 CAN-B 发送端口(O) 多通道缓冲串口 B(McBSP-B)串行数据发送(O)
GPIO13 $\overline{\text{TZ2}}$ CANRXB MDRB	24	通用 I/O 引脚 13(I/O/Z) PWM 触发区输入 2 增强型 CAN-B 接收端口(O) 多通道缓冲串口 B(McBSP-B)串行数据接收(O)
GPIO14 $\overline{\text{TZ3}}$/$\overline{\text{XHOLD}}$ SCITXDB MCLKXB	25	通用 I/O 引脚 14(I/O/Z) PWM 触发区输入 3/$\overline{\text{XHOLD}}$外部保持请求，当有效时(低电平)，请求 XINTF 释放外部总线，并将所有的总线和选通端置于一个高阻抗状态(I) SCI-B 发送端口(O) 多通道缓冲串口 B(McBSP-B)发送时钟(I/O)
GPIO15 $\overline{\text{TZ4}}$/$\overline{\text{XHOLDA}}$ SCIRXDB MFSXB	26	通用 I/O 引脚 15(I/O/Z) PWM 触发区输入 4/$\overline{\text{XHOLDA}}$外部保持应答信号(I/O) SCI-B 接收端口(I) 多通道缓冲串口 B(McBSP-B)发送帧同步(I/O)
GPIO16 SPISIMOA CANTXB $\overline{\text{TZ5}}$	27	通用 I/O 引脚 16(I/O/Z) SPI 从输入、主输出(I/O) 增强型 CAN-B 发送端口(O) PWM 触发区输入 5(I)
GPIO17 SPISOMIA CANRXB $\overline{\text{TZ6}}$	28	通用 I/O 引脚 17(I/O/Z) SPI-A 从输出、主输入(I/O) 增强型 CAN-B 接收端口 6(I) PWM 触发区输入 6
GPIO18 SPICLKA SCITXDB CANRXA	62	通用 I/O 引脚 18(I/O/Z) SPI-A 时钟输入/输出(I/O) SCI-B 发送端口(O) 增强型 CAN-A 接收端口(I)
GPIO19 $\overline{\text{SPISTEA}}$ SCIRXDB CANTXA	63	通用 I/O 引脚 19(I/O/Z) SPI-A 从器件发送使能输入/输出(I/O) SCI-B 接收端口(I) 增强型 CAN-A 发送端口(O)
GPIO20 EQEP1A MDXA CANTXB	64	通用 I/O 引脚 20(I/O/Z) 增强型 QEP1 输入 A(I) 多通道缓冲串口 A(McBSP-A)发送串行数据(O) 增强型 CAN-B 发送端口(O)

续表

名　　称	引脚编号	说　　明
GPIO21 EQEP1B MDXA CANRXB	65	通用 I/O 引脚 21(I/O/Z) 增强型 QEP1 输入 B(I) 多通道缓冲串口 A(McBSP-A)接收串行数据(I) 增强型 CAN-B 接收端口(I)
GPIO22 EQEP1S MCLKXA SCITXDB	66	通用 I/O 引脚 22(I/O/Z) 增强型 QEP1 选通脉冲(I/O) 多通道缓冲串口 A(McBSP-A)发送时钟(I/O) SCI-B 发送端口(O)
GPIO23 EQEP1I MFSXA SCIRXDB	67	通用 I/O 引脚 23(I/O/Z) 增强型 QEP1 索引(I/O) 多通道缓冲串口 A(McBSP-A)发送帧同步(I/O) SCI-B 接收端口(I)
GPIO24 ECAP1 EQEP2A MDXB	68	通用 I/O 引脚 24(I/O/Z) 增强型捕获端口 1(I/O) 增强型 QEP2 输入 A(I) 多通道缓冲串口 B(McBSP-B)发送串行数据(O)
GPIO25 ECAP2 EQEP2B MDRB	69	通用 I/O 引脚 25(I/O/Z) 增强型捕获端口 2(I/O) 增强型 QEP2 输入 B(I) 多通道缓冲串口 B(McBSP-B)接收串行数据(I)
GPIO26 ECAP3 EQEP2I MCLKXB	72	通用 I/O 引脚 26(I/O/Z) 增强型捕获端口 3(I/O) 增强型 QEP2 索引(I/O) 多通道缓冲串口 B(McBSP-B)发送时钟(I/O)
GPIO27 ECAP4 EQEP2S MFSXB	73	通用 I/O 引脚 27(I/O/Z) 增强型捕获端口 4(I/O) 增强型 QEP2 选通脉冲(I/O) 多通道缓冲串口 B(McBSP-B)发送帧同步(I/O)
GPIO28 SCIRXDA $\overline{XZCS6}$	141	通用 I/O 引脚 28(I/O/Z) SCI-A 接收端口 外部接口区域 6 的片选
GPIO29 SCITXDA XA19	2	通用 I/O 引脚 29(I/O/Z) SCI-A 发送端口(O) 外部接口地址线 19(O)
GPIO30 CANRXA XA18	1	通用 I/O 引脚 30(I/O/Z) 增强型 CAN-A 接收端口 外部接口地址线 18(O)

续表

名 称	引脚编号	说 明
GPIO31 CANTXA XA17	176	通用 I/O 引脚 31(I/O/Z) 增强型 CAN-A 发送端口 外部接口地址线 17(O)
GPIO32 SDAA EPWMSYNCI $\overline{\text{ADCSOCAO}}$	74	通用 I/O 引脚 32(I/O/Z) I2C 数据开漏双向端口(I/OD) 增强型 PWM 外部同步脉冲输入(I) ADC 转换启动 A(O)
GPIO33 SCLA EPWMSYNCO $\overline{\text{ADCSOCBO}}$	75	通用 I/O 引脚 33(I/O/Z) I2C 时钟开漏双向端口(I/OD) 增强型 PWM 外部同步脉冲输出(O) ADC 转换启动 B(O)
GPIO34 ECAP1 XREADY	142	通用 I/O 引脚 34(I/O/Z) 增强型捕获端口 1(I/O) 外部接口就绪信号
GPIO35 SCITXDA XR/$\overline{\text{W}}$	148	通用 I/O 引脚 35(I/O/Z) SCI-A 发送端口(O) 外部接口读取,不能写入选通信号
GPIO36 SCIRXDA $\overline{\text{XZCS0}}$	145	通用 I/O 引脚 36(I/O/Z) SCI-A 接收端口(I) 外部接口区域 0 的片选(O)
GPIO37 ECAP2 $\overline{\text{XZCS7}}$	150	通用 I/O 引脚 37(I/O/Z) 增强型捕获端口 2(I/O) 外部接口区域 7 的片选(O)
GPIO38 $\overline{\text{XWE0}}$	137	通用 I/O 引脚 38(I/O/Z) 外部接口写入使能(O)
GPIO39 XA16	175	通用 I/O 引脚 39(I/O/Z) 外部接口地址线 16(O)
GPIO40 XA0/$\overline{\text{XWE1}}$	151	通用 I/O 引脚 40(I/O/Z) 外部接口地址线 0(O)/外部接口写入使能 1(O)
GPIO41 XA1	152	通用 I/O 引脚 41(I/O/Z) 外部接口地址线 1(O)
GPIO42 XA2	153	通用 I/O 引脚 42(I/O/Z) 外部接口地址线 2(O)
GPIO43 XA3	156	通用 I/O 引脚 43(I/O/Z) 外部接口地址线 3(O)
GPIO44 XA4	157	通用 I/O 引脚 44(I/O/Z) 外部接口地址线 4(O)
GPIO45 XA5	158	通用 I/O 引脚 45(I/O/Z) 外部接口地址线 5(O)

续表

名　　称	引脚编号	说　　明
GPIO46 XA6	161	通用 I/O 引脚 46(I/O/Z) 外部接口地址线 6(O)
GPIO47 XA7	162	通用 I/O 引脚 47(I/O/Z) 外部接口地址线 7(O)
GPIO48 ECAP5 XD31	88	通用 I/O 引脚 48(I/O/Z) 增强型捕获端口 5(I/O) 外部接口数据线 31(I/O/Z)
GPIO49 ECAP6 XD30	89	通用 I/O 引脚 49(I/O/Z) 增强型捕获端口 6(I/O) 外部接口数据线 30(I/O/Z)
GPIO50 EQEP1A XD29	90	通用 I/O 引脚 50(I/O/Z) 增强型 QEP1 输入 A(I) 外部接口数据线 29(I/O/Z)
GPIO51 EQEP1B XD28	91	通用 I/O 引脚 51(I/O/Z) 增强型 QEP1 输入 B(I) 外部接口数据线 28(I/O/Z)
GPIO52 EQEP1S XD27	94	通用 I/O 引脚 52(I/O/Z) 增强型 QEP1 选通(I) 外部接口数据线 27(I/O/Z)
GPIO53 EQEP1I XD26	95	通用 I/O 引脚 53(I/O/Z) 增强型 QEP1 索引(I) 外部接口数据线 26(I/O/Z)
GPIO54 SPISIMOA XD25	96	通用 I/O 引脚 54(I/O/Z) SPI-A 从输入、主输出(I/O) 外部接口数据线 25(I/O/Z)
GPIO55 SPISOMIA XD24	97	通用 I/O 引脚 55(I/O/Z) SPI-A 从输出、主输入(I/O) 外部接口数据线 24(I/O/Z)
GPIO56 SPICLKA XD23	98	通用 I/O 引脚 56(I/O/Z) SPI-A 时钟(I/O) 外部接口数据线 23(I/O/Z)
GPIO57 $\overline{\text{SPISTEA}}$ XD22	99	通用 I/O 引脚 57(I/O/Z) SPI-A 从发射使能(I/O) 外部接口数据线 22(I/O/Z)
GPIO58 MCLKRA XD21	100	通用 I/O 引脚 58(I/O/Z) 多通道缓冲串口 A(McBSP-A)接收时钟(I/O) 外部接口数据线 21(I/O/Z)

续表

名　称	引脚编号	说　明
GPIO59 MFSRA XD20	110	通用 I/O 引脚 59(I/O/Z) 多通道缓冲串口 A(McBSP-A)接收帧同步(I/O) 外部接口数据线 20(I/O/Z)
GPIO60 MCLKRB XD19	111	通用 I/O 引脚 60(I/O/Z) 多通道缓冲串口 B(McBSP-B)接收时钟(I/O) 外部接口数据线 19(I/O/Z)
GPIO61 MFSRB XD18	112	通用 I/O 引脚 61(I/O/Z) 多通道缓冲串口 B(McBSP-B)接收帧同步(I/O) 外部接口数据线 18(I/O/Z)
GPIO62 SCIRXDC XD17	113	通用 I/O 引脚 62(I/O/Z) SCI-C 接收端口(I) 外部接口数据线 17(I/O/Z)
GPIO63 SCITXDC XD16	114	通用 I/O 引脚 63(I/O/Z) SCI-C 发送端口(O) 外部接口数据线 16(I/O/Z)
GPIO64 XD15	115	通用 I/O 引脚 64(I/O/Z) 外部接口数据线 15(I/O/Z)
GPIO65 XD14	116	通用 I/O 引脚 65(I/O/Z) 外部接口数据线 14(I/O/Z)
GPIO66 XD13	119	通用 I/O 引脚 66(I/O/Z) 外部接口数据线 13(I/O/Z)
GPIO67 XD12	122	通用 I/O 引脚 67(I/O/Z) 外部接口数据线 12(I/O/Z)
GPIO68 XD11	123	通用 I/O 引脚 68(I/O/Z) 外部接口数据线 11(I/O/Z)
GPIO69 XD10	124	通用 I/O 引脚 69(I/O/Z) 外部接口数据线 10(I/O/Z)
GPIO70 XD9	127	通用 I/O 引脚 70(I/O/Z) 外部接口数据线 9(I/O/Z)
GPIO71 XD8	128	通用 I/O 引脚 71(I/O/Z) 外部接口数据线 8(I/O/Z)
GPIO72 XD7	129	通用 I/O 引脚 72(I/O/Z) 外部接口数据线 7(I/O/Z)
GPIO73 XD6	130	通用 I/O 引脚 73(I/O/Z) 外部接口数据线 6(I/O/Z)
GPIO74 XD5	131	通用 I/O 引脚 74(I/O/Z) 外部接口数据线 5(I/O/Z)
GPIO75 XD4	132	通用 I/O 引脚 75(I/O/Z) 外部接口数据线 4(I/O/Z)

续表

名　称	引脚编号	说　明
GPIO76 XD3	133	通用 I/O 引脚 76(I/O/Z) 外部接口数据线 3(I/O/Z)
GPIO77 XD2	134	通用 I/O 引脚 77(I/O/Z) 外部接口数据线 2(I/O/Z)
GPIO78 XD1	135	通用 I/O 引脚 78(I/O/Z) 外部接口数据线 1(I/O/Z)
GPIO79 XD0	136	通用 I/O 引脚 79(I/O/Z) 外部接口数据线 0(I/O/Z)
GPIO80 XA8	163	通用 I/O 引脚 80(I/O/Z) 外部接口地址线 8(O)
GPIO81 XA9	164	通用 I/O 引脚 81(I/O/Z) 外部接口地址线 9(O)
GPIO82 XA10	165	通用 I/O 引脚 82(I/O/Z) 外部接口地址线 10(O)
GPIO83 XA11	168	通用 I/O 引脚 83(I/O/Z) 外部接口地址线 11(O)
GPIO84 XA12	169	通用 I/O 引脚 84(I/O/Z) 外部接口地址线 12(O)
GPIO85 XA13	172	通用 I/O 引脚 85(I/O/Z) 外部接口地址线 13(O)
GPIO86 XA14	173	通用 I/O 引脚 86(I/O/Z) 外部接口地址线 14(O)
GPIO87 XA15	174	通用 I/O 引脚 87(I/O/Z) 外部接口地址线 15(O)
$\overline{\text{XRD}}$	149	外部接口读使能

从表 1-7 可以看到，表中的引脚不仅可以作为通用的 I/O 引脚，还可以作为某些外设的功能引脚，这说明这些引脚的功能是复用的。比如 F28335 的引脚 5，它既可以是 GPIO01，也可以是 EPWM1B、ECAP6 和 MFSRB。实际应用时引脚 5 究竟做什么功能用，可以通过 GPIO 寄存器进行选择，具体会在介绍 GPIO 时进行讲解。

视频讲解

1.5　开发平台的搭建

要学习和开发 F28335 的话，除了书本以外还需要准备哪些东西呢？

如图 1-5 所示，软件方面需要 TI 公司的 Code Composer Studio，即 CCS 软件，CCS 是 TI 公司推出的集成开发环境，它能够支持 TI 几乎所有的处理器的调试与开发。CCS 的版本从早期的 V2.0、V2.2，到经典的 V3.3，再到基于 Eclipse 平台开发的 V4.x、V5.x 和目前最新的 V6.x。本书将以 CCS 6.0 为开发环境来进行介绍。

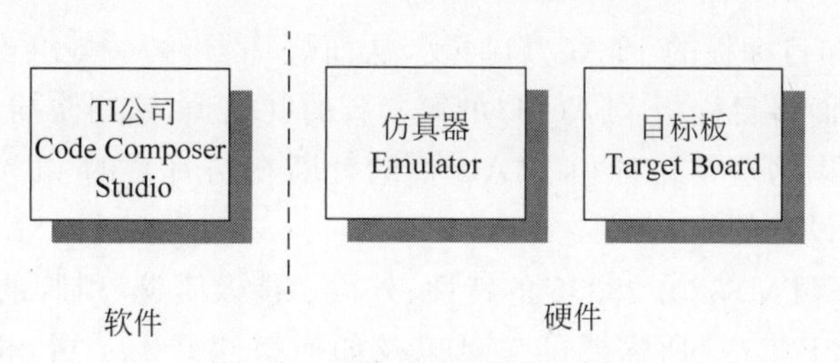

图 1-5　DSP 开发所需的工具

硬件方面需要以 TMS320F28335 作为处理器的电路板，可以使用开发板，比如 HDSP-Basic28335、HDSP-Super28335、HDSP-Indus28335 等，当然也可以使用自己设计生产的电路板，这里统称为目标板。除了目标板，还需要硬件来实现目标板与计算机之间的联系，需要设备能够将 CCS 编译生成的可执行文件下载到目标板中运行，这就需要仿真器，比如 HDSP-XDS100 系列和 HDSP-XDS200 系列的仿真器。

图 1-6 是由计算机、HDSP-XDS200 仿真器和 HDSP-SUPER28335 开发板组成的 F28335 开发平台系统示意图。首先，可以在不带电的情况下将仿真器的 JTAG 口和目标板的 JTAG 口相连，然后将仿真器的 USB 口插到计算机的 USB 口，等操作系统正确识别仿真器后，给目标板插上电源，接着就可以打开 CCS 软件。在开发时，无论是调试程序还是下载或者固化代码，CCS 6.0 都是需要通过仿真器来实现对 F28335 的操作。

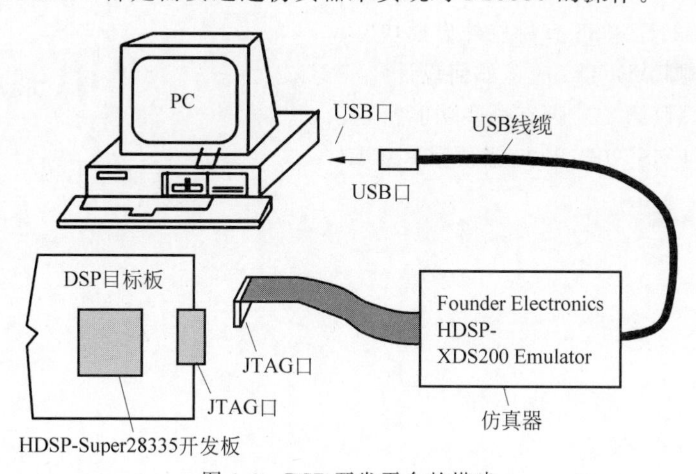

图 1-6　DSP 开发平台的搭建

这里重点来讲一下 JTAG 口，仿真器和 F28335 的目标板上都有一个 14 芯的 JTAG 口，这是标准定义的仿真扫描接口，如图 1-7 所示。

信号	引脚	引脚	信号
TMS	1	2	$\overline{TRST}$
TDI	3	4	GND
PD(V_{CC})	5	6	no pin(key)$^{+}$
TDO	7	8	GND
TCK_RET	9	10	GND
TCK	11	12	GND
EMU0	13	14	EMU1

图 1-7　14 芯的 JTAG 口定义

图 1-7 中，第 6 脚是 no pin，也就是空脚，不接任何信号。在实际使用时，通常目标板的 JTAG 口为双排针，而仿真器的 JTAG 口为双排孔，这样，仿真器的 JTAG 口可以插入目标板的 JTAG 口中，实现信号的互联。为了防止

仿真器的JTAG口和目标板的JTAG口插反,从而烧坏器件,一般会在仿真器JTAG接口的第6脚里填上针,而将目标板JTAG口的第6脚的针拔掉,这叫防插反设计。特别是初次使用的用户,往往会以为这是目标板JTAG口的针断在仿真器的JTAG口里了,从而非常焦急,其实这是特意设计的。

本章详细介绍了TMS320F28335的特性、外设功能及资源、引脚的分布与引脚功能,还介绍了开发TMS320F28335所需要的工具以及如何搭建开发平台,相信通过对本章的学习,对TMS320F28335有了初步的认识。接下来将详细介绍TMS320F28335硬件设计的相关内容。

本书配套有学习用的硬件,如需购买相关的开发板、仿真器、实验箱等产品,可以搜索淘宝店铺"傅立叶电子"或者加微信fourier888。同时,欢迎关注公众号"傅立叶电子",获取DSP技术方面的前沿信息。

习题

1-1 TMS320F28335的主频是多少?指令周期是多少?

1-2 TMS320F28335的内核电压为多少伏?I/O电压为多少伏?

1-3 TMS320F28335的片内有多大空间的SARAM和多大空间的Flash?

1-4 TMS320F28335有哪些外设模块?

1-5 第43脚ADCLO应该如何设计?

1-6 第28脚、第176脚有哪些功能?

1-7 开发TMS320F28335需要哪些工具?

第2章 TMS320F28335的硬件设计

硬件设计需要日积月累的经验，通常可以先学习已有的硬件电路，比如开发板，然后再进行自己的设计，或者可以参考相关器件数据手册中的典型应用来进行设计。看得多、用得多之后，随着经验的累积，总有一天，在硬件设计方面，也可以做到信手拈来。当然，在开始硬件设计与调试之前，建议掌握烙铁、万用表、示波器等常用的工具。本章将结合 HDSP-Super28335 来详细介绍基于 TMS320F28335 的硬件电路的设计，包括最小系统的设计，以及各个典型的外围应用电路的设计。

2.1 如何保证 TMS320F28335 芯片的正常工作

为保证 TMS320F28335 芯片的正常工作，需要注意以下几点：

(1) 通过前面的学习已经知道，TMS320F28335 的内核电压为 1.9V，I/O 电压为 3.3V，因此，如果想要 TMS320F28335 能够稳定运行，就要保证电源芯片产生的电压稳定在 3.3V 和 1.9V，这里推荐使用 TI 公司的 TPS767D301。由于电源芯片在工作的过程中会产生比较多的热量，为了保证电源芯片工作的稳定性，所以在设计时还需要考虑其散热问题。

(2) TMS320F28335 的各个电源脚和地脚都要根据数据手册的要求设计正确，连接到相应的电源或者地，比如所有的 V_{DD} 引脚要接 1.8V，V_{DDIO} 引脚接 3.3V，V_{SS} 引脚必须接地。

(3) 晶振是用来给 TMS320F28335 提供时钟的，所以要确保上电后，晶振电路能够正常起振。晶振不能正常工作也是使得 TMS320F28335 无法正常运行的常见原因之一。建议选择可靠性好的晶振。

(4) 确保复位电路的正常工作。如果复位电路设计错误导致上电后一直输出低电平的复位信号，TMS320F28335 就一直在复位，也就无法正常工作。

(5) 确保电路中，特别是电源部分没有短路。在焊接过程中，可能由于锡渣或者其他一些不起眼的小原因导致电路板上的电源与地直接连接在一起。这里列举几个通常会引起电源短路的情况：

• 比如芯片引脚间存在不应该有的粘连而导致的短路，无论是 TPS767D301，还是

TMS320F28335，它们的封装引脚都很密，在焊接时可能不注意，使得不该相连的相邻的两个引脚连接在了一起，从而形成了短路，无论涉及电源还是信号引脚，这种短路情况都会使DSP无法正常工作。

- 电容短路。通常电路中会给电源设计很多电容来保证系统的稳定性和可靠性。电容两端通常就是电源和地，如果其中某一个电容发生了短路，那么整个电路上相同的电源和地之间都会短路。这种情况一般是电容本身质量有问题，或者焊接时电容被焊锡短路，或者电容已经被击穿。在生产时，建议选用品牌的电容。
- 芯片烧坏引起的电源短路。如果TMS320F28335芯片烧坏了，电源之间也会短路，通常电路3.3V和地之间、1.9V和地之间就会短路。这也是判断DSP是否烧坏的一个现象。

2.2 常用硬件电路的设计

2.2.1 电源电路

TMS320F28335的I/O电压和Flash编程电压都是3.3V，内核电压为1.9V，因此给TMS320F28335供电需要两路电压：3.3V和1.9V。这里推荐使用TI的电源芯片TPS767D301，电源电路如图2-1所示。

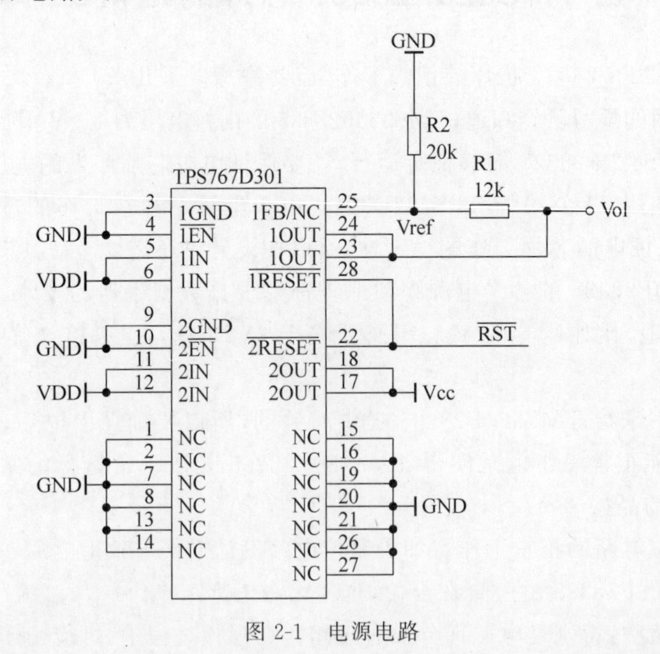

图2-1 电源电路

图2-1中，左侧为TPS767D301的输入部分，右侧为输出部分。从图2-1中不难看出，TPS767D301由两部分组成：一部分是输入1IN和输出1OUT，另一部分是输入2IN和输

出 2OUT。

先来看第一部分，输入 VDD 是 5V，GND 是数字地，Vref 是固定的内部参考电平，值为 1.1834V，输出的是可调的电压 Vo1。由图 2-1 可知：

$$\text{Vo1} = \text{Vref} \times \left(1 + \frac{\text{R1}}{\text{R2}}\right) \tag{2-1}$$

可见，只要选择合适的 R1 和 R2，就可使输出 Vo1 为 1.9V。这里，R1＝12kΩ，R2＝20kΩ，将这两个值代入式(2-1)，可得 Vo1＝1.1834×1.6＝1.8934V。当然，这个是理论值，由于电阻是有误差的，实际值可能会和这个值稍有差异。R1 和 R2 可选 1%精度的电阻。

第二部分的输入也是 VDD(5V)，输出 Vcc 则是固定的 3.3V。第一部分和第二部分均有电源监测电路和复位信号输出引脚，当电源芯片监测到工作不正常时，就会输出一个复位信号，设计时可以把这个复位信号送到 DSP。

TPS767D301 的封装如图 2-2 所示，芯片中间的铜箔则考虑了散热问题。

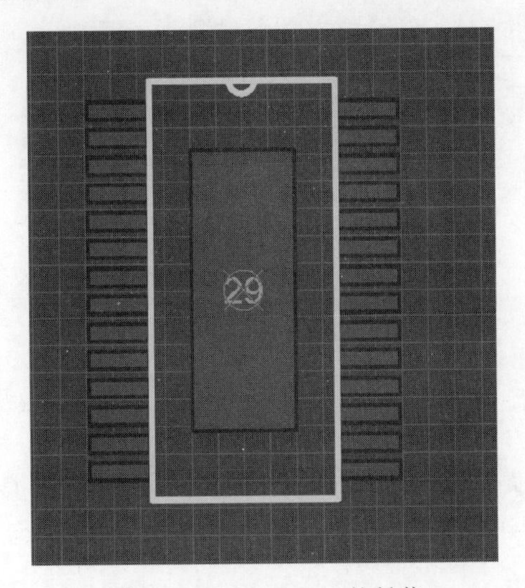

图 2-2　TPS767D301 的封装

图 2-3 是 5V 电源输入图，POWER 接口的 1 脚为电源的 5V，2 脚为地，LH1 为磁珠，VDD 通过磁珠隔离后也为 5V。磁珠的全称是铁氧体磁珠滤波器，是一种抗干扰元件，对于抑制电源线、信号线上的高频干扰和尖峰干扰效果显著，同时它也具有吸收静电放电脉冲干扰的能力。

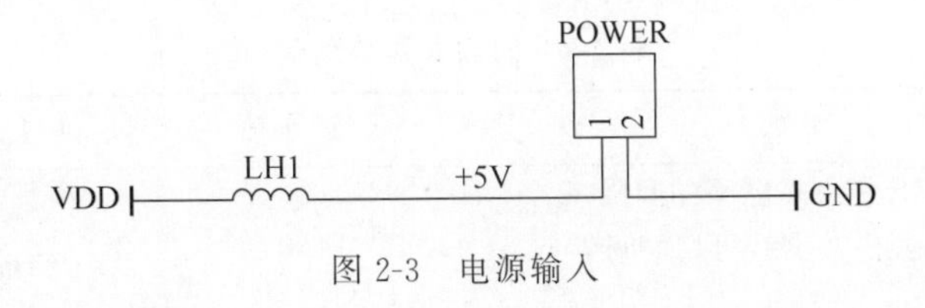

图 2-3　电源输入

2.2.2 时钟电路

TMS320F28335 的最高工作频率可达 150MHz，主要由振荡器和锁相环(PLL)模块共同实现。TMS320F28335 具有一个内部振荡器，如果使用该内部振荡器，只需要在引脚 X1 和 X2 之间外接一个无源石英晶振，如图 2-4 所示，外部的无源石英晶振选用 30MHz，电容典型取值 $C_{L1}=C_{L2}=24pF$。

如果不使用 TMS320F28335 的内部振荡器，也可以使用外部振荡器电路，此时只需将外部振荡电路产生的时钟脉冲送到 XCLKIN 引脚，外部振荡时钟脉冲通常可选用有源晶振。外部振荡时钟的脉冲频率至少要达到 30MHz，只有满足这个要求，经过 PLL 输出的系统时钟才能达到 150MHz。使用外部振荡器的电路如图 2-5 所示。

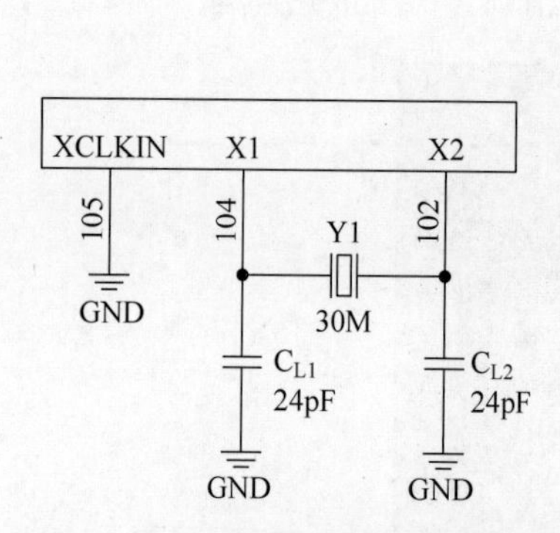

图 2-4 使用内部振荡器(无源晶振)

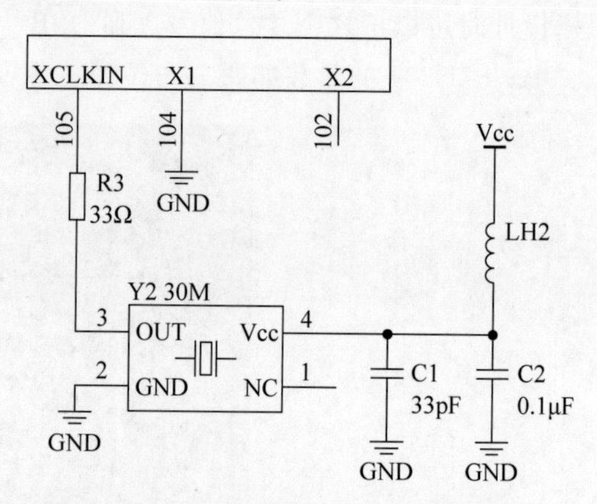

图 2-5 外部振荡器电路(有源晶振)

图 2-5 外部振荡器电路中使用了 30MHz 的有源晶振，其电源 Vcc 为 3.3V，LH2 为磁珠。晶振输出的时钟信号送到 XCLKIN 引脚，X1 脚接地，X2 脚悬空。

2.2.3 复位电路

TMS320F28335 有外部复位引脚 $\overline{XRS}$，向这个引脚施加复位脉冲，可使 DSP 复位。在 DSP 上电与断电期间，对引脚 $\overline{XRS}$ 的要求如下：

(1) 上电期间，$\overline{XRS}$ 引脚必须在输入时钟稳定之后的 $t_{W(RSL1)}$ 时间内保持低电平，从而保证整个器件从一个已知的状态启动，$t_{W(RSL1)}$ 等时间参数典型值见表 2-1。

表 2-1 时间参数典型值

时间参数	最小值	典型值	最大值	单位
时钟输入稳定后到 $\overline{XRS}$ 变为高电平的间隔 $t_{W(RSL1)}$	$32t_{c(OSCLK)}$	—	—	周期
$\overline{XRS}$ 变为高电平后到地址/数据线可用的间隔 $t_{d(EX)}$	—	$32t_{c(OSCLK)}$	—	周期
时钟振荡器起振时间 t_{OSCT}	1	10	—	ms

(2) 断电期间，$\overline{\text{XRS}}$ 引脚必须至少在 VDD 下降到 1.5V 之前的 8μs 内被拉至低电平，这样做可提高 Flash 的可靠性。

常见的 RC 复位电路，具有设计简单、成本低等优点，但却不能满足严格的时序要求，在一般的应用电路中可以使用，用在此处不是很合适。由于 DSP 系统对复位信号的低脉冲宽度及上升时间都有比较严格的要求，并且要满足上电过程的时序要求，故通常使用电源监测器来产生上电复位脉冲。在图 2-1 中，电源芯片监测电路输出的复位信号可以提供给 DSP。另外，还可以设计手动复位电路，如图 2-6 所示。

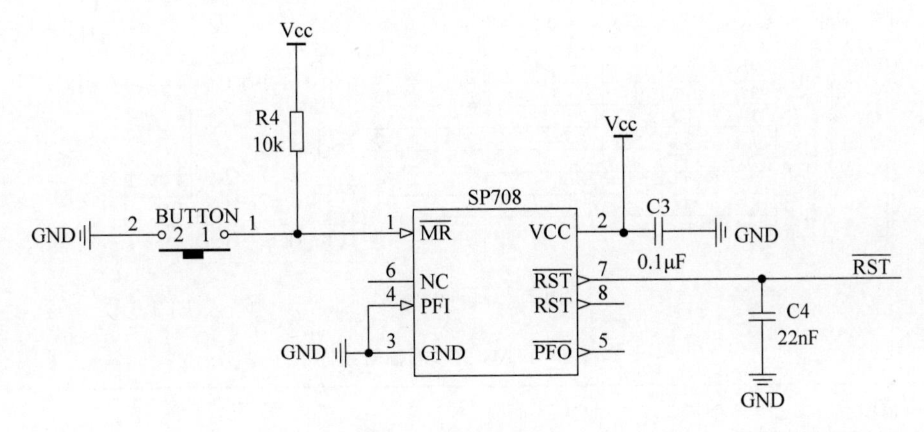

图 2-6　手动复位电路

图 2-6 中的 SP708 是微处理器监控电路，可输出宽度为 200ms 的复位脉冲，具有去抖动 TTL/COMS 手动复位输入功能。上电时，电容 C3 充电，当 2 脚 Vcc 达到 1V，7 脚 $\overline{\text{RST}}$ 为一个稳定的逻辑电平，一般为 0.4V 或者更低。当 Vcc 升高后，$\overline{\text{RST}}$ 将保持低电平。当 Vcc 超过复位阈值时，一个内部定时器将产生 200ms 的复位信号。一旦 Vcc 跌至复位阈值以下，比如系统掉电时，$\overline{\text{RST}}$ 将保持低电平。如果在初始化复位的过程中掉电，复位脉冲至少持续 140ms。下电时，一旦 Vcc 跌至复位阈值以下，$\overline{\text{RST}}$ 将保持低电平，并稳定在 0.4V 或者更低，直到 Vcc 低于 1V。SP708 的 1 脚 $\overline{\text{MR}}$ 为手动复位输入引脚，当按键 BUTTON 被按下时，$\overline{\text{MR}}$ 变为低电平，则 $\overline{\text{RST}}$ 引脚将立即变为低电平，开关可产生一个最低 140ms 的复位脉冲。这在上电结束后的程序调试阶段非常有用，通过按键可直接启动一次复位过程。

2.2.4　JTAG 电路

TMS320F28335 的下载程序、烧写调试都是通过 JTAG 接口来实现的。TMS320F28335 的 JTAG 是基于 IEEE 1149.1 标准的一种边界扫描测试方式，通过这个接口，CCS 可以访问 DSP 内部的所有资源，包括片内寄存器和所有的存储空间，从而可以实现 DSP 实时的在线仿真和调试。

在使用CCS进行开发调试时，仿真器通过14脚的标准JTAG接口与TMS320F28335的JTAG端口进行通信。JTAG接口电路如图2-7所示，JTAG接口引脚的具体描述见表2-2。JTAG接口的可靠性对DSP系统来说非常重要，在设计PCB时，JTAG接口与DSP的距离不要太远，应尽量靠近。

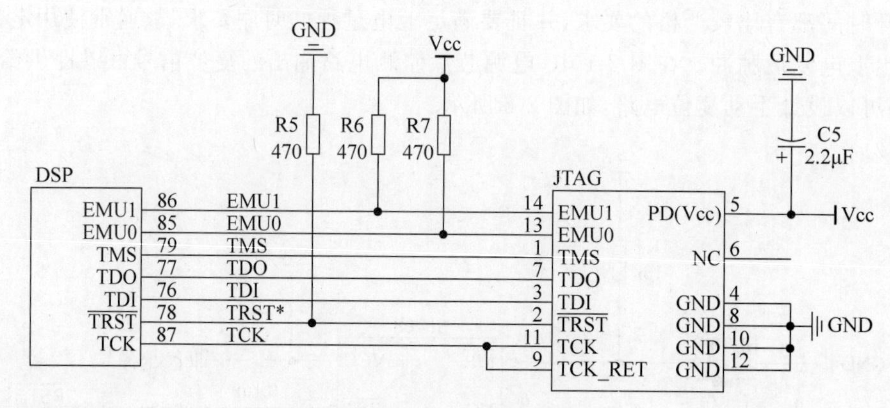

图2-7 JTAG电路

表2-2 JTAG引脚的信号描述

引脚信号	仿真器状态	DSP引脚状态	信号描述
EMU1	输入	输出/输入	仿真引脚1
EMU0	输入	输出/输入	仿真引脚0
TMS	输出	输入	JTAG测试方式选择
TDO	输入	输出	测试数据输出
TDI	输出	输入	测试数据输入
$\overline{TRST}$	输出	输入	测试复位
TCK	输出	输入	测试时钟
TCK_RET	输入	输出	测试时钟返回
PD(Vcc)	输入	输出	此信号用于指示仿真器的连接状态，需接Vcc
GND			地线，与系统GND相连

2.2.5 外扩RAM电路

TMS320F28335内部有34K×16位的SARAM，如果有需求，还可以通过XINTF接口来外扩RAM空间。外扩RAM的电路如图2-8所示，RAM芯片选用的是IS61LV25616，容量为256K×16位。

从图2-8可以看到，DSP的地址总线XA0～XA17和RAM芯片的A0～A17相连，数据总线XD0～XD15也分别和RAM芯片的D0～D15相连。DSP的读信号连接RAM芯片的$\overline{OE}$，DSP的写信号连接RAM芯片的$\overline{WE}$。

这里，需要重点来分析RAM的片选信号SRAMCS，看看RAM空间的首地址是多少。

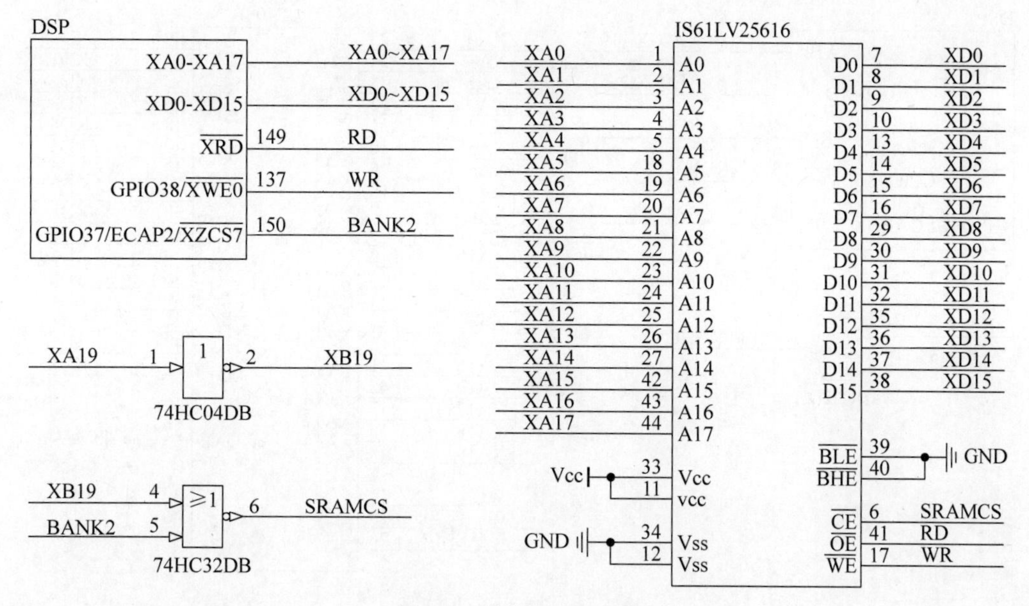

图 2-8 外扩 RAM 电路

这里可以使用逆向推理的方法来进行分析，很显然，只有当 SRAMCS 信号为低电平时，RAM 芯片才会被选中。74HC32 是一个二输入的或门芯片，因此有：

SRAMCS＝XB19|BANK2

也就是说，只有当 XB19 和 BANK2 这两个信号同时为低时，SRAMCS 才会为低电平。BANK2 是 TMS320F28335 的外部空间 7 的片选信号，只有访问的地址位于外部空间 7 时，BANK2 为低电平，此时首地址是 0x200000。XB19 是地址线 XA19 的取反，也就是必须当 XA19 为 1 时，XB19 才会为 0。因此，SRAMCS 为低电平要满足两个条件：一是地址要在外部空间 7 的地址范围内，即 0x200000～0x2FFFFF；二是 XA19 要为高电平，因此外扩 RAM 的首地址为 0x280000。

2.2.6 外扩 Flash 电路

TMS320F28335 内部有 256K×16 位的 Flash，但有时候可能需要外部 Flash 来存储一些参数或者定值，因为 Flash 具有掉电保存数据的功能。和外扩 RAM 一样，也是通过 TMS320F28335 的 XINTF 接口来外扩 Flash，如图 2-9 所示，Flash 芯片用的是 SST39VF400A，容量为 256K×16 位。

从图 2-9 可以看到，DSP 的地址总线 XA0～XA19 和 Flash 芯片的 XA0～XA19 相连，数据总线 XD0～XD15 也分别和 Flash 芯片的 XD0～XD15 相连。DSP 的读信号连接 Flash 芯片的 $\overline{OE}$，DSP 的写信号连接 Flash 芯片的 $\overline{WE}$。Flash 的片选信号 FlashCS 为低电平时，Flash 芯片才会被选中。FlashCS 信号只有当 XA19 和 BANK2 同时为低电平的时候，才会为低电平。不难得出，外扩 Flash 的首地址为 0x200000。

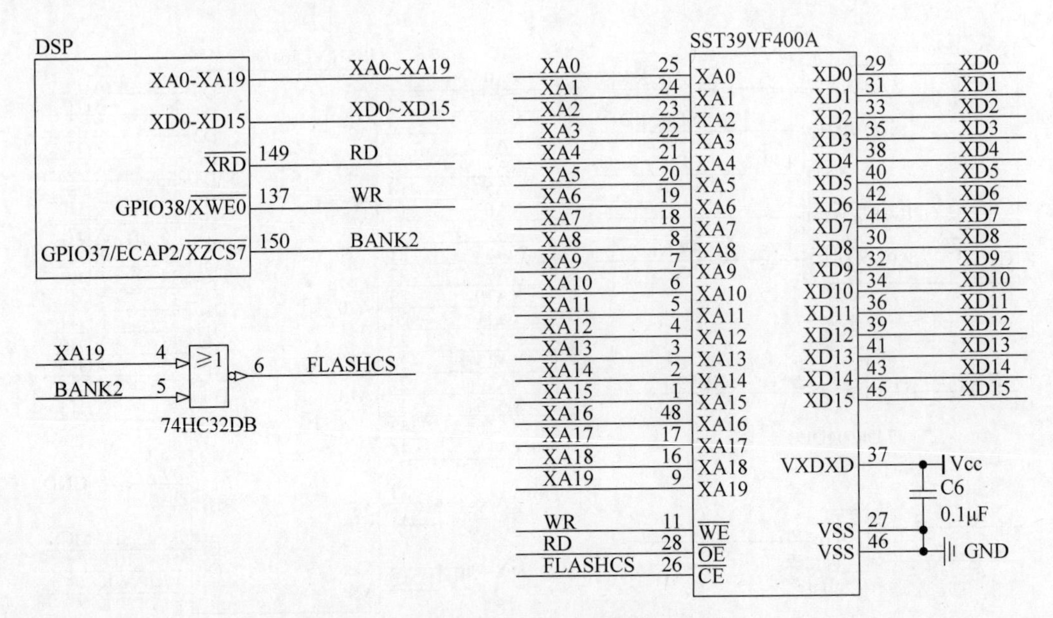

图 2-9　外扩 Flash 电路

2.2.7　GPIO 电平转换电路

TMS320F28335 的 GPIO 引脚高电平是 3.3V，也就是说，PWM 输出高电平是 3.3V，而在实际应用中，驱动电压往往需要 5V，比如用来驱动光耦。这时就需要将 PWM 引脚输出的 3.3V 信号转换为 5V 信号，电平转换电路如图 2-10 所示。

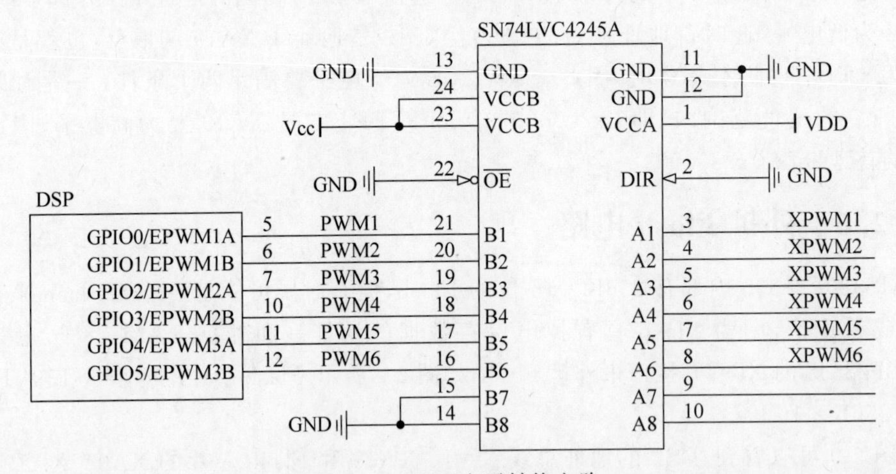

图 2-10　PWM 电平转换电路

图 2-10 中的电平转换芯片用的是 SN74LVC4245A，从图中可以看到芯片有两组信号：一组是 A，另一组是 B。A 组的电源 VCCA 接的是 5V 的 VDD，B 组的电源 VCCB 接的是 3.3V 的 Vcc，也就是说，A 组的信号均是 5V 电平，而 B 组的信号是 3.3V 电平。SN74LVC4245A 有

一个使能引脚 $\overline{OE}$ 是低电平有效，所以需要接地。另外有一个方向控制引脚 DIR，是用来控制信号的传输方向的。$\overline{OE}$ 和 DIR 这两个引脚与信号传输方向的关系如表 2-3 所示。

表 2-3　功能表

$\overline{OE}$	DIR	操　作
低	低	B到A
低	高	A到B
高	无效	A、B间不通

由于图 2-10 中 $\overline{OE}$ 和 DIR 都接了地，所以 B 端 3.3V 的 PWMx(x=1～6)为输入，A 端 5V 的 XPWMx(x=1～6)为输出，从而实现了 3.3V 向 5V 的转换。通过第 1 章的学习可以知道，TMS320F28335 的 GPIO 引脚都是功能复用的，使用 SN74LVC4245A 显然会带来一个问题，即这些 GPIO 口只能用作输出，不能用作输入了。

如果要向 DSP 的 GPIO 引脚输入 5V 电平，那么该怎么设计呢？直接输入 5V 肯定是不行的，会烧坏 DSP。TMS320F28335 的 CAP 引脚通常是用来作作入的，用来捕获方波脉冲。这里就以 CAP 引脚为例来设计，如图 2-11 所示。

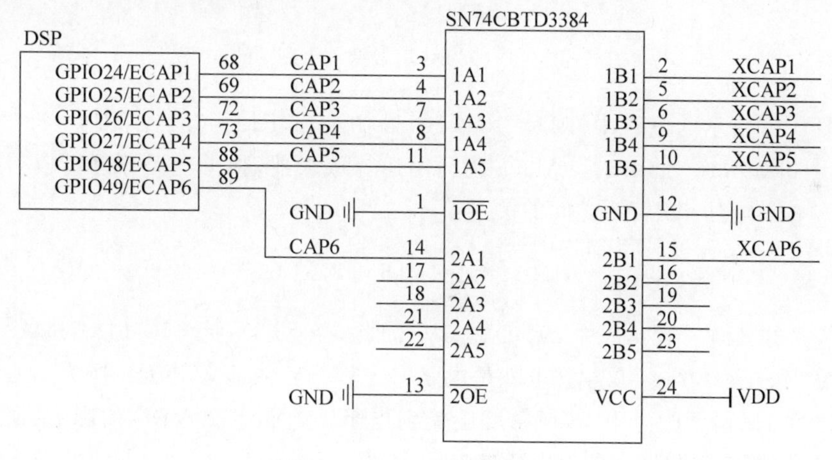

图 2-11　CAP 电平转换电路

图 2-11 中使用的电平转换芯片是 SN74CBTD3384，它是具有电平转换功能的 10 位双向总线开关，其 VCC 引脚接 5V 的 VDD，两个使能信号都接低电平。其信号也有两组：一组是 A，另一组是 B，这两组信号是互通的，没有方向限制。如果 B 端输入的是 5V 信号，那么输出的 A 端是 3.3V 信号；如果 A 端输入的是 3.3V 的信号，那么输出的 B 端也是 3.3V 信号。这样就可以在外部接口输入 5V 的信号，通过 SN74CBTD3384 转换后，再安全输入给 DSP。

2.2.8　ADC 调理电路

TMS320F28335 有 16 路 12 位的 ADC 模块，可处理的电压范围为 0～3V，但在实际使用中,待测量电压常常超过这个范围。比如使用霍尔传感器对交流电压或电流采样后的值通常为-2.5~2.5V,不同的传感器输出的电压也可能会不同,显然这时不能直接将电压接到ADC的输入端口上,否则会损坏ADC模块。解决这个问题有两个方法:一个是给TMS320F28335设计外扩的ADC电路,像HDSP-SUPER28835和HDSP-INDUS28335上都外扩有16位精度的AD芯片,采样范围是-10~10V;另一个是坚持使用TMS320F28335内部的ADC模块,但需要在其外部设计一个信号调理电路,如图2-12所示,该电路输入的电压为-5~5V,转换后为0~3V。

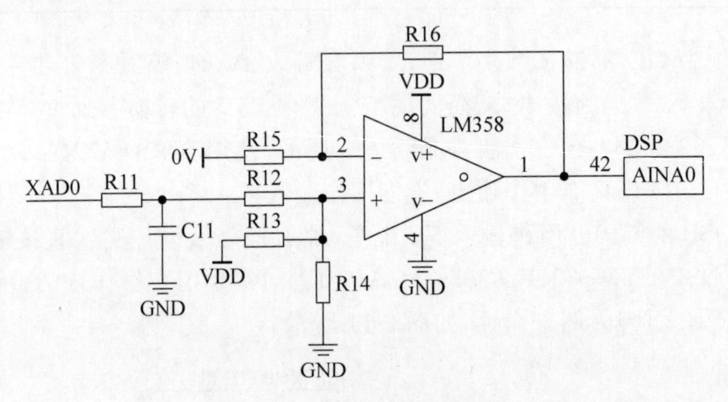

图2-12 ADC信号调理电路

在如图2-12所示的电路中,R11=100Ω,C11=0.1μF,R12=5.1kΩ,R13=5.1kΩ,R14=100Ω,R15=2kΩ,R16=30kΩ。LM358为通用运算放大器,根据电路原理可以得到输入电压XAD0和输出电压AINA0之间的关系:

$$\text{AINA0}=\frac{16}{53}(\text{VDD}+\text{XAD0})$$

上述表达式体现了理论关系,VDD是5V,因此,当XAD0=-5V时,AINA0=0V;当XAD0=5V时,AINA0=3.02V。也就是电路将-5~5V的输入电压转换为了0~3V。电路中建议选用1%精度的电阻,转换精度会受到电阻误差和电源VDD的影响,所以在实际使用时,需要根据实测结果来调整电压转换的系数。

图2-12中的R11和C11构成了一个一阶无源低通滤波器,可以过滤掉待测电压中可能夹杂的高频噪声信号,也可以防止瞬时的尖峰脉冲损坏ADC采样模块。另外,也可以在ADC引脚的前端加一个瞬态抑制二极管,以防止输入电压超过3V,图2-12中并未画出。

2.2.9 串口通信电路

TMS320F28335虽然一共有3个SCI模块,但是由于其GPIO引脚都是多种功能复用的,在实际使用时需要兼顾其他功能,要综合考虑其资源,所以这3个SCI模块不一定都能用得到。比较常用的是将SCI模块设计成RS232或者RS485的串行通信接口。RS232是全双工的通信模式,将SCIB模块设计成RS232的电路,如图2-13所示。

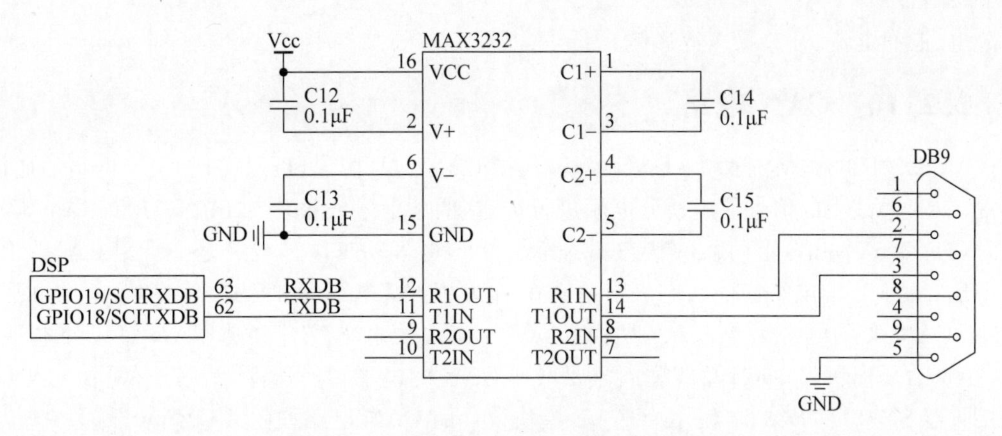

图 2-13 RS232 电路

图 2-13 中使用了 MAX3232 芯片，它起到了电平转换的作用，将 SCIB 转换为 RS232 通信标准接口。MAX3232 采用专有的低压差发送器输出级，利用双电荷泵在 3.0～5.5V 电源功能时能够实现真正的 RS232 性能，通常 MAX3232 供电电压为 3.3V 或 5V，图 2-13 中供电电源接的是 3.3V 的 Vcc。RS232 通信通常可以采用 DB9 接口。

RS232 接口可以实现点对点的通信，就是一台具有 RS232 接口的设备与另一台具有 RS232 接口的设备之间进行通信，但这种方式不能实现联网功能。为了解决这个问题，就出现了 RS485 通信接口。RS485 通常是半双工的模式，采用两线制进行通信。RS485 接口具有平衡驱动器和差分接收器，同时由于采用差分信号进行逻辑判断，与 RS232 相比，其具有传输速率高、通信距离远、抗噪声及干扰性好等优点，实际使用时可采用屏蔽双绞线来进行通信。将 SCIC 模块设计成 RS485 的电路如图 2-14 所示。

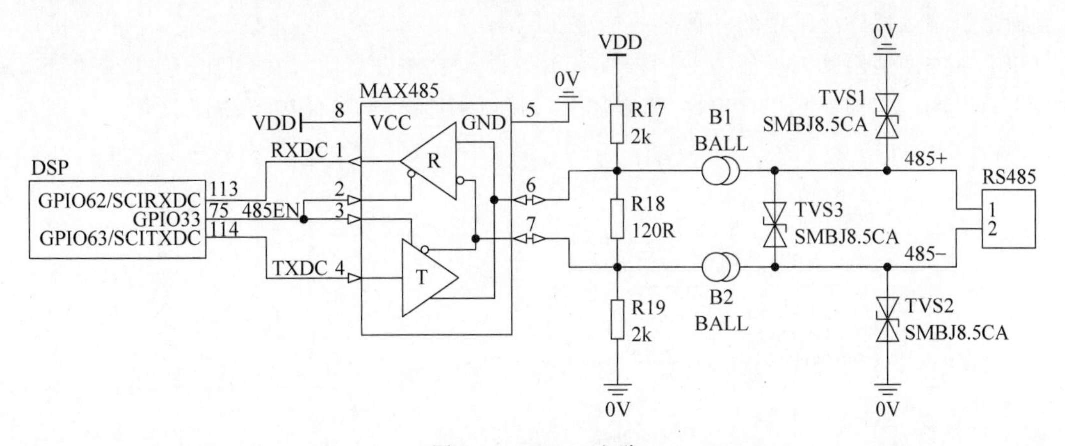

图 2-14 RS485 电路

图 2-14 中使用了 MAX485 芯片，当 485EN 为高电平时，发送功能被使能；当 485EN 为低电平时，接收功能被使能。图中的 TVS 管是瞬态抑制二极管，B1 和 B2 是磁珠，这样设计可以保护 RS485 接口后面的电路元件不因瞬态高压冲击而损坏，同时还可以有效防止静

电放电、浪涌电流、开关噪声等影响。

2.2.10 CAN电路

TMS320F28335具有两个eCAN模块，支持CAN2.0B协议，可以实现CAN网络的通信。通常，CAN总线上的信号使用差分电压进行传送，两条信号线被称为CAN_H和CAN_L，静态时均是2.5V左右，这时候的状态表示为逻辑1，也可以叫作"隐性"电平。用CAN_H的电平比CAN_L的电平高的状态表示逻辑0，称为"显性"电平，此时，通常CAN_H的电平为3.5V，CAN_L的电平为1.5V。为了使eCAN模块的电平符合高速CAN总线的电平特性，在eCAN模块和CAN总线之间需要增加CAN的电平转换器件，比如3.3V的CAN发送接收器SN65HVD232。使用eCANB模块设计的CAN电路如图2-15所示。

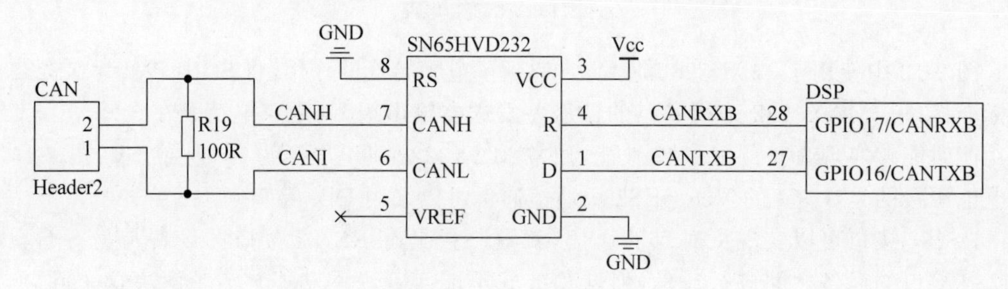

图2-15 CAN电路

2.2.11 I2C电路

I2C总线是由Philips公司开发的两线式串行总线，用于连接微处理器及其外围设备，是通信控制领域广泛采用的一种总线标准。TMS320F28335内部就集成有一个I2C接口，可以非常方便地用其来连接一些同样具有I2C接口的外设。比如在SUPER28335的核心板上，设计有实时时钟RTC电路，就是用I2C接口来连接的，电路如图2-16所示。

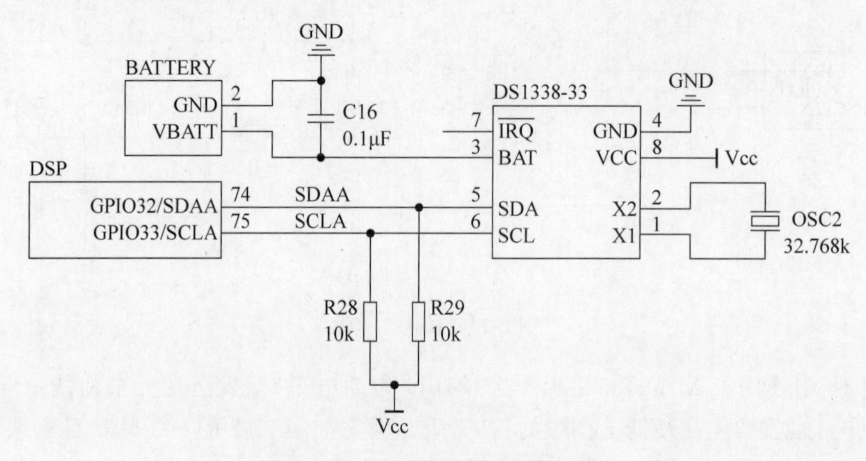

图2-16 I2C接口连接RTC电路

图 2-16 中的 DS1338-33 是一款具有 I2C 接口的日历时钟芯片,它可以为系统提供准确的时间参数,包括年、月、日、时、分、秒等信息,这个在电力系统里经常会用到,可以记录故障发生的时间以便于分析。图中的 BATTERY 为纽扣电池座,需要放置 3V 的纽扣电池,可以在板子没有电源期间继续给时钟电路供电。

2.3 调试的注意事项

在调试 TMS320F28335 的硬件电路时,可能会遇到 DSP 芯片烧了的情况,如果是自己做的自然没话说,如果是买的开发板,那就有可能会怪开发板的质量,这里就需要来讲一讲调试。首先,硬件调试过程中烧掉东西是很正常的现象,无论是 DSP 芯片,还是其他芯片,又或者是电容、MOSFET、IGBT 等器件,就算是一个做硬件做了很多年的工程师,在工作过程中也难免烧东西,经验就是在烧器件、在克服困难与挫折的过程中慢慢累积出来的。那如何来判断 DSP 芯片已经烧了呢?可以通过以下两种现象来判断:

(1) 电路板上电后,DSP 迅速发烫,手指无法长时间接触芯片表面。这里要和芯片正常运行时的发热区别开来,DSP 运行时会产生热量,有时候手感温度也是比较热的,但并不是异常情况。

(2) 检查 DSP 的电源,在之前电源都正常的情况下,如果 3.3V 和地出现短路,或者 1.9V 和地短路,都说明 DSP 芯片已经烧了。

DSP 烧了,并不是就代表 DSP 就不能运行了,有的情况是烧了之后就无法与仿真器、CCS 建立连接了,但有的情况烧了之后,DSP 还能运行,那是因为只是 DSP 的某些部分烧坏了。当 DSP 烧了,就只有更换 DSP 芯片了。在调试过程中需要注意哪些方面,可以尽量避免 DSP 芯片烧掉呢?

(1) TMS320F28335 的 GPIO 电源是 3.3V,ADC 采样范围是 0~3V,因此,给 GPIO 引脚或者 AD 引脚输入电压时,一定要控制在这个范围。特别是使用开关电源来施加电压,需要在开关电源电压输出稳定后再接入 DSP,因为在开通的瞬间,开关电源有可能会输出瞬时的尖峰脉冲而损坏 DSP。

(2) 调试时,尽量避免因贪图方便而热插拔 JTAG 接口。

(3) 用示波器观测引脚波形时,切勿直接去测 DSP 的引脚,因为探头的触碰,一不小心就会造成 DSP 引脚间的短路。可以针对需要观测的引脚在电路外部接口上找到对应的引脚,接好线后再给电路上电进行观测。

(4) 用万用表测量两点间的电压时,也需注意不能造成两端短路,特别是测量封装比较小的电容时。

相信在调试过程中,胆大心细,遇事不是责怪电路本身,而是静下心来分析可能的原因,通过不断地积累经验,就可以尽量避免烧坏元器件。

本章详细介绍了保证 TMS320F28335 正常工作的条件,常用相关电路的设计,以及调试电路时的各种注意事项。第 3 章将介绍如何使用 C 语言来操作 DSP 的寄存器。

习题

2-1　TMS320F28335 的内核电压为多少？I/O 电压为多少？晶振通常选用多少的？

2-2　设计一个信号调理电路，能将传感器输出的－10～10V 的信号输入 TMS320F28335 的内部 ADC 模块。

2-3　简述调试 TMS320F28335 时的注意事项。

第3章 使用C语言操作DSP的寄存器

嵌入式系统开发常用的语言通常有两种,即汇编语言和C语言。绝大多数的工程师对汇编语言的感觉肯定都是类似的,就是难以理解,想到用汇编语言来开发一个复杂的工程肯定有点担心,但是如果换成C语言肯定就会好多了,毕竟C语言是面向对象的,更贴近平时的语言习惯。幸好,DSP的开发既支持汇编语言,也支持C语言。在开发DSP程序时用得比较多的还是C语言,只有在对于时间要求非常严格的地方才会插入汇编语言。开发时,需要频繁地对DSP的寄存器进行配置。本章将以F28335的外设SCI为例,介绍如何使用C语言中结构体和位定义的方法来实现对寄存器的操作,并了解F28335的头文件是如何编写的。

3.1 寄存器的C语言访问

由于DSP的寄存器能够实现对系统和外设功能的配置与控制,因此在DSP的开发过程中,对于寄存器的操作是极为重要的,也是很频繁的,也就是说,对寄存器的操作是否方便会直接影响到DSP的开发是否方便。幸好,F28335为用户提供了位定义和寄存器结构体的方式,能够很方便地访问和控制内部寄存器。接下来,将以外设串行通信接口(Serial Communication Interface,SCI)为例,详细介绍如何使用C语言的位定义和寄存器结构体的方式来实现对SCI寄存器的访问,在这个过程中,大家也可以了解F28335头文件的编写方法。

3.1.1 了解SCI的寄存器

这部分内容本身应该是介绍SCI的时候才讲的,为了让大家对SCI的寄存器能够提前有所了解,故在此也稍作介绍。F28335的SCI模块具有相同功能的串行通信接口SCI-A、SCI-B和SCI-C,也就是说,体现到硬件上,F28335可支持3个串口。SCI-A、SCI-B和SCI-C就像三胞胎一样,具有相同的寄存器,如表3-1所示。

表 3-1 SCI相关寄存器

寄存器名	地址单元格			大小（×16bit）	功能描述
	SCI-A	SCI-B	SCI-C		
SCICCR	0x0000 7050	0x0000 7750	0x0000 7770	1	通信控制寄存器
SCICTL1	0x0000 7051	0x0000 7751	0x0000 7771	1	控制寄存器 1
SCIHBAUD	0x0000 7052	0x0000 7752	0x0000 7772	1	数据传输速率寄存器高字节
SCILBAUD	0x0000 7053	0x0000 7753	0x0000 7773	1	数据传输速率寄存器低字节
SCICTL2	0x0000 7054	0x0000 7754	0x0000 7774	1	控制寄存器 2
SCIRXST	0x0000 7055	0x0000 7755	0x0000 7775	1	接收状态寄存器
SCIRXEMU	0x0000 7056	0x0000 7756	0x0000 7776	1	仿真缓冲寄存器
SCIRXBUF	0x0000 7057	0x0000 7757	0x0000 7777	1	接收数据缓冲寄存器
SCITXBUF	0x0000 7059	0x0000 7759	0x0000 7779	1	发送数据缓冲寄存器
SCIFFTX	0x0000 705A	0x0000 775A	0x0000 777A	1	FIFO 发送寄存器
SCIFFRX	0x0000 705B	0x0000 775B	0x0000 777B	1	FIFO 接收寄存器
SCIFFCT	0x0000 705C	0x0000 775C	0x0000 777C	1	FIFO 控制寄存器
SCIPRI	0x0000 705F	0x0000 775F	0x0000 777F	1	优先权控制寄存器

从表 3-1 可以看到，外设 SCI 的每一个寄存器都占据 1 字节，即 16 位宽度。从其地址分布来看，SCI-A 的寄存器地址从 0x0000 7050 到 0x0000 705F，中间缺少了 0x0000 7058、0x0000 705D、0x0000 705E。SCI-B 的寄存器地址从 0x0000 7750 到 0x0000 775F，中间缺少了 0x0000 7758、0x0000 775D、0x0000 775E。SCI-C 的寄存器地址从 0x0000 7770 到 0x0000 777F，中间缺少了 0x0000 7758、0x0000 775D、0x0000 775E。中间缺少的这些地址为系统保留的寄存器空间，暂时还没有使用。表 3-1 所列出的寄存器位于 F28335 存储器空间的外设帧 2 内，是在物理上实际存在的存储器单元。实际上，这些寄存器就是预定义了具体功能的存储单元，系统会根据这些存储单元具体的配置来进行工作。

在自然语言中去描述 SCI-A 寄存器 SCICCR 的某个位时，可以读作“SCIA 的通信控制寄存器 SCICCR 的第 x 位”。这么读的时候第一反应是什么？这不是和 C 语言结构体成员的表述方式一样吗？这说明 SCI-A 的寄存器可以采用结构体的方式来表示。

3.1.2 使用位定义的方法定义寄存器

先来介绍一下 C 语言中一种被称为“位域”或者“位段”的数据结构。所谓“位域”，就是把一个字节中的二进制位划分为几个不同的区域，并说明每个区域的位数。每个域都有一个域名，允许在程序中按域名进行操作。位域的定义和位域变量的说明同结构体定义和其成员说明类似，其语法格式为：

```
Struct 位域结构名
{
 类型说明符 位域名 1:位域长度;
 类型说明符 位域名 2:位域长度;
```

```
  …
  类型说明符 位域名 n:位域长度;
};
```

其中,类型说明符就是基本的数据类型,可以是 int、char 型等。位域名可以任意取,能够反映其位域的功能即可,位域长度是指这个位域是由多少个位组成的。和结构体定义一样,花括号最后的“;”不可缺少,否则会出错。

图 3-1 是将一个名为 bs 字的 16 位划分成 3 个位域,其中 D0～D7 共 8 位为位域 a,D8～D9 共 2 位为位域 b,D10～D15 共 6 位为位域 c。若用位域的方式来定义,则如例 3-1 所示。

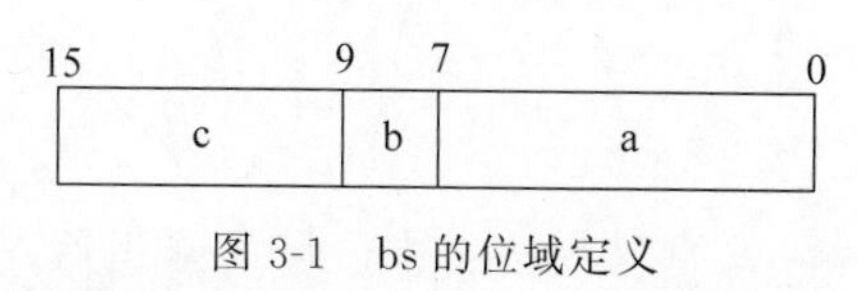

图 3-1 bs 的位域定义

【例 3-1】 位域定义。

```
struct bs                                   //定义位域 bs
 {
 int a:8;
 int b:2;
 int c:6;
 };
struct bs bs1;                              //声明 bs 型变量 bs1
```

位域也是 C 语言中的一种数据结构,因此需要遵循先声明后使用的原则。在例 3-1 中,声明了 bs1,说明 bs1 是 bs 型的变量,共占 2 字节,其中位域 a 占 8 位,位域 b 占 2 位,位域 c 占 6 位。

关于位域的定义还有以下几点说明:

(1) 位域的定义必须按从右往左的顺序,也就是说得从最低位开始定义。

(2) 一个位域必须存储在同一个字节中,不能跨两个字节。如果一个字节所剩空间不够放另一位域时,应该从下一个单元起存放该位域,如下所示:

```
struct bs
{
 int a:4;
 int :0;                                  //空域
 int b:5;                                 //从第二个字节开始存放
 int c:3;
};
```

在这个位域定义中,第一个位域 a 占第一个字节的 4 位,而第二个位域 b 占 5 位。很显然第一个字节剩下的 4 位不能够完全容纳位域 b,所以第一个字节的后 4 位写 0 留空,b 从第二个字节开始存放。

(3) 位域的长度不能大于一个字节的长度,也就是说一个位域不能超过 8 位。

(4) 位域可以无位域名,这时,它只用作填充或调整位置。无名的位域是不能使用的,如下所示：

```
struct bs
{
 int a:4;
 int :2;                                        //这 2 位不能使用
 int b:2;
 int c:5;
 int d:3;
};
```

掌握了 C 语言中位域的知识后，下面以 SCI-A 的通信控制寄存器 SCICCR 为例说明如何使用位域的方法来定义寄存器。图 3-2 为 SCI-A 通信控制寄存器 SCICCR 的具体定义。

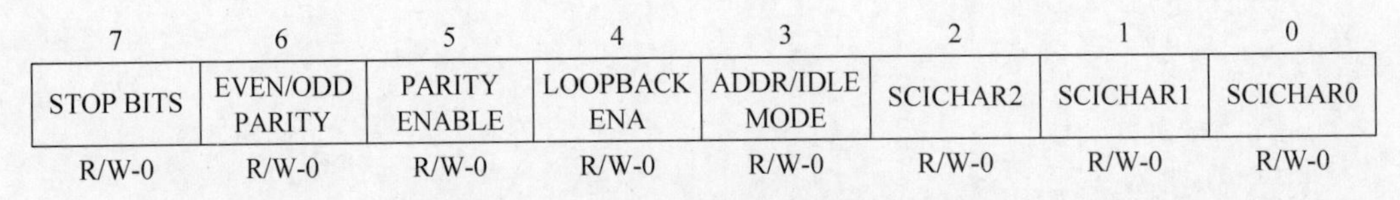

7	6	5	4	3	2	1	0
STOP BITS	EVEN/ODD PARITY	PARITY ENABLE	LOOPBACK ENA	ADDR/IDLE MODE	SCICHAR2	SCICHAR1	SCICHAR0
R/W-0	R/W-0	R/W-0	R/W-0	R/W-0	R/W-0	R/W-0	R/W-0

图 3-2　SCI-A 通信控制寄存器 SCICCR

SCI-A 模块所有的寄存器都是 8 位的，当一个寄存器被访问时，寄存器数据位于低 8 位，高 8 位为 0。SCICCR 的 D0～D2 为字符长度控制位 SCICHAR，占据 3 位。D3 为 SCI 多处理器模式控制位 ADDRIDLE_MODE，占据 1 位。D4 为 SCI 回送从测试模式使能位 LOOPBKENA，占据 1 位。D5 为 SCI 极性使能位 PARITYENA，占据 1 位。D6 为 SCI 奇/偶极性使能位 PARITY，占据 1 位。D7 为 SCI 结束位的个数 STOPBITS，也占据 1 位。D8～D15 保留，共 8 位。因此，可以将寄存器 SCICCR 用位域的方式表示为如例 3-2 所示的数据结构。

【例 3-2】 用位域方式定义 SCICCR。

```
struct SCICCR_BITS
{
  Uint16 SCICHAR:3;                        //2:0  字符长度控制位
  Uint16 ADDRIDLE_MODE:1;                  //3  多处理器模式控制位
  Uint16 LOOPBKENA:1;                      //4  回送测试模式使能位
  Uint16 PARITYENA:1;                      //5  极性使能位
  Uint16 PARITY:1;                         //6  奇/偶极性选择位
  Uint16 STOPBITS:1;                       //7  结束位个数
  Uint16 rsvd1:8;                          //15:8  保留
};

struct SCICCR_BITS bit;
bit.SCICHAR = 7;                           //SCI 字符长度控制位为 8 位
```

在寄存器中,被保留的空间也要在位域中定义,只是定义的变量不会被调用,如例 3-2 中的 rsvd1,为 8 位保留的空间。一般位域中的元素是按地址的顺序来定义的,所以中间如果有空间保留,那么需要一个变量来代替,虽然变量并不会被调用,但是必须要添加,以防后续寄存器位的地址混乱。

例 3-2 还声明了一个 SCICCR_BITS 的变量 bit,这样就可以通过 bit 来实现对寄存器的位的访问了。例子中是对位域 SCICHAR 赋值,配置 SCI 字符控制长度为 8 位(SCICHAR 的值为 7,对应于字符长度为 8 位)。

3.1.3 声明共同体

使用位定义的方法定义寄存器可以方便地实现对寄存器的功能位进行操作,但是有时如果需要对整个寄存器进行操作,那么位操作是不是就显得有些麻烦了呢?所以很有必要引入能够对寄存器整体进行操作的方式,这样想要进行整体操作时就用整体操作的方式,想要进行位操作时就用位操作的方式。这种二选一的方式是不是让人想起 C 语言的共同体了呢?例 3-3 为对 SCI 的通信控制寄存器 SCICCR 进行共同体的定义,使得用户便于选择对位或者寄存器整体进行操作。

【例 3-3】 SCICCR 的共同体定义。

```
union SCICCR_REG
{
Uint16 all;                              //可实现对寄存器整体操作
struct SCICCR_BITS bit;                  //可实现位操作
};
union SCICCR_REG SCICCR;
SCICCR.all = 0x007F;
SCICCR.bit.SCICHAR = 5;
```

例 3-3 先是定义了一个共同体 SCICCR_REG,然后声明了一个 SCICCR_REG 变量 SCICCR,接下来变量 SCICCR 就可以对寄存器实现整体操作或者进行位操作,很方便。在例 3-3 中,先是通过整体操作,对寄存器的各个位进行了配置,SCICHAR 位被赋值为 7,也就是说,SCI 数据位长度为 8;紧接着,变量 SCICCR 通过位操作的方式,将 SCICHAR 的值改为 5,即 SCI 数据的长度最终被设置为 6。

3.1.4 创建结构体文件

从表 3-1 可以看出,SCI 模块除了寄存器 SCICCR 之外,还有许多的寄存器。为了便于管理,需要创建一个结构体,用来包含 SCI 模块的所有的寄存器,如例 3-4 所示。

【例 3-4】 SCI 寄存器的结构体文件。

```
struct SCI_REGS
{
```

```
    union SCICCR_REG  SCICCR;                     //通信控制寄存器
    union SCICTL1_REG  SCICTL1;                   //控制寄存器 1
    Uint16        SCIHBAUD;                       //数据传输速率寄存器(高字节)
    Uint16        SCILBAUD;                       //数据传输速率寄存器(低字节)
    union SCICTL2_REG SCICTL2;                    //控制寄存器 2
    union SCIRXST_REG SCIRXST;                    //接收状态寄存器
    Uint16        SCIRXEMU;                       //接收仿真缓冲寄存器
    union SCIRXBUF_REG SCIRXBUF;                  //接收数据寄存器
    Uint16 rsvd1;                                 //保留
    Uint16        SCITXBUF;                       //发送数据缓冲寄存器
    union SCIFFTX_REG  SCIFFTX;                   //FIFO 发送寄存器
    union SCIFFRX_REG  SCIFFRX;                   //FIFO 接收寄存器
    union SCIFFCT_REG  SCIFFCT;                   //FIFO 控制寄存器
    Uint16 rsvd2;                                 //保留
    Uint16 rsvd3;                                 //保留
    union SCIPRI_REG  SCIPRI;                     //FIFO 优先级控制寄存器
};
extern volatile struct SCI_REGS SciaRegs;
extern volatile struct SCI_REGS ScibRegs;
extern volatile struct SCI_REGS ScicRegs;
```

在例 3-4 所示的 SCI 寄存器结构体 SCI_REGS 中,有的成员是 union 形式的,有的是 Uint16 形式的,定义为 union 形式的成员既可以实现对寄存器的整体操作,也可以实现对寄存器进行位操作,而定义为 Uint16 的成员只能直接对寄存器进行操作。

在 3.1.1 节中提到过,无论是 SCI-A、SCI-B,还是 SCI-C,在其寄存器存储空间中,有 3 个存储单元是被保留的,在对 SCI 的寄存器进行结构体定义时,也要将其保留。如例 3-4 所示,保留的寄存器空间采用变量来代替,但是该变量不会被调用,如 rsvd1、rsvd2、rsvd3。

在定义了结构体 SCI_REGS 之后,需要声明 SCI_REGS 型的变量 SciaRegs、ScibRegs、ScicRegs,分别用于代表 SCI-A 的寄存器、SCI-B 的寄存器和 SCI-C 的寄存器。关键字 extern 的意思是“外部的”,表明这个变量在外部文件中被调用,是一个全局变量。关键字 volatile 的意思是“易变的”,使得寄存器的值能够被外部代码任意改变,例如可以被外部硬件或者中断任意改变,如果不使用关键字 volatile,则寄存器的值只能被程序代码所改变。

前面是以 SCICCR 为例来介绍如何使用位定义的方式表示某个寄存器,又以 SCI 模块为例来讲解如何用结构体文件来表示一个外设模块的所有寄存器。如果根据前面的介绍,将 SCI 所有的寄存器用位定义的方式来表示,然后根据需要来定义共同体,最后定义寄存器结构体文件,可以发现,原来这就是 F28335 的头文件 DSP2833x_Sci.h 的内容。因为 F28335 的寄存器结构是固定的,所以,系统的头文件可以拿现成的来使用,一般情况下不需要再做修改了。

当如例 3-4 所示,定义了结构体 SCI_REGS 型的变量 SciaRegs、ScibRegs 和 ScicRegs 之后,就可以方便地实现对寄存器的操作了。下面以对 SCI-A 的寄存器 SCICCR 的操作为例,介绍如何开发程序。

【例 3-5】 对 SCICCR 按位进行操作。

```
SciaRegs.SCICCR.bit.STOPBITS = 0;                 //1 位结束位
      SciaRegs.SCICCR.bit.PARITYENA = 0;          //禁止极性功能
      SciaRegs.SCICCR.bit.LOOPBKENA = 0;          //禁止回送测试模式功能
      SciaRegs.SCICCR.bit.ADDRIDLE_MODE = 0;      //空闲线模式
      SciaRegs.SCICCR.bit.SCICHAR = 7;            //8 位数据位
```

【例 3-6】 对 SCICCR 整体进行操作。

```
SciaRegs.SCICCR.all = 0x0007;
```

例 3-5 和例 3-6 的作用是一样的,都是对 SCI-A 的寄存器 SCICCR 进行初始化操作,只不过例 3-5 是对 SCICCR 按位进行操作的,而例 3-6 是对 SCICCR 整体进行操作的。还有一些寄存器,例如,SCIHBAUD 和 SCILBAUD 在结构体 SCI_REGS 的定义中是 Uint16 型的,那么如何对这类寄存器操作呢? 如例 3-7 所示。

【例 3-7】 对 SCIHBAUD 和 SCILBAUD 进行操作。

```
SciaRegs.SCIHBAUD = 0;
SciaRegs.SCILBAUD = 0xF3;
```

由于 SCIHBAUD 和 SCILBAUD 定义时是 Uint16 型的,所以不能使用.all 或者.bit 的方式来访问了,只能直接给寄存器整体进行赋值。上面介绍的 3 种操作几乎涵盖了在 F28335 开发过程中对寄存器操作的所有方式,也就是说,掌握了这 3 种方式,就可以实现对 F28335 各种寄存器的操作了。

无论是 SCI-A、SCI-B,还是 SCI-C,都有好多寄存器,每个寄存器又都有若干位域,每个位域又都有自己的名字和功能,如此复杂的寄存器,是否要全部记住呢? 否则如何写程序呢? 答案显然是否定的。很多初学者把很多精力都花在了记忆寄存器上了,以至于看了后面就忘了前面的,到头来依然是一头雾水。

其实 CCS 为用户书写程序时提供了非常方便的功能,譬如书写语句 SciaRegs.SCICCR.bit.STOPBITS=0,先在 CCS 中输入 SciaRegs,然后输入“.”,就会弹出一个下拉列表框,将 SCI-A 模块下所有的寄存器列了出来,如图 3-3 所示。单击列表框中寄存器 SCICCR,便输入了寄存器 SCICCR。在这里一定要注意,必须输入 SciaRegs,每个字母的大小写都必须符合,否则是不会出现下拉列表框的。在输入 SCICCR 之后,继续输入成员操作符“.”,弹出新的下拉列表框,如图 3-4 所示。列表框中是共同体变量 SCICCR 的两个成员 all 或者 bit。如果要对寄存器进行整体操作,就单击 all,如果对寄存器进行位操作,就单击 bit。在这里,选择单击 bit,然后继续输入“.”,会弹出一个下拉列表框,里面列出了寄存器 SCICCR 的所有位域,也就是 bit 的所有成员,单击列表框中的 STOPBITS,便完成了输入,如图 3-5 所示。

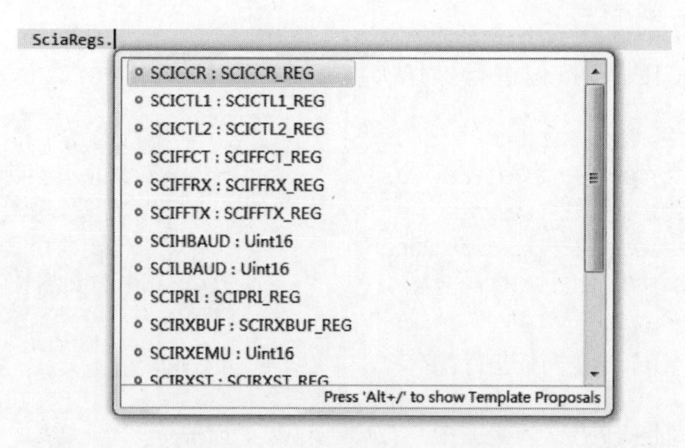

图 3-3　输入寄存器 SCICCR

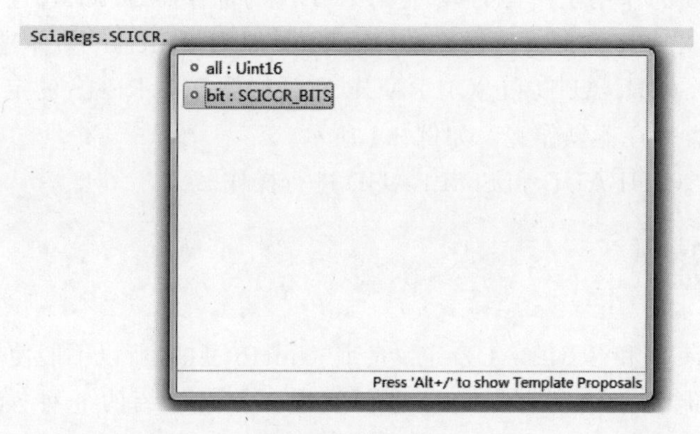

图 3-4　输入 bit

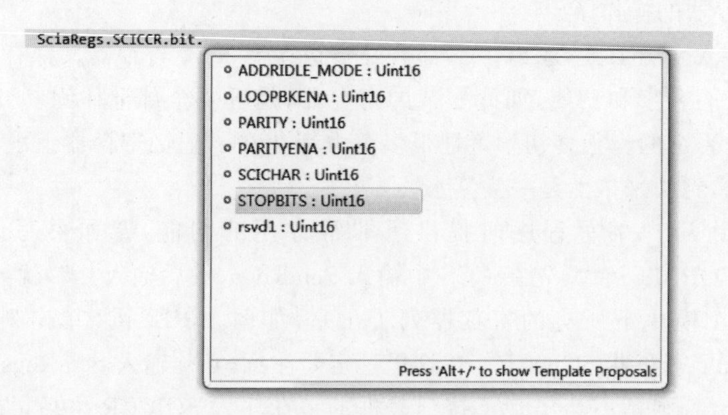

图 3-5　输入位域 STOPBITS

这是 CCS 的感应功能，很显然，使用感应功能的前提是工程加载了 F28335 的头文件，其下拉列表框中的内容都是头文件中所定义的结构体或者共同体的成员。因为 C 语言是区分大小写的，所以在最先手动输入外设寄存器名字的时候一定要注意字母的大小写，否则 CCS 也无法感应。能够对寄存器的位域进行提示和操作是使用位定义和寄存器结构体方式访问寄存器最显著的优点。

如果选中 SciaRegs.SCICCR，便可以观察到寄存器 SCICCR 的每个位域的值，如图 3-6 所示，这也是使用位定义和寄存器结构体方式访问寄存器的优点，当然前提是程序已经执行了这条赋值语句。

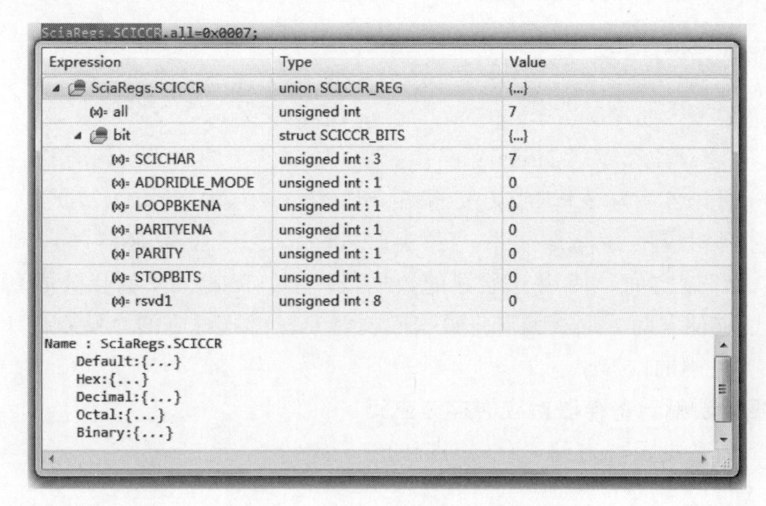

图 3-6 在 CCS 中观察 SCICCR

3.2 寄存器文件的空间分配

值得注意的是，之前所做的工作只是将 F28335 的寄存器按照 C 语言中位域定义和寄存器结构体的方式组织了数据结构，当编译时，编译器会把这些变量分配到存储空间中，但是很显然还有一个问题需要解决，就是如何将这些代表寄存器数据的变量同实际的物理寄存器结合起来呢？

这个工作需要两步来完成：第一步使用 DATA_SECTION 的方法将寄存器文件分配到数据空间中的某个数据段；第二步在 CMD 文件中，将这个数据段直接映射到这个外设寄存器所占的存储空间。通过这两步，就可以将寄存器文件同物理寄存器相结合起来了，下面详细讲解。

1. 使用 DATA_SECTION 方法将寄存器文件分配到数据空间

编译器产生可重新定位的数据和代码模块，这些模块就称为段。这些段可以根据不同的系统配置分配到相应的地址空间，各段的具体分配方式在 CMD 文件中定义。关于 CMD 文件，将在第 4 章中详细讲解。在采用硬件抽象层设计方法的情况下，变量可以采用“# pragma DATA_SECTION”命令分配到特殊的数据空间。在 C 语言中，“# pragma DATA_SECTION”的编程方式如下：

```
# pragma DATA_SECTION (symbol,"section name");
```

其中,symbol是变量名,而section name是数据段名。下面以变量SciaRegs和ScibRegs为例,将这两个变量分配到名字为SciaRegsFile和ScibRegsFile的数据段。

【例3-8】 将变量分配到数据段。

```
#pragma DATA_SECTION(SciaRegs,"SciaRegsFile");
volatile struct SCI_REGS SciaRegs;
#pragma DATA_SECTION(ScibRegs,"ScibRegsFile");
volatile struct SCI_REGS ScibRegs;
```

例3-8其实是DSP2833x_GlobalVariableDefs.c文件中的一段,其作用就是将SciaRegs和ScibRegs分配到名字为SciaRegsFile和ScibRegsFile的数据段。CMD文件会将每个数据段直接映射到相应的存储空间中。表3-1说明了SCI_A寄存器映射到起始地址为0x0000 7050的存储空间。使用分配好的数据段,变量SciaRegs就会分配到起始地址为0x0000 7050的存储空间。那么如何将数据段映射到寄存器对应的存储空间呢?这就要研究一下CMD文件中的内容了。

2. 将数据段映射到寄存器对应的存储空间

【例3-9】 将数据段映射到寄存器对应的存储空间。

```
/************************************************************************
 * 存储器 SRAM.CMD 文件
 * 将 SCI 寄存器文件结构分配到相应的存储空间
 ************************************************************************/
 MEMORY
 {
PAGE 1 :
SCI_A     : origin = 0x007050, length = 0x000010
SCI_B     : origin = 0x007750, length = 0x000010
 }
 SECTIONS
 {
  SciaRegsFile     : > SCI_A,     PAGE = 1
  ScibRegsFile     : > SCI_B,     PAGE = 1
 }
```

从例3-9可以看到,首先在MEMORY部分,SCI_A寄存器的物理地址从0x007050开始,长度为16,SCI_B寄存器的物理地址从0x007750开始,长度也为16。然后在SECTIONS部分,数据段SciaRegsFile被映射到了SCI_A,而ScibRegsFile被映射到了SCI_B,实现了数据段映射到相应的存储器空间。

通过以上两部分的操作,才完成了将外设寄存器的文件映射到寄存器的物理地址空间上,这样才可以通过C语言来实现对F28335寄存器的操作。

本章带大家一步一步地实现了如何使用C语言对F28335的寄存器进行操作,也提到了存储器空间和CMD文件,但并没有细讲,在接下来的章节里,就要详细介绍F28335的存储器结构、映像,以及如何编写 CMD 文件等内容。

习题

3-1 用位域的方式定义 SCI 的控制寄存器 SCICTL1,SCICTL1 的位如图 3-7 所示。

7	6	5	4	3	2	1	0
Reserved	RX ERR INT ENA	SW RESET	Reserved	TXWAKE	SLEEP	TXENA	RXENA
R-0	R/W-0	R/W-0	R-0	R/S-0	R/W-0	R/W-0	R/W-0

图 3-7 SCI 控制寄存器 SCICTL1

3-2 对 SCI-B 的控制寄存器 SCICTL1 整体赋值 0x003。

3-3 对 SCI-B 的控制寄存器 SCICTL1 按位赋值,RXENA 赋值为 1,TXENA 赋值为 1。

第4章 存储器及CMD文件的编写

在购买计算机的时候，硬盘空间通常是衡量计算机性能的指标之一，同样，在选择嵌入式CPU之前，存储器也是必须考虑的指标之一。存储器就像个仓库，堆放着各种程序代码和数据，CPU运行时就是在“仓库”里不断地搬入搬出各种代码和数据，作为“仓库”保管员的开发者，弄清楚“仓库”的结构及存放规则是必需的。F28335的内部具有总共34K×16位的SRAM和256K×16位的Flash。本章将详细介绍F28335存储器的结构、映像，并讲解如何编写“仓库”的存放规则——CMD文件。

视频讲解

4.1 F28335的存储器

4.1.1 F28335存储器的结构

TMS320F28335的CPU本身不含存储器，但它可以访问DSP片内其他地方的存储器或者片外扩展的存储器。F28335的存储器结构如图4-1所示。

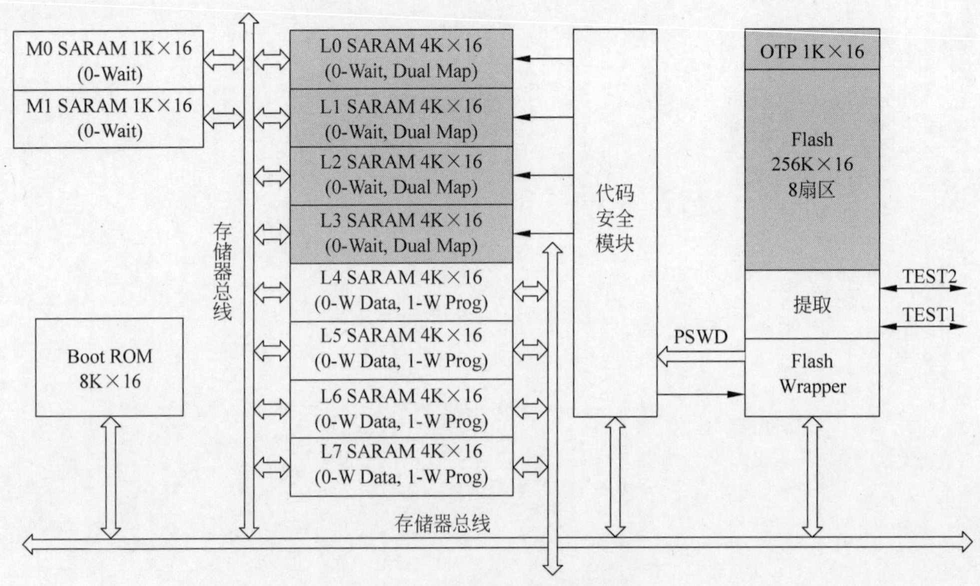

图4-1 F28335的存储器结构

F28335 具有片内单口随机存储器 SRAM、只读存储器 ROM 和 Flash 存储器。它们可以被映射到程序空间或者数据空间，用来存放执行代码或存储数据变量。F28335 内部具体的片内存储器资源如表 4-1 所示。

表 4-1　F28335 片内存储器资源

存储器名称	存储器容量
Flash	256K×16 位
M0(SRAM)	1K×16 位
M1(SRAM)	1K×16 位
L0(SRAM)	4K×16 位
L1(SRAM)	4K×16 位
L2(SRAM)	4K×16 位
L3(SRAM)	4K×16 位
L4(SRAM)	4K×16 位
L5(SRAM)	4K×16 位
L6(SRAM)	4K×16 位
L7(SRAM)	4K×16 位
Boot ROM	8K×16 位
OTP(One Time Programmable ROM)	2K×16 位

4.1.2　F28335 存储器的映像

视频讲解

F28335 具有 32 位的数据地址和 22 位的程序地址，总地址空间可以达到 4Mb 的数据空间和 4Mb 的程序空间。读到这句话的时候，不知道会不会产生这样的疑问，一个是 32 位的数据地址，一个是只有 22 位的程序地址，那么为什么其可寻址的空间却是一样大呢？不妨来算一下，32 位的数据地址，就是能访问 2^{32}，即 4Gb 的空间，而 22 位的程序地址，就是能访问 2^{22}，即 4Mb 的空间。也就是说，可寻址的数据空间应该是 4Gb 而不是 4Mb，难道 TI 给出的文档有问题吗？其实，F28335 可寻址的数据空间最大确实是 4Gb，但是实际线性地址能达到的只有 4Mb，原因是 F28335 的存储器分配采用的是分页机制，分页机制采用的是形如 0xXXXXXXX 的线性地址，所以数据空间能寻址的只有 4M，不过也足够使用了。

F28335 的存储器就像一个仓库，用来存放很多的货物，只不过存储器是用来存放指令和数据的。从表 4-1 可以看到，F28335 内部有很多不同的存储器块，如何有效地管理这些存储器块，如何高效地利用存储器空间，对于系统而言是非常重要的问题。

先用一个通俗的例子来进行讲解。如图 4-2 所示，假设有一家物流公司，它有储藏货物的仓库若干个，每天来来往往有成千上万的货物要发送到全国各地，如果拿回来的货物乱七八糟地堆放的话，发货的时候麻烦就大了，发货人员不仅仅要一个仓库一个仓库去找，而且要一个货架一个货架地翻，这样效率肯定是极其低下的，匆忙之下还有可能将货物搞错。为了提高效率，老板肯定要想办法进行改进。首先把各个仓库分类，例如仓库 1 是发往江苏和上海的货物，仓库 2 是发往北京的货物，仓库 3 是发往深圳的货物，仓库 4 是发往西安的。其次，货物进来前要根据目的地贴上统一规格的标签，例如 HD1000-HD2009 的货物放在仓库 1 内。这样，发货的时候，只要根据标签就能方便地分辨出货物在哪个仓库的哪个货架，应该装上发往哪个地区的货车，一切井然有序。

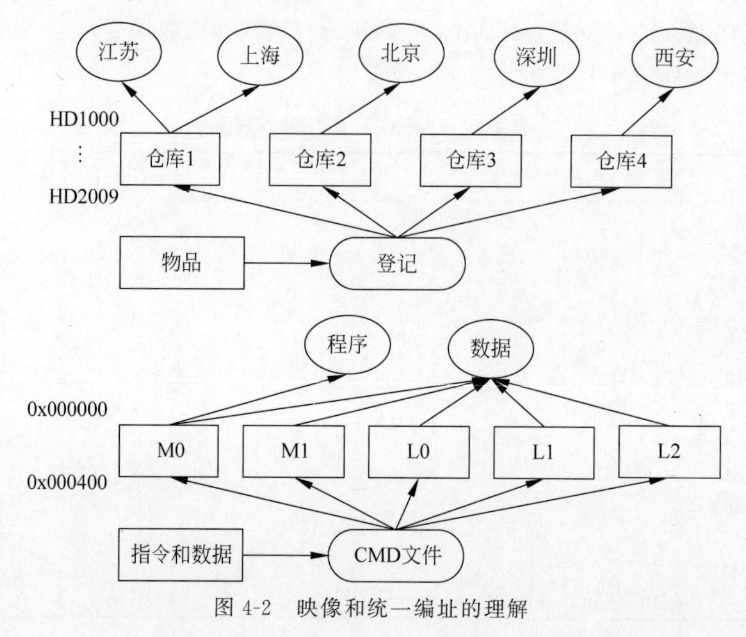

图 4-2 映像和统一编址的理解

类似地，各个存储空间就像物流公司的仓库一样，有的是存放程序代码的，有的是用来存放数据的。F28335 对各个存储单元进行了统一的编址，确定了各个存储单元在存储空间中的绝对位置，在放置代码或者数据时，根据它们的类型进行分配，决定究竟放在哪个区域，并记录下了它们的地址，这样需要用到的时候只要根据这些地址就能很方便地找到所需要的内容，而记录下如何分配存储空间内容的就是 CMD 文件。关于 CMD 文件内容和如何编写将在稍后做详细的讲解。

下面来解释一下什么是映像。"映像"用英文单词表示是"Map"，"Map"在中文里又是"地图"的意思。在地图上，建筑物都有自己详细的地址，根据地图的指引，按照地址，就能找到相应的地方。类似地，当存储器单元的地址在设计时都确定下来后，就形成了存储器的"地图"，也就是存储器映像，根据存储单元的地址，就能找到相应的存储单元。

TMS320F28335 的存储器映像如图 4-3 所示。

根据图 4-3，各个存储器块的地址范围如表 4-2 所示。

表 4-2 F28335 各个存储器块的地址范围

地 址 范 围	存储器块名称
0x00 0000～0x00 003F	M0 向量 RAM(VMAP=0)
0x00 0040～0x00 03FF	M0 SARAM(1K×16 位)
0x00 0400～0x00 07FF	M1 SARAM(1K×16 位)
0x00 0800～0x00 0CFF	外设帧 0(2K×16 位)
0x00 0D00～0x00 0DFF	PIE 向量(VMAP=1,ENPIE=1,256×16)
0x00 0E00～0x00 1FFF	外设帧 0
0x00 2000～0x00 3FFF	保留区域

续表

地址范围	存储器块名称
0x00 4000～0x00 4FFF	外扩的 XINTF Zone0(4K×16 位,受 EALLOW 保护)
0x00 5000～0x00 5FFF	外设帧 3(4K×16 位,受 EALLOW 保护)
0x00 6000～0x00 6FFF	外设帧 1(4K×16 位,受 EALLOW 保护)
0x00 7000～0x00 7FFF	外设帧 2(4K×16 位,受 EALLOW 保护)
0x00 8000～0x00 8FFF	L0 SARAM(4K×16 位,受密码保护,双映射)
0x00 9000～0x00 9FFF	L1 SARAM(4K×16 位,受密码保护,双映射)
0x00 A000～0x00 AFFF	L2 SARAM(4K×16 位,受密码保护,双映射)
0x00 B000～0x00 BFFF	L3 SARAM(4K×16 位,受密码保护,双映射)
0x00 C000～0x00 CFFF	L4 SARAM(4K×16 位)
0x00 D000～0x00 DFFF	L5 SARAM(4K×16 位)
0x00 E000～0x00 EFFF	L6 SARAM(4K×16 位)
0x00 F000～0x00 FFFF	L7 SARAM(4K×16 位)
0x01 0000～0x0F FFFF	保留区域
0x10 0000～0x1F FFFF	外扩的 XINTF Zone6(1M×16 位)
0x20 0000～0x2F FFFF	外扩的 XINTF Zone7(1M×16 位)
0x30 0000～0x33 FFF7	Flash(256K×16 位)
0x33 FFF8～0x33 FFFF	128 位密码
0x34 0000～0x37 FFFF	保留区域
0x38 0000～0x38 03FF	TI OTP(1K×16 位)
0x38 0400～0x38 07FF	User OTP(1K×16 位)
0x38 0800～0x3F 7FFF	保留区域
0x3F 8000～0x3F 8FFF	L0 SARAM(4K×16 位,受密码保护,双映射)
0x3F 9000～0x3F 9FFF	L1 SARAM(4K×16 位,受密码保护,双映射)
0x3F A000～0x3F AFFF	L2 SARAM(4K×16 位,受密码保护,双映射)
0x3F B000～0x3F BFFF	L3 SARAM(4K×16 位,受密码保护,双映射)
0x3F C000～0x3F DFFF	保留空间
0x3F E000～0x3F FFBF	Boot ROM(8K×16 位)
0x3F FFC0～0x3F FFFF	BROM 向量(VMAP=1,ENPIE=0)

对于图 4-3 所示的 TMS320F28335 的存储器映像,下面的几点需要特别注意:

(1) 保留区是为将来的扩展而保留的,在实际应用时不应该去访问这些区域。

(2) 外设帧 0、外设帧 1、外设帧 2 和外设帧 3 的存储器只能映射到数据空间,用户程序不能在程序空间访问这些存储器。

(3) 图中标注 Protected 的存储器,即外设帧 1、外设帧 2、外设帧 3 和 XINTF Zone0,受到 EALLOW 保护,以避免配置后的随意改写。

(4) 存储器 L0、L1、L2、L3、Flash 以及 User OTP 均受密码 CSM 保护。

(5) TI OTP ROM 是只读的,而且包含 ADC 校验程序,它不是可编程的。

(6) 在同一个时刻,M0 向量、PIE 向量、BROM 向量中只能有一种向量被使能。

存储器的映像就是存储单元的“地图”,规定了各个存储单元在存储空间中的绝对地址。F28335 对数据空间和程序空间进行了统一编址,有些地址空间既可以作数据空间用,也可以作程序空间用,而有的地址空间只能作数据空间用,不能当程序空间用,详细内容可仔细查看图 4-3。

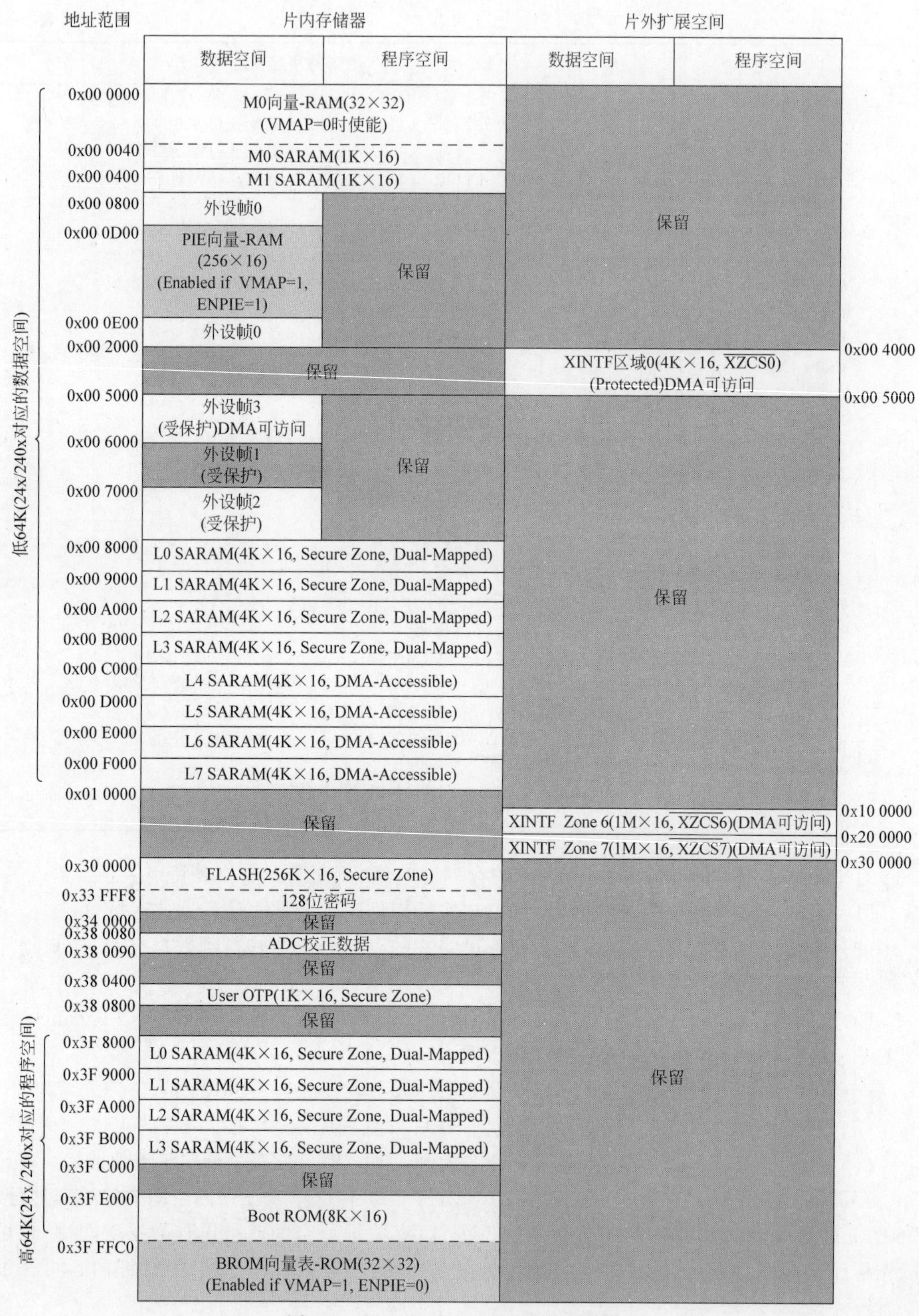

图 4-3　TMS320F28335 的存储器映像

4.1.3 F28335各个存储器模块的特点

前面介绍了F28335是由哪些存储器模块组成的，并了解了这些存储器模块在F28335存储空间中的地址分布情况，但对各个存储器模块具体的特点并不了解。接下来详细介绍这些存储器模块，看看其各有哪些特点。

1. 片内SARAM

SARAM是Single Access RAM的缩写，即为单口随机读/写存储器，后面就简称片内RAM。单口RAM是相对于双口RAM而言的，双口RAM是在一个RAM存储器上具有两套完全独立的数据线、地址线和读写控制线，并允许两个独立的系统同时对该存储器进行随机访问。片内RAM总共有34K×16位大小，由M0、M1、L0～L7共10个存储块组成，每个存储块各自的大小见表4-2。这些存储器块都可以被单独访问，并且均可以作为程序空间或者数据空间，用来存放指令代码或者存储数据。值得注意的是，L0、L1、L2和L3中的内容受到CSM的保护，即需要密码才能从JTAG口读取，其余存储器块都不受密码保护。

2. 片内OTP

片内OTP实质是ROM空间。OTP是One Time Programmable的缩写，即一次性可编程的ROM，其大小为2K×16位，其中1K×16位由TI公司保留作为系统测试使用，剩余1K×16位用户可以使用，这部分空间均可作为程序空间或者数据空间。OTP里面的内容受到CSM的保护。

3. Boot ROM

Boot ROM也可以叫作引导ROM。该存储空间内有TI公司产品的版本号、发布的数据、校验求和信息、复位向量、CPU向量(仅为测试)及数学表等内容。Boot ROM的主要作用是实现DSP程序的引导功能(Bootloader)。芯片出厂时，在Boot ROM的0x3FFC00～0x3FFFBF存储器内装有厂家的引导装载程序，当MP/$\overline{MC}$，DSP被置为微计算机模式时，CPU在复位后将执行这段程序，从而完成引导功能。

4. 片内Flash

F28335具有256K×16的片内Flash，这部分空间也可以作为程序空间或者数据空间，其内容也是受到CSM的保护的。Flash存储器由8个32K×16位的扇区组成，用户可以单独对其中任何一个扇区进行擦除、编程和校验，而其他扇区不变。但是，不能在其中一个扇区上执行程序来擦除和编程其他的扇区。具体的区段划分如表4-3所示。

表4-3 F28335片内Flash区段的划分

地址范围	区段名称
0x30 0000～0x30 7FFF	段H(32K×16位)
0x30 8000～0x30 FFFF	段G(32K×16位)
0x31 0000～0x31 7FFF	段F(32K×16位)
0x31 8000～0x31 FFFF	段E(32K×16位)
0x32 0000～0x32 7FFF	段D(32K×16位)

续表

地址范围	区段名称
0x32 8000～0x32 FFFF	段 C(32K×16 位)
0x33 0000～0x33 7FFF	段 B(32K×16 位)
0x33 8000～0x33 FFFF	段 A(32K×16 位)
0x33 FF80～0x33 FFF5	当采用密码保护时,编程为 0x0000
0x33 FFF6～0x33 FFF7	Flash 启动入口地址(这里有程序分支指令)
0x33 FFF8～0x33 FFFF	128 位密码

5. 代码安全模块 CSM

CSM 是 Code Security Module 的首字母缩写,即代码安全模块。在开发完程序,将代码烧写进芯片的存储器后,常常会担心别人通过 JTAG 口从存储器中将代码读出来,为了保护代码安全,F28335 设计有代码安全模块 CSM,其地址为 0x33 FFF8～0x33 FFFF,共128 位。受到 CSM 保护的模块有 Flash、OTP、L0、L1、L2 和 L3。密码保护的概念应该很好理解,Flash、OTP、L0、L1、L2、L3 这些模块就像是一个保险箱,把代码装载入存储单元之后,就给保险箱设一个密码,当需要再取这些存储单元中的内容时,需要凭密码打开,只有当输入的密码和之前设置的密码相同时,才能打开保险箱;否则无法打开保险箱,即无法读取存储单元中的内容。

图 4-4 是 CCS6 中 Flash 烧写设置界面,其可以在工程属性中找到(右击工程,在弹出的菜单中选择 Properties 选项)。从图 4-4 可以看到,正如前面所介绍的,能对各个 Flash 的段

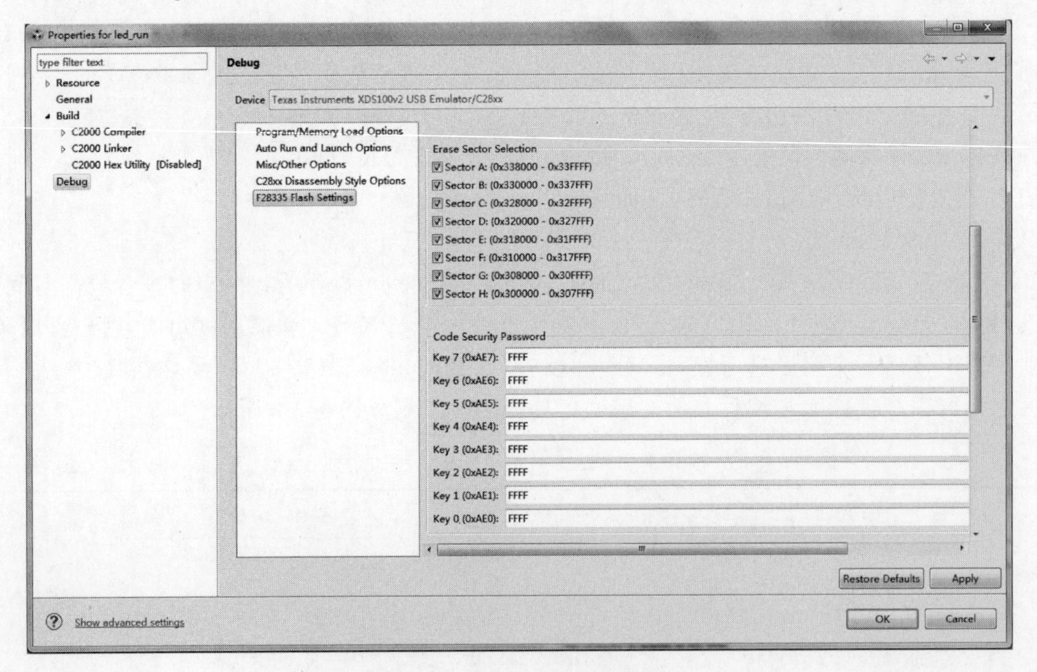

图 4-4 F28335 Flash 设置界面

进行单独擦除。这里主要看 Code Security Password 区域,CSM 模块由 8 个 16 位的单元组成,默认的各位全是 1,当 128 位全为 1 的时候,说明器件此时是不安全的,并未受密码保护。在烧写 Flash 程序时,在此处可以设置好密码。值得注意的是,不能使用全 0 作为一个密码或者在 Flash 存储器上执行一个清 0 程序后再复位该芯片;否则该芯片会被锁死,不能调试或再编程。

6. 外设帧 PF

F28335 片内具有外设帧 0、外设帧 1、外设帧 2 和外设帧 3 共 4 个,专门用于外设寄存器的映像空间。除了 CPU 寄存器之外,其他寄存器均放在了这些外设帧内。具体的分布情况如表 4-4～表 4-7 所示。

表 4-4　外设帧 0 各寄存器的映像分布情况

名　称	地址范围	大小(×16)	访问类型
器件仿真寄存器	0x00 0880～0x00 09FF	384	受 EALLOW 保护
Flash 寄存器	0x00 0A80～0x00 0ADF	96	受 EALLOW 保护
CSM 模块寄存器	0x00 0AE0～0x00 0AEF	16	受 EALLOW 保护
ADC 寄存器	0x00 0B00～0x00 0B0F	16	不受 EALLOW 保护
XINTF 寄存器	0x00 0B20～0x00 0B3F	32	受 EALLOW 保护
CPU 定时器 0/1/2 寄存器	0x00 0C00～0x00 0C3F	64	不受 EALLOW 保护
PIE 寄存器	0x00 0CE0～0x00 0CFF	32	不受 EALLOW 保护
PIE 向量表	0x00 0D00～0x00 0DFF	256	受 EALLOW 保护
DMA 寄存器	0x00 1000～0x00 11FF	512	受 EALLOW 保护

表 4-5　外设帧 1 各寄存器的映像分布情况

名　称	地址范围	大小(×16)
eCAN-A 寄存器	0x00 6000～0x00 61FF	512
eCAN-B 寄存器	0x00 6200～0x00 63FF	512
ePWM1＋HRPWM1 寄存器	0x00 6800～0x00 683F	64
ePWM2＋HRPWM2 寄存器	0x00 6840～0x00 687F	64
ePWM3＋HRPWM3 寄存器	0x00 6880～0x00 68BF	64
ePWM4＋HRPWM4 寄存器	0x00 68C0～0x00 68FF	64
ePWM5＋HRPWM5 寄存器	0x00 6900～0x00 693F	64
ePWM6＋HRPWM6 寄存器	0x00 6940～0x00 697F	64
eCAP1 寄存器	0x00 6A00～0x00 6A1F	32
eCAP2 寄存器	0x00 6A20～0x00 6A3F	32
eCAP3 寄存器	0x00 6A40～0x00 6A5F	32
eCAP4 寄存器	0x00 6A60～0x00 6A7F	32
eCAP5 寄存器	0x00 6A80～0x00 6A9F	32
eCAP6 寄存器	0x00 6AA0～0x00 6ABF	32
eQEP1 寄存器	0x00 6B00～0x00 6B3F	64
eQEP2 寄存器	0x00 6B40～0x00 6B7F	64
GPIO 寄存器	0x00 6F80～0x00 6FFF	128

表 4-6 外设帧 2 各寄存器的映像分布情况

名 称	地 址 范 围	大小(×16)
系统控制寄存器	0x00 7010～0x00 702F	32
SPI-A 寄存器	0x00 7040～0x00 704F	16
SCI-A 寄存器	0x00 7050～0x00 705F	16
外部中断寄存器	0x00 7070～0x00 707F	16
ADC 寄存器	0x00 7100～0x00 711F	32
SCI-B 寄存器	0x00 7750～0x00 775F	16
SCI-C 寄存器	0x00 7770～0x00 777F	16
I2C-A 寄存器	0x00 7900～0x00 793F	64

表 4-7 外设帧 3 各寄存器的映像分布情况

名 称	地 址 范 围	大小(×16)
McBSP-A 寄存器(DMA)	0x5000～0x503F	64
McBSP-B 寄存器(DMA)	0x5040～0x507F	64
ePWM1＋HRPWM1(DMA)	0x5800～0x583F	64
ePWM2＋HRPWM2(DMA)	0x5840～0x587F	64
ePWM3＋HRPWM3(DMA)	0x5880～0x58BF	64
ePWM4＋HRPWM4(DMA)	0x58C0～0x58FF	64
ePWM5＋HRPWM5(DMA)	0x5900～0x593F	64
ePWM6＋HRPWM6(DMA)	0x5940～0x597F	64

从上述表中可以看到:

(1) 外设帧 0 中有的寄存器受 EALLOW 指令的保护,有的不受 EALLOW 指令的保护,外设帧 1、外设帧 2 和外设帧 3 的寄存器都受 EALLOW 指令的保护,这也是为什么在写外设寄存器的相关程序时,有的在操作前需要加指令 EALLOW,操作结束后使用指令 EDIS,有的寄存器不需要,原因就在这里。使用 EALLOW 指令的保护可以防止一些偶然的代码或指针去破坏寄存器的内容。

(2) 外设帧 0 中的 Flash 寄存器既受 EALLOW 保护,同时也受 CSM 模块的保护。

(3) 当使用 DMA 时,ePWM 和 HRPWM 模块可以被映射到外设帧 3,此时 MAPCNF 寄存器的第 0 位 MAPEPWM 必须被设为 1。若 MAPEPWM 的值为 0,则 ePWM 和 HRPWM 模块被映射到外设帧 1。

4.2 CMD 文件

连接命令文件(Linker Command Files)以后缀.cmd 结尾,简称为 CMD 文件。前面介绍过,CMD 文件的作用就像仓库的货物摆放记录一样,为程序代码和数据分配存储空间。初学者往往会觉得 CMD 文件比较难懂,打开 CMD 文件研究时也是一头雾水。接下来,将从C语言语法的角度出发,由浅入深地揭秘CMD文件,也顺带简单介绍一下F28335所采用的通用目标文件格式COFF和段的概念。

4.2.1 COFF格式和段的概念

通用目标文件格式(Common Object File Format,COFF)是一种很流行的二进制可执行文件格式。二进制可执行文件包括了库文件(以后缀.lib结尾)、目标文件(以后缀.obj结尾)、最终的可执行文件(以后缀.out结尾)等,平时烧写程序时使用的就是以.out结尾的文件。

详细的COFF文件格式包括有段头、可执行代码、初始化数据、可重定位信息、行号入口、符号表、字符串表等,当然这些属于编写操作系统和编译器人员关心的范畴。从应用的角度来讲,大家只需掌握两点就可以了:一是通过伪指令定义段(Section),二是给段分配空间,至于二进制文件到底如何组织分配,则交由编译器来完成。

使用段的好处是鼓励模块化编程,提供更强大而又灵活的方法来管理代码和目标系统的存储空间。这里模块化编程的意思是指程序员可以自由决定愿意把哪些代码归属到哪些段,然后加以不同的处理。比如,把已经初始化的数据放到一个段里,未初始化的数据放到另一个段里,而不是混杂地放在一起。

编译器处理段的过程为:

(1) 把每个源文件都编译成独立的目标文件(以后缀.obj结尾),每个目标文件都含有自己的段。

(2) 连接器把这些目标文件中相同段名的部分连接在一起,生成最终的可执行文件(以后缀.out结尾)。

这里,正好可以重新提一下CCS软件中编写完程序需要编译时,使用Compile file和Build操作的区别。Compile file操作只是执行了上述过程的第(1)步,而Build操作执行了上述完整的第(1)步和第(2)步。

4.2.2 C语言生成的段

C语言生成的段可以分为两大类:已初始化的段和未初始化的段。已初始化的段含有真实的指令和数据,存放在程序存储空间。未初始化的段只是保留变量的地址空间,在DSP上电调用_c_int0初始化库前,未初始化的段并没有真实的内容。未初始化的段存放在数据存储空间。

1. 已初始化的段

(1) .text:编译C语言中的语句时,生成的汇编指令代码存放于此。

(2) .cinit:存放用来对全局和静态变量初始化的常数。

(3) .const:包含字符串常量和初始化的全局变量和静态变量(由const声明)的初始化和说明。

(4) .econst:包含字符串常量和初始化的全局变量和静态变量(由far const声明)的初

始化和说明。

(5) .pinit：全局构造器(C++)程序列表。

(6) .switch：存放 switch 语句产生的常数表格。

这里需要详细说明的是，在 C 语言中，有以下 3 种情况会产生.const 段：

(1) 关键字 const。由关键字 const 声明的全局变量的初始化值，例如“const int a=18；”。但是由 const 声明的局部变量的初始化值，不会产生.const 段，局部变量都是运行时开辟在.bss 段中的。

(2) 字符串常数。字符串常数出现在表达式中，例如，“strcpy(s,"abc")；”。字符串常数用来初始化指针变量，例如“char *p="abc"；”。但是，当字符串常数用来初始化数组变量时，不论是全局变量还是局部变量，都不会产生.const 段，此时字符串常数生成的是.cinit 段。

(3) 数组和结构体的初始值。数组和结构体是局部变量时，其初始化值会产生.const 段，但当数组和结构体是全局变量时，其初始化值不会产生.const 段，此时生成的是.cinit 段。

2. 未初始化的段

(1) .bss：为全局变量和局部变量保留的空间，在程序上电时，.cinit 空间中的数据复制出来并存储在.bss 空间中。

(2) .ebss：为使用大寄存器模式时的全局变量和静态变量预留的空间，在程序上电时，.cinit 空间中的数据被复制出来并存储在.ebss 中。

(3) .stack：为系统堆栈保留的空间，主要用于和函数传递变量或为局部变量分配空间。

(4) .system：为动态存储分配保留的空间。如果有宏函数，那么此空间被宏函数占用；如果没有宏函数，那么此空间保留为 0。

(5) .esystem：为动态存储分配保留的空间。如果有 far 函数，那么此空间被相应的占用；如果没有 far 函数，那么此空间保留为 0。

上面介绍的段都是 C 语言预先已经定义好的段，那么作为开发人员是否可以自己定义段呢？答案肯定是可以的，在前面介绍寄存器文件的空间分配时，就讲到了使用“#pragma DATA_SECTION”命令来定义数据段，下面做更为详细的介绍。

#pragma 是标准 C 语言中保留的预处理命令，在 F28335 中，大家可以通过#pragma 来定义自己的段，这是预处理命令#pragma 的主要用法。#pragma 的语法格式如下：

```
#pragma CODE_SECTION(symbol,"section name");
#pragma DATA_SECTION(symbol,"section name");
```

需要说明的是：

(1) symbol 是符号，可以是函数名也可以是全局变量名。Section name 是用户自己定义的段名。

(2) CODE_SECTION 用来定义代码段,而 DATA_SECTION 用来定义数据段。

(3) 不能在函数体内声明#pragma。

(4) 必须在符号被定义和使用前使用#pragma。

【例 4-1】 将全局数组变量 s[100]单独编译成一个新的段,取名为 newsect。

```
#pragma DATA_SECTION(s,"newsect");
unsigned int s[100];
void main(void)
{
    …
}
```

在实际应用时,如果没有用到某些段,例如很多人可能不会用到. system 段,则可以不用在 CMD 文件中为其分配存储空间,当然为保险起见,也可以无论用到与否,均为其分配存储空间。表 4-8 是前面所介绍的这些段的存储特性,也就是这些段应当放在什么样的存储器里,应当分配到程序空间还是数据空间。由于 F28335 的存储空间采用的是分页制,在 CMD 文件中,PAGE0 代表程序空间,PAGE1 代表数据空间。

表 4-8 段的存储特性

段	存储器类型	分配的存储空间
. text	ROM OR RAM (Flash)	PAGE0
. cinit	ROM OR RAM (Flash)	PAGE0
. const	ROM OR RAM (Flash)	PAGE1
. econst	ROM OR RAM (Flash)	PAGE1
. pinit	ROM OR RAM (Flash)	PAGE0
. switch	ROM OR RAM (Flash)	PAGE0/PAGE1
. bss	RAM	PAGE1
. ebss	RAM	PAGE1
. stack	RAM	PAGE1
. system	RAM	PAGE1
. esystem	RAM	PAGE1
通过#pragma CODE_SECTION 定义的段	ROM OR RAM (Flash)	PAGE0
通过#pragma DATA_SECTION 定义的段	RAM	PAGE1

4.2.3 CMD 文件的编写

视频讲解

CMD 文件支持 C 语言中的块注释符“/*”和“*/”,但不支持行注释符“//”。CMD 文件会使用到为数不多的几个关键字,下面根据需要介绍一些常用的关键字。值得注意的是,虽然某些关键字既能大写也能小写,例如 run,也可以写成 RUN,fill 也可以写成 FILL,但有些关键字是必须区分大小写的,比如 MEMORY、SECTIONS 只能大写。

CMD 文件的两大主要功能是指示存储空间和分配段到存储空间，CMD 文件其实也就是由这两部分内容构成的，下面分别进行介绍。

1. 通过 MEMORY 伪指令来指示存储空间

MEMORY 伪指令语法如下：

```
MEMORY
{
    PAGE0:name0[(attr)]:origin = constant, length = constant
    PAGEn:namen[(attr)]:origin = constant, length = constant
}
```

其中，

PAGE 用来标识存储空间的关键字。PAGEn 的最大值为 PAGE255。F28335 用的是 PAGE0、PAGE1，其中 PAGE0 为程序空间，PAGE1 为数据空间。

name 代表某一属性或地址范围的存储空间名称。名称可以是 1～8 个字符，在同一个页内名称不能相同，不同页内名称能相同。

attr 用来规定存储空间的属性。共有 4 个属性，分别用 4 个字母来表示。只读 R，只写 W，该空间可包含可执行代码 X，该空间可以被初始化 I。实际使用时，为了简化起见，通常会忽略此选项，表示存储空间具有所有的属性。

origin 用来定义存储空间的起始地址。

length 用来定义存储空间的长度。

2. 通过 SECTIONS 伪指令来分配到存储空间

SECTIONS 伪指令语法如下：

```
SECTIONS
{
    name:[property, property, property, …]
    name:[property, property, property, …]
    …
}
```

其中，name 为输出段的名称；property 为输出段的属性。下面介绍一些常用的属性。

① load——定义输出段将被装载到哪里的关键字，其语法如下：

```
load = allocation 或者 allocation 或者 > allocation
```

allocation 可以是绝对地址，比如“load＝0x000400”，当然，更多的时候，allocation 是存储空间的名称，这也是最为常见的用法。

② run——定义输出段从哪里开始运行的关键字，其语法如下：

```
run = allocation 或者 run > allocation
```

CMD 文件中规定，当只出现一个关键字 load 或者 run 时，表示 load 地址和 run 地址是重叠的。在实际应用中，大部分的 load 地址和 run 地址都是重叠的，除了.const 段。

③ 输入段。其语法如下：

```
{input_sections}
```

花括号"{}"中是输入段名。这里对输入段和输出段做一个区分，每一个 C 语言文件经过编译都会生成若干个段，多个汇编或 C 语言文件生成的段大都是同名的，常见的如前面已经介绍的段.cinit、.bss 等，这些都属于输入段。这些归属于不同文件的输入段，在 CMD 文件的指示下，会被连接器连接在一起生成输出段。

④ PAGE——定义段分配到存储空间的类型。其语法如下：

```
PAGE = 0 或 PAGE = 1
```

当 PAGE=0 时，说明段分配到程序空间；当 PAGE=1 时，说明段分配到数据空间。

3. 实际工程中的 CMD 文件

CMD 文件的语法就是上面介绍的这些了，下面来看看在 F28335 的工程中，CMD 文件是不是和上面介绍的一致。打开共享资料中任意一个完整的工程，首先需要来看一下 DSP2833x_GlobalVariableDefs.c 文件中的内容，如程序清单 4-1 所示。

程序清单 4-1 DSP2833x_GlobalVariableDefs.c

```
#include "DSP2833x_Device.h"                          //包含 DSP2833x 头文件

#pragma DATA_SECTION(AdcRegs,"AdcRegsFile");
volatile struct ADC_REGS AdcRegs;

#pragma DATA_SECTION(AdcMirror,"AdcMirrorFile");
volatile struct ADC_RESULT_MIRROR_REGS AdcMirror;

#pragma DATA_SECTION(CpuTimer0Regs,"CpuTimer0RegsFile");
volatile struct CPUTIMER_REGS CpuTimer0Regs;

#pragma DATA_SECTION(CpuTimer1Regs,"CpuTimer1RegsFile");
volatile struct CPUTIMER_REGS CpuTimer1Regs;

#pragma DATA_SECTION(CpuTimer2Regs,"CpuTimer2RegsFile");
volatile struct CPUTIMER_REGS CpuTimer2Regs;

#pragma DATA_SECTION(CsmPwl,"CsmPwlFile");
volatile struct CSM_PWL CsmPwl;

#pragma DATA_SECTION(CsmRegs,"CsmRegsFile");
volatile struct CSM_REGS CsmRegs;
```

```
#pragma DATA_SECTION(DevEmuRegs,"DevEmuRegsFile");
volatile struct DEV_EMU_REGS DevEmuRegs;

#pragma DATA_SECTION(DmaRegs,"DmaRegsFile");
volatile struct DMA_REGS DmaRegs;

#pragma DATA_SECTION(ECanaRegs,"ECanaRegsFile");
volatile struct ECAN_REGS ECanaRegs;

#pragma DATA_SECTION(ECanaMboxes,"ECanaMboxesFile");
volatile struct ECAN_MBOXES ECanaMboxes;

#pragma DATA_SECTION(ECanaLAMRegs,"ECanaLAMRegsFile");
volatile struct LAM_REGS ECanaLAMRegs;

#pragma DATA_SECTION(ECanaMOTSRegs,"ECanaMOTSRegsFile");
volatile struct MOTS_REGS ECanaMOTSRegs;

#pragma DATA_SECTION(ECanaMOTORegs,"ECanaMOTORegsFile");
volatile struct MOTO_REGS ECanaMOTORegs;

#pragma DATA_SECTION(ECanbRegs,"ECanbRegsFile");
volatile struct ECAN_REGS ECanbRegs;

#pragma DATA_SECTION(ECanbMboxes,"ECanbMboxesFile");
volatile struct ECAN_MBOXES ECanbMboxes;

#pragma DATA_SECTION(ECanbLAMRegs,"ECanbLAMRegsFile");
volatile struct LAM_REGS ECanbLAMRegs;

#pragma DATA_SECTION(ECanbMOTSRegs,"ECanbMOTSRegsFile");
volatile struct MOTS_REGS ECanbMOTSRegs;

#pragma DATA_SECTION(ECanbMOTORegs,"ECanbMOTORegsFile");
volatile struct MOTO_REGS ECanbMOTORegs;

#pragma DATA_SECTION(EPwm1Regs,"EPwm1RegsFile");
volatile struct EPWM_REGS EPwm1Regs;

#pragma DATA_SECTION(EPwm2Regs,"EPwm2RegsFile");
volatile struct EPWM_REGS EPwm2Regs;

#pragma DATA_SECTION(EPwm3Regs,"EPwm3RegsFile");
volatile struct EPWM_REGS EPwm3Regs;

#pragma DATA_SECTION(EPwm4Regs,"EPwm4RegsFile");
```

```
volatile struct EPWM_REGS EPwm4Regs;

#pragma DATA_SECTION(EPwm5Regs,"EPwm5RegsFile");
volatile struct EPWM_REGS EPwm5Regs;

#pragma DATA_SECTION(EPwm6Regs,"EPwm6RegsFile");
volatile struct EPWM_REGS EPwm6Regs;

#pragma DATA_SECTION(ECap1Regs,"ECap1RegsFile");
volatile struct ECAP_REGS ECap1Regs;

#pragma DATA_SECTION(ECap2Regs,"ECap2RegsFile");
volatile struct ECAP_REGS ECap2Regs;

#pragma DATA_SECTION(ECap3Regs,"ECap3RegsFile");
volatile struct ECAP_REGS ECap3Regs;

#pragma DATA_SECTION(ECap4Regs,"ECap4RegsFile");
volatile struct ECAP_REGS ECap4Regs;

#pragma DATA_SECTION(ECap5Regs,"ECap5RegsFile");
volatile struct ECAP_REGS ECap5Regs;

#pragma DATA_SECTION(ECap6Regs,"ECap6RegsFile");
volatile struct ECAP_REGS ECap6Regs;

#pragma DATA_SECTION(EQep1Regs,"EQep1RegsFile");
volatile struct EQEP_REGS EQep1Regs;

#pragma DATA_SECTION(EQep2Regs,"EQep2RegsFile");
volatile struct EQEP_REGS EQep2Regs;

#pragma DATA_SECTION(GpioCtrlRegs,"GpioCtrlRegsFile");
volatile struct GPIO_CTRL_REGS GpioCtrlRegs;

#pragma DATA_SECTION(GpioDataRegs,"GpioDataRegsFile");
volatile struct GPIO_DATA_REGS GpioDataRegs;

#pragma DATA_SECTION(GpioIntRegs,"GpioIntRegsFile");
volatile struct GPIO_INT_REGS GpioIntRegs;

#pragma DATA_SECTION(I2caRegs,"I2caRegsFile");
volatile struct I2C_REGS I2caRegs;

#pragma DATA_SECTION(McbspaRegs,"McbspaRegsFile");
volatile struct MCBSP_REGS McbspaRegs;
```

```
#pragma DATA_SECTION(McbspbRegs,"McbspbRegsFile");
volatile struct MCBSP_REGS McbspbRegs;

#pragma DATA_SECTION(PieCtrlRegs,"PieCtrlRegsFile");
volatile struct PIE_CTRL_REGS PieCtrlRegs;

#pragma DATA_SECTION(PieVectTable,"PieVectTableFile");
struct PIE_VECT_TABLE PieVectTable;

#pragma DATA_SECTION(SciaRegs,"SciaRegsFile");
volatile struct SCI_REGS SciaRegs;

#pragma DATA_SECTION(ScibRegs,"ScibRegsFile");
volatile struct SCI_REGS ScibRegs;

#pragma DATA_SECTION(ScicRegs,"ScicRegsFile");
volatile struct SCI_REGS ScicRegs;

#pragma DATA_SECTION(SpiaRegs,"SpiaRegsFile");
volatile struct SPI_REGS SpiaRegs;

#pragma DATA_SECTION(SysCtrlRegs,"SysCtrlRegsFile");
volatile struct SYS_CTRL_REGS SysCtrlRegs;

#pragma DATA_SECTION(FlashRegs,"FlashRegsFile");
volatile struct Flash_REGS FlashRegs;

#pragma DATA_SECTION(XIntruptRegs,"XIntruptRegsFile");
volatile struct XINTRUPT_REGS XIntruptRegs;

#pragma DATA_SECTION(XintfRegs,"XintfRegsFile");
volatile struct XINTF_REGS XintfRegs;
```

在DSP2833x_GlobalVariableDefs.c文件中,使用“#pragma DATA_SECTION”自定义了很多段,这些段都是在F28335外设寄存器的结构体文件编译后生成的。这些自定义的段和系统预定义的段,例如.text、.cinit、.bss等一起在CMD文件中进行存储空间的分配,只是寄存器的段文件分配的地址是固定的,譬如段AdcRegsFile是外设ADC寄存器编译后产生的段文件,由于ADC寄存器的起始地址为0x000B00,长度为16,因此段AdcRegsFile必须分配到这个空间中。共享文件中有两个F28335常用的CMD文件,分别是DSP2833x_Headers_nonBIOS.cmd、F28335_RAM_lnk.cmd,其具体内容分别见程序清单4-2和程序清单4-3。

程序清单 4-2 DSP2833x_Headers_nonBIOS.cmd

```
MEMORY
{
  PAGE 0:                                                  /* Program Memory */
  PAGE 1:                                                  /* Data Memory */
    DEV_EMU      : origin = 0x000880, length = 0x000180    /* 仿真相关寄存器 */
    Flash_REGS   : origin = 0x000A80, length = 0x000060    /* Flash 寄存器 */
    CSM          : origin = 0x000AE0, length = 0x000010    /* 密钥安全模块寄存器 */
    ADC_MIRROR   : origin = 0x000B00, length = 0x000010    /* ADC 结果寄存器的镜像 */
    XINTF        : origin = 0x000B20, length = 0x000020    /* 外部中断寄存器 */
    CPU_TIMER0   : origin = 0x000C00, length = 0x000008    /* CPU 定时器 */
    CPU_TIMER1   : origin = 0x000C08, length = 0x000008
    CPU_TIMER2   : origin = 0x000C10, length = 0x000008
    PIE_CTRL     : origin = 0x000CE0, length = 0x000020    /* PIE 控制寄存器 */
    PIE_VECT     : origin = 0x000D00, length = 0x000100    /* PIE 向量表 */
    DMA          : origin = 0x001000, length = 0x000200    /* DMA 寄存器 */
    MCBSPA       : origin = 0x005000, length = 0x000040    /* McBSP-A 寄存器 */
    MCBSPB       : origin = 0x005040, length = 0x000040    /* McBSP-B 寄存器 */
    ECANA        : origin = 0x006000, length = 0x000040    /* eCAN-A 寄存器 */
    ECANA_LAM    : origin = 0x006040, length = 0x000040
     ECANA_MOTS: origin = 0x006080, length = 0x000040
    ECANA_MOTO   : origin = 0x0060C0, length = 0x000040
    ECANA_MBOX   : origin = 0x006100, length = 0x000100
    ECANB        : origin = 0x006200, length = 0x000040    /* eCAN-B 寄存器 */
    ECANB_LAM    : origin = 0x006240, length = 0x000040
    ECANB_MOTS   : origin = 0x006280, length = 0x000040
    ECANB_MOTO   : origin = 0x0062C0, length = 0x000040
    ECANB_MBOX   : origin = 0x006300, length = 0x000100
    EPWM1        : origin = 0x006800, length = 0x000022    /* 增强型 PWM 1 寄存器 */
    EPWM2        : origin = 0x006840, length = 0x000022    /* 增强型 PWM 2 寄存器 */
    EPWM3        : origin = 0x006880, length = 0x000022    /* 增强型 PWM 3 寄存器 */
    EPWM4        : origin = 0x0068C0, length = 0x000022    /* 增强型 PWM 4 寄存器 */
    EPWM5        : origin = 0x006900, length = 0x000022    /* 增强型 PWM 5 寄存器 */
    EPWM6        : origin = 0x006940, length = 0x000022    /* 增强型 PWM 6 寄存器 */
    ECAP1        : origin = 0x006A00, length = 0x000020    /* 增强型捕获单元 1 寄存器 */
    ECAP2        : origin = 0x006A20, length = 0x000020    /* 增强型捕获单元 2 寄存器 */
    ECAP3        : origin = 0x006A40, length = 0x000020    /* 增强型捕获单元 3 寄存器 */
    ECAP4        : origin = 0x006A60, length = 0x000020    /* 增强型捕获单元 4 寄存器 */
    ECAP5        : origin = 0x006A80, length = 0x000020    /* 增强型捕获单元 5 寄存器 */
    ECAP6        : origin = 0x006AA0, length = 0x000020    /* 增强型捕获单元 6 寄存器 */
    EQEP1        : origin = 0x006B00, length = 0x000040    /* 增强型正交编码器 1 寄存器 */
    EQEP2        : origin = 0x006B40, length = 0x000040    /* 增强型正交编码器 2 寄存器 */
    GPIOCTRL     : origin = 0x006F80, length = 0x000040    /* GPIO 控制寄存器 */
    GPIODAT      : origin = 0x006FC0, length = 0x000020    /* GPIO 数据寄存器 */
    GPIOINT      : origin = 0x006FE0, length = 0x000020    /* GPIO 中断寄存器 */
```

```
    SYSTEM      : origin = 0x007010, length = 0x000020     /* 系统控制相关寄存器 */
    SPIA        : origin = 0x007040, length = 0x000010     /* SPI-A 寄存器 */
    SCIA        : origin = 0x007050, length = 0x000010     /* SCI-A 寄存器 */
    XINTRUPT    : origin = 0x007070, length = 0x000010     /* 外部中断寄存器 */
    ADC         : origin = 0x007100, length = 0x000020     /* ADC 寄存器 */
    SCIB        : origin = 0x007750, length = 0x000010     /* SCI-B 寄存器 */
    SCIC        : origin = 0x007770, length = 0x000010     /* SCI-C 寄存器 */
    I2CA        : origin = 0x007900, length = 0x000040     /* I2C-A 寄存器 */
    CSM_PWL     : origin = 0x33FFF8, length = 0x000008     /* 密码区域 */
    PARTID      : origin = 0x380090, length = 0x000001     /* 设备 ID 号 */
}

SECTIONS
{
    PieVectTableFile : > PIE_VECT, PAGE = 1

/*** 外设帧 0 寄存器 ***/
    DevEmuRegsFile        : > DEV_EMU,        PAGE = 1
    FlashRegsFile         : > Flash_REGS,     PAGE = 1
    CsmRegsFile           : > CSM,            PAGE = 1
    AdcMirrorFile         : > ADC_MIRROR,     PAGE = 1
    XintfRegsFile         : > XINTF,          PAGE = 1
    CpuTimer0RegsFile     : > CPU_TIMER0,     PAGE = 1
    CpuTimer1RegsFile     : > CPU_TIMER1,     PAGE = 1
    CpuTimer2RegsFile     : > CPU_TIMER2,     PAGE = 1
    PieCtrlRegsFile       : > PIE_CTRL,       PAGE = 1
    DmaRegsFile           : > DMA,            PAGE = 1

/*** 外设帧 3 寄存器 ***/
    McbspaRegsFile        : > MCBSPA,         PAGE = 1
    McbspbRegsFile        : > MCBSPB,         PAGE = 1

/*** 外设帧 1 寄存器 ***/
    ECanaRegsFile         : > ECANA,          PAGE = 1
    ECanaLAMRegsFile      : > ECANA_LAM       PAGE = 1
    ECanaMboxesFile       : > ECANA_MBOX      PAGE = 1
    ECanaMOTSRegsFile     : > ECANA_MOTS      PAGE = 1
    ECanaMOTORegsFile     : > ECANA_MOTO      PAGE = 1
    ECanbRegsFile         : > ECANB,          PAGE = 1
    ECanbLAMRegsFile      : > ECANB_LAM       PAGE = 1
    ECanbMboxesFile       : > ECANB_MBOX      PAGE = 1
    ECanbMOTSRegsFile     : > ECANB_MOTS      PAGE = 1
    ECanbMOTORegsFile     : > ECANB_MOTO      PAGE = 1
    EPwm1RegsFile         : > EPWM1           PAGE = 1
    EPwm2RegsFile         : > EPWM2           PAGE = 1
    EPwm3RegsFile         : > EPWM3           PAGE = 1
```

```
    EPwm4RegsFile        : > EPWM4       PAGE = 1
    EPwm5RegsFile        : > EPWM5       PAGE = 1
    EPwm6RegsFile        : > EPWM6       PAGE = 1
    ECap1RegsFile        : > ECAP1       PAGE = 1
    ECap2RegsFile        : > ECAP2       PAGE = 1
    ECap3RegsFile        : > ECAP3       PAGE = 1
    ECap4RegsFile        : > ECAP4       PAGE = 1
    ECap5RegsFile        : > ECAP5       PAGE = 1
    ECap6RegsFile        : > ECAP6       PAGE = 1
    EQep1RegsFile        : > EQEP1       PAGE = 1
    EQep2RegsFile        : > EQEP2       PAGE = 1
    GpioCtrlRegsFile     : > GPIOCTRL    PAGE = 1
    GpioDataRegsFile     : > GPIODAT     PAGE = 1
    GpioIntRegsFile      : > GPIOINT     PAGE = 1

/*** 外设帧 2 寄存器 ***/
    SysCtrlRegsFile      : > SYSTEM,     PAGE = 1
    SpiaRegsFile         : > SPIA,       PAGE = 1
    SciaRegsFile         : > SCIA,       PAGE = 1
    XIntruptRegsFile     : > XINTRUPT,   PAGE = 1
    AdcRegsFile          : > ADC,        PAGE = 1
    ScibRegsFile         : > SCIB,       PAGE = 1
    ScicRegsFile         : > SCIC,       PAGE = 1
    I2caRegsFile         : > I2CA,       PAGE = 1

/*** 密钥安全模块寄存器 ***/
    CsmPwlFile           : > CSM_PWL,    PAGE = 1

/*** 设备 ID 寄存器 ***/
    PartIdRegsFile       : > PARTID,     PAGE = 1
}
```

程序清单 4-3　F28335_RAM_link.cmd

```
MEMORY
{
PAGE 0 :

   BEGIN       : origin = 0x000000, length = 0x000002
   RAMM0       : origin = 0x000050, length = 0x0003B0
   RAML0       : origin = 0x008000, length = 0x001000
   RAML1       : origin = 0x009000, length = 0x001000
   RAML2       : origin = 0x00A000, length = 0x001000
   RAML3       : origin = 0x00B000, length = 0x001000
   ZONE7A      : origin = 0x200000, length = 0x00FC00
   CSM_RSVD    : origin = 0x33FF80, length = 0x000076
```

```
    CSM_PWL          : origin = 0x33FFF8, length = 0x000008
    ADC_CAL          : origin = 0x380080, length = 0x000009
    RESET            : origin = 0x3FFFC0, length = 0x000002
    IQTABLES         : origin = 0x3FE000, length = 0x000b50
    IQTABLES2        : origin = 0x3FEB50, length = 0x00008c
    FPUTABLES        : origin = 0x3FEBDC, length = 0x0006A0
    BOOTROM          : origin = 0x3FF27C, length = 0x000D44
PAGE 1               :

    BOOT_RSVD        : origin = 0x000002, length = 0x00004E
    RAMM1            : origin = 0x000400, length = 0x000400
    RAML4            : origin = 0x00C000, length = 0x001000
    RAML5            : origin = 0x00D000, length = 0x001000
    RAML6            : origin = 0x00E000, length = 0x001000
    RAML7            : origin = 0x00F000, length = 0x001000
    ZONE7B           : origin = 0x20FC00, length = 0x000400
}
SECTIONS
{
codestart        : > BEGIN,             PAGE = 0
    ramfuncs     : > RAML0,             PAGE = 0
    .text        : > RAML1,             PAGE = 0
    .cinit       : > RAML0,             PAGE = 0
    .pinit       : > RAML0,             PAGE = 0
    .switch      : > RAML0,             PAGE = 0

    .stack       : > RAMM1,             PAGE = 1
    .ebss        : > RAML4,             PAGE = 1
    .econst      : > RAML5,             PAGE = 1
    .esysmem     : > RAMM1,             PAGE = 1

    IQmath       : > RAML1,             PAGE = 0
    IQmathTables : > IQTABLES,          PAGE = 0, TYPE = NOLOAD
    FPUmathTables : > FPUTABLES,        PAGE = 0, TYPE = NOLOAD
    DMARAML4     : > RAML4,             PAGE = 1
    DMARAML5     : > RAML5,             PAGE = 1
    DMARAML6     : > RAML6,             PAGE = 1
    DMARAML7     : > RAML7,             PAGE = 1

    ZONE7DATA    : > ZONE7B,            PAGE = 1

    .reset       : > RESET,             PAGE = 0, TYPE = DSECT
    csm_rsvd     : > CSM_RSVD           PAGE = 0, TYPE = DSECT
    csmpasswds   : > CSM_PWL            PAGE = 0, TYPE = DSECT

    .adc_cal     : load = ADC_CAL,      PAGE = 0, TYPE = NOLOAD
}
```

DSP2833x_Headers_nonBIOS.cmd 和 F28335_RAM_lnk.cmd 在一起就是 F28335 的 RAM 工程常用的 CMD 了。DSP2833x_Headers_nonBIOS.cmd 是为 F28335 的寄存器分配存储空间,这是 TI 在设计芯片的时候就已经定好了的,所以里面寄存器的地址都是不能更改的。F28335_RAM_lnk.cmd 是为用户的程序和数据分配存储空间的,各个存储器的地址及其范围是固定的,但是如何进行分配是由用户自己定义的。仔细看一下程序清单 4-2 和程序清单 4-3 的内容,再读一下前面介绍的 CMD 文件的语法知识,可以看到 CMD 文件其实就是由伪指令 MEMORY 和 SECTIONS 两部分组成的。

第 1 部分就是 MEMORY 伪指令,在 PAGE0 和 PAGE1 内分别定义不同的存储空间,各个存储空间的名字是可以任意取的,譬如定义空间 RAML0 时,可以取名为 RAML0,也可以叫其他名字,从名称上可以看出 RAML0 使用了 F28335 片内 L0 的空间,起始地址是 0x008000,长度为 0x001000。下面来强调一下在定义存储空间时,需要注意以下几点:

(1) 同一页内空间的名称不能相同,不同页内空间名称可以相同。

(2) 如果将一个较大的存储器划分成若干个存储空间,则地址范围不能有重叠。分开的存储空间的总和不能超过这个存储器的容量。

(3) 存储空间的地址需要根据 F28335 存储器映像来决定,定义的空间地址范围一定要满足 F28335 的存储器映像,否则也会出错。譬如,RAM 空间 L0 的起始地址是 0x008000,长度为 0x1000,如果 RAML0 定义的起始地址为 0x007FFF,就会出错,因为起始地址不符合存储器映像,0x007FFF 这个地址已经超出了 L0 地址范围 0x008000～0x008FFF 了。总之,存储空间在定义时,无论是 RAM 空间还是外设帧的空间,一定要仔细参考 F28335 的存储器映像。

第 2 部分就是 SECTIONS 伪指令,将编译器编译后产生的各个段分配到前面定义好的存储空间去。随意拿出一条语句来分析一下:

```
SciaRegsFile        : > SCIA,       PAGE = 1
```

这句话的意思很明显,就是将段 SciaRegsFile 装载到名为 SCIA 的空间,这个空间为数据空间,并且运行时也是在空间 SCIA。段 SciaRegsFile 的内容是外设 SCI-A 的寄存器,空间 SCIA 的起始地址为 0x007050,长度为 0x000010,即 16,这和表 4-6 中外设帧 2 内 SCI-A 寄存器的地址范围是吻合的。根据 SECTIONS 中属性 load 的语法,将“>”改为“load=”也是可以的,也就是说,上面的语句可写成:

```
SciaRegsFile        : load= SCIA,       PAGE = 1
```

在开发 DSP 时,平时都是在调试程序,是把程序下载到 RAM 空间内的,而当开发完成时,就需要将程序烧写到 Flash 空间内,对不同的存储空间进行操作时,很显然,CMD 文件是不一样的。对 RAM 空间进行下载时就需要符合 RAM 空间的 CMD 文件,对 Flash 空间进行烧写时就需要符合 Flash 空间的 CMD 文件。在共享资料的编程素材文件夹内有 DSP2833x_Headers_nonBIOS.cmd、F28335_RAM_lnk.cmd 和 F28335.cmd,这些是通用的 CMD 文件,通常可以不做修改便能拿来使用。当然,如果实际情况和现有的 CMD 文件不符，就需要根据F28335的存储器映像来适当修改CMD文件，相信通过前面的介绍，应该不是什么难事了。

本章首先详细介绍了F28335的存储器映像，在基于C语言语法的基础上，详细讲解了CMD文件的构成，以及如何编写F28335的CMD文件。

习题

4-1 请简述F28335片内存储器的资源。

4-2 判断题：外设帧0、外设帧1、外设帧2和外设帧3的存储器可以映射到程序空间。(　　)

4-3 判断题：F28335的128位密码区域既可以全设为1，也可以全设为0。默认密码为全0。(　　)

4-4 判断题：存储器L0、L1、L2、L3、Flash以及User OTP均受密码CSM保护。(　　)

4-5 如下所示，程序中定义了数组a[100]和函数configtestledOFF，请用DATA_SECTION分别给a[100]和configtestledOFF定义数据段array和func。

```
int a[100];
void configtestledOFF(void)
{
    EALLOW;
    GpioDataRegs.GPACLEAR.bit.GPIO0 = 1;
    GpioDataRegs.GPACLEAR.bit.GPIO2 = 1;
    EDIS;
}
```

4-6 假设系统外扩了RAM存储器，外扩的地址是0x100000，存储器大小为0x4000，请在CMD中将这块存储器取名为EXRAM，并将题4-5中的数据段array和func分配到EXRAM中。

第 5 章

时钟和系统控制

身体各个器官的动力来自于心脏，正是心脏一刻不停有规律地进行跳动，人们才能有健康的身体去工作，去学习，去做自己想做的事情。可是有时候，身体过度疲劳了，或者受到了外来细菌和病毒的感染，就会开始生病，这时候就需要医生来对身体进行检查并进行医治。其实，DSP 也一样，当然不仅仅是 DSP，其他的 CPU 也一样，都需要一个类似于心脏的模块来提供其正常运行的动力和节奏。下面将详细介绍 F28335 的“心脏”——振荡器、锁相环和时钟机制，此外还将讲解给 DSP 做“身体检查”，以维持其正常工作的看门狗模块。

5.1 振荡器 OSC 和锁相环 PLL

视频讲解

为了能够让 F28335 按部就班地执行相应的代码，实现功能，就得让 DSP 芯片“活”起来，除了得给 DSP 提供电源以外，还需要向 CPU 不断地提供规律的时钟脉冲，这一功能就由 F28335 内部的振荡器 OSC 和锁相环模块 PLL 来实现。图 5-1 为 F28335 芯片内的 OSC 和 PLL 时钟模块。

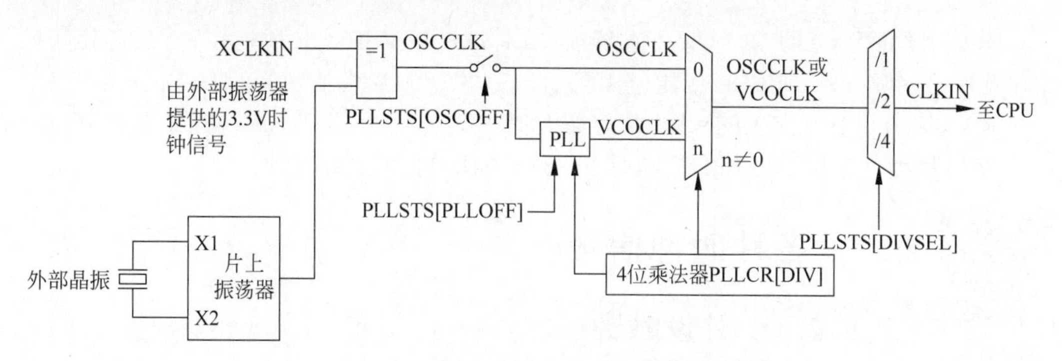

图 5-1　F28335 的 OSC 和 PLL 模块

先来简单介绍一下锁相环 PLL。锁相环是一种控制晶振使其相对于参考信号保持恒定的电路，在数字通信系统中使用比较广泛。目前 DSP 集成的片上锁相环 PLL 模块，主要作用是通过软件实时地配置片上外设时钟，提高系统的灵活性和可靠性。此外，由于采用软件可编程锁相环，所设计的处理器外部允许较低的工作频率，而片内经过锁相环模块提供较高的系统时钟，这种设计可以有效地降低系统对外部时钟的依赖和电磁干扰，提高系统启动和运行时的可靠性，从而降低系统对硬件设计的要求。

从图 5-1 可以看到，外部晶振通过了片内振荡器 OSC 和 PLL 模块，产生了时钟信号 CLKIN，提供给 CPU。如果 PLL 状态寄存器 PLLSTS 的位 OSCOFF 为 1，则来自外部的振荡器时钟信号就不会送入 PLL；如果 OSCOFF 为 0，则来自外部的振荡器时钟信号送入 PLL。PLL 模块有 3 种工作模式，由 PLLSTS[PLLOFF]和 PLLCR[DIV]来决定。振荡器的时钟信号 OSCCLK 和送至 CPU 的时钟信号 SYSCLKOUT/CLKIN 之间的关系如表 5-1 所示。

表 5-1 OSCCLK 和送至 CPU 的时钟信号 SYSCLKOUT/CLKIN 之间的关系

<table>
<tr><th>PLL 工作模式</th><th>工作模式说明</th><th>PLLSTS[DIVSEL]</th><th>SYSCLKOUT/CLKIN</th></tr>
<tr><td rowspan="3">关闭
PLLSTS[PLLOFF]=1
PLLCR[DIV]=0</td><td rowspan="3">当 PLLSTS 的位 PLLOFF 为 1 时，PLL 模块关闭，从而可以减少系统噪声并减少功率损耗。在进入此模式前，需要将 PLLCR 寄存器设为 0x0000</td><td>0,1</td><td>OSCCLK/4</td></tr>
<tr><td>2</td><td>OSCCLK/2</td></tr>
<tr><td>3</td><td>OSCCLK/1</td></tr>
<tr><td rowspan="3">旁路
PLLSTS[PLLOFF]=0
PLLCR[DIV]=0</td><td rowspan="3">当 PLLSTS 的位 PLLOFF 为 0，且 PLLCR 的寄存器为 0x0000 时，PLL 被旁路，此时，时钟信号直接绕过 PLL 模块，但 PLL 模块却并没有被关闭</td><td>0,1</td><td>OSCCLK/4</td></tr>
<tr><td>2</td><td>OSCCLK/2</td></tr>
<tr><td>3</td><td>OSCCLK/1</td></tr>
<tr><td rowspan="2">使能
PLLSTS[PLLOFF]=0
PLLCR[DIV]=n(n>0)</td><td rowspan="2">通过给 PLLCR 寄存器写一个不为 0 的值来实现 PLL 的使能，时钟信号需要进入 PLL 模块进行 n 倍频，然后再被分频，最后送至 CPU</td><td>0,1</td><td>OSCCLK×n/4</td></tr>
<tr><td>2</td><td>OSCCLK×n/2</td></tr>
</table>

需要注意的是，在写 PLLCR 寄存器前，PLLSTS[DIVSEL]必须是 0。在实际使用时，通常使用第三种方式，即 PLL 使能。从图 5-1 可以看到，通常使用 30MHz 晶振为 F28335 提供时基，因为当 PLLCR[DIV]设置为最大值 10，PLLSTS[DIVSEL]设置为 2 时，送至 CPU 的时钟可以达到 150MHz，这也是 F28335 所能支持的最高时钟频率。

视频讲解

5.2 各种时钟信号

5.2.1 外设时钟

F28335 芯片内各种外设时钟信号的产生情况如图 5-2 所示。CLKIN 是经过 PLL 模块后送往 CPU 的时钟信号，经过 CPU 分发，作为 SYSCLKOUT 送至各个外设。因此，SYSCLKOUT=CLKIN。

在使用 F28335 进行开发的时候，通常会用到一些外设，例如 SCI、SPI、I2C、CAN、PWM、CAP、QEP、McBSP、ADC、DMA 等。要使得这些外设正常工作，首要的就是向其提

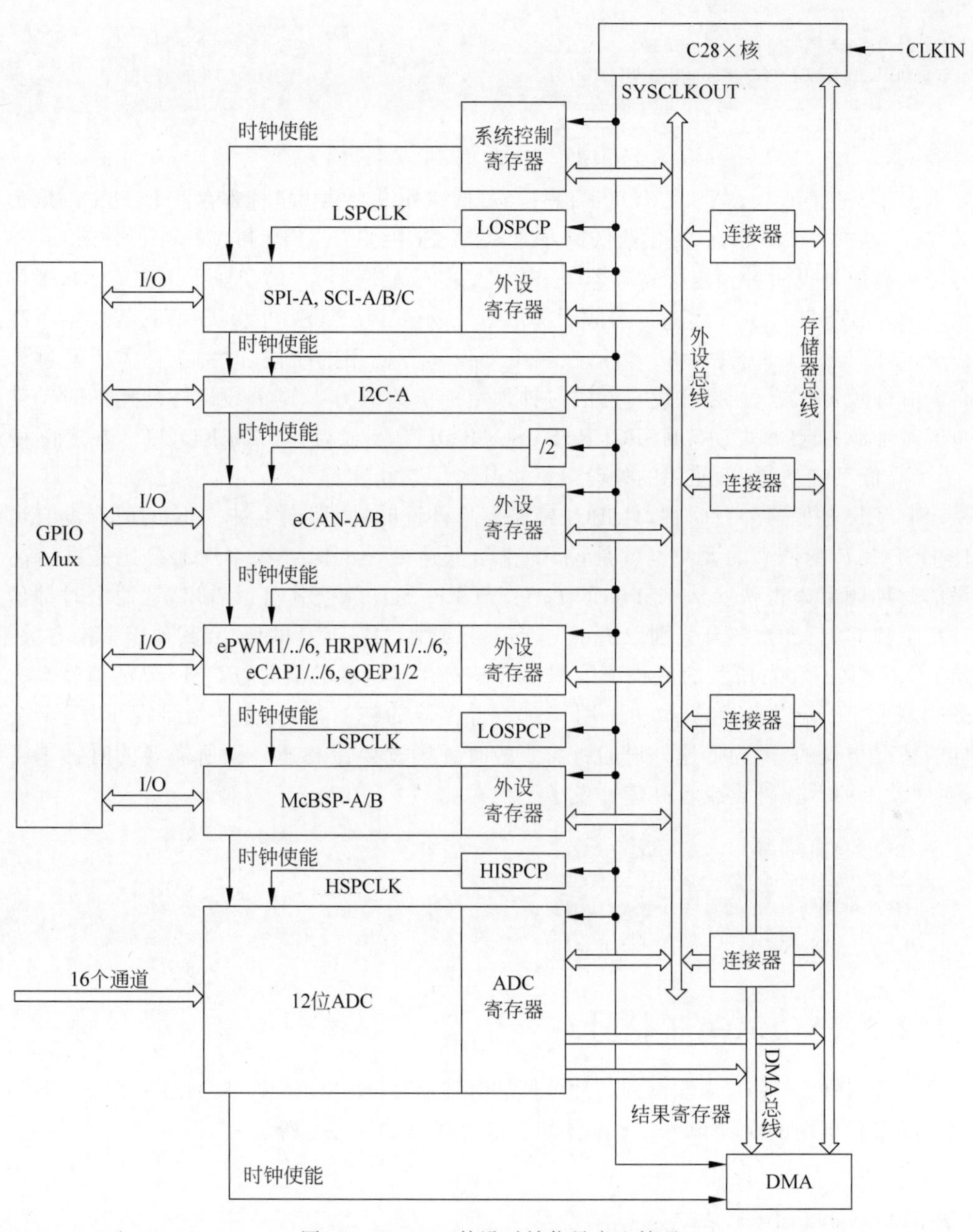

图 5-2 F28335 外设时钟信号产生情况

供时钟信号，因此，在系统初始化的时候，就需要对使用到的各个外设的时钟进行使能。假设现在某个项目中用到了 ADC、SCIA、eCAP1 和 GPIO 这 4 个外设，那么就需要按照下面的程序对这 4 个外设进行时钟的使能。和外设时钟使能相关的寄存器是外设时钟控制寄存器 PCLKCR0/1/3。本书相关的寄存器请打开 C2000 助手软件查阅。

```
SysCtrlRegs.PCLKCR0.bit.ADCENCLK = 1;                    //使能 ADC 的时钟
SysCtrlRegs.PCLKCR0.bit.SCIAENCLK = 1;                   //使能 SCIA 的时钟
SysCtrlRegs.PCLKCR1.bit.ECAP1ENCLK = 1;                  //使能 eCAP1 的时钟
SysCtrlRegs.PCLKCR3.bit.GPIOINENCLK = 1;                 //使能 GPIO 的时钟
```

由图 5-2 也能看到，SYSCLKOUT 信号经过低速外设时钟预定标寄存器 LOSPCP(取值范围为 0～7)变成了 LSPCLK，提供给低速外设 SCIA、SCIB、SCIC、SPI 和 McBSP；SYSCLKOUT 信号经过高速外设时钟预定标寄存器 HISPCP(取值范围为 0～7)变成了 HSPCLK，提供给外设 ADC；SYSCLKOUT 经过二分频后提供给外设 CAN；SYSCLKOUT 直接提供给了高速外设 PWM、CAP、QEP、DMA。当然在各个外设实际使用的时候，时钟源还需要经过外设各自的时钟预定标器，如果外设自己的时钟预定标位的值为 0，则外设实际使用的时钟就是各自的时钟源，即 LSPCLK、HSPCLK、SYSCLKOUT/2 或者 SYSCLKOUT。在实际使用时，为了降低系统功耗，不使用的外设最好将其时钟禁止。

LSPCLK 是低速外设时钟，HSPCLK 是高速外设时钟，那么 LSPCLK 的值有没有可能会比 HSPCLK 的值来的大？也就是说，提供给低速外设的时钟频率反而要比提供给高速外设的时钟频率来得快？从 LSPCLK 和 HSPCLK 的计算公式可以看出，这两个时钟信号的频率是独立无关的，各自分别取决于 LOSPCP 或者 HISPCP 的值，和其他因素没有关系。当给 LOSPCP 寄存器所赋的值小于给 HISPCP 寄存器所赋的值时，LOSPCP 的值就会大于 HSPCLK 的值。虽然这完全取决于用户对于寄存器的初始化，但是一般情况下，是不会让这样的情况出现的，因为低速外设的所需要的时钟毕竟要比高速外设所需要的时钟来得慢些，否则就不叫低速外设或者高速外设了。

```
If(LOSPCP = 0),then LSPCLK = SYSCLKOUT;
If(LOSPCP≠0),then LSPCLK = SYSCLKOUT/(2 × LOSPCP);
If(HISPCP = 0),then HSPCLK = SYSCLKOUT;
If(HISPCP≠0),then HSPCLK = SYSCLKOUT/(2 × HISPCP);
```

5.2.2 XCLKOUT 信号

F28335 提供了一路可以输出到芯片外部的时钟信号，即 XCLKOUT，通过对 SYSCLKOUT 分频可以得到不同的时钟频率，XCLKOUT 信号通路如图 5-3 所示。

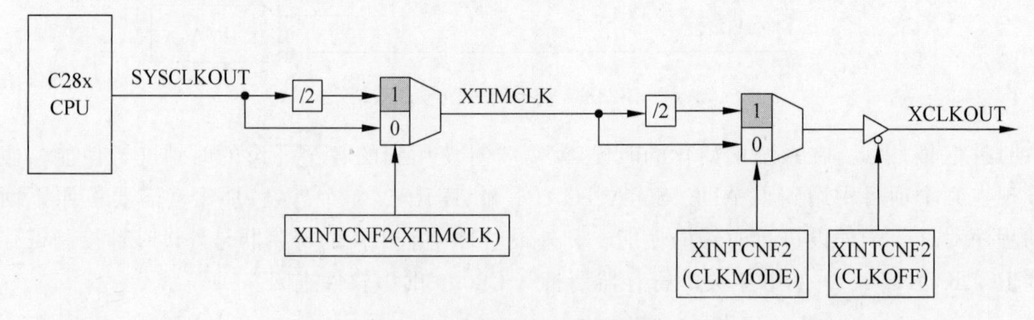

图 5-3 XCLKOUT 信号通路

经过配置，XCLKOUT 可以等于 SYSCLKOUT，也可以为其 1/2 或者 1/4。上电复位默认状态下，XCLKOUT 为 SYSCLKOUT 的 1/4。如果不使用 XCLKOUT 信号，可以通过 XINTCNF2 寄存器中的 CLKOFF 位将其关闭。

5.3　看门狗电路

在介绍 DSP 看门狗的内容之前，先来了解一下 MCU 中看门狗的原理，以便能够更好地理解 DSP 中的看门狗。在由 MCU 构成的微型计算机系统中，由于单片机的工作常常会受到来自外界电磁场的干扰，造成程序的跑飞，而陷入死循环，此时程序的正常运行被打断，由单片机控制的系统就无法继续工作，会造成整个系统陷入停滞状态，发生不可预料的后果，所以出于对单片机运行状态进行实时监测的考虑，便产生了一种专门用于监测单片机程序运行状态的电路，俗称“看门狗”(Watch Dog)。

看门狗电路的应用，使单片机可以在无人监控的状态下实现连续工作，其工作原理是：看门狗电路和单片机的一个 I/O 引脚相连，该 I/O 引脚通过程序控制定时地向看门狗电路送入高电平(或低电平)，这一程序语句是分散地放在单片机其他控制语句中间的，一旦单片机由于干扰造成程序跑飞后而陷入某一程序段，进入死循环状态时，写看门狗引脚的程序便不能被执行。这时，看门狗电路就会由于得不到单片机送来的信号而产生一个复位信号，使单片机发生复位，即程序从程序存储器的起始位置开始执行，这样便实现了单片机的自动复位。

F28335 的看门狗原理和上面讲述的 MCU 的看门狗原理是类似的，其作用是为 DSP 的运行情况进行“把脉”，一旦发现程序跑飞或者状态不正常，便立即使 DSP 复位，从而提高了系统的可靠性。F28335 看门狗电路的功能框图如图 5-4 所示。

从图 5-4 可以看到，F28335 的看门狗电路有一个 8 位的看门狗加法计数器 WDCNTR，无论什么时候，当 WDCNTR 计数到最大值时，看门狗模块就会产生一个输出脉冲，脉冲宽度为 512 个振荡器时钟宽度。为了防止看门狗加法计数器 WDCNTR 溢出，通常可以采用两种方法：一种是禁止看门狗，即使得计数器 WDCNTR 无效；另一种就是定期地“喂狗”，通过软件向负责复位看门狗计数器的看门狗密钥寄存器(8 位的 WDKEY)周期性地写入 0x55＋0xAA，紧跟着 0x55 写入 0xAA 能够清除 WDCNTR。当向 WDKEY 写 0x55 时，WDCNTR 复位到使能的位置；只有在向 WDKEY 写 0xAA 后才会使 WDCNTR 真正地被清除。写任何其他的值都会使系统立即复位。只要向 WDKEY 写 0x55 和 0xAA，无论写的顺序如何都不会导致系统复位，而只有先写 0x55，再写 0xAA 才会清除 WDCNTR。

逻辑校验位(WDCHK)是看门狗的另一个安全机制，所有访问看门狗控制寄存器(WDCR)的写操作中，相应的校验位 WDCHK 必须是 101，否则将会拒绝访问并立即触发系统复位。

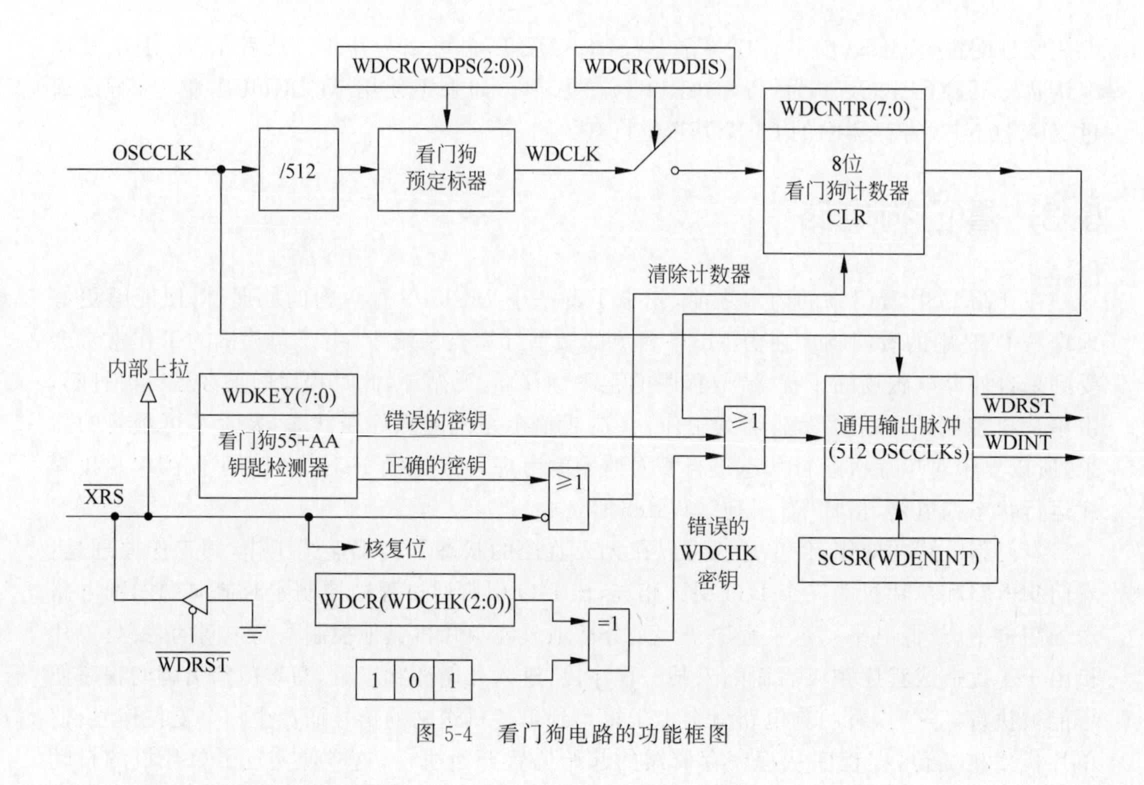

图 5-4 看门狗电路的功能框图

5.4 低功耗模式

F28335 的低功耗模式(Low Power Mode)如表 5-2 所示。F28335 的各种低功耗模式的操作如下:

(1) 空闲模式(IDLE)。只要把低功耗模块控制寄存器 LPMCR[1:0](LPMECR 的 D0、D1 位)都设置成 0,就可进入该模式。处理器可以通过任何使能的中断来退出空闲模式。

(2) 待命模式(STANDBY)。把低功耗模块控制寄存器 LPMCR[1:0]设置为 01b,可使器件进入 STANDBY 模式。在此模式下,CPU 的输入时钟信号 CLKIN 被禁用,从而关闭了所有从 SYSCLKOUT 分频得到的时钟信号,但内部振荡器、PLL 及看门狗依然工作。

当外部唤醒信号变为低电平后,必须保持足够的低电平时间才能将器件从 STANDBY 模式中唤醒,这个时间可以通过寄存器 LPMCR0 来设定。如果在量化周期内出现高电平,则需要重新开始采样。如果外部唤醒信号满足要求,那么在量化周期的最后时刻,PLL 使能 CPU 的输入时钟信号 CLKIN,并且 PIE 模块锁存 WAKEINT 中断,CPU 响应 WAKEINT 中断。

(3) 暂停模式(HALT)。把低功耗模块控制寄存器 LPMCR[1:0]设置为 1xb,可使器件进入 HALT 模式,这里 x 既可以是 0,也可以是 1。在此模式下,器件所有的时钟信号都被禁止,内部振荡器、PLL及看门狗电路停止工作。

复位 $\overline{XRS}$、GPIO PortA 和仿真器的信号能够从暂停模式唤醒 CPU。在 STANDBY 和 HALT 模式时,虽然 CPU 输入时钟 CLKIN 被关闭,仿真调试的 JTAG 端口仍可正常工作。

表 5-2　F28335 的低功耗模式

模式	LPMCR(1:0)	OSCCLK	CLKIN	SYSCLKOUT	退出方式
正常	X,X	开	开	开	
空闲 IDLE	0,0	开	开	开	$\overline{XRS}$ 看门狗中断 任何使能的中断
备用 STANDBY	0,1	开(看门狗仍在运行)	关	关	$\overline{XRS}$ 看门狗中断 GPIO PortA 信号 仿真器信号
暂停 HALT	1,X	关(振荡器和 PLL 关闭,看门狗不工作)	关	关	$\overline{XRS}$ GPIO PortA 信号 仿真器信号

5.5　实例:系统初始化函数

要使得 F28335 能够工作,在上电的时候就需要对 F28335 进行系统初始化,以提供其正常运行的基本条件,例如使能时钟信号,这是通过系统初始化函数来实现的。那么,系统初始化函数应该怎么写?需要在系统初始化函数中写哪些内容?需要注意些什么呢?接下来会通过详细的代码进行说明。系统初始化函数 InitSysCtrl 一般在工程的 DSP2833x_SysCtrl.c 文件中。

程序清单 5-1　系统初始化函数

```
//###########################################################################
//FILE: DSP2833x_SysCtrl.c
//TITLE: DSP2833x Device System Control Initialization & Support Functions.
//###########################################################################
#include "DSP2833x_Device.h"                    //包含头文件

#include "DSP2833x_Examples.h"                  //包含头文件

//系统初始化函数
void InitSysCtrl(void)
{
   DisableDog();                                //关闭看门狗电路
```

```
//初始化锁相环 PLL
    //DSP28_PLLCR 和 DSP28_DIVSEL 定义在 DSP2833x_Examples.h 中
    //DSP28_PLLCR = 10,DSP28_DIVSEL = 2,见 DSP2833x_Examples.h
    InitPll(DSP28_PLLCR,DSP28_DIVSEL);

    //初始化外设时钟
    InitPeripheralClocks();
}

//喂看门狗函数
void ServiceDog(void)
{
     EALLOW;
     SysCtrlRegs.WDKEY = 0x0055;
     SysCtrlRegs.WDKEY = 0x00AA;
     EDIS;
}

//关闭看门狗函数
void DisableDog(void)
{
     EALLOW;
     SysCtrlRegs.WDCR = 0x0068;
     EDIS;
}

//PLL 初始化函数
void InitPll(Uint16 val, Uint16 divsel)
{
    //在配置 PLLCR 前,DIVSEL 位必须是 0
    if (SysCtrlRegs.PLLSTS.bit.DIVSEL != 0)
    {
        EALLOW;
        SysCtrlRegs.PLLSTS.bit.DIVSEL = 0;
        EDIS;
    }

    //改变 PLLCR 的值
    if (SysCtrlRegs.PLLCR.bit.DIV != val)
    {
       EALLOW;
       //在设置 PLLCR 前,需要关闭是检测是否丢失时钟的逻辑
       SysCtrlRegs.PLLSTS.bit.MCLKOFF = 1;
       SysCtrlRegs.PLLCR.bit.DIV = val;
       EDIS;
```

```
        //关闭看门狗,调试时常关闭
          DisableDog();
          EALLOW;
          SysCtrlRegs.PLLSTS.bit.MCLKOFF = 0;            //继续检测是否丢失时钟信号
          EDIS;
        }
        if((divsel == 1)||(divsel == 2))
        {
            EALLOW;
            SysCtrlRegs.PLLSTS.bit.DIVSEL = divsel;
            EDIS;
        }
        if(divsel == 3)
        {
            EALLOW;
            SysCtrlRegs.PLLSTS.bit.DIVSEL = 2;
            DELAY_US(50L);
            SysCtrlRegs.PLLSTS.bit.DIVSEL = 3;
            EDIS;
        }
}
//外设时钟初始化函数,使能各个外设的时钟
void InitPeripheralClocks(void)
{
   EALLOW;

//设置 HISPCP/LOSPCP 预分频寄存器, 通常设置成默认值
SysCtrlRegs.HISPCP.all = 0x0001;
   SysCtrlRegs.LOSPCP.all = 0x0002;

//默认 XCLKOUT = 1/4 SYSCLKOUT
   //XTIMCLK = SYSCLKOUT/2
   XintfRegs.XINTCNF2.bit.XTIMCLK = 1;
   //XCLKOUT = XTIMCLK/2
   XintfRegs.XINTCNF2.bit.CLKMODE = 1;
   //使能 XCLKOUT
   XintfRegs.XINTCNF2.bit.CLKOFF = 0;
SysCtrlRegs.PCLKCR0.bit.ADCENCLK = 1;                       //ADC
SysCtrlRegs.PCLKCR0.bit.I2CAENCLK = 1;                      //I2C
SysCtrlRegs.PCLKCR0.bit.SCIAENCLK = 1;                      //SCIA
SysCtrlRegs.PCLKCR0.bit.SCIBENCLK = 1;                      //SCIB
SysCtrlRegs.PCLKCR0.bit.SCICENCLK = 1;                      //SCIC
SysCtrlRegs.PCLKCR0.bit.SPIAENCLK = 1;                      //SPIA
SysCtrlRegs.PCLKCR0.bit.MCBSPAENCLK = 1;                    //McBSPA
SysCtrlRegs.PCLKCR0.bit.MCBSPBENCLK = 1;                    //McBSPB
SysCtrlRegs.PCLKCR0.bit.ECANAENCLK = 1;                     //eCANA
```

```
    SysCtrlRegs.PCLKCR0.bit.ECANBENCLK = 1;                //eCANB

    SysCtrlRegs.PCLKCR0.bit.TBCLKSYNC = 0;                 //禁止 ePWM 的 TBCLK
    SysCtrlRegs.PCLKCR1.bit.EPWM1ENCLK = 1;                //ePWM1
    SysCtrlRegs.PCLKCR1.bit.EPWM2ENCLK = 1;                //ePWM2
    SysCtrlRegs.PCLKCR1.bit.EPWM3ENCLK = 1;                //ePWM3
    SysCtrlRegs.PCLKCR1.bit.EPWM4ENCLK = 1;                //ePWM4
    SysCtrlRegs.PCLKCR1.bit.EPWM5ENCLK = 1;                //ePWM5
    SysCtrlRegs.PCLKCR1.bit.EPWM6ENCLK = 1;                //ePWM6
    SysCtrlRegs.PCLKCR0.bit.TBCLKSYNC = 1;                 //使能 ePWM 的 TBCLK

    SysCtrlRegs.PCLKCR1.bit.ECAP3ENCLK = 1;                //eCAP3
    SysCtrlRegs.PCLKCR1.bit.ECAP4ENCLK = 1;                //eCAP4
    SysCtrlRegs.PCLKCR1.bit.ECAP5ENCLK = 1;                //eCAP5
    SysCtrlRegs.PCLKCR1.bit.ECAP6ENCLK = 1;                //eCAP6
    SysCtrlRegs.PCLKCR1.bit.ECAP1ENCLK = 1;                //eCAP1
    SysCtrlRegs.PCLKCR1.bit.ECAP2ENCLK = 1;                //eCAP2
    SysCtrlRegs.PCLKCR1.bit.EQEP1ENCLK = 1;                //eQEP1
    SysCtrlRegs.PCLKCR1.bit.EQEP2ENCLK = 1;                //eQEP2

    SysCtrlRegs.PCLKCR3.bit.CPUTIMER0ENCLK = 1;            //CPU 定时器 0
    SysCtrlRegs.PCLKCR3.bit.CPUTIMER1ENCLK = 1;            //CPU 定时器 1
    SysCtrlRegs.PCLKCR3.bit.CPUTIMER2ENCLK = 1;            //CPU 定时器 2

    SysCtrlRegs.PCLKCR3.bit.DMAENCLK = 1;                  //DMA 时钟
    SysCtrlRegs.PCLKCR3.bit.XINTFENCLK = 1;                //XTIMCLK
    SysCtrlRegs.PCLKCR3.bit.GPIOINENCLK = 1;               //GPIO 时钟

    EDIS;
    }
```

这里需要对 EALLOW 和 EDIS 做一些说明。为了提高安全性能,TI 的 DSP 对很多关键寄存器作了保护处理。通过状态寄存器 1(ST1)的位 D6 设置与复位,来决定是否允许 DSP 指令对关键寄存器进行操作。

这些关键寄存器包括器件仿真寄存器、Flash 寄存器、CSM 寄存器、PIE 向量表、系统控制寄存器、GPIO MUX 寄存器、eCAN 寄存器的一部分。

DSP 由于在上电复位之后,状态寄存器基本上都是清零,而这样的状态下正是上述特殊寄存器禁止改写的状态。为了能够对这些特殊寄存器进行初始化,所以在对上述特殊寄存器进行改写之前,一定要执行汇编指令 asm("EALLOW")或者宏定义 EALLOW 来设置状态寄存器 1 的 D6 位。在设置完寄存器之后,一定要注意执行汇编指令 asm("EDIS")或者宏定义 EDIS 来清除状态寄存器 1 的 D6 位。

在工程的头文件 DSP2833x_Device.h 中可以找到"#define EALLOW asm("EALLOW")"语句。

本章详细介绍了 F28335 的系统时钟模块、看门狗电路及低功耗模式等内容，介绍了如何写系统初始化函数。第 6 章将详细介绍通用输入/输出端口 GPIO 的内容。

习题

5-1 当 PLLSTS[PLLOFF]＝0，PLLCR[DIV]＝n(n＞0)，PLLSTS[DIVSEL]＝2 时，SYSCLKOUT 和 OSCCLK 是什么关系？

5-2 请写语句使能外设 ECAP2 的时钟。

5-3 F28335 看门狗电路的作用是什么？请简述其工作原理。

5-4 F28335 有哪 3 种低功耗模式？

第6章

通用输入/输出端口 GPIO

人的身体通过眼睛、鼻子、手、脚等器官来同外界打交道，接收外界的信息并做出相应的反应。DSP也一样，它需要通过输入/输出引脚来跟外围交换信息。F28335提供了88个多功能引脚，为了节省资源，这些引脚是复用的，既可以作为片内外设的输入/输出引脚，也可以作为通用的数字I/O口。本章将详细介绍由这些引脚所组成的通用输入/输出多路复用端口GPIO的工作原理及相关的寄存器。寄存器具体的定义见C2000助手软件。

视频讲解

6.1 GPIO概述

F28335为用户提供了88个多功能复用引脚GPIO0～GPIO87。复用的意思是每个引脚都可以配置成通用的数字I/O工作模式，也可以配置成外设I/O工作模式，例如外设SCI、ePWM、eQEP的引脚，每个引脚除了通用数字I/O功能外，通常还有3个外设功能。GPIO引脚究竟用作哪种功能，可以通过寄存器来设置。

F28335的通用输入/输出端口GPIO就是用I/O引脚的管理机构，它将88个引脚分成A、B、C 3组或者叫3个端口来进行管理，其中端口A包括GPIO0～GPIO31，端口B包括GPIO32～GPIO63，端口C包括GPIO64～GPIO87。

视频讲解

6.2 GPIO寄存器

对于F28335输入/输出引脚的操作，都是通过对寄存器的设置来实现的。例如，选择某个引脚功能是作外设引脚还是做通用数字I/O口，当引脚作为通用数字I/O口时，是做输入还是做输出，如何使其输出高电平或者低电平，如何使其引脚电平翻转，如何知道引脚上的电平是高或者是低，这些都是通过对GPIO寄存器的操作来实现的，每个I/O引脚都可以通过寄存器相应的位进行设置。GPIO的寄存器分成了三大类：第一类是控制寄存器，主要由功能选择控制寄存器GPxMUXn、方向控制寄存器GPxDIR、输入限定控制寄存器GPxQSELn等组成，x代表A、B、C，n代表1或者2，见表6-1；第二类是数据寄存器，主要由数据寄存器GPxDAT、置位寄存器GPxSET、清除寄存器GPxCLEAR

和状态翻转寄存器 GPxTOGGLE 等组成，见表 6-2；第三类是外部中断源及低功耗模式唤醒选择寄存器，比如外部中断源 XINT1 输入端口选择寄存器 GPIOXINT1SEL，见表 6-3。需要注意的是，第一类和第三类寄存器是受 EALLOW 保护的，也就是说，对这些寄存器进行设置时，在操作前需要写 EALLOW，在操作完成后要写 EDIS，否则操作是无效的。第二类寄存器没有这个限制。

表 6-1　GPIO 控制寄存器

名　称	地址	大小(×16 位)	寄存器说明
GPACTRL	0x6F80	2	GPIOA 控制寄存器(GPIO0～GPIO31)
GPAQSEL1	0x6F82	2	GPIOA 输入限定选择寄存器 1(GPIO0～GPIO15)
GPAQSEL2	0x6F84	2	GPIOA 输入限定选择寄存器 2(GPIO16～GPIO31)
GPAMUX1	0x6F86	2	GPIOA 功能选择控制寄存器 1(GPIO0～GPIO15)
GPAMUX2	0x6F88	2	GPIOA 功能选择控制寄存器 2(GPIO16～GPIO31)
GPADIR	0x6F8A	2	GPIOA 方向控制寄存器(GPIO0～GPIO31)
GPAPUD	0x6F8C	2	GPIOA 上拉控制寄存器(GPIO0～GPIO31)
GPBCTRL	0x6F90	2	GPIOB 控制寄存器(GPIO32～GPIO63)
GPBQSEL1	0x6F92	2	GPIOB 输入限定选择寄存器 1(GPIO32～GPIO47)
GPBQSEL2	0x6F94	2	GPIOB 输入限定选择寄存器 2(GPIO48～GPIO63)
GPBMUX1	0x6F96	2	GPIOB 功能选择控制寄存器 1(GPIO32～GPIO47)
GPBMUX2	0x6F98	2	GPIOB 功能选择控制寄存器 2(GPIO48～GPIO63)
GPBDIR	0x6F9A	2	GPIOB 方向控制寄存器(GPIO32～GPIO63)
GPBPUD	0x6F9C	2	GPIOB 上拉控制寄存器(GPIO32～GPIO63)
GPCMUX1	0x6FA6	2	GPIOC 功能选择控制寄存器 1(GPIO64～GPIO79)
GPCMUX2	0x6FA8	2	GPIOC 功能选择控制寄存器 2(GPIO80～GPIO87)
GPCDIR	0x6FAA	2	GPIOC 方向控制寄存器(GPIO64～GPIO87)
GPCPUD	0x6FAC	2	GPIOC 上拉控制寄存器(GPIO64～GPIO87)

表 6-2　GPIO 数据寄存器

名　称	地址	大小(×16 位)	寄存器说明
GPADAT	0x6FC0	2	GPIOA 数据寄存器(GPIO0～GPIO31)
GPASET	0x6FC2	2	GPIOA 置位寄存器(GPIO0～GPIO31)
GPACLEAR	0x6FC4	2	GPIOA 清零寄存器(GPIO0～GPIO31)
GPATOGGLE	0x6FC6	2	GPIOA 状态翻转寄存器(GPIO0～GPIO31)
GPBDAT	0x6FC8	2	GPIOB 数据寄存器(GPIO32～GPIO63)
GPBSET	0x6FCA	2	GPIOB 置位寄存器(GPIO32～GPIO63)
GPBCLEAR	0x6FCC	2	GPIOB 清零寄存器(GPIO32～GPIO63)
GPBTOGGLE	0x6FCE	2	GPIOB 状态翻转寄存器(GPIO32～GPIO63)
GPCDAT	0x6FD0	2	GPIOC 数据寄存器(GPIO64～GPIO87)
GPCSET	0x6FD2	2	GPIOC 置位寄存器(GPIO64～GPIO87)
GPCCLEAR	0x6FD4	2	GPIOC 清零寄存器(GPIO64～GPIO87)
GPCTOGGLE	0x6FD6	2	GPIOC 状态翻转寄存器(GPIO64～GPIO87)

表 6-3　GPIO 外部中断源及低功耗模式唤醒选择寄存器

名　称	地址	大小(×16 位)	寄存器说明
GPIOXINT1SEL	0x6FE0	1	外部中断源 XINT1 输入端口选择寄存器(GPIO0～GPIO31)
GPIOXINT2SEL	0x6FE1	1	外部中断源 XINT2 输入端口选择寄存器(GPIO0～GPIO31)
GPIOXNMISEL	0x6FE2	1	外部中断源 XNMI 输入端口选择寄存器(GPIO0～GPIO31)
GPIOXINT3SEL	0x6FE3	1	外部中断源 XINT3 输入端口选择寄存器(GPIO32～GPIO63)
GPIOXINT4SEL	0x6FE4	1	外部中断源 XINT4 输入端口选择寄存器(GPIO32～GPIO63)
GPIOXINT5SEL	0x6FE5	1	外部中断源 XINT5 输入端口选择寄存器(GPIO32～GPIO63)
GPIOXINT6SEL	0x6FE6	1	外部中断源 XINT6 输入端口选择寄存器(GPIO32～GPIO63)
GPIOXINT7SEL	0x6FE7	1	外部中断源 XINT7 输入端口选择寄存器(GPIO32～GPIO63)
GPIOLPMSEL	0x6FE8	1	低功耗模式唤醒输入端口选择寄存器(GPIO0～GPIO31)

1. GPIO 功能选择控制寄存器

前面已经讲到,F28335 的 I/O 引脚都是功能复用的,既可以选择用来作通用的数字 I/O 口,也可以选择用来作外设的功能引脚,但是在同一时刻,只能选择一种功能来用。实际选择使用哪种功能,是通过功能选择寄存器来设置的。F28335 的功能选择寄存器有 6 个,即 GPAMUX1、GPAMUX2、GPBMUX1、GPBMUX2、GPCMUX1 和 GPCMUX2,每个寄存器的详细信息见表 6-4～表 6-9。表中 I/O 表示既可以作输入也可以作输出,I 表示仅作输入,O 表示仅作输出。

表 6-4　GPIO 功能选择控制寄存器 GPAMUX1

寄存器位	复位时默认功能	外设选择 1	外设选择 2	外设选择 3
GPAMUX1	00	01	10	11
1～0	GPIO0(I/O)	EPWM1A(O)	保留	保留
3～2	GPIO1(I/O)	EPWM1B(O)	ECAP6(I/O)	MFSRB(I/O)
5～4	GPIO2(I/O)	EPWM2A(O)	保留	保留
7～6	GPIO3(I/O)	EPWM2B(O)	ECAP5(I/O)	MCLKRB(I/O)
9～8	GPIO4(I/O)	EPWM3A(O)	保留	保留
11～10	GPIO5(I/O)	EPWM3B(O)	MFSRA(I/O)	ECAP1(I/O)
13～12	GPIO6(I/O)	EPWM4A(O)	EPWMSYNCI(I)	EPWMSYNCO(O)
15～14	GPIO7(I/O)	EPWM4B(O)	MCLKRA(I/O)	ECAP2(I/O)
17～16	GPIO8(I/O)	EPWM5A(O)	CANTXB(O)	CANTXB(O)

续表

寄存器位	复位时默认功能	外设选择 1	外设选择 2	外设选择 3
19～18	GPIO9(I/O)	EPWM5B(O)	SCIRXDB(I)	ECAP3(I/O)
21～20	GPIO10(I/O)	EPWM6A(O)	CANRXB(I)	$\overline{\text{ADCSOCBO}}$(O)
23～22	GPIO11(I/O)	EPWM6B(O)	SCIRXDB(I)	ECAP4(I/O)
25～24	GPIO12(I/O)	$\overline{\text{TZ1}}$(I)	CANTXB(O)	MDXB(O)
27～26	GPIO13(I/O)	$\overline{\text{TZ2}}$(I)	CANRXB(I)	MDRB(I)
29～28	GPIO14(I/O)	$\overline{\text{TZ3}}$/$\overline{\text{XHOLD}}$(I)	SCITXDB(I)	MCLKXB(I/O)
31～30	GPIO15(I/O)	$\overline{\text{TZ4}}$/$\overline{\text{XHLODA}}$(O)	SCIRXDB(O)	MFSXB(I/O)

表 6-5　GPIO 功能选择控制寄存器 GPAMUX2

寄存器位	复位时默认功能	外设选择 1	外设选择 2	外设选择 3
GPAMUX2	00	01	10	11
1～0	GPIO16(I/O)	SPISIMOA(I/O)	CANTXB(O)	$\overline{\text{TZ5}}$(I)
3～2	GPIO17(I/O)	SPISOMIA(I/O)	CANRXB(I)	$\overline{\text{TZ6}}$(I)
5～4	GPIO18(I/O)	SPICLKA(I/O)	SCITXDB(O)	CANRXA(I)
7～6	GPIO19(I/O)	$\overline{\text{SPISTEA}}$(I/O)	SCIRXDB(I)	CANTXA(O)
9～8	GPIO20(I/O)	EQEP1A(I)	MDXA(O)	CANTXB(O)
11～10	GPIO21(I/O)	EQEP1B(I)	MDRA(I)	CANRXB(I)
13～12	GPIO22(I/O)	EQEP1S(I/O)	MCLKXA(I/O)	SCITXDB(O)
15～14	GPIO23(I/O)	EQEP1I(I/O)	MFSXA(I/O)	SCIRXDB(I)
17～16	GPIO24(I/O)	ECAP1(I/O)	EQEP2A(I)	MDXB(O)
19～18	GPIO25(I/O)	ECAP2(I/O)	EQEP2B(I)	MDRB(I)
21～20	GPIO26(I/O)	ECAP3(I/O)	EQEP2S(I/O)	MCLKXB(I/O)
23～22	GPIO27(I/O)	ECAP4(I/O)	EQEP2I(I/O)	MFSXB(I/O)
25～24	GPIO28(I/O)	SCIRXDA(I)	$\overline{\text{XZCS6}}$(O)	$\overline{\text{XZCS6}}$(O)
27～26	GPIO29(I/O)	SCITXDA(O)	XA19(O)	XA19(O)
29～28	GPIO30(I/O)	CANRXA(I)	XA18(O)	XA18(O)
31～30	GPIO31(I/O)	CANTXB(O)	XA17(O)	XA17(O)

表 6-6　GPIO 功能选择控制寄存器 GPBMUX1

寄存器位	复位时默认功能	外设选择 1	外设选择 2	外设选择 3
GPBMUX1	00	01	10	11
1～0	GPIO32(I/O)	SDAA(I/O)	EPWMSYNCI(I)	$\overline{\text{ADCSOCAO}}$(O)
3～2	GPIO33(I/O)	SCLA(I/O)	EPWMSYNCO(O)	$\overline{\text{ADCSOCBO}}$(O)
5～4	GPIO34(I/O)	ECAP1(I/O)	XREADY(I)	XREADY(I)
7～6	GPIO35(I/O)	SCITXDA(O)	XR/$\overline{\text{W}}$(O)	XR/$\overline{\text{W}}$(O)
9～8	GPIO36(I/O)	SCIRXDA(I)	$\overline{\text{XZCS0}}$(O)	$\overline{\text{XZCS6}}$(O)
11～10	GPIO37(I/O)	ECAP2(I/O)	$\overline{\text{XZCS7}}$(O)	XZCS7(O)
13～12	GPIO38(I/O)	保留	$\overline{\text{XWE0}}$(O)	$\overline{\text{XWE0}}$(O)

续表

寄存器位	复位时默认功能	外设选择 1	外设选择 2	外设选择 3
15～14	GPIO39(I/O)	保留	XA16(O)	XA16(O)
17～16	GPIO40(I/O)	保留	XA0/$\overline{XWE1}$(O)	XA0/$\overline{XWE1}$(O)
19～18	GPIO41(I/O)	保留	XA1(O)	XA1(O)
21～20	GPIO42(I/O)	保留	XA2(O)	XA2(O)
23～22	GPIO43(I/O)	保留	XA3(O)	XA3(O)
25～24	GPIO44(I/O)	保留	XA4(O)	XA4(O)
27～26	GPIO45(I/O)	保留	XA5(O)	XA5(O)
29～28	GPIO46(I/O)	保留	XA6(O)	XA6(O)
31～30	GPIO47(I/O)	保留	XA7(O)	XA7(O)

表 6-7　GPIO 功能选择控制寄存器 GPBMUX2

寄存器位	复位时默认功能	外设选择 1	外设选择 2	外设选择 3
GPBMUX2	00	01	10	11
1～0	GPIO48(I/O)	ECAP5(I/O)	XD31(I/O)	XD31(I/O)
3～2	GPIO49(I/O)	ECAP6(I/O)	XD30(I/O)	XD30(I/O)
5～4	GPIO50(I/O)	EQEP1A(I)	XD29(I/O)	XD29(I/O)
7～6	GPIO51(I/O)	EQEP1B(I)	XD28(I/O)	XD28(I/O)
9～8	GPIO52(I/O)	EQEP1S(I/O)	XD27(I/O)	XD27(I/O)
11～10	GPIO53(I/O)	EQEP1I(I/O)	XD26(I/O)	XD26(I/O)
13～12	GPIO54(I/O)	SPISIMOA(I/O)	XD25(I/O)	XD25(I/O)
15～14	GPIO55(I/O)	SPISOMIA(I/O)	XD24(I/O)	XD24(I/O)
17～16	GPIO56(I/O)	SPICLKA(I/O)	XD23(I/O)	XD23(I/O)
19～18	GPIO57(I/O)	$\overline{SPISTEA}$(I/O)	XD22(I/O)	XD22(I/O)
21～20	GPIO58(I/O)	MCLKRA(I/O)	XD21(I/O)	XD21(I/O)
23～22	GPIO59(I/O)	MFSRA(I/O)	XD20(I/O)	XD20(I/O)
25～24	GPIO60(I/O)	MCLKRB(I/O)	XD19(I/O)	XD19(I/O)
27～26	GPIO61(I/O)	MFSRB(I/O)	XD18(I/O)	XD18(I/O)
29～28	GPIO62(I/O)	SCIRXDC(I)	XD17(I/O)	XD17(I/O)
31～30	GPIO63(I/O)	SCITXDC(O)	XD16(I/O)	XD16(I/O)

表 6-8　GPIO 功能选择控制寄存器 GPCMUX1

寄存器位	复位时默认功能	外设选择 1	外设选择 2	外设选择 3
GPCMUX1	00	01	10	11
1～0	GPIO64(I/O)	GPIO64(I/O)	XD15(I/O)	XD15(I/O)
3～2	GPIO65(I/O)	GPIO65(I/O)	XD14(I/O)	XD14(I/O)
5～4	GPIO66(I/O)	GPIO66(I/O)	XD13(I/O)	XD13(I/O)
7～6	GPIO67(I/O)	GPIO67(I/O)	XD12(I/O)	XD12(I/O)
9～8	GPIO68(I/O)	GPIO68(I/O)	XD11(I/O)	XD11(I/O)

续表

寄存器位	复位时默认功能	外设选择 1	外设选择 2	外设选择 3
11～10	GPIO69(I/O)	GPIO69(I/O)	XD10(I/O)	XD10(I/O)
13～12	GPIO70(I/O)	GPIO70(I/O)	XD9(I/O)	XD9(I/O)
15～14	GPIO71(I/O)	GPIO71(I/O)	XD8(I/O)	XD8(I/O)
17～16	GPIO72(I/O)	GPIO72(I/O)	XD7(I/O)	XD7(I/O)
19～18	GPIO73(I/O)	GPIO73(I/O)	XD6(I/O)	XD6(I/O)
21～20	GPIO74(I/O)	GPIO74(I/O)	XD5(I/O)	XD5(I/O)
23～22	GPIO75(I/O)	GPIO75(I/O)	XD4(I/O)	XD4(I/O)
25～24	GPIO76(I/O)	GPIO76(I/O)	XD3(I/O)	XD3(I/O)
27～26	GPIO77(I/O)	GPIO77(I/O)	XD2(I/O)	XD2(I/O)
29～28	GPIO78(I/O)	GPIO78(I/O)	XD1(I/O)	XD1(I/O)
31～30	GPIO79(I/O)	GPIO79(I/O)	XD0(I/O)	XD0(I/O)

表 6-9　GPIO 功能选择控制寄存器 GPCMUX2

寄存器位	复位时默认功能	外设选择 1	外设选择 2	外设选择 3
GPCMUX2	00	01	10	11
1～0	GPIO80(I/O)	GPIO80(I/O)	XA8(O)	XA8(O)
3～2	GPIO81(I/O)	GPIO81(I/O)	XA9(O)	XA9(O)
5～4	GPIO82(I/O)	GPIO82(I/O)	XA10(O)	XA10(O)
7～6	GPIO83(I/O)	GPIO83(I/O)	XA11(O)	XA11(O)
9～8	GPIO84(I/O)	GPIO84(I/O)	XA12(O)	XA12(O)
11～10	GPIO85(I/O)	GPIO85(I/O)	XA13(O)	XA13(O)
13～12	GPIO86(I/O)	GPIO86(I/O)	XA14(O)	XA14(O)
15～14	GPIO87(I/O)	GPIO87(I/O)	XA15(O)	XA15(O)
31～16	保留	保留	保留	保留

从表 6-4～表 6-9 可以看到，每个 GPIO 引脚都有多个功能，但是在同一时刻，通过功能选择控制寄存器只能选择一种功能。同时还可以看到，作为同一个外设功能，也可以选择配置不同的 GPIO 引脚，比如 SCIA 的发送引脚 SCITXDA，既可以选择 GPIO29，也可以选择 GPIO35，但只能从这两个引脚里选一个作为 SCITXDA，如果选了 GPIO29，那么 GPIO35 可以用来配置其他的功能；反过来也一样。

只要对 GPxMUXn 寄存器的位赋值，就可以给相应的引脚选择相应的功能，上电复位时默认选择通用 I/O 数字功能。比如需要配置 GPIO0 为通用数字 I/O 口，GPIO1 为 EPWM1B，GPIO18 为 SCITXDB，GPIO19 为 CANTXA，语句如下所示：

```
EALLOW;
GpioCtrlRegs.GPAMUX1.bit.GPIO0 = 0;                    //GPIO0 为通用数字 I/O 口
GpioCtrlRegs.GPAMUX1.bit.GPIO1 = 1;                    //GPIO1 为 EPWM1B
GpioCtrlRegs.GPAMUX2.bit.GPIO18 = 2;                   //GPIO18 为 SCITXDB
GpioCtrlRegs.GPAMUX2.bit.GPIO19 = 3;                   //GPIO19 为 CANTXA
EDIS;
```

2. GPIO方向控制寄存器

假设已经将GPIO0设置为通用数字I/O口,这个I/O口是作为输入引脚还是输出引脚呢？如果想作为输入引脚,则需要将GPADIR的GPIO0位设置为0,如下所示：

```
EALLOW;
GpioCtrlRegs.GPADIR.bit.GPIO0 = 0;                    //GPIO0 为输入引脚
EDIS;
```

如果想作为输出引脚,则需要将GPADIR的GPIO0位设置为1,如下所示：

```
EALLOW;
GpioCtrlRegs.GPADIR.bit.GPIO0 = 1;                    //GPIO0 为输出引脚
EDIS;
```

3. GPIO数据寄存器

GPIO数据寄存器有GPADAT、GPBDAT和GPCDAT,寄存器中的每一个位都对应一个I/O口。不管相应的GPIO被配置成数字I/O口,还是外设功能引脚,数据寄存器中的每一位都反映了引脚的当前状态。读GPxDAT寄存器中的数据,若结果为0,则说明引脚为低电平；若结果为1,则说明引脚为高电平。写GPxDAT寄存器,可以对相应的输出锁存器清零或置位,此时如果引脚被设置为数字I/O口,则相应的引脚就会被驱动为低电平或高电平。

需要注意的是,当使用写GPxDAT操作来改变一个输出引脚的状态时,可能会对同一端口的其他引脚产生不确定的影响。例如,当使用“读-校正-写”模式对GPADAT的最低位GPIO0写0时,如果此时A端口中的任一个引脚的电平发生了改变,便会出现不可预知的错误,而通过GPxDAT寄存器读引脚的当前状态则不会出现类似的错误。所以,不建议通过写GPxDAT寄存器来改变通用I/O口的电平,但可以通过读GPxDAT寄存器来获得I/O口的状态。如果要获取通用数字I/O引脚GPIO0当前的电平状态,如下所示：

```
int x;
x = GpioDataRegs.GPADAT.bit.GPIO0; //读取 GPIO0 的状态.若 x = 0,则为低电平;若 x = 1,则为高电平
```

4. GPIO置位寄存器

如果想要让通用数字I/O引脚输出高电平,又不影响其他引脚,则只需要对GPxSET寄存器的相应位写1,对其写0无效。比如,要让GPIO0输出高电平,如下所示：

```
GpioDataRegs.GPADAT.bit.GPIO0 = 1; //GPIO0 输出高电平,前提是 GPIO0 配置成 I/O 引脚,方向输出
```

5. GPIO清零寄存器

如果想要让通用数字I/O引脚输出低电平,又不影响其他引脚,则只需要对GPxCLEAR寄存器的相应位写1,对其写0无效。比如,要让GPIO0输出低电平,需如下所示：

```
GpioDataRegs.GPACLEAR.bit.GPIO0 = 1; //GPIO0 输出低电平,前提是 GPIO0 配置成 I/O 引脚,方向输出
```

6. GPIO 电平翻转寄存器

电平翻转寄存器用来在不影响其他引脚状态的情况下将相应的引脚状态进行翻转。如果将相应的引脚配置成输出状态,那么向电平翻转寄存器中相应的位写 1 会将引脚的当前电平翻转,写 0 无效。比如,如果引脚当前为低电平,则向相应位写 1 后,引脚会翻转到高电平;如果引脚当前为高电平,则向相应位写 1 后,引脚会翻转到低电平。若要让 GPIO0 翻转当前的电平,需执行如下语句:

```
GpioDataRegs.GPATOGGLE.bit.GPIO0 = 1; //GPIO0 电平翻转,前提是 GPIO0 配置成 I/O 引脚,方向输出
```

7. GPIO 上拉控制寄存器

引脚接上拉电阻可以使该引脚从一个不确定的状态到高电平状态,也可以提高它的驱动能力。通过 GPIO 上拉控制寄存器 GPxPUD 可以为各个引脚选择是否需要接内部上拉电阻,这个功能不仅适用于通用数字 I/O 引脚,也适用于外设功能引脚。当 DSP 复位时,可以配置为 ePWM 引脚的 GPIO0～GPIO11 的上拉功能都会被禁止,而其他引脚会被使能,也就是说,GPIO0～GPIO11 内部上拉的默认状态是禁止的,而其他引脚内部上拉的默认状态就是使能的。复位结束后,引脚的上拉配置会一直保持默认状态,直到用户在软件里通过设置该寄存器来改变其状态。比如要禁止 GPIO0 的内部上拉功能,使能 GPIO15 的内部上拉功能,可以通过下面的语句来实现。

```
EALLOW;
GpioCtrlRegs.GPAPUD.bit.GPIO0 = 0;                    //禁止 GPIO0 的内部上拉
GpioCtrlRegs.GPAPUD.bit.GPIO15 = 1;                   //使能 GPIO15 的内部上拉
EDIS;
```

6.3　GPIO 输入限定功能

在理论上,GPIO 引脚上的电平不是高电平就是低电平,信号质量是非常好的,但是在实际应用时,通常会存在干扰,为了提高引脚信号的质量,提高系统运行的可靠性,F28335 的 GPIO 具有输入限定的功能,从而可以方便地消除引脚输入信号中的噪声信号。只有端口 GPIOA 和 GPIOB 具有输入限定功能,GPIOC 没有这个功能。输入限定的类型有 3 种:仅与 SYSCLKOUT 同步、通过采样窗限定以及不同步或限定。可以通过设置寄存器 GPAQSEL1、GPAQSEL2、GPBQSEL1 和 GPBQSEL2 来选择采用哪种限定方式。

1. 仅与 SYSCLKOUT 同步

在这种模式下,输入信号被限定到与系统时钟 SYSCLKOUT 同步,由于引脚输入的信号通常是异步的,所以在于系统时钟同步过程中,会产生一个 SYSCLKOUT 周期的延时。如果没有对引脚的限定方式做配置,或者引脚在复位时,都会默认采用这种限定方式。

2. 通过采样窗设定

在这种模式下，外部引脚的输入信号首先与系统时钟 SYSCLKOUT 同步，然后对输入信号进行采样，只有当输入信号在一个采样窗内保持不变时，才能确定引脚电平，最后输入给 DSP，从而实现滤除噪声信号的目的，其原理如图 6-1 所示。

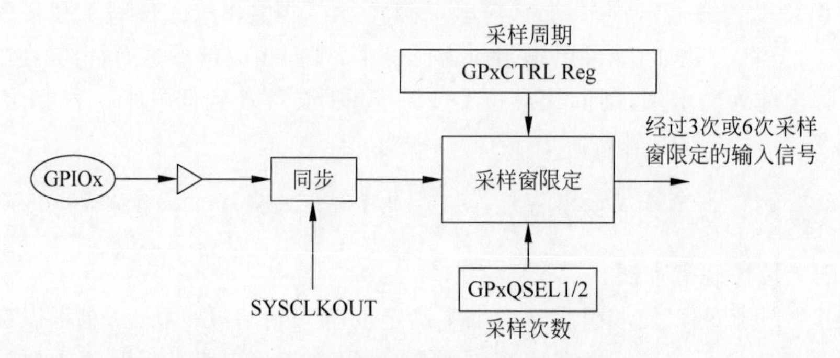

图 6-1 采样窗限定输入信号的原理

从图 6-1 可以看到，通过采样窗的方式来对输入信号限定有两个参数需要设置：采样周期和采样次数，这两个参数决定了采样窗的长度。先来看采样周期，其意思就是进行一次采样需要花多长时间，它是以系统时钟 SYSCLKOUT 为单位的，也就是说，采样周期设定了进行一次采样需要多少个 SYSCLKOUT，它可以通过寄存器 GPACTRL 和 GPBCTRL 进行设置。以 GPACTRL 为例，它具有 4 个位域，QUALPRD0、QUALPRD1、QUALPRD2 和 QUALPRD3。每个 QUALPRDn 的取值范围是 0～510。每 8 个 GPIO 引脚作为 1 组，例如 GPIO0～GPIO7 是由 GPACTRL[QUALPRD0]来设置，GPIO8～GPIO15 是由 GPACTRL[QUALPRD1]来设置的。采样周期和 GPxCTRL[QUALPRDn]位之间的关系如表 6-10 所示。表中 $T_{SYSCLKOUT}$ 表示系统时钟 SYSCLKOUT 的周期。

表 6-10 采样周期与 GPxCTRL[QUALPRDn]的关系

寄存器的设置	采样周期
GPxCTRL[QUALPRDn]=0	$1\times T_{SYSCLKOUT}$
GPxCTRL[QUALPRDn]≠0	$2\times$ GPxCTRL[QUALPRDn] $\times T_{SYSCLKOUT}$

采样周期设置好后，还需要通过寄存器 GPxQSELn 来设置采样次数，只有两个选项可以选择，采样 3 次或者采样 6 次。若选择采样 3 次，则采样窗口的长度是 2 个采样周期；若选择采样 6 次，则采样窗口的长度 5 个采样周期。图 6-2 是采样次数是 6 次时，引脚输入信号经采样窗限定的原理。

从图 6-2 可以看到，在 t1 时刻，DSP 开始采集到低电压，但此时 DSP 还不能马上认定现在输入的信号就是低电平信号，必须连续地对其进行 6 次采样，如果这 6 次采样结果均为 0，DSP 才会确定输入信号已经变为低电平，中间只要有 1 次采样结果不是 0，就必须重新开始采样限定。在图 6-2 中，到 t2 时刻，DSP 已经连续 6 次采集到低电压，所以就认定输入信

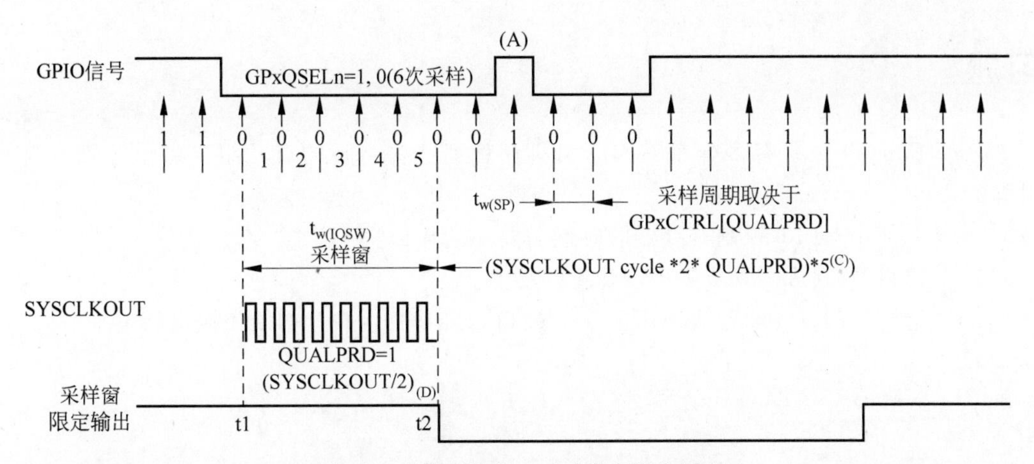

图 6-2 采样次数是 6 时采样窗限定原理

号为低电平，很容易看到，t1 与 t2 间有 6 次采样，历经 5 个采样周期。通过采样窗限定输入信号，就可以把后面的这个只有 1 个采样周期宽度的高电平干扰过滤掉，从而提高了信号的质量。

6.4 GPIO 配置步骤

下面总结一下，如何正确使用一个 GPIO 引脚，可以参照如下顺序进行配置。

(1) 选择 GPIO 工作模式：首先需要搞清每个 GPIO 引脚所具有的功能，并通过 GPxMUXn 寄存器选择让其工作在通用数字 I/O 模式，还是工作在某种外设功能模式。默认情况下，DSP 上电时，GPIO 被配置成通用数字 I/O 模式，且为输入引脚。

(2) 使能或禁止内部上拉电阻。具有 ePWM 输出功能的 GPIO0～GPIO11 的内部上拉功能默认是禁止的，其他引脚的内部上拉功能默认是使能的。

(3) 如果引脚是作输入用的，那么需要为引脚配置输入限定模式。默认情况下，所有输入引脚的限定模式是与 SYSCLKOUT 同步，当然也可以通过相关的寄存器选择其他的输入限定模式，比如采样窗限定。

(4) 如果引脚被配置为通用数字 I/O 口，那么还需要通过 GPxDIR 寄存器来设定该引脚是作输入还是作输出，也就是要选择引脚方向。

(5) 如果引脚被配置为通用数字 I/O 口，并且方向是输出，那么可以通过 GPxSET 或者 GPxCLEAR 寄存器来设定引脚的初始电平。

通过上面 5 个步骤，就基本完成了 GPIO 引脚的初始化工作。

本章介绍了 F28335 的通用输入/输出端口 GPIO，介绍了 GPIO 相关的寄存器、GPIO 输入限定的功能，以及如何正确初始化一个 GPIO 引脚。第 7 章会以 GPIO 引脚控制 LED 灯为例，介绍如何创建一个新工程。

习题

6-1 F28335 一共有多少个 GPIO 引脚？管理这些引脚的有几组？每组分别有哪些引脚？

6-2 在使用 GPIO 控制寄存器的时候需要注意什么？

6-3 请将 GPIO8 配置成 EPWM5A 的功能。

6-4 请将 GPIO34 配置成通用数字 I/O 口，方向输出，并且初始化输出高电平。

第7章

创建一个新工程

众所周知，一栋房子通常是由砖、瓦、钢筋、水泥等材料构建起来的，在准备开工盖房子之前，先得把这些材料准备好。DSP的软件开发就像是在盖一座座的房子，只不过是在创建一个个的工程。本章将以让LED灯闪烁为例来介绍如何创建一个新工程，从而了解一个工程通常是由哪些文件构成的，并学习CCS6.x开发环境的一些常用操作。

7.1 控制原理分析

如图7-1所示，创建的新工程需要实现的功能是通过GPIO0～GPIO5引脚控制6个LED灯闪烁。

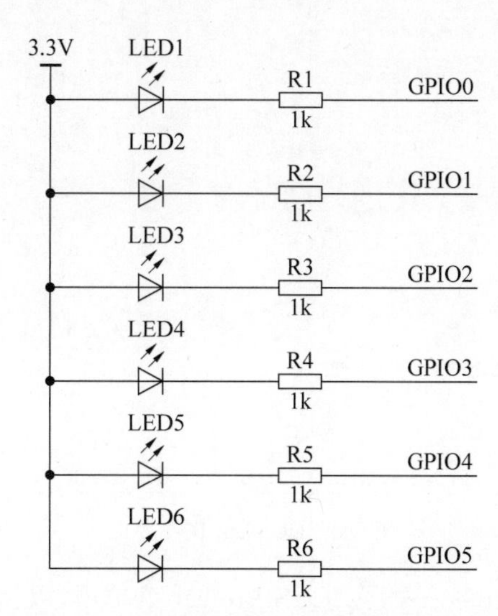

图7-1　GPIO引脚控制LED灯硬件原理图

由于6个灯的控制原理都一样，所以就以GPIO0控制LED1闪烁为例来分析。F28335的GPIO引脚输出的低电平是0V，输出的高电平是3.3V，所以从图7-1可知，当GPIO0输出高电平时，LED1就会熄灭；当GPIO0输出低电平时，LED1就会被点亮。如果通过程序不断改变 GPIO0 引脚的输出电平,LED 灯就可以实现闪烁了。

从第 6 章的学习可知,通过向寄存器 GPxSET 的位写 1,可使相应的 GPIO 引脚输出高电平;通过向寄存器 GPxCLEAR 的位写 1,可使相应的 GPIO 引脚输出低电平。如下所示:

```
GpioDataRegs.GPASET.bit.GPIO0 = 1;                    //GPIO0 输出高电平,LED1 灭
GpioDataRegs.GPACLEAR.bit.GPIO0 = 1;                  //GPIO0 输出低电平,LED1 亮
```

视频讲解

7.2 创建工程

下面以 TI 公司的 CCS6.x 软件为开发环境,介绍如何来创建新工程,创建完工程后又如何编译、下载、运行程序。双击桌面上的 CCS6.x 图标,打开 CCS 软件,界面如图 7-2 所示。

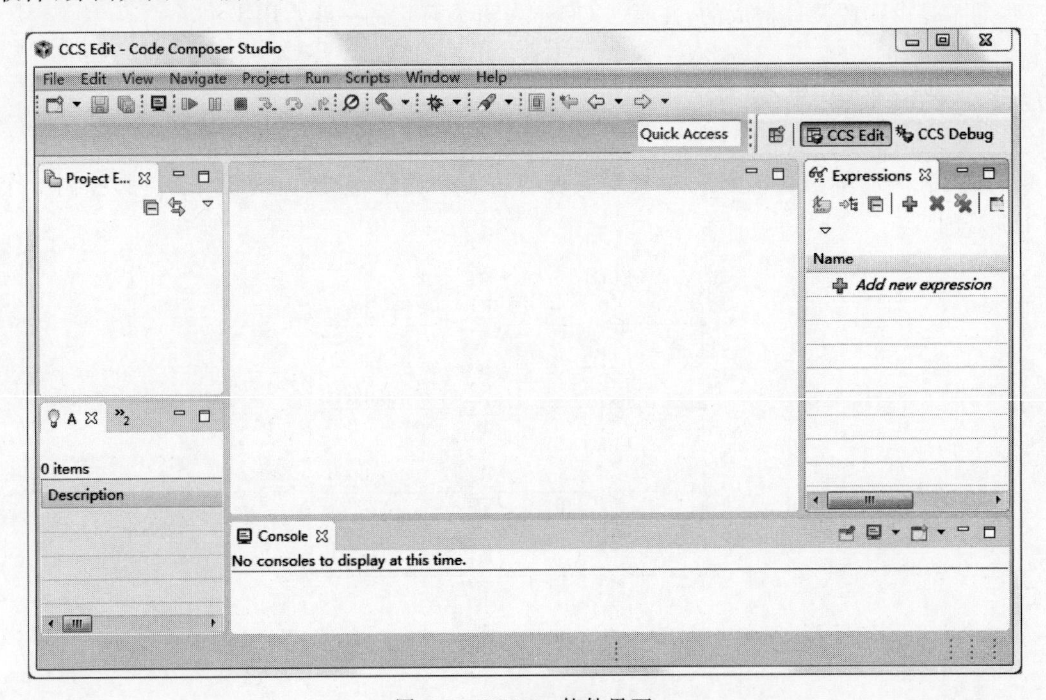

图 7-2 CCS6.x 软件界面

如图 7-3 所示,选择 Project→New CCS Project 菜单项,以新建工程,CCS 会弹出 New CCS Project 窗口,如图 7-4 所示。

在 New CCS Project 窗口中,需要做一些配置。Target 选项是选择需要开发的 DSP 芯片型号,这里选择 TMS320F28335。Connection 选项是选择实际使用的仿真器型号,这里选择 Texas Instruments XDS2xx USB Debug Probe,即使用 XDS200 系列的仿真器,实际

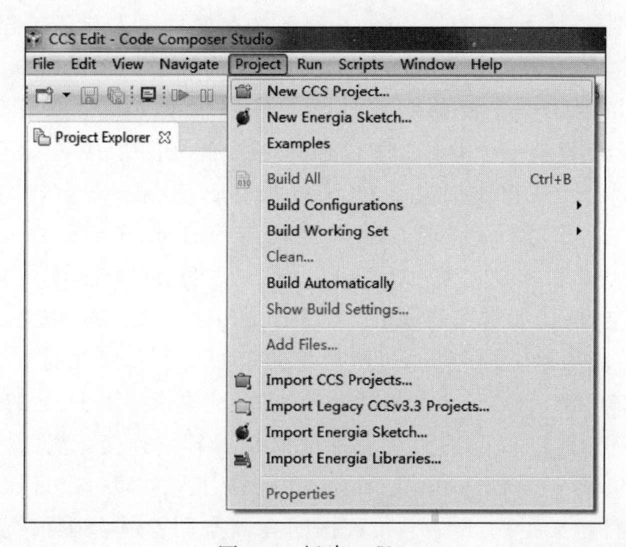

图 7-3　新建工程 1

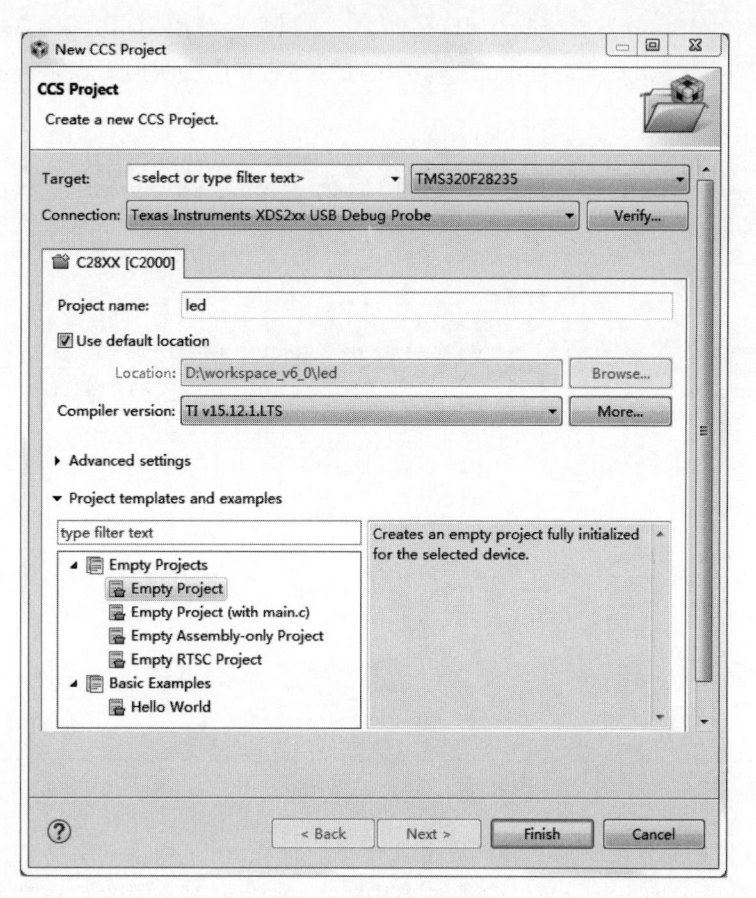

图 7-4　新建工程 2

使用哪款就选择哪款。接下来，在 Project name 文本框里输入新建工程的名字，这里输入 led，意思是创建一个名为 led 的工程。最后需要选择新建工程的模板，这里选择 Empty Project 选项，意思是创建一个空的工程模板。最后单击 Finish 按钮，CCS 便在指定的 workspace 文件夹下创建了一个 led 文件夹，工程便在此文件夹内。

如图 7-5 所示，led 工程被添加进了 CCS 的 Project Explorer 窗口内，这就是新建立的工程模板。从图 7-5 可以看到，现在 led 工程内有 Includes 文件夹、Debug 文件夹、TMS320F28335.ccxml 和 28335_RAM_link.cmd。这里 Includes 文件夹中是 C 语言环境需要用到的一些头文件，比如常用的 math.h、string.h 等，如图 7-6 所示。Debug 文件夹现在是空的，在工程被成功地编译链接后，所产生的中间文件和可执行文件都会放在 Debug 文件夹内。TMS320F28335.ccxml 是目标链接文件，这里指定了 DSP 的型号和所使用的仿真器，如果工程没有这个文件，CCS 就没有办法和 DSP 建立连接，也就没有办法下载调试程序了，也可以通过 New→Target Configuration File 为工程创建一个目标链接文件。28335_RAM_link.cmd 文件定义了用户程序和数据的存储空间及其分配情况，通常不需要做改动，文件内充分利用了 F28335 的 RAM 空间，不过如果当实际工程的存储情况和 CMD 文件内的分配不符合时，就需要修改 CMD 文件了。这里只是分配用户数据和程序的，还需要一个 CMD 文件，用来分配 F28335 寄存器的空间。这将在下一步向工程添加需要的文件时进行添加。

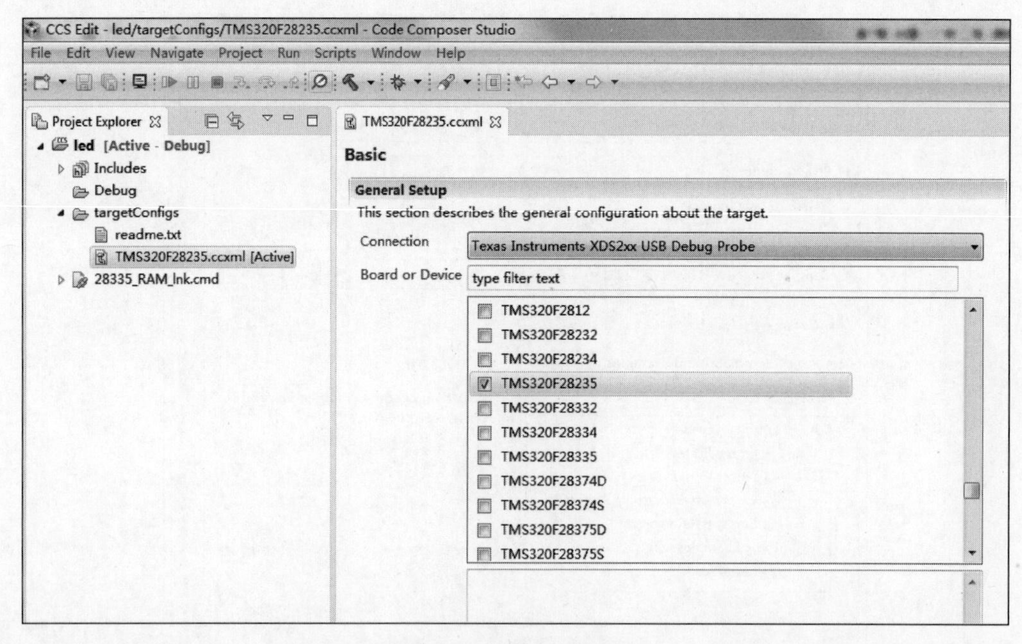

图 7-5　创建新工程 3

接下来就需要向工程添加一些必要的文件了。首先，向工程添加头文件。头文件是以 .h 为后缀的文件，h 即为“head”的缩写。这里的头文件和前面介绍的 C 语言环境的头文件

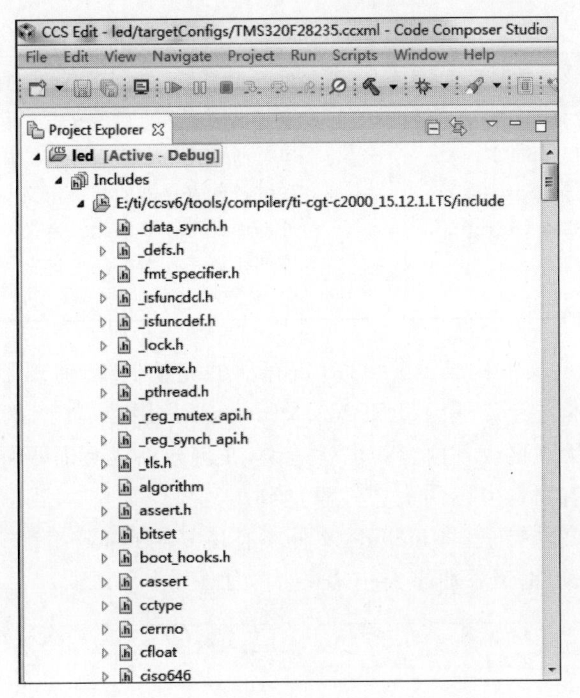

图 7-6 系统 Includes 文件夹内的文件

不同，是 F28335 自己的头文件，主要定义了芯片内部的寄存器结构、中断服务程序等内容，为 F28335 的开发提供了很大的便利。F28335 工程常用的头文件如表 7-1 所示。

表 7-1 F28335 需要的头文件

序号	文 件 名	主 要 内 容
1	DSP2833x_Device. h	包含了其他外设的头文件和大量宏定义
2	DSP2833x_Examples. h	宏定义
3	DSP2833x_Adc. h	模数转换 ADC 寄存器的相关定义
4	DSP2833x_DevEmu. h	F28335 硬件仿真寄存器的相关定义
5	DSP2833x_CpuTimers. h	CPU 定时器寄存器的相关定义
6	DSP2833x_DefaultISR. h	F28335 中断服务程序的定义
7	DSP2833x_ECan. h	增强型 CAN 寄存器的相关定义
8	DSP2833x_ECAP. h	增强型 CAP 寄存器的相关定义
9	DSP2833x_Epwm. h	增强型 PWM 寄存器的相关定义
10	DSP2833x_EQep. h	增强型光电编码器电路 QEP 的相关定义
11	DSP2833x_DMA. h	直接存储器访问 DMA 寄存器的相关定义
12	DSP2833x_Gpio. h	通用输入/输出端口 GPIO 寄存器的相关定义
13	DSP2833x_I2c. h	I2C 寄存器的相关定义
14	DSP2833x_McBSP. h	多通道缓冲串口 McBSP 寄存器的相关定义
15	DSP2833x_PieCtrl. h	PIE 控制寄存器的相关定义
16	DSP2833x_PieVect. h	PIE 中断向量表的定义

续表

序号	文件名	主要内容
17	DSP2833x_Spi.h	串行外围设备接口 SPI 寄存器的相关定义
18	DSP2833x_Sci.h	串行通信接口 SCI 寄存器的相关定义
19	DSP2833x_SysCtrl.h	系统控制寄存器的相关定义
20	DSP2833x_XIntrupt.h	外部中断寄存器的相关定义
21	DSP2833x_Xintf.h	外部接口寄存器的相关定义
22	DSP2833x_user.h	用户自定义的变量，内容用户自己添加

表 7-1 中所列的头文件构成了 F28335 寄存器的完整框架，实现了 F28335 中所有寄存器的 C 语言的结构体的定义，除了 DSP2833x_user.h 是用户自己编写外，其他的头文件在没有必要的情况下，无须更改其内容。也就是说，在创建新工程时，不要自己编写这些头文件，只需要将这些具有固定内容的头文件添加到工程中。表 7-1 所列的头文件在配套资源编程素材的 include 文件夹里，将 include 文件夹整体复制到 led 工程文件夹内。此时，CCS 已经自动扫描到了工程里新添加的 include 文件，如图 7-7 所示。

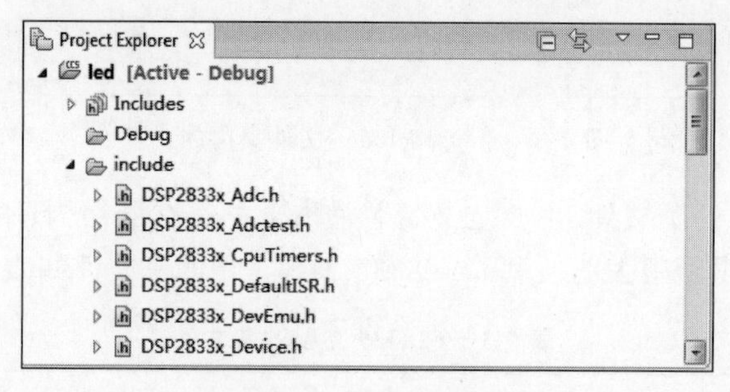

图 7-7　添加头文件

虽然头文件已经添加进了 led 工程，但是 CCS 的编译器还并不知道这些头文件在哪里，直接进行编译就会出现错误，因此必须给编译器指定 include 文件夹的路径。右击 led 工程，在弹出的快捷菜单中选择 Properties，打开工程的属性对话框。选择 Build→C2000 Compiler→Include Options，如图 7-8 所示。

单击图 7-8 中的 Add 按钮，弹出 Add directory path 对话框，如图 7-9 所示。单击 Workspace 按钮，弹出 Folder selection 对话框，选择 led 工程下的 include 文件夹，单击 OK 按钮，如图 7-10 所示。回到 Add directory path 对话框，单击 OK 按钮，如图 7-11 所示。回到工程的属性设置界面，可以看到头文件的路径已经添加进来了，最后单击 OK 按钮，完成操作，如图 7-12 所示。

接下来，需要向工程添加源文件。源文件是以.c 为后缀的文件，开发工程时所编写的代码通常都是写在各个源文件中的，也就是说，源文件是整个工程的核心部分，包含了所有需要实现的功能的代码。TI 为 F28335 的开发已经准备好了很多源文件，通常只要向这些源文件里添加需要实现功能的代码即可。表 7-2 列出了 F28335 工程常用的源文件。

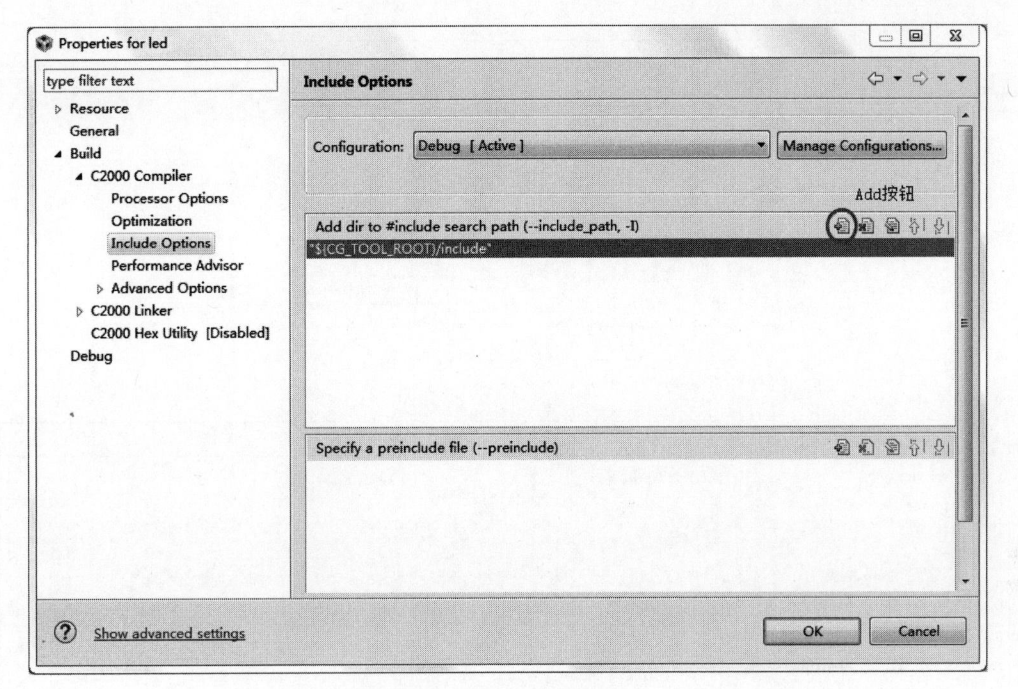

图 7-8　设置头文件路径 1

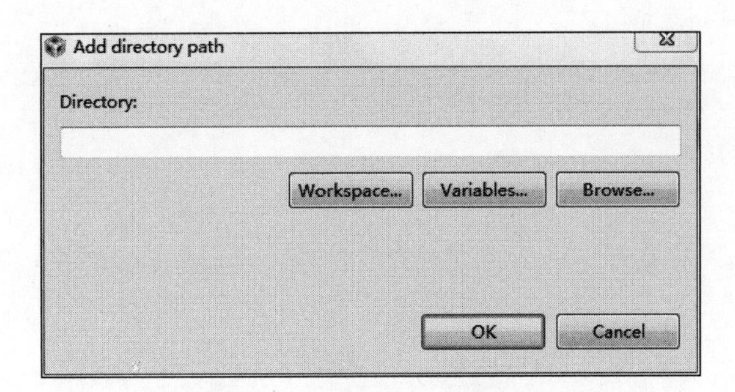

图 7-9　设置头文件路径 2

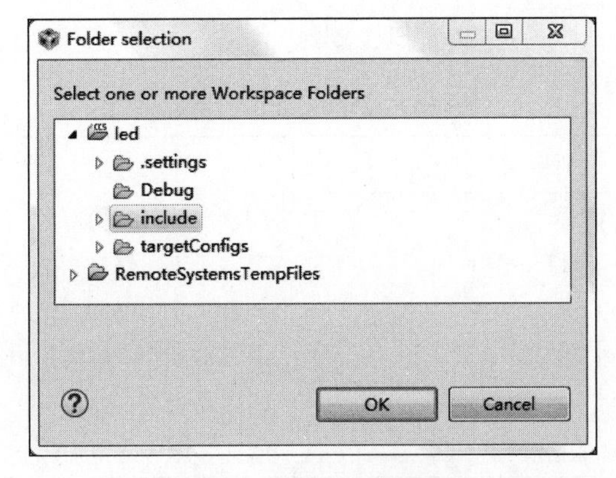

图 7-10　设置头文件路径 3

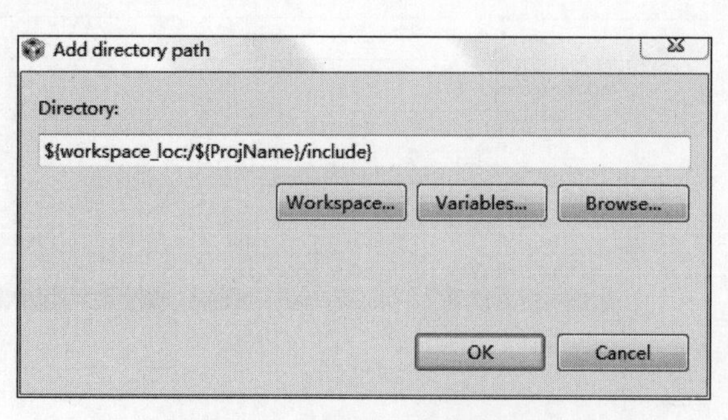

图 7-11　设置头文件路径 4

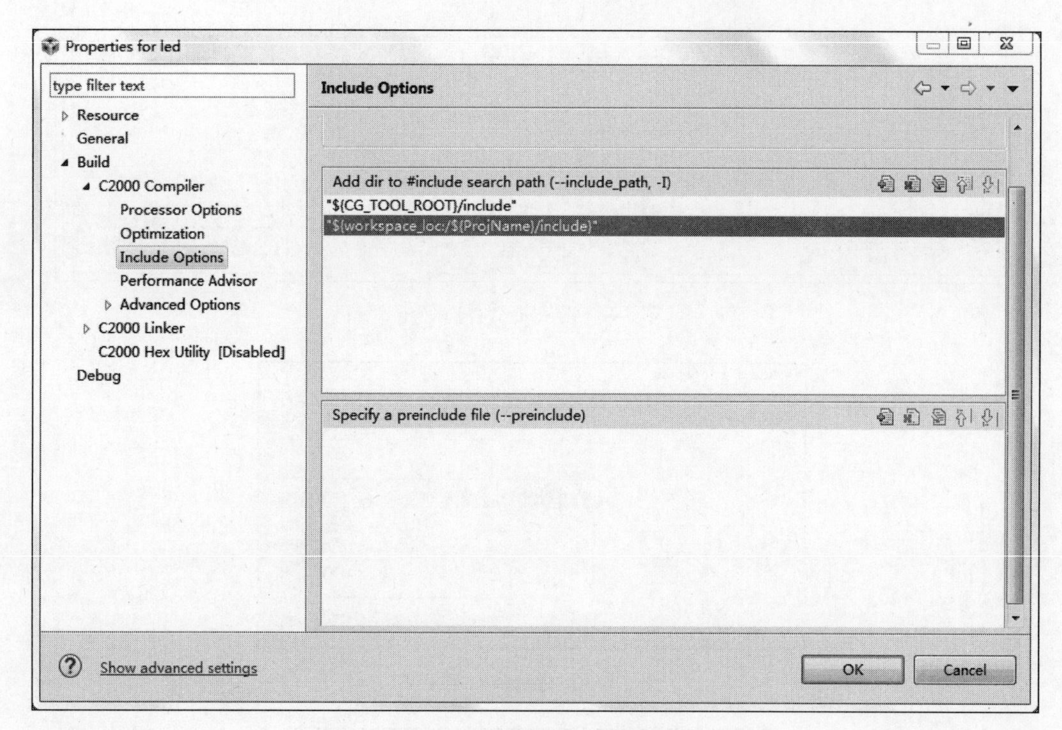

图 7-12　设置头文件路径 5

表 7-2　F28335 常用的源文件

序号	文　件　名	主 要 内 容
1	DSP2833x_Adc.c	ADC 初始化函数
2	DSP2833x_CpuTimers.c	CPU 定时器初始化函数
3	DSP2833x_DefaultISR.c	包含了 F28335 所有的外设中断函数
4	DSP2833x_ECan.c	增强型 CAN 初始化函数
5	DSP2833x_ECAP.c	增强型捕获单元 CAP 初始化函数
6	DSP2833x_Epwm.c	增强型 PWM 初始化函数

续表

序号	文 件 名	主 要 内 容
7	DSP2833x_EQep. c	增强型光电编码器电路 QEP 初始化函数
8	DSP2833x_DMA. c	直接存储器访问 DMA 初始化函数
9	DSP2833x_Gpio. c	通用输入/输出端口 GPIO 初始化函数
10	DSP2833x_I2c. c	I2C 初始化函数
11	DSP2833x_McBSP. c	多通道缓冲串行口 McBSP 初始化函数
12	DSP2833x_PieCtrl. c	PIE 控制模块初始化函数
13	DSP2833x_PieVect. c	对 PIE 中断向量进行初始化
14	DSP2833x_Spi. c	串行外围接口 SPI 初始化函数
15	DSP2833x_Sci. c	串行通信接口 SCI 初始化函数
16	DSP2833x_SysCtrl. c	系统控制模块初始化函数
17	DSP2833x_Xintf. c	外部接口初始化函数
18	DSP2833x_InitPeripherals. c	包含了需要初始化的外设的初始化函数
19	DSP2833x_GlobalVariableDefs. c	定义了 F28335 的全局变量和数据段程序
20	main. c	主函数

是不是每个工程都要包含这些文件呢？不是的，只需根据实际的需求来添加，用到哪个外设模块，就添加对应的源文件，在文件中写其初始化函数。主函数在 main. c 中，main. c 也是整个工程的灵魂，需要用户根据实际情况来进行编写，但基本的思路都是差不多的，相信多学习一下本书的示范工程便不难掌握。

本工程需要添加 DSP2833x_Gpio. c、DSP2833x_PieCtrl. c、DSP2833x_PieVect. c、DSP2833x_SysCtrl. c、DSP2833x_GlobalVariableDefs. c、main. c 这几个源文件，这也是一般工程都需要的源文件。在 led 工程文件夹里创建一个 source 文件夹，然后把上述文件复制到 source 文件夹内。另外，还需要添加一个 DSP2833x_usDelay. asm，这是定义的延时函数。文件复制完成后，ccs 软件就自动将这些文件扫描到工程里，如图 7-13 所示。接着要做的就是向各个源文件中添加实现功能的代码了，详见程序清单 7-1～程序清单 7-3。

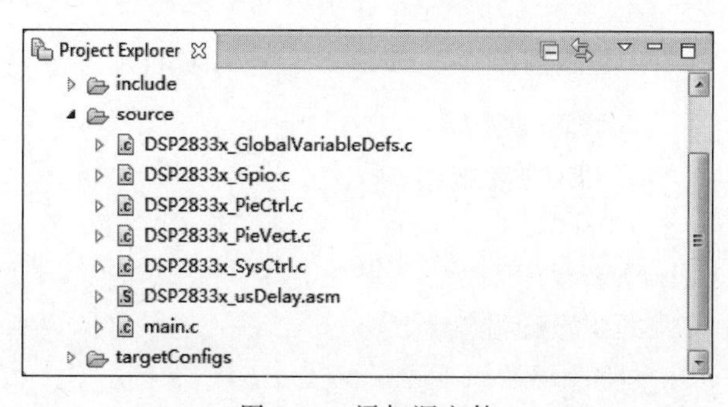

图 7-13 添加源文件

程序清单 7-1　DSP2833x_Gpio.c

```
#include "DSP2833x_Device.h"
#include "DSP2833x_Examples.h"

void InitGpio(void)                                   //GPIO 初始化函数
{
    asm(" EALLOW");

    GpioCtrlRegs.GPAPUD.all = 0x00000000;             //GPIO0 - 5 上拉禁止

    GpioCtrlRegs.GPAMUX1.bit.GPIO0 = 0;               //GPIO0 - 5 均作通用数字输入/输出口
    GpioCtrlRegs.GPAMUX1.bit.GPIO1 = 0;
    GpioCtrlRegs.GPAMUX1.bit.GPIO2 = 0;
    GpioCtrlRegs.GPAMUX1.bit.GPIO3 = 0;
    GpioCtrlRegs.GPAMUX1.bit.GPIO4 = 0;
    GpioCtrlRegs.GPAMUX1.bit.GPIO5 = 0;

    GpioCtrlRegs.GPADIR.bit.GPIO0 = 1;                //GPIO0 - 5 方向输出
    GpioCtrlRegs.GPADIR.bit.GPIO1 = 1;
    GpioCtrlRegs.GPADIR.bit.GPIO2 = 1;
    GpioCtrlRegs.GPADIR.bit.GPIO3 = 1;
    GpioCtrlRegs.GPADIR.bit.GPIO4 = 1;
    GpioCtrlRegs.GPADIR.bit.GPIO5 = 1;

    asm(" EDIS");

    GpioDataRegs.GPASET.bit.GPIO0 = 1;                //GPIO0 - 5 输出高电平,LED 灯灭
    GpioDataRegs.GPASET.bit.GPIO1 = 1;
    GpioDataRegs.GPASET.bit.GPIO2 = 1;
    GpioDataRegs.GPASET.bit.GPIO3 = 1;
    GpioDataRegs.GPASET.bit.GPIO4 = 1;
    GpioDataRegs.GPASET.bit.GPIO5 = 1;
}
```

程序清单 7-2　DSP2833x_SysCtrl.c

```
#include "DSP2833x_Device.h"                                  //包含头文件
#include "DSP2833x_Examples.h"

void InitSysCtrl(void)
{
   DisableDog();                                              //关看门狗

   //初始化 PLL 控制: PLLCR 和 DIVSEL
   //DSP28_PLLCR 和 DSP28_DIVSEL 在 DSP2833x_Examples.h 中有定义
```

```
    InitPll(DSP28_PLLCR,DSP28_DIVSEL);

    InitPeripheralClocks();                    //初始化外设时钟
}

void DisableDog(void)                          //禁止看门狗
{
    EALLOW;
    SysCtrlRegs.WDCR = 0x0068;
    EDIS;
}

void InitPll(Uint16 val, Uint16 divsel)        //PLL 初始化函数
{
    if (SysCtrlRegs.PLLSTS.bit.MCLKSTS != 0)
    {
        asm("       ESTOP0");
    }

    if (SysCtrlRegs.PLLSTS.bit.DIVSEL != 0)
    {
        EALLOW;
        SysCtrlRegs.PLLSTS.bit.DIVSEL = 0;
        EDIS;
    }

    //配置 PLL 控制寄存器
    if (SysCtrlRegs.PLLCR.bit.DIV != val)
    {
        EALLOW;
        //关掉时钟丢失检测逻辑再配置 PLL 控制寄存器
        SysCtrlRegs.PLLSTS.bit.MCLKOFF = 1;
        SysCtrlRegs.PLLCR.bit.DIV = val;
        EDIS;
        DisableDog();
        EALLOW;
        SysCtrlRegs.PLLSTS.bit.MCLKOFF = 0;
        EDIS;
}

     if((divsel == 1)||(divsel == 2))
     {
        EALLOW;
        SysCtrlRegs.PLLSTS.bit.DIVSEL = divsel;
        EDIS;
     }
```

```
    if(divsel == 3)
    {
        EALLOW;
        SysCtrlRegs.PLLSTS.bit.DIVSEL = 2;
        DELAY_US(50L);
        SysCtrlRegs.PLLSTS.bit.DIVSEL = 3;
        EDIS;
    }
}

void InitPeripheralClocks(void)
{
   EALLOW;

   SysCtrlRegs.HISPCP.all = 0x0001;          //高速外设时钟 HSPCLK = 75MHz
   SysCtrlRegs.LOSPCP.all = 0x0002;          //低速外设时钟 LSPCLK = 37.5MHz

   SysCtrlRegs.PCLKCR3.bit.GPIOINENCLK = 1;  //GPIO 输入时钟

   EDIS;
}
```

程序清单 7-3　main.c

```
#include "DSP2833x_Device.h"                          //包含头文件
#include "DSP2833x_Examples.h"

void main(void)
{
    InitSysCtrl();                                    //系统初始化函数
    InitGpio();                                       //GPIO 初始化函数
    InitPieCtrl();                                    //初始化 PIE
    IER = 0x0000;                                     //禁止 CPU 中断
    IFR = 0x0000;                                     //清除 CPU 中断标志位
    InitPieVectTable();                               //初始化 PIE 向量表

    for(;;)
    {
        GpioDataRegs.GPATOGGLE.bit.GPIO0 = 1;         //翻转电平
        GpioDataRegs.GPATOGGLE.bit.GPIO1 = 1;
        GpioDataRegs.GPATOGGLE.bit.GPIO2 = 1;
        GpioDataRegs.GPATOGGLE.bit.GPIO3 = 1;
        GpioDataRegs.GPATOGGLE.bit.GPIO4 = 1;
        GpioDataRegs.GPATOGGLE.bit.GPIO5 = 1;

        DELAY_US(1000000);                            //延时 1s
    }
}
```

在程序清单 7-3 的主函数中，控制 LED 亮或者灭，使用的是 GPIO 电平翻转寄存器 GPATOGGLE，如在第 6 章中介绍的一样，向 GPATOGGLE 的位写 1，相应的 I/O 引脚电平会翻转，原先低电平的会变为高电平，原先高电平的会变为低电平。这里需要重点介绍的是延时函数 DELAY_US(A)，它的功能是延时 Aμs。比如需要延时 1s 时间，只要将参数 A 设为 1000000 就可以。该延时函数的宏定义在 DSP2833x_Examples.h 中，如下所示：

```
#define DELAY_US(A) DSP28x_usDelay(((((long double) A * 1000.0L) / (long double)CPU_RATE) -
9.0L) / 5.0L)
```

而 DSP28x_usDelay()的定义在 DSP2833x_usDelay.asm 中，以.asm 为后缀的是汇编语言编写的文件，函数具体的定义如下所示：

```
.def _DSP28x_usDelay
        .sect "ramfuncs"
         .global __DSP28x_usDelay
_DSP28x_usDelay:
         SUB   ACC,#1
         BF    _DSP28x_usDelay,GEQ                ;; Loop if ACC >= 0
         LRETR
```

函数 DELAY_US(A)是 TI 提供的，执行此函数可以精确地延时 Aμs，这在程序中需要延时的场合非常有用。这里设定的是延时 1s，也就是说，每隔 1s，LED 的状态会改变一次，从而实现了 LED 灯的闪烁。

到这里，源文件也准备好了，最后还需要将 CMD 文件补充完整，将编程素材 cmd 文件夹里的 DSP2833x_Headers_nonBIOS.cmd 复制到 led 工程文件夹下，它的作用是给 F28335 内部的寄存器分配存储空间，这个文件内容是固定的，因为在芯片设计的时候，寄存器的地址都已经定好了。CCS 软件自动扫描并将增加的新文件添加到工程里，如图 7-14 所示。

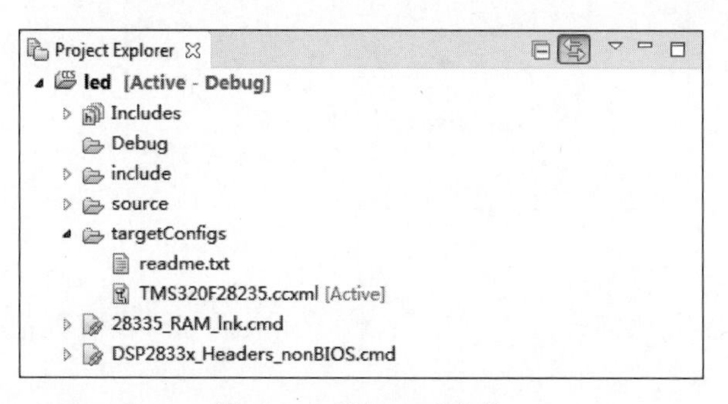

图 7-14 添加 cmd 文件

至此，一个新工程就建好了。

7.3 编译与调试

视频讲解

7.3.1 编译工程

工程建好后，就可以对其进行编译了。最好的结果就是编译一次通过，但在实际应用中，往往不可能这么理想，因为在写程序的过程中或多或少地会有疏忽，会犯错，这也是很正常的，通过编译可以找到问题，然后根据检查出的问题提示来相应地将其解决就好了。

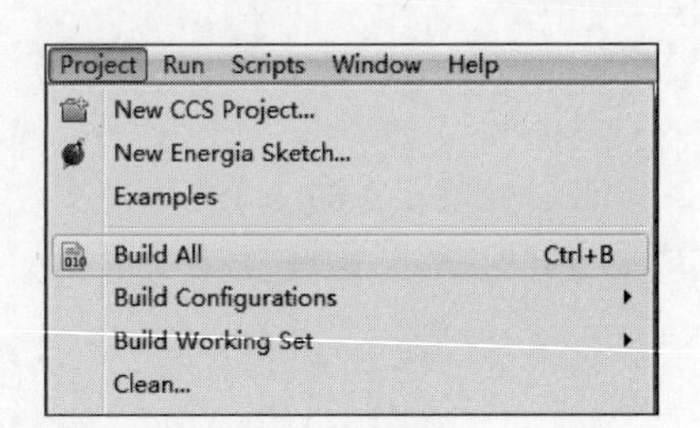

图 7-15 编译方法 1

选择 Project→Build All，或者右击 led 工程，在弹出的快捷菜单中选择 Build Project，便可以启动编译，如图 7-15 和图 7-16 所示。如果编译过程不能顺利进行，请关闭计算机的杀毒软件或者防火墙后重启 CCS 重新编译试试。

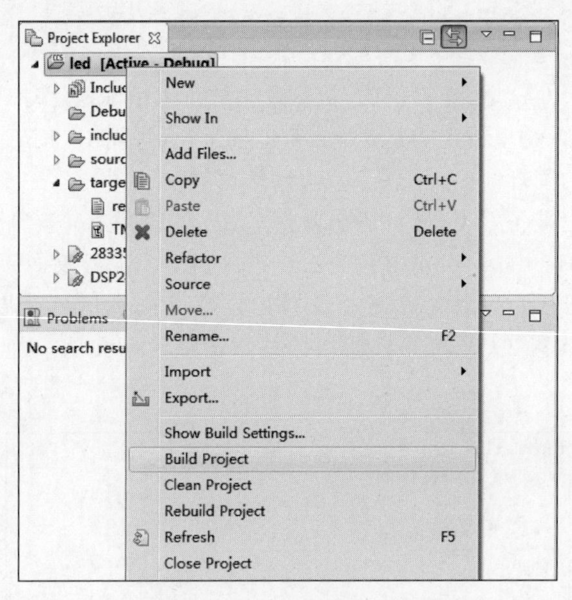

图 7-16 编译方法 2

如果是新建的工程，比如这里的 led. pjt，编译完成后如果没有其他语法问题，会有如下所示的提示信息：

```
warning #10210 - D: creating ".stack" section with default size of 0x400; use the - stack
option to change the default size
```

意思是说工程的. stack 段使用的是默认的大小 0x400，可以使用-stack 选项来改变这个默认大小。首先为什么会有这个提示呢？在 28335_RAM_link.cmd 文件中，.stack 段和.esystem 段一起分配给了 RAMM1，而 RAMM1 空间最大就是 0x400，即 1KB。所以如果.stack 大小使用的是默认的 0x400，一旦程序编译后生成的.stack 段大小达到了 0x400，那么.esystem 段就没有存储空间了，这样就会有问题，所以可以给.stack 段设置一个小于 0x400 的数值。具体方法是：右击 led 工程，在弹出的快捷菜单中选择 Properties，打开属性设置对话框，如图 7-17 所示。选择 Build→C2000 Linker→Basic Options，在 Set C system stack size(--stack_size,-stack)一栏填入新的数值，比如 0x300，单击 OK 按钮。当然填入的数值要小于 0x400，原因上面已经讲清。

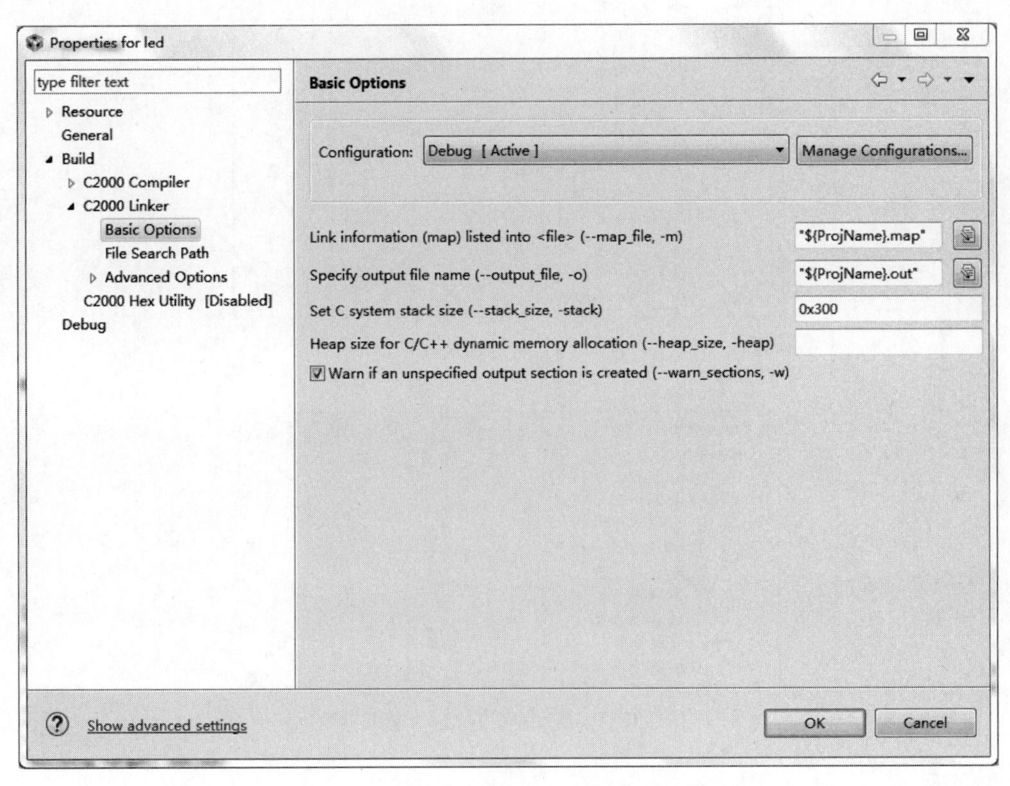

图 7-17　设置.stack 大小

设置好.stack 大小后，右击 led 工程，在弹出的快捷菜单中选择 Rebuild Project，重新编译工程，如图 7-18 所示。

现在编译 led 工程没有任何问题了，在 Debug 文件夹里生成了可执行文件 led.out，如图 7-19 所示，这个 led.out 就是可以下载到 F28335 中运行的文件，可以说是工程的最终结果。不过虽然编译没有任何问题，也生成了可执行文件，但只能说明工程中没有语法问题，至于功能是否可以实现现在是无法判断的，只有将可执行文件下载到 DSP 中，运行调试后才能确定功能是否也是正确的。如果程序功能有问题，就要具体分析原因，然后去修改代码，再重新编译调试，直到功能也能正确实现。

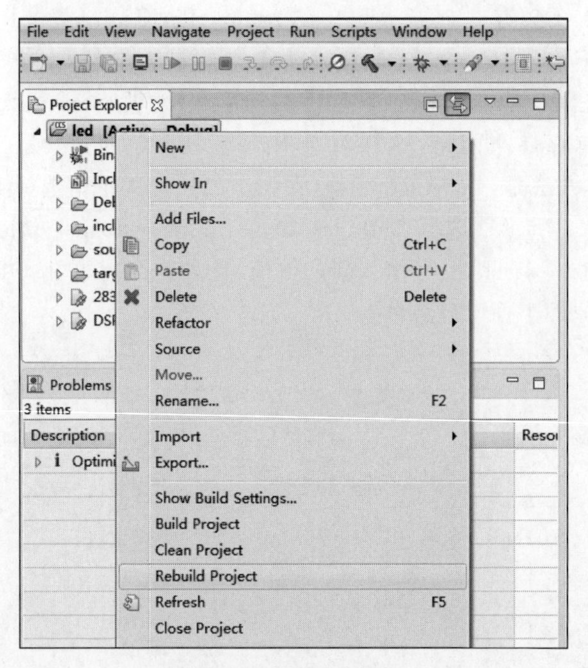

图 7-18 重新编译工程

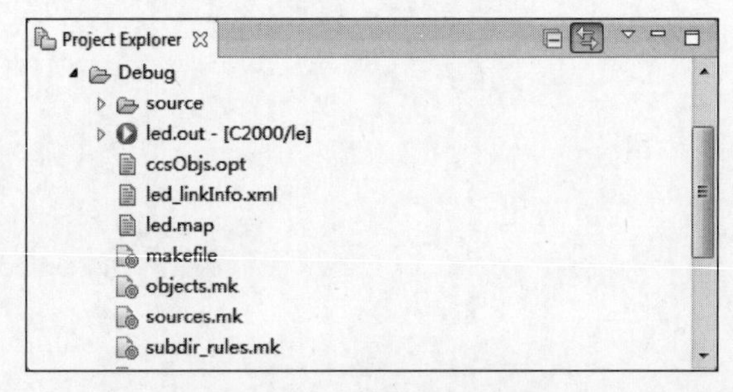

图 7-19 生成可执行文件

视频讲解

7.3.2 下载程序

有了可执行的.out文件后，就可以准备把它下载到F28335里运行了。首先，拿出F28335的开发板和仿真器，将开发板和仿真器通过14芯的JTAG口连接好，然后将仿真器插上计算机，如果第一次使用仿真器，那么还需要给仿真器安装驱动程序；如果已经安装了驱动，那么计算机插上仿真器后在设备管理器里可以找到相应的仿真器设备。最后，给开发板上电，就是将电源接上开发板。硬件连接如图7-20所示。

接下来，CCS要与DSP建立连接。在CCS的右上角可以看到，CCS6.x主要有两种工作界面：CCS Edit和CCS Debug，之前在建立工程、编写源代码、编译工程等操作都是在CCS Edit下面进行的，如图7-21所示。接下来的下载、调试等操作就要在CCS Debug下进

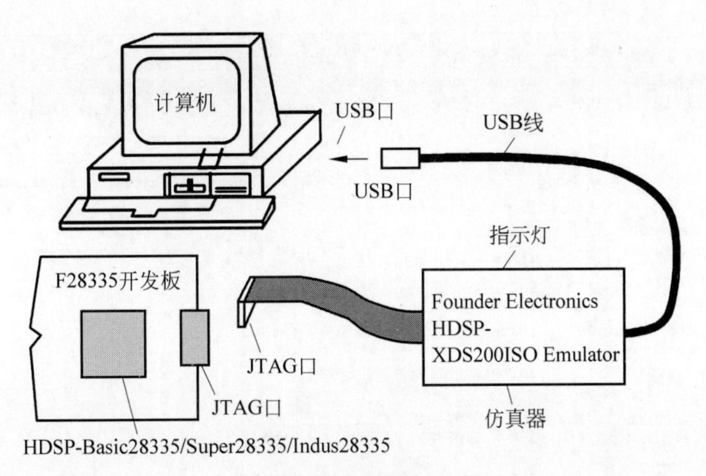

图 7-20　硬件连接

行了，可以通过单击图 7-21 中的两个标签来切换工作界面。当然，当 CCS 和 DSP 成功建立连接时，CCS 自动会把工作界面从 CCS Edit 切换到 CCS Debug。

选择 Run→Debug 菜单项，或者单击工具栏上的爬虫图标，然后在弹出的菜单中选择 Debug As→Code Composer Debug Session，就可以执行 Debug，CCS 和 DSP 开始建立连接，如图 7-22 和图 7-23 所示。执行 Debug 还有一种途径，即右击 led 工程，在弹出的快捷菜单中选择 Debug As→Code Composer Debug Session。

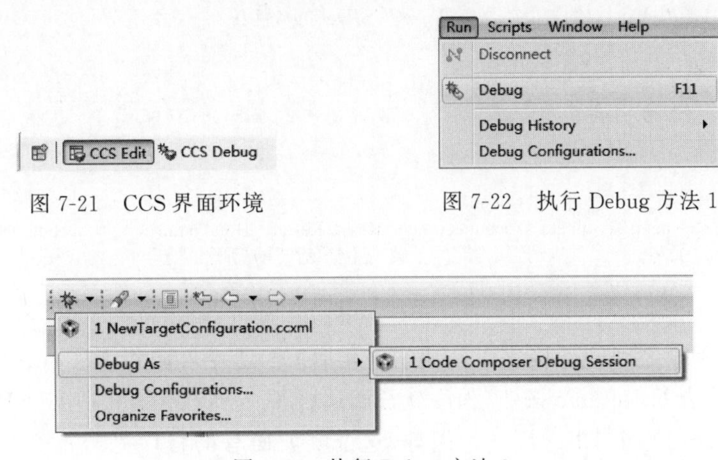

图 7-21　CCS 界面环境

图 7-22　执行 Debug 方法 1

图 7-23　执行 Debug 方法 2

如果硬件没有问题，工程中的目标链接配置文件 TMS320F28335.ccxml 的配置也正确，那么 CCS 应该可以顺利和 DSP 建立连接，CCS 的工作界面切换至 CCS Debug，如图 7-24 所示。

如果 CCS 和 DSP 没法建立连接，CCS 会弹出错误信息的对话框，可以从配置文件和硬件两方面去排查问题。图 7-24 中工具栏上的常用按钮说明如图 7-25 所示。

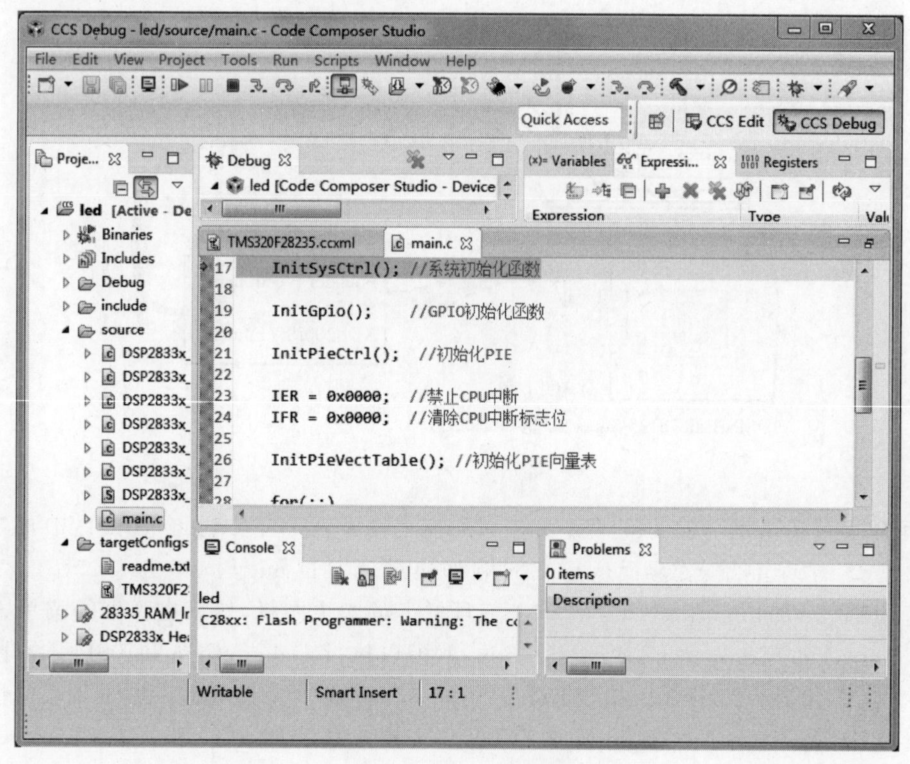

图 7-24　CCS Debug 界面

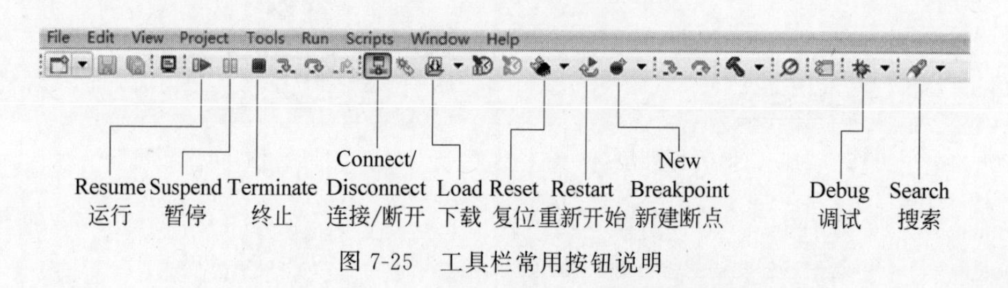

图 7-25　工具栏常用按钮说明

在 CCS 和 DSP 之间的连接建立成功的时候，CCS 已经自动将 led.out 下载到 F28335 中了，单击工具栏上的 Resume 按钮，程序就开始运行了。如果使用的是 HDSP-SUPER28335 开发板，就可以看到 6 个 LED 灯开始闪烁，这说明前面写的程序完全正确，实现了需要的功能。

暂停运行的程序，可单击工具栏上的 Suspend 按钮；终止调试，退出 CCS Debug 界面，可单击工具栏上的 Terminate 按钮；只是断开连接，留在 CCS Debug 界面，单击工具栏上的 Connect/Disconnect 按钮。

如果需要单独下载程序，那么该如何操作呢？单击工具栏上的 Load 按钮，CCS 弹出 Load Program 对话框，如图 7-26 所示。下载本工程的.out 文件，CCS 已经把路径设置好了，如果下载的是其他.out 文件，那么可以单击 Browser 按钮，选择需要下载文件的路径，设置好后单击 OK 按钮，CCS 便会把程序下载到 DSP 中。

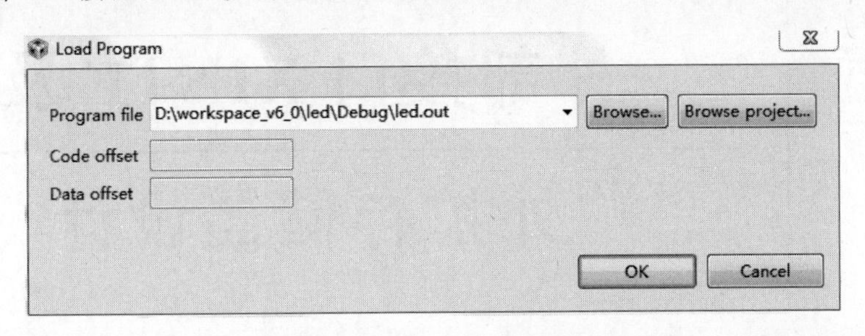

图 7-26　Load Program

在调试程序的时候，经常会遇到需要让程序运行时停在某一行代码处的情况，以便于分析程序的功能，判断问题原因，这就是添加断点操作。比如需要在 main.c 这个文件内的 DELAY_US 函数处设置断点，只需将鼠标移到这一行，然后在代码编辑窗口上双击，便成功添加了一个断点，如图 7-27 所示。这样当程序运行到断点处的时候，就会暂停下来。

除了上面介绍的，常用的调试操作还有一些，放在后面章节中实际遇到的时候进行讲解，也可以通过观看“C2000 助手”中 CCS6.x 的视频来学习，如图 7-28 所示。

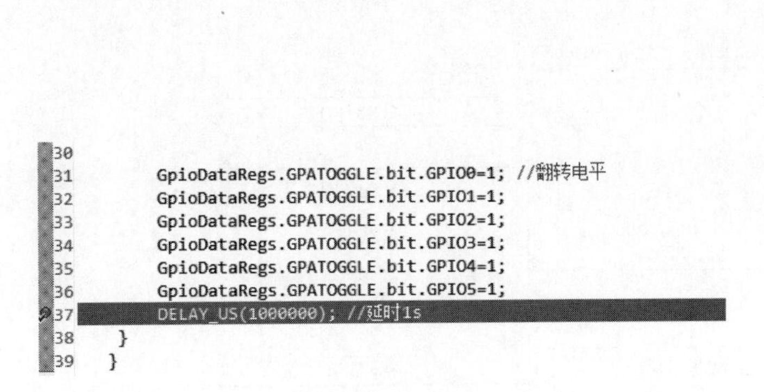

图 7-27　添加断点

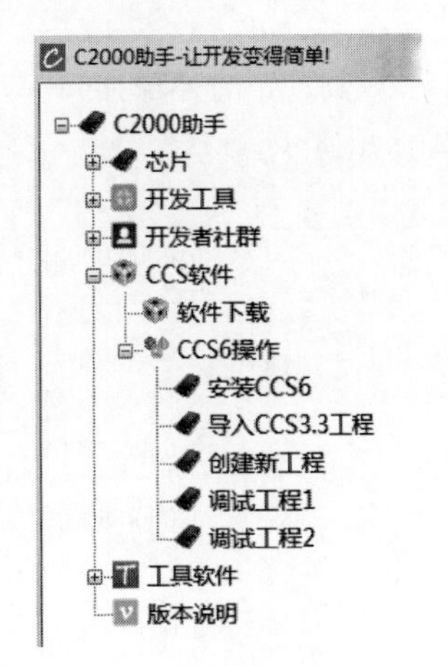

图 7-28　CCS6 操作视频

本章以控制 LED 灯闪烁为实例，介绍了在 CCS6.x 开发环境下如何创建一个新的完整的工程，并以此为基础，介绍了下载、调试程序的一些常用操作。

习题

7-1　创建一个工程，控制图 7-1 中的 6 个 LED，实现流水灯。

7-2　简述头文件、源文件、CMD 文件的作用。

第 8 章

外部接口 XINTF 及外扩存储器设计

F28335 内部有 34K×16 位的 RAM 和 256K×16 位的 Flash，当实际应用需要更大的存储空间时，就得通过外部接口 XINTF 来扩展外部存储器了。通过 XINTF 接口，不仅可以扩展存储器，还可以扩展许多外设功能，比如扩展模数转换 ADC、扩展数模转换 DAC 等，以丰富 DSP 的功能。本章将介绍 F28335 的外部接口模块 XINTF，并通过实例介绍如何使用 XINTF 接口来扩展外部的存储器。

8.1 XINTF 概述

F28335 的外部接口模块 XINTF 是一种异步接口，可以映射到 3 个固定的存储空间，如图 8-1 所示。

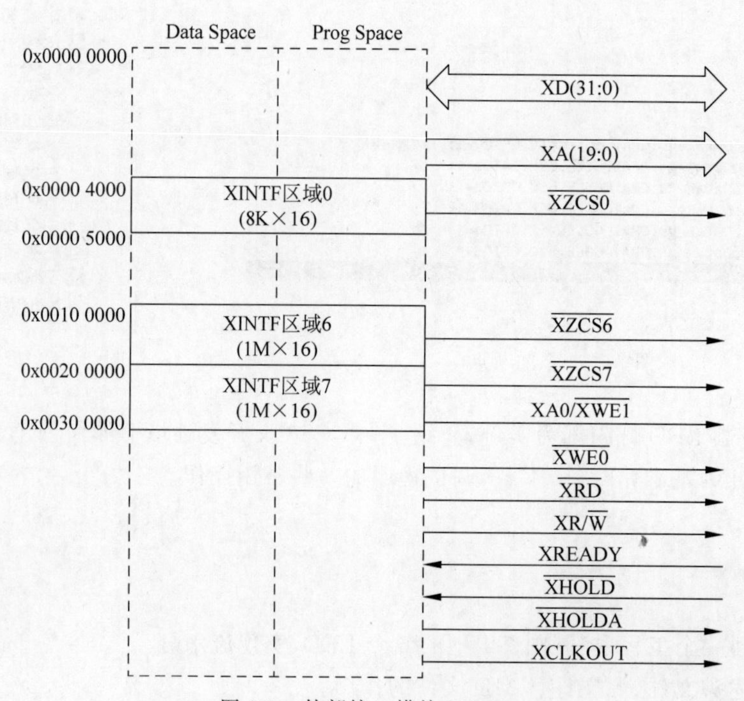

图 8-1 外部接口模块 XINTF

从图 8-1 可以看到，XINTF 接口映射到了 F28335 的 3 个存储空间：XINTF 区域 0、区域 6 和区域 7。区域 0 的地址范围是 0x0000 4000～0x0000 4FFF，大小是 8K×16 位；区域 6 的地址范围是 0x0010 0000～0x001F FFFF，大小是 1M×16 位；区域 7 的地址范围是 0x0020 0000～0x002F FFFF，大小也是 1M×16 位。每个存储区域都会有一个片选信号，具体的信息见表 8-1。当对一个区域进行读/写访问时，要将相应的片选信号线驱动到低电平，因为各个区域的片选信号是低电平有效的。XINTF 接口的信号说明见表 8-2。

表 8-1 XINTF 接口区域信息

区 域	地址范围	空间大小	片选信号
区域 0	0x0000 4000～0x0000 4FFF	8K×16 位	$\overline{XZCS0}$
区域 6	0x0010 0000～0x001F FFFF	1M×16 位	$\overline{XZCS6}$
区域 7	0x0020 0000～0x002F FFFF	1M×16 位	$\overline{XZCS7}$

表 8-2 XINTF 接口信号说明

信号名称	特性	信号说明
XD[31：0]	I/O/Z	双向 32 位数据总线。在 16 位模式下，只使用 XD[15：0]
XA[19：1]	O/Z	地址总线。当 XCLKOUT 上升沿时，地址被放锁存到地址总线上，并保持到下次访问
XA0/$\overline{XWE1}$	O/Z	在 16 位数据总线模式下，作为地址线的最低位 XA0； 在 32 位数据总线模式下，作为高 16 位的写操作的选通线 $\overline{XWE1}$
XCLKOUT	O/Z	输出时钟。XCLKOUT 可以和 XINTF 内部的时钟 XTIMCLK 相同，也可以是其 1/2，取决于 XINTCNF2 寄存器的位 CLKMODE。在复位时， XCLKOUT＝XTIMCLK/2 XTIMCLK＝SYSCLKOUT/2
$\overline{XWE0}$	O/Z	写操作的选通线，低电平有效。在 16 位模式下，写操作的选通线；在 32 位模式下，低 16 位的写操作的选通线
$\overline{XRD}$	O/Z	读操作的选通线，低电平有效。$\overline{XRD}$ 和 $\overline{XWE0}$ 是不会同时为低的
XR/$\overline{W}$	O/Z	读/写信号线。当为高电平时，表示正在读操作；当为低电平时，表示正在写操作。通常信号是保持高电平的状态
$\overline{XZCS0}$	O	区域 0 的片选信号。当访问区域 0 的地址空间时，信号为低电平
$\overline{XZCS6}$	O	区域 6 的片选信号。当访问区域 6 的地址空间时，信号为低电平
$\overline{XZCS7}$	O	区域 7 的片选信号。当访问区域 7 的地址空间时，信号为低电平
XREADY	I	当为高电平时，表明外设已经完成了此次访问的相关操作
$\overline{XHOLD}$	I	当为低电平时，请求 XINTF 释放外部总线，将所有总线和选通信号驱动至高阻态。当前访问已经结束，并且没有访问在等待时，XINTF 模块就会释放总线
$\overline{XHOLDA}$	O/Z	当 XINTF 响应了 $\overline{XHOLD}$ 请求后，$\overline{XHOLDA}$ 被驱动为低电平。此时，所有的总线和选通信号都处于高阻态。当 $\overline{XHOLD}$ 信号被释放时，$\overline{XHOLDA}$ 也会被释放

当寄存器 PCLKCR3 中的 XINTF 时钟被使能时，XINTF 的 3 个区域都是使能的，也就是说，如果要用 XINTF 接口，那么必须将 PCLKCR3 中的 XINTF 时钟使能。XINTF 的每个区域都可通过寄存器来设定独立的等待时间、选通信号建立时间和保持时间，而且每个区域的读操作和写操作可配置不同的等待时间、选通信号建立时间和保持时间，另外可通过使用 XREADY 信号来延长等待时间。XINTF 接口的这些特性允许其访问不同速率的外部存储器或设备。

8.2 XINTF 配置

8.2.1 时钟信号

XINTF 接口用到了两个时钟信号：XTIMCLK 和 XCLKOUT。图 8-2 说明了这两个时钟信号和 SYSCLKOUT 之间的关系。

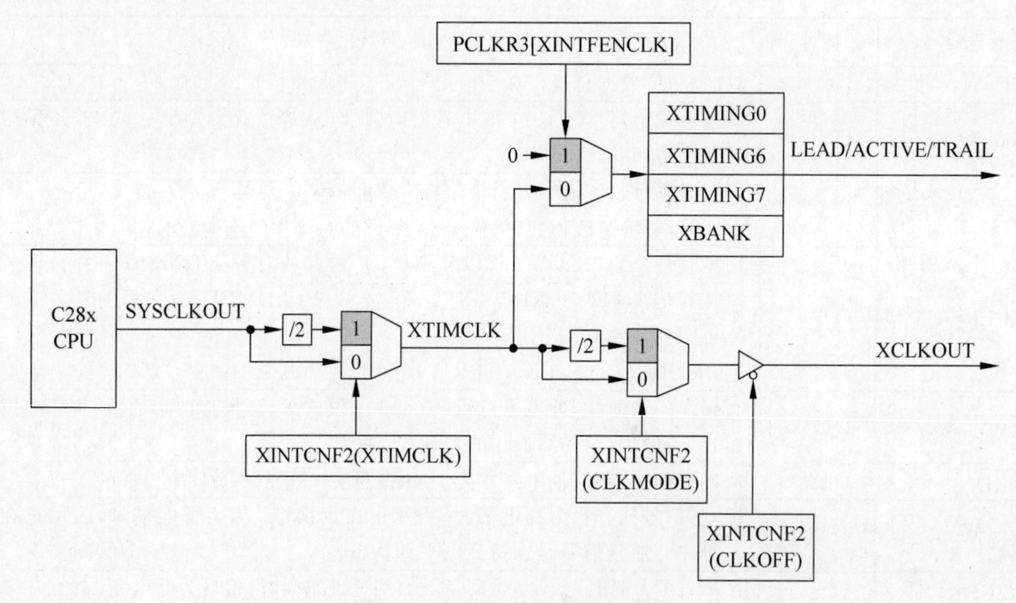

图 8-2 XINTF 接口的时钟信号

XTIMCLK 是 XINTF 接口的内部时钟，所有的访问操作都是以 XTIMCLK 为基准的。当配置 XINTF 时，必须选择 XTIMCLK 和 SYSCLKOUT 的关系。通过对寄存器 XINTCNF2 的位 XTIMCLK 进行设置，XTIMCLK 可以等于 SYSCLKOUT，也可以是 SYSCLKOUT 的一半。默认情况下，XTIMCLK 是 SYSCLKOUT 的一半。

XINTF 接口所有的访问开始于外部时钟输出 XCLKOUT 的上升沿。通过对寄存器 XINTCNF2 的位 CLKMODE 进行设置，XCLKOUT 可以等于 XTIMCLK，也可以是 XTIMCLK 的一半，也就是 SYSCLKOUT 的四分之一。默认情况下，XCLKOUT 是 XTIMCLKOUT 的一半。为了减少系统噪声，可以禁止引脚输出 XCLKOUT 时钟，只需将寄存器 XINTCNF2 的位 CLKOFF 置 1。

8.2.2 数据总线宽度和连接方式

XINTF 接口的每个区域都可以独立地配置成 16 位或者 32 位总线宽度。XA0/$\overline{\text{XWE1}}$ 信号的功能取决于总线宽度的配置。如果 XTIMINGx[XSIZE]＝3，XINTF 接口的区域 x 被配置成 16 位模式，XA0/$\overline{\text{XWE1}}$ 作为地址线的最低位 XA0，在这种模式下，典型的 XINTF 总线连接图如图 8-3 所示。$\overline{\text{XWE0}}$ 和 XA0/$\overline{\text{XWE1}}$ 信号如表 8-3 所示。

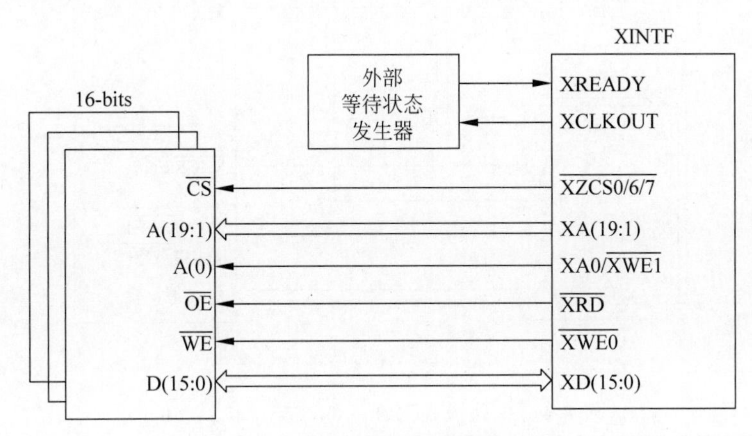

图 8-3　16 位数据总线的典型连接

表 8-3　16 位模式下的 XA0/$\overline{\text{XWE1}}$ 和 $\overline{\text{XWE0}}$

16 位总线模式下的写访问	XA0/$\overline{\text{XWE1}}$	$\overline{\text{XWE0}}$
无访问操作	1	1
16 位数据偶数地址的访问	0	0
16 位数据奇数地址的访问	1	0

如表 8-3 所示，当 XINTF 区域配置为 16 位模式时，读操作时，$\overline{\text{XWE0}}$ 为低电平，所以为 0；XA0/$\overline{\text{XWE1}}$ 的功能是 XA0，所以访问的地址是偶数时，XA0 为 0；访问的地址是奇数时，XA0 为 1。

如果 XTIMINGx[XSIZE]＝1，XINTF 接口的区域 x 被配置成 32 位模式，XA0/$\overline{\text{XWE1}}$ 作为高 16 位数据的写操作选通信号，在这种模式下，典型的 XINTF 总线连接图如图 8-4 所示。$\overline{\text{XWE0}}$ 和 XA0/$\overline{\text{XWE1}}$ 信号如表 8-4 所示。

如表 8-4 所示，当 XINTF 区域配置为 32 位模式时，XA0/$\overline{\text{XWE1}}$ 的功能是 $\overline{\text{XWE1}}$，写高 16 位数据的时候 $\overline{\text{XWE1}}$ 为低。当进行 32 位数据写操作时，$\overline{\text{XWE0}}$ 和 $\overline{\text{XWE1}}$ 均为低电平。当进行 16 位数据写操作，偶数地址时数据放在低 16 位，$\overline{\text{XWE0}}$ 为低电平，$\overline{\text{XWE1}}$ 为高电平；奇数地址时数据放在高 16 位，$\overline{\text{XWE0}}$ 为高电平，$\overline{\text{XWE1}}$ 为低电平。

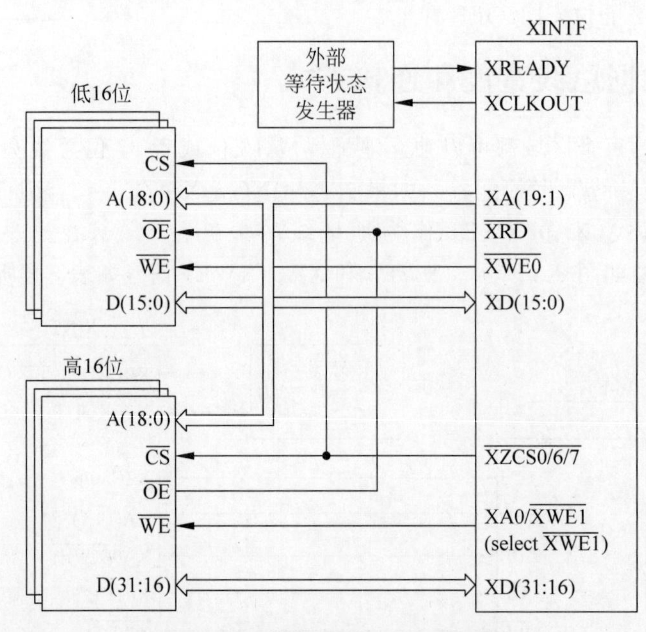

图 8-4 32 位数据总线的典型连接

表 8-4 32 位模式下的 XA0/$\overline{\text{XWE1}}$ 和 $\overline{\text{XWE0}}$

32 位总线模式下的写访问	XA0/$\overline{\text{XWE1}}$	$\overline{\text{XWE0}}$
无访问操作	1	1
16 位数据偶数地址的访问	1	0
16 位数据奇数地址的访问	0	1
32 位数据访问	0	0

8.2.3 建立时间、有效时间和跟踪时间

XINTF 接口的写操作或读操作时序可分为 3 部分：建立时间(Lead)、有效时间(Active)和跟踪时间(Trail)。通过配置，每个区域的 XTIMING 寄存器可为该区域的 3 个部分设定相应的等待时间，等待时间以 XTIMCLK 周期为最小单位，每个区域读操作和写操作的建立、有效和跟踪时间都可以独立配置。另外，与低速外部设备连接时，可通过 XTIMING 寄存器的位 X2TIMING 将建立、有效和跟踪时间都延长一倍。

1. 建立时间

在建立时间阶段，所要访问区域的片选信号被拉低，相应存储单元的地址被发送到地址总线上。建立时间可通过本区域 XTIMING 寄存器进行配置，默认情况下，读/写操作都使用最大的建立时间，即 6 个 XTIMCLK 周期。

2. 有效时间

在有效时间内完成外部设备的访问，如果是读操作，则读选通信号 $\overline{\text{XRD}}$ 被拉低，数据被锁存到 DSP 中；如果是写操作，则写选通信号 $\overline{XWE0}$ 被拉低，数据被发送到数据总线上。如果该区域采样 XREADY 信号，那么外部设备通过控制 XREADY 信号可延长有效时间，此有效时间可超过设定值；如果未使用 XREADY 信号，那么总有效时间所包含的 XTIMCLK 周期数为相应寄存器 XTIMING 中的设定值加 1。默认情况下，读/写访问的有效时间为 14 个 XTIMCLK 周期。

3. 跟踪时间

在跟踪时间内，区域的片选信号仍保持低电平，但读/写选通信号被重新拉到高电平。跟踪时间也可通过本区域 XTIMINF 寄存器进行配置，默认情况下，读/写操作都使用最大的跟踪时间，即 6 个 XTIMCLK 周期。

根据系统的要求，可以通过配置合适的建立时间、有效时间和跟踪时间来满足不同外部存储器或者设备的读/写要求。在选择时间参数时，需要考虑下列因素：

- 读/写操作 3 个阶段的最小等待时间要求；
- XINTF 接口的读/写操作时序；
- 外部存储器或设备的时序要求；
- DSP 与外部设备之间的附加延时。

8.2.4 XREADY 采样

通过采样 XREADY 信号，外部设备可扩展访问操作的有效时间。所有的 XINTF 区域共用一个 XREADY 输入信号，但每个 XINTF 区域可以被独立地配置采样或者忽略 XREADY 信号。如果配置成采样 XREADY 模式，那么每个区域的采样方式有两种。

- 同步采样：在同步采样中，XREADY 信号在总的有效时间结束前将保持 1 个 XTIMCLK 周期时间的有效电平。
- 异步采样：在异步采样中，XREADY 信号在总的有效时间结束前将保持 3 个 XTIMCLK 周期时间的有效电平。

无论是同步还是异步方式，如果采样到的 XREADY 信号为低电平，那么访问阶段的有效时间就增加一个 XTIMCLK 周期，并且在下一个 XTIMCLK 周期继续对 XREADY 信号进行采样，直到访问结束，XREADY 信号变为高电平。

如果一个区域配置成采样 XREADY 模式，那么无论是读访问还是写访问都会对 XREADY 信号进行采样。默认情况下，每个 XINTF 区域都是配置成异步采样模式。当使用 XREADY 信号时，需要考虑 XINTF 接口的最小等待时间要求。同步模式和异步模式的最小等待时间要求是不同的，主要取决于：

- XINTF 接口的时序特性；
- 外设的时序要求；
- DSP 与外部设备之间的附加延时。

8.2.5 访问时序的具体配置

XINTF 的信号时序可以满足外设特定的时序要求，比如读访问和写访问的建立时间、保持时间等。通过 XTIMING 寄存器，每个区域的时序参数都是可以独立设置的，而且每个区域都可以配置成采样或者忽略 XREADY 信号模式，这样可以使得 XINTF 接口访问存储器或者外围设备的效率最大化。

XTIMING 寄存器配置的参数与各阶段时间的关系如表 8-5 所示，各阶段的时间都是以时钟周期 XTIMCLK 为单位的，记为 $t_{c(XTIM)}$。

表 8-5 各阶段持续时间

时间名称	描 述	持续时间	
		X2TIMING=0	X2TIMING=1
LR	建立时间，读操作	XRLEAD×$t_{c(XTIM)}$	(XRLEAD×2)×$t_{c(XTIM)}$
AR	有效时间，读操作	(XRDACTIVE+WS+1)×$t_{c(XTIM)}$	(XRDACTIVE×2+WS+1)×$t_{c(XTIM)}$
TR	跟踪时间，读操作	XRDTRAIL×$t_{c(XTIM)}$	(XRDTRAIL×2)×$t_{c(XTIM)}$
LW	建立时间，写操作	XWRLEAD×$t_{c(XTIM)}$	(XWRLEAD×2)×$t_{c(XTIM)}$
AW	有效时间，写操作	(XWRACTIVE+WS+1)×$t_{c(XTIM)}$	(XWRACTIVE×2+WS+1)×$t_{c(XTIM)}$
TW	跟踪时间，写操作	XWRTRAIL×$t_{c(XTIM)}$	(XWRTRAIL×2)×$t_{c(XTIM)}$

表 8-5 中的 WS 是使用 XREADY 信号时，插入的等待状态个数。当忽略 XREADY 信号时(USEREADY=0)，WS=0。

1. 忽略 XREADY 信号(USEREADY=0)

如果忽略 XREADY 信号，建立时间需要满足：LR≥$t_{c(XTIM)}$，LW≥$t_{c(XTIM)}$。此时 XTIMING 寄存器的配置需要满足如表 8-6 所示的约束条件。其相应的应用实例如表 8-7 所示。

表 8-6 USEREADY=0 时，XTIMING 寄存器配置要求

控制位	XRDLEAD	XRDACTIVE	XRDTRAIL	XWRLEAD	XWRACTIVE	XWRTRAIL	X2TIMING
有效	≥1	≥0	≥0	≥1	≥0	≥0	0 或 1

表 8-7 USEREADY=0 时，XTIMING 寄存器配置实例

控制位	XRDLEAD	XRDACTIVE	XRDTRAIL	XWRLEAD	XWRACTIVE	XWRTRAIL	X2TIMING
无效	0	0	0	0	0	0	0 或 1
有效	1	0	0	1	0	0	0 或 1

2. 同步采样模式(USEREADY=1，READYMODE=0)

如果对 XREADY 信号进行采样，并采用同步模式时，建立时间需要满足：LR≥

$t_{c(XTIM)}$，$LW \geqslant t_{c(XTIM)}$；有效时间需要满足：$AR \geqslant 2 \times t_{c(XTIM)}$，$AW \geqslant 2 \times t_{c(XTIM)}$，上述约束条件不包括外部硬件的等待状态。此时 XTIMING 寄存器的配置需要满足如表 8-8 所示的约束条件。其相应的应用实例如表 8-9 所示。

表 8-8　USEREADY＝1、READYMODE＝0 时，XTIMING 寄存器配置要求

控制位	XRDLEAD	XRDACTIVE	XRDTRAIL	XWRLEAD	XWRACTIVE	XWRTRAIL	X2TIMING
有效	≥1	≥1	≥0	≥1	≥1	≥0	0 或 1

表 8-9　USEREADY＝1、READYMODE＝0 时，XTIMING 寄存器配置实例

控制位	XRDLEAD	XRDACTIVE	XRDTRAIL	XWRLEAD	XWRACTIVE	XWRTRAIL	X2TIMING
无效	0	0	0	0	0	0	0 或 1
无效	1	0	0	1	0	0	0 或 1
有效	1	1	0	1	1	0	0 或 1

3. 异步采样模式(USEREADY＝1，READYMODE＝1)

如果对 XREADY 信号进行采样，并采用同步模式时，建立时间需要满足：$LR \geqslant t_{c(XTIM)}$，$LW \geqslant t_{c(XTIM)}$；有效时间需要满足：$AR \geqslant 2 \times t_{c(XTIM)}$，$AW \geqslant 2 \times t_{c(XTIM)}$，建立和有效时间之和需要满足：$LR + AR \geqslant 4 \times t_{c(XTIM)}$，$LW + AW \geqslant 4 \times t_{c(XTIM)}$。此时 XTIMING 寄存器的配置需要满足如表 8-10 所示的约束条件。其相应的应用实例如表 8-11 所示。

表 8-10　USEREADY＝1、READYMODE＝1 时，XTIMING 寄存器配置要求

控制位	XRDLEAD	XRDACTIVE	XRDTRAIL	XWRLEAD	XWRACTIVE	XWRTRAIL	X2TIMING
有效	≥1	≥2	0	≥1	≥2	0	0 或 1
有效	≥2	≥1	0	≥2	≥1	0	0 或 1

表 8-11　USEREADY＝1、READYMODE＝1 时，XTIMING 寄存器配置实例

控制位	XRDLEAD	XRDACTIVE	XRDTRAIL	XWRLEAD	XWRACTIVE	XWRTRAIL	X2TIMING
无效	0	0	0	0	0	0	0 或 1
无效	1	0	0	1	0	0	0 或 1
无效	1	1	0	1	1	0	0
有效	1	1	0	1	1	0	1
有效	1	2	0	1	2	0	0,1
有效	2	1	0	2	1	0	0,1

8.3　外扩存储器设计

调试程序时，通常是把工程可执行文件下载到 F28335 内部的 RAM 中，F28335 片内有 34K×16 位的 RAM，如果工程的可执行文件比较大，内部的 RAM 存储器放不下时该怎么办呢？此时就可以通过 XINTF 接口来外扩一个 RAM 存储器，然后通过配置 CMD 文件，将部分可执行程序下载到外部 RAM 中进行调试，实际应用时也可以把一些变量存放在外部 RAM 中。

8.3.1 硬件设计

这里使用 F28335 的 XINTF 接口外扩一个 256Kb 的 RAM 存储器 IS61LV25616，硬件设计原理图如图 8-5 所示。

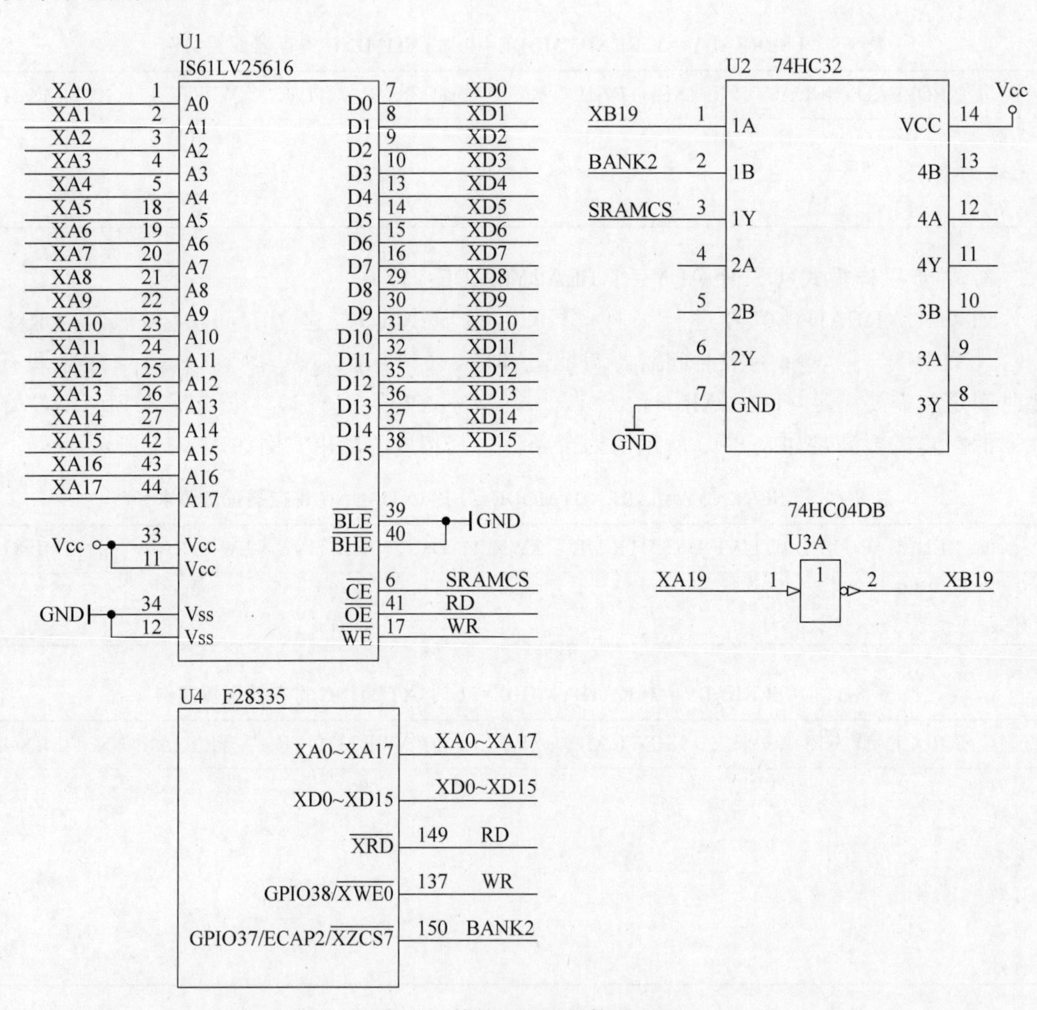

图 8-5 外扩 RAM 硬件原理图

从图 8-5 可以看到，将 IS61LV25616 的地址总线 A0～A17、数据总线 D0～D15、读写控制线分别和 F28335 相应的地址总线、数据总线、读写控制线相连，这里重点分析 IS61LV25616 的片选信号 SRAMCS，在什么情况下 SRAMCS 变为低电平，选中外扩的存储器呢？数据线 XA19 取反后成了信号 XB19，XINTF 接口的区域 7 的片选信号 $\overline{XZCS7}$ 和 XB19 进行或运算后得到 SRAMCS，也就是：

$$SRAMCS = \overline{XZCS7} \parallel \overline{XA19}$$

从 F28335 的存储器映像可以知道，当访问地址范围为 0x200000～0x2FFFFF 的区域 7 时，信号 $\overline{XZCS7}$ 会变为低电平，而 SRAMCS 要为低电平的话，$\overline{XA19}$ 也必须同时为低电平，也就是说，此时 XA19 必须为高电平。因此，当访问地址的范围满足 0x280000～0x2FFFFF 时，SRAMCS 为低电平，选中存储器 IS61LV25616，如图 8-6 所示。

地址总线	A21	A20	A19	A18	A17	A16	A15	A14	A13	A12	A11	A10	A9	A8	A7	A6	A5	A4	A3	A2	A1	A0	
满足条件	1	0	1	X	X	X	X	X	X	X	X	X	X	X	X	X	X	X	X	X	X	X	
最小值	1	0	1	0	0	0	0	0	0	0	0	0	0	0	0	0	0	0	0	0	0	0	280000
最大值	1	0	1	1	1	1	1	1	1	1	1	1	1	1	1	1	1	1	1	1	1	1	2FFFFF

图 8-6　SRAMCS 为低电平的地址范围

由上面的分析不难知道，图 8-5 设计的电路实现了给 F28335 外扩一个大小为 256K×16 位的 RAM 存储器，其访问的首地址为 0x280000。

8.3.2　将变量存放到外扩存储器中

下面通过实例来说明如何访问图 8-5 中设计好的外部存储器。新建一个名为 exram 的工程，在工程里定义一个数组 ramtest1[10]，通过配置 CMD 文件，将数组 ramtest1 存放到外扩存储器中，并对其进行赋值，然后通过 CCS 来观察数组。完整工程见本书的配套资源。

首先需要写系统初始化函数 InitSysCtrl()，配置系统时钟，锁相环，高、低外设时钟，使能外设时钟等，然后需要初始化外设接口 XINTF。特别需要注意的是，F28335 的数据总线、地址总线、写控制线、片选信号线都是和通用数字 I/O 复用的，所以初始化 XINTF 的时候，需要将这些引脚配置成相应的功能引脚，详见程序清单 8-1。

程序清单 8-1　初始化 XINTF 接口

```
#include "DSP2833x_Device.h"                        //包含头文件
#include "DSP2833x_Examples.h"
void InitXintf(void)
{
    EALLOW;
    XintfRegs.XINTCNF2.bit.XTIMCLK = 1;
    //无写缓冲
    XintfRegs.XINTCNF2.bit.WRBUFF = 0;
    //使能 XCLKOUT
    XintfRegs.XINTCNF2.bit.CLKOFF = 0;
    //XCLKOUT = XTIMCLK/2
    XintfRegs.XINTCNF2.bit.CLKMODE = 1;
  //Zone 0 -----------------------------------------
    //当使用 ready 信号,ACTIVE 必须大于或等于 1,Lead 必须大于或等于 1
```

```
//配置写操作时序
XintfRegs.XTIMING0.bit.XWRLEAD = 3;
XintfRegs.XTIMING0.bit.XWRACTIVE = 7;
XintfRegs.XTIMING0.bit.XWRTRAIL = 3;
//配置读操作时序
XintfRegs.XTIMING0.bit.XRDLEAD = 3;
XintfRegs.XTIMING0.bit.XRDACTIVE = 7;
XintfRegs.XTIMING0.bit.XRDTRAIL = 3;
XintfRegs.XTIMING0.bit.X2TIMING = 1;
//区域将采样 XREADY 信号
XintfRegs.XTIMING0.bit.USEREADY = 1;
XintfRegs.XTIMING0.bit.READYMODE = 1;          //异步采样
//设置数据总线宽度为 16 位
XintfRegs.XTIMING0.bit.XSIZE = 3;
//Zone 6 ------------------------------------
//当使用 ready 信号,ACTIVE 必须大于或等于 1,Lead 必须大于或等于 1
//配置写操作时序
XintfRegs.XTIMING6.bit.XWRLEAD = 3;
XintfRegs.XTIMING6.bit.XWRACTIVE = 7;
XintfRegs.XTIMING6.bit.XWRTRAIL = 3;
//配置读操作时序
XintfRegs.XTIMING6.bit.XRDLEAD = 3;
XintfRegs.XTIMING6.bit.XRDACTIVE = 7;
XintfRegs.XTIMING6.bit.XRDTRAIL = 3;
XintfRegs.XTIMING6.bit.X2TIMING = 1;
//将采样 XREADY 信号
XintfRegs.XTIMING6.bit.USEREADY = 1;
XintfRegs.XTIMING6.bit.READYMODE = 1;          //异步采样
//配置总线宽度为 16 位
XintfRegs.XTIMING6.bit.XSIZE = 3;
//Zone 7 ------------------------------------
//当使用 ready 信号,ACTIVE 必须大于或等于 1,Lead 必须大于或等于 1
//配置写操作时序
XintfRegs.XTIMING7.bit.XWRLEAD = 3;
XintfRegs.XTIMING7.bit.XWRACTIVE = 7;
XintfRegs.XTIMING7.bit.XWRTRAIL = 3;
//配置读操作时序
XintfRegs.XTIMING7.bit.XRDLEAD = 3;
XintfRegs.XTIMING7.bit.XRDACTIVE = 7;
XintfRegs.XTIMING7.bit.XRDTRAIL = 3;
XintfRegs.XTIMING7.bit.X2TIMING = 1;
//采样 XREADY 信号
XintfRegs.XTIMING7.bit.USEREADY = 1;
XintfRegs.XTIMING7.bit.READYMODE = 1;          //异步采样
//配置数据总线宽度为 16 位
XintfRegs.XTIMING7.bit.XSIZE = 3;
```

```
    XintfRegs.XBANK.bit.BANK = 7;
    XintfRegs.XBANK.bit.BCYC = 7;
    EDIS;
   InitXintf16Gpio();
   asm(" RPT #7 || NOP");
}
void InitXintf16Gpio()
{
     EALLOW;
     GpioCtrlRegs.GPCMUX1.bit.GPIO64 = 3;                    //XD15
     GpioCtrlRegs.GPCMUX1.bit.GPIO65 = 3;                    //XD14
     GpioCtrlRegs.GPCMUX1.bit.GPIO66 = 3;                    //XD13
     GpioCtrlRegs.GPCMUX1.bit.GPIO67 = 3;                    //XD12
     GpioCtrlRegs.GPCMUX1.bit.GPIO68 = 3;                    //XD11
     GpioCtrlRegs.GPCMUX1.bit.GPIO69 = 3;                    //XD10
     GpioCtrlRegs.GPCMUX1.bit.GPIO70 = 3;                    //XD19
     GpioCtrlRegs.GPCMUX1.bit.GPIO71 = 3;                    //XD8
     GpioCtrlRegs.GPCMUX1.bit.GPIO72 = 3;                    //XD7
     GpioCtrlRegs.GPCMUX1.bit.GPIO73 = 3;                    //XD6
     GpioCtrlRegs.GPCMUX1.bit.GPIO74 = 3;                    //XD5
     GpioCtrlRegs.GPCMUX1.bit.GPIO75 = 3;                    //XD4
     GpioCtrlRegs.GPCMUX1.bit.GPIO76 = 3;                    //XD3
     GpioCtrlRegs.GPCMUX1.bit.GPIO77 = 3;                    //XD2
     GpioCtrlRegs.GPCMUX1.bit.GPIO78 = 3;                    //XD1
     GpioCtrlRegs.GPCMUX1.bit.GPIO79 = 3;                    //XD0
     GpioCtrlRegs.GPBMUX1.bit.GPIO40 = 3;                    //XA0/XWE1n
     GpioCtrlRegs.GPBMUX1.bit.GPIO41 = 3;                    //XA1
     GpioCtrlRegs.GPBMUX1.bit.GPIO42 = 3;                    //XA2
     GpioCtrlRegs.GPBMUX1.bit.GPIO43 = 3;                    //XA3
     GpioCtrlRegs.GPBMUX1.bit.GPIO44 = 3;                    //XA4
     GpioCtrlRegs.GPBMUX1.bit.GPIO45 = 3;                    //XA5
     GpioCtrlRegs.GPBMUX1.bit.GPIO46 = 3;                    //XA6
     GpioCtrlRegs.GPBMUX1.bit.GPIO47 = 3;                    //XA7
     GpioCtrlRegs.GPCMUX2.bit.GPIO80 = 3;                    //XA8
     GpioCtrlRegs.GPCMUX2.bit.GPIO81 = 3;                    //XA9
     GpioCtrlRegs.GPCMUX2.bit.GPIO82 = 3;                    //XA10
     GpioCtrlRegs.GPCMUX2.bit.GPIO83 = 3;                    //XA11
     GpioCtrlRegs.GPCMUX2.bit.GPIO84 = 3;                    //XA12
     GpioCtrlRegs.GPCMUX2.bit.GPIO85 = 3;                    //XA13
     GpioCtrlRegs.GPCMUX2.bit.GPIO86 = 3;                    //XA14
     GpioCtrlRegs.GPCMUX2.bit.GPIO87 = 3;                    //XA15
     GpioCtrlRegs.GPBMUX1.bit.GPIO39 = 3;                    //XA16
     GpioCtrlRegs.GPAMUX2.bit.GPIO31 = 3;                    //XA17
     GpioCtrlRegs.GPAMUX2.bit.GPIO30 = 3;                    //XA18
     GpioCtrlRegs.GPAMUX2.bit.GPIO29 = 3;                    //XA19
     GpioCtrlRegs.GPBMUX1.bit.GPIO34 = 3;                    //XREADY
```

```
    GpioCtrlRegs.GPBMUX1.bit.GPIO35 = 3;                    //XRNW
    GpioCtrlRegs.GPBMUX1.bit.GPIO38 = 3;                    //XWE0
    GpioCtrlRegs.GPBMUX1.bit.GPIO36 = 3;                    //XZCS0
    GpioCtrlRegs.GPBMUX1.bit.GPIO37 = 3;                    //XZCS7
    GpioCtrlRegs.GPAMUX2.bit.GPIO28 = 3;                    //XZCS6
    EDIS;
}
```

在main.c文件中定义数组ramtest1[10],通过DATA_SECTION命令为ramtest1创建一个名为ZONE7DATA的数据段,并在主函数中给数组ramtest1进行赋值,代码详见程序清单8-2。

程序清单8-2 主函数main.c

```
#include "DSP2833x_Device.h"               //包含头文件
#include "DSP2833x_Examples.h"
//定义段ZONE7DATA1,该段用于存放数组ramtest1
#pragma  DATA_SECTION(ramtest1,"ZONE7DATA");
int16  ramtest1[10];
void main(void)
{
    InitSysCtrl();                          //系统初始化
    DisableDog();                           //关看门狗
    DINT;
   InitPieCtrl();                           //初始化PIE
    IER = 0x0000;
    IFR = 0x0000;
    InitPieVectTable();                     //初始化PIE中断向量
    InitXintf();                            //初始化XINTF接口
    for(;;)
    {
        int16 i,t = 0;
        for(i = 0;i < 10;i++)
        {
            ramtest1[i] = i;                //给数组赋值,将数据写到外部存储器
        }
        for(i = 0;i < 10;i++)
        {
            if(ramtest1[i] == i)            //读校验,检查写入的数据是否正确
            t++;
        }
        if(t == 10)
        DELAY_US(100L);
        else
        DELAY_US(100L);
    }
}
```

因为要将数组放到外部存储器中，所以需要在 CMD 文件中添加一个数据存储空间 ZONE7，其首地址为 0x280000，长度为 0x005000，这个长度就是 ZONE7 的大小，只要不超过外部存储器的实际大小就可以，也就是小于 256K 都是没有问题的，最后还需要将将数据段 ZONE7DATA 分配到 ZONE7，代码详见程序清单 8-3。

程序清单 8-3　F28335_RAM_lnk.cmd

```
MEMORY
{
PAGE 0 :
   BEGIN        : origin = 0x000000, length = 0x000002
   BOOT_RSVD    : origin = 0x000002, length = 0x00004E
   RAMM0        : origin = 0x000050, length = 0x0003B0
   RAML         : origin = 0x008000, length = 0x004000
   CSM_RSVD     : origin = 0x33FF80, length = 0x000076
   CSM_PWL      : origin = 0x33FFF8, length = 0x000008
   ADC_CAL      : origin = 0x380080, length = 0x000009
   RESET        : origin = 0x3FFFC0, length = 0x000002
   IQTABLES     : origin = 0x3FE000, length = 0x000b50
   IQTABLES2    : origin = 0x3FEB50, length = 0x00008c
   FPUTABLES    : origin = 0x3FEBDC, length = 0x0006A0
   BOOTROM      : origin = 0x3FF27C, length = 0x000D44
PAGE 1          :
   RAMM         : origin = 0x000400, length = 0x000400
   RAMH         : origin = 0x00C000, length = 0x004000
   ZONE7        : origin = 0x280000, length = 0x005000
   //ZONE7 首地址为 0x280000,大小不超过 256K
}
SECTIONS
{
   codestart        : > BEGIN,          PAGE = 0
   ramfuncs         : > RAML,           PAGE = 0
   .text            : > RAML,           PAGE = 0
   .cinit           : > RAML,           PAGE = 0
   .pinit           : > RAML,           PAGE = 0
   .switch          : > RAML,           PAGE = 0
   .stack           : > RAMM,           PAGE = 1
   .ebss            : > RAMH,           PAGE = 1
   .econst          : > RAMH,           PAGE = 1
   .esysmem         : > RAMM,           PAGE = 1
   IQmath           : > RAML,           PAGE = 0
   IQmathTables     : > IQTABLES,       PAGE = 0, TYPE = NOLOAD
   IQmathTables2    : > IQTABLES2,      PAGE = 0, TYPE = NOLOAD
```

```
    FPUmathTables      : > FPUTABLES,     PAGE = 0, TYPE = NOLOAD
    ZONE7DATA          : > ZONE7,         PAGE = 1
    .reset             : > RESET,         PAGE = 0, TYPE = DSECT    /* 未用 */
    csm_rsvd           : > CSM_RSVD       PAGE = 0, TYPE = DSECT    /* 对于 SARAM,未用 */
    csmpasswds         : > CSM_PWL        PAGE = 0, TYPE = DSECT    /* 对于 SARAM,未用 */
    .adc_cal           : load = ADC_CAL,  PAGE = 0, TYPE = NOLOAD
}
```

工程建好后,经编译、链接,下载可执行代码到 DSP 中,然后观察数组 ramtest1。在 main.c 文件中选中 ramtest1,将鼠标指针停留在变量上,CCS 会自动弹出表达式对话框,就可以观察到数组的成员,如图 8-7 所示。

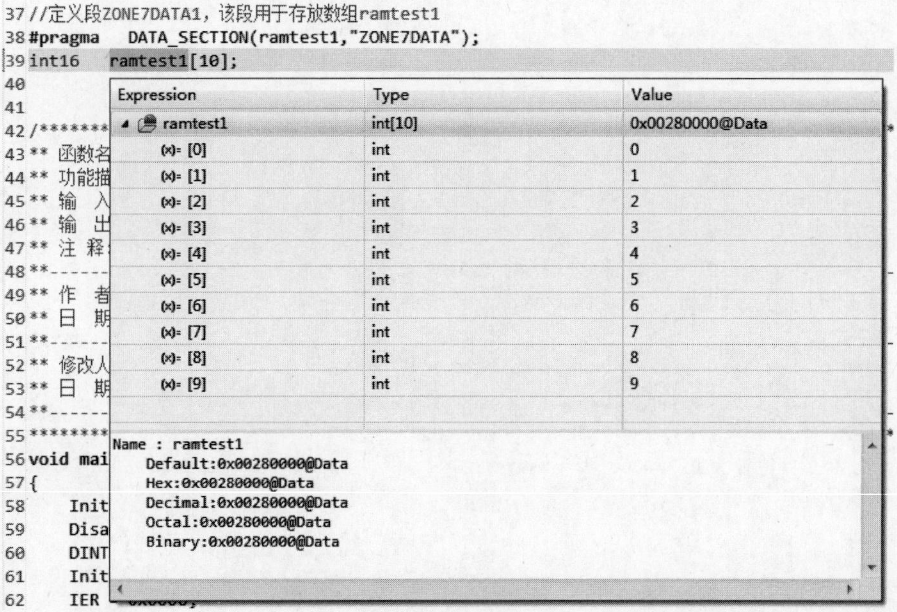

```
37 //定义段ZONE7DATA1, 该段用于存放数组ramtest1
38 #pragma   DATA_SECTION(ramtest1,"ZONE7DATA");
39 int16    ramtest1[10];
```

Expression	Type	Value
ramtest1	int[10]	0x00280000@Data
(x)= [0]	int	0
(x)= [1]	int	1
(x)= [2]	int	2
(x)= [3]	int	3
(x)= [4]	int	4
(x)= [5]	int	5
(x)= [6]	int	6
(x)= [7]	int	7
(x)= [8]	int	8
(x)= [9]	int	9

```
Name : ramtest1
    Default:0x00280000@Data
    Hex:0x00280000@Data
    Decimal:0x00280000@Data
    Octal:0x00280000@Data
    Binary:0x00280000@Data
```

图 8-7 观察 ramtest1 方法一

数组 ramtest1 是存储在图 8-5 所设计的外部存储器中的,给数组赋的值是逐次加 1 的整数,图 8-7 所显示的结果是完全正确的,也就是说,通过 XINTF 接口读写外部存储器 IS61LV25616 是成功的。

观察变量还有一个方法,右击数组 ramtest1,然后在弹出的快捷菜单中选择 Add Watch Expression,便将 ramtest1 添加到了观察窗口,如图 8-8 和图 8-9 所示。

本章介绍了 F28335 外部接口 XINTF 的信号、时钟、访问时序等内容,并举例给 DSP 设计了一个 256KB 大小的外部存储器,成功实现了对该存储器的读写访问。

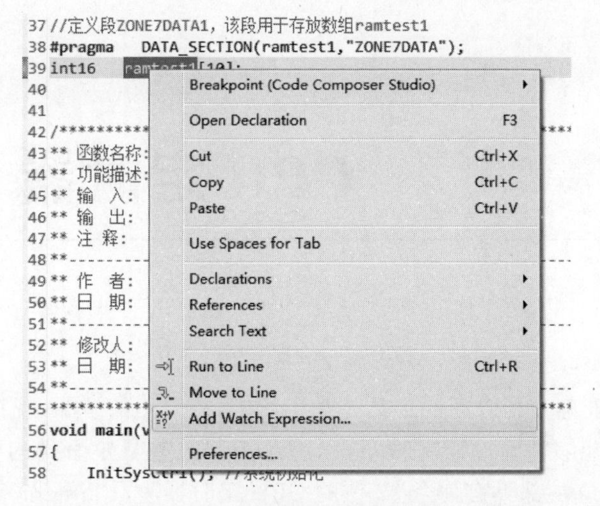

图 8-8　将变量添加到观察窗口

(x)= Variables | Expressions | Registers

Expression	Type	Value	Address
ramtest1	int[10]	0x00280000@Data	0x00280000@Data
(x)= [0]	int	0	0x00280000@Data
(x)= [1]	int	1	0x00280001@Data
(x)= [2]	int	2	0x00280002@Data
(x)= [3]	int	3	0x00280003@Data
(x)= [4]	int	4	0x00280004@Data
(x)= [5]	int	5	0x00280005@Data
(x)= [6]	int	6	0x00280006@Data
(x)= [7]	int	7	0x00280007@Data
(x)= [8]	int	8	0x00280008@Data
(x)= [9]	int	9	0x00280009@Data
Add new expi			

图 8-9　观察 ramtest1 方法二

习题

8-1　XINTF 接口映射到了 F28335 的哪几个存储空间？各个存储空间分别多大？

8-2　XINTF 接口使用到哪两个时钟信号？简述这两个时钟信号和 SYSCLKOUT 之间的关系。

8-3　画出 16 位数据总线的典型连接。

8-4　XINTF 接口的写操作或读操作时序可分为哪 3 个部分？

8-5　书写 XINTF 接口 16 位数据总线模式的引脚初始化函数 InitXintf16Gpio()。

第 9 章

CPU 定时器

定时器是用来准确控制时间的工具。在生活中,古时用的沙漏,现在用的闹钟等都属于定时器。DSP 为了能够精确地控制时间,以满足控制某些特定事件的要求,定时器是不可缺少的内容。F28335 内部具有 3 个 32 位的 CPU 定时器——Timer0、Timer1 和 Timer2。

视频讲解

9.1 CPU 定时器工作原理

CPU 定时器(0/1/2)的内部结构如图 9-1 所示。

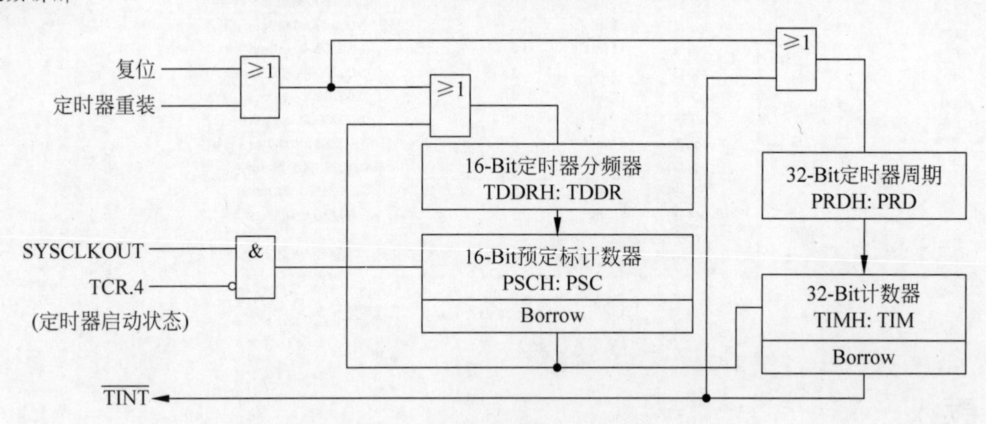

图 9-1 CPU 定时器内部结构

从图 9-1 可以看到 CPU 定时器的几个寄存器,32 位的定时器周期寄存器 PRDH:PRD,32 位的计数器寄存器 TIMH:TIM,16 位的定时器分频器寄存器 TDDRH:TDDR,16 位的预定标计数器寄存器 PSCH:PSC。因为第一次遇到"XH:X"形式表示寄存器的方式,所以顺带介绍一下。因为 F28335 的存储器是 16 位的,但是 CPU 定时器是 32 位的,例如定时器周期寄存器、定时器计数器寄存器都是 32 位的,那么如何用 16 位的存储器表示 32 位的呢?很显然,可以用两个 16 位的存储器 XH 和 X 来表示 32 位的寄存器,其中 XH 表示高 16 位,X 表示低 16 位。

在介绍 CPU 定时器工作原理之前,先来看看生活中的例子。比如,每天上班最痛苦的莫过于早上起床了，爱睡懒觉的朋友可能没有办法只好用闹钟把自己叫醒。首先前一天晚上睡觉前把闹钟设定好，闹钟每秒走动1次，当闹钟显示的时间和设定的时间相同时，闹钟就开始打铃，把睡觉中的主人给叫醒。这是生活中常见的例子，其实CPU定时器的工作原理与其类似，下面详细讲解。

图9-2为CPU定时器的工作原理图。在CPU定时器工作前，先要根据实际的需求，计算好CPU定时器周期寄存器的值，然后给周期寄存器PRDH：PRD赋值，这就好比给闹钟设定时间一样。当启动定时器开始计数时，周期寄存器PRDH：PRD里面的值装载进定时器计数寄存器TIMH：TIM中。好比闹钟每隔1s走动一下一样，计数器寄存器TIMH：TIM里面的值每隔一个TIMCLK就减小1，直到计数到0，完成一个周期的计数。闹钟到点后会打铃，而CPU定时器这时候就会产生一个中断信号，关于中断的知识将在第10章中详细介绍。完成一个周期的计数后，在下一个定时器输入时钟周期开始时，周期寄存器PRDH：PRD里面的值重新装载入计数器寄存器TIMH：TIM中，周而复始地循环下去。一个CPU定时器周期所经历的时间就等于(PRDH：PRD+1)×TIMCLK。

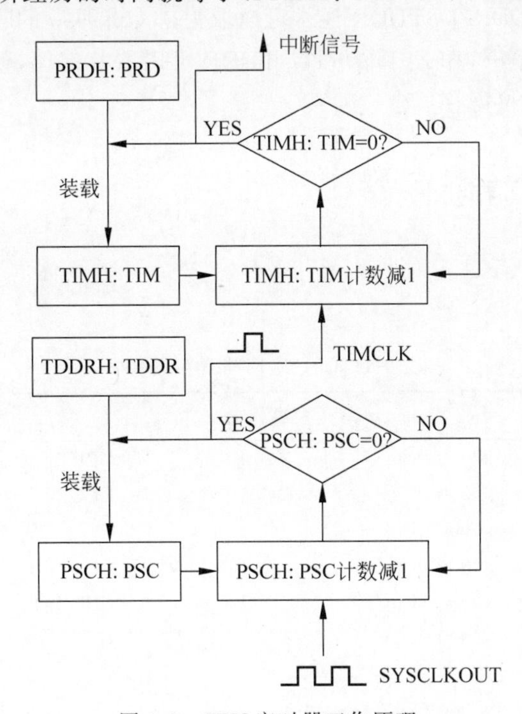

图9-2 CPU定时器工作原理

计数器寄存器TIMH：TIM每隔TIMCLK时间减少1，那么TIMCLK究竟是多久呢？这个就是定时器分频器TDDRH：TDDR和定时器预定标器PSCH：PSC来控制的。先给定时器分频器TDDRH：TDDR赋值，然后装载入预定标器PSCH：PSC中，每隔一个SYSCLKOUT脉冲，PSCH：PSC中的值减1，当PSCH：PSC中的值为0时，就会输出一个TIMCLK，从而使TIMH：TIM减1。在下一个定时器输入时钟周期开始时，TDDRH：

TDDR 中的值重新装载入 PSCH：PSC 中，周而复始地循环下去。因此，TIMCLK 就等于(TDDRH：TDDR+1)个系统时钟的时间。

从上面的介绍可以看到，如果想要用 CPU 定时器来计量一段时间，那么需要设定的寄存器有两个：一个是周期寄存器 PRDH：PRD，另一个是分频器寄存器 TDDRH：TDDR。分频器寄存器 TDDRH：TDDR 决定了 CPU 定时器计数时每一步的时间。假设系统时钟 SYSCLKOUT 的值为 X MHz，那么计数器每走一步，所需要的时间为：

$$\text{TIMCLK}=\frac{\text{TDDRH:TDDR}+1}{\text{X}}\times 10^{-6}\text{s} \tag{9-1}$$

因为 CPU 定时器一个周期计数了(PRDH：PRD+1)次，因此 CPU 定时器一个周期所计量的时间为：

$$\text{T}=(\text{PRDH:PRD}+1)\times\frac{\text{TDDRH:TDDR}+1}{\text{X}}\times 10^{-6}\text{s} \tag{9-2}$$

实际应用时，通常是确定了要定时的时间 T 和 CPU 的系统时钟 X，来确定周期寄存器 PRDH：PRD 的值。TDDRH：TDDR 通常可以取为 0，如果取 0 的时候，PRDH：PRD 的值超过了 32 位寄存器的范围，那么 TDDRH：TDDR 可以取其他值，使得 PRDH：PRD 的值小一些，从而能放到 32 位寄存器中。

9.2 CPU 定时器寄存器

表 9-1 所列举的是 CPU 定时器的所有寄存器，寄存器的具体内容可以在“C2000 助手”中查看。

表 9-1 CPU 定时器寄存器列表

名称	地址	大小(×16 位)	说明
TIMER0TIM	0x0000 0C00	1	CPU 定时器 0 计数器寄存器低位
TIMER0TIMH	0x0000 0C01	1	CPU 定时器 0 计数器寄存器高位
TIMER0PRD	0x0000 0C02	1	CPU 定时器 0 周期寄存器低位
TIMER0PRDH	0x0000 0C03	1	CPU 定时器 0 周期寄存器高位
TIMER0TCR	0x0000 0C04	1	CPU 定时器 0 控制寄存器
Reserved	0x0000 0C05	1	保留
TIMER0TPR	0x0000 0C06	1	CPU 定时器 0 预定标寄存器低位
TIMER0TPRH	0x0000 0C07	1	CPU 定时器 0 预定标寄存器高位
TIMER1TIM	0x0000 0C08	1	CPU 定时器 1 计数器寄存器低位
TIMER1TIMH	0x0000 0C09	1	CPU 定时器 1 计数器寄存器高位
TIMER1PRD	0x0000 0C0A	1	CPU 定时器 1 周期寄存器低位
TIMER1PRDH	0x0000 0C0B	1	CPU 定时器 1 周期寄存器高位
TIMER1TCR	0x0000 0C0C	1	CPU 定时器 1 控制寄存器
Reserved	0x0000 0C0D	1	保留

续表

名　称	地　址	大小(×16位)	说　明
TIMER1TPR	0x0000 0C0E	1	CPU定时器1预定标寄存器低位
TIMER1TPRH	0x0000 0C0F	1	CPU定时器1预定标寄存器高位
TIMER2TIM	0x0000 0C9	1	CPU定时器2计数器寄存器低位
TIMER2TIMH	0x0000 0C11	1	CPU定时器2计数器寄存器高位
TIMER2PRD	0x0000 0C12	1	CPU定时器2周期寄存器低位
TIMER2PRDH	0x0000 0C13	1	CPU定时器2周期寄存器高位
TIMER2TCR	0x0000 0C14	1	CPU定时器2控制寄存器
Reserved	0x0000 0C15	1	保留
TIMER2TPR	0x0000 0C16	1	CPU定时器2预定标寄存器低位
TIMER2TPRH	0x0000 0C17	1	CPU定时器2预定标寄存器高位

1. 定时器计数器寄存器低位

定时器计数器寄存器低位 TIMERxTIM(x=0,1,2)如图9-3所示,各位描述如表9-2所示。

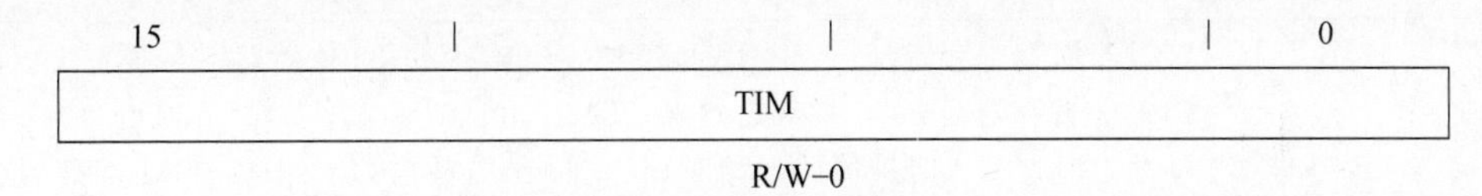

图9-3　定时器计数器寄存器低位 TIMERxTIM(x=0,1,2)

注:R=可读,W=可写,-0=复位后的值。

表9-2　TIMERxTIM(x=0,1,2)各位描述

位	名称	定　义
15~0	TIM	定时器计数寄存器(TIMH:TIM):TIM寄存器是当前32位定时器的低16位,TIMH寄存器是当前32位定时器的高16位。每隔(TDDRH:TDDR+1)个时钟周期,TIMH:TIM减1,其中,TDDRH:TDDR是定时器预定标分频值。当TIMH:TIM减到0时,TIMH:TIM重新装载PRDH:PRD寄存器内所包含的周期值,同时产生定时器中断 $\overline{\text{TINT}}$ 信号

2. 定时器计数器寄存器高位

定时器计数器寄存器高位 TIMERxTIMH(x=0,1,2)如图9-4所示,各位描述如表9-3所示。

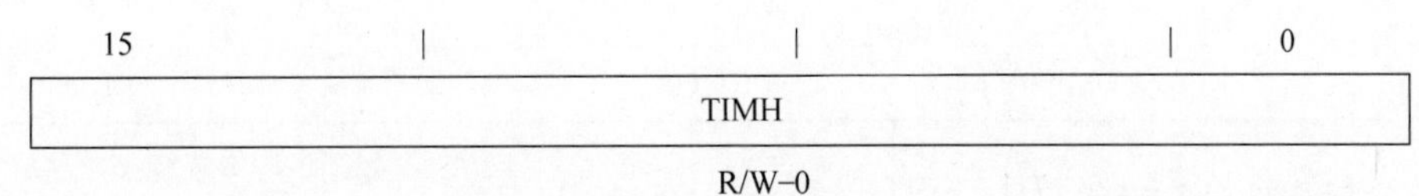

图9-4　定时器计数器寄存器高位 TIMERxTIMH(x=0,1,2)

注:R=可读,W=可写,-0=复位后的值。

表 9-3　TIMERxTIMH(x=0,1,2)各位描述

位	名　称	定　义
15～0	TIMH	请参考 TIMERxTIM 的说明

3. 定时器周期寄存器低位

定时器周期寄存器低位 TIMERxPRD(x=0,1,2)如图 9-5 所示,各位描述如表 9-4 所示。

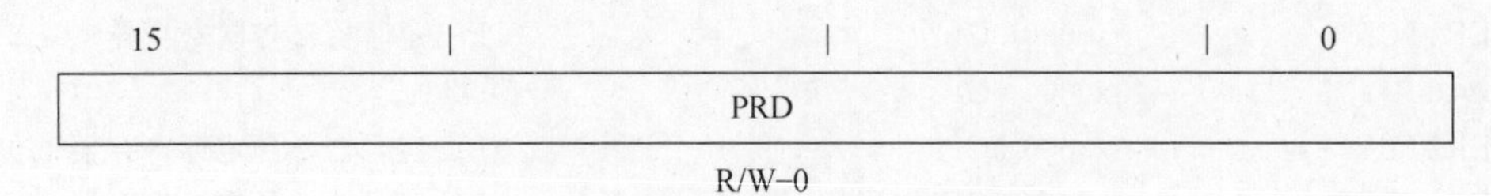

图 9-5　定时器周期寄存器低位 TIMERxPRD(x=0,1,2)

注:R=可读,W=可写,-0=复位后的值。

表 9-4　TIMERxPRD(x=0,1,2)各位描述

位	名　称	定　义
15～0	PRD	定时器周期寄存器(PRDH:PRD):PRD 寄存器是 32 位周期寄存器的低 16 位,PRDH 寄存器是 32 位周期寄存器的高 16 位。当 TIMH:TIM 减到 0 时,在下一个定时器输入时钟周期开始时(预定标器的输出),TIMH:TIM 寄存器重载 PRDH:PR 寄存器内所包含的周期值。当用户在定时器控制寄存器(TCR)中对重装位(TRB)进行了设置时,PRDH:PR 的内容也装到 TIMH:TIM 中

4. 定时器周期寄存器高位

定时器周期寄存器高位 TIMERxPRDH(x=0,1,2)如图 9-6 所示,各位描述如表 9-5 所示。

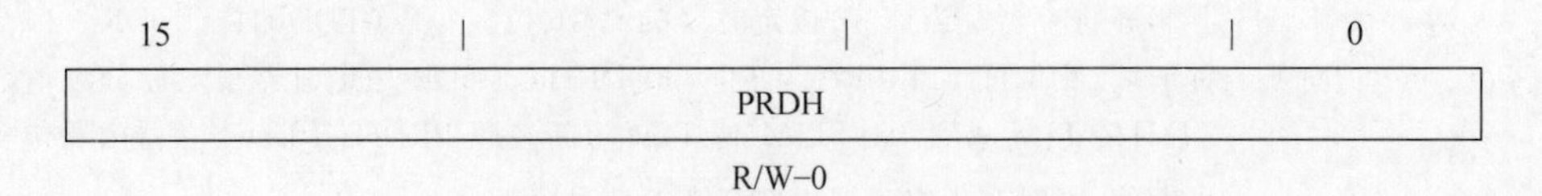

图 9-6　定时器周期寄存器高位 TIMERxPRDH(x=0,1,2)

注:R=可读,W=可写,-0=复位后的值。

表 9-5　TIMERxPRDH(x=0,1,2)各位描述

位	名　称	定　义
15～0	PRDH	请参考 TIMERxPRD 的说明

5. 定时器控制寄存器

定时器控制寄存器 TIMERxTCR(x=0,1,2)如图 9-7 所示,各位描述如表 9-6 所示。

15	14	13	12	11	10	9	8
TIF	TIE	Reserved		FREE	SOFT	Reserved	
R/W-0	R/W-0	R-0		R/W-0	R/W-0	R-0	

7	6	5	4	3	2	1	0
Reserved		TRB	TSS	Reserved			
R-0		R/W-0	R/W-0	R-0			

图 9-7 定时器控制寄存器 TIMERxTCR(x=0,1,2)

注：R=可读，W=可写，-0=复位后的值。

表 9-6 TIMERxTCR(x=0,1,2)各位描述

位	名称	定 义
15	TIF	定时器中断标志位。当定时器减到0时，标志位将置1，可通过软件写1对该位清0，但是只有计数器递减到0时该位才会被置位。对该位写1将清除该位，写0无效
14	TIE	定时器中断使能位。如果定时器计数器递减到0，该位置1，定时器将会向CPU提出中断请求
13～12	Reserved	保留
11	FREE	定时器仿真方式：FREE和下面的SOFT位是专用于仿真的，这些位决定了在高级语言编程调试中，遇到断点时定时器的状态。如果FREE位为1，那么在遇到断点时，定时器继续运行(即自由运行)，在这种情况下，SOFT位不起作用。但是，如果FREE为0，则SOFT起作用。在此情形下，如果SOFT=0，定时器在下一个TIMH：TIM递减操作完成后停止。如果SOFT=1，那么定时器在TIMH：TIM递减到0后停止
9	SOFT	FREE SOFT 定时器仿真方式： 00 定时器在下一个TIMH：TIM递减操作完成后停止(硬停止)； 01 定时器在TIMH：TIM递减到0后停止(软停止)； 9 自由运行； 11 自由运行
9～6	Reserved	保留
5	TRB	定时器重装位。当向TRB写1时，PRDH：PRD的值装入TIMH：TIM，并且把定时器分频寄存器(TDDRH：TDDR)中的值装入预定标计数器(PSCH：PSC)。TRB位一直读作0
4	TSS	定时器停止状态位。TSS是停止或启动定时器的一个标志位。要停止定时器，置TSS为1。要启动或重启动定时器，置TSS为0。在复位时，TSS清0并且定时器立即启动
3～0	Reserved	保留

6. 定时器预定标计数器低位

定时器预定标计数器低位 TIMERxTPR(x=0,1,2)如图 9-8 所示，各位描述如表 9-7 所示。

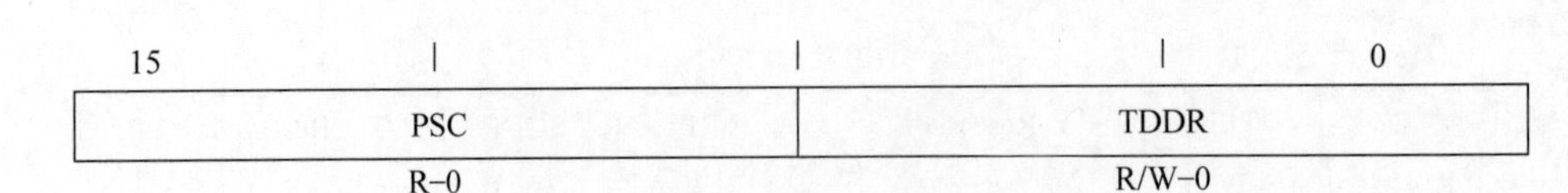

图 9-8　定时器预定标计数器低位 TIMERxTPR(x=0,1,2)

注：R=可读，W=可写，-0=复位后的值。

表 9-7　TIMERxTPR(x=0,1,2)各位描述

位	名称	定　义
15～8	PSC	定时器预定标器计数器。PSC 是预定标计数器的低 8 位。PSCH 是预定标计数器的高 8 位。对每一个定时器时钟周期，PSCH：PSC 的值大于 0，PSCH：PSC 逐个减计数。PSCH：PSC 到 0 后是一个定时器时钟(定时器预定标器的输出)周期，TDDRH：TDDR 的值装入 PSCH：PSC，定时器计数器寄存器(TIMH：TIM)减 1。无论何时，定时器重装位(TRB)由软件置 1 时，也重装 PSCH：PSC。复位时，PSCH：PSC 清 0
7～0	TDDR	定时器分频器。TDDR 是定时器分频器的低 8 位。TDDRH 是定时器分频器的高 8 位。每过一个(TDDRH：TDDR+1)个定时器时钟周期，定时器计数器寄存器(TIMH：TIM)减 1。复位时，TDDRH：TDDR 位清 0。当预定标器计数器(PSCH：PSC)值为 0，一个定时器时钟源周期后，PSCH：PSC 重装 TDDRH：TDDR 内的值，并使 TIMH：TIM 减 1。无论何时，用软件置定时器重装位(TRB)为 1，PSCH：PSC 就会重装 TDDRH：TDDR 的值

7. 定时器预定标计数器高位

定时器预定标计数器高位 TIMERxTPRH(x=0,1,2)如图 9-9 所示，各位描述如表 9-8 所示。

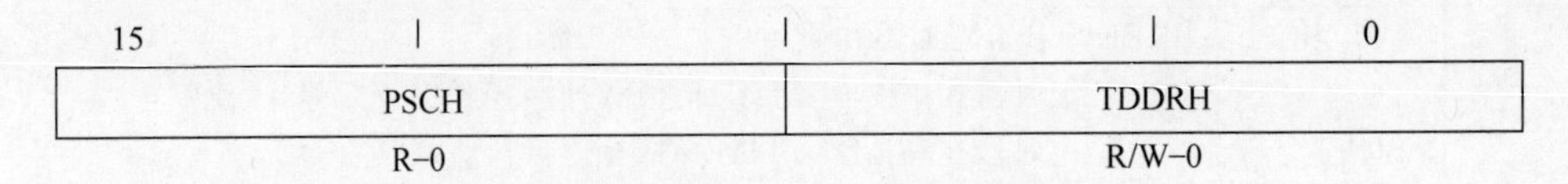

图 9-9　定时器预定标计数器高位 TIMERxTPRH(x=0,1,2)

注：R=可读，W=可写，-0=复位后的值。

表 9-8　TIMERxTPRH(x=0,1,2)各位描述

位	名　称	定　义
15～8	PSCH	请参考 TIMERxTPR 的说明
7～0	TDDRH	请参考 TIMERxTPR 的说明

9.3　分析 CPU 定时器的配置函数

CPU 定时器通常是结合其周期中断来使用的，就是定时一个周期后去处理一些事件。由于还没有介绍中断的知识，所以此处暂时不介绍 CPU 定时器的应用，在第 10 章讲中断的时候，再结合中断的知识，来详细介绍CPU定时器的实际应用。此处主要来看看编程素材内DSP2833x_CpuTimers.c文件的内容，并分析一下CPU配置函数。为了能够看懂DSP2833x_CpuTimers.c内的代码，先来看看CPU定时器相关的头文件DSP2833x_CpuTimers.h内的一段代码。

DSP2833x_CpuTimers.h内的一段代码

```
//定义了结构体CPUTIMER_VARS
struct CPUTIMER_VARS
{
    volatile struct     CPUTIMER_REGS * RegsAddr;   //CPU定时器寄存器的起始地址
    Uint32              InterruptCount;             //CPU定时器中断统计计数器
    float               CPUFreqInMHz;               //CPU频率，以MHz为单位
    float               PeriodInUSec;               //CPU定时器周期，以μs为单位
};
extern struct CPUTIMER_VARS CpuTimer0;              //声明CPUTIMER_VARS型的结构体CpuTimer0
```

接下来看DSP2833x_CpuTimers.c的内容。

DSP2833x_CpuTimers.c

```
/***************************************************************
* 文件名:DSP2833x_CpuTimers.c
* 功  能:初始化32位CPU定时器
***************************************************************/

#include "DSP28_Device.h"
struct CPUTIMER_VARS CpuTimer0;
struct CPUTIMER_VARS CpuTimer1;
struct CPUTIMER_VARS CpuTimer2;
/***************************************************************
* 名    称:InitCpuTimers()
* 功    能:初始化CpuTimer0.
* 入口参数:无
* 出口参数:无
***************************************************************/
void InitCpuTimers(void)
{
    CpuTimer0.RegsAddr = &CpuTimer0Regs;  //使得CpuTimer0.RegsAddr指向定时器寄存器
    CpuTimer0Regs.PRD.all = 0xFFFFFFFF;   //初始化CpuTimer0的周期寄存器
    CpuTimer0Regs.TPR.all = 0;            //初始化定时器预定标计数器
    CpuTimer0Regs.TPRH.all = 0;
    CpuTimer0Regs.TCR.bit.TSS = 1;        //停止定时器
    CpuTimer0Regs.TCR.bit.TRB = 1;        //将周期寄存器PRD中的值装入计数器寄存器TIM中
    CpuTimer0.InterruptCount = 0;         //初始化定时器中断计数器
```

```
}

/************************************************************************
* 名    称:ConfigCpuTimer()
* 功    能:此函数将使用 Freq 和 Period 两个参数来对 CPU 定时器进行配置.Freq 以 MHz
*         为单位,Period 以 μs 作为单位
* 入口参数:*Timer(指定的定时器),Freq,Period
* 出口参数:无
************************************************************************/
void ConfigCpuTimer(struct CPUTIMER_VARS *Timer, float Freq, float Period)
{
    Uint32 temp;

    Timer->CPUFreqInMHz = Freq;
    Timer->PeriodInUSec = Period;
    temp = (long) (Freq * Period);
    Timer->RegsAddr->PRD.all = temp;        //给定时器周期寄存器赋值
    Timer->RegsAddr->TPR.all = 0;           //给定时器预定标寄存器赋值
    Timer->RegsAddr->TPRH.all = 0;

    //初始化定时器控制寄存器:
    Timer->RegsAddr->TCR.bit.TIF = 1;       //清除中断标志位
    Timer->RegsAddr->TCR.bit.TSS = 1;       //停止定时器
    Timer->RegsAddr->TCR.bit.TRB = 1;
                          //定时器重装,将定时器周期寄存器的值装入定时器计数寄存器
    Timer->RegsAddr->TCR.bit.SOFT = 1;
    Timer->RegsAddr->TCR.bit.FREE = 1;
    Timer->RegsAddr->TCR.bit.TIE = 1;       //使能定时器中断
    Timer->InterruptCount = 0;              //初始化定时器中断计数器
}
```

在使用CPU定时器的时候,通常会调用定时器的配置函数,例如ConfigCpuTimer(&CpuTimer0, 150, 1000000)。下面就来详细介绍这个函数的参数。ConfigCpuTimer一共有3个参数:第一个参数表明使用的是哪一个定时器;第二个参数Freq是系统时钟频率,单位是MHz,这要看工程里SYSCLKOUT的值,比如通常SYSCLKOUT为150MHz,所以第二个参数就是150;第三个参数Period是希望实现的CPU周期,比如想要CPU周期为1s,因为Period的单位是μs,所以要将1s写成1000000μs。有人可能会问:这样设置,CPU定时器0就能定时1s的时间吗?下面来分析一下。

假设DSP的时钟SYSCLKOUT为X MHZ,想要实现的周期是Y s,则调用配置函数为ConfigCpuTimer(&CpuTimer0, X, $Y*10^6$)。根据函数的定义,可得:

$$\text{temp}=\text{Freq}*\text{Period}=X*Y*10^6 \tag{9-3}$$

$$\text{CpuTimer0->RegsAddr->PRD.all}=\text{temp}=X*Y*10^6 \tag{9-4}$$

也就是说,CPU定时器周期寄存器的值为$X*Y*10^6$,而在函数的定义内又有:

$$CpuTimer0->RegsAddr->TPR.all = 0 \tag{9-5}$$

式(9-5)说明 CPU 定时 0 的分频器 TDDRH：TDDR 的值为 0。则根据式(9-2)有 CPU 定时器的周期计算公式：

$$T = (X * Y * 10^6 + 1) * \frac{(0+1)}{X} * 10^{-6}\,s = Y\,s \tag{9-6}$$

计算发现，经函数 ConfigCpuTimer(&CpuTimer0, X, Y * 10^6)配置后，CPU 定时器的周期刚好为 Ys。

本章详细介绍了 CPU 定时器的工作原理，CPU 定时器的寄存器，并分析了 CPU 定时器使用时的配置函数。第 10 章将详细介绍 F28335 的三级中断(CPU 中断、PIE 中断和外设中断)，并讲解如何写程序才能保证 DSP 成功进入中断。

习题

9-1 F28335 有几个 CPU 定时器？分别是哪些？

9-2 CPU 定时器每计数一次的时间是由哪个寄存器来决定的？

9-3 如果使用 CPU 定时器 1，SYSCLKOUT 为 150M，如何写定时器配置函数来实现定时器的周期为 20ms？

第 10 章

F28335 的中断系统

如果接触过单片机，应该会知道中断这个词。在任何一款事件驱动型的 CPU 里面都应该会有中断系统，因为中断就是为响应某种事件而存在的。中断的灵活应用不仅能够实现想要实现的功能，合理的中断安排还可以提高事件执行的效率，因此中断在 DSP 应用中的地位是非常重要的。本章就详细介绍 F28335 的中断系统，共同探讨 CPU 中断、PIE 中断、外设中断的三级中断体系，并介绍如何正确编写外设的中断程序，以保证中断的正确执行。

视频讲解

10.1 什么是中断

中断(Interrupt)是硬件和软件驱动事件，它使得 CPU 暂停当前的主程序，转而去执行一个中断服务子程序。为了更形象地理解中断，下面以办公时接电话为例来阐述一下中断的概念，可以通过这个例子体会 CPU 执行中断时的原理。

假如一个工程师正在办公桌前专心致志地写程序，突然电话铃声响了(很显然，电话是不可错过的，相比手中写程序的活儿，这个电话肯定是更加重要和紧急的，电话事件相当于产生了一个中断请求，因为某种需求不得不请求这个工程师打断手中正在做的事情)。工程师听到铃声便拿起电话进行交谈(工程师响应了电话的请求，相当于 CPU 响应了一个中断，停下了正在执行的主程序，并转向执行中断服务子程序)。电话很快就讲完了，工程师挂上了电话，又接着从刚才停下来的地方开始写程序(中断服务子程序执行完成之后，CPU 又回到了刚才停下来的地方开始执行主程序)。整个过程如图 10-1 所示。

当然，CPU 执行中断的时候肯定要比接电话的例子复杂得多，但是通过这个简单的生活实例，希望能够比较感性地理解什么是中断，以及中断产生时 CPU 是如何去执行一些步骤的。F28335 的中断系统从上至下分成了 3 级，即 CPU 级中断、PIE 级中断和外设中断。下面先从上至下分别详细介绍各级中断，然后再从下至上并结合实例分析 CPU 三级中断的工作过程。

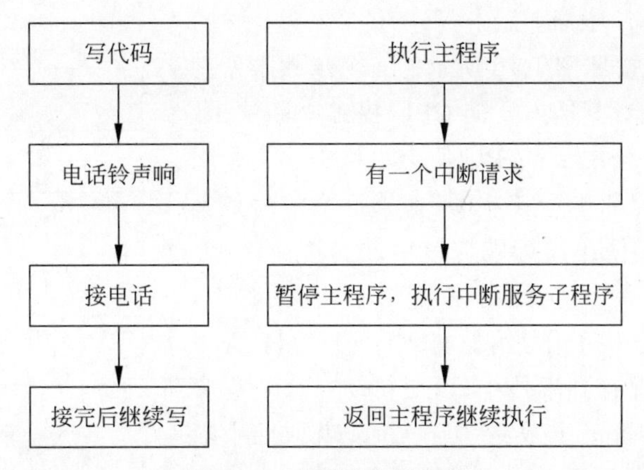

图 10-1 中断的生活实例

10.2 F28335 的 CPU 中断

在 DSP 中，中断申请信号通常是由软件或者是硬件所产生的信号，它可以使 CPU 暂停正在执行的主程序，转而去执行一个中断服务子程序。通常中断申请信号是由外围设备提出的，表示一个特殊的事件已经发生，请求 CPU 暂停正在执行的主程序，去处理相应的更为紧急的事件。比如，CPU 定时器 0 完成一个周期的计数时，就会发出一个周期中断的请求信号，这个信号通知 CPU 定时器已经完成了一段时间的计时，这时候可能有一些紧急事件需要 CPU 来处理。

10.2.1 CPU 中断的概述

视频讲解

F28335 的中断主要由两种方式触发：一种是通过在软件中写指令，例如 INTR、OR IFR 或者 TRAP 指令；另一种是硬件方式触发，例如来自于片内外设，或者外围设备的中断信号，表示某个事件已经发生。无论是软件中断，还是硬件中断，都可以归结为可屏蔽中断和不可屏蔽中断。

所谓可屏蔽中断，就是这些中断可以用软件加以屏蔽或者解除屏蔽。F28335 片内外设所产生的中断都是可屏蔽中断，每一个中断都可以通过相应寄存器的中断使能位来禁止或者使能。

不可屏蔽中断是指这些中断是不可以被屏蔽的，一旦中断申请信号发出，CPU 必须无条件地立即去响应该中断并执行相应的中断服务子程序。F28335 的不可屏蔽中断主要包括软件中断（INTR 指令和 TRAP 指令等）、硬件中断 $\overline{\text{NMI}}$、非法指令陷阱以及硬件复位中断。由于平时遇到最多的还是可屏蔽中断，所以这里对于不可屏蔽中断（除了硬件中断 $\overline{\text{NMI}}$ 以外）就不多做介绍了。通过 XNMI 输入选择寄存器 GPIOXNMISEL 可以进行不可屏蔽中断 $\overline{\text{NMI}}$ 的中断源设置，当相应引脚为低电平时，CPU 就可以检测到一个有效的中断请求,从而会响应 $\overline{\text{NMI}}$ 中断。

F28335 的 CPU 按照图 10-2 所示的 4 个步骤来处理中断。首先由外设或者其他方式向 CPU 提出中断请求,如果这个中断是可屏蔽中断;CPU 便会去检查这个中断的使能情况,再决定是否响应该中断,如果这个中断是不可屏蔽中断,则 CPU 便会立即响应该中断。接着,CPU 会完整的执行完当前指令,为了记住当前主程序的状态,CPU 必须要做一些准备工作,例如将 ST0、T、AH、AL、PC 等寄存器的内容保存到堆栈中,以便自动保存主程序的大部分内容。在准备工作做完之后,CPU 就取回中断向量,开始执行中断服务子程序。当然,处理完相应的中断事件之后,CPU 就回到原来的主程序暂停的地方,恢复各个寄存器的内容,继续执行主程序。

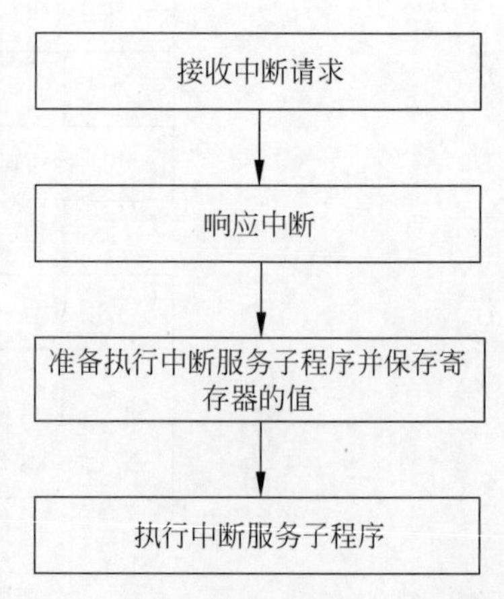

图 10-2　CPU 处理中断的 4 个步骤

上面讲解的是单个中断请求的处理过程,要是几个中断同时向 CPU 发出中断请求,CPU 该如何处理呢?举个简单的例子,假如有一个医生但是有两个病人需要急诊,一个出了车祸,性命攸关,而另一个只是普通的感冒,这时候医生会先诊治哪个病人呢?很显然,医生肯定会先救治出了车祸的病人,因为从紧急的程度来讲,出了车祸的肯定要比感冒病人紧急得多。DSP 的 CPU 就像是这个医生,不同的中断就像是一个个急需救治的病人,每一个 CPU 中断都具有一种属性,叫优先级,就好比代表了病情的紧急性。当几个中断同时向 CPU 发出中断请求时,CPU 会根据这些中断的优先级来安排处理的顺序,优先级高的先处理,优先级低的后处理。那 F28335 究竟支持哪些 CPU 中断呢?这些中断的优先级又是如何安排的呢?

视频讲解

10.2.2　CPU 中断向量和优先级

F28335 一共可以支持 32 个 CPU 中断,其中每一个中断都是一个 32 位的中断向量,也就是两个 16 位的寄存器,里面存储的是相应的中断服务子程序的入口地址,不过这个入口地址是个 22 位的地址。其中地址的低 16 位保存该向量的低 16 位,地址的高 16 位中的位 0～位 5 保存它的高 6 位,其余更高的 10 位被忽略,如图 10-3 所示。

表 10-1 列出了 F28335 可以使用的中断向量、各个向量的存储位置及其各自的优先级。

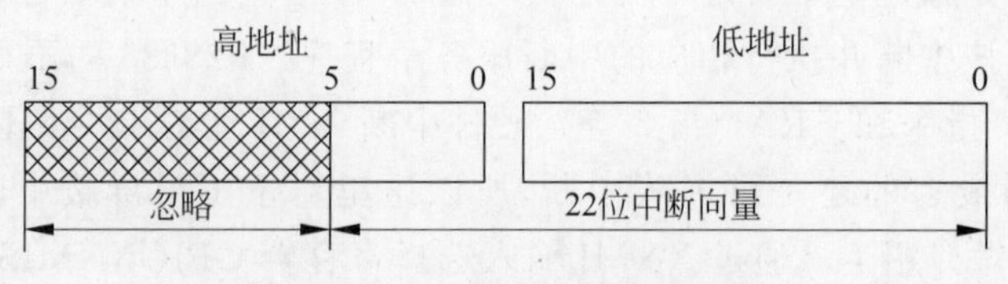

图 10-3　22 位的 CPU 中断向量

表 10-1　CPU 中断向量和优先级

中断向量	地　址	优先级	说　明
RESET	0x0000 0D00	1(最高)	复位中断,始终从 ROM 中 0x003FFFC0 处提取
INT1	0x0000 0D02	5	可屏蔽中断 1,PIE 组 1
INT2	0x0000 0D04	6	可屏蔽中断 2,PIE 组 2
INT3	0x0000 0D06	7	可屏蔽中断 3,PIE 组 3
INT4	0x0000 0D08	8	可屏蔽中断 4,PIE 组 4
INT5	0x0000 0D0A	9	可屏蔽中断 5,PIE 组 5
INT6	0x0000 0D0C	10	可屏蔽中断 6,PIE 组 6
INT7	0x0000 0D0E	10	可屏蔽中断 7,PIE 组 7
INT8	0x0000 0D10	12	可屏蔽中断 8,PIE 组 8
INT9	0x0000 0D12	13	可屏蔽中断 9,PIE 组 9
INT10	0x0000 0D14	14	可屏蔽中断 10,PIE 组 10
INT11	0x0000 0D16	15	可屏蔽中断 11,PIE 组 11
INT12	0x0000 0D18	16	可屏蔽中断 12,PIE 组 12
INT13	0x0000 0D1A	17	外部中断 XINT13 或者 Timer1 中断
INT14	0x0000 0D1C	18	Timer2 中断
DLOGINT	0x0000 0D1E	19(最低)	CPU 数据记录中断
RTOSINT	0x0000 0D20	4	CPU 实时操作系统中断
EMUINT	0x0000 0D22	2	CPU 仿真中断
NMI	0x0000 0D24	3	外部不可屏蔽中断
ILLEGAL	0x0000 0D26	—	非法操作
USER1	0x0000 0D28	—	用户自定义软中断
USER2	0x0000 0D2A	—	用户自定义软中断
USER3	0x0000 0D2C	—	用户自定义软中断
USER4	0x0000 0D2E	—	用户自定义软中断
USER5	0x0000 0D30	—	用户自定义软中断
USER6	0x0000 0D32	—	用户自定义软中断
USER7	0x0000 0D34	—	用户自定义软中断
USER8	0x0000 0D36	—	用户自定义软中断
USER9	0x0000 0D38	—	用户自定义软中断
USER10	0x0000 0D3A	—	用户自定义软中断
USER11	0x0000 0D3C	—	用户自定义软中断
USER12	0x0000 0D3E	—	用户自定义软中断

10.2.3　CPU 中断的寄存器

在表 10-1 所列的 CPU 中断中,$\overline{\text{INT1}}$～ $\overline{\text{INT14}}$ 是 14 个通用中断,DLOGINT 数据记录中断和 RTOSINT 实时操作系统中断是为仿真目的而设计的两个中断。通常在实际使用时,用到最多的还是通用中断 $\overline{\text{INT1}}$～ $\overline{\text{INT14}}$。这 16 个中断都属于可屏蔽中断,根据可屏蔽中断的字面含义，不难理解这些是能够通过软件设置来使能或者禁止的中断，那么在DSP中是怎么实现的呢？很简单，通过CPU中断使能寄存器IER就可以实现。

图10-4为IER寄存器的位情况，表10-2为IER各位情况。

15	14	13	12	11	10	9	8
RTOSINT	DLOGINT	INT14	INT13	INT12	INT11	INT10	INT9
R/W-0	R/W-0	R/W-0	R/W-0	R/W-0	R/W-0	R/W-0	R/W-0

7	6	5	4	3	2	1	0
INT8	INT7	INT6	INT5	INT4	INT3	INT2	INT1
R/W-0	R/W-0	R/W-0	R/W-0	R/W-0	R/W-0	R/W-0	R/W-0

图10-4 CPU中断使能寄存器IER

注：R=可读，W=可写，-0=复位后的值。

表10-2 IER各位情况

位	名称	说明
15	RTOSINT	实时操作系统中断使能位。该位使CPU RTOS中断使能或禁止 0 RTOSINT中断禁止 1 RTOSINT中断使能
14	DLOGINT	数据记录中断使能位。该位使CPU数据记录中断使能或禁止 0 CPU数据记录中断禁止 1 CPU数据记录中断使能
13	INT14	中断14使能位。该位使CPU中断级INT14使能或禁止 0 INT14禁止 1 INT14使能
12	INT13	中断13使能位。该位使CPU中断级INT13使能或禁止 0 INT13禁止 1 INT13使能
11	INT12	中断12使能位。该位使CPU中断级INT12使能或禁止 0 INT12禁止 1 INT12使能
10	INT11	中断11使能位。该位使CPU中断级INT11使能或禁止 0 INT11禁止 1 INT11使能
9	INT10	中断10使能位。该位使CPU中断级INT10使能或禁止 0 INT10禁止 1 INT10使能
8	INT9	中断9使能位。该位使CPU中断级INT9使能或禁止 0 INT9禁止 1 INT9使能
7	INT8	中断8使能位。该位使CPU中断级INT8使能或禁止 0 INT8禁止 1 INT8使能
6	INT7	中断7使能位。该位使CPU中断级INT7使能或禁止 0 INT7禁止 1 INT7使能
5	INT6	中断6使能位。该位使CPU中断级INT6使能或禁止 0 INT6禁止 1 INT6使能
4	INT5	中断5使能位。该位使CPU中断级INT5使能或禁止 0 INT5禁止 1 INT5使能

续表

位	名称	说　明
3	INT4	中断 4 使能位。该位使 CPU 中断级 INT4 使能或禁止 0　INT4 禁止　　1　INT4 使能
2	INT3	中断 3 使能位。该位使 CPU 中断级 INT3 使能或禁止 0　INT3 禁止　　1　INT3 使能
1	INT2	中断 2 使能位。该位使 CPU 中断级 INT2 使能或禁止 0　INT2 禁止　　1　INT2 使能
0	INT1	中断 1 使能位。该位使 CPU 中断级 INT1 使能或禁止 0　INT1 禁止　　1　INT1 使能

从图 10-4 可以看到,CPU 中断使能寄存器中的每一位都和一个 CPU 中断相对应,这个位的值就像是开关的状态：1 为打开,0 为关闭。当某一位的值为 1 时,相对应的中断就被使能；当某一位的值为 0 时,相对应的中断就被禁止,也就是说,如果这个时候有该中断的请求信号,那么这个请求信号 CPU 不会理,也就是中断被屏蔽了。

除了可屏蔽中断的使能和禁止以外,还有一个问题,就是 CPU 是如何知道某个中断提出了中断请求信号的呢？举个小例子,在学校里上课的时候,学生如果要回答问题,得先举手,然后老师明白这个学生想要回答问题,再允许其发言。举手这个动作就是一个想要回答问题的标志。类似地,DSP 中也有一个 CPU 中断的标志寄存器 IFR,寄存器中的每一位都和一个 CPU 中断相对应,这个位的状态就表示了该中断是否向 CPU 提出了请求。

CPU 中断标志寄存器 IFR 的位情况如图 10-5 所示。表 10-3 为 IFR 各位情况。

15	14	13	12	11	10	9	8
RTOSINT	DLOGINT	INT14	INT13	INT12	INT11	INT10	INT9
R/W-0	R/W-0	R/W-0	R/W-0	R/W-0	R/W-0	R/W-0	R/W-0

7	6	5	4	3	2	1	0
INT8	INT7	INT6	INT5	INT4	INT3	INT2	INT1
R/W-0	R/W-0	R/W-0	R/W-0	R/W-0	R/W-0	R/W-0	R/W-0

图 10-5　CPU 中断标志寄存器 IFR

注：R=可读,W=可写,-0=复位后的值。

表 10-3　IFR 各位情况

位	名称	说　明
15	RTOSINT	实时操作系统标志。该位是 RTOS 中断的标志位。 0　没有未处理的 RTOS 中断。1　至少有一个 RTOS 中断未处理
14	DLOGINT	数据记录中断标志。该位是数据记录中断的标志。 0　没有未处理的 DLOGINT 中断。1　至少有一个 DLOGINT 中断未处理
13	INT14	中断 14 标志。该位是连接到 CPU 中断级 INT14 的中断标志。 0　没有未处理的 INT14 中断。1　至少有一个 INT14 中断未处理

续表

位	名称	说　明
12	INT13	中断 13 标志。该位是连接到 CPU 中断级 INT13 的中断标志。 0　没有未处理的 INT13 中断。1　至少有一个 INT13 中断未处理
11	INT12	中断 12 标志。该位是连接到 CPU 中断级 INT12 的中断标志。 0　没有未处理的 INT12 中断。1　至少有一个 INT12 中断未处理
10	INT11	中断 11 标志。该位是连接到 CPU 中断级 INT11 的中断标志。 0　没有未处理的 INT11 中断。1　至少有一个 INT11 中断未处理
9	INT10	中断 10 标志。该位是连接到 CPU 中断级 INT10 的中断标志。 0　没有未处理的 INT10 中断。1　至少有一个 INT10 中断未处理
8	INT9	中断 9 标志。该位是连接到 CPU 中断级 INT9 的中断标志。 0　没有未处理的 INT9 中断。1　至少有一个 INT9 中断未处理
7	INT8	中断 8 标志。该位是连接到 CPU 中断级 INT8 的中断标志。 0　没有未处理的 INT8 中断。1　至少有一个 INT8 中断未处理
6	INT7	中断 7 标志。该位是连接到 CPU 中断级 INT7 的中断标志。 0　没有未处理的 INT7 中断。1　至少有一个 INT7 中断未处理
5	INT6	中断 6 标志。该位是连接到 CPU 中断级 INT6 的中断标志。 0　没有未处理的 INT6 中断。1　至少有一个 INT6 中断未处理
4	INT5	中断 5 标志。该位是连接到 CPU 中断级 INT5 的中断标志。 0　没有未处理的 INT5 中断。1　至少有一个 INT5 中断未处理
3	INT4	中断 4 标志。该位是连接到 CPU 中断级 INT4 的中断标志。 0　没有未处理的 INT4 中断。1　至少有一个 INT4 中断未处理
2	INT3	中断 3 标志。该位是连接到 CPU 中断级 INT3 的中断标志。 0　没有未处理的 INT3 中断。1　至少有一个 INT3 中断未处理
1	INT2	中断 2 标志。该位是连接到 CPU 中断级 INT2 的中断标志。 0　没有未处理的 INT2 中断。1　至少有一个 INT2 中断未处理
0	INT1	中断 1 标志。该位是连接到 CPU 中断级 INT1 的中断标志。 0　没有未处理的 INT1 中断。1　至少有一个 INT1 中断未处理

10.2.4　可屏蔽中断的响应过程

可屏蔽中断的响应过程如图 10-6 所示。当某个可屏蔽中断提出请求时，将其在中断标志寄存器 IFR 中的中断标志位自动置位。CPU 检测到该中断标志位被置位后，接着会检查该中断是否被使能了，也就是去读 CPU 中断使能寄存器 IER 中相应位的值，如果该中断并未使能，那么 CPU 将不会理会此中断，直到其中断被使能为止。如果该中断已经被使能，则 CPU 会继续检查全局中断 INTM 是否被使能，如果没有使能，则依然不会响应中断；如果 INTM 已经被使能，则 CPU 就会响应该中断，暂停主程序并转向执行相应的中断服务子程序。CPU 响应中断后，IFR 中的中断标志位就会被自动清 0，目的是使 CPU 能够去响应其他中断或者是该中断的下一次中断。

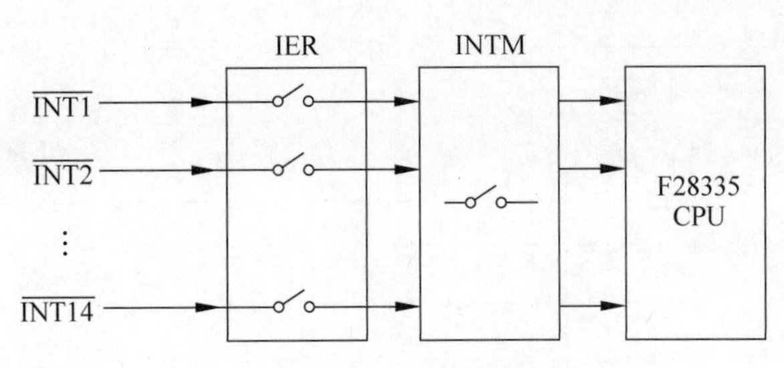

图 10-6 可屏蔽中断的响应过程

图 10-6 中 IER 和 INTM 的关系比较简单。就好比是在一个房间里，有好多灯，也有好多开关，一个开关控制着一盏灯，开关闭合时，对应的灯就亮；开关断开时，对应的灯就灭。通常，房间里除了这些开关以外，还会有一个总闸，如果总闸关了，就切断了房间的线路和外面电网的连接，不管房间里的开关是开还是关，灯都不会亮。在 CPU 中断响应的过程中，IER 中的各个位就是控制一个个灯的开关，而 INTM 就是总闸。如果一个中断被使能了，而全局中断没有被使能，则 CPU 还是不会去响应中断的。只有在单个中断和全局中断都被使能的情况下，该中断提出请求时，CPU 才会去响应。

这里再来讨论下当多个中断同时提出中断请求时，CPU 响应的过程。假如有中断 A 和中断 B，中断 A 的优先级高于中断 B 的优先级，中断 A 和中断 B 都被使能了，而且全局中断 INTM 也已经被使能了。这时当中断 A 和中断 B 同时提出中断请求时，CPU 就会根据优先级的高低，先来响应中断 A，同时清除 A 的中断标志位。当 CPU 处理完中断 A 的服务子程序后，如果这时候中断 B 的中断标志位还处于置位的状态，那么 CPU 就会响应中断 B，转而去执行中断 B 的服务子程序。如果 CPU 在执行中断 A 的服务子程序时，中断 A 的标志位又被置位了，也就是中断 A 又向 CPU 提出了请求，那么当 CPU 完成中断响应之后，还是会继续先响应中断 A，而让中断 B 继续在队列中等待。

10.3 F28335 的 PIE 中断

前面介绍的是 F28335 CPU 级的中断，图 10-7 是 F28335 DSP 的中断源。F28335 的 CPU 一共有 16 根中断线，其中包括两个不可屏蔽中断：$\overline{RS}$ 和 $\overline{NMI}$，还有 14 个可屏蔽中断 $\overline{INT1}$～$\overline{INT14}$。

外部中断 XINT13 和 CPU1 定时器 1 的中断分配给了 $\overline{INT13}$，CPU 定时器 2 的中断分配给了 $\overline{INT14}$。两个不可屏蔽中断 $\overline{RS}$ 和 $\overline{NMI}$ 也各自都有专用的独立中断。CPU 定时器 0 的周期中断、F28335 片内外设的所有中断、外部中断 $\overline{XINT1}$、外部中断 $\overline{XINT2}$ 共用中断线 $\overline{INT1}$～$\overline{INT12}$。通常使用最多的也是 $\overline{INT1}$～$\overline{INT12}$，因此这些中断是需要重点介绍和探讨的。

10.3.1 PIE 中断概述

视频讲解

通过前面的学习，已经知道 F28335 内部具有很多外设（EPWM、ECAP、EQEP、AD、SCI、SPI、McBSP 和 CAN 等），每个外设又可以产生一个或者多个

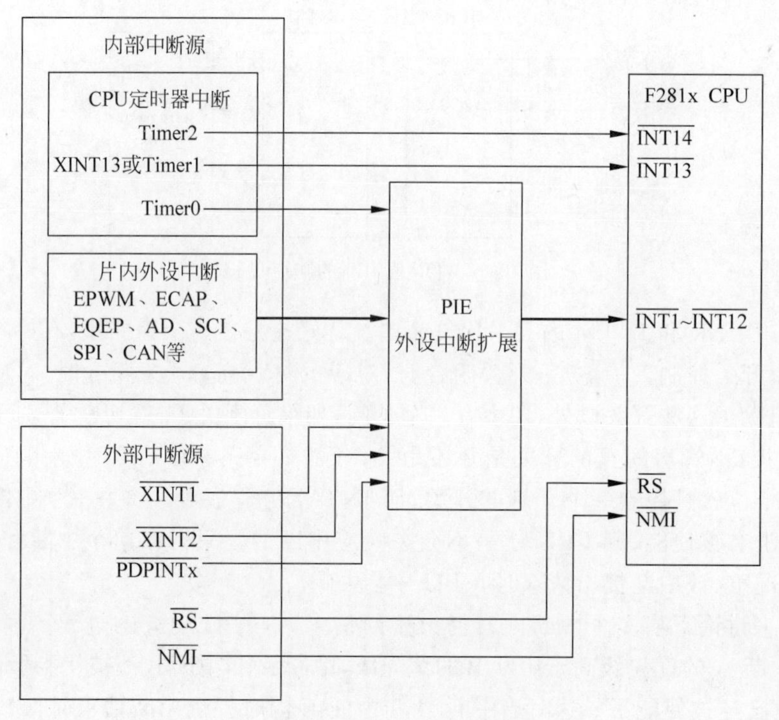

图 10-7 F28335 DSP 的中断源

中断请求,对于 CPU 而言,它没有足够的能力去同时处理所有外设的中断请求。打个比方,在一家大公司,每天会有很多员工向老总提交文件,请求老总处理。老总通常事务繁忙,他一个人没有能力同时去处理所有的事情,那怎么办呢?一般老总会配有秘书,由秘书们将内部员工或者外部人员提交的各种事情进行分类筛选,按照事情的轻重缓急进行安排,然后再提交给老总处理,这样效率就提高上来了,老总也能忙得过来了。同样,F28335 的 CPU 为了能够及时有效地处理好各个外设的中断请求,特别设计了一个“秘书”——专门处理外设中断的扩展模块(Peripheral Interrupt Expansion Block),简称外设中断控制器 PIE,它能够对各种中断请求源(来自外设或者其他外部引脚的请求)做出判断和相应的决策。

PIE 一共可以支持 96 个不同的中断,并把这些中断分成了 12 个组,每个组有 8 个中断,而且每个组都被反馈到 CPU 内核的 $\overline{\text{INT1}}$~$\overline{\text{INT12}}$ 这 12 条中断线中的某一条上。平时能够用到的所有外设中断都被归入了这 96 个中断中,被分布在不同的组中。外设中断在 PIE 中的分布情况如表 10-4 所示。

表 10-2 是 F28335 内部的外设中断分布,共 8 列 12 行,总共有 96 个中断,空白部分表示尚未使用的中断,目前已经使用的有 58 个中断。下面来看看 CPU 定时器 0 的周期中断 TINT0 在表中的哪个位置。很明显,TINT0 在行号为 INT1、列号为 INTx. 7 的位置,也就是说,TINT0 对应于 INT1,在 PIE 第一组的第 7 位。同样,可以找到所有外设中断在 PIE 中的所属分组情况以及在该组中的位置。

表 10-4 外设中断在 PIE 的分布

INT	INTx. 8	INTx. 7	INTx. 6	INTx. 5	INTx. 4	INTx. 3	INTx. 2	INTx. 1
INT1	WAKEINT	TINT0	ADCINT	XINT2	XINT1		SEQ2INT	SEQ1INT
INT2			EPWM6_TZINT	EPWM5_TZINT	EPWM4_TZINT	EPWM3_TZINT	EPWM2_TZINT	EPWM1_TZINT
INT3			EPMW6_INT	EPWM5_INT	EPWM4_INT	EPWM3_INT	EPWM2_INT	EPWM1_INT
INT4			ECAP6_INT	ECAP5_INT	ECAP4_INT	ECAP3_INT	ECAP2_INT	ECAP1_INT
INT5							EQEP2_INT	EQEP1_INT
INT6			MXINTA	MRINTA	MXINTB	MRINTB	SPITXINTA	SPIRXINTA
INT7			DINTCH6	DINTCH5	DINTCH4	DINTCH3	DINTCH2	DINTCH1
INT8			SCITXINTC	SCIRXINTC			I2CINT2A	I2CINT1A
INT9	ECAN1INTB	ECAN0INTB	ECAN1INTA	ECAN0INTA	SCITXINTB	SCIRXINTB	SCITXINTA	SCIRXINTA
INT10								
INT11								
INT12	LUF(FPU)	LVF(FPU)		XINT7	XINT6	XINT5	XINT4	XINT3

PIE 第 1 组的所有外设中断复用 CPU 中断 INT1，PIE 第 2 组的所有外设中断复用 CPU 中断 INT2，以此类推，PIE 第 12 组的所有外设中断复用 CPU 中断 INT12。在前面讲 CPU 中断的时候，知道 INT1 的优先级比 INT2 的优先级高，INT2 的优先级比 INT3 的优先级高……那对于 PIE 同组内的各个中断，是不是也是有优先级高低的呢？答案是肯定的。在 PIE 同组内，INTx.1 的优先级比 INTx.2 的优先级高，INTx.2 的优先级比 INTx.3 的优先级高……也就是说，同组内排在前面的优先级比排在后面的优先级高。而不同组之间，排在前面组内的任何一个中断优先级要比排在后面组内的任何一个中断的优先级高。例如位于 INT1.8 的 WAKEINT，虽然属于第 1 组的第 8 位，但是它的优先级就要比位于 INT2.1 的 EPWM1_TZINT 的优先级高。这样表 10-2 内所有中断的优先级关系就都清楚了。

可屏蔽 CPU 中断都可以通过中断使能寄存器 IER 和中断标志寄存器 IFR 来进行可编程控制，同样，PIE 的每个组都有 3 个相关的寄存器，分别是 PIE 中断使能寄存器 PIEIERx，PIE 中断标志寄存器 PIEIFRx 和 PIE 中断应答寄存器 PIEACKx。比如，PIE 的第 1 组具有寄存器 PIEIER1、PIEIFR1 和 PIEACK1。寄存器的每个位同中断的对应关系和表 10-2 中是相同的，例如 CPU 定时器中断 TINT0 对应于 PIEIER1.7、PIEIFR1.7 和 PIEACKINT1.7，就是分别在 PIEIER1、PIEIFR1 和 PIEACK1 的第 7 位。下面对各个寄存器进行详细介绍。

10.3.2 PIE 中断寄存器

PIE 控制器相关的寄存器如表 10-5 所示。

表 10-5 PIE 控制器的寄存器

名　称	地　址	大小(×16 位)	说　明
PIECTRL	0x0000 0CE0	1	PIE 控制寄存器
PIEACK	0x0000 0CE1	1	PIE 应答寄存器
PIEIER1	0x0000 0CE2	1	PIE，INT1 组使能寄存器
PIEIFR1	0x0000 0CE3	1	PIE，INT1 组标志寄存器
PIEIER2	0x0000 0CE4	1	PIE，INT2 组使能寄存器
PIEIFR2	0x0000 0CE5	1	PIE，INT2 组标志寄存器
PIEIER3	0x0000 0CE6	1	PIE，INT3 组使能寄存器
PIEIFR3	0x0000 0CE7	1	PIE，INT3 组标志寄存器
PIEIER4	0x0000 0CE8	1	PIE，INT4 组使能寄存器
PIEIFR4	0x0000 0CE9	1	PIE，INT4 组标志寄存器
PIEIER5	0x0000 0CEA	1	PIE，INT5 组使能寄存器
PIEIFR5	0x0000 0CEB	1	PIE，INT5 组标志寄存器
PIEIER6	0x0000 0CEC	1	PIE，INT6 组使能寄存器
PIEIFR6	0x0000 0CED	1	PIE，INT6 组标志寄存器
PIEIER7	0x0000 0CEE	1	PIE，INT7 组使能寄存器
PIEIFR7	0x0000 0CEF	1	PIE，INT7 组标志寄存器

续表

名　称	地　址	大小(×16位)	说　明
PIEIER8	0x0000 0CF0	1	PIE,INT8 组使能寄存器
PIEIFR8	0x0000 0CF1	1	PIE,INT8 组标志寄存器
PIEIER9	0x0000 0CF2	1	PIE,INT9 组使能寄存器
PIEIFR9	0x0000 0CF3	1	PIE,INT9 组标志寄存器
PIEIER10	0x0000 0CF4	1	PIE,INT10 组使能寄存器
PIEIFR10	0x0000 0CF5	1	PIE,INT10 组标志寄存器
PIEIER10	0x0000 0CF6	1	PIE,INT10 组使能寄存器
PIEIFR10	0x0000 0CF7	1	PIE,INT10 组标志寄存器
PIEIER12	0x0000 0CF8	1	PIE,INT12 组使能寄存器
PIEIFR12	0x0000 0CF9	1	PIE,INT12 组标志寄存器

1. PIE 中断使能寄存器

PIE 控制器一共有 12 个 PIE 中断使能寄存器 PIEIERx，分别对应于 PIE 控制器的 12 个组，每组 1 个，用来设置组内中断的使能情况。PIE 中断使能寄存器 PIEIERx 的位分布如图 10-8 所示。表 10-6 为各位含义。

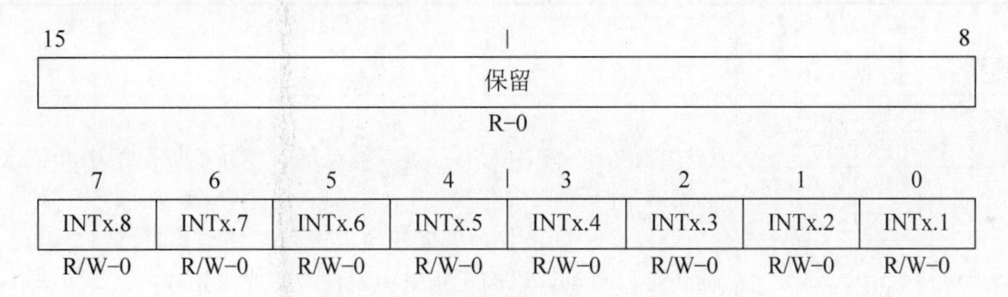

图 10-8　PIE 中断使能寄存器 PIEIERx

注：R=可读，W=可写，-0=复位后的值。

表 10-6　PIEIERx 各位含义

位	名　称	说　明
15～8	Reserved	保留
7	INTx.8	对 PIE 组内各个中断单独使能，和 CPU 中断使能寄存器 IER 类似。将某位置 1，可以使能中断服务；将某位清 0，会使该中断服务禁止。x=1～12，INTx 表示 CPU 的 INT1～INT12
6	INTx.7	
5	INTx.6	
4	INTx.5	
3	INTx.4	
2	INTx.3	
1	INTx.2	
0	INTx.1	

2. PIE 中断标志寄存器

PIE 控制器一共有 12 个 PIE 中断标志寄存器 PIEIFRx，分别对应 PIE 控制器的 12 个组，每组 1 个。PIEIFR 寄存器的每一位代表对应中断的请求信号，该位置 1，表示相应的中断提出了请求，需要 CPU 响应。CPU 取出相应的中断向量的时候，也就是说，当 CPU 响应该中断的时候，该标志位被清 0。PIE 中断标志寄存器 PIEIFRx 的位分布如图 10-9 所示，表 10-7 为各位含义。

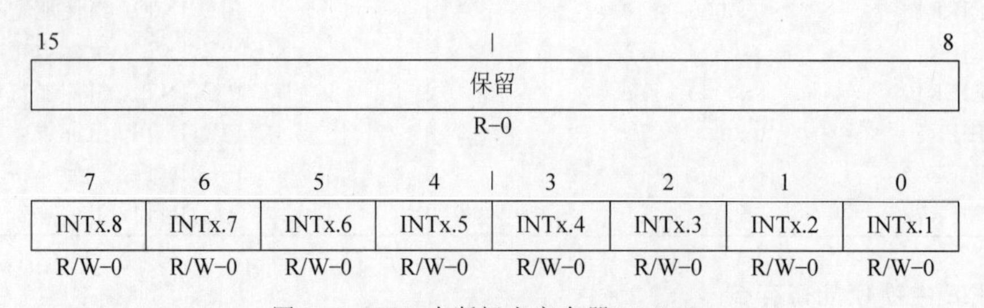

图 10-9 PIE 中断标志寄存器 PIEIFRx

注：R=可读，W=可写，-0=复位后的值。

表 10-7 PIEIFRx 各位含义

<table>
<tr><th>位</th><th>名　称</th><th>说　明</th></tr>
<tr><td>15～8</td><td>Reserved</td><td>保留</td></tr>
<tr><td>7</td><td>INTx. 8</td><td rowspan="8">这些位表示一个中断当前是否被激活，向 CPU 提出了中断请求。它们和 CPU 中断标志寄存器 IFR 类似。当中断激活时，各个寄存器位置 1。当一个中断被处理完成或向该寄存器位写 0 时，该位清 0。该寄存器还可以被读取以确定哪个中断被激活或未处理。
x=1～12，INTx 表示 CPU 的 INT1～INT12</td></tr>
<tr><td>6</td><td>INTx. 7</td></tr>
<tr><td>5</td><td>INTx. 6</td></tr>
<tr><td>4</td><td>INTx. 5</td></tr>
<tr><td>3</td><td>INTx. 4</td></tr>
<tr><td>2</td><td>INTx. 3</td></tr>
<tr><td>1</td><td>INTx. 2</td></tr>
<tr><td>0</td><td>INTx. 1</td></tr>
</table>

3. PIE 中断应答寄存器

如果 PIE 中断控制器有中断产生，则相应的中断标志位将置 1。如果相应的 PIE 中断使能位也置 1，则 PIE 将检查 PIE 中断应答寄存器 PIEACK，以确定 CPU 是否准备响应该中断。如果相应的 PIEACKx 清 0，PIE 便向 CPU 申请中断；如果相应的 PIEACKx 置 1，那么 PIE 将等待直到相应的 PIEACKx 清 0 才向 CPU 申请中断。PIE 中断应答寄存器 PIEACK 的位情况如图 10-10 所示，表 10-8 为各位含义。

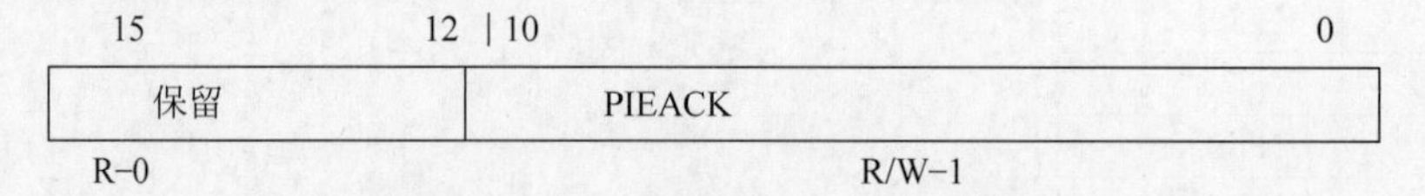

图 10-10 PIE 中断应答寄存器 PIEACK

注：R=可读，W=可写，-1=复位后的值。

表 10-8　PIEACK 各位含义

位	名　　称	说　　明
15～12	Reserved	保留
10～0	PIEACK	该寄存器的第 0 位表示 PIE 第 1 组中断的 CPU 响应情况，第 1 位表示 PIE 第二组中断的 CPU 响应情况，……，第 10 位表示 PIE 第 12 组中断的 CPU 响应情况。向该寄存器的某一位写 1，可使该位清 0，此时如果该组内有 CPU 尚未响应的中断，则 PIE 向 CPU 提出中断请求

4. PIE 控制寄存器

PIE 控制寄存器 PIECTRL 的位情况如图 10-11 所示，表 10-9 为各位含义。

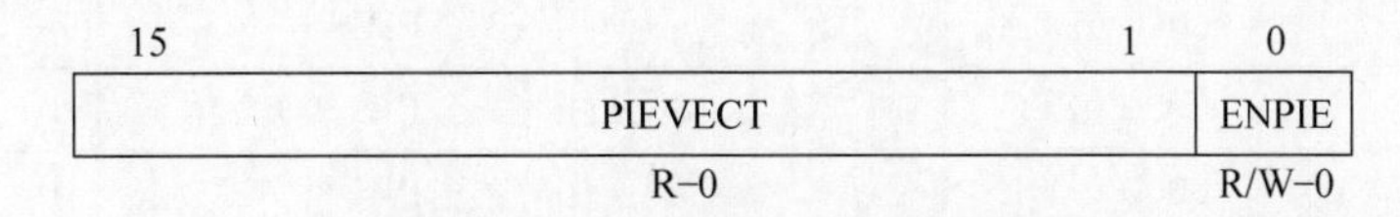

图 10-11　PIE 控制寄存器 PIECTRL

注：R＝可读，W＝可写，-0＝复位后的值。

表 10-9　PIECTRL 各位含义

位	名　　称	说　　明
15～1	PIEVECT	这些位表示从 PIE 向量表取回的向量地址。最低位忽略，只显示位 1 到位 15 地址。用户可以读取向量值，以确定取回的向量是由哪一个中断产生的
0	ENPIE	从 PIE 块取回向量使能。当该位置 1 时，所有向量取自 PIE 向量表。如果该位置 0，PIE 块无效，向量取自引导 ROM 的 CPU 向量表或 XINTF 7 区外部接口

10.3.3　外部中断控制寄存器

F28335 支持 XINT1～XINT7 和 XNMI，一共 8 路外部引脚中断，其中 XNMI 为非可屏蔽中断。通过控制寄存器 XINTnCR 可使能或禁止 8 路中的任何一路，同时可为每一路选择配置为上升沿触发或下降沿触发。寄存器 XINTnCR 的具体信息请查看“C2000 助手”。

10.3.4　PIE 中断向量表

PIE 一共可以支持 96 个中断，每个中断都会有中断服务子程序 ISR，那 CPU 去响应中断时是如何找到对应的中断服务子程序的呢？解决方法是将 DSP 的各个中断服务子程序的地址存储在一片连续的 RAM 空间内，这就是 PIE 中断向量表。F28335 的 PIE 中断向量表是由 256×16 的 RAM 空间组成，如果不使用 PIE 模块，则这个空间也可以作为通用的 RAM 使用。F28335 的 PIE 中断向量表如表 10-10 所示。

表 10-10 PIE 中断向量表

名称	向量 ID	地址	大小（×16 位）	说明	CPU 优先级	PIE 优先级
RESET	0	0x0000 0D00	2	复位中断，总是从 Boot ROM 的 0x003F FFC0 地址获取	1（最高）	—
INT1	1	0x0000 0D02	2	不使用，参考 PIE 组 1	5	—
INT2	2	0x0000 0D04	2	不使用，参考 PIE 组 2	6	—
INT3	3	0x0000 0D06	2	不使用，参考 PIE 组 3	7	—
INT4	4	0x0000 0D08	2	不使用，参考 PIE 组 4	8	—
INT5	5	0x0000 0D0A	2	不使用，参考 PIE 组 5	9	—
INT6	6	0x0000 0D0C	2	不使用，参考 PIE 组 6	10	—
INT7	7	0x0000 0D0E	2	不使用，参考 PIE 组 7	10	—
INT8	8	0x0000 0D10	2	不使用，参考 PIE 组 8	12	—
INT9	9	0x0000 0D12	2	不使用，参考 PIE 组 9	13	—
INT10	10	0x0000 0D14	2	不使用，参考 PIE 组 10	14	—
INT11	11	0x0000 0D16	2	不使用，参考 PIE 组 10	15	—
INT12	12	0x0000 0D18	2	不使用，参考 PIE 组 12	16	—
INT13	13	0x0000 0D1A	2	CPU 定时器 1 或外部中断 13	17	—
INT14	14	0x0000 0D1C	2	CPU 定时器 2	18	—
DLOGINT	15	0x0000 0D1E	2	CPU 数据记录中断	19（最低）	—
RTOSINT	16	0x0000 0D20	2	CPU 实时操作系统中断	4	—
EMUINT	17	0x0000 0D22	2	CPU 仿真中断	2	—
NMI	18	0x0000 0D24	2	外部不可屏蔽中断	3	—
ILLEGAL	19	0x0000 0D26	2	非法中断	—	—
USER1	20	0x0000 0D28	2	用户定义的软中断	—	—
USER2	21	0x0000 0D2A	2	用户定义的软中断	—	—
USER3	22	0x0000 0D2C	2	用户定义的软中断	—	—
USER4	23	0x0000 0D2E	2	用户定义的软中断	—	—
USER5	24	0x0000 0D30	2	用户定义的软中断	—	—
USER6	25	0x0000 0D32	2	用户定义的软中断	—	—
USER7	26	0x0000 0D34	2	用户定义的软中断	—	—
USER8	27	0x0000 0D36	2	用户定义的软中断	—	—
USER9	28	0x0000 0D38	2	用户定义的软中断	—	—
USER10	29	0x0000 0D3A	2	用户定义的软中断	—	—
USER11	30	0x0000 0D3C	2	用户定义的软中断	—	—
USER12	31	0x0000 0D3E	2	用户定义的软中断	—	—

续表

名称	向量 ID	地址	大小（×16 位）	说明	CPU 优先级	PIE 优先级
PIE 组 1 向量，共用 CPU 中断 INT1						
INT1.1	32	0x0000 0D40	2	SEQ1INT(ADC)	5	1(最高)
INT1.2	33	0x0000 0D42	2	SEQ2INT(ADC)	5	2
INT1.3	34	0x0000 0D44	2	保留	5	3
INT1.4	35	0x0000 0D46	2	XINT1	5	4
INT1.5	36	0x0000 0D48	2	XINT2	5	5
INT1.6	37	0x0000 0D4A	2	ADCINT (ADC)	5	6
INT1.7	38	0x0000 0D4C	2	TINT0 (CPU 定时器 0)	5	7
INT1.8	39	0x0000 0D4E	2	WAKEINT (LPM/WD)	5	8(最低)
PIE 组 2 向量，共用 CPU 中断 INT2						
INT2.1	40	0x0000 0D50	2	EPWM1_TZINT(EPWM1)	6	1(最高)
INT2.2	41	0x0000 0D52	2	EPWM2_TZINT(EPWM2)	6	2
INT2.3	42	0x0000 0D54	2	EPWM3_TZINT(EPWM3)	6	3
INT2.4	43	0x0000 0D56	2	EPWM4_TZINT(EPWM4)	6	4
INT2.5	44	0x0000 0D58	2	EPWM5_TZINT(EPWM5)	6	5
INT2.6	45	0x0000 0D5A	2	EPWM6_TZINT(EPWM6)	6	6
INT2.7	46	0x0000 0D5C	2	保留	6	7
INT2.8	47	0x0000 0D5E	2	保留	6	8(最低)
PIE 组 3 向量，共用 CPU 中断 INT3						
INT3.1	48	0x0000 0D60	2	EPWM1_INT(EPWM1)	7	1(最高)
INT3.2	49	0x0000 0D62	2	EPWM2_INT(EPWM2)	7	2
INT3.3	50	0x0000 0D64	2	EPWM3_INT(EPWM3)	7	3
INT3.4	51	0x0000 0D66	2	EPWM4_INT(EPWM4)	7	4
INT3.5	52	0x0000 0D68	2	EPWM5_INT(EPWM5)	7	5
INT3.6	53	0x0000 0D6A	2	EPWM6_INT(EPWM6)	7	6
INT3.7	54	0x0000 0D6C	2	保留	7	7
INT3.8	55	0x0000 0D6E	2	保留	7	8(最低)
PIE 组 4 向量，共用 CPU 中断 INT4						
INT4.1	56	0x0000 0D70	2	ECAP1_INT(ECAP1)	8	1(最高)
INT4.2	57	0x0000 0D72	2	ECAP2_INT(ECAP1)	8	2
INT4.3	58	0x0000 0D74	2	ECAP3_INT(ECAP1)	8	3
INT4.4	59	0x0000 0D76	2	ECAP4_INT(ECAP1)	8	4
INT4.5	60	0x0000 0D78	2	ECAP5_INT(ECAP1)	8	5
INT4.6	61	0x0000 0D7A	2	ECAP6_INT(ECAP1)	8	6
INT4.7	62	0x0000 0D7C	2	保留	8	7
INT4.8	63	0x0000 0D7E	2	保留	8	8(最低)

续表

名称	向量 ID	地址	大小（×16 位）	说明	CPU 优先级	PIE 优先级
PIE 组 5 向量，共用 CPU 中断 INT5						
INT5.1	64	0x0000 0D80	2	EQEP1_INT(EQEP1)	9	1(最高)
INT5.2	65	0x0000 0D82	2	EQEP2_INT(EQEP2)	9	2
INT5.3	66	0x0000 0D84	2	保留	9	3
INT5.4	67	0x0000 0D86	2	保留	9	4
INT5.5	68	0x0000 0D88	2	保留	9	5
INT5.6	69	0x0000 0D8A	2	保留	9	6
INT5.7	70	0x0000 0D8C	2	保留	9	7
INT5.8	71	0x0000 0D8E	2	保留	9	8(最低)
PIE 组 6 向量，共用 CPU 中断 INT6						
INT6.1	72	0x0000 0D90	2	SPIRXINTA (SPI)	10	1(最高)
INT6.2	73	0x0000 0D92	2	SPITXINTA (SPI)	10	2
INT6.3	74	0x0000 0D94	2	MRINTB(McBSP-B)	10	3
INT6.4	75	0x0000 0D96	2	MXINTB(McBSP-B)	10	4
INT6.5	76	0x0000 0D98	2	MRINTA(McBSP-A)	10	5
INT6.6	77	0x0000 0D9A	2	MXINTA(McBSP-A)	10	6
INT6.7	78	0x0000 0D9C	2	保留	10	7
INT6.8	79	0x0000 0D9E	2	保留	10	8(最低)
PIE 组 7 向量，共用 CPU 中断 INT7						
INT7.1	80	0x0000 0DA0	2	DINTCH1(DMA 通道 1)	11	1(最高)
INT7.2	81	0x0000 0DA2	2	DINTCH2(DMA 通道 2)	11	2
INT7.3	82	0x0000 0DA4	2	DINTCH3(DMA 通道 3)	11	3
INT7.4	83	0x0000 0DA6	2	DINTCH4(DMA 通道 4)	11	4
INT7.5	84	0x0000 0DA8	2	DINTCH5(DMA 通道 5)	11	5
INT7.6	85	0x0000 0DAA	2	DINTCH6(DMA 通道 6)	11	6
INT7.7	86	0x0000 0DAC	2	保留	11	7
INT7.8	87	0x0000 0DAE	2	保留	11	8(最低)
PIE 组 8 向量，共用 CPU 中断 INT8						
INT8.1	88	0x0000 0DB0	2	I2CINT1A(I2C-A)	12	1(最高)
INT8.2	89	0x0000 0DB2	2	I2CINT2A(I2C-A)	12	2
INT8.3	90	0x0000 0DB4	2	保留	12	3
INT8.4	91	0x0000 0DB6	2	保留	12	4
INT8.5	92	0x0000 0DB8	2	SCIRXINTC(SCI-C)	12	5
INT8.6	93	0x0000 0DBA	2	SCITXINTC(SCI-C)	12	6
INT8.7	94	0x0000 0DBC	2	保留	12	7
INT8.8	95	0x0000 0DBE	2	保留	12	8(最低)

续表

名称	向量ID	地址	大小（×16位）	说明	CPU优先级	PIE优先级
PIE组9向量，共用CPU中断INT9						
INT9.1	96	0x0000 0DC0	2	SCIRXINTA(SCI-A)	13	1(最高)
INT9.2	97	0x0000 0DC2	2	SCITXINTA(SCI-A)	13	2
INT9.3	98	0x0000 0DC4	2	SCIRXINTB(SCI-B)	13	3
INT9.4	99	0x0000 0DC6	2	SCITXINTB(SCI-B)	13	4
INT9.5	100	0x0000 0DC8	2	ECAN0INTA(eCAN-A)	13	5
INT9.6	101	0x0000 0DCA	2	ECAN1INTA(eCAN-A)	13	6
INT9.7	102	0x0000 0DCC	2	ECAN0INTB(eCAN-B)	13	7
INT9.8	103	0x0000 0DCE	2	ECAN1INTB(eCAN-B)	13	8(最低)
PIE组10向量，共用CPU中断INT10						
INT10.1	104	0x0000 0DD0	2	保留	14	1(最高)
INT10.2	105	0x0000 0DD2	2	保留	14	2
INT10.3	106	0x0000 0DD4	2	保留	14	3
INT10.4	107	0x0000 0DD6	2	保留	14	4
INT10.5	108	0x0000 0DD8	2	保留	14	5
INT10.6	109	0x0000 0DDA	2	保留	14	6
INT10.7	100	0x0000 0DDC	2	保留	14	7
INT10.8	101	0x0000 0DDE	2	保留	14	8(最低)
PIE组10向量，共用CPU中断INT10						
INT10.1	102	0x0000 0DE0	2	保留	15	1(最高)
INT10.2	103	0x0000 0DE2	2	保留	15	2
INT10.3	104	0x0000 0DE4	2	保留	15	3
INT10.4	105	0x0000 0DE6	2	保留	15	4
INT10.5	106	0x0000 0DE7	2	保留	15	5
INT10.6	107	0x0000 0DEA	2	保留	15	6
INT10.7	108	0x0000 0DEC	2	保留	15	7
INT10.8	109	0x0000 0DEE	2	保留	15	8(最低)
PIE组12向量，共用CPU中断INT12						
INT12.1	120	0x0000 0DF0	2	XINT3	16	1(最高)
INT12.2	121	0x0000 0DF2	2	XINT4	16	2
INT12.3	122	0x0000 0DF4	2	XINT5	16	3
INT12.4	123	0x0000 0DF6	2	XINT6	16	4
INT12.5	124	0x0000 0DF8	2	XINT7	16	5
INT12.6	125	0x0000 0DFA	2	保留	16	6
INT12.7	126	0x0000 0DFC	2	LVF(FPU)	16	7
INT12.8	127	0x0000 0DFE	2	LUF(FPU)	16	8(最低)

视频讲解

10.4 F28335的三级中断系统分析

如图10-12所示,F28335的中断采用的是三级中断机制,分别为外设级、PIE级和CPU级。对于某一个具体的外设中断请求,任意一级的不许可,CPU最终都不会响应该外设中断。这就好比一个文件需要三级领导的批示一样,任意一级领导不同意,都不能被送至上一级领导,更不可能得到最终的批复,中断机制的原理也是如此。第9章里介绍了CPU定时器0,也提及了当CPU定时器0完成一个周期的计数后就会产生一个中断信号,也就是CPU定时器0的周期中断。接下来,以CPU定时器0的周期中断为例来探讨F28335的三级中断系统。

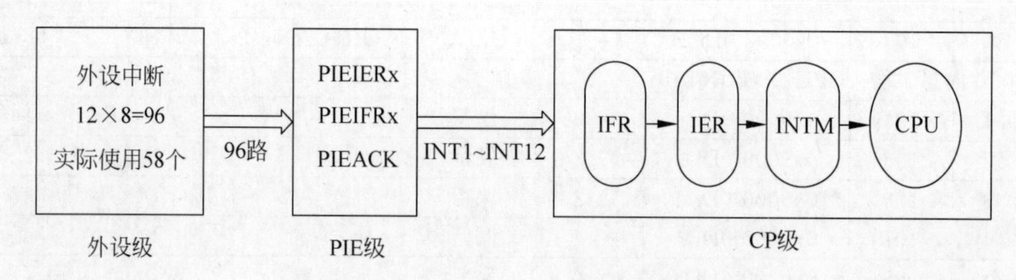

图10-12 F28335的三级中断机制

1. 外设级

假如在程序执行的过程中,某一个外设产生了一个中断事件,那么在这个外设的某个寄存器中与该中断事件相关的中断标志位(IF=Interrupt Flag)被置为1。此时,如果该中断相应的中断使能位(IE=Interrupt Enable)已经被置位,也就是值为1,那么该外设就会向PIE控制器发出一个中断请求。相反,如果虽然中断事件已经发生了,相应的中断标志位也被置位了,但是该中断没有被使能,也就是中断使能位的值为0,那么外设就不会向PIE控制器提出中断请求。值得一提的是,这时虽然外设不会向PIE控制器提出中断请求,但是相应的中断标志位会一直保持置位状态,直到用程序将其清除。当然,在中断标志位保持置位状态的时候,一旦该中断被使能了,那么外设会立即向PIE发出中断请求。

下面结合具体的T0INT进行进一步的说明。当CPU定时器0的计数器寄存器TIMH:TIM计数到0时,就产生了一个T0INT事件,即CPU定时器0的周期中断。此时CPU定时器0的控制寄存器TIMER0TCR的第15位定时器中断标志TIF被置为1。如果TIMER0TCR的第14位,也就是定时器中断使能位TIE是1,则CPU定时器0就会向PIE控制器发出中断请求;如果TIE的值是0,也就是该中断未被使能,则CPU定时器0不会向PIE发出中断请求,而中断标志位TIF将一直保持为1,除非通过程序将其清除。需要注意的是,不管在什么情况下,外设寄存器中的中断标志位都必须手工清除(CI、SPI除外,讲解到具体内容时会做介绍)。

例如,清除CPU定时器0中断标志位TIF的语句如下:

```
CpuTimer0Regs.TCR.bit.TIF = 1;                    //清除定时器中断标志位
```

看了上面的语句，是否会有疑问，不是说清除中断标志位么？这个语句却明明是对 TIF 位写 1 呀？其实，在对 F28335 的编程中，很多时候都是通过对寄存器的位写 1 来清除该位的。写 0 是无效的，只有写 1 才能将该标志位复位，在应用的时候请查阅各个寄存器位的具体说明。

接下来总结一下在外设级需要在编程时手动的情况：

- 外设中断的使能，需要将与该中断相关的外设寄存器中的中断使能位置 1；
- 外设中断的屏蔽，需要将与该中断相关的外设寄存器中的中断使能位清 0；
- 外设中断标志位的清除，需要将与该中断相关的外设寄存器中的中断标志位置 1。

2. PIE 级

当外设产生中断事件，相关中断标志位置位，中断使能位使能之后，外设就会把中断请求提交给 PIE 控制器。前面已经讲过，PIE 控制器将 96 个外设和外部引脚的中断进行了分组，每 8 个中断为 1 组，一共是 12 组，分别是 PIE1～PIE12。每个组的中断被多路汇集进入了 1 个 CPU 中断，例如 SEQ1INT、SEQ2INT、XINT1、XINT2、ADCINT、TINT0、WAKEINT 这 7 个中断都在 PIE1 组内，这些中断也都汇集到了 CPU 中断的 INT1；同样，PIE2 组的中断都被汇集到了 CPU 中断的 INT2；……；PIE12 组的中断都被汇集到了 CPU 中断的 INT12。

和外设级类似，PIE 控制器中的每一个组都会有一个中断标志寄存器 PIEIFRx 和一个中断使能寄存器 PIEIERx，x=1,2,…,12。每个寄存器的低 8 位对应于 8 个外设中断，高 8 位保留。这些寄存器在前面的 PIE 中断寄存器部分已经介绍过，例如 CPU 定时器 0 的周期中断 T0INT 对应 PIEIFR1 的第 7 位和 PIEIER1 的第 7 位。

由于 PIE 控制器是多路复用的，每一组内有许多不同的外设中断共同使用一个 CPU 中断，但是每一组在同一个时间内只能有一个中断被响应，那么 PIE 控制器是如何实现的呢？首先，PIE 组内的各个中断也是有优先级的，位置在前面的中断的优先级比位置在后面的中断的优先级高，这样，如果同时有多个中断提出请求，PIE 先处理优先级高的，后处理优先级低的。同时，PIE 控制器除了每组有 PIEIFR 和 PIEIER 寄存器之外，还有一个 PIE 中断应答寄存器 PIEACK，如图 10-10 所示，它的低 12 位分别对应着 12 个组，即 PIE1～PIE12，也就是 INT1～INT12，高位保留。这些位的状态就表示了 PIE 是否准备好了去响应这些组内的中断。比如 CPU 定时器 0 的周期中断被响应了，则 PIEACK 的第 0 位(对应 PIE1，即 INT1)就会被置位，并且一直保持直到手动清除这个标志位。当 CPU 在响应 T0INT 时，PIEACK 的第 0 位一直是 1，这时如果 PIE1 组内发生了其他的外设中断，则暂时不会被 PIE 控制器响应并发送给 CPU，必须等到 PIEACK 的第 0 位被复位之后，如果该中断请求还存在，那么 PIE 控制器会立刻把中断请求发送给 CPU。所以，每个外设中断被响应之后，一定要对 PIEACK 的相关位进行手动复位，以使得 PIE 控制器能够响应同组内的其他中断。清除 PIEACK 中与 T0INT 相关的应答位的语句如下所示：

```
PieCtrl.PIEACK.bit.ACK1 = 1;                    //响应 PIE 组 1 内的其他中断
```

因此,当外设中断向 PIE 提出中断请求之后,PIE 中断标志寄存器 PIEIFRx 的相关标志位被置位,这时候如果相应的 PIEIERx 相关的中断使能位被置位,PIEACK 相应位的值为 0,PIE 控制器便会将该外设中断请求提交给 CPU;如果相应的 PIEIERx 相关的中断使能位没有被置位,就是没有被使能,或者 PIEACK 相应位的值为 1,就是 PIE 控制器正在处理同组的其他中断,PIE 控制器都暂时不会响应外设的中断请求。

通过上面的分析,在 PIE 级需要编程时手动处理的地方有:

- PIE 中断的使能。需要使能某个外设中断,就得将其相应组的使能寄存器 PIEIERx 的相应位进行置位。
- PIE 中断的屏蔽。这是和使能相反的操作。
- PIE 应答寄存器 PIEACK 相关位的清除,以使得 CPU 能够响应同组内的其他中断。

将 PIE 级的中断和外设级的中断相比较之后发现,外设中断的中断标志位是需要手工清除的,而 PIE 级的中断标志位都是自动置位或者是清除的。但是 PIE 级多了一个 PIEACK 寄存器,它相当于一个关卡,同一时间只能放一个中断过去,只有等到这个中断被响应完成之后,再给关卡一个放行命令之后,才能让同组的下一个中断过去,被 CPU 响应。

3. CPU 级

和前面两级类似,CPU 级也有中断标志寄存器 IFR 和中断使能寄存器 IER。当某一个外设中断请求通过 PIE 发送到 CPU 时,CPU 中断标志寄存器 IFR 中相对应的中断标志位 INTx 就会被置位。例如,当 CPU 定时器 0 的周期中断 T0INT 发送到 CPU 时,IFR 的第 0 位 INT1 就会被置位,然后该状态就会被锁存在寄存器 IFR 中。这时 CPU 不会马上去执行相应的中断,而是检查 IER 寄存器中相关位的使能情况和 CPU 寄存器 ST1 中全局中断屏蔽位 INTM 的使能情况。如果 IER 中的相关位被置位了,并且 INTM 的值为 0,则中断就会被 CPU 响应。在 CPU 定时器 0 的周期中断的例子里,当 IER 的第 0 位 INT1 被置位,INTM 的值为 0,则 CPU 就会响应定时器 0 的周期中断 T0INT。

CPU 接到了中断请求,并发现可以去响应的时候,就会暂停正在执行的程序,转而去响应中断程序,但是此时,它必须做一些准备工作,以便执行完中断程序之后回过头来还能找到原来的地方和原来的状态。CPU 会将相应的 IFR 位进行清除,EALLOW 也被清除,INTM 被置位,就是不能响应其他中断了,等于 CPU 向其他中断发出了通知,现在正在忙,没有时间处理别的请求了,要等到处理完手上的中断之后才能再来处理。然后,CPU 会存储返回地址并自动保存相关的信息,例如,将正在处理的数据放入堆栈等等,做好这些准备工作之后,CPU 会从 PIE 向量表中取出对应的中断向量 ISR,从而转去执行中断服务子程序。

可以看到,CPU 级中断标志位的置位和清除都是自动完成的。图 10-13 很形象地表示了 F28335 的三级中断,能够帮助大家更好地理解这部分内容,可以结合此图反复对照琢磨。

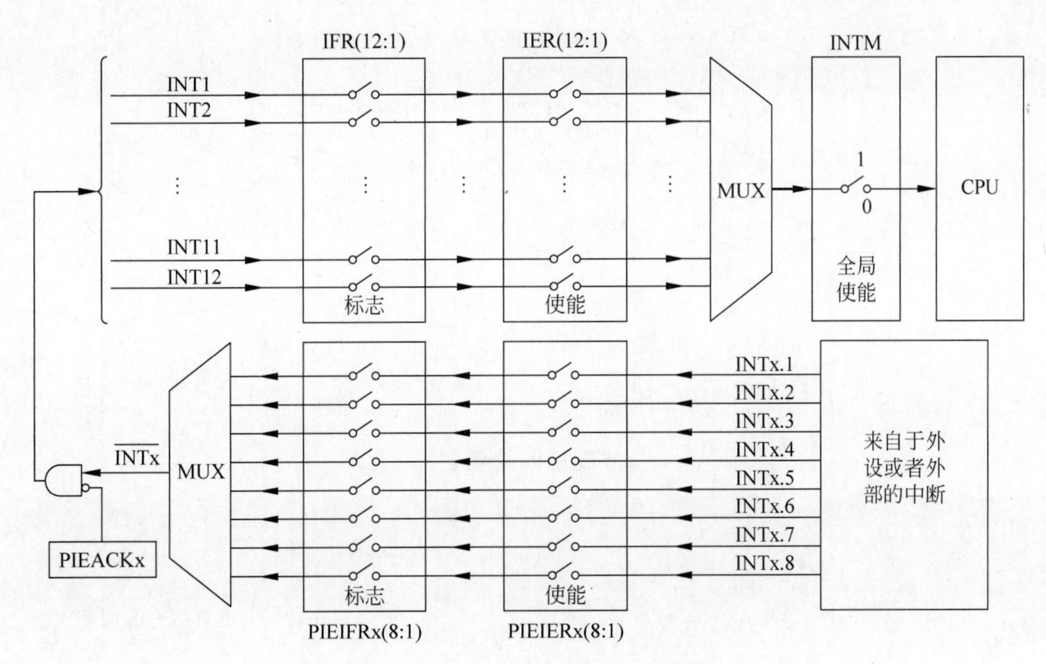

图 10-13　F28335 中断的工作过程

10.5　成功实现中断的必要步骤

对于刚刚使用 DSP 的用户可能会常常遇到中断无法进入的问题，这确实是一件非常郁闷的事情。接下来，将详细介绍怎样编写中断程序才能够顺利进入中断，这部分内容可能需要大家在实际使用的时候才能够有所体会，因为毕竟“绝知此事需躬行”。

先来看看本书配套的编程素材文件夹内一些在建立工程时需要使用的文件，也是推荐的工程结构所需的文件。首先来看看 DSP2833x_Piectrl.h，这一个文件定义了 PIE 寄存器的数据结构，如果对照书中所介绍的相关寄存器的定义，可以发现两者是一样的。然后看看 DSP2833x_PieVect.h，这个头文件定义了 PIE 的中断向量。接下来看源文件。DSP2833x_PieCtrl.c 文件中只有一个函数——InitPieCtrl()，其作用是对 PIE 控制器进行初始化的，例如在程序开始的时候使能某些外设中断。DSP2833x_PieVect.c 文件用于对 PIE 中断向量表进行初始化。执行完这个程序后，各个中断函数就有了明确的入口地址，这样 CPU 执行起来也方便了。最后，需要关注 DSP2833x_DefaultIsr.c 这个文件，大家或许会惊讶地发现，F28335 所有的与外设相关的中断函数都已经在这个文件里预定义好了，在编写中断函数的时候，只需将具体的函数内容写进去就可以了。图 10-14 是 ADC 中断函数。

除了采用上述的文件结构外，接下来介绍具体的写法，以保证中断能够成功进入。仍然以 CPU 定时器 0 的周期中断 T0INT 为例。其实编写一个成功的中断并不难，书写时请按照下面的步骤进行：

```
interrupt void  ADCINT_ISR(void)       // ADC中断函数
{
   // 在这里插入中断函数的代码

   // 注意退出中断函数时需要先释放PIE, 使得PIE能够响应同组其他中断
   // PieCtrl.PIEACK.all=PIEACK_GROUP1;

   // 下面两行只是为了编译而写的，插入代码后请将其删除

   // 中断函数代码
     asm ("      ESTOP0");
     for(;;);

   // 返回；
}
```

图 10-14 DSP2833x_Default.c 文件中的 ADC 中断函数

(1) 在外设初始化函数中使能外设中断。

外设初始化函数

```
void InitCpuTimers(void)
{
    …
    CpuTimer0Regs.TCR.bit.TIE = 1;                    //使能 CPU 定时器 0 的周期中断
    …
}
```

(2) 在主函数里需要注意一些步骤,不可缺少,主要是初始化外设,使能 PIE 和 CPU 中断等。

主函数中的处理

```
void main(void)
{
 ...
 //初始化 CPU 定时器 0
 InitCpuTimers();
//禁止和清除所有 CPU 中断
  DINT;
  IER = 0x0000;
  IFR = 0x0000;
//初始化中断向量
  InitPieCtrl();
//初始化中断向量表
  InitPieVectTable();
//使能 PIE 中断
PieCtrl.PIEIER1.bit.INTx7  = 1;               //使能 PIE 模块中的 CPU 定时器 0 的中断
//开 CPU 中断
  IER | = M_INT1;                             //开中断 1
EINT;                                         //使能全局中断
 ERTM;                                        //使能实时中断
}
```

这里分析开 CPU 中断的语句："IER |=M_INT1"。为什么这个语句表示开 CPU 中断 1 呢？首先，M_INT1 的值为 0x0001，这是在 DSP2833x_Device.h 文件内定义的。这样，"IER |=M_INT1"就等于是"IER|=0x0001"，也就等于"IER=IER|0x0001"。也就是 IER 的最低位与 1 进行或运算，然后把结果赋给 IER 的最低位，显然这样一运算之后，IER 的最低位变成了 1。IER 的最低位代表的就是 CPU 中断 1 的使能位，现在这个位的值为 1，也就是说使能了 CPU 中断 1。

(3) 在文件 DSP2833x_DefaultIsr.c 的中断函数中，必须要手动清除外设中断的标志位和复位 PIE 应答寄存器 PIEACK 相关的位，使得 CPU 能够响应 PIE 控制器同组内的其他中断。

中断函数的处理

```
interrupt void TINT0_ISR(void)                //CPU - Timer0 中断函数
{
    …
    CpuTimer0Regs.TCR.bit.TIF = 1;            //清除定时器中断标志位
    PieCtrl.PIEACK.bit.ACK1 = 1;              //响应同组其他中断
    EINT;                                     //开全局中断
}
```

如果按照上述的方法来编写中断程序，一般是不会出错的。当然，万一出现了中断无法进入的时候，也不用着急，一定要学会分析，通过分析找到问题，然后加以解决。首先，应该检查上述的一些程序处理，是不是有疏忽弄错的地方；其次要分析是不是有中断源，就是中断事件是不是确实发生了，如果中断事件都没有发生，那么也就不可能进入中断程序。

前面介绍的是使用 TI 已经提供的文件架构来实现的中断函数，当然也可以自定义中断函数，如何自定义中断函数详见下面的例程。

10.6　使用 CPU 定时器 0 的周期中断控制 LED 灯的闪烁

视频讲解

第 9 章中由于还没有介绍中断的知识，所以也没有讲 CPU 定时器的应用实例，现在来看看如何使用 CPU 定时器 0 的周期中断来控制 LED 灯的闪烁。其硬件电路图比较简单，如图 10-15 所示。

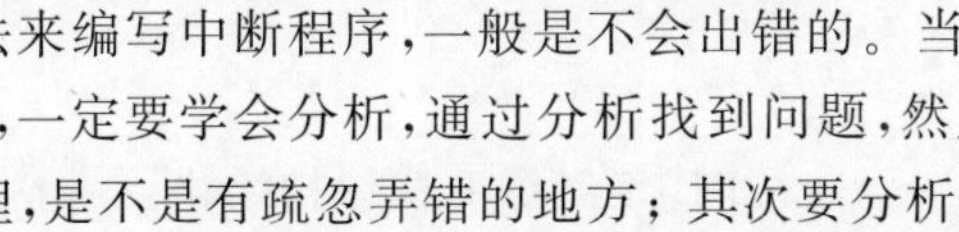

PWMA1/GPIO0　R9X　470　LED　GND

图 10-15　GPIO 引脚驱动 LED 灯

从图 10-15 不难看出，当引脚 GPIO0 为高电平时，LED 灯点亮；当引脚 GPIO0 为低电平时，LED 灯熄灭。

CPU 定时器 0 在完成一个周期的计数之后，会产生一个周期中断。设置 CPU 定时器 0

的周期为1s,这样每隔1s时间就会进入一次周期中断,然后在中断函数中改变GPIO引脚的电平,这样就能实现每隔1s LED灯闪烁一次的功能。此实验的例程在配套资源的project example文件夹内。

使用CPU定时器0的周期中断控制LED灯闪烁实验的参考程序见程序清单10-1。

程序清单10-1 CPU定时器0的周期中断控制LED灯闪烁实验的参考程序CpuTimer0.pjt

GPIO模块初始化

```
#include "DSP2833x_Device.h"                    //包含头文件
#include "DSP2833x_Examples.h"
void InitGpio(void)
{
    asm(" EALLOW");                             //对寄存器访问进行保护
    GpioCtrlRegs.GPACTRL.all = 0x00000000;
    GpioCtrlRegs.GPAQSEL1.all = 0x00000000;
    GpioCtrlRegs.GPAQSEL2.all = 0x00000000;
    GpioCtrlRegs.GPADIR.all = 0xFFFFFFFF;
    GpioCtrlRegs.GPAPUD.all = 0x00000000;
    GpioCtrlRegs.GPAMUX1.bit.GPIO0 = 0;
    asm(" EDIS");                               //与EALLOW成对出现,去掉对寄存器访问的保护
}
```

CPU定时器0模块初始化

```
#include "DSP2833x_Device.h"                   //包含头文件
#include "DSP2833x_Examples.h"

struct CPUTIMER_VARS CpuTimer0;
struct CPUTIMER_VARS CpuTimer1;
struct CPUTIMER_VARS CpuTimer2;
void InitCpuTimers(void)

{
    CpuTimer0.RegsAddr = &CpuTimer0Regs;   //使得CpuTimer0.RegsAddr指向定时器寄存器
    CpuTimer0Regs.PRD.all = 0xFFFFFFFF;    //初始化CpuTimer0的周期寄存器
    CpuTimer0Regs.TPR.all = 0;             //初始化定时器预定标计数器
    CpuTimer0Regs.TPRH.all = 0;
    CpuTimer0Regs.TCR.bit.TSS = 1;         //停止定时器
    CpuTimer0Regs.TCR.bit.TRB = 1;         //将周期寄存器PRD中的值装入计数器寄存器TIM中
    CpuTimer0.InterruptCount = 0;          //初始化定时器中断计数器
}

/*********************************************************************
*名    称:ConfigCpuTimer()
*功    能:此函数将使用Freq和Period两个参数来对CPU定时器进行配置.Freq以MHz
```

```
*        为单位,Period以μs作为单位
* 入口参数:* Timer(指定的定时器),Freq,Period
* 出口参数:无
*****************************************************************************/

void ConfigCpuTimer(struct CPUTIMER_VARS *Timer, float Freq, float Period)
{
    Uint32 temp;
    Timer->CPUFreqInMHz = Freq;
    Timer->PeriodInUSec = Period;
    temp = (long) (Freq * Period);
    Timer->RegsAddr->PRD.all = temp;          //给定时器周期寄存器赋值
    Timer->RegsAddr->TPR.all = 0;             //给定时器预定标寄存器赋值
    Timer->RegsAddr->TPRH.all = 0;

    //初始化定时器控制寄存器:
    Timer->RegsAddr->TCR.bit.TIF = 1;         //清除中断标志位
    Timer->RegsAddr->TCR.bit.TSS = 1;         //停止定时器
    Timer->RegsAddr->TCR.bit.TRB = 1;         //定时器重装,将定时器周期寄存器的值装入定
                                              //时器计数器寄存器
    Timer->RegsAddr->TCR.bit.SOFT = 1;
    Timer->RegsAddr->TCR.bit.FREE = 1;
    Timer->RegsAddr->TCR.bit.TIE = 1;         //使能定时器中断
    Timer->InterruptCount = 0;                //初始化定时器中断计数器
}
```

主函数模块

```
#include "DSP2833x_Device.h"                  //包含头文件
#include "DSP2833x_Examples.h"

//此实验的功能是通过定时器0的周期中断,每隔1s,控制LED灯闪烁
interrupt void ISRTimer0(void);               //定时器0的周期中断函数

void main(void)
{
//第一步,初始化系统控制、锁相环、看门狗、外设时钟等
//此函数位于DSP2833x_SysCtrl.c中
   InitSysCtrl();

//第二步,初始化GPIO:
//此函数位于DSP2833x_Gpio.c中
   InitGpio();

//第三步,禁止CPU中断
```

```
    DINT;

//初始化 PIE 控制寄存器到默认状态:禁止所有 PIE 中断,清除所有标志位
//此函数位于 DSP2833x_PieCtrl.c 中
    InitPieCtrl();
    IER = 0x0000;
    IFR = 0x0000;

//使能 PIE 中断向量表
//此函数位于 DSP2833x_PieVect.c 中
    InitPieVectTable();
    EALLOW;
    PieVectTable.TINT0 = &ISRTimer0;  //将自定义的中断函数地址赋给 CPU 定时器 0 的中断向量
    EDIS;

//第四步,初始化外设,此函数位于 DSP2833x_CpuTimers.c 中
    InitCpuTimers();                  //本例子只需初始化 Cpu Timers

//配置 CPU 定时器 0 的周期为 1,定时器时钟频率为 150MHz
    ConfigCpuTimer(&CpuTimer0, 150, 1000000);
    StartCpuTimer0();                 //启动 CPU 定时器 0

//使能 CPU 定时器 0 的 CPU 中断
    IER |= M_INT1;

//使能 CPU 定时器 0 周期中断 TINT0 对应的 PIE 中断,位于第一组第 7 个
PieCtrlRegs.PIEIER1.bit.INTx7 = 1;

//使能全局中断和全局实时中断
     EINT;                            //使能全局中断
     ERTM;                            //使能全局实时中断
     GpioDataRegs.GPADAT.bit.GPIO0 = 0; //LED 灯的初始状态为熄灭
     for(; ;)
     {
     }
}

interrupt void ISRTimer0(void)        //CPU 定时器 0 的中断函数
{
     GpioDataRegs.GPADAT.bit.GPIO0 = ~GpioDataRegs.GPADAT.bit.GPIO0;
     //确认此中断以能够响应同组其他中断
     PieCtrlRegs.PIEACK.all = PIEACK_GROUP1;
     CpuTimer0Regs.TCR.bit.TIF = 1;
     CpuTimer0Regs.TCR.bit.TRB = 1;
}
```

本章首先从上至下详细介绍了 F28335 的 CPU 中断、PIE 中断、中断向量表等内容；其次又从下至上详细分析了 F28335 DSP 的三级中断系统，了解了在 DSP 中是如何从外设产生中断事件到 PIE 控制器再到 CPU 响应中断事件的整个过程，并详细介绍了成功进入 DSP 中断必需的一些步骤；最后介绍了如何使用 CPU 定时器 0 的周期中断来控制 LED 灯的周期性闪烁。第 11 章将详细介绍 F28335 的模数转换器 ADC。

习题

10-1　F28335 的中断系统分为哪 3 级？

10-2　如果中断 TINT0、ADCINT 和 ECAP_INT 同时向 CPU 提出中断请求，CPU 会如何响应？为什么？

10-3　为了能够成功实现中断，需要注意哪些步骤？

第 11 章

模数转换器 ADC

在现实世界中，许多量都是模拟量，例如电压、电流、温度、湿度、压力等信号，而在 DSP 等微控制器的世界中，所有的量都是数字量，那么如何实现将现实世界的模拟量提供给 DSP 等微控制器呢？模数转换器 ADC 模块就是连接现实世界和微控制器的桥梁，它可以将现实世界的模拟量转换成数字量，提供给控制器使用。本章将详细介绍 F28335 内部自带 ADC 模块的性能、特点及其工作方式。

11.1 F28335 内部的 ADC 模块

F28335 内部的 ADC 模块是一个 12 位分辨率的、具有流水线结构的模数转换器，其结构框图如图 11-1 所示。从图 11-1 可以看到，F28335 的 ADC 模块一共具有 16 个采样通道，分成了两组：一组为 ADCINA0～ADCINA7，另一组为 ADCINB0～ADCINB7。A 组的通道使用采样保持器 A，也就是图中的 S/H-A；B 组的通道使用采样保持器 B，也就是图中的 S/H-B。

虽然 ADC 模块具有多个输入通道，但是它内部只有一个转换器，也就是说，同一时刻只能对一路输入信号进行转换。当有多路信号需要转换时，ADC 模块通过前端模拟多路复用器 Analog MUX 的控制，在同一时刻，只允许让一路信号输入至 ADC 的转换器中。

如图 11-2 所示，假设现在对 ADCINA0、ADCINA2、ADCINA3、ADCINA5 这 4 路输入信号进行 AD 转换，转换的顺序为 ADCINA0、ADCINA3、ADCINA2、ADCINA5，则第一次 Analog MUX 中 ADCINA0 通道的开关闭合，ADCINA0 信号输入至转换器中，转换的结果存放于结果寄存器 ADCRESULT0 中；第二次 Analog MUX 中 ADCINA3 通道的开关闭合，ADCINA3 信号输入至转换器中，转换的结果存放于结果寄存器 ADCRESULT1 中；第三次 Analog MUX 中 ADCINA2 通道的开关闭合，ADCINA2 信号输入至转换器中，转换的结果存放于结果寄存器 ADCRESULT2 中；第四次 Analog MUX 中 ADCINA5 通道的开关闭合，ADCINA5 信号输入至转换器中，转换的结果存放于结果寄存器 ADCRESULT3 中；至此，便完成了一个序列的转换。可见，同一时刻，ADC 模块只能对一个通道的信号进行转换。

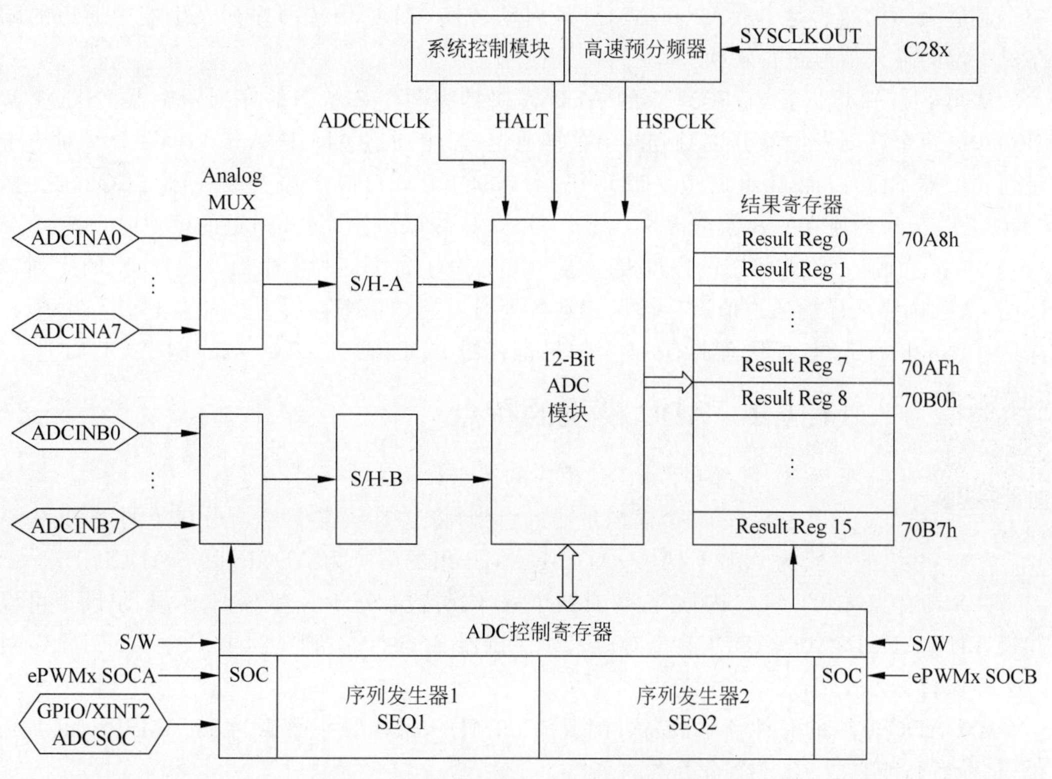

图 11-1 F28335 内部 ADC 模块的结构框图

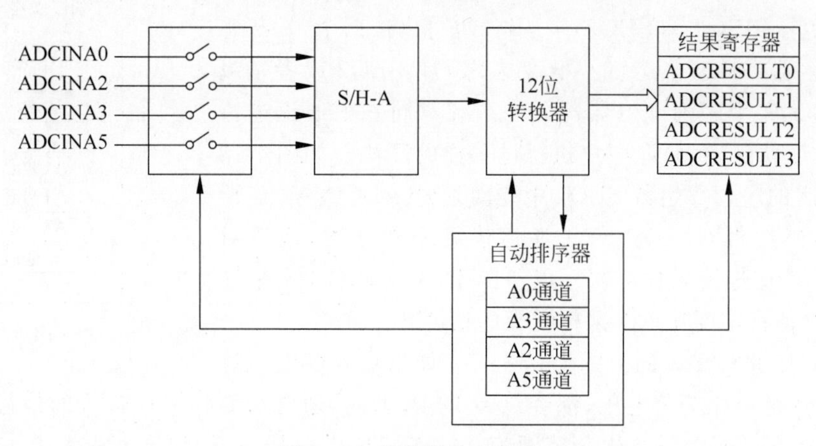

图 11-2 多路转换示意图

上面的例子中是对 4 个通道进行采样并转换，转换的顺序为 A0、A3、A2、A5，那么 ADC 模块是如何来实现预定的转换顺序的呢？换句话说，如何才能让 ADC 按照用户指定的顺序对各个通道进行采样并转换呢？如图 11-2 所示，ADC 模块内部具有自动序列发生器，用户可以通过编程为序列发生器指定需要转换的通道顺序，例如这里，序列发生器中第一个通道为A0,然后是A3、A2和A5,一旦启动转换,ADC便按照序列发生器中通道的顺序对指定的输入信号进行转换。

从图11-1中可以看到,F28335的ADC模块具有两个8状态的序列发生器:SEQ1和SEQ2,这两个序列发生器分别对应两组采样通道,A组通道ADCINA0～ADCINA7对应于序列发生器SEQ1,而B组通道ADCINB0～ADCINB7对应于序列发生器SEQ2,此时,ADC工作于两个独立的8通道模块之上。当ADC级联成一个16通道的模块时,SEQ1和SEQ2也级联成一个16状态的序列发生器SEQ。对于每个序列发生器,一旦指定的序列转换结束,已选择采样的通道值就会被保存到各个通道的结果寄存器中。对应16个信号输入通道,F28335的ADC模块总共有16个结果寄存器ADCRESULT0～ADCRESULT15。

视频讲解

11.1.1 ADC模块的特点

F28335内部自带ADC模块的特点如下:

(1) 一共有16个模拟量输入引脚,将这16个输入引脚分成了两组,其中A组的引脚为ADCINA0～ADCINA7,B组的引脚为ADCINB0～ADCINB7。

(2) 具有12位的ADC内核,内置有两个采样保持器S/H-A和S/H-B,从图11-1可以知道,引脚ADCINA0～ADCINA7对应采样保持器S/H-A,引脚ADCINB0～ADCINB7对应采样保持器S/H-B。

(3) ADC模块的时钟频率最高可配置为25MHz,采样频率最高为12.5MSPS,也就是说,每秒最高能完成12.5个百万次的采样。

(4) ADC模块的自动序列发生器可以按两个独立的8状态序列发生器(SEQ1和SEQ2)来运行,也可以按一个16状态的序列发生器(SEQ)来运行。不管是SEQ1、SEQ2或者是级联后的SEQ,每个序列发生器都允许系统对同一个通道进行多次采样,也就是说,允许用户执行过采样的算法。如图11-3所示,8状态的序列发生器SEQ1中先对通道ADCINA0连续采样3次,然后再对ADCINA1通道连续采样3次,最后对ADCINA2通道连续采样2次。以ADCINA0为例,3次采样结果的平均值肯定要比单次采样结果的精度高。

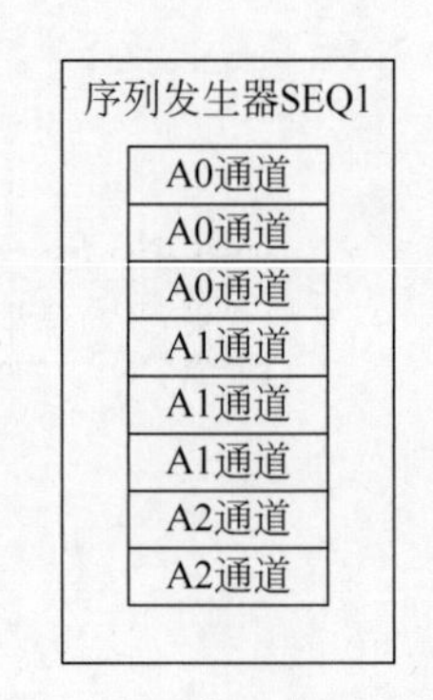

图11-3 自动序列发生器SEQ1

(5) ADC采样输入的范围为0～3V。如果输入的电压过高,或者输入的电压为负电压,都会烧毁DSP,因此,通常需要将采样输入的信号先经过调理电路进行调整,使其输入电压范围为0～3V。这里解释一下,如果电压大于3V,ADC不会立即烧坏,只有当电压大于4V时,DSP才会烧坏,但是电压高于3V时,采样得到的结果始终是3V,这样的结果已经没有意义。如果输入的电压值范围为0～X,X大于3V,则可以通过分压电路,使得输入电压的最大值小于3V,或者输入的电压范围为－X～Y,则可以将电压整体抬高X,使其电压范围变为0～(X＋Y),然后再通过其他的方式,使得电压最大值小于3V。如果将调整前的信号称为原始信号,而将调整后的信号称为调整信号,DSP采样得到的是调整信号的值，但是最后可以在DSP程序中通过原始信号和调整信号的关系来还原原始输入信号的值。下面介绍一个常用的信号调理电路，可以将－5～5V的信号变换到0～3V，从而满足采样输入的要求，如图11-4所示。

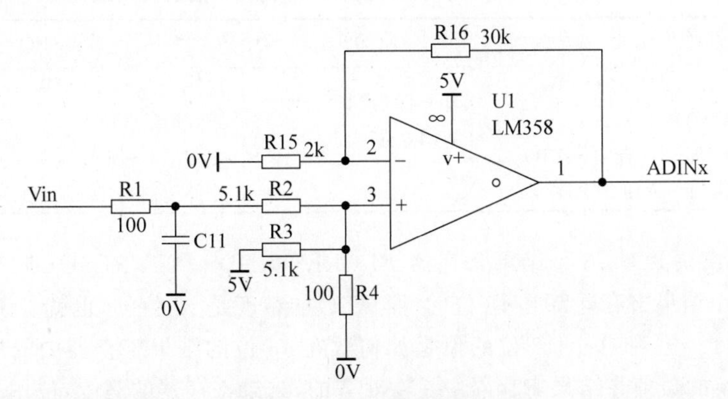

图11-4　信号调理电路

为了保险起见，在AD端口最好加一个如图11-5所示的钳位电路。图中采用了一个双二极管，比如英飞凌公司的BAT68-04。当输入电压超过3.3V时，二极管D1导通，ADC输入引脚上的电平变为3.3V；当输入电压为负电压时，二极管D2导通，ADC输入引脚上的电平变为0，因此这个电路能够将ADC输出引脚上的电平稳定在0～3.3V，从而保护了AD输入端口。不是说AD端口的输入电压是0～3V，为何图11-5中设计的高电压是3.3V呢？这是从工程设计的实际情况出发的，选择最容易获得的并且接近的电压，因为DSP的工作电压中有3.3V，所以选择3.3V。

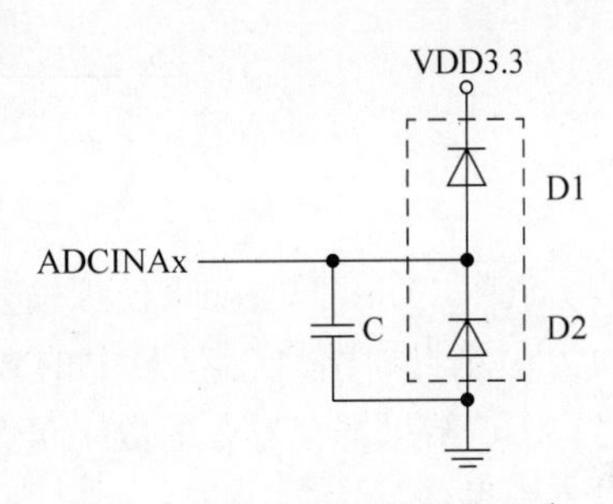

图11-5　ADC端口的钳位电路

连接到ADCINx引脚的输入信号要尽可能远离数字电路信号线，ADC模块的供电电源与数字电源隔离开，避免数字电源的高频干扰，ADC的参考电压是影响AD转换精度的一个重要因素，因此需要注意ADC参考源的电压纹波处理。F28335的ADC参考电源选择和F2812的有所不同，F2812只能使用内部参考电压，而F28335可以通过寄存器来选择使用内部参考电压还是外部参考电压。

(6) ADC对一个序列的通道进行转换需要有一个启动信号，或者说是一个触发信号。当启动信号到来时，相应的序列发生器就开始对其内部预先指定的通道进行转换。当ADC工作于独立的8状态序列发生器SEQ1、SEQ2模式，和工作于一个级联的16状态序列发生器模式时，启动AD转换的方式稍有不同，具体如表11-1所示。软件立即启动，是指通过程序对ADC控制寄存器ADCTRL2的第11位，即SOC SEQ1位置1，来立即启动AD转换。外部引脚启动方式是指当引脚XINT2_ADCSOC从低电平转为高电平的时候，启动AD转换，当然首先需要将该引脚设置为功能引脚，而不是通用的数字I/O口。还有一种是通过

ePWM 模块启动 AD 转换。从表 11-1 可以看出，序列发生器 SEQ 的启动方式其实就是综合了序列发生器 SEQ1 和 SEQ2 的启动方式。

表 11-1　SEQ1、SEQ2 和级联 SEQ 的有效启动方式

序列发生器	SEQ1	SEQ2	SEQ
启动方式	软件立即启动(S/W) ePWMx SOCA 外部引脚(GPIO/XINT2_ADCSOC)	软件立即启动(S/W) ePWMx SOCB	软件立即启动(S/W) ePWMx SOCA ePWMx SOCB 外部引脚(GPIO/XINT2_ADCSOC)

(7) ADC 模块共有 16 个结果寄存器 ADCRESULT0～ADCRESULT15，用来保存转换的数值。每个结果寄存器都是 16 位的，而 ADC 的精度是 12 位的，也就是说，转换后的数字值最高只有 12 位，那这个 12 位的值是如何放在 16 位的结果寄存器中的呢？如图 11-6 所示，ADC 转换的数值在结果寄存器中是左对齐的，结果寄存器的高 12 位用于存放转换结果，而低 4 位被忽略。接下来，一起来推导输入的模拟量和转换后的数字量之间的关系。

15 ~ 4	3			0
D11~D0	×	×	×	×

图 11-6　ADC 的结果寄存器

从图 11-6 可知，如果模拟输入电压为 3V，ADC 结果寄存器的高 12 位均为 1，而低 4 位均为 0，则此时结果寄存器中的数字量是 0xFFF0，也就是 65520。当模拟输入电压为 0V 时，ADC 结果寄存器中的数字量为 0，由于 ADC 转换的特性为线性关系，如图 11-7 所示，所以不难得到：

$$\mathrm{ADResult}=\frac{\mathrm{VoltInput}-\mathrm{ADCLO}}{3.0}\times 65520 \tag{11-1}$$

式中，ADResult 是结果寄存器中的数字量，VoltInput 是模拟电压输入值，ADCLO 是 ADC 转换的参考电平，实际使用时，通常将其与 AGND 连在一起，因此此时 ADCLO 的值为 0。

还有一种关系表达式，其结果是一样的，只是表达的方法不一样。由于 ADC 结果寄存器中的数字量位于高 12 位，低 4 位是无效的，那是不是可以将 ADResult 中的值先右移 4 位，然后再进行计算？同样，当输入的电压为 3V 时，ADResult 右移 4 位后，值为 0x0FFF，也就是 4095。当输入的电压为 0V 时，结果寄存器的值依然为 0。根据图 11-7 所示的线性转换关系，有：

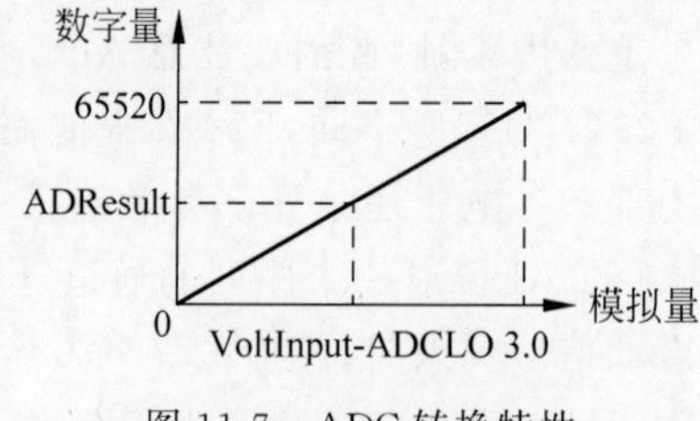

图 11-7　ADC 转换特性

$$(\mathrm{ADResult}\gg 4)=\frac{\mathrm{VoltInput}-\mathrm{ADCLO}}{3.0}\times 4095 \tag{11-2}$$

在实际应用中，通常都是通过读取 ADC 结果寄存器中的值，然后求得实际输入的模拟电压值。

11.1.2　ADC的时钟频率和采样频率

图11-8显示了驱动ADC模块的时钟和采样脉冲的时钟。

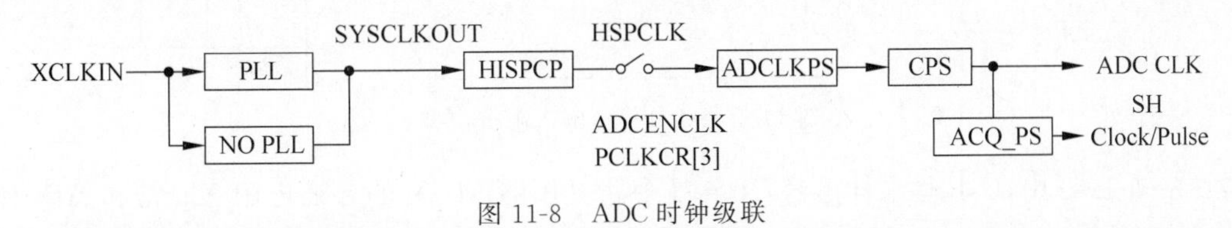

图11-8　ADC时钟级联

下面来详细分析ADC模块的时钟ADCLK。图11-8中的XCLKIN是指外部输入的时钟，这里也就是外部晶振所产生的时钟。假设外部晶振的频率为OSCCLK Hz，通过前面的介绍可以知道，通常选用的是30M的晶振。外部晶振经过PLL模块产生CPU时钟SYSCLKOUT，如果PLL模块的值为m，则有：

$$\begin{cases} SYSCLKOUT=\dfrac{OSCCLK\times m}{2}(m!=0) \\ SYSCLKOUT=OSCCLK(m=0) \end{cases} \tag{11-3}$$

然后，CPU时钟信号经过高速时钟预定标器HISPCP之后，生成高速外设时钟HSPCLK，假设HISPCP寄存器的值为n，则有：

$$\begin{cases} HSPCLK=\dfrac{SYSCLKOUT}{2\times n}(n!=0) \\ HSPCLK=SYSCLKOUT(n=0) \end{cases} \tag{11-4}$$

如果外设时钟控制寄存器PCLKCR的第3位，也就是位ADCENCLK置位，则HSPCLK输入到ADC模块；否则，HSPCLK不向ADC模块提供时钟，ADC也就不能正常工作。AD控制寄存器ADCTRL3的第0～3位，也就是功能位ADCLKPS，可以对HSPCLK进行分频，此外，AD控制寄存器ADCTRL1的CPS位另外还可以提供一个二分频，因此，可以得到ADC模块的时钟ADCLK为：

$$\begin{cases} ADCLK=\dfrac{HSPCLK}{CPS+1}(ADCLKPS=0) \\ ADCLK=\dfrac{HSPCLK}{2\times ADCLKPS\times (CPS+1)}(ADCLKPS!=0) \end{cases} \tag{11-5}$$

由于F28335的ADC时钟频率最高为25MHz，因此，在设置ADC的时钟ADCLK时，不能超过25MHz。在设置完ADCLK之后，紧接着，需要选定采样窗口的大小。首先，什么是采样窗口？对于S/H电路来说，采样窗口其实就是采样时间，或者说是采样脉冲的宽度。为了能够更好地理解采样窗口的概念，这里再来补充介绍一下ADC的模拟输入阻抗模型，如图11-9所示。

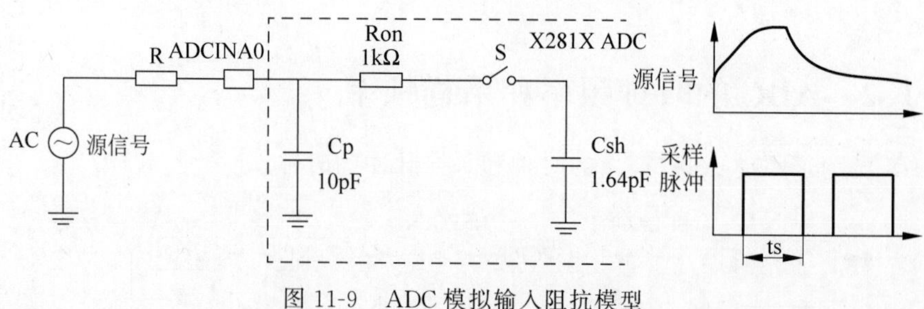

图 11-9 ADC 模拟输入阻抗模型

在图 11-9 中,Csh 是采样电容,Ron 是多路复用器 MUX 的导通电阻,Cp 是和 ADCIN 引脚连接的寄生电容。对于每一次采样,采样脉冲为高电平,采样/保持开关 S 在 ts 时间是闭合的,在这段时间内,采样电容 Csh 在不断充电,直至电容上的电压等于 ADCIN 引脚上的电压。这里,ts 就是采样窗口的时间,很显然,采样窗口必须保证采样电容能有足够的时间来使得其电压等于外部输入的模拟电压,否则采样就会不正确。从图 11-8 可以看出,采样窗口的大小由 ADC 控制寄存器 ADCTRL1 的位 ACQ_PS 和 ADCCLK 有关,假设 ADC 的每个时钟脉冲的时间为 T_{adclk},则采样时间 ts 为:

$$ts = (ACQ\_PS + 1) \times T_{adclk} \tag{11-6}$$

下面以两个实例来说明 ADC 时钟的产生过程,如表 11-2 所示。

表 11-2 ADC 时钟产生实例

XCLKIN	PLLCR[3:0]	HISPCLK	ADCTRL3[1:4]	ADCTRL1[7]	ADC_CLK	ADCTRL1[8:11]	SH 宽度
	0000b	HSPCP=0	ADCLKPS=0	CPS=0		ACQ_PS=0	
30MHz	15MHz	15MHz	15MHz	15MHz	15MHz	SH pulse clock=0	1
	1010b	HSPCP=3	ADCLKPS=2	CPS=1		ACQ_PS=15	
30MHz	150MHz	150/(2×3)=25MHz	25/(2×2)=6.25MHz	6.25/(2×1)=3.125MHz	3.125MHz	SH pulse clock=15	16

如果不是实际的需要,请不要把 ADCCLK 设置为最高的频率,把 ACQ_PS 设置为 0,除非在 ADC 模块的输入引脚具有合适的信号环境电路,换句话说,除非 ADC 的输入信号比较理想。为了获取准确和稳定的 ADC 转换值,通常需要设置较低的时钟频率和较大的采样窗口。

ADC 的时钟频率、转换时间和采样频率是 3 个比较容易混淆的概念。ADC 的时钟频率是指每秒有多少个时钟脉冲,它是 ADC 工作的基础,正如上面所介绍的,它是由系统时钟经过很多环节分频后得到的,它取决于外部的时钟输入和各个环节的倍频或者分频的系数。而转换时间是指 ADC 模块完成一个通道或者一个序列的转换所需要的时间,很显然,转换时间是由 ADC 的时钟频率来决定的。采样频率是指 ADC 模块每秒能够完成多少次采样,采样频率取决于启动 ADC 的频率。启动 ADC 的方式有很多,比如利用软件直接启动,利用 PWM 的某些事件,或者是利用外部引脚来启动。启动 ADC 的频率才是 ADC 的采样频率,例如,如果每隔 1ms 启动一次 ADC,那么 ADC 的采样频率就为 1kHz。ADC 的采样频率和 ADC 时钟或者 ADC 转换时间都没有什么关系，采样频率应该根据采样定理和工程的实际需要来确定。在 F28335 中，ADC 的采样频率最高为 12.5MSPS。

11.2　ADC 模块的工作方式

下面探讨 F28335 内部的 ADC 是如何工作的。先来回顾一下前面所学的知识，F28335 的 ADC 一共有 16 个引脚，分成了两组：一组为 ADCINA0～ADCINA7，使用采样保持器 S/H-A，对应序列发生器 SEQ1；另一组为 ADCINB0～ADCINB7，使用采样保持器 S/H-B，对应序列发生器 SEQ2。序列发生器的作用是为需要转换的通道安排转换的顺序，即确定先采哪个通道，后采哪个通道，它的状态指示了能够完成模数转换通道的个数。ADC 模块既支持两个 8 状态序列发生器 SEQ1 和 SEQ2 分开独立工作，此时称为双序列发生器方式；也支持序列发生器 SEQ1 和 SEQ2 级联成一个 16 状态序列发生器 SEQ 来工作，此时称为单序列发生器方式，或者称为级联方式。

无论 ADC 工作于双序列发生器方式，还是级联的单序列发生器方式，ADC 都可以对一个序列多个通道的转换进行排序，每当 ADC 收到一个开始转换的请求，便能自动完成这个序列所有通道的转换。在转换过程中，可以通过模拟复用器 Analog MUX 选择序列发生器中指定的通道进行转换，转换后的结果保存到相应的结果寄存器中。

F28335 的 16 个通道可以通过编程来为序列发生器中需要转换的通道安排顺序，这个功能就需要通过 ADC 输入通道选择序列控制寄存器 ADCCHSELSEQx(x=1,2,3,4)来实现。每一个输入通道选择序列控制寄存器都是 16 位的，被分成了 4 个功能位 CONVxx，每一个功能位占据寄存器的 4 位，如图 11-10 所示。在 AD 转换过程中，当前 CONVxx 的位定义了要进行转换的引脚。

	15　13	11　8	7　4	3　0
ADCCHSELSEQ1	CONV03	CONV02	CONV01	CONV00
ADCCHSELSEQ2	CONV07	CONV06	CONV05	CONV04
ADCCHSELSEQ3	CONV11	CONV10	CONV09	CONV08
ADCCHSELSEQ4	CONV15	CONV14	CONV13	CONV12

图 11-10　ADC 输入通道选择序列控制寄存器

当 ADC 工作于双序列发生器模式下时，序列发生器 SEQ1 使用通道选择控制寄存器 ADCCHSELSEQ1 和 ADCCHSELSEQ2，可选择的通道为 ADCINA0～ADCINA7；序列发生器 SEQ2 使用通道选择控制寄存器 ADCCHSELSEQ3 和 ADCCHSELSEQ4，可选择的通道为 ADCINB0～ADCINB7。当 ADC 工作于单序列发生器模式下时，序列发生器 SEQ 使用通道选择控制寄存器 ADCCHSELSEQ1～ADCCHSELSEQ4，可选择的通道为 ADC 所有的 16 个通道。表 11-3 为各个序列发生器所对应的寄存器和可选用的通道情况。

表 11-3 各个序列发生器所对应的寄存器和可选用的通道情况

序列发生器	对应的通道选择控制寄存器	CONVxx	对应的引脚
SEQ1	ADCCHSELSEQ1、ADCCHSELSEQ2	CONV00～CONV07	ADCINA0～ADCINA7
SEQ2	ADCCHSELSEQ3、ADCCHSELSEQ4	CONV08～CONV15	ADCINB0～ADCINB7
SEQ	ADCCHSELSEQ1、ADCCHSELSEQ2	CONV00～CONV15	ADCINA0～ADCINA7
	ADCCHSELSEQ3、ADCCHSELSEQ4		ADCINB0～ADCINB7

当 ADC 对外部的输入信号进行采样时,可以选择工作于顺序采样或者并发采样两种模式,这是针对引脚采样的顺序而言的。顺序采样,就是按照序列发生器内的通道顺序一个通道、一个通道地进行采样,比如 ADCINA0、ADCINA1、……、ADCINA7、ADCINB0、ADCINB1、……、ADCINB7。并发采样,是一对一对通道进行采样的,即 ADCINA0 和 ADCINB0 一起;ADCINA1 和 ADCINB1 一起;……;ADCINA7 和 ADCINB7 一起。

在顺序采样模式下,通道选择控制寄存器中 CONVxx 的 4 位均用来定义输入引脚。最高位为 0 时,说明采样的是 A 组;最高位为 1 时,说明采样的是 B 组。低 3 位定义的是偏移量,决定了某一组内的某个特定引脚。比如,如果 CONVxx 的数值是 0101b,则说明选择的输入通道是 ADCINA5;如果 CONVxx 的数值是 1011b,则说明选择的输入通道是 ADCINB3。

在并发采样模式下,因为是一对一对通道进行采样的,所以 CONVxx 的最高位被舍弃,只有低 3 位的数据有效。比如,如果 CONVxx 的数值为 0101b,则采样保持器 S/H-A 对通道 ADCINA5 进行采样,紧接着 S/H-B 对通道 ADCINB5 进行采样;如果 CONVxx 的数值为 1011b,则采样保持器 S/H-A 对通道 ADCINA3 进行采样,紧接着 S/H-B 对通道 ADCINB3 进行采样。

F28335 的 ADC 还有一个最大转换通道寄存器 ADCMAXCONV,这个寄存器的值决定了一个采样序列所要进行转换的通道总数,其结构如图 11-11 所示。当 ADC 模块工作于双序列发生器模式时,SEQ1 使用位 MAXCONV1_0～MAXCONV1_2,即 ADCMAXCONV[0:2],SEQ2 使用位 MAXCONV2_0～MAXCONV2_2,即 ADCMAXCONV[4:6]。当 ADC 模块工作于级联模式时,SEQ 使用位 MAXCONV1_0～MAXCONV1_3,即 ADCMAXCONV[0:3]。最大通道数等于(MAXCONVn+1),比如,如果现在某个序列发生器要转换 6 个通道,则相应的 MAXCONVn 应该取值为 5。

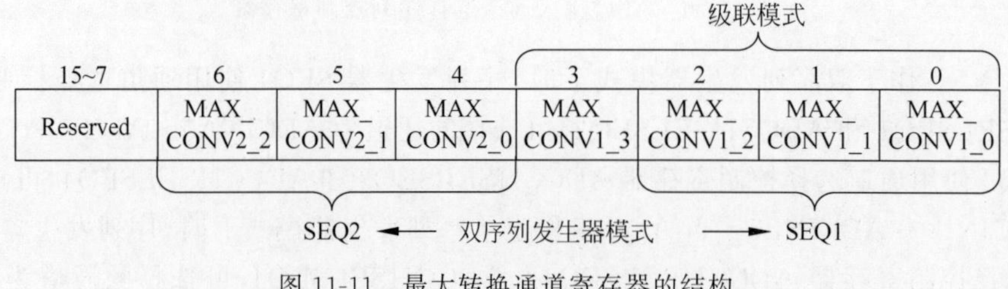

图 11-11 最大转换通道寄存器的结构

是不是看得有点晕头转向了，一会儿是顺序采样、并发采样，一会儿又是双序列发生器模式、级联模式，是不是很容易混淆？其实前者讲的是 ADC 的采样方式，而后者讲的是序列发生器的工作模式，在双序列发生器模式下可以采用顺序采样或者并发采样，在级联模式下也可以采用顺序采样或者并发采样。下面结合实例，详细介绍 ADC 模块的这 4 种工作方式。

11.2.1 双序列发生器模式下顺序采样

假设需要对 ADCINA0～ADCINA7 和 ADCINB0～ADCINB7 这 16 路通道进行采样，ADC 模块工作于双序列发生器模式，并采用顺序采样。

由于 ADC 工作于双序列发生器模式，所以会用到序列发生器 SEQ1、SEQ2。最大转换通道寄存器将用到位 MAXCONV1 和 MAXCONV2，两个位的值均为 7。由于是顺序采样，所以必须对 16 个通道的每一个通道进行排序，SEQ1 将用到通道选择控制寄存器 ADCCHSELSEQ1、ADCCHSELSEQ2，SEQ2 将用到通道选择控制寄存器 ADCCHSELSEQ3、ADCCHSELSEQ4，其通道分配情况如表 11-4 所示。序列发生器内通道的选择情况如图 11-12 所示。

表 11-4 双序列发生器顺序采样模式下 16 路通道时 ADCCHSELSEQn 位情况

寄存器	功能位	取值	寄存器	功能位	取值
ADCCHSELSEQ1	CONV00	0000(ADCINA0)	ADCCHSELSEQ3	CONV08	1000(ADCINB0)
	CONV01	0001(ADCINA1)		CONV09	1001(ADCINB1)
	CONV02	0010(ADCINA2)		CONV10	1010(ADCINB2)
	CONV03	0011(ADCINA3)		CONV11	1011(ADCINB3)
ADCCHSELSEQ2	CONV04	0100(ADCINA4)	ADCCHSELSEQ4	CONV12	1100(ADCINB4)
	CONV05	0101(ADCINA5)		CONV11	1101(ADCINB5)
	CONV06	0110(ADCINA6)		CONV14	1110(ADCINB6)
	CONV07	0111(ADCINA7)		CONV15	1111(ADCINB7)

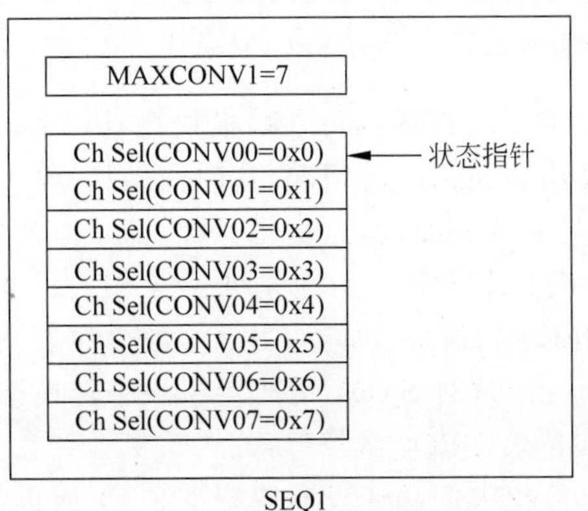

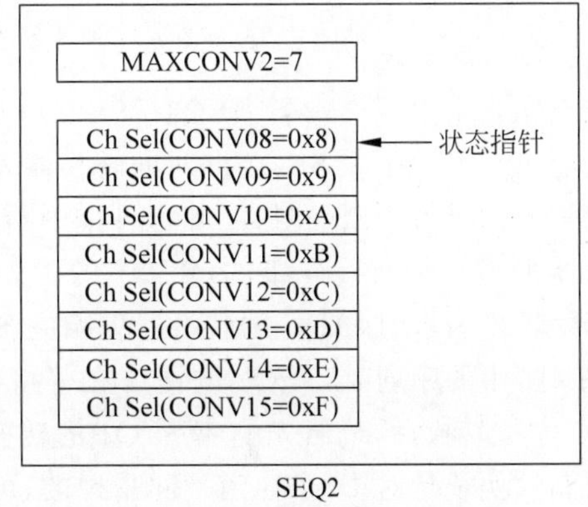

图 11-12 双序列发生器顺序采样模式下序列发生器 16 路通道选择情况

下面来看看双序列发生器模式下顺序采样的初始化代码该怎么写：

```
AdcRegs.ADCTRL1.bit.SEQ_CASC = 0;                    //选择双序列发生器模式
AdcRegs.ADCTRL3.bit.SMODE_SEL = 0;                   //选择顺序采样模式
AdcRegs.ADCMAXCONV.all = 0x0077;
//每个序列发生器最大采样通道数为 8,总共可采样 16 通道
//SEQ1 将用到 ADCCHSELSEQ1、ADCCHSELSEQ2,SEQ2 将用到 ADCCHSELSEQ3、ADCCHSELSEQ4
AdcRegs.ADCCHSELSEQ1.bit.CONV00 = 0x0;               //采样 ADCINA0 通道
AdcRegs. ADCCHSELSEQ1.bit.CONV01 = 0x1;              //采样 ADCINA1 通道
AdcRegs. ADCCHSELSEQ1.bit.CONV02 = 0x2;              //采样 ADCINA2 通道
AdcRegs. ADCCHSELSEQ1.bit.CONV03 = 0x3;              //采样 ADCINA3 通道
AdcRegs. ADCCHSELSEQ2.bit.CONV04 = 0x4;              //采样 ADCINA4 通道
AdcRegs. ADCCHSELSEQ2.bit.CONV05 = 0x5;              //采样 ADCINA5 通道
AdcRegs.ADCCHSELSEQ2.bit.CONV06 = 0x6;               //采样 ADCINA6 通道
AdcRegs. ADCCHSELSEQ2.bit.CONV07 = 0x7;              //采样 ADCINA7 通道
AdcRegs. ADCCHSELSEQ3.bit.CONV08 = 0x8;              //采样 ADCINB0 通道
AdcRegs. ADCCHSELSEQ3.bit.CONV09 = 0x9;              //采样 ADCINB1 通道
AdcRegs. ADCCHSELSEQ3.bit.CONV10 = 0xA;              //采样 ADCINB2 通道
AdcRegs. ADCCHSELSEQ3.bit.CONV11 = 0xB;              //采样 ADCINB3 通道
AdcRegs. ADCCHSELSEQ4.bit.CONV12 = 0xC;              //采样 ADCINB4 通道
AdcRegs. ADCCHSELSEQ4.bit.CONV11 = 0xD;              //采样 ADCINB5 通道
AdcRegs. ADCCHSELSEQ4.bit.CONV14 = 0xE;              //采样 ADCINB6 通道
AdcRegs. ADCCHSELSEQ4.bit.CONV15 = 0xF;              //采样 ADCINB7 通道
```

如果序列发生器 SEQ1 和 SEQ2 两者都已经完成了转换，则转换结果如图 11-13 所示。

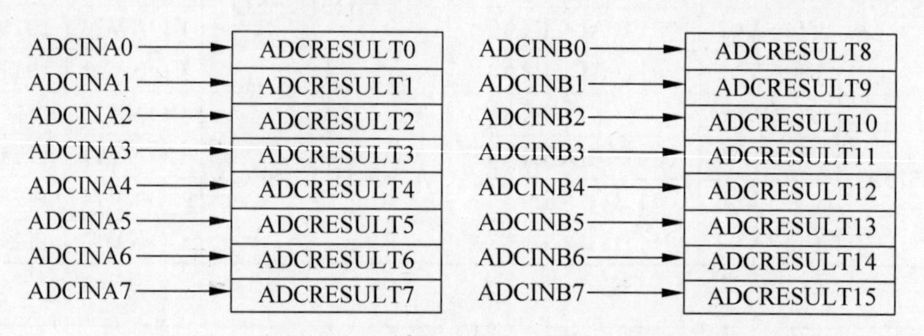

图 11-13 双序列发生器顺序采样模式下 16 路通道转换结果

在双序列发生器模式下，SEQ1 和 SEQ2 是独立工作的，而 ADC 模块只有一个转换器，就有可能出现 SEQ1 和 SEQ2 同时向转换器发出转换请求的情况，这时候转换器应该怎样响应呢？前面学习中断的时候，知道各个中断是有优先级的，这里也一样，两个序列发生器在转换器那里也是有优先级的，SEQ1 的优先级高于 SEQ2 的优先级。当 SEQ1 和 SEQ2 同时产生转换请求时，ADC 的转换器先响应 SEQ1 的请求，再响应 SEQ2 的。如果 ADC 在转换 SEQ1 中的序列时，SEQ2 的请求在等待状态，这时 SEQ1 又产生了一个转换请求，则当 ADC 完成转换后，仍然先响应 SEQ1 的转换请求，SEQ2 继续等待。

前面的例子是对 16 个通道一起采样的，可能很多问题还没有解释清楚，下面再来看一个实例。假设需要对 ADCINA0、ADCINA1、ADCINA2、ADCINB3、ADCINB4、ADCINB5、

ADCINB7 这 7 路通道进行采样，ADC 模块工作于双序列发生器模式，并采用顺序采样。

和前面的例子一样，由于 ADC 工作于双序列发生器模式，所以会用到序列发生器 SEQ1、SEQ2。最大转换通道寄存器将用到位 MAXCONV1 和 MAXCONV2，这里由于 A 组转换的通道有 3 路，B 组转换的通道有 4 路，所以 MAXCONV1 的值为 2，MAXCONV2 的值为 3。SEQ1 将用到通道选择控制寄存器 ADCCHSELSEQ1，SEQ2 将用到通道选择控制寄存器 ADCCHSELSEQ3，其通道分配情况如表 11-5 所示。序列发生器内通道的选择情况如图 11-14 所示。

表 11-5 双序列发生器顺序采样模式下 7 路通道时 ADCCHSELSEQn 位情况

寄 存 器	功能位	取 值	寄 存 器	功能位	取 值
ADCCHSELSEQ1	CONV00	0000(ADCINA0)	ADCCHSELSEQ3	CONV08	1000(ADCINB3)
	CONV01	0001(ADCINA1)		CONV09	1001(ADCINB4)
	CONV02	0010(ADCINA2)		CONV10	1010(ADCINB5)
	CONV03	×		CONV11	1011(ADCINB7)
ADCCHSELSEQ2	CONV04	×	ADCCHSELSEQ4	CONV12	×
	CONV05	×		CONV11	×
	CONV06	×		CONV14	×
	CONV07	×		CONV15	×

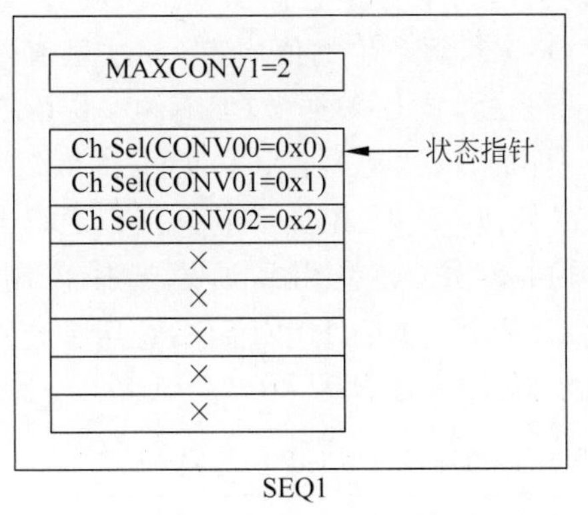

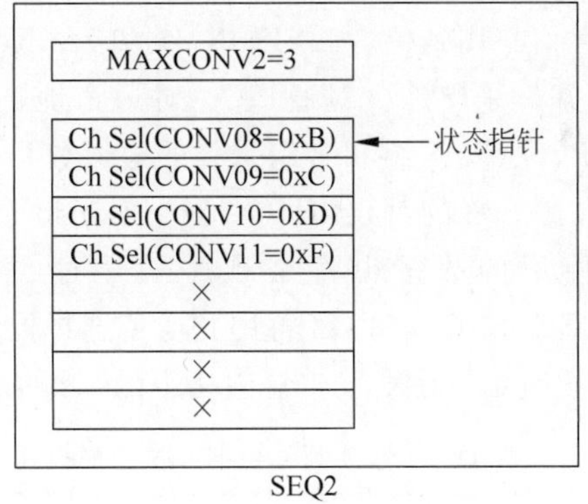

图 11-14 双序列发生器顺序采样模式下序列发生器 7 路通道选择情况

此例的 ADC 模块的初始化代码如下：

```
AdcRegs.ADCTRL1.bit.SEQ_CASC = 0;                    //选择双序列发生器模式
AdcRegs.ADCTRL3.bit.SMODE_SEL = 0;                   //选择顺序采样模式
AdcRegs. ADCMAXCONV.all = 0x0032;
//A 组采样的通道数为 3,B 组采样的通道数为 4,一共 7 路通道需要采样
//SEQ1 将用到 ADCCHSELSEQ1,SEQ2 将用到 ADCCHSELSEQ3
AdcRegs.ADCCHSELSEQ1.bit.CONV00 = 0x0;               //采样 ADCINA0 通道
AdcRegs. ADCCHSELSEQ1.bit.CONV01 = 0x1;              //采样 ADCINA1 通道
```

```
AdcRegs. ADCCHSELSEQ1.bit.CONV02 = 0x2;            //采样 ADCINA2 通道
AdcRegs. ADCCHSELSEQ3.bit.CONV08 = 0xB;            //采样 ADCINB3 通道
AdcRegs. ADCCHSELSEQ3.bit.CONV09 = 0xC;            //采样 ADCINB4 通道
AdcRegs. ADCCHSELSEQ3.bit.CONV10 = 0xD;            //采样 ADCINB5 通道
AdcRegs. ADCCHSELSEQ3.bit.CONV11 = 0xF;            //采样 ADCINB7 通道
```

如果序列发生器 SEQ1 和 SEQ2 两者都已经完成了转换,则转换结果如图 11-15 所示。

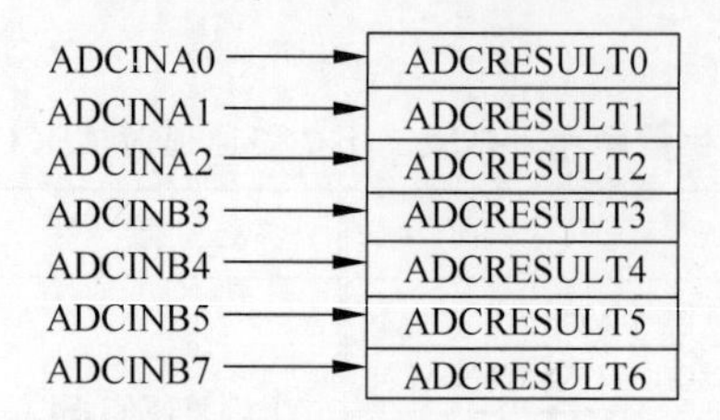

图 11-15　双序列发生器顺序采样模式下 7 路通道转换结果

11.2.2　双序列发生器模式下并发采样

假设需要对 ADCINA0～ADCINA7 和 ADCINB0～ADCINB7 这 16 路通道进行采样,ADC 模块工作于双序列发生器模式,并采用并发采样。

由于 ADC 工作于双序列发生器模式,所以会用到序列发生器 SEQ1、SEQ2。最大转换通道寄存器将用到位 MAXCONV1 和 MAXCONV2,两个位的值均为 3。这里值得注意的是,由于并发采样是一对通道、一对通道地进行采样,比如采样 ADCINA0,也必定会采样 ADCINB0,所以 A 组和 B 组采样的通道数是一样的,也就是 MAXCONV1 和 MAXCONV2 的值必须是一样的,而且只需要对一对通道中的任何一个通道进行排序,所以通道选择控制寄存器使用的数量也将是顺序采样时的一半。SEQ1 将用到通道选择控制寄存器 ADCCHSELSEQ1,SEQ2 将用到通道选择控制寄存器 ADCCHSELSEQ3,其通道分配情况如表 11-6 所示。序列发生器内通道的选择情况如图 11-16 所示。

表 11-6　双序列发生器并发采样模式下 16 路通道时 ADCCHSELSEQn 位情况

寄存器	功能位	取值	寄存器	功能位	取值
ADCCHSELSEQ1	CONV00	0000(ADCINA0)	ADCCHSELSEQ3	CONV08	1000(ADCINB4)
	CONV01	0001(ADCINA1)		CONV09	1001(ADCINB5)
	CONV02	0010(ADCINA2)		CONV10	1010(ADCINB6)
	CONV03	0011(ADCINA3)		CONV11	1011(ADCINB7)
ADCCHSELSEQ2	CONV04	×	ADCCHSELSEQ4	CONV12	×
	CONV05	×		CONV11	×
	CONV06	×		CONV14	×
	CONV07	×		CONV15	×

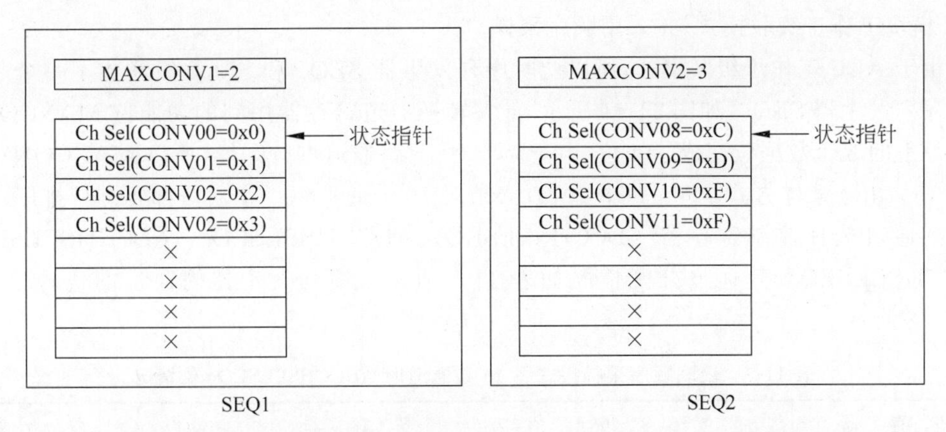

图 11-16 双序列发生器并发采样模式下序列发生器 16 路通道选择情况

此时 ADC 模块的初始化代码如下：

```
AdcRegs.ADCTRL1.bit.SEQ_CASC = 0;                          //选择双序列发生器模式
AdcRegs.ADCTRL3.bit.SMODE_SEL = 1;                         //选择并发采样模式
AdcRegs.ADCMAXCONV.all = 0x0033;
//由于并发采样是一对通道、一对通道采样,采 16 个通道,总共只需设置 8 个通道.SEQ1 和 SEQ2
//各设置 4 个通道,SEQ1 将用到 ADCCHSELSEQ1,SEQ2 将用到 SDCCHSELSEQ3
 AdcRegs. ADCCHSELSEQ1.bit.CONV00 = 0x0;                   //采样 ADCINA0 和 ADCINB0
 AdcRegs. ADCCHSELSEQ1.bit.CONV01 = 0x1;                   //采样 ADCINA1 和 ADCINB1
 AdcRegs. ADCCHSELSEQ1.bit.CONV02 = 0x2;                   //采样 ADCINA2 和 ADCINB2
 AdcRegs. ADCCHSELSEQ1.bit.CONV03 = 0x3;                   //采样 ADCINA3 和 ADCINB3
 AdcRegs. ADCCHSELSEQ3.bit.CONV08 = 0xC;                   //采样 ADCINA4 和 ADCINB4
 AdcRegs. ADCCHSELSEQ3.bit.CONV09 = 0xD;                   //采样 ADCINA5 和 ADCINB5
 AdcRegs. ADCCHSELSEQ3.bit.CONV10 = 0xE;                   //采样 ADCINA6 和 ADCINB6
 AdcRegs. ADCCHSELSEQ3.bit.CONV11 = 0xF;                   //采样 ADCINA7 和 ADCINB7
```

如果序列发生器 SEQ1 和 SEQ2 两者都已经完成了转换，则转换结果如图 11-17 所示。

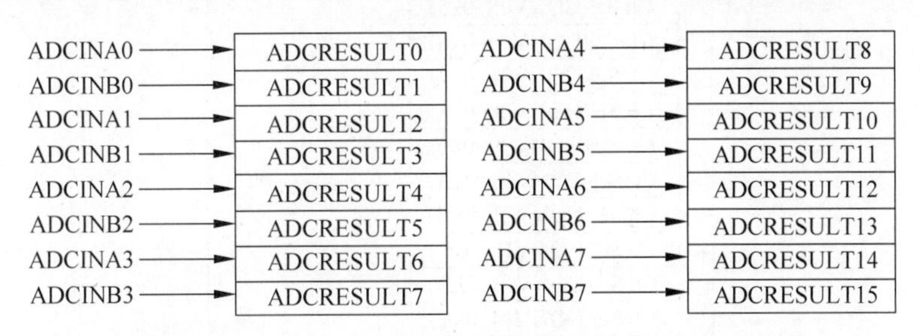

图 11-17 双序列发生器并发采样模式下 16 路通道转换结果

11.2.3 级联模式下的顺序采样

假设需要对 ADCINA0～ADCINA7 和 ADCINB0～ADCINB7 这 16 路通道进行采样，

ADC 模块工作于级联模式，并采用顺序采样。

由于 ADC 工作于级联模式，所以此时序列发生器 SEQ1 和 SEQ2 级联成了一个 16 状态的序列发生器 SEQ。如图 11-11 所示，最大转换通道寄存器用到的功能位 MAXCONV1 也由原来的 3 个数据位变成了 4 位，由于需要对 16 路通道进行采样，所以 MAXCONV1 的值为 15。由于采样方式是顺序采样，所以必须对 16 个通道每一个通道都要进行排序，SEQ 将用到通道选择控制寄存器 ADCCHSELSEQ1、ADCCHSELSEQ2、ADCCHSELSEQ3、ADCCHSELSEQ4，其通道分配情况如表 11-7 所示。序列发生器内通道的选择情况如图 11-18 所示。

表 11-7　级联顺序采样模式下 16 路通道时 ADCCHSELSEQn 位情况

寄存器	功能位	取值	寄存器	功能位	取值
ADCCHSELSEQ1	CONV00	0000(ADCINA0)	ADCCHSELSEQ3	CONV08	1000(ADCINB0)
	CONV01	0001(ADCINA1)		CONV09	1001(ADCINB1)
	CONV02	0010(ADCINA2)		CONV10	1010(ADCINB2)
	CONV03	0011(ADCINA3)		CONV11	1011(ADCINB3)
ADCCHSELSEQ2	CONV04	0100(ADCINA4)	ADCCHSELSEQ4	CONV12	1100(ADCINB4)
	CONV05	0101(ADCINA5)		CONV11	1101(ADCINB5)
	CONV06	0110(ADCINA6)		CONV14	1110(ADCINB6)
	CONV07	0111(ADCINA7)		CONV15	1111(ADCINB7)

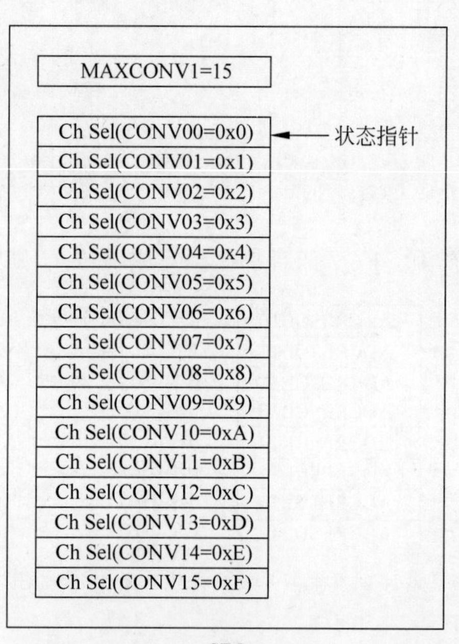

图 11-18　级联顺序采样模式下序列发生器 16 路通道选择情况

此时 ADC 模块的初始化代码如下：

```
AdcRegs.ADCTRL1.bit.SEQ_CASC = 1;                    //选择级联模式
AdcRegs.ADCTRL3.bit.SMODE_SEL = 0;                   //选择顺序采样模式
AdcRegs.ADCMAXCONV.all = 0x000F;
//序列发生器最大采样通道数为 16,一次采 1 个通道,总共可采 16 通道
//SEQ 将用到 ADCCHSELSEQ1、ADCCHSELSEQ2、ADCCHSELSEQ3、ADCCHSELSEQ4
AdcRegs. ADCCHSELSEQ1.bit.CONV00 = 0x0;              //采样 ADCINA0 通道
AdcRegs. ADCCHSELSEQ1.bit.CONV01 = 0x1;              //采样 ADCINA1 通道
AdcRegs. ADCCHSELSEQ1.bit.CONV02 = 0x2;              //采样 ADCINA2 通道
AdcRegs. ADCCHSELSEQ1.bit.CONV03 = 0x3;              //采样 ADCINA3 通道
AdcRegs. ADCCHSELSEQ2.bit.CONV04 = 0x4;              //采样 ADCINA4 通道
AdcRegs. ADCCHSELSEQ2.bit.CONV05 = 0x5;              //采样 ADCINA5 通道
AdcRegs. ADCCHSELSEQ2.bit.CONV06 = 0x6;              //采样 ADCINA6 通道
AdcRegs. ADCCHSELSEQ2.bit.CONV07 = 0x7;              //采样 ADCINA7 通道
AdcRegs. ADCCHSELSEQ3.bit.CONV08 = 0x8;              //采样 ADCINB0 通道
AdcRegs. ADCCHSELSEQ3.bit.CONV09 = 0x9;              //采样 ADCINB1 通道
AdcRegs. ADCCHSELSEQ3.bit.CONV10 = 0xA;              //采样 ADCINB2 通道
AdcRegs. ADCCHSELSEQ3.bit.CONV11 = 0xB;              //采样 ADCINB3 通道
AdcRegs. ADCCHSELSEQ4.bit.CONV12 = 0xC;              //采样 ADCINB4 通道
AdcRegs. ADCCHSELSEQ4.bit.CONV11 = 0xD;              //采样 ADCINB5 通道
AdcRegs. ADCCHSELSEQ4.bit.CONV14 = 0xE;              //采样 ADCINB6 通道
AdcRegs. ADCCHSELSEQ4.bit.CONV15 = 0xF;              //采样 ADCINB7 通道
```

如果序列发生器 SEQ 已经完成了转换，则转换结果如图 11-19 所示。

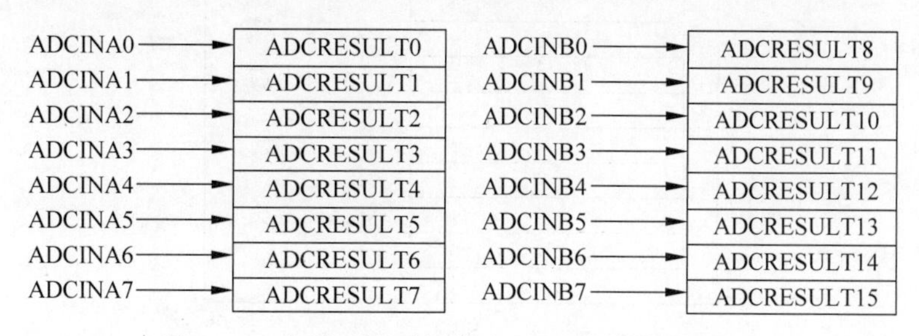

图 11-19　级联顺序采样模式下 16 路通道转换结果

有没有发现，双序列发生器模式顺序采样 16 路通道和级联模式顺序采样 16 路通道的初始化程序的区别仅仅在于对 MAXCONV 的设置上，但事实上两种工作模式的区别肯定不止这一点，为了能够更清楚地看清两种工作模式的区别，仍然和前面一样，假设需要对 ADCINA0、ADCINA1、ADCINA2、ADCINB3、ADCINB4、ADCINB5、ADCINB7 这 7 路通道进行采样，ADC 模块工作于级联模式，并采用顺序采样。

由于 ADC 工作于级联模式，所以此时序列发生器 SEQ1 和 SEQ2 级联成了一个 16 状态的序列发生器 SEQ。由于需要对 7 路通道进行采样，所以 MAXCONV1 的值为 6。由于采样方式是顺序采样，所以必须对这 6 个通道一一进行排序，SEQ 将用到通道选择控制寄存器 ADCCHSELSEQ1、ADCCHSELSEQ2，其通道分配情况如表 11-8 所示。序列发生器内通道的选择情况如图 11-20 所示。

表 11-8　级联顺序采样模式下 7 路通道时 ADCCHSELSEQn 位情况

寄　存　器	功能位	取　　值	寄　存　器	功能位	取　　值
ADCCHSELSEQ1	CONV00	0000(ADCINA0)	ADCCHSELSEQ3	CONV08	×
	CONV01	0001(ADCINA1)		CONV09	×
	CONV02	0010(ADCINA2)		CONV10	×
	CONV03	1011(ADCINB3)		CONV11	×
ADCCHSELSEQ2	CONV04	1100(ADCINB4)	ADCCHSELSEQ4	CONV12	×
	CONV05	1101(ADCINB5)		CONV11	×
	CONV06	1111(ADCINB7)		CONV14	×
	CONV07	×		CONV15	×

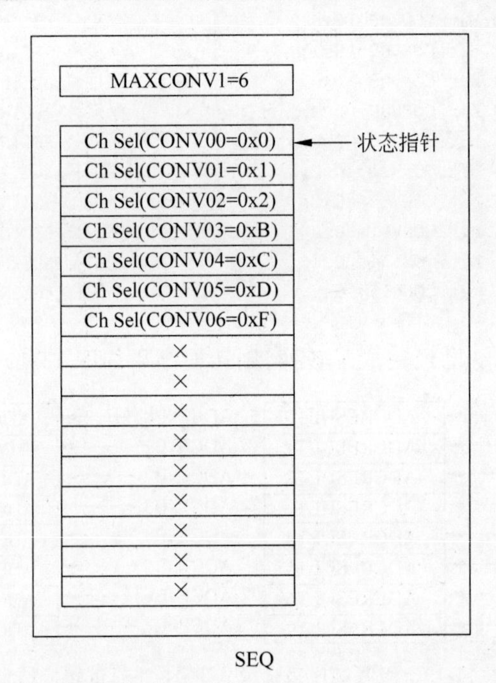

图 11-20　级联顺序采样模式下序列发生器 7 路通道选择情况

此时 ADC 模块的初始化代码如下：

```
AdcRegs.ADCTRL1.bit.SEQ_CASC = 1;                          //选择级联模式
AdcRegs.ADCTRL3.bit.SMODE_SEL = 0;                         //选择顺序采样模式
AdcRegs.ADCMAXCONV.all = 0x0006;
//序列发生器最大采样通道数为 7,一次采 1 个通道,总共可采 7 通道
//SEQ 将用到 ADCCHSELSEQ1、ADCCHSELSEQ2
AdcRegs. ADCCHSELSEQ1.bit.CONV00 = 0x0;                    //采样 ADCINA0 通道
AdcRegs. ADCCHSELSEQ1.bit.CONV01 = 0x1;                    //采样 ADCINA1 通道
AdcRegs. ADCCHSELSEQ1.bit.CONV02 = 0x2;                    //采样 ADCINA2 通道
AdcRegs. ADCCHSELSEQ1.bit.CONV03 = 0xB;                    //采样 ADCINB3 通道
```

```
AdcRegs.ADCCHSELSEQ2.bit.CONV04 = 0xC;          //采样 ADCINB4 通道
AdcRegs.ADCCHSELSEQ2.bit.CONV05 = 0xD;          //采样 ADCINB5 通道
AdcRegs.ADCCHSELSEQ2.bit.CONV06 = 0xF;          //采样 ADCINB7 通道
```

如果序列发生器 SEQ 已经完成了转换，则转换结果如图 11-21 所示。

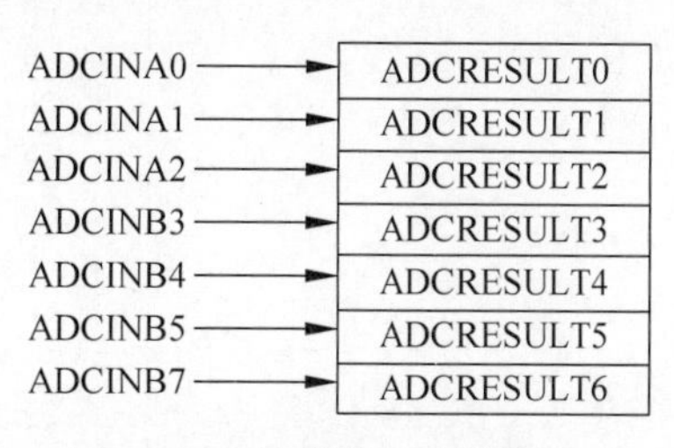

图 11-21 级联顺序采样模式下 7 路通道转换结果

通过这个例子可以看到，双序列发生器模式下顺序采样和级联模式下顺序采样的区别除了对最大转换通道寄存器的设置不同外，最大的区别在于通道选择控制寄存器的使用上。在双序列发生器模式下，A 组的通道只能选择 ADCCHSELSEQ1 和 ADCCHSELSEQ2，B 组的通道只能选择 ADCCHSELSEQ3 和 ADCCHSELSEQ4；但是在级联模式下，不管 A 组通道或者 B 组通道，都能选择 ADCCHSELSEQ1～ ADCCHSELSEQ4 中的任意一个通道选择控制寄存器。当然，这些区别究其本质，主要是由于双序列发生器模式下使用到的是两个 8 状态的序列发生器 SEQ1 和 SEQ2，而级联模式下使用到的序列发生器是 16 状态的 SEQ。

11.2.4 级联模式下的并发采样

假设需要对 ADCINA0～ADCINA7 和 ADCINB0～ADCINB7 这 16 路通道进行采样，ADC 模块工作于级联模式，并采用并发采样。

由于 ADC 工作于级联模式，所以 SEQ1 和 SEQ2 级联成了 16 状态的 SEQ。因为并发采样是一对通道、一对通道地进行采样，比如采样 ADCINA0，也必定会采样 ADCINB0，所以 A 组和 B 组采样的通道数必定是一样的。这里只需要对一对通道中的任何一个通道进行排序，要对两组 16 个通道进行采样，只需要对 8 个通道进行排序就可以了，因此，MAXCONV1 的值为 7。通道选择控制寄存器使用的数量也将是顺序采样时的一半，序列发生器 SEQ 将用到通道选择控制寄存器 ADCCHSELSEQ1 和 ADCCHSELSEQ2，其通道分配情况如表 11-9 所示。序列发生器内通道的选择情况如图 11-22 所示。

表 11-9 级联并发采样模式下 16 路通道时 ADCCHSELSEQn 位情况

寄存器	功能位	取值	寄存器	功能位	取值
ADCCHSELSEQ1	CONV00	0000(ADCINA0)	ADCCHSELSEQ3	CONV08	×
	CONV01	0001(ADCINA1)		CONV09	×
	CONV02	0010(ADCINA2)		CONV10	×
	CONV03	0011(ADCINA3)		CONV11	×
ADCCHSELSEQ2	CONV04	0100(ADCINA4)	ADCCHSELSEQ4	CONV12	×
	CONV05	0101(ADCINA5)		CONV11	×
	CONV06	0110(ADCINA6)		CONV14	×
	CONV07	0111(ADCINA7)		CONV15	×

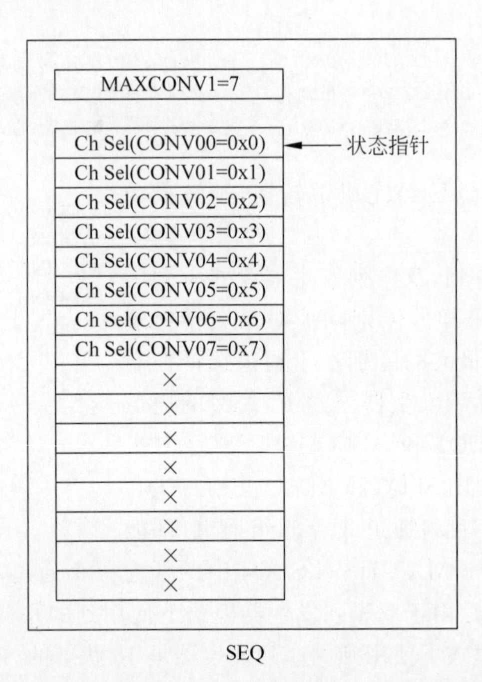

图 11-22　级联并发采样模式下序列发生器 16 路通道选择情况

此时 ADC 模块的初始化代码如下：

```
AdcRegs.ADCTRL1.bit.SEQ_CASC = 1;                           //选择级联模式
AdcRegs.ADCTRL3.bit.SMODE_SEL = 1;                          //选择并发采样模式
AdcRegs.ADCMAXCONV.all = 0x0007;
//序列发生器最大采样通道数为 8,一次采 2 个通道,总共可采 16 通道
//SEQ 将用到 ADCCHSELSEQ1、ADCCHSELSEQ2
AdcRegs. ADCCHSELSEQ1.bit.CONV00 = 0x0;                      //采样 ADCINA0 和 ADCINB0
AdcRegs. ADCCHSELSEQ1.bit.CONV01 = 0x1;                      //采样 ADCINA1 和 ADCINB1
AdcRegs. ADCCHSELSEQ1.bit.CONV02 = 0x2;                      //采样 ADCINA2 和 ADCINB2
AdcRegs. ADCCHSELSEQ1.bit.CONV03 = 0x3;                      //采样 ADCINA3 和 ADCINB3
AdcRegs. ADCCHSELSEQ2.bit.CONV04 = 0x4;                      //采样 ADCINA4 和 ADCINB4
AdcRegs. ADCCHSELSEQ2.bit.CONV05 = 0x5;                      //采样 ADCINA5 和 ADCINB5
AdcRegs. ADCCHSELSEQ2.bit.CONV06 = 0x6;                      //采样 ADCINA6 和 ADCINB6
AdcRegs. ADCCHSELSEQ2.bit.CONV07 = 0x7;                      //采样 ADCINA7 和 ADCINB7
```

如果序列发生器 SEQ 已经完成了转换，则转换结果如图 11-23 所示。

终于介绍完了 ADC 模块的这 4 种工作方式，其实无论是采用哪一种工作方式，其最终转换得到的结果都是一样的，因为最终决定某个通道转换结果的是该通道的模拟输入，和 ADC 的工作方式是没有关系的。在实际使用时，用得最多的就是理解起来最简单的在级联模式下进行顺序采样的方式。当然，究竟选用哪一种工作模式，应当结合工程的实际需求，例如需要计算瞬时功率时，可以选用并发采样模式，因为这样可以一路采集电压，另一路同时采集电流。

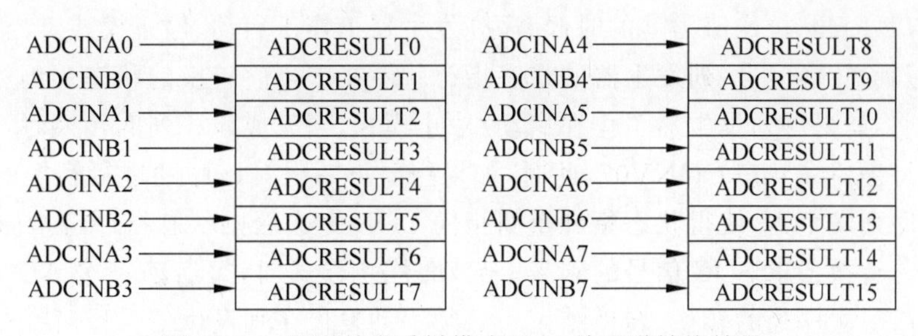

图 11-23 级联并发采样模式下 16 路通道转换结果

11.2.5 序列发生器连续自动序列化模式和启动/停止模式

下面一起来探讨 ADC 模块序列发生器的工作流程，看看序列发生器到底是如何按部就班地来实现对一个序列通道的转换的，图 11-24 为序列发生器工作的流程图。通过前面的学习已经知道，一个序列需要转换的通道数是由 MAXCONVn 进行控制的，如果 MAXCONVn 的值为 n，则这个序列需要转换的通道总数为 n+1 个。在启动一个转换序列进行转换时，ADC 模块将 MAXCONVn 的值装载入自动序列状态寄存器 ADCSEQSR 的序列计数器状态位 SEQCNTR。当转换开始时，序列发生器的状态指针将根据通道选择控制寄存器 ADCCHSELSEQn 中的状态进行指示，例如图 11-22 中，从 CONV00 开始，接下来是 CONV01，CONV02，……。每转换一个通道，SEQCNTR 的值就减 1，直到为 0，完成一个序列通道的转换。由于 SEQCNTR 是从 n 开始递减至 0，所以当结束一个序列的转换时，完成转换的通道一共刚好是 n+1 个。关键是序列发生器在完成一个序列的转换后，接下来该如何工作？根据 ADC 控制寄存器 ADCTRL1 的 CONT RUN 位状态的不同，ADC 的序列发生器可工作于连续自动序列化模式或者启动/停止模式。

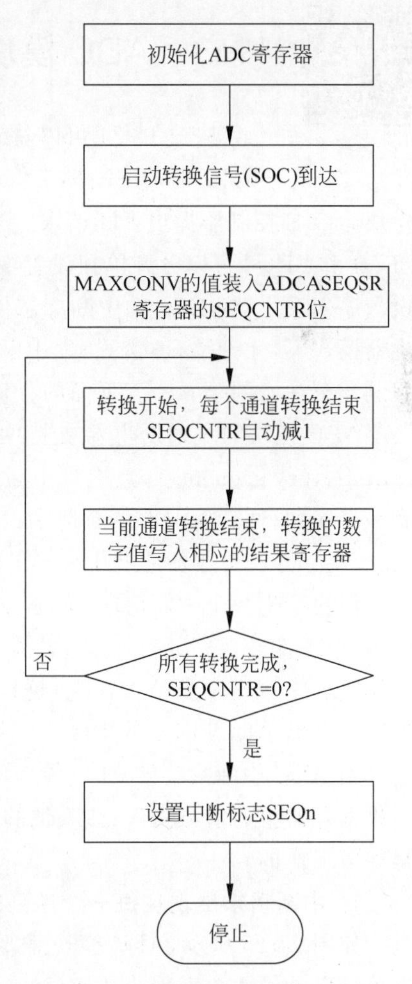

图 11-24 序列发生器工作流程图

当 CONT RUN 位的值为 1 的时候，序列发生器工作于连续自动序列化模式。当序列发生器完成一个序列的转换时，转换序列将自动重复开始，序列发生器的状态指针重新指向 CONV00，MAXCONVn 的值重新装入 SEQCNTR，接着开始再一次的转换。在这种情况下，为了避免重写数据，必须确保在下一个转换序列开始前，读取结果寄存器。

当CONT RUN位的值为0的时候，序列发生器工作于启动/停止模式。当序列发生器完成一个序列的转换时，序列发生器的状态指针就停在了当前转换的状态。仍然以图11-22的例子来说明，如果序列发生器工作在启动/停止模式，当完成该序列的转换时，序列发生器的状态指针将停留在状态CONV07，此时，如果想要再一次对该序列进行转换的话，首先必须手动复位序列发生器，使得状态指针重新指向CONV00，否则状态指针将指向CONV08，然后必须等待转换请求SOC信号的到来。启动/停止模式时，每启动一次ADC转换，序列发生器就完成一次序列的转换，转换结束后必须手动复位序列发生器，以等待下一次转换的启动。手动复位序列发生器SEQ1的方法如下：

```
AdcRegs.ADCTRL2.bit.RST_SEQ1 = 1;                    //立即复位序列发生器状态为CONV00
```

实际使用时，通常都选择启动/停止模式，因为该模式下比较容易设置ADC采样的频率，1s内启动多少次ADC的转换，采样频率就为多少。

视频讲解

11.3 ADC模块的中断

从图11-24可以看到，当序列发生器完成一个序列的转换时，就会对该序列发生器的中断标志位进行置位，如果该序列发生器的中断已经使能，则ADC模块向PIE控制器提出中断请求。当ADC模块工作于双序列发生器模式时，序列发生器SEQ1和SEQ2可以分开单独设置中断标志位和使能位；当ADC模块工作于级联模式时，设置序列发生器SEQ1的中断标志位和使能位便可以产生ADC转换的中断。在双序列发生器模式下，无论是SEQ1产生中断，还是SEQ2产生中断，都是中断ADCINT，位于PIE控制器第一组的第6个。下面的分析都以序列发生器SEQ1为例。

ADC模块的序列发生器支持两种中断方式：一种叫"interrupt request occurs at the end of every sequence"，意思是中断请求出现在每一个序列转换结束时，换句话说，每转换完一个序列，便产生一次中断请求；另一种叫"interrupt request occurs at the end of every other sequence"，意思是中断请求出现在每隔一个序列转换结束时，换句话说，不是每次转换完都会产生一个中断请求，而是一个隔一个地产生，比如第一次转换完成时并不产生中断请求，第二次转换完成时才产生中断请求，接着，第三次转换完成也不产生中断请求，第四次转换完成时产生中断请求，一直这样下去。ADC模块究竟工作于哪种中断方式，可以通过控制寄存器ADCTRL2的中断方式使能控制位来进行设置。

当ADC中断最终被CPU响应时，通常在ADC中断函数中要做的就是读取ADC转换结果寄存器里的值，还有一些其他的操作。下面结合两个例子，来看看上述的两种中断方式是如何工作的。

1. 中断请求出现在每一个序列转换结束时

如图11-25所示，ADC模块需要采集5个量。I1、I2、V1、V2、V3，图中采用的是两个触发信号启动了两个序列的转换，触发信号1是通用定时器1的下溢中断事件，启动了2个通道的自动转换，分别是 I1 和 I2；触发信号 2 是通用定时器 1 的周期中断事件，启动了 3 个通道的自动转换，分别是 V1、V2、V3，触发信号 1 和触发信号 2 在时间上相差 25μs。序列发生器工作在启动/停止模式。ADC 输入通道选择序列控制寄存器 的设置情况如表 11-10 所示。

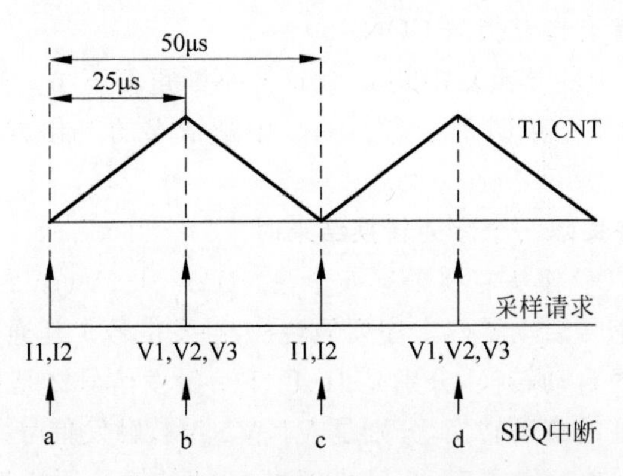

图 11-25　中断请求出现在每一次序列转换结束时

表 11-10　ADC 输入通道选择序列控制寄存器设置

寄　存　器	功能位	取　　值	寄　存　器	功能位	取　　值
ADCCHSELSEQ1	CONV00	I1	ADCCHSELSEQ3	CONV08	×
	CONV01	I2		CONV09	×
	CONV02	V1		CONV10	×
	CONV03	V2		CONV11	×
ADCCHSELSEQ2	CONV04	V3	ADCCHSELSEQ4	CONV12	×
	CONV05	×		CONV11	×
	CONV06	×		CONV14	×
	CONV07	×		CONV15	×

首先，因为需要转换 I1 和 I2，序列发生器用 MAXCONV1＝1 来进行初始化。一旦复位和初始化，SEQ1 就等待一个触发，也就是等待一个启动转换的信号。第一个转换序列号要完成两个通道的转换，这两个转换由 CONV00（I1）和 CONV01（I2）的通道值来确定。SEQ1 一旦收到触发信号 1，便将 MAXCONV1 的值装载入 SEQCNTR 中，然后先转换 CONV00 的通道，再转换 CONV01 的通道，也就是先转换 I1，再转换 I2。由于中断方式为每一个转换序列结束时产生中断请求，当完成这个序列的转换时，序列发生器产生中断事件，如图 11-25 所示，称为中断“a”。此时，序列发生器的状态指针指向的是 CONV01。

由于接下来需要转换的是 V1、V2、V3，一共 3 个通道，因此需要在中断服务子程序 a 中，将 MAXCONV1 的值改为 2。当 SEQ1 一旦收到触发信号 2，便将 MAXCONV1 的值自动装载入 SEQCNTR 中，状态指针指向 CONV02，先转换 CONV02 的通道，接着转换 CONV03 和 CONV04。当完成这个序列的转化时，序列发生器再次产生中断事件，称为中断事件 b。

接下来依然需要转换通道 I1 和 I2,所以在中断服务子程序 b 中,需要将 MAXCONV1 的值又改为 1,然后从 ADC 结果寄存器中读取 I1、I2、V1、V2、V3 的数值,还有一件事千万不能忘,此时序列发生器的状态指针指向的是 CONV04,所以在开始采集 I1 和 I2 之前,先要复位序列发生器,使状态指针指向 CONV00。

中断 c 重复中断 a,中断 d 重复中断 b,就这样不断重复下去。这个例子用来说明序列发生器在每一个序列转换结束时都会产生一个中断请求的工作方式,接下来看另外一个例子。

2. 中断请求出现在每隔一个序列转换结束时

如图 11-26 所示,ADC 模块需要采集 6 个量:I1、I2、I3、V1、V2、V3。和前面的例子一样,采用的是两个触发信号启动了两个序列的转换,触发信号 1 是通用定时器 1 的下溢中断事件,启动了 3 个通道的自动转换,分别是 I1、I2、I3;触发信号 2 是通用定时器 1 的周期中断事件,启动了 3 个通道的自动转换,分别是 V1、V2、V3,触发信号 1 和触发信号 2 在时间上相差 25μs。序列发生器工作在启动/停止模式。ADC 输入通道选择序列控制寄存器的设置情况如表 11-11 所示。

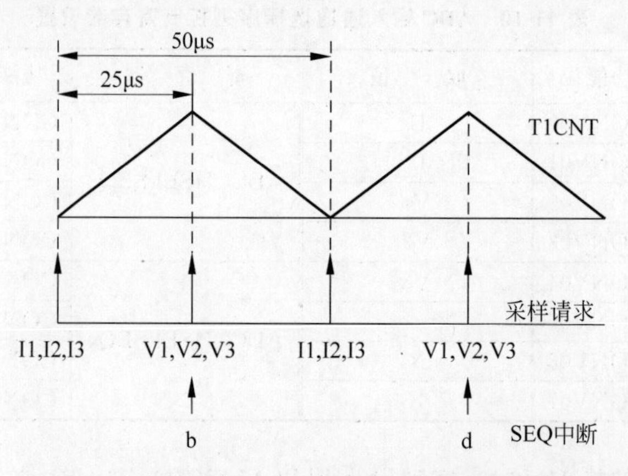

图 11-26 中断请求出现在每隔一个序列转换结束时

表 11-11 ADC 输入通道选择控制寄存器设置

寄 存 器	功能位	取值	寄 存 器	功能位	取值
ADCCHSELSEQ1	CONV00	I1	ADCCHSELSEQ3	CONV08	×
	CONV01	I2		CONV09	×
	CONV02	I3		CONV10	×
	CONV03	V1		CONV11	×
ADCCHSELSEQ2	CONV04	V2	ADCCHSELSEQ4	CONV12	×
	CONV05	V3		CONV11	×
	CONV06	×		CONV14	×
	CONV07	×		CONV15	×

首先，因为需要转换 I1、I2 和 I3，序列发生器用 MAXCONV1＝2 来进行初始化。一旦复位和初始化，SEQ1 就等待一个触发，也就是等待一个启动转换的信号。第一个转换序列号要完成 3 个通道的转换，这 3 个转换由 CONV00(I1)、CONV01(I2)和 CONV02(I3)的通道值来确定。SEQ1 一旦收到触发信号 1，便将 MAXCONV1 的值装载入 SEQCNTR 中，然后先转换 CONV00 的通道，再转换 CONV01、CONV02，也就是先转换 I1，再转换 I2 和 I3。由于中断方式为每隔一个转换序列结束时产生中断请求，当完成这个序列的转换时，序列发生器将不产生中断事件。此时，序列发生器的状态指针指向 CONV02。

当 SEQ1 接收到触发信号 2 时，将 MAXCONV1 的值重新装载入 SEQCNTR，因为 MAXCONV1 的值仍为 2，所以还能刚好采集 3 个通道。状态指针指向 CONV03，开始转换 V1，接着转换 V2 和 V3。当完成这个序列的转化时，序列发生器产生中断事件，如图 11-26 所示，称为中断事件 b。那么，在中断服务子程序 b 中，需要将 I1、I2、I3、V1、V2、V3 这 6 个通道的数据值从 ADC 结果寄存器中读出来，然后复位序列发生器，等待触发信号 1 开始新的转换。中断事件 d 将重复中断事件 b，并一直重复下去。这个例子用于说明中断出现在每隔一个序列转换结束时的工作方式。

可能会有这样的疑问？为什么不将这 5 个或者 6 个通道作为一个序列来进行转换？中断请求出现在每一个序列转换结束时，在中断服务子程序里读取所有通道对应的结果寄存器的值，并复位序列发生器，而为何如此麻烦，要将这几个通道分成两个序列来分开采样呢？仔细观察一下，便会发现，这两个例子中涉及两种物理量：电流和电压，由于这两种物理量采样时刻不同，所以才将其分成了两个序列分别进行转换。如果这几路物理量的采样时刻相同，那么完全可以将其作为一个序列来进行转化。

11.4 参考电压的选择

视频讲解

参考电压是影响 AD 转换精度的一个重要因素。前面提到过，F28335 内部的 ADC 通过配置寄存器 ADCREFSEL 来选择使用内部参考电压还是外部参考电压，外部参考电压可以选择 2.048V、1.5V 或者 1.024V，默认情况是采用的内部参考电压。图 11-27 是参考电压选择图，可以选择内部参考电压，也可以选择外部 2.048V 的参考电压。

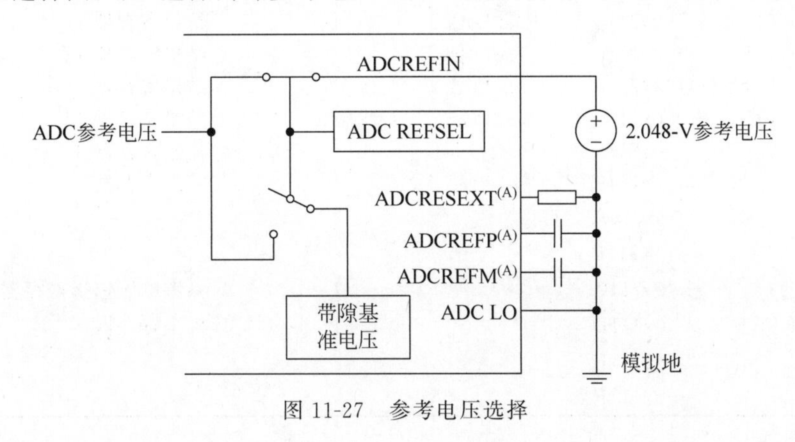

图 11-27 参考电压选择

如果选择内部参考电压,引脚 ADCREFIN 可以悬空,也可以接地。无论选择使用哪种方式,引脚 ADCRESEXT、ADCREFP、ADCREFM 的外部电路是一样的。

为了满足工业应用的需求,通常外部参考电压使用 2.048V,所选用的提供参考电压的器件应当具有比较宽的温度范围,推荐使用 TI 的 REF3020AIDBZ。

11.5 ADC 模块的寄存器

ADC 模块的寄存器如表 11-12 所示。

表 11-12 ADC 寄存器

寄存器名	地址 1	地址 2	尺寸(×16)	说明
ADCTRL1	0x7100		1	控制寄存器 1
ADCTRL2	0x7101		1	控制寄存器 2
ADCMAXCONV	0x7102		1	最大转换通道设定寄存器
ADCCHSELSEQ1	0x7103		1	通道选择控制寄存器 1
ADCCHSELSEQ2	0x7104		1	通道选择控制寄存器 2
ADCCHSELSEQ3	0x7105		1	通道选择控制寄存器 3
ADCCHSELSEQ4	0x7106		1	通道选择控制寄存器 4
ADCASEQSR	0x7107		1	自动序列发生器状态寄存器
ADCRESULT0	0x7108	0x0B00	1	结果寄存器 0
ADCRESULT1	0x7109	0x0B01	1	结果寄存器 1
ADCRESULT2	0x710A	0x0B02	1	结果寄存器 2
ADCRESULT3	0x710B	0x0B03	1	结果寄存器 3
ADCRESULT4	0x710C	0x0B04	1	结果寄存器 4
ADCRESULT5	0x710D	0x0B05	1	结果寄存器 5
ADCRESULT6	0x710E	0x0B06	1	结果寄存器 6
ADCRESULT7	0x710F	0x0B07	1	结果寄存器 7
ADCRESULT8	0x7110	0x0B08	1	结果寄存器 8
ADCRESULT9	0x7111	0x0B09	1	结果寄存器 9
ADCRESULT10	0x7112	0x0B0A	1	结果寄存器 10
ADCRESULT11	0x7111	0x0B0B	1	结果寄存器 11
ADCRESULT12	0x7114	0x0B0C	1	结果寄存器 12
ADCRESULT11	0x7115	0x0B0D	1	结果寄存器 13
ADCRESULT14	0x7116	0x0B0E	1	结果寄存器 14
ADCRESULT15	0x7117	0x0B0F	1	结果寄存器 15
ADCTRL3	0x7118		1	控制寄存器 3
ADCST	0x7119		1	状态寄存器
保留	0x711A 0X711B		2	
ADCREFSEL	0x711C		1	参考电压选择寄存器
ADCOFFTRIM	0x711D		1	校正寄存器
保留	0x711E 0x711F		2	

ADC 寄存器的具体定义可见“C2000 助手”。

从表 11-12 可以看到，结果寄存器有两个地址。位于外设 0 地址单元内的结果寄存器地址(0x0B00～0x0B0F)支持 DMA 直接访问模式，DMA 访问无须通过总线，所以这些寄存器支持 CPU 的直接访问。位于外设 2 地址单元内的结果寄存器(0x7108～0x7117)不支持 DMA 访问。

11.6　ADC 采样例程

视频讲解

假设 ADC 模块工作于级联模式，SEQ1 和 SEQ2 级联成了一个 16 状态的序列发生器 SEQ，来实现对引脚 ADCINA0～ADCINA7 和 ADCINB0～ADCINB7 共 16 路通道的采样，下面将介绍如何使用软件置位的方法来启动 ADC 模块的转换。

ADC 模块工作于级联模式，SEQ1 和 SEQ2 级联成了一个 16 状态的序列发生器 SEQ，顺序采样，并采用软件置位的方法启动 ADC 转换。本程序的基本思路如下：

(1) 初始化系统，为系统分配时钟，处理看门狗电路等。

(2) 初始化 ADC 模块，设定 ADC 采样的相关方式，例如单序列发生器，顺序采样，决定采样通道的顺序等。

(3) 软件置位启动 ADC 转换，等待转换结束，读取转换结果。程序代码见程序清单 11-1 和程序清单 11-2。

程序清单 11-1　初始化系统控制模块

```
#include "DSP2833x_Device.h"                    //包含头文件
#include "DSP2833x_Examples.h"

void InitSysCtrl(void)
{
   DisableDog();                                 //关看门狗

   //初始化 PLL 控制: PLLCR and DIVSEL
   //DSP28_PLLCR and DSP28_DIVSEL 在 DSP2833x_Examples.h 中有定义
   InitPll(DSP28_PLLCR,DSP28_DIVSEL);
   InitPeripheralClocks();                       //初始化外设时钟
}

void DisableDog(void)                            //禁止看门狗
{
    EALLOW;
    SysCtrlRegs.WDCR = 0x0068;
    EDIS;
}

void InitPll(Uint16 val, Uint16 divsel)          //PLL 初始化函数
```

```
{
   if (SysCtrlRegs.PLLSTS.bit.MCLKSTS != 0)
   {
      asm("      ESTOP0");
   }
   if(SysCtrlRegs.PLLSTS.bit.DIVSEL != 0)
   {
       EALLOW;
       SysCtrlRegs.PLLSTS.bit.DIVSEL = 0;
       EDIS;
   }

   //改变 PLLCR 寄存器
   if(SysCtrlRegs.PLLCR.bit.DIV != val)
   {
      EALLOW;

      //在配置 PLLCR 寄存器前关闭时钟丢失检测逻辑
      SysCtrlRegs.PLLSTS.bit.MCLKOFF = 1;
      SysCtrlRegs.PLLCR.bit.DIV = val;
      EDIS;
      DisableDog();
      EALLOW;
      SysCtrlRegs.PLLSTS.bit.MCLKOFF = 0;
      EDIS;
}

    if((divsel == 1)||(divsel == 2))
    {
        EALLOW;
        SysCtrlRegs.PLLSTS.bit.DIVSEL = divsel;
        EDIS;
    }

    if(divsel == 3)
    {
        EALLOW;
        SysCtrlRegs.PLLSTS.bit.DIVSEL = 2;
        DELAY_US(50L);
        SysCtrlRegs.PLLSTS.bit.DIVSEL = 3;
        EDIS;
    }
}

void InitPeripheralClocks(void)
{
```

```
    EALLOW;

    SysCtrlRegs.HISPCP.all = 0x0001;                    //高速外设时钟 HSPCLK = 75M
    SysCtrlRegs.LOSPCP.all = 0x0002;                    //低速外设时钟 LSPCLK = 37.5M
    SysCtrlRegs.PCLKCR0.bit.ADCENCLK = 1;               //使能 ADC 时钟
    EDIS;
}
```

程序清单 11-2 主函数程序

```
#include "DSP2833x_Project.h"
#include <stdio.h>
#include <string.h>

//ADC 相关参数
#define ADC_MODCLK 0x3         //HSPCLK = SYSCLKOUT/2 * ADC_MODCLK2 = 150/(2 * 3) = 25.0 MHz
#define ADC_CKPS 0x0           //ADC 时钟 = HSPCLK/1 = 25.5MHz/(1) = 25.0 MHz
#define ADC_SHCLK 0x1          //采样保持器宽度 = 2 ADC 时钟周期
#define BUF_SIZE 16            //缓存大小
#define OFFSET 0

float SampleTable[BUF_SIZE]; //保存采样结果

void main(void)
{
    Uint16 i;
     Uint16 array_index;
    InitSysCtrl();

    asm(" RPT #8 || NOP");

    InitPieCtrl();
    DINT;
    InitFlash();
    IER = 0x0000;
    IFR = 0x0000;
    InitPieVectTable();
    asm(" RPT #8 || NOP");
  InitAdc();
  EALLOW;

  SysCtrlRegs.HISPCP.all = ADC_MODCLK;
  EDIS;

    AdcRegs.ADCTRL1.bit.ACQ_PS = ADC_SHCLK;
```

```
    AdcRegs.ADCTRL3.bit.ADCCLKPS = ADC_CKPS;
    AdcRegs.ADCTRL1.bit.SEQ_CASC = 1;                    //级联方式
    AdcRegs.ADCTRL3.bit.SMODE_SEL = 0;                   //顺序采样
    AdcRegs.ADCCHSELSEQ1.bit.CONV00 = 0x0;
    AdcRegs.ADCCHSELSEQ1.bit.CONV01 = 0x1;
    AdcRegs.ADCCHSELSEQ1.bit.CONV02 = 0x2;
    AdcRegs.ADCCHSELSEQ1.bit.CONV03 = 0x3;
    AdcRegs.ADCCHSELSEQ2.bit.CONV04 = 0x4;
    AdcRegs.ADCCHSELSEQ2.bit.CONV05 = 0x5;
    AdcRegs.ADCCHSELSEQ2.bit.CONV06 = 0x6;
    AdcRegs.ADCCHSELSEQ2.bit.CONV07 = 0x7;
    AdcRegs.ADCCHSELSEQ3.bit.CONV08 = 0x8;
    AdcRegs.ADCCHSELSEQ3.bit.CONV09 = 0x9;
    AdcRegs.ADCCHSELSEQ3.bit.CONV10 = 0xA;
    AdcRegs.ADCCHSELSEQ3.bit.CONV11 = 0xB;
    AdcRegs.ADCCHSELSEQ4.bit.CONV12 = 0xC;
    AdcRegs.ADCCHSELSEQ4.bit.CONV13 = 0xD;
    AdcRegs.ADCCHSELSEQ4.bit.CONV14 = 0xE;
    AdcRegs.ADCCHSELSEQ4.bit.CONV15 = 0xF;

    AdcRegs.ADCTRL1.bit.CONT_RUN = 1;                    //连续转换模式
    AdcRegs.ADCTRL1.bit.SEQ_OVRD = 1;
    AdcRegs.ADCMAXCONV.bit.MAX_CONV1 = 0xF;              //转换 16 通道
    DINT;

      for (i = 0; i < BUF_SIZE; i++)
    {
      SampleTable[i] = 0;
    }

    AdcRegs.ADCTRL2.bit.SOC_SEQ1 = 1;                    //启动 SEQ1

  while(1)
  {
      array_index = 0;
      for (i = 0; i <(BUF_SIZE/16); i++)
      {
        while (AdcRegs.ADCST.bit.INT_SEQ1 == 0){}        //等待,直到转换完成,然后读取结果
        AdcRegs.ADCST.bit.INT_SEQ1_CLR = 1;              //清除标志位

        SampleTable[array_index++] = ( (AdcRegs.ADCRESULT0)>> 4) * 3.0/4095.0 - OFFSET;
        SampleTable[array_index++] = ( (AdcRegs.ADCRESULT1)>> 4) * 3.0/4095.0 - OFFSET;
        SampleTable[array_index++] = ( (AdcRegs.ADCRESULT2)>> 4) * 3.0/4095.0 - OFFSET;
        SampleTable[array_index++] = ( (AdcRegs.ADCRESULT3)>> 4) * 3.0/4095.0 - OFFSET;
        SampleTable[array_index++] = ( (AdcRegs.ADCRESULT4)>> 4) * 3.0/4095.0 - OFFSET;
        SampleTable[array_index++] = ( (AdcRegs.ADCRESULT5)>> 4) * 3.0/4095.0 - OFFSET;
```

```
        SampleTable[array_index++] = ( (AdcRegs.ADCRESULT6)>> 4) * 3.0/4095.0 - OFFSET;
        SampleTable[array_index++] = ( (AdcRegs.ADCRESULT7)>> 4) * 3.0/4095.0 - OFFSET;
        SampleTable[array_index++] = ( (AdcRegs.ADCRESULT8)>> 4) * 3.0/4095.0 - OFFSET;
        SampleTable[array_index++] = ( (AdcRegs.ADCRESULT9)>> 4) * 3.0/4095.0 - OFFSET;
        SampleTable[array_index++] = ( (AdcRegs.ADCRESULT10)>> 4) * 3.0/4095.0 - OFFSET;
        SampleTable[array_index++] = ( (AdcRegs.ADCRESULT11)>> 4) * 3.0/4095.0 - OFFSET;
        SampleTable[array_index++] = ( (AdcRegs.ADCRESULT12)>> 4) * 3.0/4095.0 - OFFSET;
        SampleTable[array_index++] = ( (AdcRegs.ADCRESULT13)>> 4) * 3.0/4095.0 - OFFSET;
        SampleTable[array_index++] = ( (AdcRegs.ADCRESULT14)>> 4) * 3.0/4095.0 - OFFSET;
        SampleTable[array_index++] = ( (AdcRegs.ADCRESULT15)>> 4) * 3.0/4095.0 - OFFSET;
      }
    }
  }
```

运行程序后，可以通过设置断点来观察 ADC 结果寄存器中的值。当 ADC 引脚悬空时，引脚处于高阻态，也是会有电压的，而且是随机值。只有给引脚施加了采样信号之后，采样结果才正确，不过需要注意的是，施加的电压值必须是 0～3V 的。建议对于不使用的 ADC 引脚，最好将其接地，这样采样到的数据就是 0。

本章详细介绍了 F28335 ADC 模块的结构、特点及其工作方式，结合实例分析了如何编写 ADC 转换的程序，第 12 章将详细介绍 F28335 的 ePWM 模块。

习题

11-1　F28335 的 ADC 采样分辨率是多少？有多少个采样通道？

11-2　F28335 的 ADC 工作方式有哪些？

11-3　如果给 ADC 某个通道接入了一个直流电压，其对应的结果寄存器的值为 20000，则这个通道接入的电压是多少伏？

11-4　如果 ADC 工作于双序列发生器模式，顺序采样，需要采样 ADCINA2、ADCINA3、ADCINA7、ADCINB0、ADCINB1、ADCINB2、ADCINB6，请写出最大转换通道设定语句，并指出各个通道对应的结果寄存器。

11-5　如果 ADC 工作于级联模式，并发采样，需要采样 ADCINA0、ADCINA1、ADCINA2、ADCINB0、ADCINB1、ADCINB2，写出最大转换通道设置语句，并指出各个通道对应的结果寄存器。

第 12 章

增强型脉宽调制模块 ePWM

增强型脉宽调制模块(ePWM)的作用是产生频率、相位和占空比可调的方波脉冲,是TMS320F28335的重要外设,在电机驱动控制和电力电子的设备中是必不可少的,可以应用于比如数字式电机控制系统、数字电源、变频器、逆变器、电动汽车充电桩、储能变流器等电力变换设备中。本章将详细介绍 ePWM 的结构、内部的各个子模块,并结合实际应用来介绍如何使用 ePWM 模块来产生所需的各种 PWM 波形。

视频讲解

12.1 PWM 基础知识

在介绍 ePWM 模块之前,先介绍一下什么是 PWM,PWM 的作用是什么,以及 PWM 有哪些参数。PWM 是 Pulse Width Modulation 的缩写,即脉宽调制,通俗地说就是宽度可调节的方波脉冲,如图 12-1 所示。

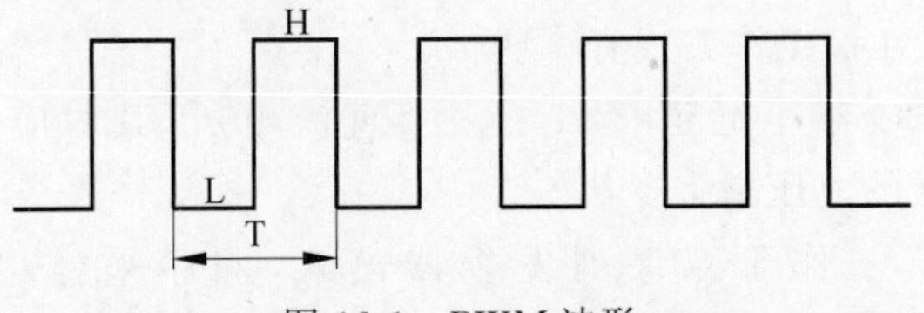

图 12-1 PWM 波形

在实际应用中,PWM 用于驱动开关器件,比如 MOSFET、IGBT 或者 IPM 模块,PWM输出的高低电平刚好可以控制开关器件的导通或者关断,从而实现通过改变输出方波的占空比来改变等效的输出电压。图 12-2 为三相全桥逆变电路,这是电力电子中最为常见和实用的一种拓扑结构,通过 6 路 PWM 来控制 6 个开关管,可以将直流电压 Ud 逆变成对称的三相交流电 U、V、W。

PWM 相关的参数有频率、占空比、幅值。PWM 的频率等于其周期的倒数,即:

$$f=\frac{1}{T}$$

T 为 PWM 的周期,即每隔多长时间输出一次脉冲。占空比 D 为一个周期内,高电平时间与周期的比值,即高电平所占周期的比例,图 12-1 中的 PWM 波形的占空比为:

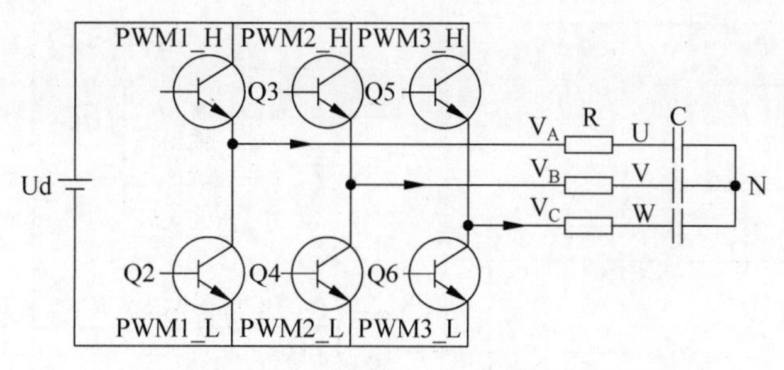

图 12-2 PWM 控制的三相全桥逆变电路

$$D=\frac{H}{T}$$

PWM 的幅值是指输出波形的高电平与低电平的电压值。

12.2 ePWM 模块概述

TMS320F28335 有 6 个 ePWM 模块：ePWM1、ePWM2、ePWM3、ePWM4、ePWM5 和 ePWM6。每个 ePWM 模块都有相同的内部逻辑电路，因此在功能上这 6 个 ePWM 模块都是相同的。图 12-3 为 ePWM 模块内部结构框图。

从图 12-3 可以看出，ePWM 模块内部包含有 7 个子模块，分别是时间基准子模块 TB、比较功能子模块 CC、动作限定子模块 AQ、死区控制子模块 DB、斩波控制子模块 PC、事件触发子模块 ET 和故障捕获子模块 TZ，正是由这几个子模块的配合，才可以方便地得到所需的 PWM 波形。

每个 ePWM 模块都具有以下功能：

- 可以输出两路 PWM，即 EPWMxA 和 EPWMxB；
- 两路 PWM 可以独立输出，也可以互补输出；
- 具有相位控制功能，可以超前或者滞后于其他 ePWM 模块；
- 具有死区控制功能，可以分别对上升沿和下降沿进行延时控制；
- 具有故障保护功能，通过对触发条件的设置，当故障发生时，可自动将 PWM 输出引脚设置为低电平、高电平或高阻状态；
- 具有高频斩波功能，高频斩波信号对 PWM 进行斩波控制，用于高频变换器的门级驱动；
- 所有事件都可以触发中断，也都可以产生内部 ADC 转换的启动脉冲 SOC。

图 12-4 为 ePWM 模块所包含的子模块以及相关的信号。

从图 12-4 可以看出：

- PWM 输出信号 EPWMxA 和 EPWMxB，这两个信号通过 GPIO 口输出，从而产生 PWM 波；
- 故障触发信号 $\overline{TZ1}$～$\overline{TZ6}$。这些故障触发信号是用来通知 ePWM 模块，外部电路

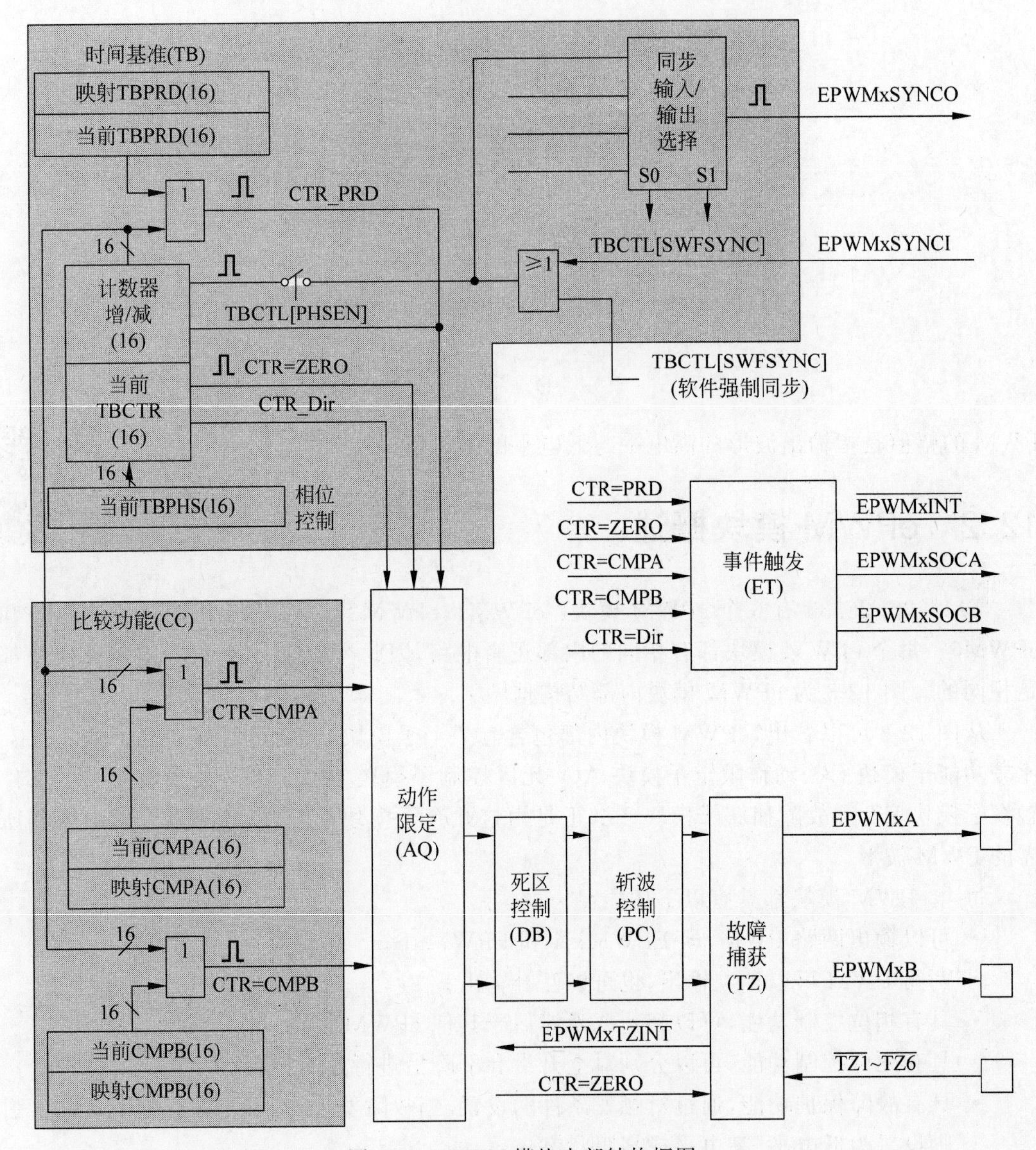

图 12-3　ePWM 模块内部结构框图

出现了故障，需要立即停机，从而实现保护功能。每个 ePWM 模块都可以使用或屏蔽掉故障触发信号。$\overline{\text{TZ1}}$～$\overline{\text{TZ6}}$ 可以配置成同步输入模式，并从相应的 GPIO 口输入；

- 时钟基准同步信号输入 EPWMxSYNCI 及输出 EPWMxSYNCO，同步信号可以将所有的 ePWM 模块连接成一个整体，当然，每个 ePWM 模块都可以通过设置，使用或者忽略同步信号；
- ADC 启动信号 EPWMxSOCA 和 EPWMxSOCB。

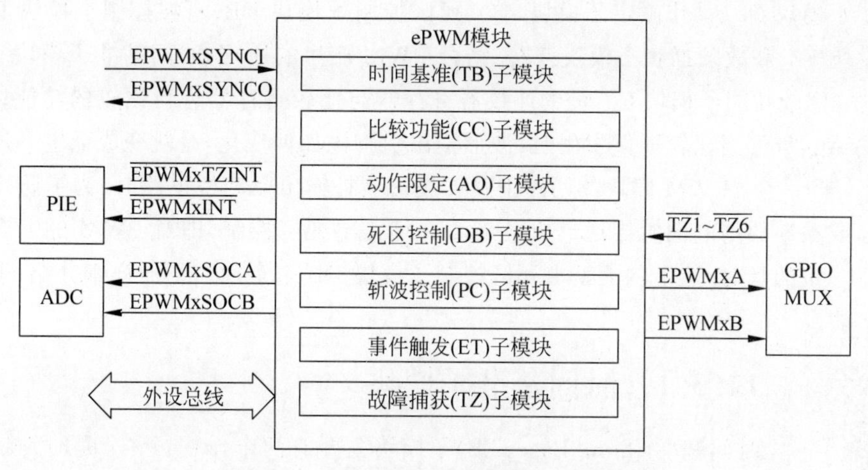

图 12-4　ePWM 模块的子模块及主要信号

12.3　ePWM 的子模块

在开始介绍 ePWM 具体的功能前，先介绍 ePWM 产生 PWM 的基本原理，如图 12-5 所示。

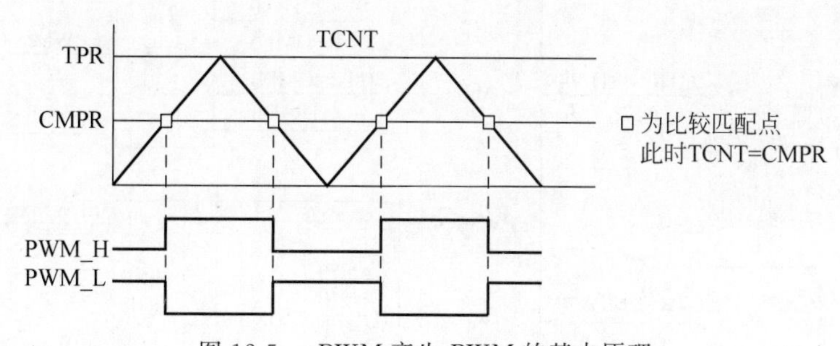

图 12-5　ePWM 产生 PWM 的基本原理

从图 12-5 可以看出，需要有 3 个寄存器：周期寄存器 TPR、计数器寄存器 TCNT 和比较寄存器 CMPR。周期寄存器 TPR 决定了一个周期计数的最大值，也就决定了 PWM 的周期。计数器寄存器 TCNT 按照时钟信号来进行计数，图 12-5 为增减计数模式，即从 0 增计数到 TPR，然后再从 TPR 减计数到 0，不断重复。当计数器寄存器 TCNT 的值与比较寄存器的值 CMPR 相等时，PWM 的电平发生变化，由低电平变为高电平，或者由高电平变为低电平，从而产生周期性的 PWM 波形。改变周期寄存器 TPR，就可以改变 PWM 的周期，即可以改变 PWM 的频率；改变比较寄存器 CMPR，就可以改变 PWM 的占空比。上述就是产生 PWM 波形的基本原理。

从图 12-3 可以看出，ePWM 模块内部包含有 7 个子模块，分别是时间基准子模块 TB、比较功能子模块CC、动作限定子模块AQ、死区控制子模块DB、斩波控制子模块PC、事件触发子模块ET和故障捕获子模块TZ。结合PWM产生的原理,时间基准子模块TB负责计数功能;比较功能子模块CC负责计数器寄存器与比较寄存器进行比较的功能;动作限定子模块AQ负责当比较事件发生时,波形输出引脚该如何变化,是跳变成低电平还是跳变成高电平;当一个ePWM模块的两路PWM波形互补输出驱动桥电路时,为了防止开关器件在开通或关断的瞬间同时导通形成短路,PWM需要死区控制,即对PWM的上升沿和下降沿进行一定的延时,这个功能就由死区控制子模块DB来实现。下面详细介绍ePWM的各个子模块。

视频讲解

12.3.1 时间基准子模块

时间基准(Time Base,TB)子模块主要有两个作用:一个是时钟信号的同步,另一个是计数。如果是单个ePWM模块,就不存在同步的问题,自己自行根据时钟进行计数就可以了。然而实际应用中,往往需要多个ePWM模块产生的PWM同时去驱动一个电路,这就会涉及同步问题,也就是如何让多个ePWM同时进行计数呢?时间基准子模块TB提供了同步信号来解决这个问题。图12-6为时间基准子模块TB在整个ePWM模块中的位置。

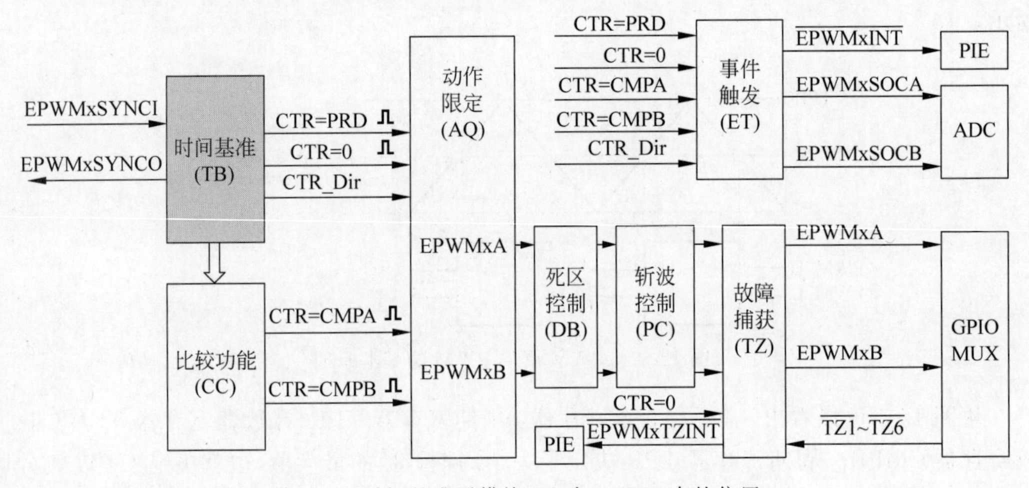

图12-6 时间基准子模块TB在ePWM中的位置

1. TB子模块内部结构

图12-7为TB子模块内部关键信号及主要寄存器。

通过时间基准子模块TB可以实现计数时钟的配置、计数模式的选择、同步信号的选择、相位的控制等功能,下面会分别进行介绍。表12-1为时间基准子模块TB相关的寄存器,寄存器的具体内容可以参见"C2000助手"。

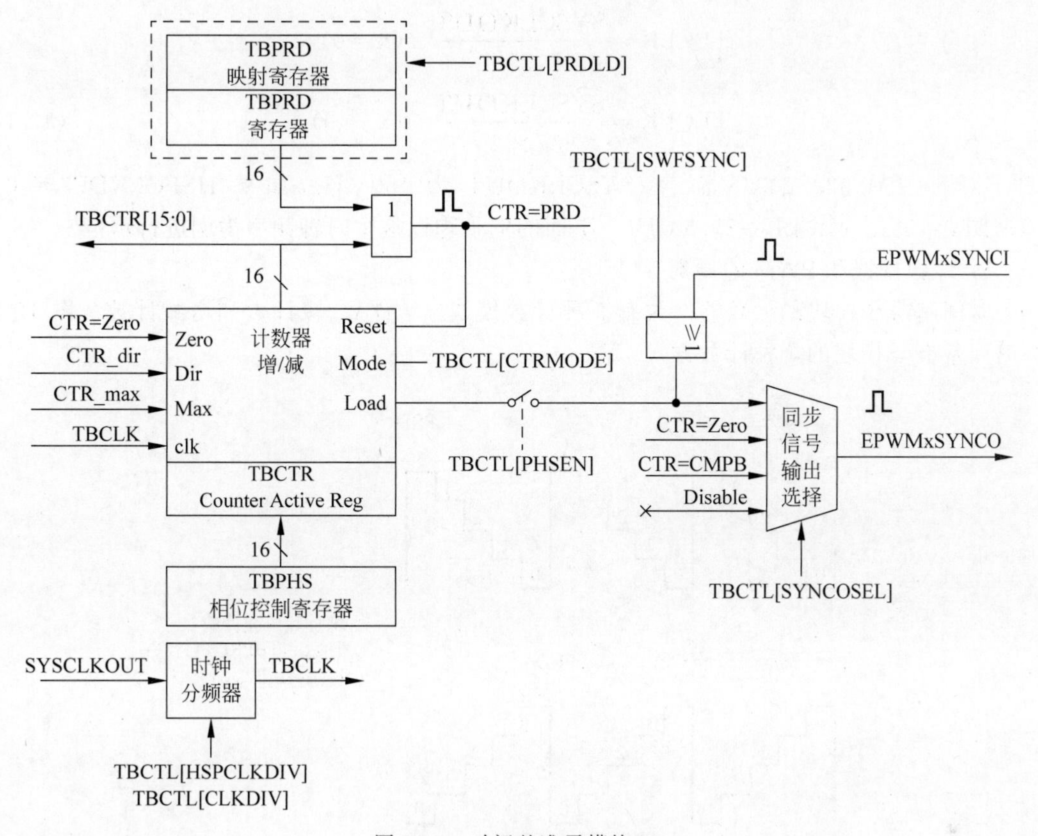

图 12-7 时间基准子模块 TB

表 12-1 时间基准子模块 TB 的寄存器

寄存器名	地址偏移	是否具有映射功能	说明
TBCTL	0x0000	NO	TB 控制寄存器
TBSTS	0x0001	NO	TB 状态寄存器
TBPHSHR	0x0002	NO	HRPWM 相位扩展寄存器
TBPHS	0x0003	NO	TB 相位寄存器
TBCTR	0x0004	NO	TB 计数寄存器
TBPRD	0x0005	YES	TB 周期寄存器

2. 计数时钟

计数器计数需要一个计数的节拍来进行计数，也就是它需要按照一定的时间来进行一次计数。时间基准子模块 TB 的计数时钟 TBCLK 是由系统时钟 SYSCLKOUT 分频而来。从图 12-7 可以看出，它和控制寄存器 TBCTL 的两个位有关：HDSPCLKDIV 和 CLKDIV。HSPCLKDIV 的值为 x，则如果 x 为 0，则分频系数为 1，如果 x 不为 0，则分频系数为 2x；如果 CLKDIV 的值为 y，则分频系数为 2^y。计数时钟 TBCLK 的计算公式为：

$$\mathrm{TBCLK}=\frac{\mathrm{SYSCLKOUT}}{2^{y}}\quad (x=0)$$

$$\mathrm{TBCLK}=\frac{\mathrm{SYSCLKOUT}}{2x\times 2^{y}}\quad (x>0)\tag{12-1}$$

对于 TMS320F23335 而言，SYSCLKOUT 为 150MHz，如果 HSPCLKDIV＝0，CLKDIV＝2，则 TBCLK＝37.5MHz。下面的例子均以这个时钟频率为例进行示范。

3. 计数模式和 PWM 的周期

时间基准子模块的计数器一共有 3 种计数模式：增计数、减计数和增减计数。图 12-8 为时间基准子模块的 3 种计数方式。

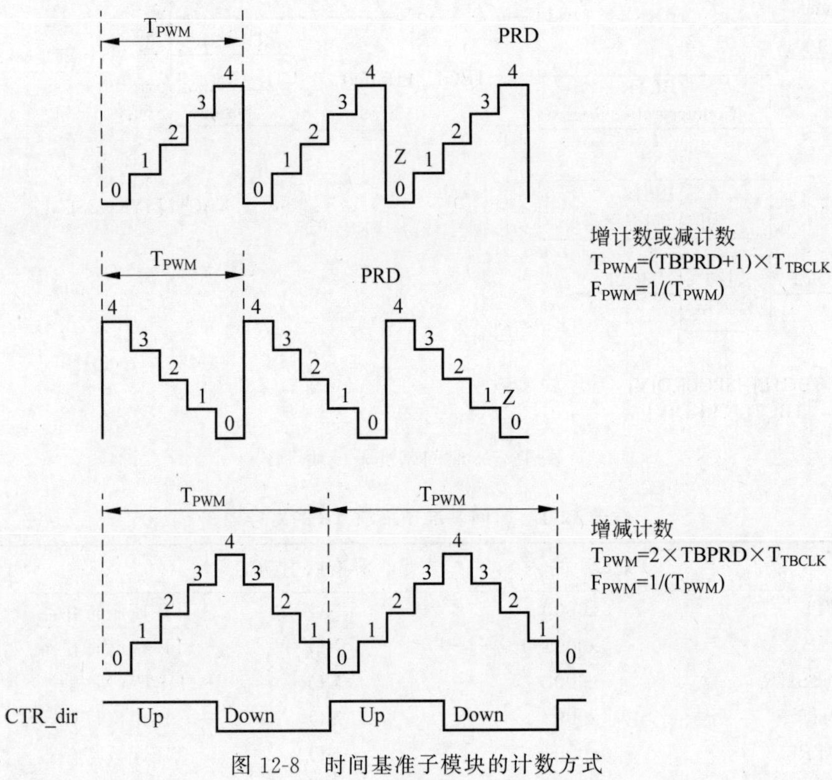

图 12-8 时间基准子模块的计数方式

增计数模式：计数器 TBCTR 从 0 开始增计数，每次加 1，计数到 TBPRD 时，TBCTR 变为 0，然后重新开始增计数至 TBPRD，不断重复。

减计数模式：计数器 TBCTR 从 TBPRD 开始减计数，每次减 1，计数到 0 时，TBCTR 又变为 TBPRD，然后重新开始减计数至 0，不断重复。

增减计数模式：计数器 TBCTR 从 0 开始增计数，每次加 1，计数到 TBPRD 时，进行减计数，每次减 1，计数到 0 时再开始增计数，不断重复。

图 12-8 是以 TBPRD＝4 为例演示的 3 种计数模式。由前面 PWM 产生的原理可以看出，周期寄存器 TBPRD 决定了 PWM 的周期，从图 12-8 不难得到，当计数器工作于增计数

模式或者减计数模式时，PWM 的计数周期为：

$$T_{PWM} = TBPRD + 1 \tag{12-2}$$

当计数器工作于增减计数模式时，PWM 的计数周期为：

$$T_{PWM} = 2 \times TBPRD \tag{12-3}$$

而每计一次数所需要的时间是由计数时钟来决定对的，如果计数时钟为 TBCLK 为 X MHz，则每计一次数需要时间为：

$$t_{CLK} = \frac{1}{X \times 10^6} s \tag{12-4}$$

因此，PWM 的周期为：

$$T = T_{PWM} \times t_{CLK} \tag{12-5}$$

得到 PWM 的周期，PWM 的频率也就得到了，取倒数就可以。

4. 映射寄存器

从表 12-1 可以看到，时间基准周期寄存器 TBPRD 具有一个映射寄存器，映射寄存器可以使寄存器的更新与硬件同步。ePWM 所有具有映射寄存器的寄存器都会有两个寄存器，分别是当前寄存器和映射寄存器。

当前寄存器可以用来控制系统硬件的运行，并反映硬件的当前状态。映射寄存器可以用来临时存放数据，并在某个特定的时刻将数据传送给当前寄存器，可见映射寄存器对硬件没有任何直接作用。

映射寄存器和当前寄存器拥有相同的地址，TBCTL[PRDLD]位决定了是否使用 TBPRD 的映射寄存器功能，从而决定了 CPU 读写操作作用于当前寄存器还是映射寄存器。

(1) TBPRD 映射模式。当 TBCTL[PRDLD]=0 时，TBPRD 使用映射模式，此时 CPU 读写 TBPRD 的地址单元将直接作用于映射寄存器。当计数器 TBCTR 的值等于 0 时，映射寄存器中的内容直接装载到当前寄存器。默认情况下 TBPRD 采用映射模式。

(2) TBPRD 立即模式。当 TBCTL[PRDLD]=1 时，TBPRD 使用立即模式，此时 CPU 读写 TBPRD 的地址单元时将绕开映射寄存器，而直接作用于当前寄存器。

5. 时钟同步和相位控制

前面讲过，如果只有一个 ePWM 单元，就不会存在同步问题，自顾自地计数就可以了，但是当多个 ePWM 模块一起工作时，往往会涉及输出 PWM 的同步问题，即如何让多个 ePWM 模块同步进行计数，换句话说，通过同步可以将器件内所有的 ePWM 模块连在一起。TMS320F28335 的每个 ePWM 都有一个同步信号输入 EPWMxSYNCI 和一个同步信号输出 EPWMxSYNCO。TMS320F28335 的同步方案如图 12-9 所示。

ePWM1 模块的同步信号输入来自于外部引脚，然后 ePWM1 将同步信号输出给 ePWM2 和 ePWM4，其他模块的同步信号输入/输出关系见图 12-9。每个 ePWM 模块都可以使用或者忽略同步信号。

在实际使用时，PWM 信号之间往往会有相位的差别，ePWM 的时间基准子模块可以通

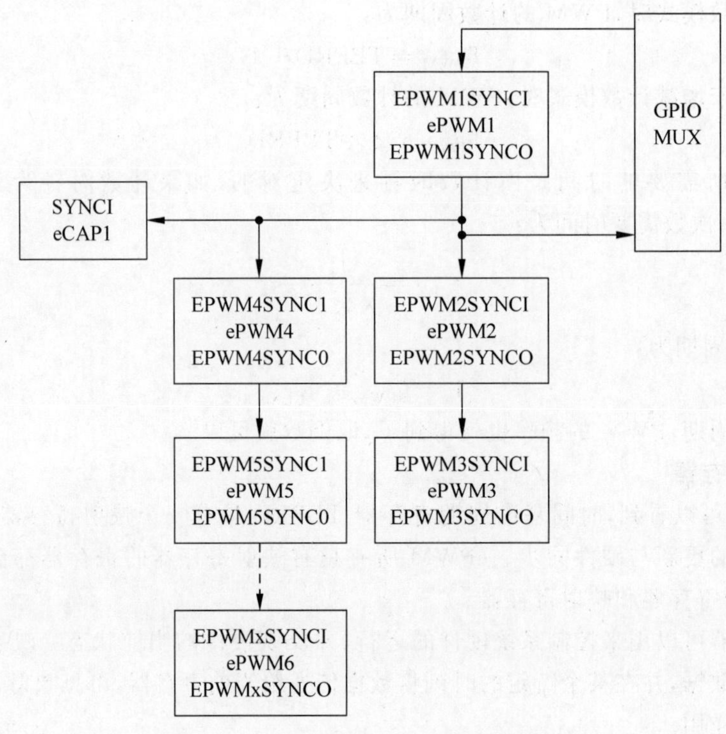

图 12-9　ePWM 模块的时钟同步方案

过 TBCTL[PHSEN]位来实现相位控制功能。如果 TBCTL[PHSEN]＝1,那么相应的 ePWM 模块的时间基准计数器 TBCTR 将在以下情况发生时自动装载相位寄存器 TBPHS 中的值。

(1) 同步脉冲 EPWMxSYNCI 输入时,即当同步脉冲信号 EPWMxSYNCI 被检测到时,相位寄存器 TBPHS 中的值将被装载到时间基准计数器 TBCTR 中,装载过程发生在下一个时间基准时钟 TBCLK 的上升沿。如果 TBCLK＝SYSCLKOUT,那么将产生两个 TBCLK 周期的延时;如果 TBCLK!＝SYSCLKOUT,那么将产生一个 TBCLK 周期的延时。

(2) 软件强制同步脉冲产生时,即当向 TBCTL[SWFSYNC]位中写 1 时,相当于使用软件强制的方式产生一个同步脉冲,而软件产生的同步脉冲与 EPWMxSYNCI 具有相同的作用。

相位控制功能可以方便地控制各个 ePWM 模块所产生的 PWM 脉冲之间的相位关系,可控制一路 PWM 脉冲的相位超前、滞后或与另一路 PWM 脉冲同步。在增减计数模式下,TBCTL[PSHDIR]位控制同步事件发生后时间基准计数器 TBCTR 的计数方向,新的计数方向与同步事件之前的计数方向无关。在增计数或减计数模式下,PHSDIR 位被忽略。

图 12-10 为增计数模式下相位控制的波形。当同步事件发生时,TBCTR 会装载 TBPHS 中的值并重新开始进行增计数。

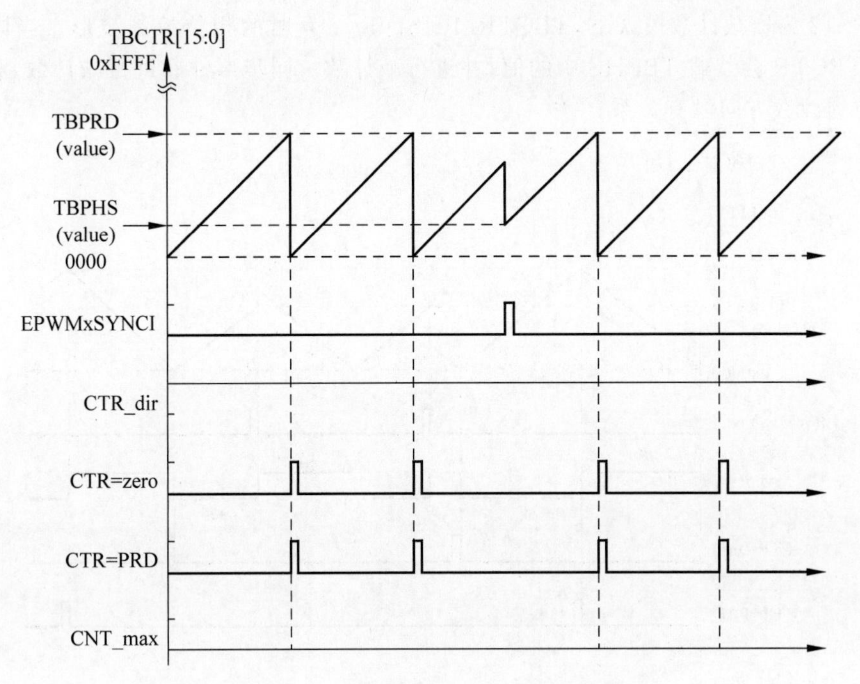

图 12-10 增计数模式下相位控制的波形

图 12-11 为减计数模式下相位控制的波形。当同步事件发生时，TBCTR 会装载 TBPHS 中的值并重新开始进行减计数。

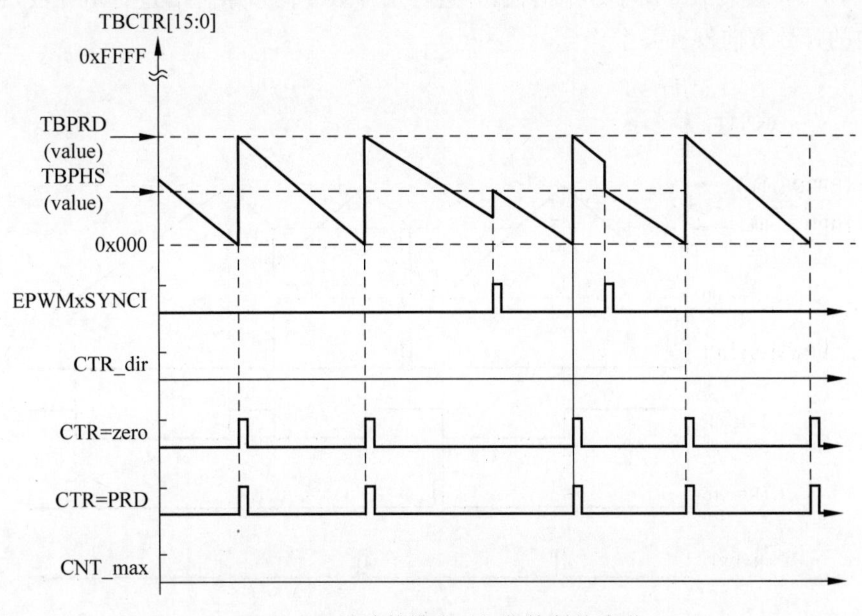

图 12-11 减计数模式下相位控制的波形

图 12-12 为增减计数模式下,TBCTR[PHSDIR]=0 时的相位控制波形。当同步事件发生时,TBCTR 会装载 TBPHS 中的值,并进行减计数。同步事件后进行减计数,和同步事件发生前的计数方向没有关系。

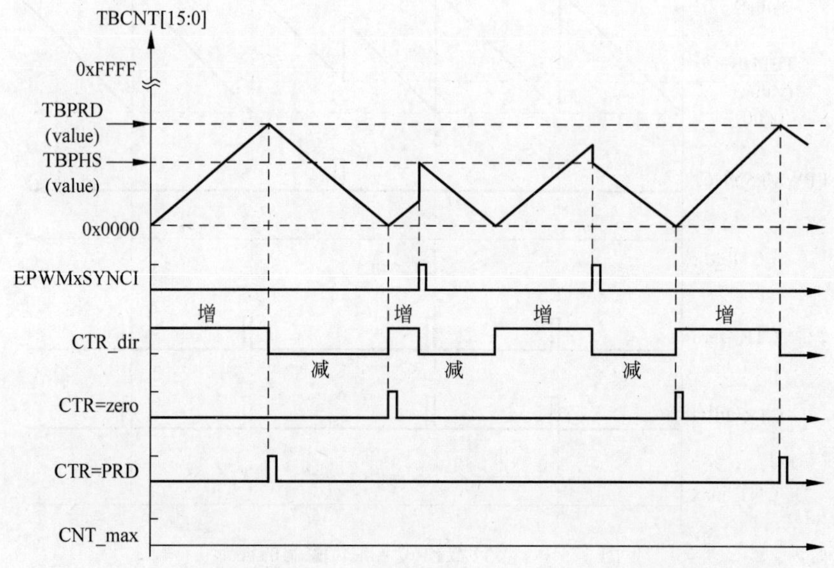

图 12-12 增减计数模式下,TBCTR[PHSDIR]=0 时的相位控制波形

图 12-13 为增减计数模式下,TBCTR[PHSDIR]=1 时的相位控制波形。当同步事件发生时,TBCTR 会装载 TBPHS 中的值,并进行增计数。同步事件后进行增计数,和同步事件发生前的计数方向没有关系。

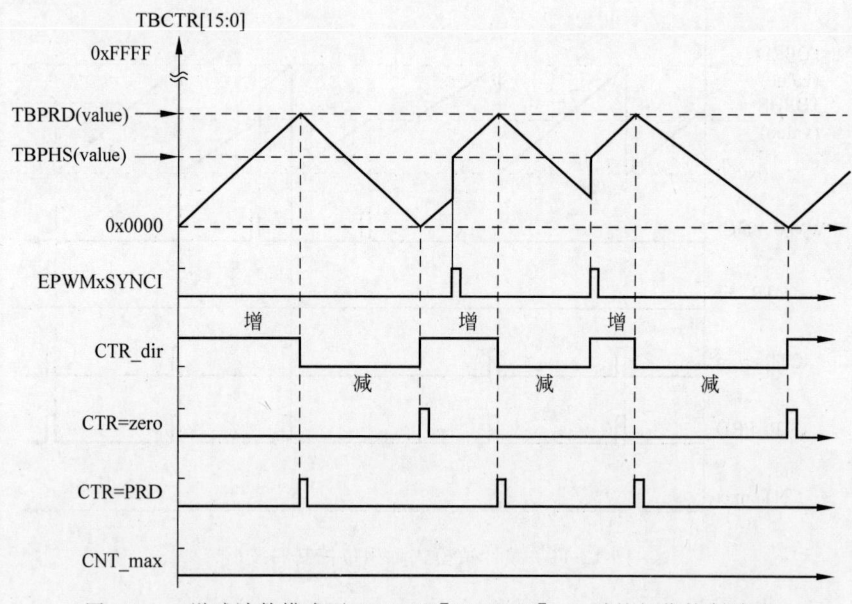

图 12-13 增减计数模式下,TBCTR[PHSDIR]=1 时的相位控制波形

6. 软件同步多个 ePWM 模块的基准时钟

如果有多个 ePWM 模块的基准时钟被使能，那么时间基准控制寄存器 TBCTL[TBCLKSYNC]位可以用来同步这些基准时钟。当 TBCTL[TBCLKSYNC]＝0 时，所有 ePWM 模块的时钟停止(默认)；当 TBCTL[TBCLKSYNC]＝1 时，所有 ePWM 模块的时钟在 TBCLK 的上升沿启动。在初始化 ePWM 模块时，需要按照以下步骤进行操作：

(1) 使能各个 ePWM 模块的时钟；

(2) 将 TBCLKSYNC 清零，从而停止所有 ePWM 模块的时钟；

(3) 对 ePWM 模块进行配置；

(4) 将 TBCLKSYNC 置位，同时启动所有 ePWM 模块的时钟。

视频讲解

12.3.2 比较功能子模块

计数器比较功能(Counter Compare,CC)子模块有两个比较寄存器 CMPA 和 CMPB，其功能就是将计数器寄存器 TBCTR 的值和这两个比较寄存器的值进行比较，由此产生比较事件，从而产生 PWM 波。从图 12-14 可以看出比较功能子模块 CC 在整个 ePWM 模块中的位置。

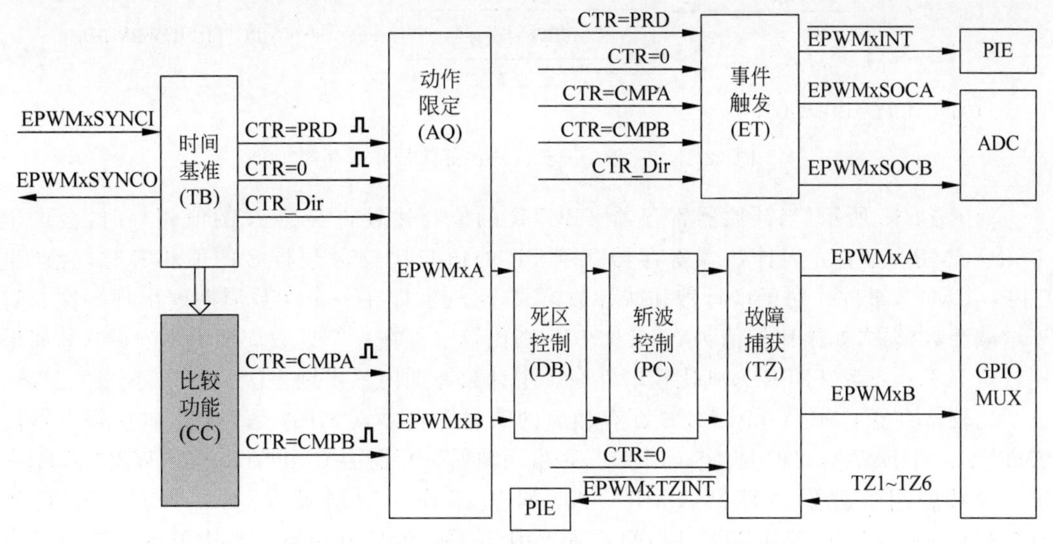

图 12-14　比较功能子模块 CC 在 ePWM 中的位置

比较功能子模块相关的寄存器如表 12-2 所示。比较功能子模块内部信号和寄存器如图 12-15 所示。

表 12-2　比较功能子模块 CC 的寄存器

寄存器名	地址偏移	是否具有映射功能	说　明
CMPCTL	0x0007	NO	比较器控制寄存器
CMPAHR	0x0008	YES	HRPWM CMPA 扩展寄存器
CMPA	0x0009	YES	比较寄存器 A
CMPB	0x000A	YES	比较寄存器 B

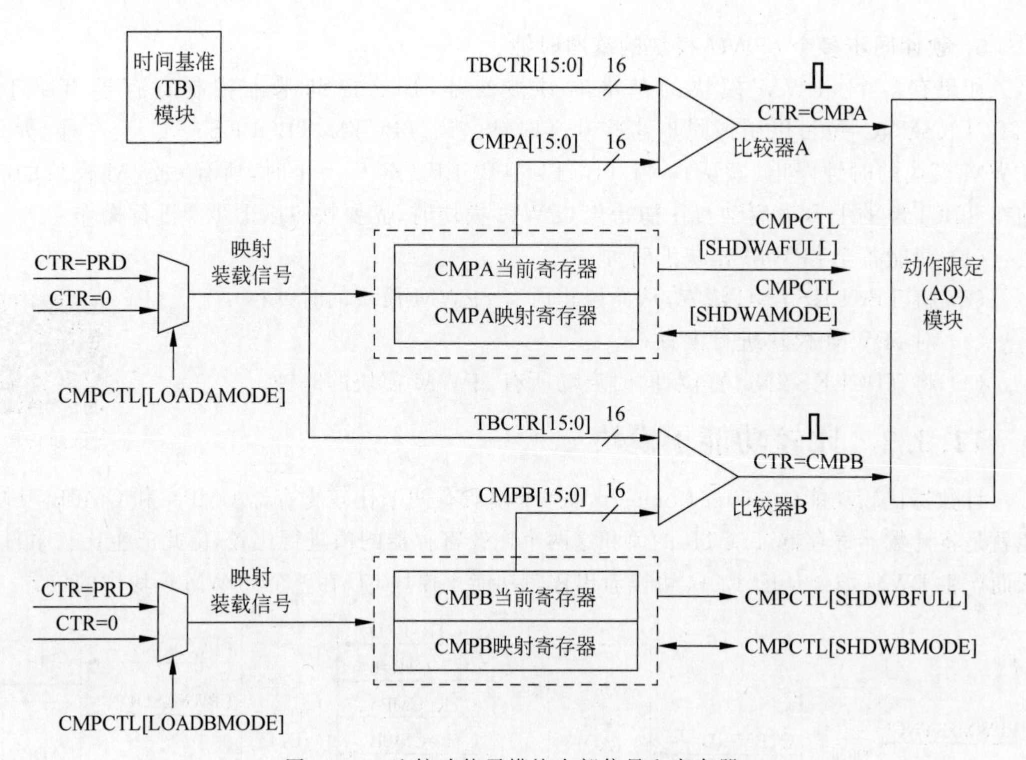

图 12-15　比较功能子模块内部信号和寄存器

如图 12-15 所示，当计数器寄存器 TBCTR 的值与比较寄存器 A 的值相等时，会产生 CTR＝CMPA 事件；当计数器寄存器 TBCTR 的值与比较寄存器 B 的值相等时，会产生 CTR＝CMPB 事件。对于增计数和减计数模式，比较事件在一个计数周期内出现一次。对于增减计数模式，如果比较值为 0～TBPRD，则比较事件在一个计数周期内出现两次；如果比较值等于 0 或者 TBPRD，则比较事件在一个计数周期内只出现一次。

比较寄存器 CMPA 和 CMPB 都有相应的映射寄存器，CMPA 是否启用映射寄存器由 CMPCTL[SHDWAMODE]决定，CMPB 是否启用映射寄存器由 CMPCTL[SHDWBMODE]决定。如果启用了映射寄存器，CMPA 和 CMPB 工作于映射模式，可以通过 CMPCTL[LOADAMODE]和 CMPCTL[LOADBMODE]选择何时将映射寄存器中的内容装载进当前寄存器中，可以有 3 种选择：

(1) TBCTR＝0 时，也就是当计数器寄存器计数到 0 时，将映射寄存器中的值装载进当前寄存器中。

(2) TBCTR＝TBPRD 时，也就是当计数器寄存器计数到 TBPRD 时，将映射寄存器中的值装载进当前寄存器中。

(3) TBCTR＝0 或 TBCTR＝TBPRD 时，也就是当计数器寄存器计数到 0 或 TBPRD 时，将映射寄存器中的值装载进当前寄存器中。

当然，如果选择 CMPA 和 CMPB 工作于立即模式，则只要值有更新，就会将 CMPA 和 CMPB 的值直接写进当前寄存器中，比较值立即发生更新。

下面结合同步操作，看看计数器在不同的计数模式下，产生比较事件的情况，并分析同步操作对比较事件的影响。图 12-16 为增计数模式下比较事件产生的情况。在增计数模式下，同步信号到来，TBCTR 会将相位寄存器 TBPHS 的值装载进来，然后从这个值开始增计数。图 12-16 中第二个周期的时候，由于同步信号的到来，使得原本会发生的 CTR＝CMPA 的事件丢失了，CTR＝CMPB 的事件提前了。

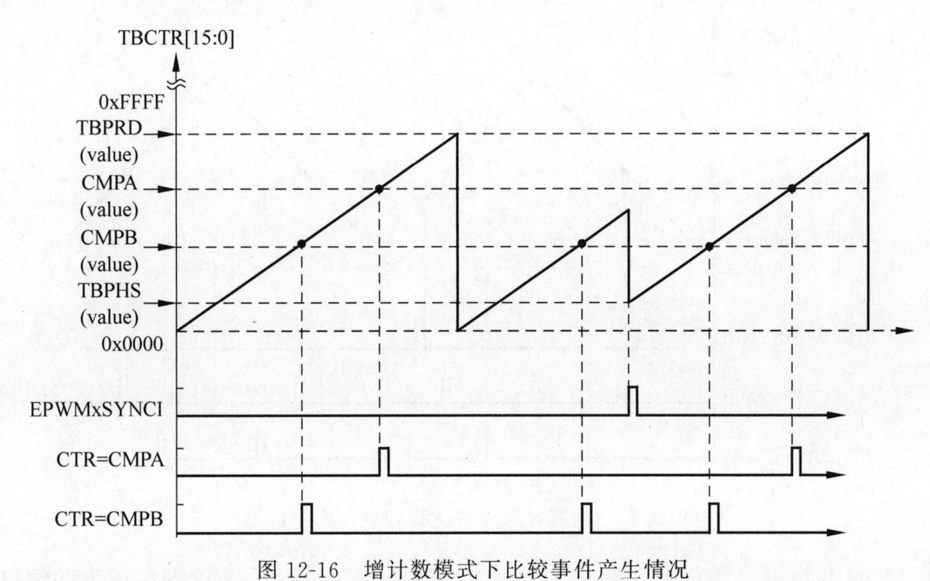

图 12-16 增计数模式下比较事件产生情况

图 12-17 为减计数模式下比较事件产生的情况。在减计数模式下，同步信号到来，TBCTR 会将相位寄存器 TBPHS 的值装载进来，然后从这个值开始减计数。图 12-17 中第三个周期的时候，由于同步信号的到来，使得原本会发生的 CTR＝CMPB 的事件丢失了，CTR＝CMPA 的事件提前了。

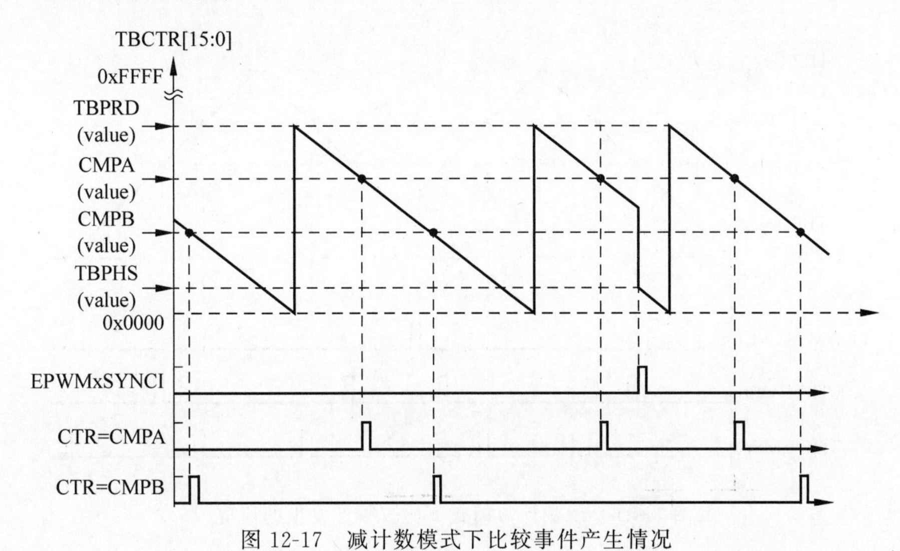

图 12-17 减计数模式下比较事件产生情况

图 12-18 为增减计数模式，且 TBCTL[PHSDIR]＝0 情况下比较事件产生的情况。在同步事件到来时，TBCTR 将 TBPHS 的值装载进来，并从这个值开始减计数，而不管先前的计数方向。在图 12-18 中，同步事件的到来并没有使得比较事件丢失，但是比较事件发生的时刻都提前了。

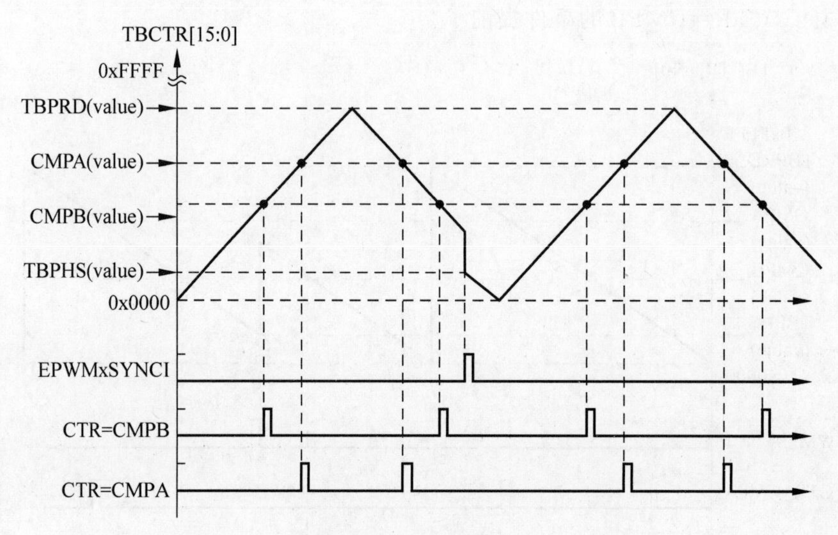

图 12-18 增减计数模式下比较事件产生情况

图 12-19 为增减计数模式，且 TBCTL[PHSDIR]＝1 情况下比较事件产生的情况。在同步事件到来时，TBCTR 将 TBPHS 的值装载进来，并从这个值开始减计数，而不管先前的计数方向。在图 12-19 中，同步事件的到来并没有使得比较事件丢失，但是比较事件发生的时刻都提前了。

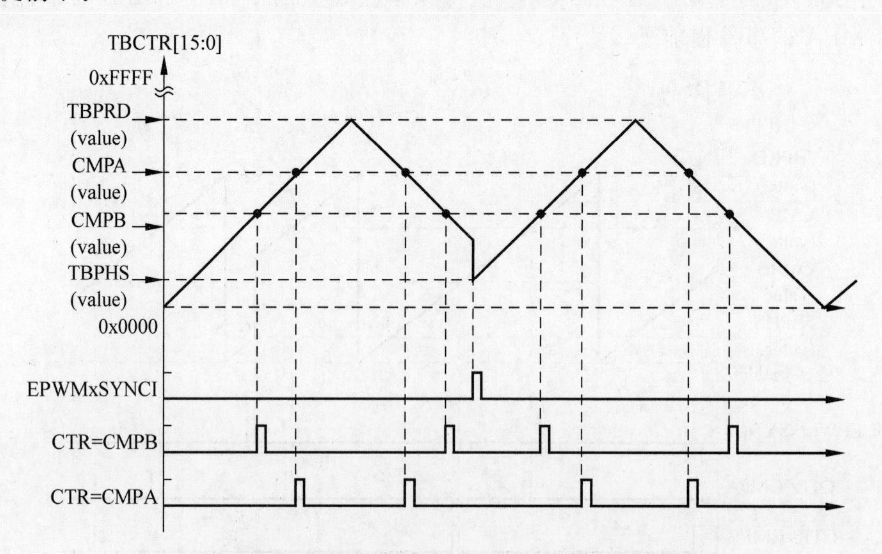

图 12-19 增减计数模式下比较事件发生的情况

综上所述，ePWM的比较功能子模块的作用就是将计数器寄存器同CMPA和CMPB进行比较，以产生比较事件，然后将这些事件送入下面要介绍的动作限定子模块AQ中，驱动输出引脚产生电平的变化，从而产生PWM波。这里要提醒大家的是，不要以为EPWMxA引脚使用比较寄存器CMPA，EPWMxB引脚使用比较寄存器B，特别是对于熟悉TMS3202812的用户，因为TMS320F2812里PWM1和PWM2引脚用的是共同的比较寄存器CMPR1。在这里，EPWMxA可以使用CMPA或CMPB，EPWMxB也可以使用CMPA或CMPB，具体配置下面在AQ子模块中进行介绍。

视频讲解

12.3.3　动作限定子模块

动作限定(Action Qualifier，AQ)子模块在整个波形生成的环节中扮演着最重要的角色，当计数器的各种事件送入AQ后，由AQ来决定引脚应该如何动作，是变为高电平，还是变为低电平，还是没有任何动作，又或者直接翻转之前的电平，从而产生所需的PWM波形。动作限定子模块在整个ePWM中的位置如图12-20所示。

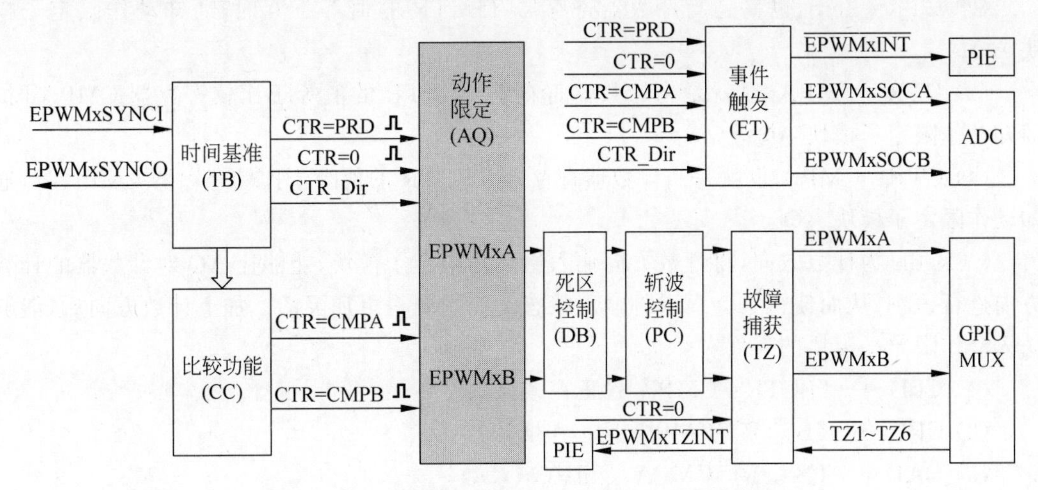

图12-20　动作限定子模块AQ在ePWM中的位置

动作限定子模块AQ的主要寄存器如表12-3所示，其内部关键信号如图12-21所示。

表12-3　动作限定子模块AQ的寄存器

寄存器名	地址偏移	是否具有映射功能	说　明
AQCTLA	0x000B	NO	输出A的动作限定控制寄存器
AQCTLB	0x000C	NO	输出B的动作限定控制寄存器
AQSFRC	0x000D	NO	动作限定软件强制寄存器
AQCSFRC	0x000E	YES	动作限定软件连续强制寄存器

从图12-21可以看出，送入AQ的事件有4种，分别是：

(1) CTR＝PRD，也就是当计数器寄存器TBCTR的值与周期寄存器TBPRD相等时，

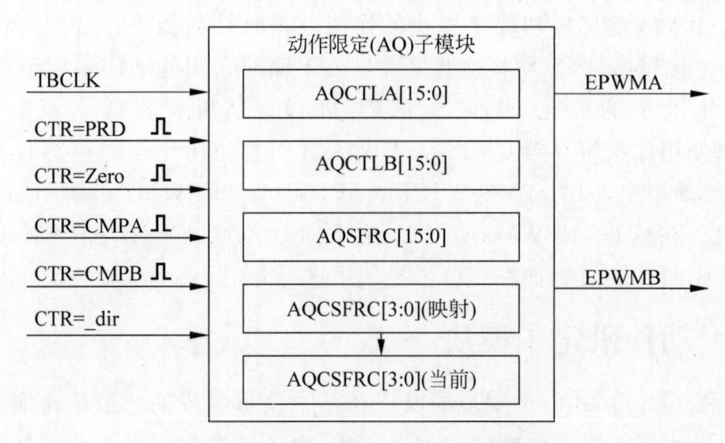

图 12-21　动作限定子模块内部信号

通知动作限定子模块 AQ；

(2) CTR＝Zero，也就是当计数器寄存器 TBCTR 的值等于 0 时，通知动作限定子模块 AQ；

(3) CTR＝CMPA，也就是当计数器寄存器 TBCTR 的值等于比较寄存器 CMPA 时，通知动作限定子模块 AQ；

(4) CTR＝CMPB，也就是当计数器寄存器 TBCTR 的值等于比较寄存器 CMPB 时，通知动作限定子模块 AQ。

CTR_dir 为计数方向，将计数方向输入给动作限定子模块，能够让 AQ 对计数器的计数方向进行识别，从而使得 AQ 对引脚输出状态的控制变得更加灵活。加上计数方向后，能够送入动作限定子模块的事件有：

(1) CBD——TBCTR＝CMPB，且正在减计数；

(2) CBU——TBCTR＝CMPB，且正在增计数；

(3) CAD——TBCTR＝CMPA，且正在减计数；

(4) CAU——TBCTR＝CMPA，且正在增计数；

(5) PRD——TBCTR＝TBPRD；

(6) ZRO——TBCTR＝0。

前面也提到过，每个 ePWM 模块有两个输出引脚：EPWMxA 和 EPWMxB，对这两个引脚输出动作的设定是完全独立的，任何一个事件都可以对 EPWMxA 或 EPWMxB 产生任何动作。EPWMxA 可以通过寄存器 AQCTLA 进行设置，EPWMxB 可以通过寄存器 AQCTLB 进行设置。在寄存器 AQCTLA 和 AQCTLB 中，每个事件都可以被设置为以下 4 种动作中的一种：

(1) 无动作，即保持 EPWMxA 或 EPWMxB 的输出状态不变，值得注意的是，虽然这种情况使得 PWM 引脚的输出状态不发生变化，但是这个事件仍然可以触发中断，也可以产生启动 ADC 转换的信号 SOC；

（2）置高，使 EPWMxA 或 EPWMxB 输出高电平；

（3）置低，使 EPWMxA 或 EPWMxB 输出低电平；

（4）翻转，翻转 EPWMxA 或 EPWMxB 的状态，之前是高电平则变为低电平，之前是低电平则变为高电平。

在动作限定子模块中，除了计数器的各种事件能够限定 PWM 引脚动作外，还可以通过软件强制的功能来限定 PWM 引脚动作。软件强制可以通过寄存器 AQSFRC 和 AQCSFRC 来控制，比如当 AQSFRC[OTSFA]＝1 时，就对 EPWMxA 引脚输出一次强制事件，此时引脚如何动作由 AQSFRC[ACTSFA]来决定，可选的动作也是上面介绍的 4 种。AQSFRC 是控制产生单次软件强制事件，而 AQCSFRC 是控制产生连续软件强制事件。

为了便于介绍，采用表 12-4 所列的图形来表示各种动作，在默认情况下，各个事件的动作都是“无动作”。

表 12-4　EPWMxA 和 EPWMxB 可能的动作

软件强制	TB计数器等于				动　作
	Zero	Comp A	Comp B	Period	
SW ×	Z ×	CA ×	CB ×	P ×	无动作
SW ↓	Z ↓	CA ↓	CB ↓	P ↓	置低
SW ↑	Z ↑	CA ↑	CB ↑	P ↑	置高
SW T	Z T	CA T	CB T	P T	翻转

ePWM 的动作限定子模块 AQ 在同一时刻可以接收多个触发事件，在这种情况下，动作限定子模块如何响应呢？和中断优先级类似，AQ 在硬件上也设计有事件的优先级。在众多事件中，软件强制的优先级始终是最高的，因为软件强制肯定是人为干预的，所以明显要优先响应。表 12-5 为增减计数模式下事件的优先级。表 12-6 为增计数模式下事件的优先级。表 12-7 为减计数模式下事件的优先级。

这里要说明一下，可能有的用户就会有疑问：在增计数的时候，怎么会产生 CBD 或 CAD 事件？同样在减计数的时候，怎么会产生 CBU 或 CAU 事件？这个是为了保证增减计数模式的对称性，在 TBCTR＝TBPRD 时，如果 CMPA 或者 CMPB 的值等于 TBPRD，那么无论是 CBU、CAU 事件，还是 CBD、CAD 事件，都可以产生。正常情况下，增计数时只产生 CAU 和 CBU 事件，减计数时只产生 CAD 和 CBD 事件。

表 12-5　增减计数模式下的事件优先级

优先级	TBCTR 正在增计数 TBCTR=0 递增到 TBCTR=TBPRD	TBCTR 正在减计数 TBCTR=TBPRD 递增到 TBCTR=0
1(最高)	软件强制事件	软件强制事件
2	计数器的值等于 CMPB(CBU)	计数器的值等于 CMPB(CBD)
3	计数器的值等于 CMPA(CAU)	计数器的值等于 CMPA(CAD)
4	计数器的值等于零	计数器的值等于 TBPRD
5	计数器的值等于 CMPB(CBD)	计数器的值等于 CMPB(CBU)
6(最低)	计数器的值等于 CMPA(CAD)	计数器的值等于 CMPA(CAU)

表 12-6　增计数模式下的事件优先级

优先级	事件
1(最高)	软件强制事件
2	计数器的值等于 TBPRD
3	计数器的值等于 CMPB(CBU)
4	计数器的值等于 CMPA(CAU)
5(最低)	计数器的值等于 0

表 12-7　减计数模式下的事件优先级

优先级	事件
1(最高)	软件强制事件
2	计数器的值等于零
3	计数器的值等于 CMPB(CBD)
4	计数器的值等于 CMPA(CAD)
5(最低)	计数器的值等于 TBPRD

通过上面的介绍可知，通过在动作限定子模块中对各种事件进行动作的限定，可以产生各种各样的波形，而在实际应用中，常用的是使用增计数模式产生不对称的 PWM 波形，使用减计数模式产生不对称的 PWM 波形，使用增减计数模式产生对称的 PWM 波形，PWM 的占空比从 0～100%变化。

图 12-22 为增计数模式下，EPWMxA 使用 CMPA 寄存器，EPWMxB 使用 CMPB 寄存器，各自独立产生不对称的 PWM 波形，不难看出，EPWMxA 和 EPWMxB 虽然可以生成不同的 PWM，但是频率是一样的，因为它们使用的是同一个周期寄存器 TBPRD。

EPWMxA 在 TBCTR=CMPA 时，变为高电平，在 TBCTR=TBPRD 时，变为低电平。如果 CMPA=0，则 EPWMxA 始终输出高电平，占空比为 100%；如果 CMPA=TBPRD，则 EPWMxA 始终输出低电平，占空比为 0%。EPWMxA 的占空比计算公式为：

$$D=\frac{\mathrm{TBPRD}-\mathrm{CMPA}}{\mathrm{TBPRD}}=1-\frac{\mathrm{CMPA}}{\mathrm{TBPRD}} \tag{12-6}$$

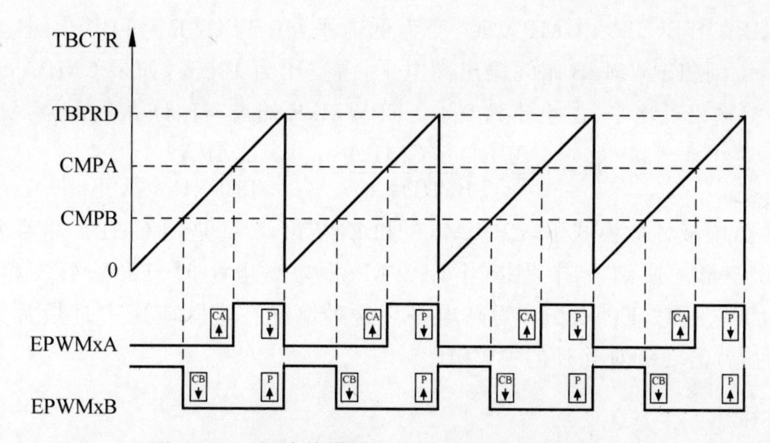

图 12-22 增计数模式下产生不对称 PWM 波形

EPWMxB 在 TBCTR=CMPB 时，变为低电平，在 TBCTR=TBPRD 时变为高电平。如果 CMPB=0，EPWMxB 则始终输出低电平，占空比为 0%，如果 CMPB=TBPRD，EPWMxB 则始终输出高电平，占空比为 100%。EPWMxB 的占空比计算公式为：

$$D=\frac{CMPB}{TBPRD} \tag{12-7}$$

图 12-23 为减计数模式下，EPWMxA 使用 CMPB 寄存器，EPWMxB 使用 CMPA 寄存器，各自独立产生不对称的 PWM 波形。

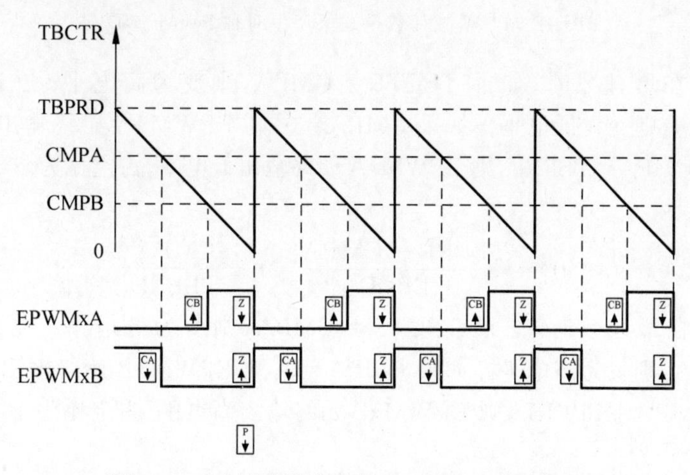

图 12-23 减计数模式下产生不对称 PWM 波形

EPWMxA 在 TBCTR=CMPB 时，变为高电平，在 TBCTR=TBPRD 时，变为低电平。如果 CMPB=0，则 EPWMxA 始终输出低电平，占空比为 0%；如果 CMPB=TBPRD，则 EPWMxA 始终输出高电平，占空比为 100%。EPWMxA 的占空比计算公式为：

$$D=\frac{CMPB}{TBPRD} \tag{12-8}$$

EPWMxB在TBCTR=CMPA时,变为低电平,在TBCTR=TBPRD时变为高电平。如果CMPA=0,则EPWMxB始终输出高电平,占空比为100%,如果CMPA=TBPRD,则EPWMxB始终输出低电平,占空比为0%。EPWMxB的占空比计算公式为:

$$D=\frac{TBPRD-CMPA}{TBPRD}=1-\frac{CMPA}{TBPRD} \tag{12-9}$$

图12-24为增减计数模式下,EPWMxA和EPWMxB都是用CMPA寄存器,输出对称互补的PWM波形。所谓互补是指当EPWMxA为高电平时,EPWMxB为低电平;当EPWMxA为低电平时,EPWMxB为高电平。这种情况在实际应用中是最常见的,当驱动一个桥电路时,就需要一对互补的PWM。

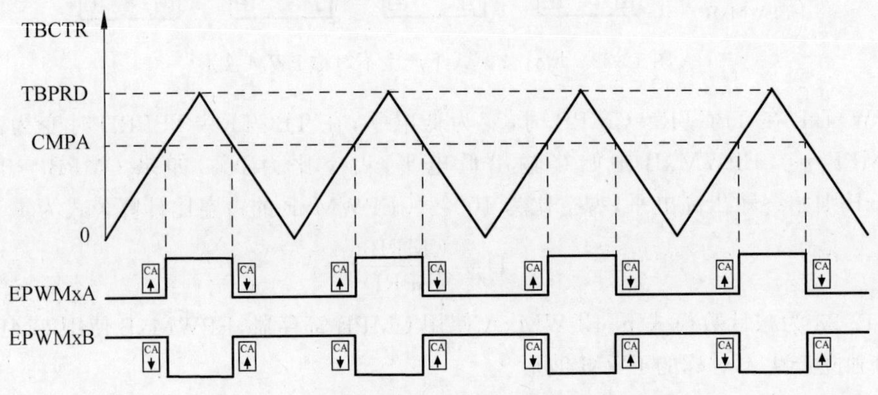

图12-24 增减计数模式下产生对称PWM波形

EPWMxA在增计数时,如果TBCTR=CMPA,则变为高电平;在减计数时,如果TBCTR=CMPA,则变为低电平。如果CMPA=0,则EPWMxA始终输出高电平,占空比为100%;如果CMPA=TBPRD,则EPWMxA始终输出低电平,占空比为0%。EPWMxA的占空比计算公式为:

$$D=\frac{TBPRD-CMPA}{TBPRD}=1-\frac{CMPA}{TBPRD} \tag{12-10}$$

EPWMxB在增计数时,如果TBCTR=CMPA,则变为低电平;在减计数时,如果TBCTR=CMPA,则变为高电平。如果CMPA=0,则EPWMxB始终输出低电平,占空比为0%;如果CMPA=TBPRD,则EPWMxB始终输出高电平,占空比为100%。EPWMxB的占空比计算公式为:

$$D=\frac{CMPA}{TBPRD} \tag{12-11}$$

简单总结一下,PWM产生需要周期寄存器TBPRD,计数器寄存器TBCTR,还有比较寄存器CMPx,TBPRD决定了PWM的周期,也就是PWM的频率,计数方式、CMPx、动作限定共同决定了PWM的占空比。在使用时,改变TBPRD的值可以改变PWM的频率;改变CMPx的值可以改变PWM的占空比。

12.3.4 死区控制子模块

死区，通常叫死区时间(dead time)，用于避免功率开关控制信号翻转时发生误触发的情况。下面首先介绍为何要用到死区，死区的作用是什么。桥电路在电力电子应用中是最为常见的，如图 12-25 中的一对 MOSFET 管组成的桥臂，这两个管子由一对互补的 PWM 信号——EPWMxA 和 EPWMxB 来驱动。在理想情况下，管子 S1 和 S2 总是互补地导通与关断，S1 导通的时候，S2 关断；S1 关断的时候，S2 导通。但是，现实往往是残酷的，开关管导通和关断的过程不是瞬时完成的，会存在拖尾效应。如图 12-25 所示，将开关管状态变换的过程放大来看，在 S2 还没有完全关断的时候，就有可能在 t_{error} 时刻，S1 已经开通，这在实际中是一个非常严重的问题，因为这时候，桥臂上下管直通，加在桥电路两端的电源直接短路，会由于电流过大而损坏开关管。

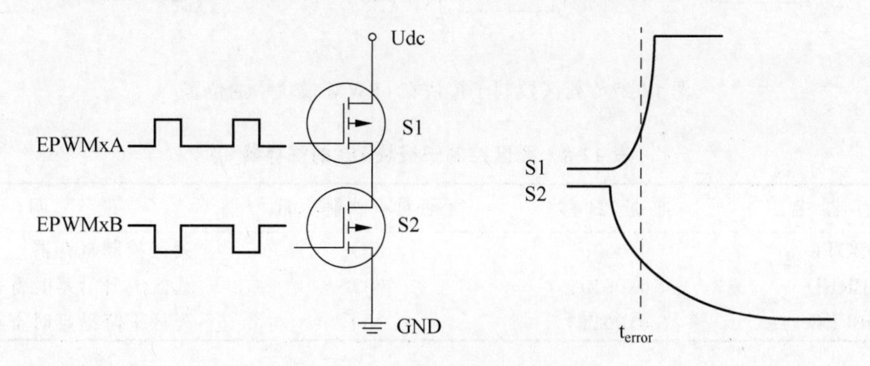

图 12-25 开关管误触发引起短路

为了避免上述现象发生，可以对驱动的 PWM 波形做一些处理，如图 12-26 所示，在 EPWMxA 和 EPWMxB 的上升沿与下降沿之间插入一个延时，使得同一桥臂的两个开关管导通和关断错开一定的时间，就是死区 deadtime，以保证同一桥臂上的上下管子总是先关断、后导通。

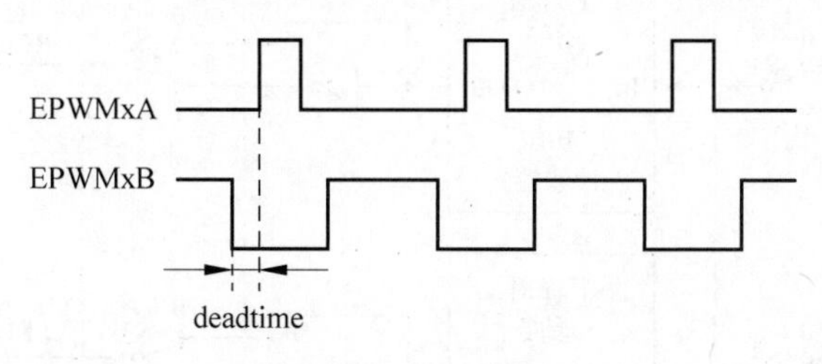

图 12-26 死区概念

ePWM 中的死区控制子模块 DB 就是用来严格地控制死区产生的边沿和极性。死区控制子模块在整个 ePWM 模块中的位置如图 12-27 所示。

死区控制子模块相关的寄存器如表 12-8 所示。

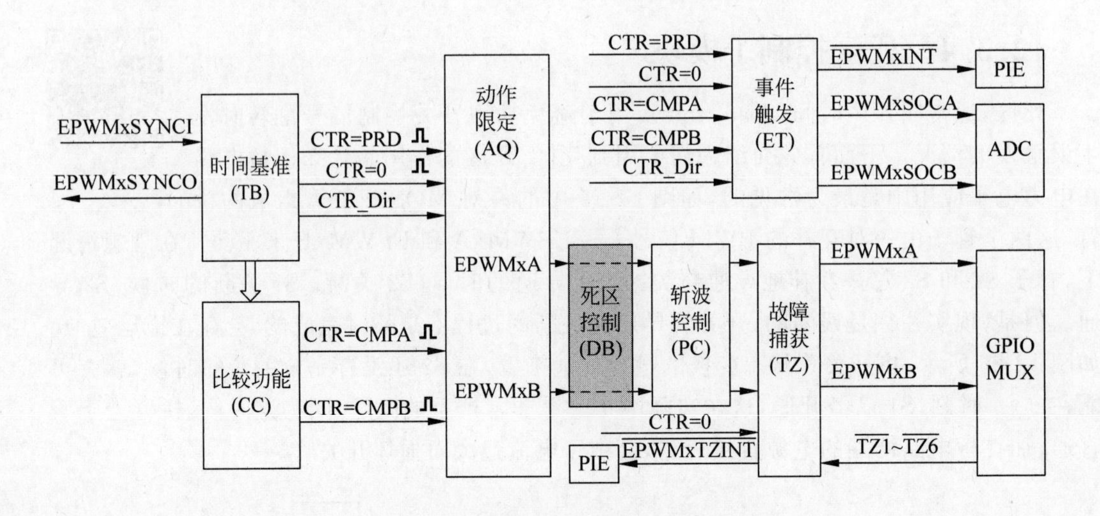

图 12-27　死区控制子模块在 ePWM 模块中的位置

表 12-8　死区控制子模块 DB 的寄存器

寄存器名	地址偏移	是否具有映射功能	说　明
DBCTL	0x000F	NO	死区控制寄存器
DBRED	0x0010	NO	死区上升沿延时寄存器
DBFED	0x0011	NO	死区下降沿延时寄存器

死区控制子模块 DB 的内部结构如图 12-28 所示，其内部主要包含了 3 个部分，分别是输入信号源选择、极性控制和输出模式选择，这 3 个部分均可以通过寄存器 DBCTL 来设置。

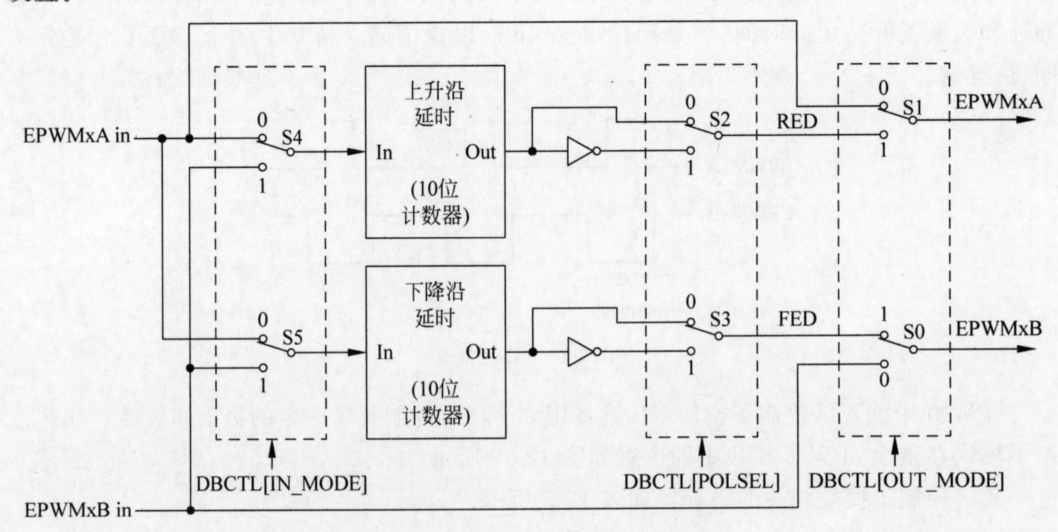

图 12-28　死区控制子模块内部结构

(1) 输出模式选择 DBCTL[OUT_MODE],决定是否需要对输入信号进行边沿控制:

- DBCTL[OUT_MODE]=0x00,禁用延时,EPWMxA 和 EPWMxB 直接通过 DB 子模块;
- DBCTL[OUT_MODE]=0x01,禁用上升沿延时,EPWMxA 直接通过 DB 子模块;
- DBCTL[OUT_MODE]=0x10,禁用下降沿延时,EPWMxB 直接通过 DB 子模块;
- DBCTL[OUT_MODE]=0x11,使能上升沿和下降沿延时。

(2) 输入信号源选择 DBCTL[IN_MODE],对需要边沿控制的信号源进行选择:

- DBCTL[IN_MODE]=0x00,EPWMxA 作为上升沿及下降沿延时的信号源;
- DBCTL[IN_MODE]=0x01,EPWMxB 作为上升沿的信号源,EPWMxA 作为下降沿的信号源;
- DBCTL[IN_MODE]=0x10,EPWMxA 作为上升沿的信号源,EPWMxB 作为下降沿的信号源;
- DBCTL[IN_MODE]=0x11,EPWMxB 作为上升沿及下降沿延时的信号源。

(3) 极性控制 DBCTL[POLSEL],决定是否在信号输出前,对经过上升沿或下降沿延时控制的信号进行取反操作:

- DBCTL[POSEL]=0x00,EPWMxA 和 EPWMxB 均不反转极性,也就是都不用取反,直接输出;
- DBCTL[POSEL]=0x01,EPWMxA 反转极性,EPWMxB 直接输出;
- DBCTL[POSEL]=0x10,EPWMxB 反转极性,EPWMxA 直接输出;
- DBCTL[POSEL]=0x11,EPWMxA 和 EPWMxB 均反转极性,信号取反后再输出。

下面介绍一种实际使用比较多的死区设置方案。EPWMxA 和 EPWMxB 互补输出分别驱动一个桥臂的上下管,如图 12-29 所示。死区控制子模块 DB 的输出模式设定为 EPWMxA 和 EPWMxB 均需要延时,都会送进 DB 子模块进行延时控制。选择 EPWMxA 的上升沿进行延时控制,EPWMxB 的下降沿进行延时控制。DB 的输入信号 EPWMxA_in 和 EPWMxB_in 为两个相同的信号。EPWMxA_in 的上升沿经过延时控制后,直接输出。EPWMxB_in 的下降沿经过延时控制后,先取反,然后再输出。最终,得到如图 12-29 所示的具有死区的互补输出的一对 PWM——EPWMxA 和 EPWMxB。

死区控制子模块 DB 的上升沿延时时间由寄存器 DBRED 决定,下降沿延时时间由 DBFED 决定,两个时间可以独立设置。通常,死区时间设置在几 μs。DBRED 和 DBFED 是 10 位寄存器,以 ePWM 的时钟周期 TBCLK 为最小的延时单位,延时时间计算式公式如下:

$$T_{RED} = DBRED \times T_{BCLK} \tag{12-12}$$

$$T_{FED} = DBFED \times T_{BCLK} \tag{12-13}$$

如果 ePWM 的基准时钟频率为 37.5MHz,且若 DBRED = 75,则图 12-29 中的 EPWMxA_in 的上升沿延时 2μs;若 DBFED=75,则图 12-29 中的 EPWMxB_in 的下降沿延时 2μs。

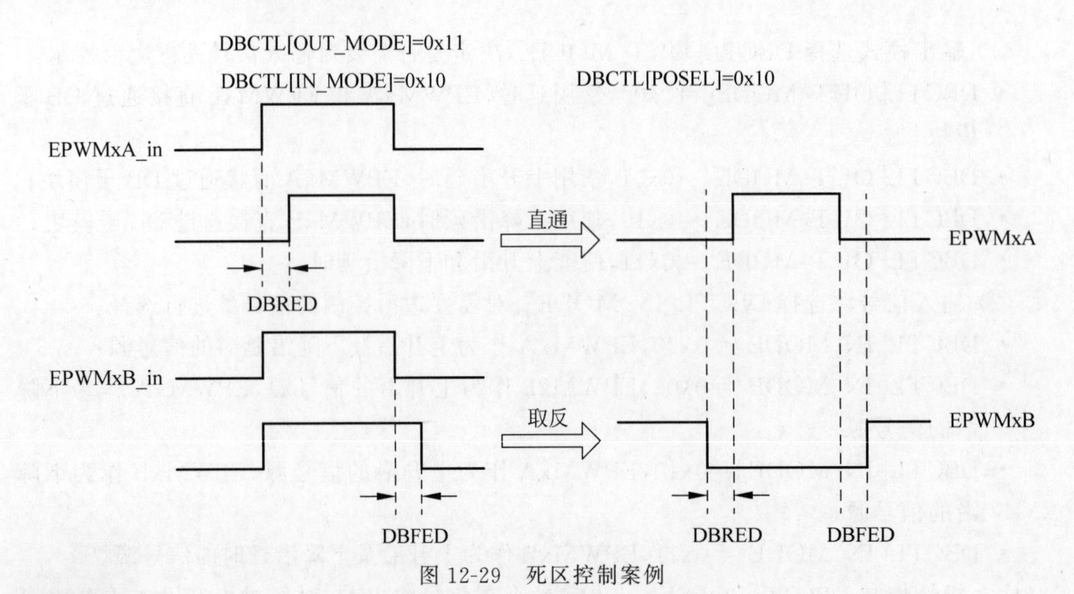

图 12-29 死区控制案例

视频讲解

12.3.5 斩波控制子模块

斩波控制(PWM Chopper,PC)子模块可以通过高频载波信号对由 AQ 或者 DB 子模块输出的 PWM 波形进行调制,这项功能在控制高开关频率的功率器件时非常有用。斩波控制子模块 PC 在整个 ePWM 模块中的位置如图 12-30 所示。

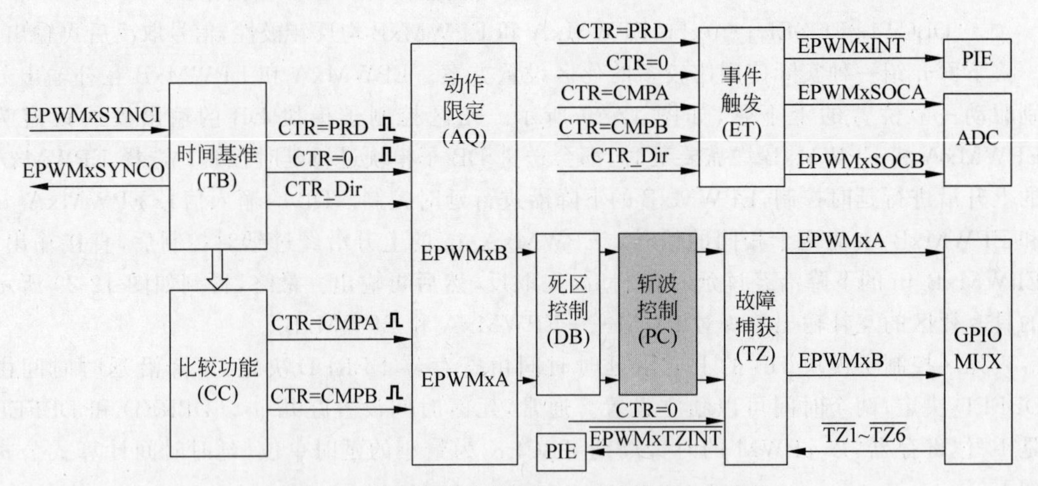

图 12-30 斩波控制子模块在 ePWM 模块中的位置

斩波控制子模块相关的寄存器如表 12-9 所示。

表 12-9 斩波控制子模块 PC 的寄存器

寄存器名	地址偏移	是否具有映射功能	说明
PCCTL	0x001E	NO	PWM 斩波控制寄存器

如果信号不需要通过斩波控制子模块而直接输出，那么只需将 PCCTL[CHPEN]置 0。若将 PCCTL[CHPEN]置 1，则斩波功能使能，PWM 信号将经过高频载波信号调制后再输出。图 12-31 为 PC 子模块的内部结构。

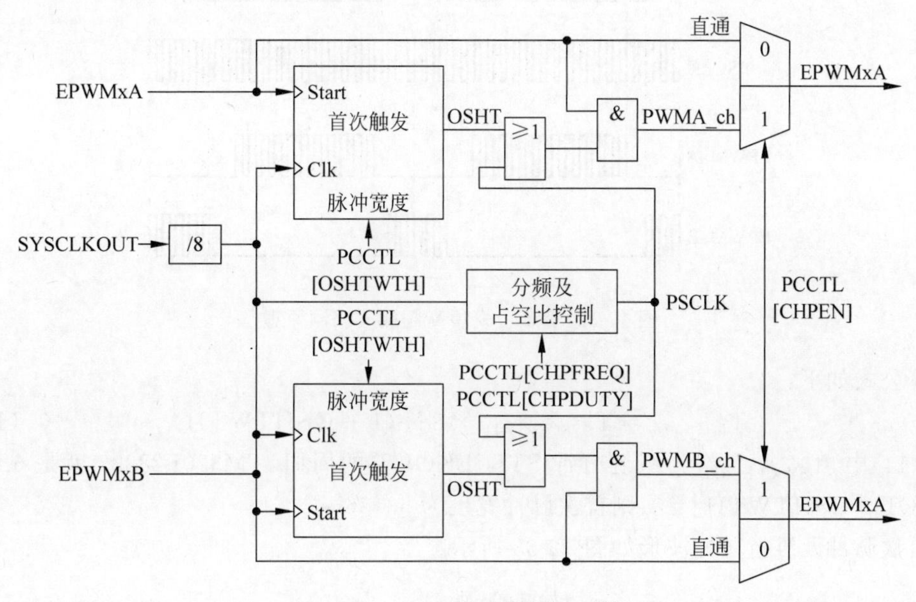

图 12-31　PC 子模块的内部结构

从图 12-31 可以看到，高频载波信号是由系统时钟 SYSCLKOUT 分频而来，其频率和占空比由 PCCTL[CHPFREQ]和 PCCTL[CHDUTY]控制，其频率和占空比计算公式如下：

$$f_{pwm\_chopper}=\frac{SYSCLKOUT}{8\times(CHPFREQ+1)} \tag{12-14}$$

$$Duty_{pwm\_chopper}=\frac{1+CHPDUTY}{8}\times 100\% \tag{12-15}$$

式(12-12)中，CHPFREQ 的取值范围为 0～7。通常，TMS320F28335 的时钟频率设计为 150MHz，若 CHPFREQ 取值为 0，则载波的频率为 18.75MHz；式(12-13)中 CHPDUTY 的取值范围为 0～6。要注意，这里讲的是高频载波的频率和占空比。

图 12-32 为 PWM 波形经过 PC 子模块高频载波调制输出的原理。从图 12-32 不难看出，从逻辑上分析，经过 PC 子模块调制后输出的波形其实是将 PWM 波形同高频载波信号做逻辑与的运算。原来是低电平的地方还是低电平，原来是高电平的地方变为高频载波。

在图 12-32 中，原先 PWM 高电平的地方变成了高频载波信号，把每一个周期内的第一个载波脉冲称为首次脉冲(one shot)。首次脉冲的宽度是可编程的，可以使得第一个脉冲携带较大的能量，从而保证功率器件能够可靠开通，而其余脉冲用来维持功率器件的持续开通与关断。

首次脉冲宽度可以通过 PCCTL[OSHTWTH]来设置，取值范围为 0～15，首次脉冲宽

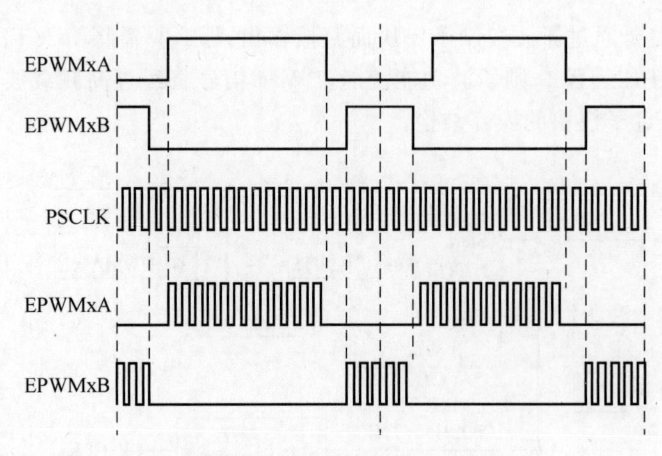

图 12-32　PC 子模块高频载波调制原理

度计算公式如下：

$$T_{\text{first\_pulse}} = T_{\text{SYSCLKOUT}} \times 8 \times (1 + \text{OSHTWTH}) \tag{12-16}$$

式(12-14)中，$T_{\text{SYSCLKOUT}}$ 为系统时钟 SYSCLKOUT 的周期，TM320F28335 就是 6.67ns。若 PCCTL[OSHTWTH]=0，则首次脉冲宽度为 53.36ns。

首次脉冲及维持脉冲波形如图 12-33 所示。

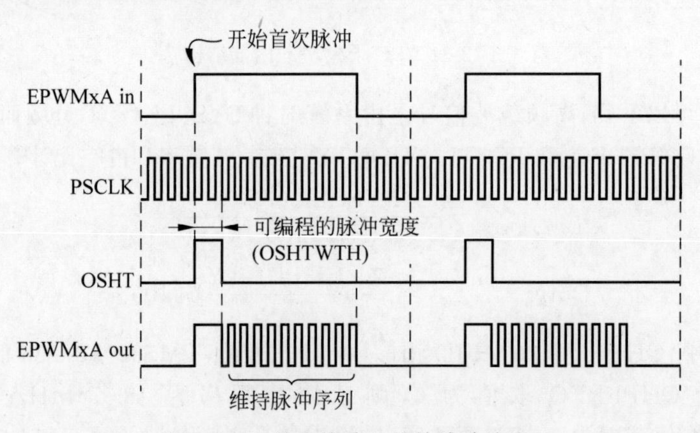

图 12-33　首次脉冲及维持脉冲波形

首个脉冲后面的维持脉冲的频率受 PCCTL[CHPFREQ]控制，占空比受 PCCTL[CHDUTY]控制，占空比控制如图 12-34 所示。

视频讲解

12.3.6　故障捕获子模块

故障捕获(Trip Zone，TZ)子模块是起到故障保护的作用，它有 6 个输入引脚 $\overline{\text{TZn}}$，外部信号可以通过这几个引脚接入故障捕获子模块，用来表示发生了外部故障或者其他事件，从而 ePWM 模块对此作出相应的动作，比如将所有的 PWM 信号置为低电平。故障捕获子模块 TZ 在整个 ePWM 模块中的位置如图 12-35 所示。

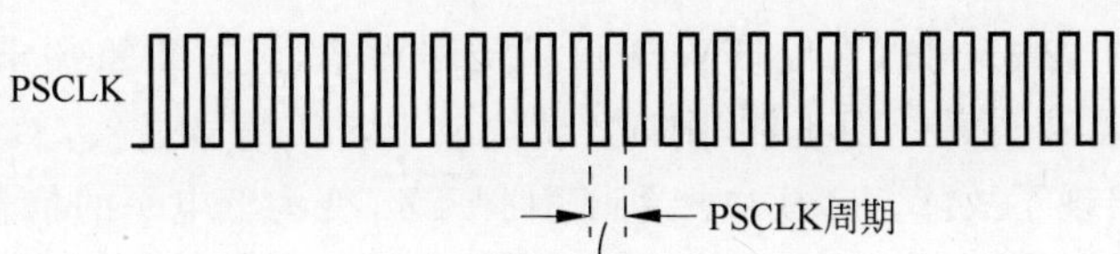

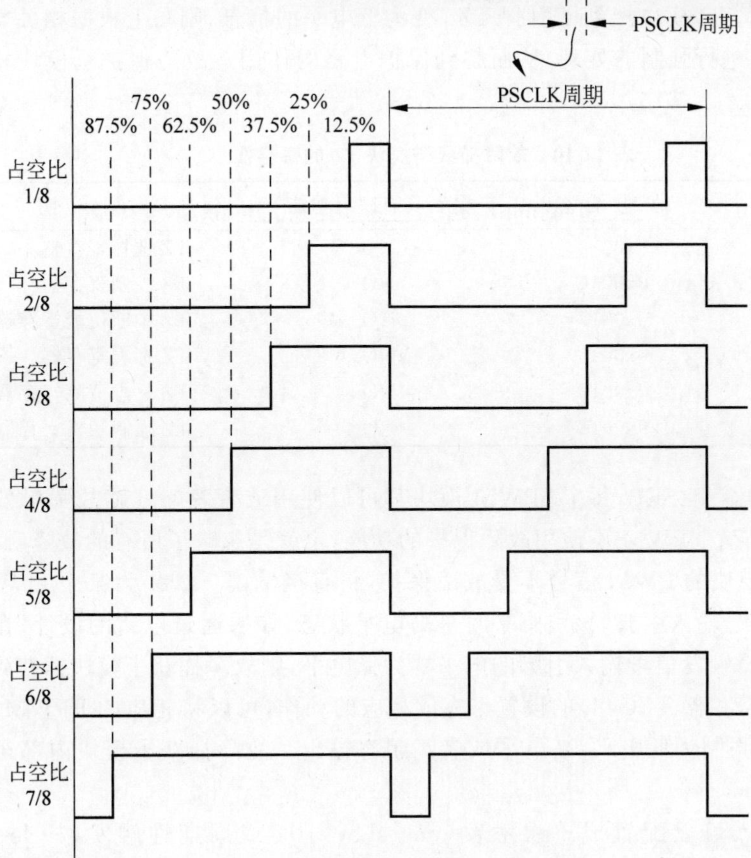

图 12-34　占空比控制

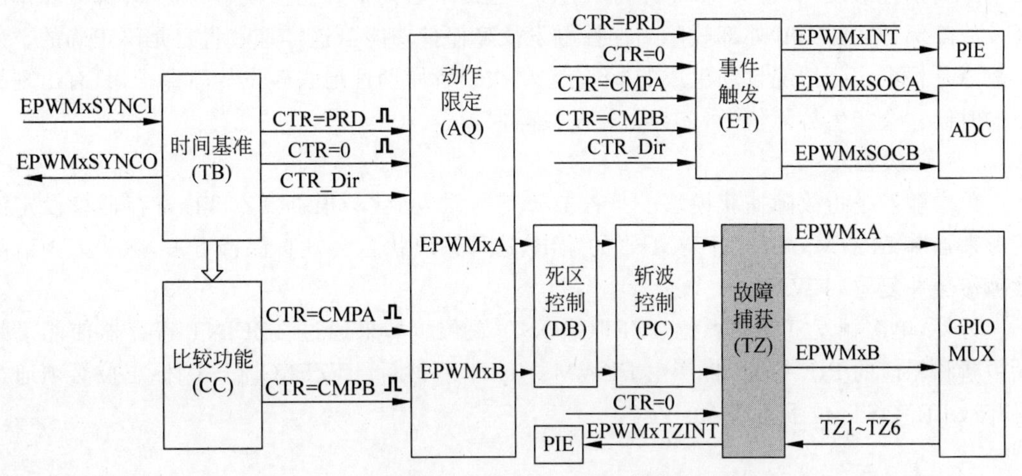

图 12-35　故障捕获子模块在 ePWM 模块中的位置

从图12-35可以看出，PWM信号历尽艰辛，经过重重关卡，终于来到了最后一关——TZ关。如果外部一切正常，则TZ模块放PWM信号过关，然后通过GPIO引脚输出。一旦外部出现了故障，TZ模块接到了引脚$\overline{TZn}$变为低电平的信息，则马上根据相关寄存器的设置对PWM信号进行强制的处理，从而起到保护电路的作用。故障保护子模块相关的寄存器如表12-10所示。

表12-10 故障捕获子模块TZ的寄存器

寄存器名	地址偏移	是否具有映射功能	说明
TZSEL	0x0012	NO	TZ选择寄存器
TZCTL	0x0014	NO	TZ控制寄存器
TZEINT	0x0015	NO	TZ中断使能寄存器
TZFLG	0x0016	NO	TZ标志寄存器
TZCLR	0x0017	NO	TZ标志清除寄存器
TZFRC	0x0018	NO	TZ强制触发寄存器

通过选择寄存器TZSEL，每个ePWM模块都可以使用或者忽略6路故障触发信号中的任何一路，如果某个ePWM不使用故障保护的功能，也就是忽略了所有的故障触发信号，那么这个ePWM模块的PWM信号不受故障保护，将直接输出。如果为某个ePWM模块选择了故障触发信号输入引脚，该引脚平时是高电平状态，如果通过电路的设计，在外部出现故障时，将该故障触发信号输入引脚的电平置为低电平，则故障捕获子模块捕获到故障信号，然后根据控制寄存器TZCTL的设置来完成相应的动作，可以将相应的EPWMxA引脚和EPWMxB引脚强制为低电平、高电平或者高阻态输出。故障捕获子模块内部逻辑电路如图12-36所示。

每个$\overline{TZn}$输入可以配置成单次触发(one shot trip)或周期性触发(cycle-by-cycle trip)，这由寄存器TZSEL[OSHTn]位和TZSEL[CBCn]位决定。这里需要讲一下"单次触发"和"周期性触发"的含义，如果不加以思索，这两个名词很容易被误解为是"外部故障单次触发故障保护功能"和"外部故障周期性触发故障保护功能"，这样理解肯定是不正确的。外部故障是根据实际情况自动生成的，不论它单次或者周期性地去触发故障保护，只有出现故障的时候才会产生故障信号，才会去触发故障保护。

(1) 单次触发。

单次触发是指故障捕获模块一旦被故障信号触发，就会根据TZCTL寄存器里设定的情形来强制EPWMxA和EPWMxB的输出，这种输出状态会一直保持下去，除非人为清除故障信号并复位ePWM。

另外，单次触发事件标志位TZFLG[OST]置位。如果通过TZEINT寄存器使能了外设中断和相应的PIE中断，将产生EPWMx_TZINT中断。TZFLG[OST]标志位必须通过写TZCLR[OST]位手动清除。

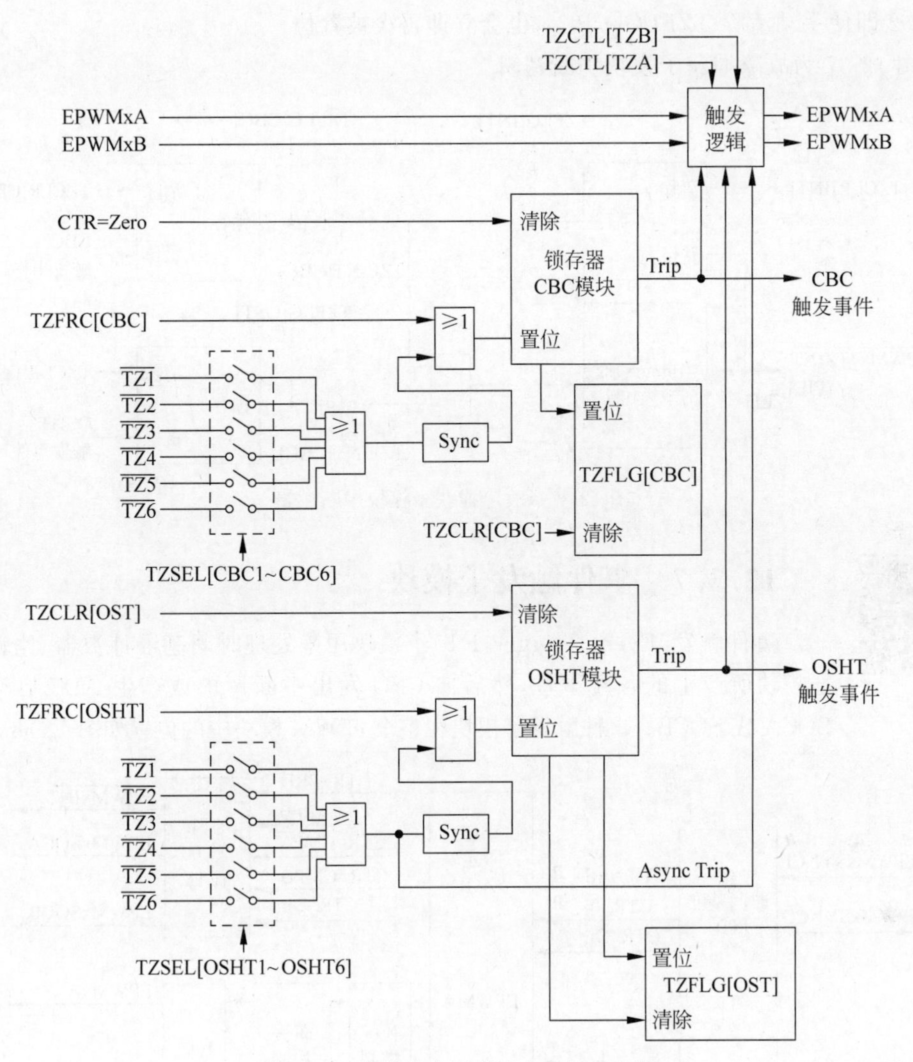

图 12-36 故障捕获子模块内部逻辑电路

(2)周期性触发。

周期性触发是以计数器 TBCTR 的计数周期为单位的,在每一个周期内,如果捕获到故障信号,则 EPWMxA 和 EPWMxB 的输出立即由 TZCTL 寄存器中所设定的状态决定,但是当 PWM 模块的计数器寄存器 TBCTR 计数到 0 时并且故障信号已经不存在时,EPWMxA 和 EPWMxB 的强制状态就会被清除。因此,在该模式下触发事件在每个 ePWM 周期内被清除。

另外,周期性故障触发事件标志位 TZFLG[CBC]置位。如果通过 TZEINT 寄存器使能了外设中断和相应的 PIE 中断,则将产生 EPWMx_TZINT 中断。TZFLG[CBC]标志位将一直保持不变,直到通过写 TZCLR[CBC]位可将其清零。如果周期性触发事件仍然存在,那么即使手动清除 TZFLG[CBC],也会立即再次被置位。

图 12-37 为故障捕获子模块中断逻辑。

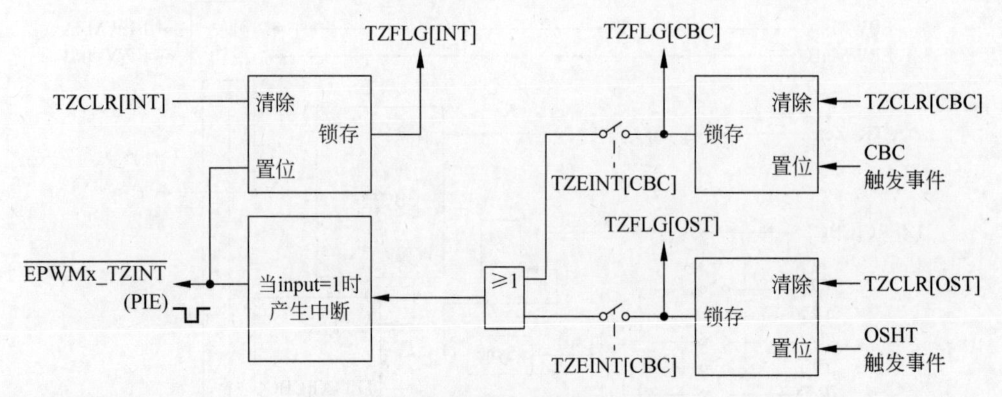

图 12-37　故障捕获子模块中断逻辑

视频讲解

12.3.7　事件触发子模块

事件触发(Event Trigger,ET)子模块用来处理时间基准计数器、比较功能子模块所产生的各种事件,然后向 CPU 发出中断请求或产生 ADC 启动信号 SOCA 或 SOCB。事件触发子模块在整个 ePWM 模块中的位置如图 12-38 所示。

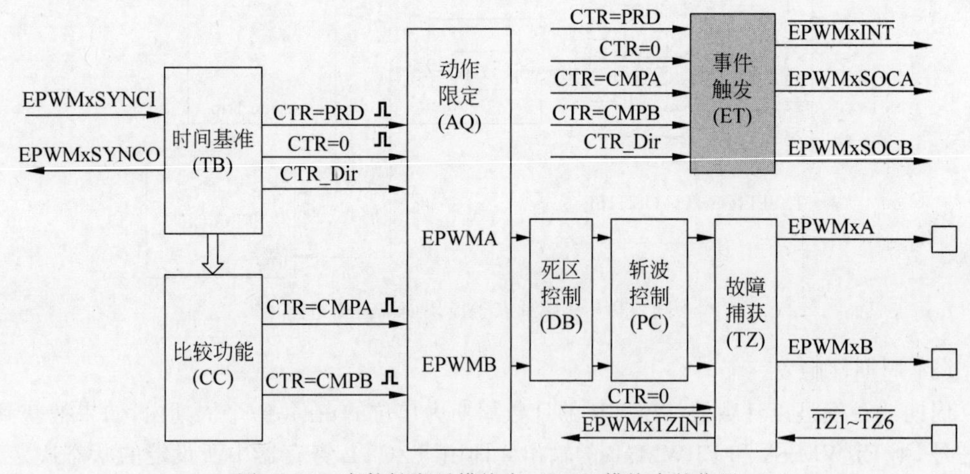

图 12-38　事件触发子模块在 ePWM 模块中的位置

每个 ePWM 模块都有一条连接到 PIE 上的中断请求信号线和连接到 ADC 模块上的两路 ADC 启动信号 SOCA 及 SOCB。如图 12-39 所示,所有 ADC 启动信号都通过"或门"连接到了一起,如果同时有两路 ADC 启动信号出现,则只有一路启动信号能被识别。

事件触发子模块的内部信号如图 12-40 所示,相关的寄存器如表 12-11 所示。

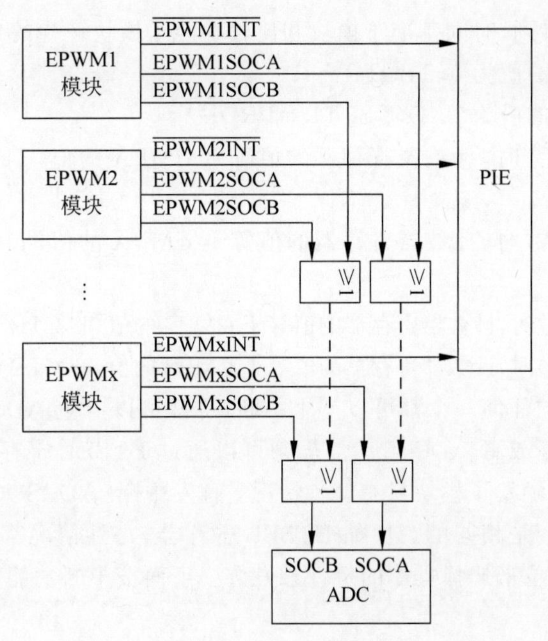

图 12-39 ADC 启动信号

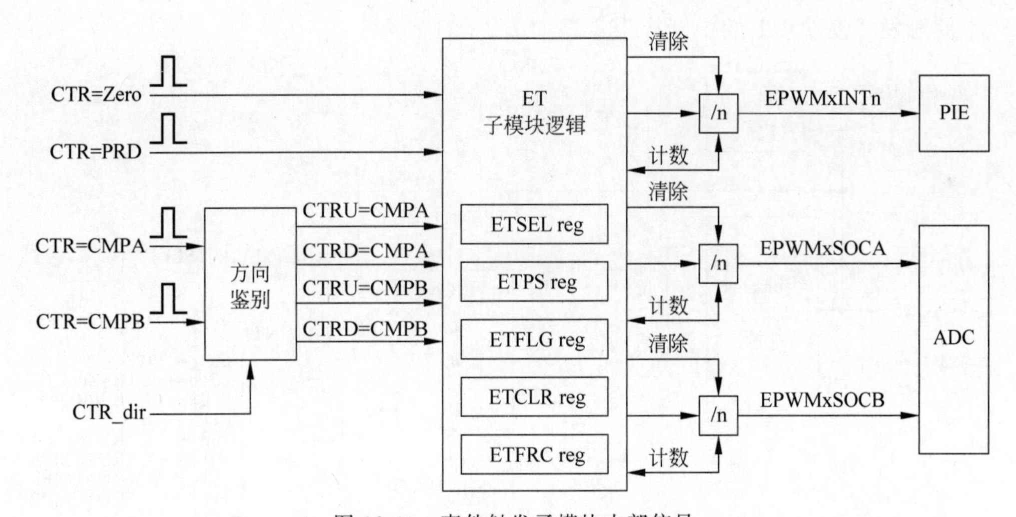

图 12-40 事件触发子模块内部信号

表 12-11 事件触发子模块 ET 的寄存器

寄存器名	地址偏移	是否具有映射功能	说明
ETSEL	0x0019	NO	ET 选择寄存器
ETPS	0x001A	NO	ET 预分频寄存器
ETFLG	0x001B	NO	ET 标志寄存器
ETCLR	0x001C	NO	ET 标志清除寄存器
ETFRC	0x001D	NO	ET 强制触发寄存器

从图 12-40 可以看到，时间基准子模块和比较功能子模块产生的事件有：

- 计数器寄存器的值为 0，TBCTR=0；
- 计数器寄存器的值为 PRD，TBCTR=PRD；
- 当计数器增计数时，计数器寄存器的值等于 CMPA 的值，TBCTR=CMPA，CTR_dir=1；
- 当计数器减计数时，计数器寄存器的值等于 CMPA 的值，TBCTR=CMPA，CTR_dir=0；
- 当计数器增计数时，计数器寄存器的值等于 CMPB 的值，TBCTR=CMPB，CTR_dir=1；
- 当计数器减计数时，计数器寄存器的值等于 CMPB 的值，TBCTR=CMPB，CTR_dir=0。

上述这些事件中的任何一个都可以产生中断，也都可以产生 ADC 的启动信号，究竟是哪种事件可以产生中断或者 ADC 启动信号则可以通过 ETSEL 寄存器进行设置。从事件产生的结果来看，事件触发子模块只有 3 种情况：触发中断、ADCSOCA、ADCSOB，这 3 种情况寄存器设置的内容是相同的。比如 ETSEL 寄存器，每种情况都有一个位用来使能或者禁止该信号，还有 3 位来选择具体的事件触发源。下面按中断功能和产生 ADC 启动信号来分别进行介绍。

1. 中断控制功能

事件触发子模块 ET 的中断产生逻辑如图 12-41 所示。

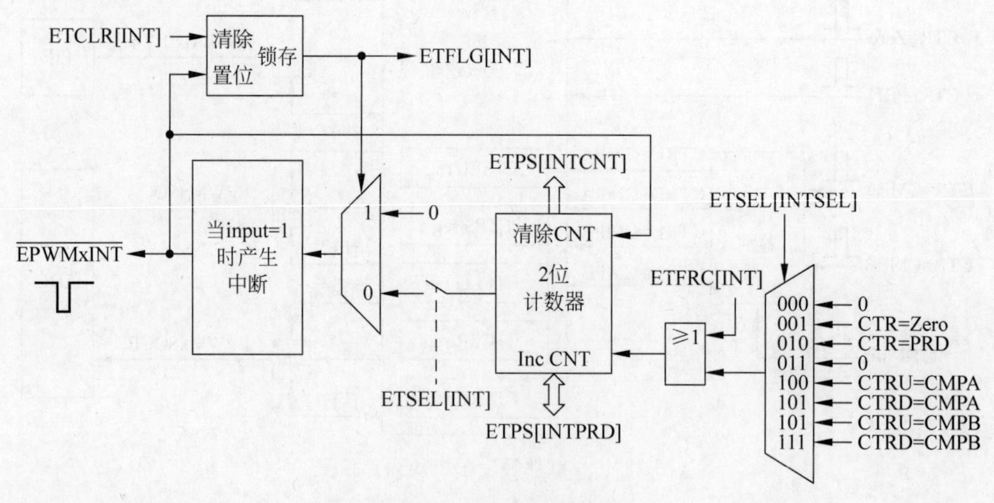

图 12-41　中断产生逻辑

通常中断事件一发生，如果中断被使能就会产生中断。在这里稍微有些差别。ET 的中断逻辑里有一个计数器 ETPS[INTCNT]，它是用来统计中断事件发生的次数的，当寄存器 ETSEL[INTSEL]中设定的中断事件发生时，计数器 ETPS[INTCNT]会加 1，此时是不会产生中断请求的，只有当 ETPS[INTCNT]=ETPS[INTPRD]时，ET 才会向 PIE 发出中断请求。ETPS[INTPRD]用来表明每发生多少次中断事件，会产生中断信号 EPWMx_INT。

当 ETPS[INTCNT]＝ETPS[INTPRD]时，计数器停止计数，接下来可能发生的情况有下面 3 种：

(1) 如果外设中断没有被使能 ETSEL[INTEN]＝0，或中断标志位已经被置位 ETFLG[INT]＝1，则不会产生中断请求，中断事件计数器 ETPS[INTCNT]停止计数，保持当前值不变。

(2) 如果外设中断被使能 ETSEL[INTEN]＝1，且中断标志位尚未置位 ETFLG[INT]＝0，则会将中断标志位置位，即 ETFLG[INT]＝1，还会产生中断请求，当中断请求送达 PIE 后，计数器 ETPS[INTCNT]被清零并重新开始计数。

(3) 如果外设中断被使能 ETSEL[INTEN]＝1，且中断标志位已经被置位 ETFLG[INT]＝1，也就是说，前面已经产生了中断而且中断还没有被响应，则这个状态会保持，然后等 CPU 响应中断，等到 ENTFLG[INT]被清零，计数器重新开始计数。

向 ETPS[INTPRD]中写数据将直接对 ETPS[INTCNT]清零，并将 ETPS[INTCNT]的输出信号复位，但不产生中断请求。每次向强制中断寄存器 ETFRC[INT]中写 1，会使 ETFLG[INTCNT]增加 1，直到 ETPS[INTCNT]＝ETPS[INTPRD]。如果 ETPS[INTPRD]＝0，则中断事件计数器被禁止，不检测任何中断事件，ETFRC[INT]也被忽略，这时候也不会产生中断请求。

2. 产生 ADC 启动信号

图 12-42 为 ET 子模块产生 ADC 启动信号 ADCSOCA 的原理图。由于 ADCSOCA 和 ADCSOCB 是相同的，因此以 ADCSOCA 为例来进行讲解。

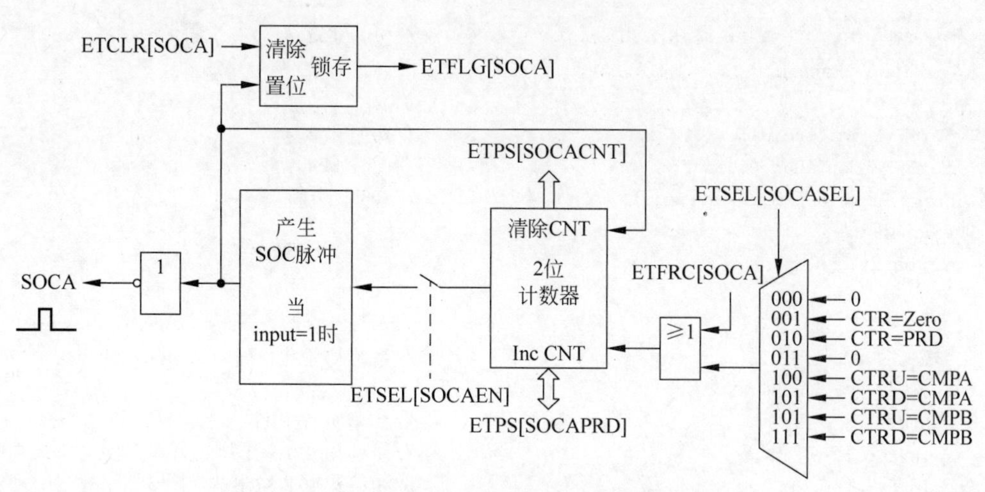

图 12-42　事件触发子模块 SOCA 产生原理

产生 ADC 启动信号和产生中断的方式是类似的，也由事件计数器 ETPS[SOCACNT]用来统计事件发生的数量，用 ETPS[SOCAPRD]来表明每发生多少次事件产生 ADC 启动信号。如果 ETPS[SOCAPRD]＝0，则禁止事件计数器工作，也就不会产生 ADC 启动信号。和产生中断不同的是，启动信号 ADCSOCA 是连续的脉冲信号，也就是说，即使

ETFLG[SOCA]被置位,也不会影响接下来脉冲的产生。

通过寄存器 ETSEL[SOCA]和 ETSEL[SOCB]可以分别独立设置 ADC 启动信号 ADCSOCA 和 ADCSOCB 的触发事件。倘若禁止 ETSEL[SOCAEN]或者 ETSEL[SOCBEN],则可立即停止启动信号的产生,但是事件计数器仍然计数,直到计数器的值等于其周期寄存器的值。

视频讲解

12.4 PWM 发波与中断的例程

接下来介绍如何通过程序实现输出如图 12-43 所示的 PWM 波,并以 PWM 的开关周期产生周期中断。图 12-43 中的 EPWMxA 和 EPWMxB 为互补输出,频率为 10kHz,占空比为 50%,死区时间上升沿和下降沿均为 3μs。以 EPWM1 的 TBCTR=TBPRD 为中断事件,中断频率为 10kHz。具体的程序代码见程序清单 12-1。

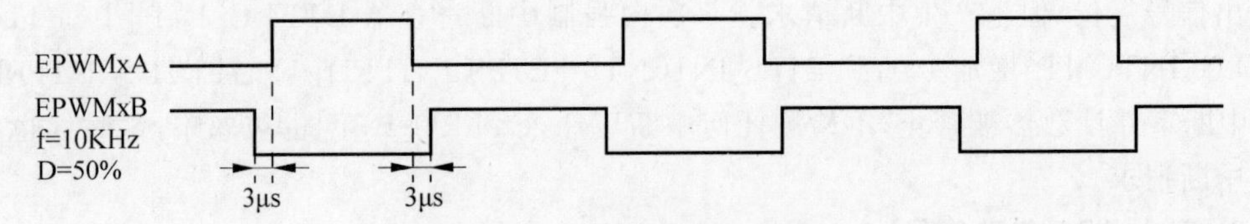

图 12-43 需要产生的 PWM

程序清单 12-1 PWM 发波与中断

```
#include "DSP2833x_Project.h"                    //包含头文件
#include <math.h>

void EPWM_init(void);                           //初始化 EPWM
void EPWM_Configure(void);                      //配置 EPWM
interrupt void timer1_isr(void);                //EPWM1 中断
unsigned int i;
void main(void)

{
    InitSysCtrl();                              //系统初始化
    asm(" RPT #8 || NOP");
    DINT;                                       //禁止所有中断
    InitGpio();                                 //初始化 GPIO 引脚
    InitPieCtrl();                              //初始化 PIE 控制器
    InitPieVectTable();                         //初始化 PIE 向量表

    asm(" RPT #8 || NOP");

    IER = 0x0000;
    IFR = 0x0000;
```

```
    EALLOW;
    PieVectTable.EPWM1_INT = &timer1_isr;
    EDIS;

    PieCtrlRegs.PIEIER3.bit.INTx1 = 1;              //EPWM1 中断
    IER| = M_INT3;                                  //使能 CPU 中断 3
    EINT;                                           //使能 CPU 中断
    EPWM_init();
    EPWM_Configure();
    for(;;)
    {
    }
}

void EPWM_init()
{
    EALLOW;

    GpioCtrlRegs.GPAMUX1.bit.GPIO0 = 1;             //GPIO0 = PWM1A
    GpioCtrlRegs.GPAMUX1.bit.GPIO1 = 1;             //GPIO1 = PWM1B
    EDIS;

    //PWM1A,PWM1B
    EPwm1Regs.TBPRD = 0xFFFF;                       //设置 EPWM1 周期寄存器
    EPwm1Regs.TBPHS.half.TBPHS = 0x0000;            //相位为 0
    EPwm1Regs.TBCTR = 0x0000;                       //清除计数器

    //设置比较寄存器
    EPwm1Regs.CMPA.half.CMPA = 0xFFFF;              //设置比较寄存器 A
    EPwm1Regs.CMPB = 0xFFFF;                        //设置比较寄存器 B

    //设置计数模式
    EPwm1Regs.TBCTL.bit.CTRMODE = 2;                //增减计数模式
    EPwm1Regs.TBCTL.bit.PHSEN = 0;                  //禁止相位功能
    EPwm1Regs.TBCTL.bit.PRDLD = 0;                  //使用映射功能
    EPwm1Regs.TBCTL.bit.SYNCOSEL = 1;               //选择同步信号为 CTR = 0
    EPwm1Regs.TBCTL.bit.HSPCLKDIV = 1;              //TBCLK = SYSCLKOUT/2 = 75M
    EPwm1Regs.TBCTL.bit.CLKDIV = 0;

    //设置映射模式
    EPwm1Regs.CMPCTL.bit.SHDWAMODE = 0;             //CMPA 采用映射模式
    EPwm1Regs.CMPCTL.bit.SHDWBMODE = 0;             //CMPB 采用映射模式
    EPwm1Regs.CMPCTL.bit.LOADAMODE = 0;             //CTR = 0 时加载 CMPA
    EPwm1Regs.CMPCTL.bit.LOADBMODE = 0;             //CTR = 0 时加载 CMPB

    //设置死区模式
```

```
    EPwm1Regs.DBCTL.bit.OUT_MODE = 0x3;
    EPwm1Regs.DBCTL.bit.POLSEL = 0x2;
    EPwm1Regs.DBCTL.bit.IN_MODE = 0x2;

    //设置 EPWM 中断
    EPwm1Regs.ETSEL.bit.INTSEL = 1;                    //中断事件 TBCTR = 0x0000
    EPwm1Regs.ETSEL.bit.INTEN = 1;                     //使能 EPWM1 中断
    EPwm1Regs.ETPS. bit.INTPRD = 1;                    //开关频率 10kHz,对应中断频率 10kHz
    EPwm1Regs.ETCLR.bit.INT = 1;                       //清除中断标志位

    //设置引脚动作
    //当 CTR = CMPA 并且减计数时,EPWMA 输出低电平;当 CTR = CMPA 且增计数时,EPWMA 输出高电平
    //EPwm1Regs.AQCTLA.all = 0x0060;
    //当 CTR = CMPB 并且减计数时,EPWMB 输出低电平;当 CTR = CMPB 且增计数时,EPWMB 输出高电平
    //EPwm1Regs.AQCTLB.all = 0x0060;
}

void EPWM_Configure(void)
{
    EALLOW;

    EPwm1Regs.TBPRD = 3750;                            //频率为 10kHz
    EPwm1Regs.TBPHS.half.TBPHS = 0x0000;
    EPwm1Regs.DBRED = 75 * 3;                          //上升沿死区 3μs
    EPwm1Regs.DBFED = 75 * 3;                          //下降沿死区 3μs
    EPwm1Regs.CMPA.half.CMPA = EPwm1Regs.TBPRD * 0.5;  //占空比为 50%
    EDIS;
}

interrupt void timer1_isr(void)                        //周期为 0.1ms
{
    i++
    if(i > 10000)i = 0;                                //1s
    EPwm1Regs.ETCLR.bit.INT = 1;                       //清除中断标志位
    PieCtrlRegs.PIEACK.all = PIEACK_GROUP3;            //响应同组中断
}
```

将上面的程序在硬件电路板上运行之后,通过示波器观测可以得到如图 12-44～图 12-46 所示的波形。

图 12-44 可以看出 EPWMxA 和 EPWMxB 一个周期占了屏幕的 4 格,每格代表时间 25μs,则说明一个周期是 100μs,频率即为 10kHz。从图中也可以很明显看到占空比为 50%。

从图 12-45 可以看出,上升沿延时为 3 格,每格代表 1μs,说明死区上升沿延时时间为 3μs。

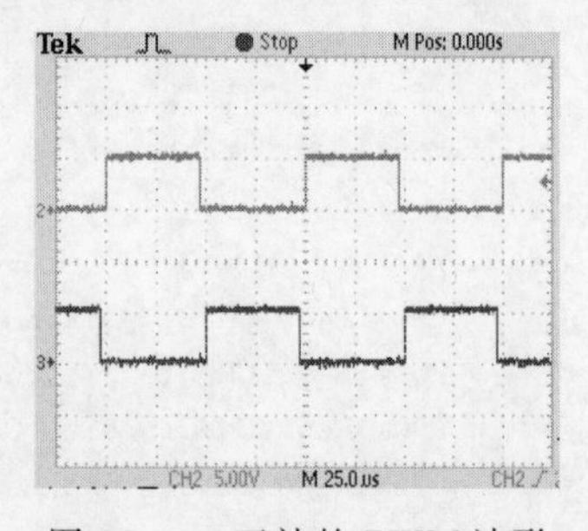

图 12-44 互补的 PWM 波形

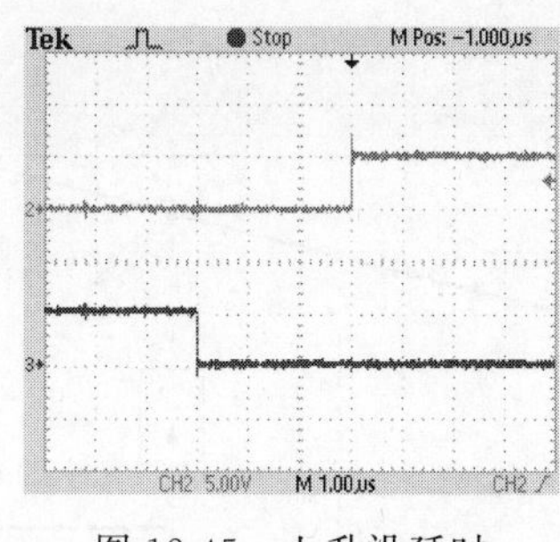

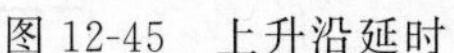
图 12-45　上升沿延时

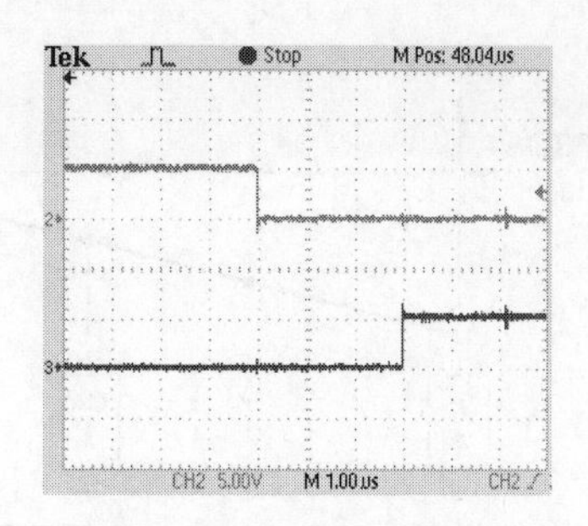

图 12-46　下降沿延时

从图 12-46 可以看出上升沿延时为 3 格，每格代表 1μs，说明死区上升沿延时时间为 3μs。

习题

12-1　TM320F28335 有几个 ePWM 单元？每个 ePWM 单元又有哪些子模块？

12-2　若 HDSPCLKDIV＝1，CLKDIV＝2，SYSCLKOUT＝150MHz，问 TBCLK 为多少？

12-3　若 TBCLK＝37.5MHz，时间基准计数器 TBCTR 工作在增计数模式，产生的 PWM 为 1kHz，问 TBPRD 应设为多少？

12-4　若 TBCLK＝37.5MHz，时间基准计数器 TBCTR 工作在增减计数模式，产生的 PWM 为 2kHz，问 TBPRD 应设为多少？

12-5　若时间基准计数器 TBCTR 工作在增计数模式，TBPRD＝10000，CMPA＝3000，EPWMxA 在事件 TBCTR＝CMPA 时变为高电平，在 TBCTR＝TBPRD 时变为低电平，则 EPWMxA 的占空比为多少？

12-6　若时间基准计数器 TBCTR 工作在减计数模式，TBPRD＝10000，CMPA＝2000，CMPB＝7000，EPWMxA 在事件 TBCTR＝CMPA 时变为低电平，在 TBCTR＝CMPB 时变为高电平，则 EPWMxA 的占空比为多少？

12-7　若时间基准计数器 TBCTR 工作在增减计数模式，TBPRD＝10000，CMPA＝4000，EPWMxA 在事件 TBCTR＝CMPA，并在增计数时变为高电平：在事件 TBCTR＝CMPB，并在增计数时变为低电平，则 EPWMxA 的占空比为多少？

12-8　若时间基准计数器工作在增减计数模式，TBCLK＝37.5MHz，输出两路互补的 PWM，频率为 1kHz，若将死区上升沿延时设定为 2μs，下降沿延时设定为 3μs，则应该怎么设置？

12-9　写出若要生成图 12-47 所示的 PWM 波形，ePWM 的配置程序。

12-10　若要生成图 12-48 所示的 PWM 波形，写出 ePWM 的配置程序。

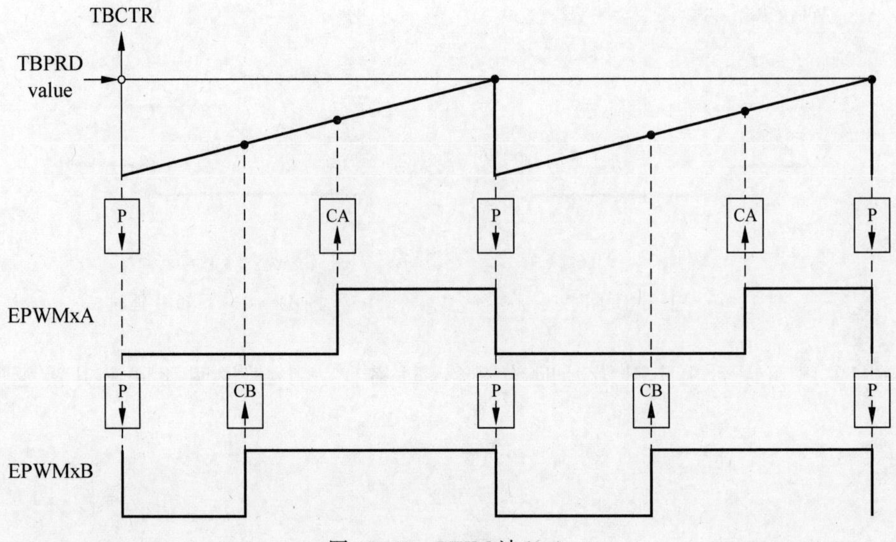

图 12-47　PWM 波(一)

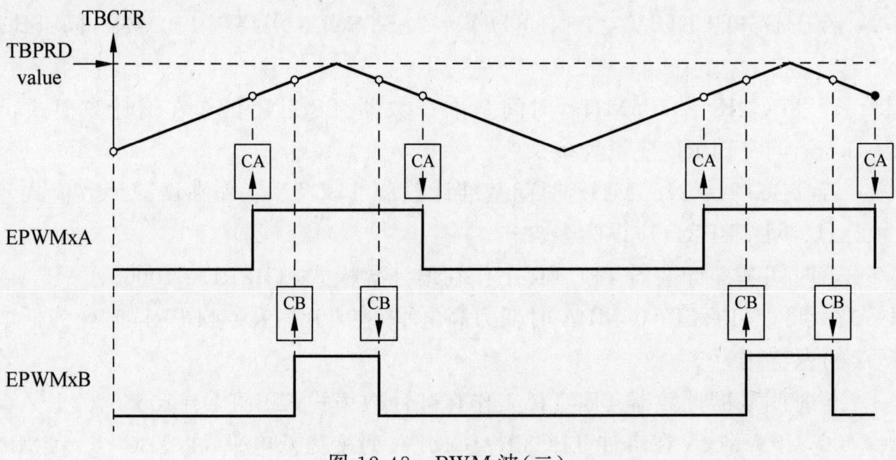

图 12-48　PWM 波(二)

第 13 章

增强型捕获模块 eCAP

CAP 为 Capture 的缩写，即捕获的意思，通常用来获得脉冲信号的某些信息，比如脉冲的频率、占空比等。增强型捕获模块(eCAP)在需要精确测量外部信号时序的场合中起到重要作用。本章将介绍 TMS320F28335 eCAP 模块的结构、功能以及如何使用 eCAP 模块来捕获脉冲或者生成脉冲。

13.1 概述

视频讲解

13.1.1 CAP 模块的作用

第 12 章中介绍了 PWM，PWM 是设定好频率和占空比之后，由 DSP 向外输出脉冲，从而去驱动控制开关管，而 CAP 可以看作 PWM 的一个逆过程，由外部向 DSP 的引脚输入脉冲信号，然后由 CAP 模块来获取脉冲的信息，比如脉冲的周期和占空比。假设给 DSP 引脚输入如图 13-1 所示的脉冲信号，通常情况下如何来计算脉冲的周期和占空比呢？

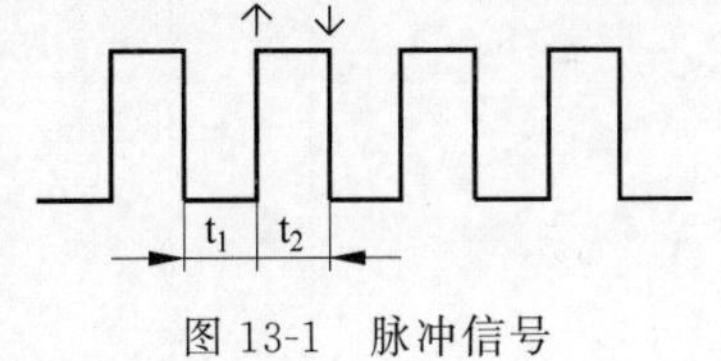

图 13-1 脉冲信号

想要计算脉冲的周期和占空比，首先需要获得图 13-1 中脉冲一个周期内低电平和高电平所持续的时间，在上升沿时刻，得到低电平所持续的时间 t_1，而在下降沿时刻，得到高电平所持续的时间 t_2，这样便可以得到脉冲的周期和占空比：

$$T = t_1 + t_2$$

$$D = \frac{t_2}{T} = \frac{t_2}{t_1 + t_2}$$

如此说来，只要在上升沿时刻和下降沿时刻能够保存低电平和高电平所持续的时间，便可以获得脉冲的信息，这也就是 CAP 模块最基本的工作原理：

(1) 能够选择脉冲的边沿并对其边沿有所响应，比如上升沿或者下降沿；

(2) 能够保存时间信息。

由于 CAP 模块能够捕获脉冲信息的特点，所以它可以被用于如下场合：

(1) 电机测速，比如通过捕获无刷直流电机的 HALL 传感器的脉冲；

（2）位置传感器脉冲时间检测；

（3）脉冲信号的周期和占空比检测；

（4）根据电压/电流传感器编码的占空比计算电压/电流幅值。

13.1.2 eCAP 模块简介

TMS320F28335 内部有 6 个 eCAP 模块，其结构如图 13-2 所示。

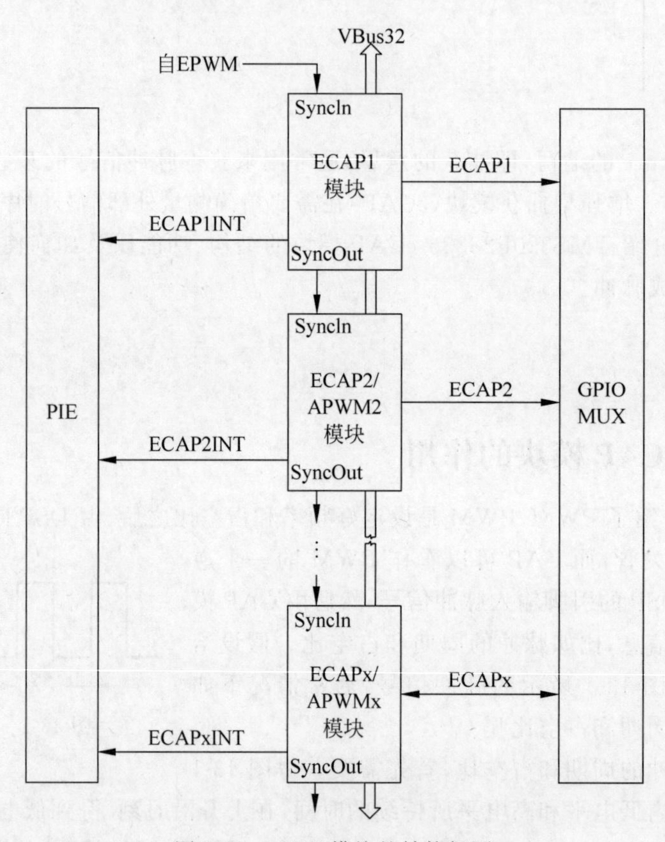

图 13-2　eCAP 模块的结构框图

每个 eCAP 模块代表一个独立的捕获通道，拥有相同的资源：

- 专用的捕获输入引脚；
- 32 位时钟计数器，用于计时；
- 4 个 32 位的时间寄存器，用于保存不同捕获阶段的时间信息（CAP1～CAP4）；
- 4 级序列发生器（Modulo4 计数器）可与 eCAP 引脚上升/下降沿事件同步；
- 可为 4 个捕获事件设定独立的边沿极性；
- 输入信号的预分频功能；
- 单次捕获功能，比较寄存器在 1～4 次捕获事件后，可停止捕获；

- 连续捕获功能；
- 4 次捕获事件均可触发中断。

13.1.3 eCAP 工作模式

eCAP 模块用于输入可以实现捕获功能，即捕获工作模式；用于输出还可以作为一个单通道的脉冲发生器，产生 PWM，即 APWM 工作模式。图 13-3 是 eCAP 模块的两种工作模式原理图。

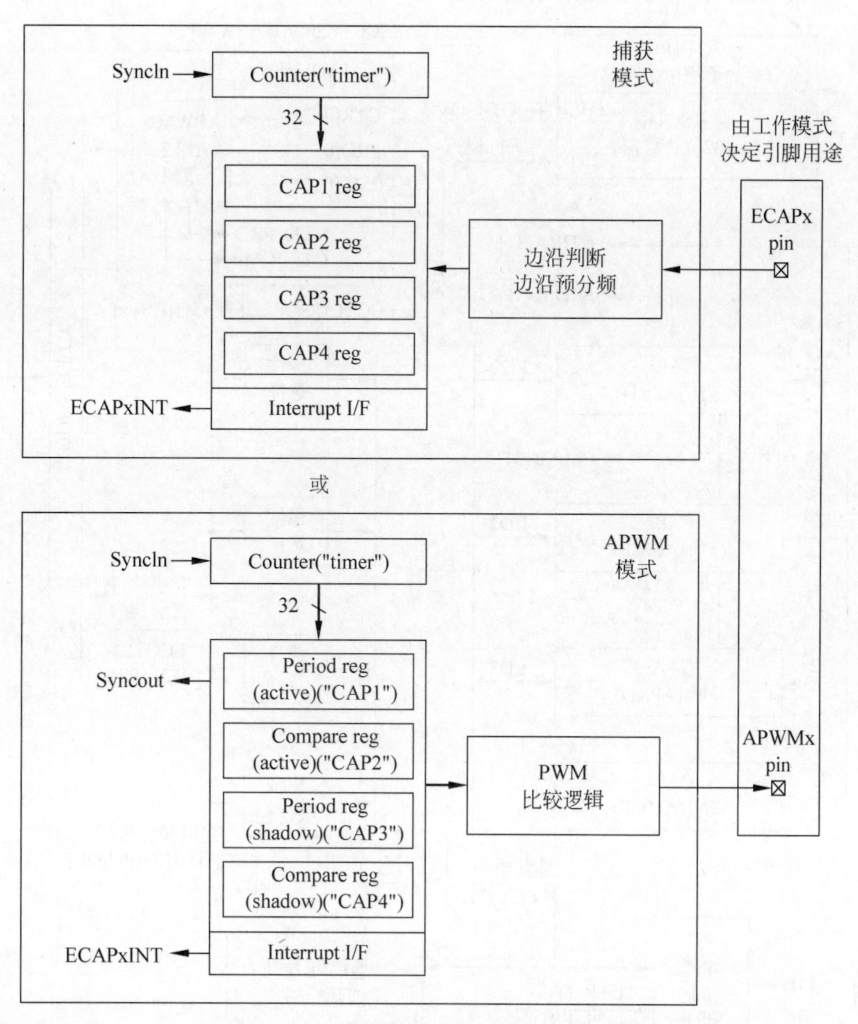

图 13-3 eCAP 模块两种工作模式的原理图

当 eCAP 模块工作在捕获模式时，计数器工作在增计数模式，CAP1～CAP4 用来保存时间信息；当 eCAP 模块工作在 APWM 模式时，计数器也工作在增计数模式，可以产生不对称 PWM，此时 CAP1 作为周期寄存器，CAP2 作为比较寄存器，CAP3 作为周期寄存器的映射寄存器，CAP4 作为比较寄存器的映射寄存器。当使用映射模式时，给 CAP1/CAP2 写任何值的时候，同样会写入相应的映射寄存器 CAP3/CAP4。

13.2 捕获模式

当 eCAP 工作于捕获模式时，结构框图如图 13-4 所示。

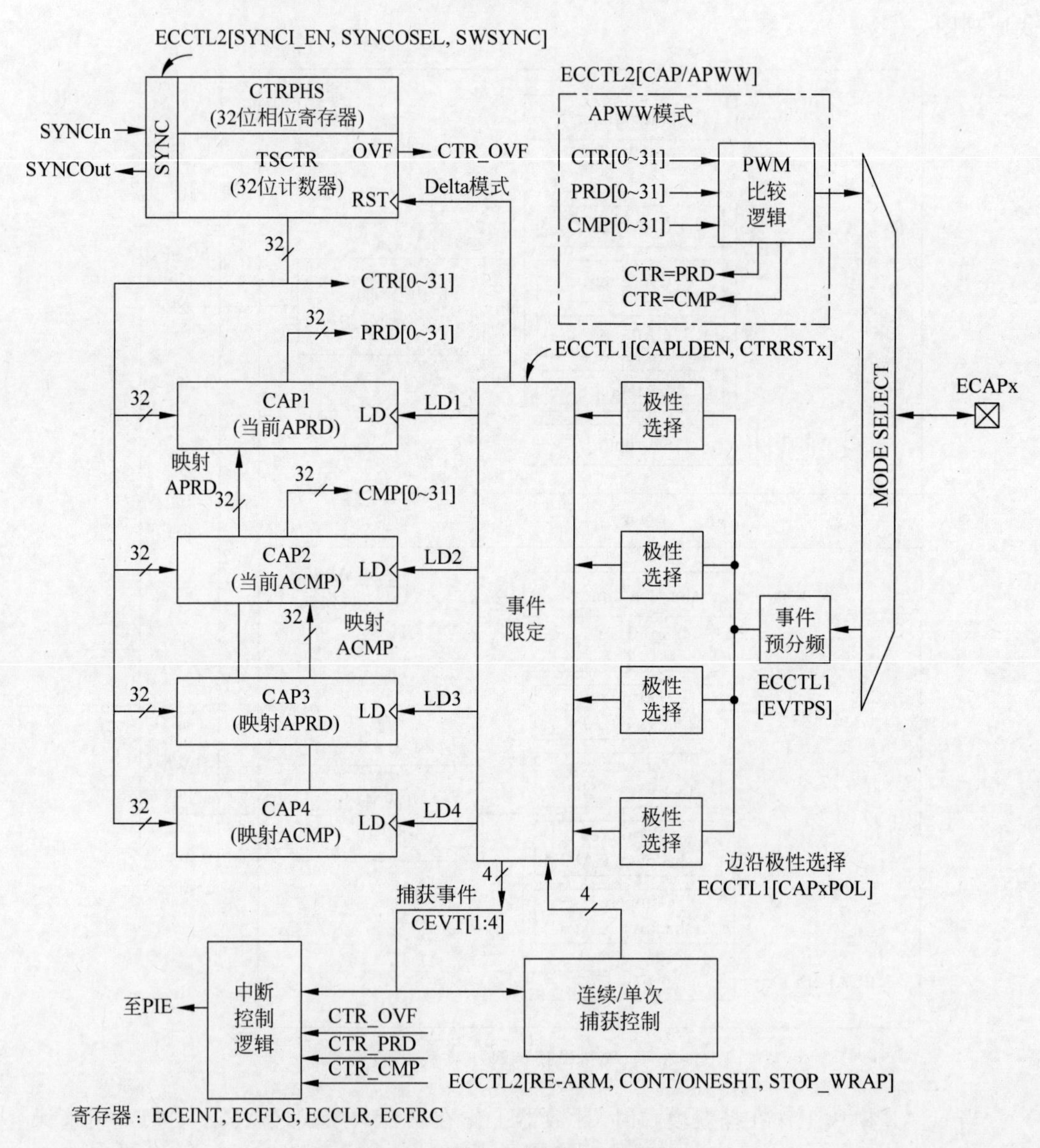

图 13-4 捕获工作模式结构框图

13.2.1　输入信号预分频

输入信号可以通过预分频器进行 N(N=2～62)分频,也可以旁路预分频器,信号直接通过而不进行分频。当输入信号频率较高时可使用此功能,图 13-5 为预分频器的结构框图,图 13-6 为预分频器的工作时序图。

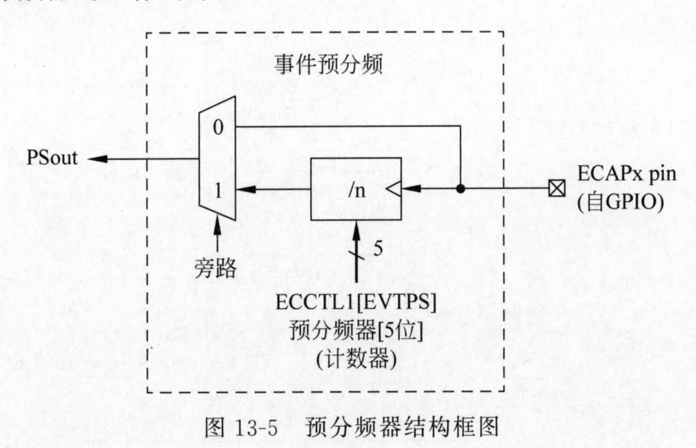

图 13-5　预分频器结构框图

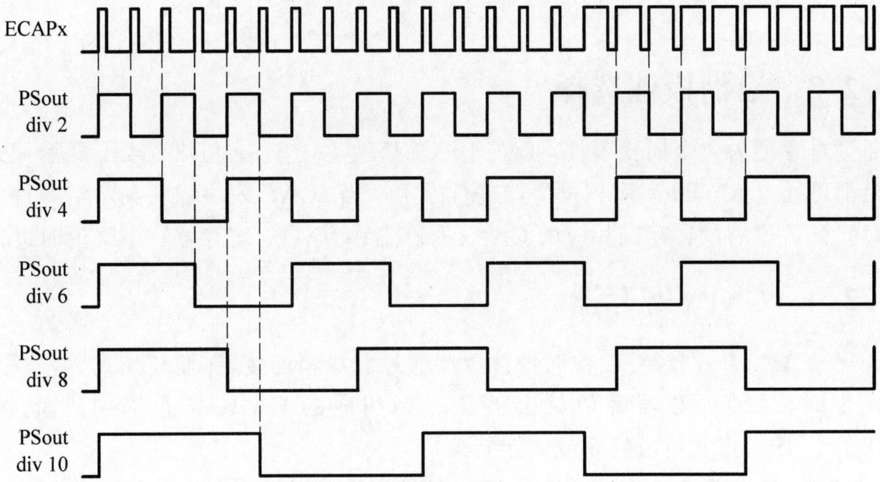

ECAPx
PSout div 2
PSout div 4
PSout div 6
PSout div 8
PSout div 10

图 13-6　预分频工作时序图

13.2.2　32 位计数器及相位控制

eCAP 模块拥有一个 32 位计数器,用来为捕获事件提供基准时钟,并且直接由系统时钟 SYSCLKOUT 驱动,也就是说,这个计数器的时钟等于 SYSCLKOUT,如果 SYSCLKOUT 为 150MHz,那么 eCAP 的时钟频率也为 150MHz,每隔 6.67ns 计数一次。

相位寄存器通过软件或硬件方式将多个 eCAP 模块的计数器进行同步,这个功能在 eCAP 模块工作在 APWM 方式下时可控制 PWM 脉冲间的相位关系。

计数器及相位控制如图 13-7 所示。

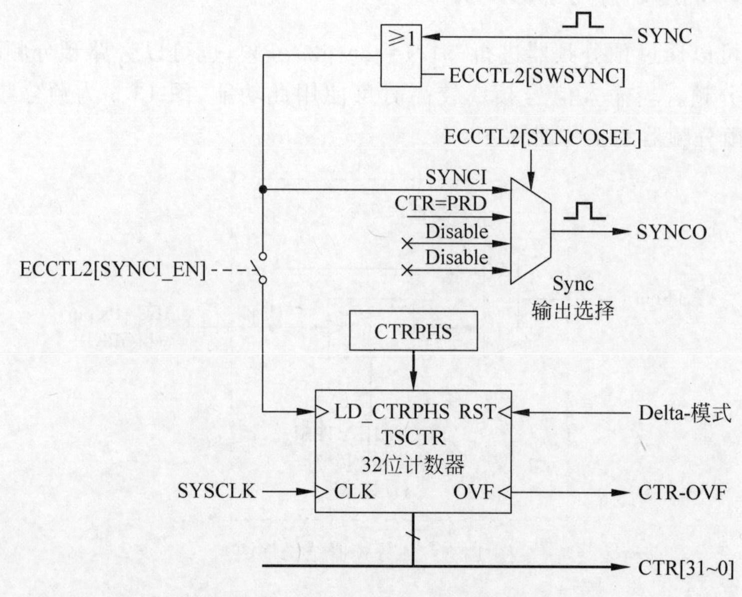

图 13-7 计数器及相位控制结构

13.2.3 边沿极性选择

可通过寄存器为 4 个捕获事件 CEVT1～CEVT4 独立选择上升沿或下降沿捕获,同时每个边沿都可通过 Modulo4 序列发生器进行限定。当 eCAP 模块捕获到边沿事件时,可将这一刻时间计数器的值锁存到相应的 CAPx 寄存器中,CAPx 寄存器在下降沿时进行装载。

13.2.4 CAPx 寄存器

CAP1～CAP4 寄存器与 32 位时钟计数器通过总线相连接,在捕获模式下,当相应的捕获事件发生时,时钟计数器的值就会被装载到相应的 CAPx 寄存器中。通过寄存器 ECCTL1 的 CAPLDEN 位可禁止或使能装载功能。

在 APWM 工作模式下,CAP1 和 CAP2 寄存器分别用作周期寄存器和比较寄存器,而 CAP3 和 CAP4 用作周期映射寄存器和比较映射寄存器。

13.2.5 连续/单次捕获控制

eCAP 模块可以通过寄存器 ECCTL2 的 CONT/ONESHT 位来选择连续捕获或者单次捕获。Mod4 是一个两位的计数器,在边沿捕获事件(CEVT1～CEVT4)发生时按照 0→1→2→3→0 的顺序进行增计数,直到有事件将其停止。

在单次模式下,Mod4 计数器会和 ECCTL2 的 STOP_WRAP 位进行比较,STOP_WRAP 位可以被设置为 0～3,当 Mod4 计数器的值等于 STOP_WRAP 位的值时,计数器停止计数，并且禁止装载 CAPx 寄存器，即捕获功能停止工作。开始下次捕获前，需要将 ECCTL2 的重新装载位 REARM 置 1，这样可以将 Mod4 计数器复位到 0，Mod4 计数器可以重新开始计数，同时也使能了 CAPx 的装载功能。

在连续模式下，Mod4 计数器会随着捕获事件的发生连续增计数(0→1→2→3→0)，时钟计数器的值会连续不断地被锁存到 CAP1～CAP4 中。图 13-8 给出了连续/单次捕获功能的结构框图。

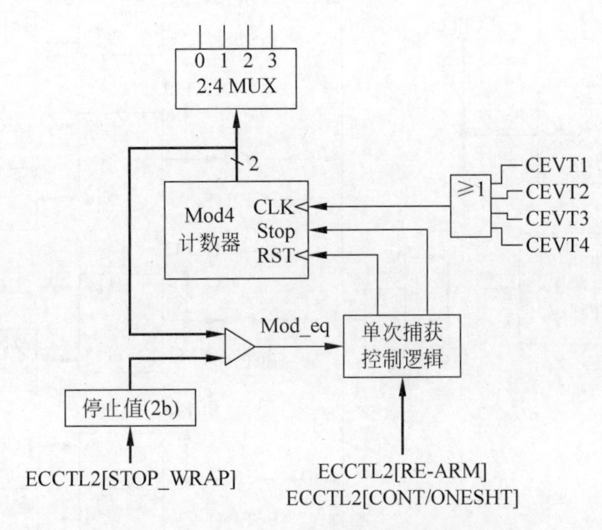

图 13-8 连续/单次捕获功能的结构框图

13.2.6 中断控制

eCAP 模块一共可以产生 7 种中断事件：CEVT1、CEVT2、CEVT3、CEVT4、CNTOVF、CTR＝PRD 和 CTR＝CMP。在捕获工作模式下有 5 种，其中 CEVT1～CEVT4 为捕获中断事件，当相应的边沿被捕获到时，产生该事件；CNTOVF 为时钟计数器上溢事件，当 32 位的时钟计数器计数到溢出时，产生该事件。在 APWM 工作模式下有两种中断事件：周期中断 CTR＝PRD 和比较中断 CTR＝CMP。当计数器的值等于周期寄存器时，产生周期中断；当计数器的值等于比较寄存器时，产生比较中断。

eCAP 模块和中断相关的有 4 个寄存器：中断使能寄存器 ECEINT、中断标志寄存器 ECFLG、中断清除寄存器 ECCLR 和中断强制寄存器 ECFRC。可以通过中断使能寄存器 ECEINT 来使能/禁止每个中断事件，而中断标志寄存器 ECFLG 可以表明某个中断事件是否已经发生，并且包含全局中断标志位 INT。在中断复位程序中，必须通过写 ECCLR 寄存器中相应的位来清除中断标志位，以便接收下一个中断事件。通过中断强制寄存器 ECFRC 可以软件强制产生中断事件，用于测试。eCAP 模块中断信号的连接如图 13-9 所示。

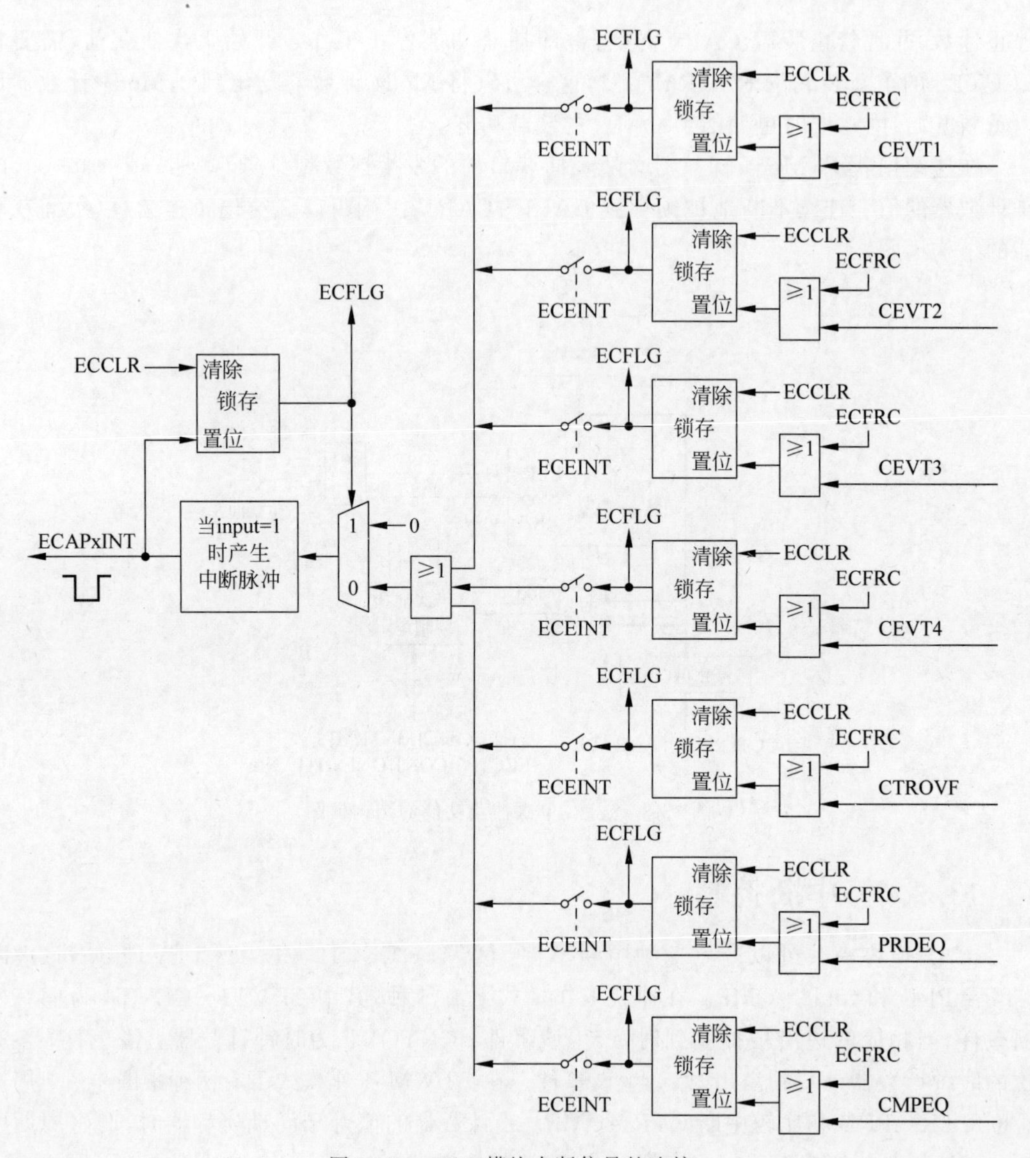

图 13-9　eCAP 模块中断信号的连接

13.2.7 捕获模式总结

接下来结合图 13-10 来分析一下 eCAP 模块的工作原理，以连续捕获工作为例。eCAP 模块有一个 32 位的时间计数器，工作时它会从 0 计数到 0xFFFFFFFF，每次增加 1，循环计数。计数器的时钟为 SYSCLKOUT，比如系统时钟为 150MHz，则每计一次数经过了 6.67ns，从而由时间计数器的值便可计算得到相应的时间。当计数由 0xFFFFFFFF 变为 0 时，会产生一个溢出信号，对应于计数器溢出中断 CNTOVF。

当 CAP 引脚上的脉冲跳变信息（上升沿或下降沿）和设定捕获的边沿信息相同时，便产

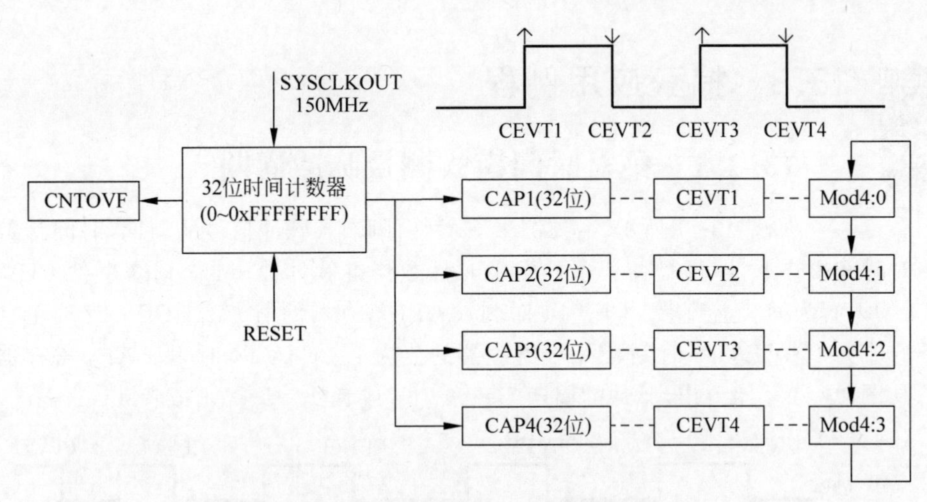

图 13-10 连续捕获工作时的原理图

生了一个捕获事件。eCAP 模块支持 4 个连续的捕获事件 CEVT1～CEVT4，通过寄存器配置可以给这 4 个捕获事件选择需要捕获的边沿极性，比如图 13-10 中 CEVT1 捕获上升沿，CEVT2 捕获下降沿，CEVT3 捕获上升沿，CEVT4 捕获下降沿。

eCAP 开始工作时，计数器开始计数，Mod4 序列控制计数器也开始计数，首先 Mod4 的值是 0，当引脚捕获到上升沿时，发生捕获事件 CEVT1，如果使能了 CAPx 的装载功能，则将时间计数器的值装载到 CAP1 中，此时，时间计数器可以继续计数，也可以被复位清 0，重新开始计数，这取决于寄存器的配置。时间计数器如果在每次捕获事件发生时不复位，即连续不断地从 0 计数到 0xFFFFFFFF，周而复始，称时间计数器工作在绝对时间模式下；如果在每次捕获事件发生时复位，则称时间计数器工作在差分时间模式下。

接下来，Mod4 的值为 1，当引脚捕获到下降沿时，发生捕获事件 CEVT2，时间计数器的值装载进 CAP2。接下来，Mod4 的值为 2，当引脚捕获到上升沿时，发生捕获事件 CEVT3，时间计数器的值装载进 CAP3。接下来，Mod4 的值为 3，当引脚捕获到下降沿时，发生捕获事件 CEVT4，事件计数器的值装载进 CAP4。然后 Mod4 的值为 0，如此循环。通过 CAP1～CAP4 寄存器记录的时间便可计算得到脉冲的信息。上述过程的描述是以图 13-10 为例的，实际使用时，边沿极性可自由选择设置。

如果使能了捕获事件 CEVT1～CEVT4 或者溢出事件 CNTOVF 的中断，则事件发生时便会响应相应的中断。

这就是 eCAP 模块工作在捕获模式时的原理，这里强调两件事：

(1) TMS320F28335 有 6 个 eCAP 模块 eCAP1～6，实际使用时可能不会全部使用，由于功能引脚都是复用的，所以要根据实际情况来选择。每个 eCAP 模块都有 4 个时间寄存器 CAP1～CAP4，eCAP 模块和时间寄存器 CAPx 的表述不要搞混了。

(2) 在发生捕获事件时，时间计数器的值是否装载入 CAP 寄存器，取决于 ECCTL1 的 CAPLDEN 位，而与是否进入 CAP 中断没有关系。

视频讲解

13.3 捕获应用例程

13.3.1 绝对时间模式测量脉冲周期

如图 13-11 所示,需要测量 CAP 引脚输入脉冲信号的周期,时间计数器工作在绝对时间模式下,即每个捕获事件发生时计数器继续计数。4 个捕获事件 CEVT1～CEVT4 均设置为捕获上升沿。CEVT1 时刻,CAP1 寄存器的值为 t_1；CEVT2 时刻,CAP2 寄存器的值为 t_2；CEVT3 时刻,CAP3 寄存器的值为 t_3；CEVT4 时刻,CAP4 寄存器的值为 t_4。从图 13-11 不难看出,脉冲的周期 $T=t_2-t_1$,或者 $T=t_3-t_2$,或者 $T=t_4-t_3$。

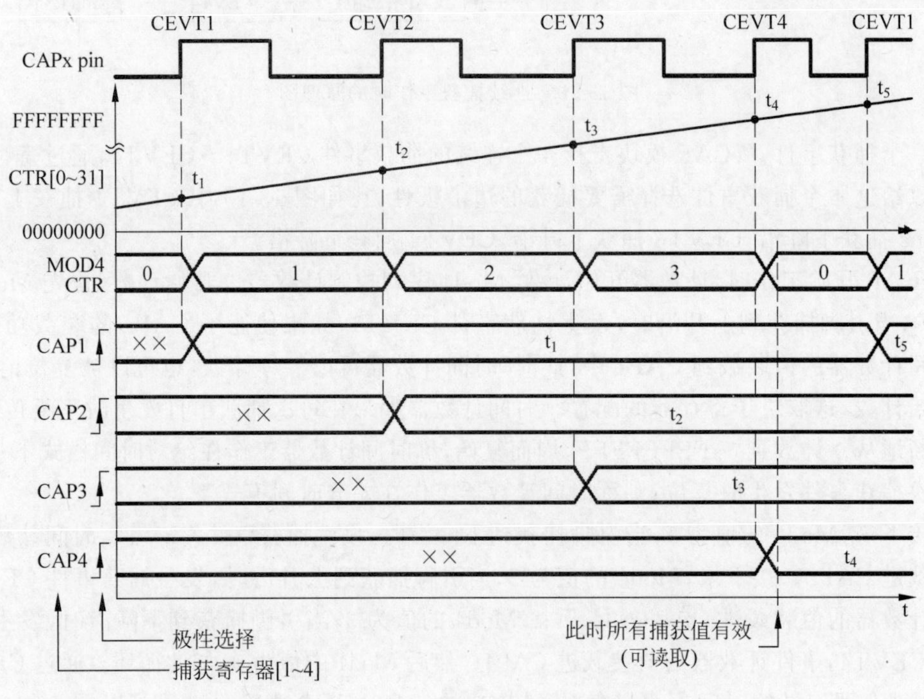

图 13-11 绝对时间模式测量脉冲周期

程序代码见程序清单 13-1。

程序清单 13-1 绝对时间模式测量脉冲周期

```
//ECAP module 1 config
ECap1Regs.ECCTL1.bit.CAP1POL = 0;              //CEVT1 捕获上升沿
ECap1Regs.ECCTL1.bit.CAP2POL = 0;              //CEVT2 捕获上升沿
ECap1Regs.ECCTL1.bit.CAP3POL = 0;              //CEVT3 捕获上升沿
ECap1Regs.ECCTL1.bit.CAP4POL = 0;              //CEVT4 捕获上升沿
ECap1Regs.ECCTL1.bit.CTRRST1 = 0;              //在捕获事件 1 发生时,不复位计数器
ECap1Regs.ECCTL1.bit.CTRRST2 = 0;              //在捕获事件 2 发生时,不复位计数器
```

```
ECap1Regs.ECCTL1.bit.CTRRST3 = 0;          //在捕获事件 3 发生时,不复位计数器
ECap1Regs.ECCTL1.bit.CTRRST4 = 0;          //在捕获事件 4 发生时,不复位计数器
ECap1Regs.ECCTL1.bit.CAPLDEN = 1;          //使能装载功能
ECap1Regs.ECCTL1.bit.PRESCALE = 0;         //不分频
ECap1Regs.ECCTL2.bit.CAP_APWM = 0;         //工作在捕获模式
ECap1Regs.ECCTL2.bit.CONT_ONESHT = 0;      //连续捕获
ECap1Regs.ECCTL2.bit.SYNCO_SEL = 3;        //禁止同步信号输出
ECap1Regs.ECCTL2.bit.SYNCI_EN = 0;         //禁止同步功能
ECap1Regs.ECCTL2.bit.TSCTRSTOP = 1;        //允许 TSCTR 继续计数
//Run Time ( e.g. CEVT4 triggered ISR call)
//==========================================
TSt1 = ECap1Regs.CAP1;                     //t1
TSt2 = ECap1Regs.CAP2;                     //t2
TSt3 = ECap1Regs.CAP3;                     //t3
TSt4 = ECap1Regs.CAP4;                     //t4
Period1 = TSt2 - TSt1;                     //计算第一个脉冲的周期
Period2 = TSt3 - TSt2;                     //计算第二个脉冲的周期
Period3 = TSt4 - TSt3;                     //计算第三个脉冲的周期
```

13.3.2 差分时间模式测量脉冲周期

视频讲解

如图 13-12 所示,需要测量 CAP 引脚输入脉冲信号的周期,时间计数器工

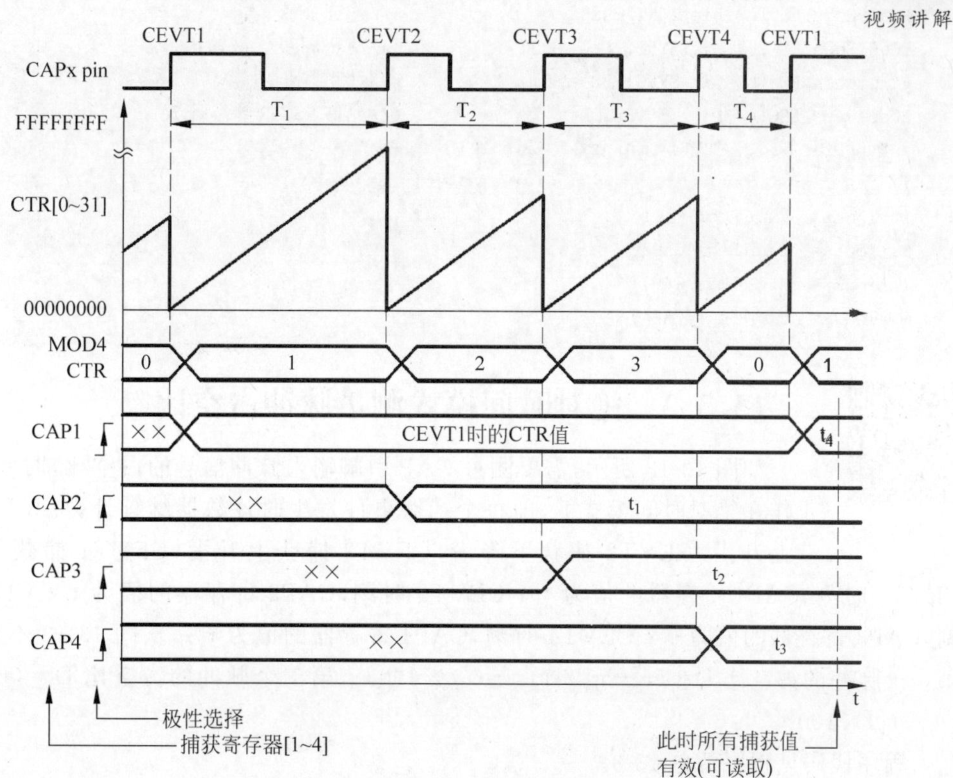

图 13-12 差分时间模式测量脉冲周期

作在差分时间模式下,即每个捕获事件发生时复位计数器,计数器从0开始重新计数。4个捕获事件CEVT1～CEVT4均设置为捕获上升沿。CEVT1时刻,CAP1寄存器的值为T_1；CEVT2时刻,CAP2寄存器的值为T_2；CEVT3时刻,CAP3寄存器的值为T_3；CEVT4时刻,CAP4寄存器的值为T_4。从图13-12不难看出,脉冲的周期就是T_1、T_2、T_3和T_4。

程序代码见程序清单13-2。

程序清单13-2　差分时间模式测量脉冲周期

```
//ECAP module 1 config
ECap1Regs.ECCTL1.bit.CAP1POL = 0;          //CEVT1 捕获上升沿
ECap1Regs.ECCTL1.bit.CAP2POL = 0;          //CEVT2 捕获上升沿
ECap1Regs.ECCTL1.bit.CAP3POL = 0;          //CEVT3 捕获上升沿
ECap1Regs.ECCTL1.bit.CAP4POL = 0;          //CEVT4 捕获上升沿
ECap1Regs.ECCTL1.bit.CTRRST1 = 1;          //在捕获事件 1 发生时,复位计数器
ECap1Regs.ECCTL1.bit.CTRRST2 = 1;          //在捕获事件 2 发生时,复位计数器
ECap1Regs.ECCTL1.bit.CTRRST3 = 1;          //在捕获事件 3 发生时,复位计数器
ECap1Regs.ECCTL1.bit.CTRRST4 = 1;          //在捕获事件 4 发生时,复位计数器
ECap1Regs.ECCTL1.bit.CAPLDEN = 1;          //使能装载功能
ECap1Regs.ECCTL1.bit.PRESCALE = 0;         //不分频
ECap1Regs.ECCTL2.bit.CAP_APWM = 0;         //工作在捕获模式
ECap1Regs.ECCTL2.bit.CONT_ONESHT = 0;      //连续捕获
ECap1Regs.ECCTL2.bit.SYNCO_SEL = 3;        //禁止同步信号输出
ECap1Regs.ECCTL2.bit.SYNCI_EN = 0;         //禁止同步功能
ECap1Regs.ECCTL2.bit.TSCTRSTOP = 1;        //允许 TSCTR 继续计数
//Run Time ( e.g. CEVT4 triggered ISR call)
//==========================================
Period4 = ECap1Regs.CAP1;
Period1 = ECap1Regs.CAP2;
Period2 = ECap1Regs.CAP3;
Period3 = ECap1Regs.CAP4;
```

视频讲解

13.3.3　绝对时间模式测量脉冲占空比

如图13-13所示,需要测量CAP引脚输入脉冲信号的占空比,时间计数器工作在绝对时间模式下,即每个捕获事件发生时计数器继续计数。CEVT1捕获上升沿,CEVT2捕获下降沿,CEVT3捕获上升沿,CEVT4捕获下降沿。CEVT1时刻,CAP1寄存器的值为t_1；CEVT2时刻,CAP2寄存器的值为t_2；CEVT3时刻,CAP3寄存器的值为t_3；CEVT4时刻,CAP4寄存器的值为t_4。从图13-13不难看出,第一个脉冲的占空比$D=(t_2-t_1)/(t_3-t_1)\times100\%$,第二个脉冲的占空比$D=(t_4-t_3)/(t_5-t_3)\times100\%$。

程序代码见程序清单13-3。

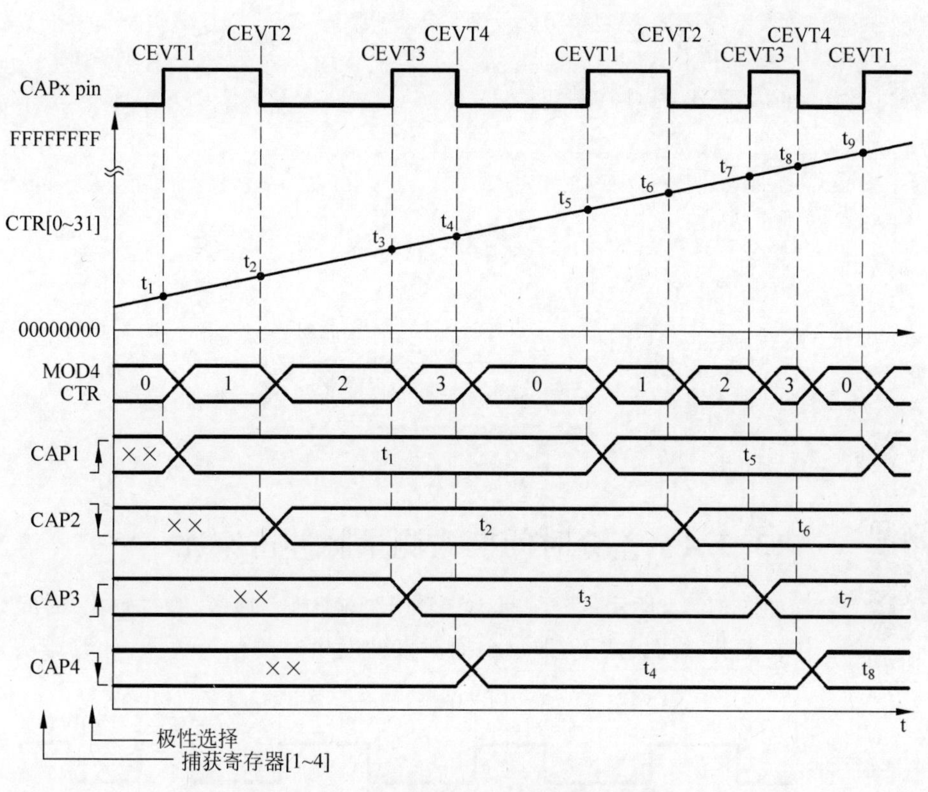

图 13-13 绝对时间模式测量脉冲占空比

程序清单 13-3 绝对时间模式测量脉冲占空比

```
//ECAP module 1 config

ECap1Regs.ECCTL1.bit.CAP1POL = 0;          //CEVT1 捕获上升沿
ECap1Regs.ECCTL1.bit.CAP2POL = 1;          //CEVT2 捕获下降沿
ECap1Regs.ECCTL1.bit.CAP3POL = 0;          //CEVT3 捕获上升沿
ECap1Regs.ECCTL1.bit.CAP4POL = 1;          //CEVT4 捕获下降沿

ECap1Regs.ECCTL1.bit.CTRRST1 = 0;          //在捕获事件 1 发生时,不复位计数器
ECap1Regs.ECCTL1.bit.CTRRST2 = 0;          //在捕获事件 2 发生时,不复位计数器
ECap1Regs.ECCTL1.bit.CTRRST3 = 0;          //在捕获事件 3 发生时,不复位计数器
ECap1Regs.ECCTL1.bit.CTRRST4 = 0;          //在捕获事件 4 发生时,不复位计数器

ECap1Regs.ECCTL1.bit.CAPLDEN = 1;          //使能装载功能
ECap1Regs.ECCTL1.bit.PRESCALE = 0;         //不分频
ECap1Regs.ECCTL2.bit.CAP_APWM = 0;         //工作在捕获模式
ECap1Regs.ECCTL2.bit.CONT_ONESHT = 0;      //连续捕获
ECap1Regs.ECCTL2.bit.SYNCO_SEL = 3;        //禁止同步信号输出
ECap1Regs.ECCTL2.bit.SYNCI_EN = 0;         //禁止同步功能
```

```
ECap1Regs.ECCTL2.bit.TSCTRSTOP = 1;                //允许 TSCTR 继续计数

//Run Time ( e.g. CEVT4 triggered ISR call)

//==========================================
TSt1 = ECap1Regs.CAP1;
TSt2 = ECap1Regs.CAP2;
TSt3 = ECap1Regs.CAP3;
TSt4 = ECap1Regs.CAP4;

Period1 = TSt3 - TSt1;                              //计算周期
DutyOnTime1 = TSt2 - TSt1;                          //计算高电平持续时间
DutyOffTime1 = TSt3 - TSt2;                         //计算低电平持续时间

Duty = DutyOnTime/Period1;
```

视频讲解

13.3.4 差分时间模式测量脉冲占空比

如图 13-14 所示，需要测量 CAP 引脚输入脉冲信号的占空比，时间计数器工作在差分时间模式下，即每个捕获事件发生时复位计数器，计数器从 0 开始

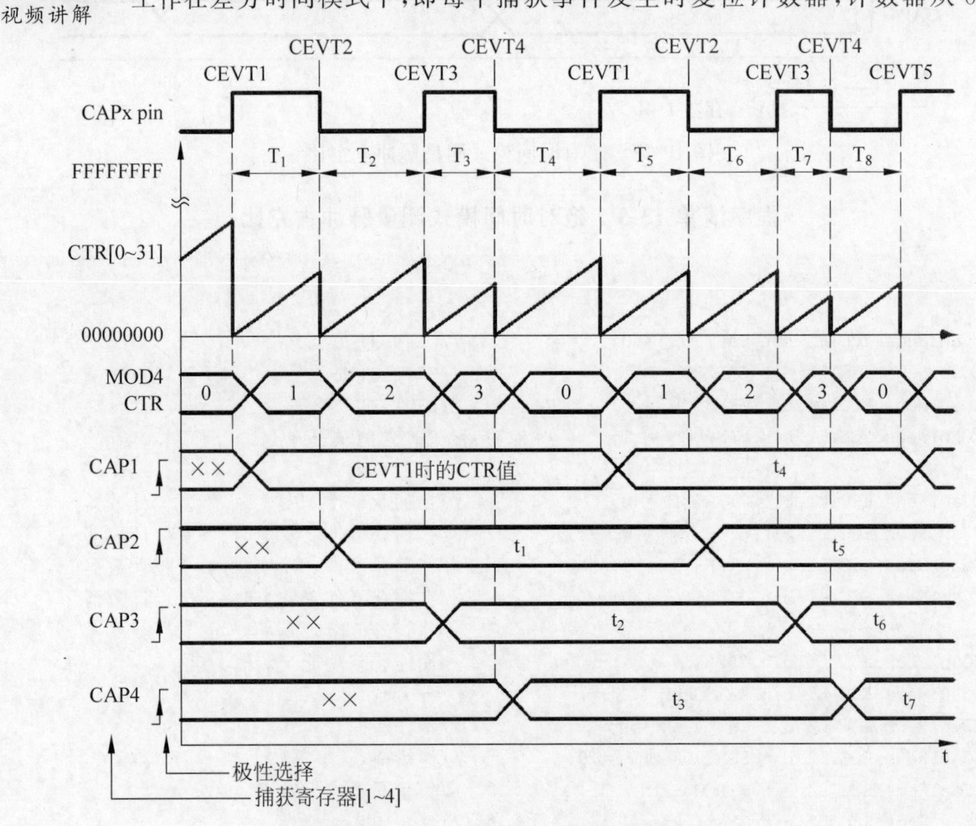

图 13-14 差分时间模式测量脉冲占空比

重新计数。CEVT1 捕获上升沿，CEVT2 捕获下降沿，CEVT3 捕获上升沿，CEVT4 捕获下降沿。CEVT1 时刻，CAP1 寄存器的值为 T_1；CEVT2 时刻，CAP2 寄存器的值为 T_2；CEVT3 时刻，CAP3 寄存器的值为 T_3；CEVT4 时刻，CAP4 寄存器的值为 T_4。从图 13-14 不难看出，第一个脉冲的占空比 $D=T_1/(T_1+T_2)\times 100\%$。

程序代码见程序清单 13-4。

程序清单 13-4 差分时间模式测量脉冲占空比

```
//ECAP module 1 config

ECap1Regs.ECCTL1.bit.CAP1POL = 0;            //CEVT1 捕获上升沿
ECap1Regs.ECCTL1.bit.CAP2POL = 1;            //CEVT2 捕获下降沿
ECap1Regs.ECCTL1.bit.CAP3POL = 0;            //CEVT3 捕获上升沿
ECap1Regs.ECCTL1.bit.CAP4POL = 1;            //CEVT4 捕获下降沿

ECap1Regs.ECCTL1.bit.CTRRST1 = 1;            //在捕获事件 1 发生时,复位计数器
ECap1Regs.ECCTL1.bit.CTRRST2 = 1;            //在捕获事件 2 发生时,复位计数器
ECap1Regs.ECCTL1.bit.CTRRST3 = 1;            //在捕获事件 3 发生时,复位计数器
ECap1Regs.ECCTL1.bit.CTRRST4 = 1;            //在捕获事件 4 发生时,复位计数器

ECap1Regs.ECCTL1.bit.CAPLDEN = 1;            //使能装载功能
ECap1Regs.ECCTL1.bit.PRESCALE = 0;           //不分频
ECap1Regs.ECCTL2.bit.CAP_APWM = 0;           //工作在捕获模式
ECap1Regs.ECCTL2.bit.CONT_ONESHT = 0;        //连续捕获
ECap1Regs.ECCTL2.bit.SYNCO_SEL = 3;          //禁止同步信号输出
ECap1Regs.ECCTL2.bit.SYNCI_EN = 0;           //禁止同步功能
ECap1Regs.ECCTL2.bit.TSCTRSTOP = 1;          //允许 TSCTR 继续计数

//Run Time ( e.g. CEVT4 triggered ISR call)
//==========================================
DutyOnTime1 = ECap1Regs.CAP1;
DutyOffTime1 = ECap1Regs.CAP2;
DutyOnTime2 = ECap1Regs.CAP3;
DutyOffTime2 = ECap1Regs.CAP4;

Period1 = DutyOnTime1 + DutyOffTime1;
Period2 = DutyOnTime2 + DutyOffTime2;

Duty1 = DutyOnTime1/Period1;
Duty2 = DutyOnTime2/Period2;
```

13.4 APWM 模式

eCAP 模块可以配置为 APWM 模式，此时 CAP 的引脚向外输出 PWM 脉冲。APWM 工作模式的主要特点如下：

- 32位的时间计数器TSCTR单增计数，从0计数到0xFFFFFFFF，计数时钟为SYSCLKOUT。
- 32位的CAP1寄存器作为PWM的周期寄存器APRD。
- 32位的CAP2寄存器作为PWM的比较寄存器ACMP。
- 当ECCTL2的位APWMPOL＝0，即高电平有效时，当时间计数器TSCTR的值小于比较寄存器ACMP的值时，引脚输出高电平；当时间计数器TSCTR的值大于比较寄存器ACMP的值时，引脚输出低电平。
- 当ECCTL2的位APWMPOL＝1，即低电平有效时，当时间计数器TSCTR的值小于比较寄存器ACMP的值时，引脚输出低电平；当时间计数器TSCTR的值大于比较寄存器ACMP的值时，引脚输出高电平。
- 周期寄存器和比较寄存器具有映射功能，CAP3为周期映射寄存器，CAP4为比较映射寄存器。在对CAP3、CAP4进行写操作或者TSCTR＝APRD两种情况下，DSP会将映射寄存器的值装载到当前寄存器。
- 在APWM模式下，对CAP1及CAP2寄存器进行写操作，将把同样的内容分别写入CAP3及CAP4寄存器中；对CAP3或CAP4进行写操作将启动映射模式。
- 在初始化过程中，必须首先写周期与比较值的当前寄存器，即写CAP1和CAP2，系统会自动将当前寄存器中的值复制到映射寄存器中。在运行过程中，需要对CAP3进行写操作来改变PWM的周期，对CAP4进行写操作来改变PWM的占空比。

图13-15是APWM工作模式下产生PWM脉冲的示意图。

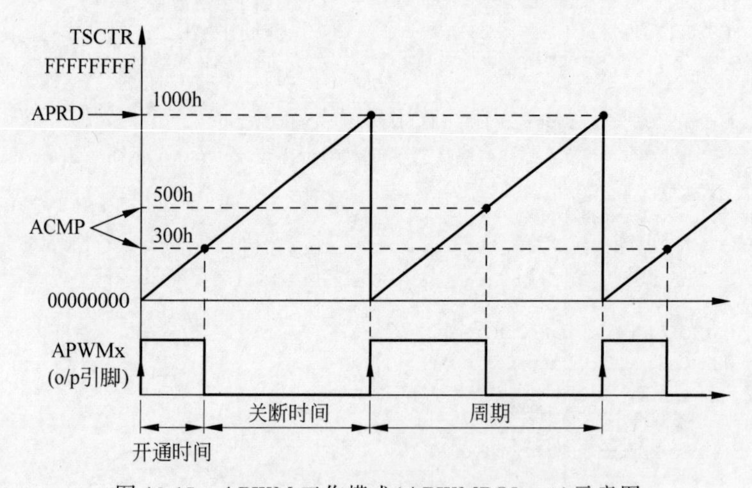

图13-15　APWM工作模式(APWMPOL＝0)示意图

APWM高电平有效模式(APWMPOL＝0)的配置如下：

```
ACMP = 0x00000000;                    //输出始终为低电平
ACMP = 0x00000001;                    //输出高电平时间为一个计数周期
ACMP = 0x00000002;                    //输出高电平时间为两个计数周期
ACMP = APRD;                          //输出具有一个计数周期的低电平
```

```
ACMP = APRD + 1;                    //输出始终为高电平
ACMP>APRD + 1;                      //输出始终为高电平
```

当 0<ACMP<APRD 时，如果 TSCTR<ACMP，则输出高电平；如果 TSCTR>ACMP，则输出低电平。这种情况下，PWM 占空比为：

$$D=\frac{TSCTR}{APRD+1}$$

APWM 低电平有效模式(APWMPOL＝1)的配置如下：

```
ACMP = 0x00000000;                  //输出始终为高电平
ACMP = 0x00000001;                  //输出低电平时间为一个计数周期
ACMP = 0x00000002;                  //输出低电平时间为两个计数周期
ACMP = APRD;                        //输出具有一个计数周期的高电平
ACMP = APRD + 1;                    //输出始终为低电平
ACMP>APRD + 1;                      //输出始终为低电平
```

当 0<ACMP<APRD 时，如果 TSCTR<ACMP，输出低电平；如果 TSCTR>ACMP，输出高电平。这种情况下，PWM 占空比为：

$$D=1-\frac{TSCTR}{APRD+1}$$

13.5 APWM 应用例程

13.5.1 APWM 模式下单路 PWM 生成

如图 13-16 所示，周期寄存器 APRD 的值为 0x1000，比较寄存器的值是 0x300 或者 0x500，输出引脚为高电平有效。在 APWM 模式下，周期寄存器 APRD 为 CAP1，比较寄存器 ACMP 为 CAP2，因此 APWM 的初始化程序见程序清单 13-5。

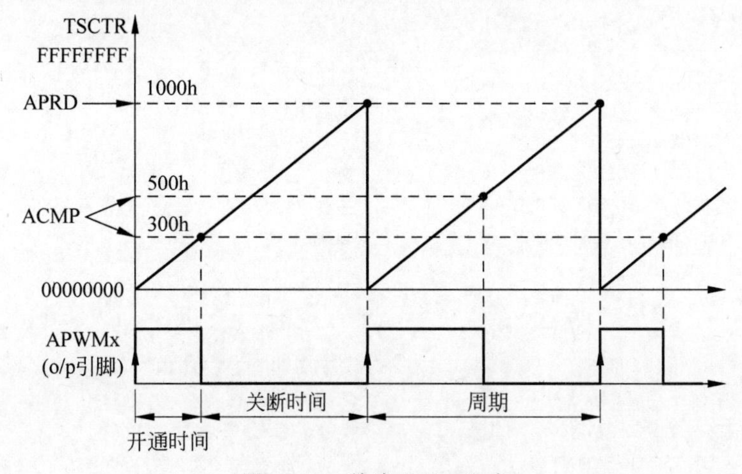

图 13-16 单路 PWM 生成

程序清单 13-5　单路 PWM 生成

```
//ECAP module 1 config
ECap1Regs.CAP1 = 0x1000;                    //设置周期寄存器的值,决定 PWM 的周期
ECap1Regs.CTRPHS = 0x0;                     //无移相
ECap1Regs.ECCTL2.bit.CAP_APWM = 1;          //APWM 模式
ECap1Regs.ECCTL2.bit.APWMPOL = 0;           //高电平有效
ECap1Regs.ECCTL2.bit.SYNCI_EN = 0;          //禁止同步功能
ECap1Regs.ECCTL2.bit.SYNCO_SEL = 3;         //禁止同步信号输出
ECap1Regs.ECCTL2.bit.TSCTRSTOP = 1;         //允许计数器 TSCTR 计数
//Run Time (Instant 1, e.g. ISR call)
//======================
ECap1Regs.CAP2 = 0x300;                     //设置比较寄存器的值,决定 PWM 的占空比
//Run Time (Instant 2, e.g. another ISR call)
//======================
ECap1Regs.CAP2 = 0x500;                     //改变占空比的值
```

13.5.2　APWM 模式下相位控制多路 PWM 生成

如图 13-17 所示,使用 APWM 模式的相位特性来控制一个三相 DC/DC 变换器。三相之间互差 120°,如果以 APWM1 为参考,那么 APWM2 的相位滞后 120°,APWM3 的相位滞后 240°。APWM1～APWM3 分别由 eCAP1～eCAP3 来产生,eCAP1 为系统的主模块,eCAP2 和 eCAP3 为从模块,当 TSCTR＝APRD 时,eCAP1 为两个从模块提供同步脉冲信号。从图 13-17 可以看到,APWM1～3 的周期寄存器 APRD＝1200,比较寄存器 ACMP＝700,APWM1 的相位寄存器 CTRPHS＝0,APWM2 的相位寄存器 CTRPHS＝800,APWM3 的相位寄存器 CTRPHS＝400。详见程序清单 13-6。

程序清单 13-6　相位控制多路 PWM 生成

```
//ECAP module 1 config
ECap1Regs.ECCTL2.bit.CAP_APWM = 1;          //工作在 PWM 模式
ECap1Regs.CAP1 = 1200;                      //设置周期寄存器的值
ECap1Regs.CTRPHS = 0;                       //参考相位为 0
ECap1Regs.ECCTL2.bit.APWMPOL = 1;           //低电平有效
ECap1Regs.ECCTL2.bit.SYNCI_EN = 0;          //主模块,无同步信号输入
ECap1Regs.ECCTL2.bit.SYNCO_SEL = 1;         //主模块,TSCTR = APRD 时,产生 SYNC_OUT 信号
ECap1Regs.ECCTL2.bit.TSCTRSTOP = 1;         //TSCTR 计数

//ECAP module 2 config
ECap2Regs.ECCTL2.bit.CAP_APWM = 1;          //工作在 PWM 模式
ECap2Regs.CAP1 = 1200;                      //设置周期寄存器的值
ECap2Regs.CTRPHS = 800;                     //设置相位寄存器
ECap2Regs.ECCTL2.bit.APWMPOL = 1;           //低电平有效
ECap2Regs.ECCTL2.bit.SYNCI_EN = 1;          //在同步信号到来时,将 CTRPHS 装载到 TSCTR 中
```

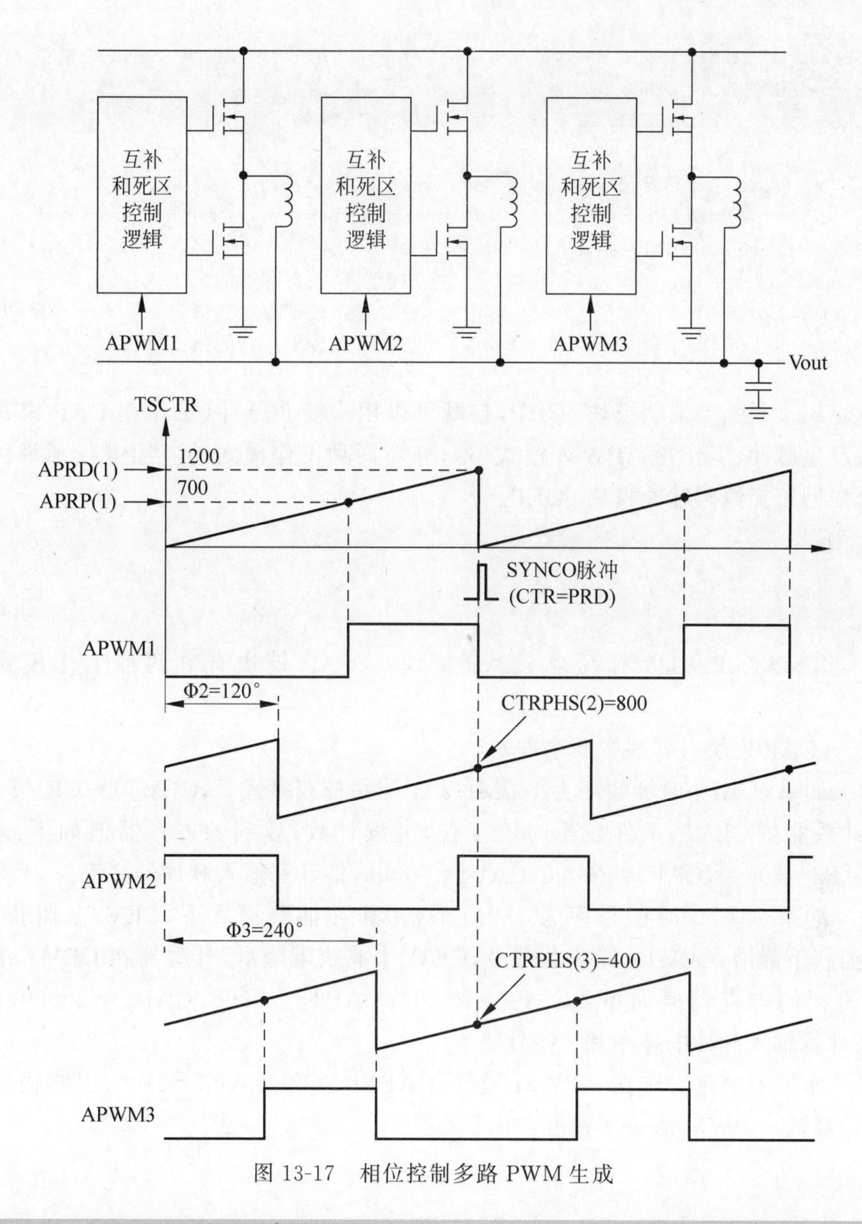

图 13-17　相位控制多路 PWM 生成

```
ECap2Regs.ECCTL2.bit.SYNCO_SEL = 0;        //同步输入 SYNC_IN 作为同步输出 SYNC_OUT 信号
ECap2Regs.ECCTL2.bit.TSCTRSTOP = 1;        //TSCTR 计数

//ECAP module 3 config
ECap3Regs.ECCTL2.bit.CAP_APWM = 1;         //工作在 PWM 模式
ECap3Regs.CAP1 = 1200;                     //设置周期寄存器的值
ECap3Regs.CTRPHS = 400;                    //设置相位寄存器
ECap3Regs.ECCTL2.bit.APWMPOL = 1;          //低电平有效
```

```
ECap3Regs.ECCTL2.bit.SYNCI_EN = 1;          //在同步信号到来时,将 CTRPHS 装载到 TSCTR 中
ECap3Regs.ECCTL2.bit.SYNCO_SEL = 3;         //无同步信号输出
ECap3Regs.ECCTL2.bit.TSCTRSTOP = EC_RUN;    //TSCTR 计数

//Run Time (Note: Example execution of one run - time instant)
//=========================================================
//All phases are set to the same duty cycle
ECap1Regs.CAP2 = 700;                       //设置比较寄存器的值
ECap2Regs.CAP2 = 700;                       //设置比较寄存器的值
ECap3Regs.CAP2 = 700;                       //设置比较寄存器的值
```

本章介绍了增强型捕获模块 eCAP,它既可以用来捕获脉冲(工作在 CAP 模式下),也可以用来产生脉冲(工作在 APWM 模式下),并对两种工作模式的应用进行了举例。接下来介绍增强型正交编码脉冲模块 eQEP。

习题

13-1　TMS320F28335 有几个 eCAP 模块?eCAP 模块有哪两种工作模式?有何区别?

13-2　eCAP 模块有哪些中断事件?

13-3　如果 eCAP1 时钟频率为 150MHz,工作在捕获模式下,CEVT1~CEVT4 均捕获上升沿,计数器在 CEVT 事件发生时不复位,继续计数,读到的寄存器值如下:CAP1=15000,CAP2=30000,CAP3=45000,CAP4=60000,请计算输入脉冲的频率。

13-4　如果 eCAP1 时钟频率为 150MHz,工作在捕获模式下,CEVT1 捕获上升沿,CEVT2 捕获下降沿,CEVT3 捕获上升沿,CEVT4 捕获下降沿,计数器在 CEVT 事件发生时复位,读到的寄存器值如下:CAP1=20000,CAP2=30000,CAP3=20000,CAP4=30000,请计算输入脉冲的频率和占空比。

13-5　如果 eCAP 工作在 APWM 模式,CAP1=7500,CAP2=2100,引脚输出低电平有效,请计算输出 PWM 的频率和占空比。

第 14 章

增强型正交编码脉冲模块 eQEP

在做电机控制的时候，常常需要知道电机转子的转速、转向和位置信息，从而可以精确地控制电机的运行，因此电机上一般都会装有各种编码器或者传感器，增量式光电编码器就是最为常用的一种，为了能够对编码器输出的信号进行解码从而获得电机转速等信息，TMS320F28335 设计有增强型正交编码脉冲模块 eQEP。本章将详细介绍 eQEP 的整体结构、工作原理和测速方法，并举例说明如何使用 eQEP 获得电机的转速等信息。

14.1 概述

14.1.1 增量式编码器

编码器(encoder)是将信号或数据进行编制、转换为可以通信、传输和存储的信号形式的设备。编码器通常把角位移或者直线位移转换成电信号。按照工作原理来分，编码器可以分为增量式和绝对式两种。

绝对式编码器每个基准的角度发出唯一一个与该角度对应的二进制数值。而增量式编码器的码盘结构如图 14-1 所示，码盘上均匀地布满了许多槽，在旋转的时候，码盘上的槽能够对光电发送或接收装置产生通断变化，从而产生相应的脉冲信号。

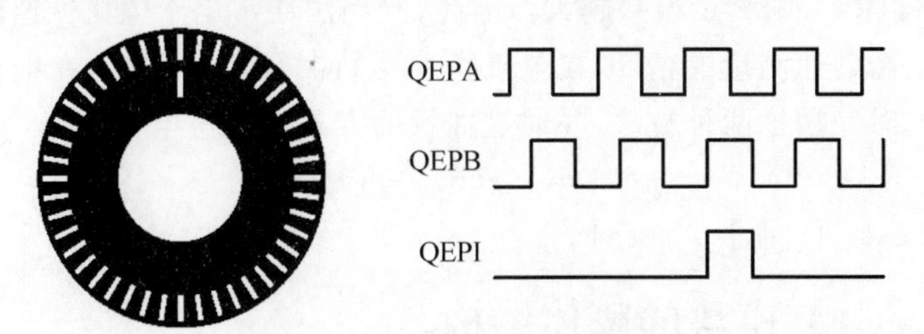

图 14-1　增量式编码器码盘结构及输出信号波形

码盘上有两对光电感应器，安装的位置在空间上相差两孔间距的 1/4，在旋转时，便可以输出两个脉冲信号，记为 QEPA 和 QEPB，这两个信号相位相差 90°，称为正交信号。另外，码盘每旋转一周，就会输出一个索引脉冲信号，记为 QEPI，可以用于判定码盘的绝对位置。

如果码盘有N个孔位,称为N线码盘,也就是当电机旋转一圈,码盘会输出N个脉冲。电机的转速和QEPA和QEPB的脉冲频率成正比,转速越快,脉冲频率也越高。通过测量脉冲的个数也可以得到转子所在的位置,码盘的线数N越多,位置测量的精度就越高。例如,一个2000线的光电编码器安装在一台转速为3000RPM的电机上,则得到的QEPA和QEPB的频率是100kHz;反过来,如果获得QEPA或QEPB的频率,就可以得到电机的转速。

视频讲解

14.1.2 转速测量

通过编码器来测量转速的方法常用的有两种:一种是测量一段时间内的脉冲个数,叫作测频法,或者M法;另一种是测量若干个脉冲的时间,叫作测周法,或者T法。下面分别介绍。

测频法是测量一段时间内的脉冲个数,通常用于电机高速段的测量,其计算公式如下所示:

$$v1(k)=\frac{x(k)-x(k-1)}{T}=\frac{\Delta X}{T}$$

其中,x(k)是当前读取的脉冲数,x(k-1)是先前一刻的脉冲数,x(k)-x(k-1)是时间T内测量到的脉冲个数。很显然,在时间T内测量到的脉冲数越多,则测量误差越小;在时间T内测量到的脉冲数越少,则测量误差就越大。因此,测频法通常用于电机高速段的测量。

测周法是测量若干个脉冲所经历的时间,通常用于电机低速段的测量,其计算公式如下:

$$v2(k)=\frac{X}{t(k)-t(k-1)}=\frac{X}{\Delta T}$$

其中,t(k)是当前定时器的读数,t(k-1)是先前一刻定时器的读数,t(k)-t(k-1)是测量X个脉冲所花的时间。很显然,在脉冲数固定的情况下,测量到的时间越长,则测量误差越小;测量到的时间越短,则测量误差越大。因此,测周法通常用于电机低速段的测量。

通常,为了提高转速测量的精度,在电机高速运行时采用测频法,在电机低速运行时采用测周法,或者同时使用这两种方法,并通过加权的方式来获得电机转速。

$$v(k)=\alpha v1(k)+\beta v2(k)$$

式中,$0\leqslant\alpha\leqslant1$,$0\leqslant\beta\leqslant1$,而且$\alpha+\beta=1$。

14.1.3 eQEP模块的整体结构

TMS320F28335有两个eQEP模块,其结构和功能都完全相同,如图14-2所示,eQEP模块主要包含以下几个单元:

- 正交解码单元(QDU),可以获得电机的转向信息;
- 位置计数器及控制单元(PCCU),可以获得电机转子的位置信息;

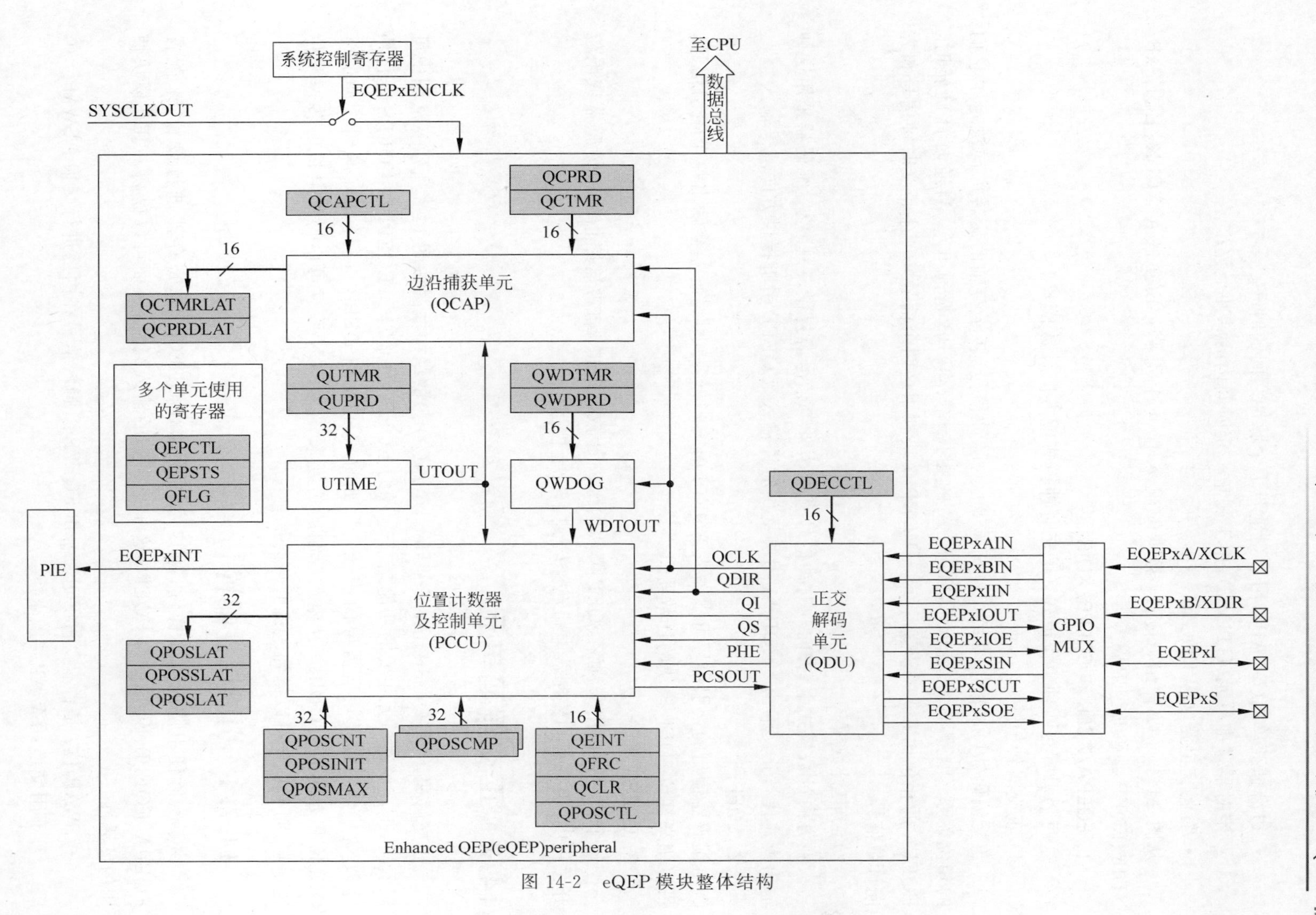

图 14-2　eQEP 模块整体结构

- 边沿捕获单元(QCAP),用于测量若干个脉冲之间的时间;
- 定时器基准单元(UTIME),用于测量一定时间内的脉冲个数;
- 看门狗电路(QWDOG)。

从图 14-2 可以看出,eQEP 模块的输入有 4 个引脚:EQEPxA/XCLK、EQEPxB/XDIR、EQEPxI 和 EQEPxS。

1. EQEPA/XCLK 和 EQEPB/XDIR

这两个引脚有两种工作模式:正交时钟模式或方向计数模式。

1) 正交时钟模式

正交编码器可以输出两路相位相差 90°的脉冲信号,转子转轴的旋转方向决定了它们的相位关系。当顺时针旋转时,EQEPA 的相位比 EQEPB 超前 90°;当逆时针旋转时,EQEPA 的相位比 EQEPB 落后 90°。EQEP 模块利用这两个信号来产生正交时钟信号和方向计数信号。

2) 方向计数模式

在方向计数模式中,方向和时钟信号直接由外部信号源提供,一些位置编码器采用这种输出模式代替正交输出。EQEPA 引脚提供时钟输入,EQEPB 引脚提供方向信号输入。

2. EQEPI

编码器输出的索引信号可以输入 EQEPI 引脚,每转一圈编码器会输出一个索引信号,可以用来复位 eQEP 模块的计数器。

3. EQEPS

这个信号可以用来锁存 eQEP 模块内部的计数器的值,通常这路信号由传感器或限位开关提供,用来通知控制器电机已经转到了指定位置。

14.2 正交解码单元

正交解码单元(Quadrature Decoder Unit,QDU)的结构框图如图 14-3 所示。从图中可以看出,正交解码单元主要的功能是对输入的 EQEPA、EQEPB、EQEPI 和 EQEPS 进行预处理,提供给后续模块所需要的信号。比如将 QEPA 和 QEPB 进行解码,得到脉冲信号 QCLK 和方向信号 QDIR。从电机控制的角度来看,QCLK 后续可以得到电机的转速和位置信息,而 QDIR 可以得到电机的转向信息。

14.2.1 引脚属性配置

由于实际使用情况的多样性,用户可以通过对 QDECCTL 寄存器进行设置,来配置 EQEPA、EQEPB、EQEPI 和 EQEPS 这 4 个引脚的输入属性,从而可以提高 eQEP 模块使用的灵活性。

- SWAP 位:是否需要将 EQEPA 和 EQEPB 引脚的信号在内部进行交换。SWAP=0,不用交换;SWAP=1,交换。

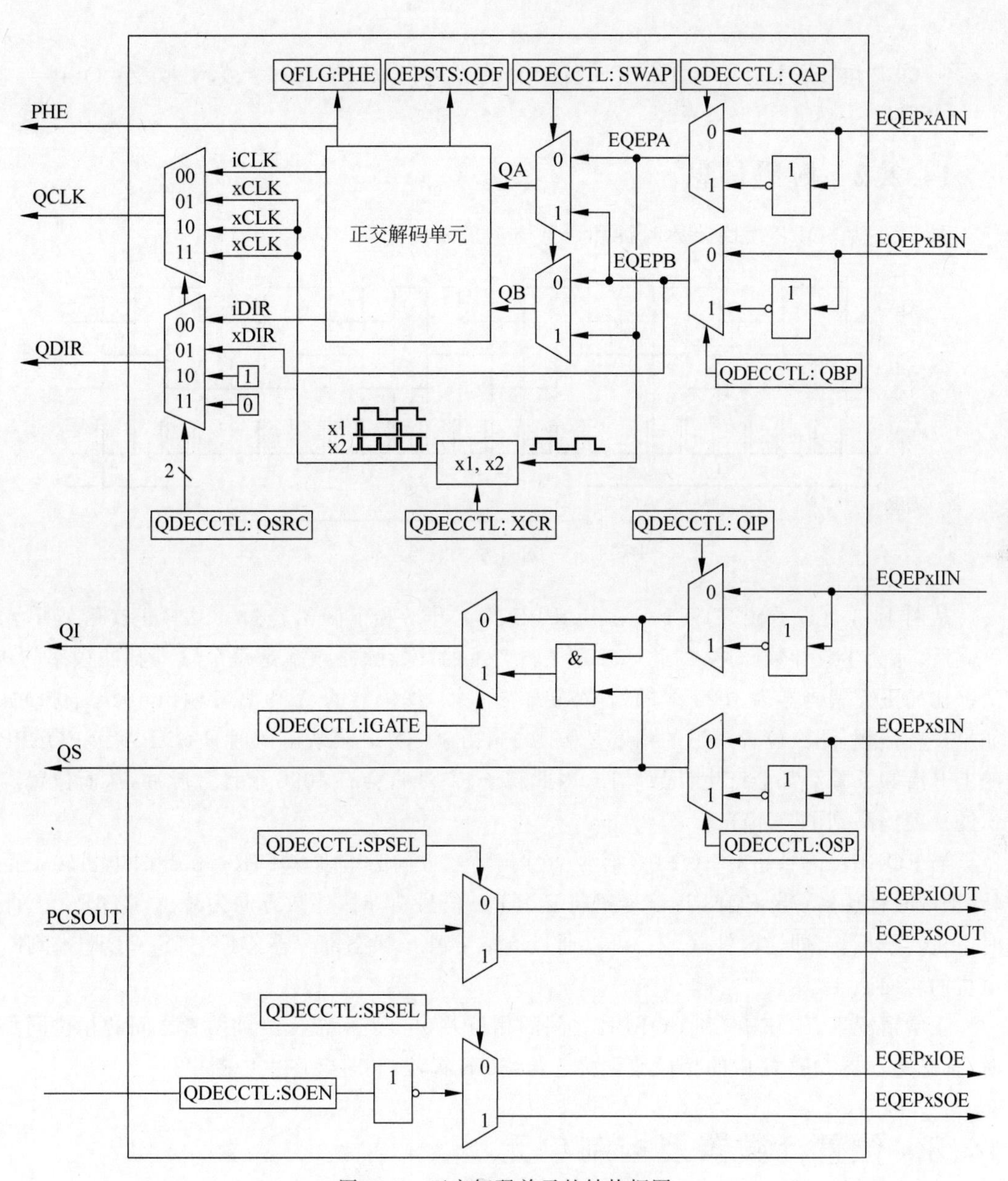

图 14-3　正交解码单元的结构框图

- QAP 位：是否需要将 EQEPA 引脚的信号进行取反。QAP＝0，不取反；QAP＝1，取反。
- QBP 位：是否需要将 EQEPB 引脚的信号进行取反。QBP＝0，不取反；QBP＝1，取反。
- QIP 位：是否需要将 EQEPI 引脚的信号进行取反。QIP＝0，不取反；QIP＝1，取反。

- QSP 位：是否需要将 EQEPS 引脚的信号进行取反。QSP＝0，不取反；QSP＝1，取反。

14.2.2 解码信息

图 14-4 为 eQEP 模块计数时钟和计数方向的解码逻辑。

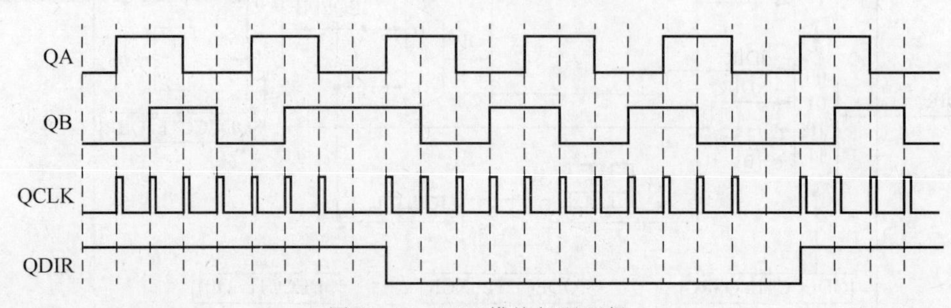

图 14-4　eQEP 模块解码逻辑

从图 14-4 可以看到，EQEPA 和 EQEPB 的上升沿和下降沿经过 eQEP 正交解码单元解码后，都会生成计数脉冲，因此 eQEP 逻辑产生的计数脉冲频率是每个输入脉冲频率的 4 倍。比如正交编码器为 1024 线的精度，转子转一圈，编码器的 A 和 B 各输出 1024 个脉冲，如果没有倍频，那么位置辨识的精度是 1/1024，由于 eQEP 模块解码时，EQEPA 和 EQEPB 的上升沿和下降沿都会产生计数脉冲，因此转子转一圈，会有 4096 个计数脉冲，从而位置辨识的精度提高到了 1/4096。

当 EQEPA 信号超前 EQEPB 信号 90°时，计数方向为增多，QDIR＝1，此时电机转子正转，即顺时针旋转；当 EQEPB 信号超前 EQEPA 信号 90°时，计数方向为减少，QDIR＝0，此时电机转子反转，即逆时针旋转。可以通过读取 eQEP 状态寄存器 QEPSTS[QDF]来判断电机的转向。

正常情况下，EQEPA 和 EQEPB 之间的相位差 90°，当系统检测到两者之间的相位同步时，标志寄存器 QFLG 中的相位错误标志位 PHE 置位，同时会产生中断事件。

14.3 位置计数器及控制单元

位置计数器及控制单元(PCCU)通过两个寄存器 QEPCTL 与 QPOCTL 来配置位置计数器的运行模式、初始化/锁存模式以及位置比较同步信号的产生。

14.3.1 位置计数器的输入模式

位置计数器的输入模式由 QDECCTL[QSRC]决定，主要有 4 种模式，分别是正交计数模式、方向计数模式、增计数模式和减计数模式。

1. 正交计数模式

在正交计数模式下,EQEPA 和 EQEPB 相位相差 90°,EQEPA 和 EQEPB 的上升沿和下降沿都会作为位置计数器计数的触发事件,eQEP 模块产生的计数脉冲频率是每个输入脉冲的 4 倍。

当 EQEPA 超前 EQEPB 相位 90°时,QDIR=1,位置计数器增计数;当 EQEPB 超前 EQEPA 相位 90°时,QDIR=0,位置计数器减计数。

如图 14-5 所示,如果第一个脉冲检测到的是 EQEPA 的上升沿,第二个脉冲检测到的是 EQEPB 的上升沿,则 QDIR=1,位置计数器增计数。如果第一个脉冲检测到的是 EQEPA 的上升沿,而第二个脉冲检测到的是 EQEPB 的下降沿,则 QDIR=0。根据上述分析,可以得到如图 14-6 所示的正交解码状态机。

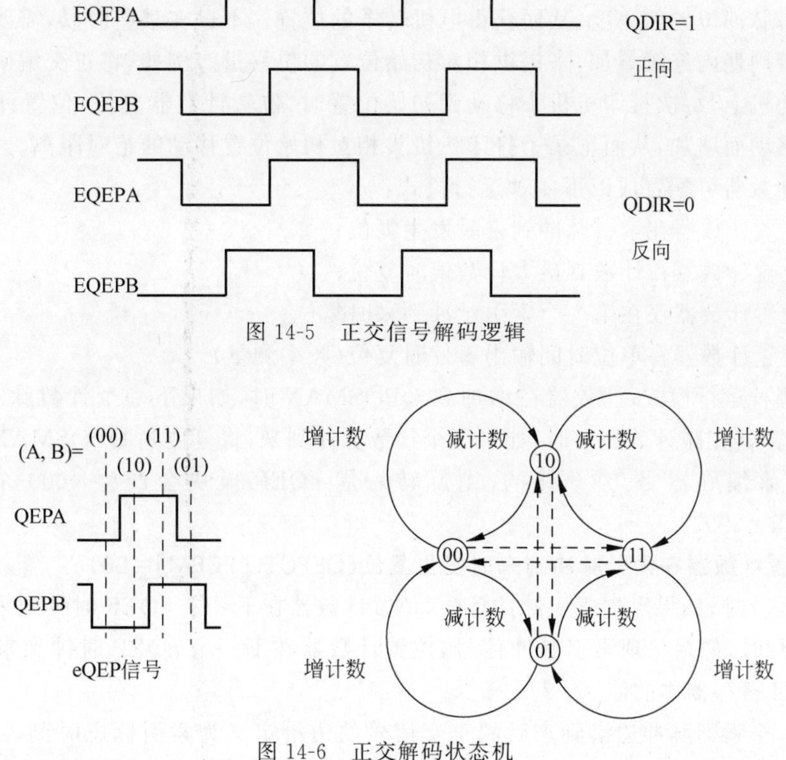

图 14-5 正交信号解码逻辑

图 14-6 正交解码状态机

2. 方向计数模式

编码器的类型有多种,有的编码器可以直接提供方向信号和计数时钟,在这种情况下可以使用方向计数模式,引脚 EQEPA/XCLK 直接为位置计数器提供计数脉冲,引脚 EQEPB/XDIR 为位置计数器提供计数方向。当 EQEPB/XDIR 为高电平时,位置计数器在每个计数时钟的上升沿增计数;当 EQEPB/XDIR 为低电平时,位置计数器在每个计数时钟的上升沿减计数。

3. 增计数模式

位置计数器的方向直接被硬件设定为增计数模式，位置计数器用来测量 EQEPA 输入的信号频率。将 QDECCTL[XCR]置位将使能 EQEPA 输入的两个边沿都产生计数脉冲，从而将检测精度提高一倍。

4. 减计数模式

位置计数器的方向直接被硬件设定为减计数模式，位置计数器用来测量 EQEPA 输入的信号频率。将 QDECCTL[XCR]置位将使能 EQEPA 输入的两个边沿都产生计数脉冲，从而将检测精度提高一倍。

14.3.2 位置计数器的运行模式

通常情况下，位置计数器的值在每个旋转周期内由索引脉冲复位，位置计数器的值提供了相对索引脉冲位置的角度，从而获得电机转子的位置。不过在某些时候，需要位置计数器在多个旋转周期内连续累加，来提供相对初始位置的位移量。例如，将正交编码器安装在打印机的电动机上，每次打印机机头移动到初始位置时，位置计数器复位，位置计数器中的值随机头的移动而增加，从而记录了打印机机头相对初始位置移动的绝对距离。

位置计数器可配置成以下 4 种运行模式：

(1) 位置计数器在索引脉冲到来时发生复位；

(2) 位置计数器在计数到最大计数值时复位；

(3) 位置计数器仅在第一个索引脉冲到来时复位；

(4) 位置计数器在单位时间输出事件时复位(频率测量)。

不管哪种运行模式，计数器在增加到 QPOSMAX 时，如果下一个计数脉冲到来，将复位到 0；计数器在减计数到 0 时，如果下个计数脉冲到来，将复位到 QPOSMAX。对于正交编码器，如果编码器是 1000 线的，则旋转一周 eQEP 模块会产生 4000 个计数脉冲，QPOSMAX=3999。

1. 位置计数器在索引脉冲到来时发生复位(QEPCTL[PCRM]=00)

正向运行时，如果出现索引脉冲信号，位置计数器在下一个 eQEP 时钟到来时被复位到 0；反向运行时，如果出现索引脉冲信号，位置计数器在下一个 eQEP 时钟到来时被复位为 QPOSMAX 寄存器中的值。

将第一个索引脉冲边沿到来后的正交信号的边沿定义为索引标志时刻，eQEP 模块记录第一个索引标志的发生(QEPSTS[FIMF])以及第一个索引事件发生时的方向(QEPSTS[FIDF])，还记录第一个索引标志对应的正交信号边沿，从而使用这个相同的正交边沿完成复位操作。例如，如果第一次复位操作发生在正向运行过程中的 EQEPB 的下降沿，那么以后所有正向运行的复位操作都将发生在 EQEPB 的下降沿，而反向运行的复位操作发生在 EQEPB 的上升沿，如图 14-7 所示。

在每个索引事件发生时，位置计数器的值被锁存到 QPOSILAT 寄存器中，运行方向也被记录到 QEPSTS[QDLF]位中。如果 QPOSILAT 中的值不等于 0 或 QPOSMAX，那么

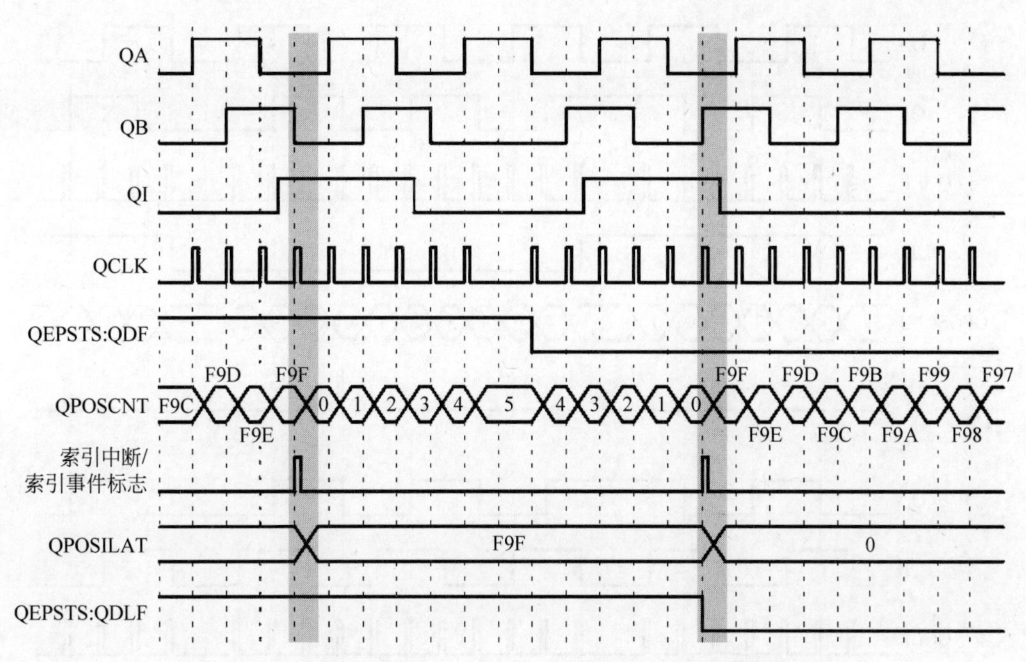

图 14-7 1000线的编码器信号通过索引脉冲复位位置计数器时序图

位置计数器错位标志位（QEPSTS[PCEF]）及中断标志位（QFLG[PCE]）将置位。位置计数器错位标志位在每次索引脉冲事件发生时进行更新，而中断标志位则必须由软件清除。在此模式下，索引事件锁存配置位 QEPCTL[IEL]被忽略。

2. 位置计数器在计数到最大值时复位（QEPCTL[PCRM]=01）

正向运行时，如果位置计数器的值到达 QPOSMAX 寄存器中的值，那么在下一个 eQEP 时钟信号到来时将位置计数器复位为 0，并且将位置计数器上溢标志位置位。反向运行时，如果位置计数器的值到达 0，那么在下一个 eQEP 时钟信号到来时将位置计数器复位到 QPOSMAX，并且将位置计数器下溢标志位置位，如图 14-8 所示。

3. 位置计数器仅在第一个索引脉冲到来时复位（QEPCTL[PCRM]=10）

正向运行时，如果出现索引脉冲信号，那么位置计数器在下一个 eQEP 时钟到来时被复位到 0；反向运行时，如果出现索引脉冲信号，那么位置计数器在下一个 eQEP 时钟到来时被复位为 QPOSMAX 寄存器中的值。需要注意的是，以上复位操作只发生在第一次索引事件到来时，接下来的索引事件不能将位置计数器复位。位置计数器以后的复位操作与第 2 种情况描述的相同。

4. 位置计数器在单位时间输出事件时复位（频率测量）（QEPCTL[PCRM]=11）

在该模式下，当一次单位时间事件发生时，QPOSCNT 的值被锁存到 QPOSLAT 寄存器中，并且 QPOSCNT 被复位到 0 或 QPOSMAX（这由 QDECCTL[QSRC]方向控制位决定）。该模式可用于频率的测量。

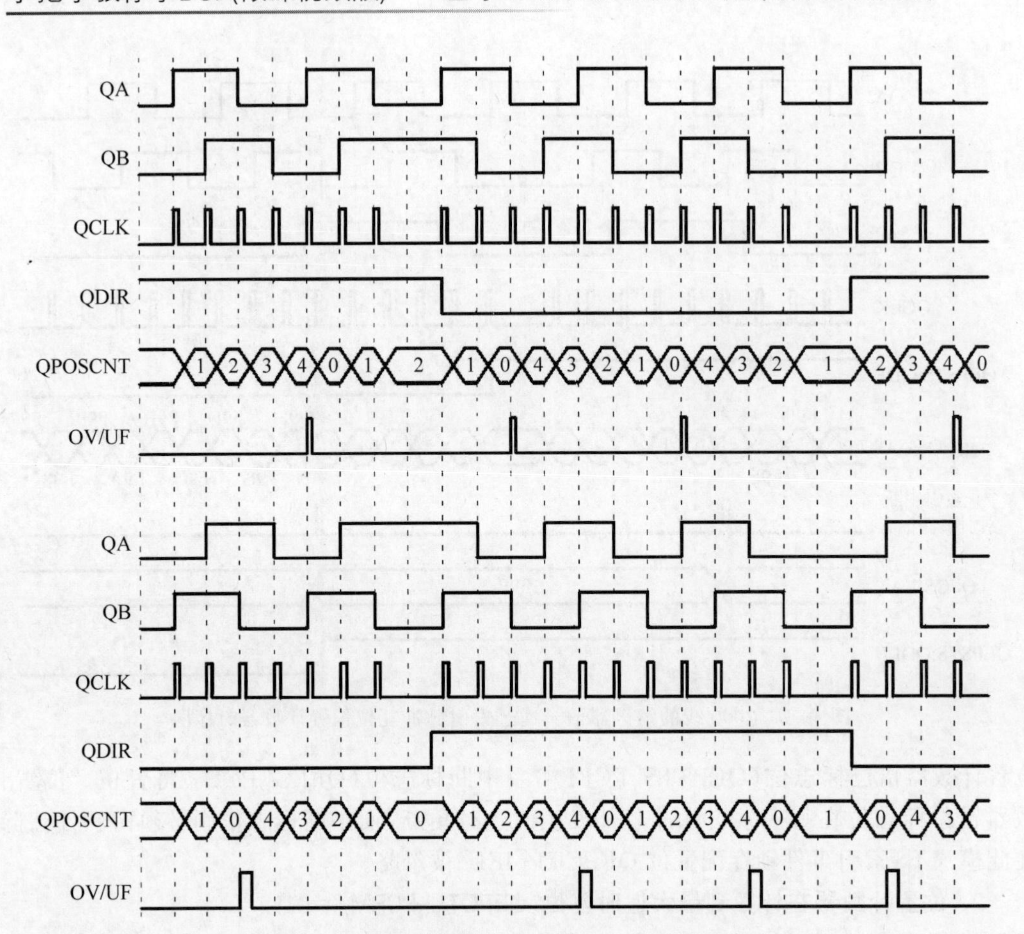

图 14-8 位置计数器的上溢与下溢(QPOSMAX＝4)

14.3.3 位置计数器的锁存

eQEP 模块的索引输入 EQEPI 及提示输入 EQEPS 可以将位置计数器的值分别锁存到 QPOSILAT 和 QPOSSLAT 寄存器中。

1. 索引事件锁存

在许多应用中，却不需要在每个索引事件发生时将位置计数器的值复位，相反，要使位置计数器运行在 32 位模式下(QEPCTL[PCRM]＝01 或 10)。在这种情况下，可在每个索引事件发生时将位置计数器的值以及方向进行锁存，具有如下 3 种选择：

(1) 上升沿锁存(QEPCTL[IEL]＝01)。位置计数器的当前值(QPOSCNT)在每次索引信号的上升沿被锁存到 QPOSILAT 寄存器中。

(2) 下降沿锁存(QEPCTL[IEL]＝10)。位置计数器的当前值(QPOSCNT)在每次索引信号的下降沿被锁存到 QPOSILAT 寄存器中。

(3) 索引事件标志时刻锁存(QEPCTL[IEL]＝11)。索引事件的标志时刻定义为索引脉冲第一个边沿后的正交信号的边沿，在这个边沿到来时将位置计数器的当前值

(QPOSCNT)锁存到 QPOSILAT 寄存器中。

图 14-9 是使用索引事件标志时刻锁存位置计数器当前值的工作时序。位置计数器的值被锁存后，锁存事件中断标志位 QFLG[IEL]被置位。当 QEPCTL[PCRM]＝00 时，索引事件锁存配置位 QEPCTL[IEL]被忽略。

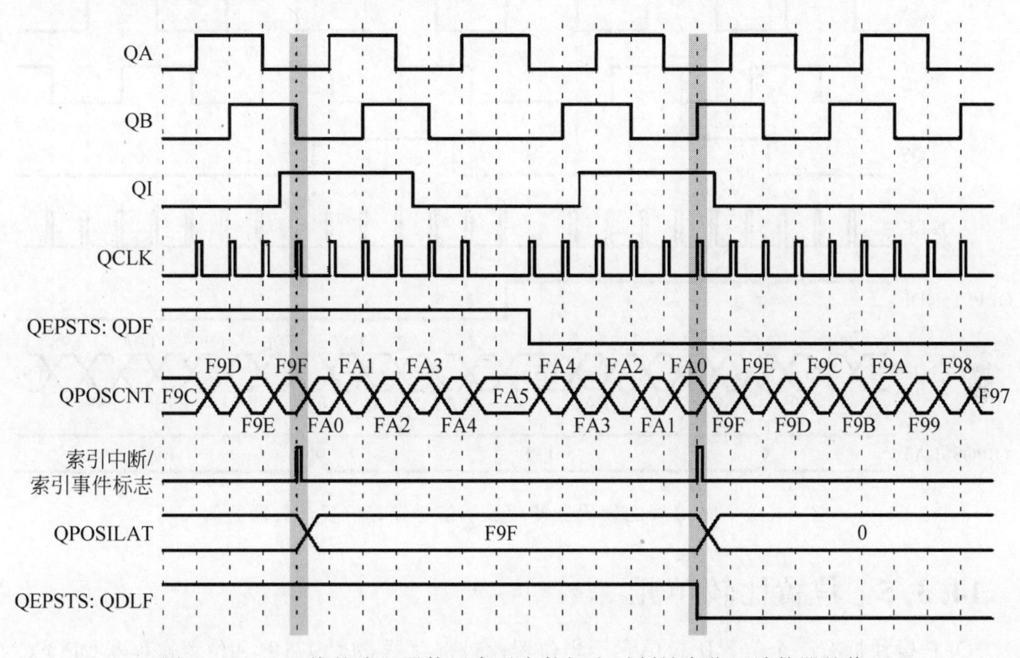

图 14-9　1000 线的编码器使用索引事件标志时刻锁存位置计数器的值

2. 提示事件锁存

当 QEPCTL[SEL]＝0 时，位置计数器的值在提示信号的上升沿被锁存到 QPOSSLAT 寄存器中；当 QEPCTL[SEL]＝1 时，正向运行时将在提示信号的上升沿锁存数据，反向运行时将在提示信号的下降沿锁存数据，如图 14-10 所示。位置计数器的值被锁存后，锁存事件中断标志位 QFLG[SEL]被置位。

14.3.4　位置计数器的初始化

位置计数器有初始值寄存器 QPOSINIT，位置寄存器 QPOSCNT，可以使用下面 3 种方法来进行初始化，将 QPOSINIT 的值装载到 QPOSCNT 中：

(1) 使用索引事件初始化(IEI)。在索引脉冲的上升沿或下降沿可对位置计数器进行初始化。如果 QEPCTL[IEI]＝2，那么索引脉冲的上升沿将 QPOSINIT 寄存器中的值装载到位置计数器 QPOSCNT 中；如果 QEPCTL[IEI]＝3，那么索引脉冲的下降沿将 QPOSINIT 寄存器中的值装载到位置计数器 QPOSCNT 中。

(2) 使用提示事件初始化(SEI)。如果 QEPCTL[SEI]＝2，那么在提示脉冲的上升沿将 QPOSINIT 寄存器中的值装载到位置计数器 QPOSCNT 中；如果 QEPCTL[SEI]＝3，则正向运行时将在上升沿完成装载过程,反向运行时将在下降沿完成装载过程。

(3) 软件初始化(SWI)。通过向 QEPCTL[SWI]中写 1 对位置计数器发起一次软件初始化过程。QEPCTL[SWI]位并不会自动清零,但当再次向其写 1 时会发起另一次初始化过程。

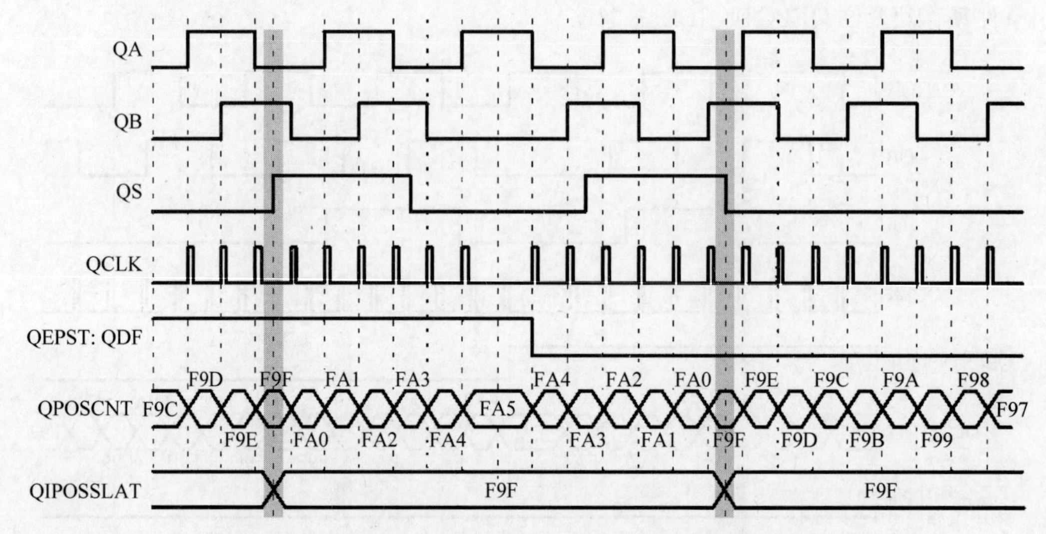

图 14-10 1000 线的编码器使用提示信号锁存位置计数器的值

14.3.5 位置比较单元

eQEP 模块拥有一个位置比较单元。当位置比较寄存器 QPOSCMP 和位置寄存器 QPOSCNT 匹配时,会产生同步输出信号和中断信号。位置比较单元的结构框图如图 14-11 所示。

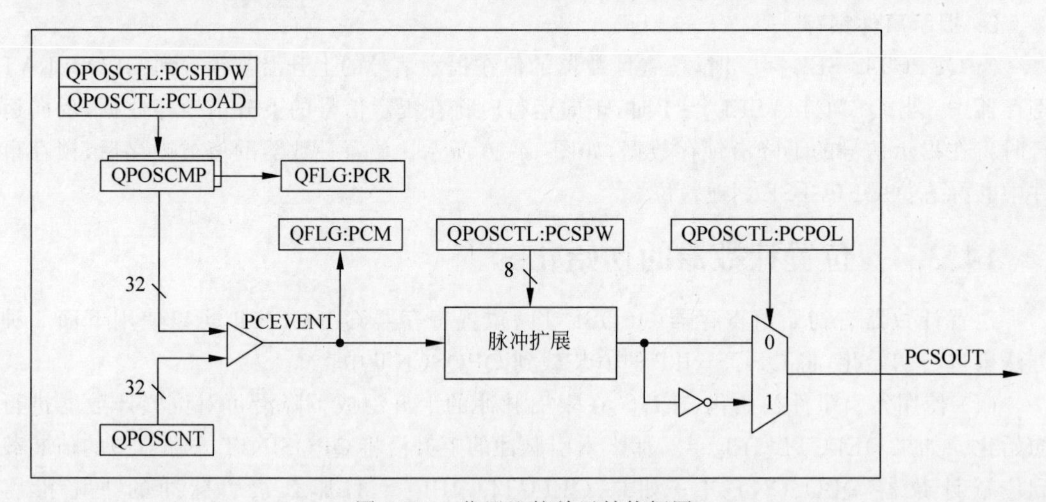

图 14-11 位置比较单元结构框图

位置比较寄存器 QPOSCMP 具有映射寄存器,可通过 QPOSCTL[PSSHDW]位来控制是否使用映射功能。在映射模式下,可通过 QPOSCTL[PCLOAD]位控制何时将映射寄存器中的内容装载到当前寄存器中，装载完成后会产生相应的中断(QFLG[PCR])。位置比较寄存器可以在以下两个事件发生时完成装载：

- 当 QPOSCNT＝QPOSCMP 时；
- 当 QPOSCNT＝0 时。

当 QPOSCNT＝QPOSCMP 时会产生一次比较匹配事件，将 QFLG[PCM]置位，并输出脉冲宽度可调的同步脉冲以触发外部器件。例如，如果 QPOSCMP＝2，那么增计数时匹配事件将发生在 1 到 2 的跳变过程中，减计数时匹配事件将发生在 3 到 2 的跳变过程中，如图 14-12 所示。

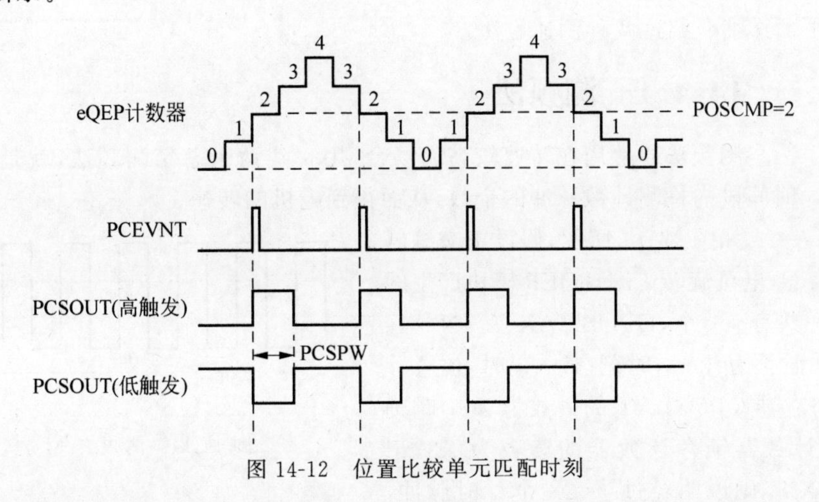

图 14-12 位置比较单元匹配时刻

位置比较单元的脉冲扩展功能可在匹配事件发生时产生脉冲宽度可调的同步脉冲信号，如果先前输出的同步脉冲仍有效，新的匹配事件又到来，那么脉宽扩展功能将允许根据新的匹配事件产生同步脉冲信号，如图 14-13 所示。

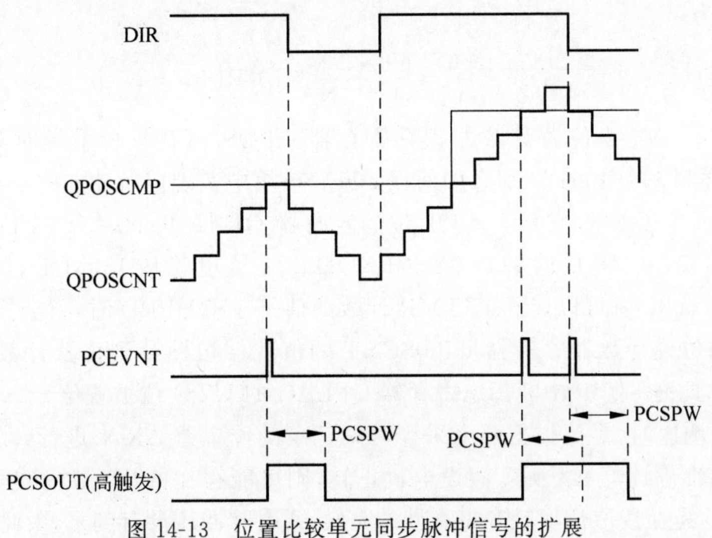

图 14-13 位置比较单元同步脉冲信号的扩展

将 QDECCTL[SOEN]置位将使能比较同步输出功能,通过 QDECCTL[SPSEL]可选择引脚 EQEPI 或者 EQEPS 作为同步信号的输出引脚。

14.4 电机测速

通常电机上装有正交编码器,电机转子旋转的时候正交编码器也跟着同步旋转,正交编码器输出 A、B、Z 三相信号,这三相信号输入 TMS320F28335 的 eQEP 模块后,就可以计算出电机的实时转速。常用的测速算法有两种:一种叫测频法,又称 M 法;一种叫测周法,又称 T 法。下面详细介绍这两种测速方法。

视频讲解

14.4.1 测频法

测频法通常用在转速较高的场合,用一句话来总结测频法,就是在固定的时间段内检测计数脉冲的个数,从而得到电机的转速。

如图 14-14 所示,假设正交编码器的线数为 N,电机旋转 1 圈,eQEP 模块产生的计数脉冲一共有 4N 个,QPOSMAX 为 4N−1。假设计时的时长为 Tms,时刻(K−1)时,位置计数器锁存寄存器 QPOSLAT 的读数为 X1;时刻 K 时,位置计数器锁存计数器的读数为 X2,记 ΔX=X2−X1。则说明经过了 ΔX 个计时脉冲,所花的时间是 Tms,电机旋转一圈,一共有 4N 个脉冲,所以旋转一圈需要的时间是:

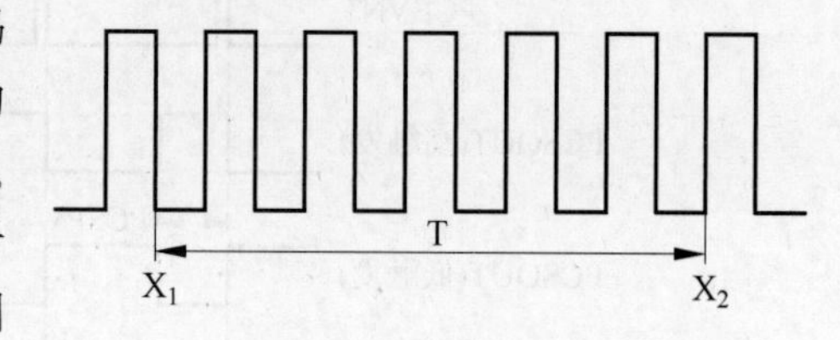

图 14-14 测频法/M 法

$$t=\frac{T}{\Delta X}\times 4N\times 10^{-3}\,s$$

则电机的转速为:

$$n=\frac{60}{t}=\frac{60\times\Delta X}{T\times 4N}\times 10^{3}\,RPM$$

上述公式中,ΔX 为位置计数器锁存寄存器 QPOSLAT 两个采样时刻的差值,T 为 10ms,转速采样频率为 100Hz,那么如何在 eQEP 模块中实现定时功能呢?eQEP 中有一个定时器基准单元 UTIME,它由一个 32 位的定时器 QUTMR 和一个 32 位的周期寄存器 QUPRD 组成。QUTMR 的时钟是 SYSCLKOUT,在这里就是 150MHz,因此将 QUPRD 的值设置为 1500000 就可以,当 QUTMR 计数的值等于 QUPRD 时,就会产生定时器基准单元超时事件,位置计数器寄存器 QPOSCNT 的值就会被锁存到位置计数器锁存寄存器 QPOSLAT 中,此时 eQEP 中断标志寄存器 QFLAG 的 UTO 位被置位。

使用 M 法测速时,需要根据两个采样时刻记录的位置差 ΔX 来进行计算,这是最为关键的量,那如何准确计算 ΔX 呢?假设电机正转,则可能存在的情况如图 14-15 和图 14-16 所示。图 14-15 是在读取位置锁存寄存器的时候,索引脉冲还没有到来,因此 ΔX=X2−X1。

图 14-16 是在读取位置寄存器的时候，已经有索引脉冲复位了 QPOSCNT，则 ΔX＝(QPOSMAX－X1)＋X2。可以通过读取 eQEP 中断标志寄存器 QFLG 的标志位 IEL 来判断索引脉冲是否已经到来。

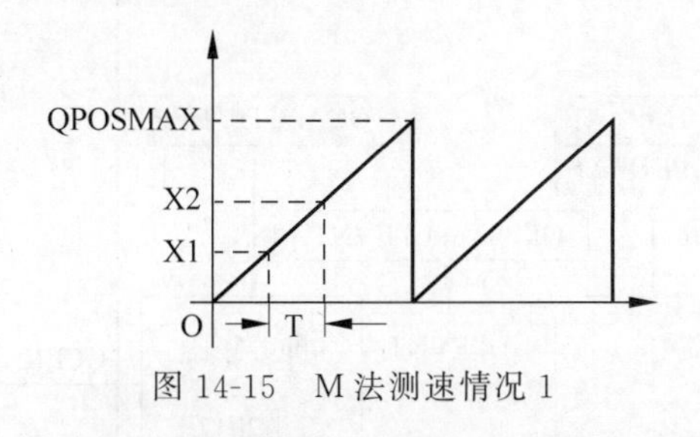

图 14-15 M 法测速情况 1

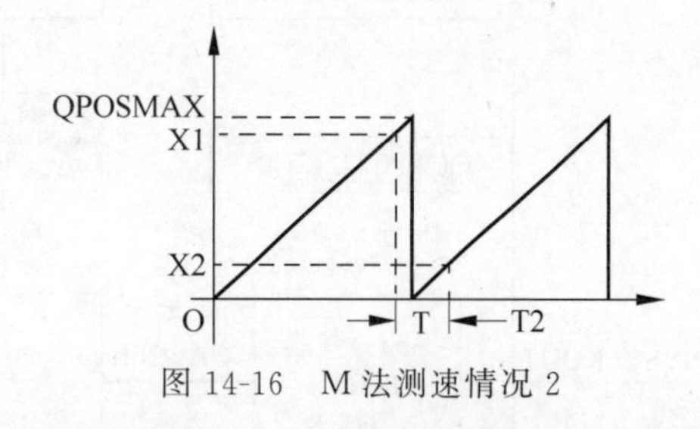

图 14-16 M 法测速情况 2

M 法计算转速有上限的限制，上面的例子中，100Hz 转速采样频率的时间窗是 10ms，如果光电编码器是 2048 线的，则每转一圈可以产生 4×2048 个脉冲，若电机正转，则 6000×(X2－X1)/(4×2048)，可以得到电机的转速，可以看出来，在正交解码模式下，因为只能检测 1 次索引脉冲，所以 X1＝0，X2 最大不会超过 2×4×2048，即要保证在两个检测区间内，最大不能超过 2 转，因此检测到的转速不会超过 12000RPM。可以通过减小时间窗 T 来提高检测的最高转速。

仍以上述情况为例，对于 N 线的光电编码器而言，旋转一圈会产生 4N 个脉冲，所以能被检测到的最小旋转是 1/4N 转，因此速度检测的分辨率是 1/(4N×T)，单位为 r/s，从而转速分辨率为 60/(4N×T)，单位为 r/min。可见，码盘线数越高，低速分辨率越高；时间窗越大，低速分辨率越高。

14.4.2 测周法

视频讲解

测周法通常用在转速较低的场合，用一句话来总结测周法，就是通过测量若干个固定数量脉冲所经历的时间，从而得到电机的转速。

如图 14-17 所示，测周法就是先设定好需要检测的脉冲数量 N，然后通过捕获单元捕获这些脉冲，到达数量 N 后，读取捕获定时器的时间，从而计算电机的转速。测周法需要用到 eQEP 模块的捕获单元，其结构图如图 14-18 所示。

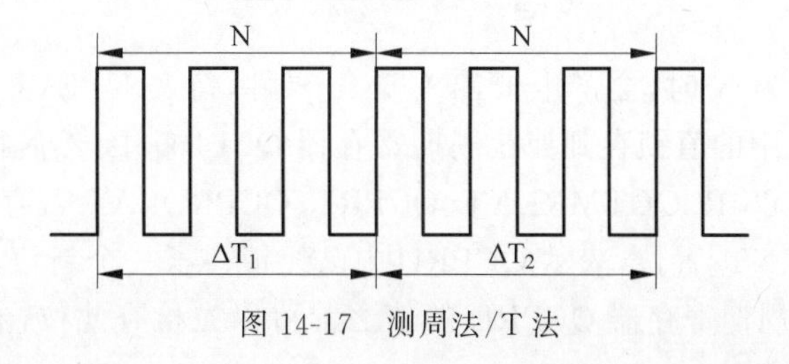

图 14-17 测周法/T 法

可以通过设置捕获控制寄存器 QCAPCTL 的 UPPS 位来确定需要检测的脉冲数量 N：

$$N = 2^{UPPS}$$

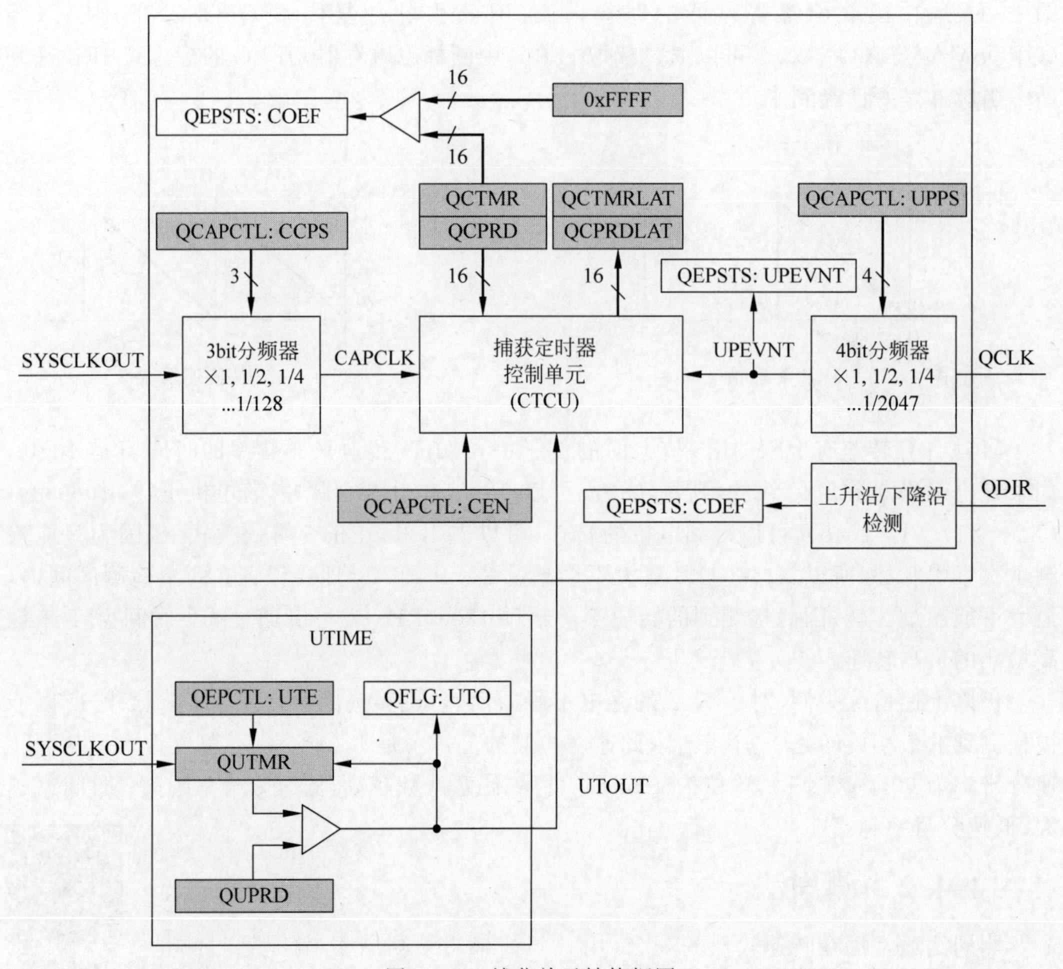

图 14-18　捕获单元结构框图

可以通过设置捕获控制寄存器 QCAPCTL 的 CPPS 位来确定捕获定时器 QCTMR 的时钟频率：

$$f_{CAP} = \frac{SYSCLKOUT}{2^{CPPS}}$$

当捕获到的脉冲数量为 N 时，会产生 UPEVENT 事件，每次 UPEVENT 触发脉冲都会将捕获定时器 QCTMR 中的值锁存到捕获周期寄存器 QCPRD 中，然后捕获定时器复位。注意，图 14-18 中的 QCTMR、QCTMRLAT、QCPRD、QCPRDLAT 寄存器均是 16 位的。此时，QEPSTS[UPEVENT]置位，表示 QCPRD 中已经锁存了一个新值，CPU 可以读取这个值。在软件读取捕获周期寄存器 QCPRD 的值之前可以先检查此位，然后向此位写 1 便可以将其清零。

如果满足下面两个条件，则转速检测会比较准确：

- 捕获定时器 QCTMR 的值没有溢出，即没有超过 65535；
- 在两次 UPEVENT 事件间隔内，无转动方向的改变。

如果捕获定时器的值出现上溢，则上溢错误标志位 QEPSTS[COEF]将置位；如果在两次 UPEVNT 事件间隔内出现了方向改变，则错误标志位 QEPSTS[CDEF]将置位。

如果 QEPCTL[QCLM]=0，那么在 CPU 读取 QPOSCNT 寄存器时，捕获定时器及捕获周期寄存器的值会被分别锁存到 QCTMRLAT 和 QCPRDLAT 中。如果 QEPCTL[QCLM]=1，那么在定时器基准单元超时事件发生时将位置计数器、捕获定时器、捕获周期寄存器的值分别锁存到 QPOSLAT、QCTMRLAT、QCPRDLAT。

回到电机转速的计算，检测 N 个脉冲的时间是：

$$t = QCPRD/f_{CAP} = \frac{QCPRD \times 2^{CPPS}}{SYSCLKOUT} \ \mathrm{s}$$

因此，如果电机旋转一圈产生 QPOSMAX 个脉冲，那么一圈所需时间为：

$$T = \frac{t}{N} \times QPOSMAX = \frac{QCPRD \times 2^{CPPS} \times QPOSMAX}{2^{UPPS} \times SYSCLKOUT} \ \mathrm{s}$$

则电机的转速为：

$$n = \frac{60}{t} = \frac{2^{UPPS} \times SYSCLKOUT \times 60}{QCPRD \times 2^{CPPS} \times QPOSMAX} \ \mathrm{RPM}$$

14.5　看门狗电路

如图 14-19 所示，eQEP 模块内部含有一个 16 位的看门狗定时器，用来监测正交脉冲信号，定时器的计数时钟由系统 64 分频后得到。定时器 QWDTMR 的值会随着计数脉冲而不断累加，一直到周期寄存器 QWDPRD 中的值，如果在这过程中没有出现复位信号，定时器就会溢出，并将看门狗中断标志位 QFLG[WTO]置位。如果期间出现了复位信号，则定时器复位，并重新开始计时。

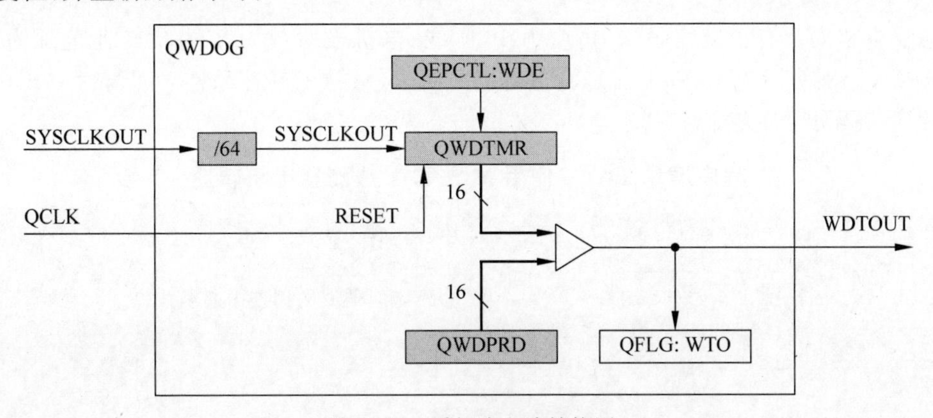

图 14-19　看门狗电路结构图

14.6 eQEP 模块的中断

eQEP 模块的中断系统结构如图 14-20 所示。

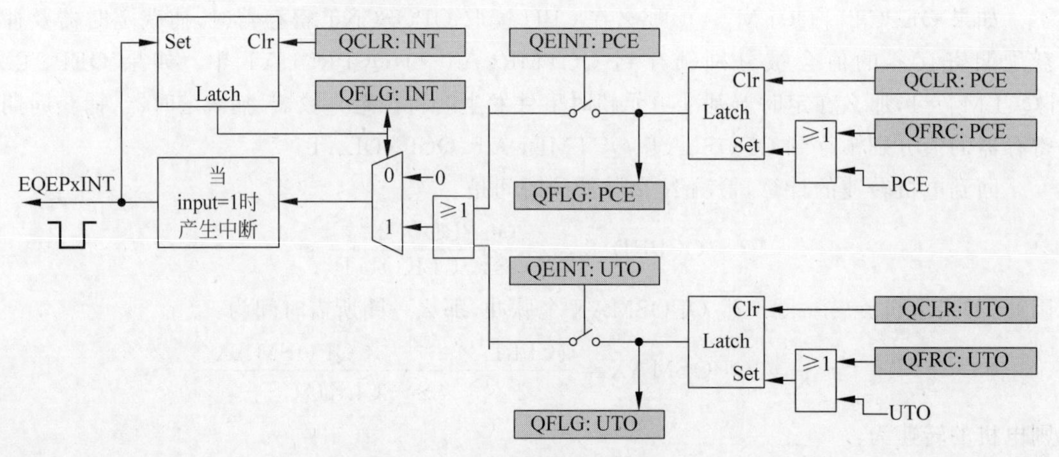

图 14-20 中断系统结构图

eQEP 模块一共可产生 11 个中断信号：PCE、PHE、QDC、WTO、PCU、PCO、PCT、PCM、SEL、IEL 及 UTO。中断控制寄存器 QEINT 用来使能/禁止相应的中断事件，中断标志寄存器 QFLG 用来表明各中断事件是否已经发生，并且包括全局中断标志位 INT。

在中断服务程序中应当通过 QCLR 寄存器清除全局中断标志位以及相应的中断事件标志位，以接收其他的中断事件。通过 QFRC 寄存器可强制产生中断，这种功能便于进行测试。

14.7 使用 eQEP 进行电机测速的例程

假设电机安装有正交编码器，精度为 1024 线，电机极对数为 2，电机转速范围为 10～3000RPM，分别使用 M 法和 T 法来测量电机的测速，M 法的转速采样时间窗为 10ms。

程序代码见程序清单 14-1。

程序清单 14-1 使用 M 法和 T 法测量电机转速

```
#include "DSP2833x_Device.h"                    //包含头文件
#include "DSP2833x_Examples.h"                  //包含头文件
interrupt void ISRTimer1(void);                 //定时器 0 的周期中断函数

struct Motor_Para
{
   int DirectionQep;                            //电机旋转方向
```

```
    int PolePairs;                                    //电机极对数
    int LineEncoder;                                  //码盘一周脉冲数(增量式)

    float Speed_Mr_Rpm_Scaler;
    float Speed_Mr_Rpm;                               //M 法测量的转速,speed int r.p.m
    float Position_k_1;                               //变量:当前位置
    float Position_k;                                 //变量:上一次位置
    float Speed_Tr_Rpm_Scaler;
    float Speed_Tr_Rpm;                               //T 法测量的转速,speed int r.p.m
} motor;

void Init_QEP_Gpio(void)                              //初始化 QEP 引脚
{
    EALLOW;

    GpioCtrlRegs.GPBPUD.bit.GPIO50 = 0;               //GPIO50(eQEP1A)内部上拉
    GpioCtrlRegs.GPBPUD.bit.GPIO51 = 0;               //GPIO51 (EQEP1B)内部上拉
    GpioCtrlRegs.GPBPUD.bit.GPIO53 = 0;               //GPIO53 (EQEP1I)内部上拉
    GpioCtrlRegs.GPBQSEL2.bit.GPIO50 = 0;
    GpioCtrlRegs.GPBQSEL2.bit.GPIO51 = 0;
    GpioCtrlRegs.GPBQSEL2.bit.GPIO53 = 0;
    GpioCtrlRegs.GPBMUX2.bit.GPIO50 = 1;              //QEPA
    GpioCtrlRegs.GPBMUX2.bit.GPIO51 = 1;              //QEPB
    GpioCtrlRegs.GPBMUX2.bit.GPIO53 = 1;              //QEPI
    EDIS;
}

void Init_Variables(void)
{
    motor.LineEncoder = 1024;
    motor.PolePairs = 2;
    motor.Position_k = 0;
    motor.Position_k_1 = 0;
    motor.Speed_Mr_Rpm = 0;
    motor.Speed_Mr_Rpm_Scaler = 0;
    motor.Speed_Tr_Rpm = 0;
    motor.Speed_Tr_Rpm_Scaler = 0;
}

void Init_QEP(void)
{
    float temp1,temp2,temp3;
    EQep1Regs.QDECCTL.bit.QSRC = 0;                   //设定 eQep 的计数模式为正交模式
    EQep1Regs.QDECCTL.bit.SWAP = 0;                   //QEPA 和 QEPB 信号不交换
    EQep1Regs.QDECCTL.bit.QAP = 0;                    //QEPA 信号不取反
    EQep1Regs.QDECCTL.bit.QBP = 0;                    //QEPB 信号不取反
```

```
    EQep1Regs.QDECCTL.bit.QIP = 0;                     //QIP 信号不取反
    EQep1Regs.QEPCTL.bit.FREE_SOFT = 2;
    EQep1Regs.QEPCTL.bit.PCRM = 00;                    //设定 PCRM = 00,即 QPOSCNT 在每次 Index
                                                       //脉冲都复位
    EQep1Regs.QEPCTL.bit.IEI = 2;                      //在 QEPI 上升沿初始化位置计数器
    EQep1Regs.QEPCTL.bit.IEL = 1;                      //在 QEPI 信号上升沿将 QPOSCNT 的值锁存
                                                       //到 QPOSILAT 中
    EQep1Regs.QEPCTL.bit.UTE = 1;                      //使能 eQEP 定时器基准单元
    EQep1Regs.QEPCTL.bit.QCLM = 1;                     //当 UTE 单元溢出时允许锁存
    EQep1Regs.QEPCTL.bit.QPEN = 1;                     //使能 eQEP
    EQep1Regs.QUPRD = 1500000;                         //当 SYSCLKOUT = 150MHz 时,设定
                                                       //Unit Timer 溢出频率为 100Hz
    EQep1Regs.QCAPCTL.bit.UPPS = 5;                    //1/32
    EQep1Regs.QCAPCTL.bit.CCPS = 7;                    //1/128
    EQep1Regs.QCAPCTL.bit.CEN = 1;                     //使能 eQEP 的捕获功能
    EQep1Regs.QPOSMAX = 4 * motor.LineEncoder;         //设定计数器的最大值
    EQep1Regs.QEPCTL.bit.SWI = 1;                      //软件强制产生一次 Index 脉冲,即软件初
                                                       //始化位置计数器
    temp1 = 10.0 * (float)(EQep1Regs.QPOSMAX);
    motor.Speed_Mr_Rpm_Scaler = 60000.0/temp1;
    temp2 = (float)(2 <<(EQep1Regs.QCAPCTL.bit.UPPS - 1)) * 90.0;
    temp3 = (float)(2 <<(EQep1Regs.QCAPCTL.bit.CCPS - 1)) * (float)(EQep1Regs.QPOSMAX);
    motor.Speed_Tr_Rpm_Scaler = (temp2/temp3) * 10.0e7;
}

void QEP_Ctrl_M(void)                                  //M 法测速
{
    float tmp1;
    motor.DirectionQep = EQep1Regs.QEPSTS.bit.QDF;     //检测转动方向
    if(EQep1Regs.QFLG.bit.UTO == 1)                    //如果定时器基准单元出现溢出事件
    {
        motor.Position_k = 1.0 * EQep1Regs.QPOSLAT;    //读取当前位置
        if(EQep1Regs.QFLG.bit.IEL == 0)                //没有出现索引信号
        {
            if(motor.DirectionQep == 0)                //电机反转,减计数
            {
                tmp1 = motor.Position_k_1 - motor.Position_k;
            }
            else if(motor.DirectionQep == 1)           //电机正转,增计数
            {
                tmp1 = motor.Position_k - motor.Position_k_1;
            }
        }

        else                                           //出现了索引信号
        {
```

```
            if(motor.DirectionQep == 0)                    //电机反转,减计数
            {
            tmp1 = motor.Position_k_1 + EQep1Regs.QPOSMAX - motor.Position_k;
            }
            else if(motor.DirectionQep == 1)               //电机正转,增计数
            {
              tmp1 = EQep1Regs.QPOSMAX - motor.Position_k_1 + motor.Position_k;
            }
            EQep1Regs.QCLR.bit.IEL = 1;                    //清除中断标志
          }

        if(tmp1 > 0)
          {
            motor.Speed_Mr_Rpm = tmp1 * motor.Speed_Mr_Rpm_Scaler;
          }
          motor.Position_k_1 = motor.Position_k;           //记录前一次的位置
          EQep1Regs.QCLR.bit.UTO = 1;                      //清除中断标志位
          EQep1Regs.QEPSTS.all = 0x88;                     //清除状态寄存器
      }
}

void QEP_Ctrl_T(void)
{
    float t2_t1;

    if(EQep1Regs.QEPSTS.bit.UPEVNT == 1)
    {
        if(EQep1Regs.QEPSTS.bit.COEF!= 0)
        {
        EQep1Regs.QEPSTS.bit.COEF = 1;
        }
        else
        {
        t2_t1 = EQep1Regs.QCPRDLAT;                        //读取捕获周期锁存寄存器的值

        if(t2_t1 < 65535)                                  //计数器没有溢出
        {
          motor.Speed_Tr_Rpm = motor.Speed_Tr_Rpm_Scaler/t2_t1;
        }
      }
     }
      EQep1Regs.QEPSTS.all = 0x88;                         //清除状态寄存器
}

void main(void)
```

```
{
//第一步,系统控制初始化函数
   InitSysCtrl();
//第二步,初始化 GPIO
   Init_QEP_Gpio();
   Init_Variables();
   Init_QEP();
//第三步,清除所有中断和初始化中断向量表
//禁止 CPU 中断
   DINT;
//初始化 PIE 控制器
   InitPieCtrl();
//禁止 CPU 中断和清除所有中断标志位:
   IER = 0x0000;
   IFR = 0x0000;
//初始化 PIE 向量表
   InitPieVectTable();
//定义中断源
   EALLOW;
    PieVectTable.TINT0 = &ISRTimer1;
   EDIS;
//第四步,初始化 CPU 定时器
   InitCpuTimers();
//配置 CPU 定时器 0,150MHz 时钟频率,周期为 10ms
   ConfigCpuTimer(&CpuTimer0, 150, 10000);              //控制频率 100Hz
   StartCpuTimer1();
//使能 CPU 中断 1,CPU 定时器 0 的中断位于 CPU 中断 1
   IER |= M_INT1;
    EINT;                                               //使能全局中断
    ERTM;                                               //使能全局实时中断
    for(; ;)
    {
    }
}

interrupt void ISRTimer1(void)
{
   QEP_Ctrl_M();                                        //M 法测速
   QEP_Ctrl_T();                                        //T 法测速
   PieCtrlRegs.PIEACK.all = PIEACK_GROUP1;              //响应同组中断
   CpuTimer0Regs.TCR.bit.TIF = 1;
   CpuTimer0Regs.TCR.bit.TRB = 1;
}
```

习题

14-1 eQEP 的作用是什么？

14-2 如果有个电机平台，编码器和电机的转轴是面对面安装的，光电编码器输出的信号有 A、B、Z，请问这些信号分别与 eQEP 的哪些引脚相连？如果想得到电机正确的转向，应当怎样处理？

14-3 测量电机转速的方法有哪些？各有什么优缺点？

第 15 章

串行通信接口 SCI

实际开发时，经常会遇到这样的情况，例如，做电机控制时需要显示 ADC 采样之后得到的电机电压、电流、转速等数据。当然首先想到的是可以为系统设计液晶屏来显示，不过还有一种不错的方法，就是将这些数据通过协议将其上传给计算机，然后通过计算机上的软件进行显示和监测。又例如，在某些项目中，需要计算机发送预先设定的指令来控制 DSP 程序的运行方式。那么 F28335 怎样才能和计算机之间实现数据的传输呢？最简单、最常用的方法是使用其内部的串行通信接口 SCI。本章将详细介绍 SCI 的结构、特点及其工作原理。

15.1 SCI 模块的概述

SCI 是 Serial Communication Interface 的简称，即串行通信接口。SCI 是一个双线的异步串口，换句话说，是具有接收和发送两根信号线的异步串口，一般可以看作 UART(通用异步接收/发送装置)。F28335 的 SCI 支持与采用 NRZ(Non-Return-to-Zero)标准格式的异步外围设备之间进行数据通信。例如，设计时使用 MAX3232 芯片，将 SCI 设计成串口 RS232，那么 F28335 就能够和其他使用 RS232 接口的设备进行通信。比如 F28335 内部的两个 SCI 之间，或者 F28335 的 SCI 同其他 DSP 的 SCI 之间均能实现通信。当然，F28335 的 SCI 还可以设计成其他电平形式的串口，比如 RS422、RS485 等。

F28335 的内部具有 3 个相同的 SCI 模块：SCIA、SCIB 和 SCIC。每个 SCI 模块都各有一个接收器和发送器，接收器用于实现数据的接收功能，发送器用于实现数据的发送功能。SCI 的接收器和发送器各自都具有一个 16 级深度的 FIFO 队列，它们还都有自己独立使能位和中断位，可以在半双工通信中进行独立操作，或者在全双工通信中同时进行操作。

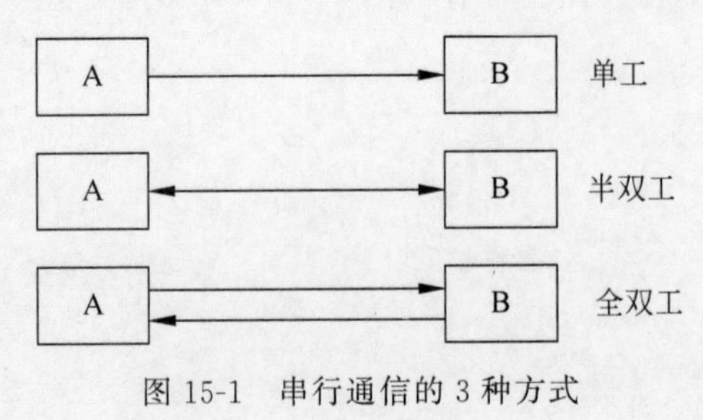

图 15-1　串行通信的 3 种方式

根据数据的传送方向，串行通信可以分为单工、半双工和全双工 3 种，如图 15-1 所示。单工是指设备 A 只能发送，而设备 B 只能接收。

半双工是指设备 A 和 B 都能接收和发送，但是同一时间只能接收或者发送。全双工是指，在任意时刻，设备 A 和设备 B 都能同时接收或者发送。因为 F28335 的 SCI 具有能够独立使能和工作的接收器和发送器，所以其既可以工作于半双工方式，也可以工作于全双工方式。

15.1.1 SCI 模块的特点

由于 3 个 SCI 模块的功能是相同的，只是寄存器的命名有所不同，所以如果不做特殊说明，下面均以 SCIA 为例来进行讲解。SCIA 与 CPU 的接口如图 15-2 所示。SCIA 模块的特点如下：

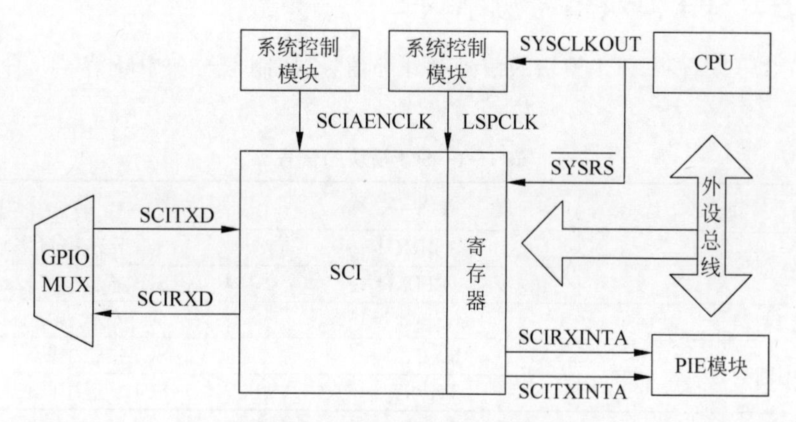

图 15-2 SCIA 与 CPU 的接口

(1) 从图 15-2 可以看到，SCI 模块具有两个引脚：发送引脚 SCITXD 和接收引脚 SCIRXD。SCITXD 可以实现数据的发送，SCIRXD 可以实现数据的接收。

(2) 外部晶振通过 F28335 的 PLL 模块倍频之后产生了 CPU 的系统时钟 SYSCLKOUT，然后 SYSCLKOUT 经过低速时钟预定标器之后输出低速外设时钟 LSPCLK 提供给 SCI 模块。要保证 SCI 的正常运行，系统控制模块必须使能 SCI 时钟，只有使能了，LSPCLK 才供给 SCI，也就是在系统初始化函数中需要将外设时钟控制寄存器 PCLKCR0 的 SCIAENCLK 位置 1。

(3) SCI 模块具有 4 种错误检测标志，分别是极性错误(parity)、超时错误(overrun)、帧错误(framing)、间断(break)检测。

(4) SCI 模块具有双缓冲接收和发送功能，接收缓冲寄存器为 SCIRXBUF，发送缓冲寄存器位 SCITXBUF。独立的发送器和接收器使得 SCI 既能工作于半双工模式，也能工作于全双工模式。

(5) 从图 15-2 可以看到，SCI 模块可以产生两个中断：SCIRXINT 和 SCITXINT，即接收中断和发送中断。

(6) SCI 模块具有独立的发送中断使能位和独立的接收中断使能位。发送和接收可以通过中断方式实现，也可以查询中断方式实现。

(7) 在多处理器模式下，SCI 模块具有两种唤醒方式：空闲线方式和地址位方式。平时在使用SCI时很少遇到多处理器的情况,通常就是两个处理器之间进行通信,这时SCI通信采用空闲线方式。

(8) SCIA模块具有13个寄存器,值得注意的是,与前面所学的ePWM、AD的寄存器不同,SCI的这些寄存器都是8位的。当某个寄存器被访问时,数据位于低8位,高8位为0,因此,如果将数据写入高8位将是无效的。

(9) F28335的SCI还具有增强的16级深度的发送/接收FIFO以及自动通信速率检测的功能。

15.1.2 SCI模块信号总结

从图15-2可以看到,SCI模块的信号有外部信号、控制信号和中断信号3种,如表15-1所示。

表15-1 SCI模块的信号

信号分类	信号名称	说明
外部信号	SCIRXD	SCI异步串口接收数据
	SCITXD	SCI异步串口发送数据
控制信号	LSPCLK	低速外设预定标时钟
中断信号	RXINT	SCI接收中断
	TXINT	SCI发送中断

15.2 SCI模块的工作原理

SCI模块能够工作于全双工模式,主要由于具有以下的功能单元。

(1) 1个发送器及其相关寄存器。

- SCITXBUF:发送数据缓冲寄存器,存放由CPU装载的需要发送的数据;
- TXSHF:发送移位寄存器,从SCITXBUF寄存器接收数据,然后将数据逐位逐位移到SCITXD引脚上,每次移1位数据。

(2) 1个接收器及其相关寄存器。

- RXSHF:接收移位寄存器,从SCIRXD引脚移入数据,每次移1位数据。
- SCIRXBUF:接收数据缓冲寄存器,存放CPU要读取的数据。从其他处理器传输过来的数据逐位移入寄存器RXSHF,当装满RXSHF的时候,将数据装入接收数据缓冲寄存器SXIRXBUF和接收仿真缓冲寄存器SCIRXEMU中。

(3) 1个可编程的数据传输速率发生器。

(4) 数据存储器映射的控制和状态寄存器。

15.2.1 SCI模块发送和接收数据的工作原理

SCI模块的工作原理如图15-3所示,图中的数字8表示8位数据并行传输。SCI模块具有独立的数据发送器和数据接收器，这样能够保证 SCI 既能同时进行，也能够独立进行发送和接收的操作。

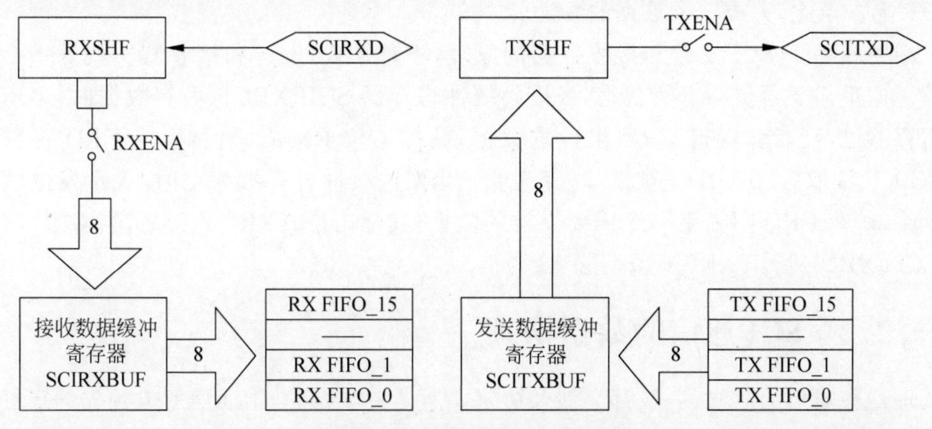

图 15-3　SCI 模块的工作原理

SCI 接收数据的过程如图 15-3 左半部分所示，主要如下：

(1) 当其他处理器发出的数据到达 SCIRXD 引脚后，SCI 开始检测数据的起始位。

(2) 当 SCIXD 引脚检测到起始位，便开始将随后的数据逐位地移至 RXSHF 寄存器。

(3) 如果 SCI 控制寄存器 SCICTL1 的位 RXENA 为 1，也就是如果使能了 SCI 的接收操作，当 RXSHF 寄存器中的数据满后，便将这个 8 位的数据并行移入接收缓冲寄存器 SCIRXBUF，接收缓冲寄存器就绪标志位 RXRDY 被置位，表示已经接收了一个新的数据，等待 CPU 来读取，此时还会产生一个 SCI 的接收中断申请信号。

(4) CPU 通过程序读取 SCIRXBUF 寄存器中的数据后，RXRDY 标志位被自动清除。至此，完成了一个数据的读取。

(5) 如果 SCI 控制寄存器 SCICTL1 的位 RXENA 为 0，也就是如果没有使能 SCI 的接收操作，则从图 15-3 可以看到，当外部数据到达引脚 SCIRXD 时，数据还是会被逐位移入 RXSHF 寄存器，但是不会从 RXSHF 寄存器移入 SCIRXBUF 寄存器中。

(6) 如果使能了 SCI 的 FIFO 功能，则 RXSHF 会将数据直接加载到 RX FIFO 队列中，CPU 再从 FIFO 队列读取数据，这样减少了 CPU 的开销，提高了效率。

SCI 发送数据的过程如图 15-3 在半部分所示，主要如下：

(1) CPU 通过程序将数据写入 SCITXBUF 寄存器，这时候发送器不再为空，发送缓冲寄存器就绪标志位 TXRDY 被清除。

(2) 如果使能了 SCI 的 FIFO 功能，发送移位寄存器 TXSHF 将直接从 TX FIFO 队列中获取需要发送的数据。

(3) SCI 将数据从 SCITXBUF 发送到 TXSHF 寄存器，这时 SCITXBUF 寄存器为空，可以将下一个数据写入该寄存器了，发送缓冲寄存器就绪标志位 TXRDY 被置位，并发出发送中断请求信号。

(4) 当数据移入发送移位寄存器 TXSHF 后,如果 SCI 控制寄存器 SCICTL1 的位 TXENA 为 1,也就是如果使能了 SCI 的发送操作,则移位寄存器将数据逐位移到引脚 TXRDY 上。至此,完成一个数据的发送。

仔细回味一下 SCI 发送和接收数据的原理,不难发现,发送和接收其实就是一个相反的过程。这里需要再提一下的就是,当接收缓冲寄存器 SCIRXBUF 内有数据时,表示接收缓冲寄存器已经就绪,等待 CPU 来读取数据,其标志位 RXRDY 为高,当 CPU 将数据从 SCIRXBUF 读取后,RXRDY 被清除,变为低。当发送缓冲寄存器为空时,表示发送缓冲寄存器就绪,等待 CPU 写入下一个需要发送的数据,其标志位 TXRDY 为高,当 CPU 将数据写入 SCITXBUF 后,TXRDY 被清除,变为低。

15.2.2 SCI 通信的数据格式

处理器在通信的时候,一般都会涉及协议。所谓协议,就是指通信双方预先约定好的数据格式,以及每位数据所代表的具体含义。这就像情报工作一样,情报人员将一份情报传给了上级,上级可以根据事先约定好的规则进行翻译,获取该份情报的具体内容。如果情报被敌人截获了也不怕,由于敌人不知道情报中每个文字所代表的含义,对于敌人来说,这份情报是无效的。这种事先约定好的规则,在通信中就叫作通信协议。

在 SCI 中,通信协议体现在了 SCI 的数据格式上。通常将 SCI 的数据格式称为可编程的数据格式,原因是可以通过 SCI 的通信控制寄存器 SCICCR 来进行设置,规定通信过程中所使用的数据格式。F28335 的 SCI 模块使用的是 NRZ 数据格式,其包括了:

(1) 1 个起始位;

(2) 1～8 个数据位;

(3) 1 个奇/偶/非极性位;

(4) 1～2 个结束位;

(5) 在多处理器通信时的地址位模式下,有 1 个用于区别数据或者地址的特殊位。

从上面的介绍可以看到,在一个 NRZ 格式的数据中,真正的数据内容是 1～8 位,最多为 1 个字符的长度。通常,将带有格式信息的每一个数据字符叫作一帧。在通信中,常常是以帧为单位的。前面已经介绍过,SCI 模块可以工作于空闲线方式或者地址位方式,而在平常使用的时候,一般都是两个处理器之间进行通信,例如 F28335 与 PC 之间,或者两个 F28335 之间,这时候,更适合使用空闲线方式,而地址位方式一般用于多处理器之间的通信。在空闲线方式下,SCI 发送或者接收一帧的数据格式如图 15-4 所示,其中 LSB 为数据的最低位,MSB 为数据的最高位。

起始位	LSB	2	3	4	5	6	7	MSB	奇/偶/无极性	结束位

图 15-4 空闲线模式下 SCI 一帧的数据格式

从图15-4也能看出,SCI的数据帧包括1个起始位、1~8个数据位、1个可选的奇偶校验位和1或2个结束位。每个数据位占用8个SCI的时钟周期SCICLK,也就是LSPCLK,如图15-5所示。

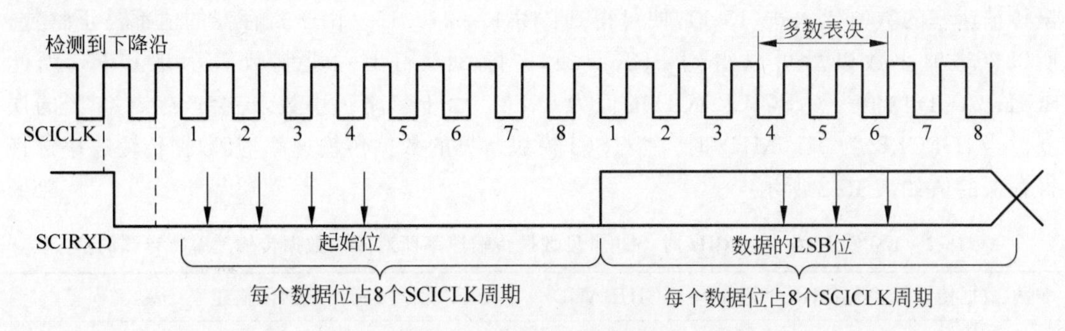

图15-5 SCI异步通信格式

SCI的接收器在收到一个起始位后开始工作,如图15-5所示,如果SCIRXD引脚检测到连续的4个SCICLK周期的低电平,SCI就认为接收到了一个有效的起始位,否则就需要寻找新的起始位。对于每个帧中起始位后面的数据位,CPU采用多数表决的机制来确定该位的值,具体的做法是:在每个数据位第4~第6个SCICLK周期进行采样,如果3次采样中有2次以上的值相同,那么这个值就作为该数据位的值。

15.2.3 SCI通信的数据传输速率

过去寄一封信或者一个包裹通常需要一周甚至更久的时间,而现在使用快递大多只需一到两天,说明运输和派送的速度大大加快了。SCI通信其实也是在运输物品,只不过这些物品是由1或0组成的数字信息,那么SCI是以什么样的速度去运输这些数据的呢?这个速度是由SCI的数据传输速率来决定的。所谓数据传输速率,就是指设备每秒所能发送的二进制数据的位数。F28335的每个SCI模块都具有2个8位的数据传输速率寄存器,SCIHBAUD和SCILBAUD,通过编程,可以实现达到64K种不同的速率。

SCI模块通信的数据传输速率与数据传输速率选择寄存器之间的关系如式(15-1)所示:

$$BRR=\frac{LSPCLK}{SCI\quad Asynchronous\quad Baud\times 8}-1 \tag{15-1}$$

其中,BRR为SCI数据传输速率选择寄存器中的值,从十进制转换成十六进制后,其高8位赋值给SCIHBAUD,低8位赋值给SCILBAUD。

需要提醒的是,式(15-1)所示的数据传输速率公式仅仅适用于1≤BRR≤65 535时的情况,当BRR=0时,SCI模块通信的数据传输速率为:

$$SCI\quad Asynchronous\quad Baud=\frac{LSPCLK}{16} \tag{15-2}$$

下面进行举例说明。假设外部晶振的频率为30MHz,经过锁相环PLL倍频之后

SYSCLKOUT 为 150MHz,然后,假设低速时钟预定标器 LOSPCP 的值为 2,则 SYSCLKOUT 经过低速时钟预定标器之后产生低速外设时钟 LSPCLK 的值为 37.5MHz,也就是说,SCI 模块的时钟为 37.5MHz。如果需要 SCI 的数据传输速率为 19200bps,则将 LSPCLK 和数据传输速率的数值代入式(15-1),便可得到: BRR=243.15。由于寄存器的值都是正整数,所以忽略掉小数以后可以得到 BRR=243。将 243 用十六进制数表示是 0xF3,因此 SCIHBAUD 的值为 0,SCILBAUD 的值为 0xF3。由于忽略了小数,将会产生 0.06%的误差。当 LSPCLK 为 37.5MHz 时,对于 SCI 模块常见的数据传输速率,其数据传输速率选择寄存器的值如表 15-2 所示。

表 15-2 LSPCLK 为 37.5MHz 时,SCI 常见数据传输速率所对应的数据传输速率寄存器的值

理想数据传输速率	BRR(十进制)	SCIHBAUD	SCILBAUD	精确数据传输速率/bps	误差/%
2400	1952	0x7A	0	2400	0
4800	976	0x3D	0	4798	-0.04
9600	487	0x01	0xE7	9606	-0.06
19200	243	0	0xF3	19211	0.06
38400	121	0	0x79	38422	0.06

在进行串口通信的时候,双方设备都必须以相同的数据格式和数据传输速率进行通信,否则通信就会失败。例如 F2812 的 SCI 和计算机上的串口调试软件进行通信时,SCI 采用了什么样的数据格式和数据传输速率,那么串口调试软件也需要设定成相同的数据格式和数据传输速率,反之也一样。这是 SCI 通信不成功时最简单,然而也是最容易被忽视的一个问题。

15.2.4 SCI 模块的 FIFO 队列

F28335 的 SCI 可以工作在标准 SCI 模式,也可以工作在增强的 FIFO 模式。当 DSP 上电复位时,SCI 模块工作在标准 SCI 模式,此时 FIFO 功能是被禁止的,相应地,和 FIFO 功能相关的寄存器 SCIFFTX、SCIFFRX 和 SCIFFCT 都是无效的。

通过将 SCI FIFO 发送寄存器 SCIFFTX 的位 SCIFFEN 置 1,使能 FIFO 模式。将 SCIFFTX 的位 SCIRST 置 1,可以在任何状态下复位 FIFO 模式,SCI FIFO 将重新开始发送和接收数据。

在标准 SCI 模式下,发送只有发送缓冲器 SCITXBUF,接收也只有接收缓冲器 SCIRXBUF。在 FIFO 模式下,发送缓冲器和接收缓冲器都是两个 16 级的 FIFO 队列,发送 FIFO 队列的寄存器是 8 位宽,而接收 FIFO 队列的寄存器是 10 位宽。以发送为例,在标准 SCI 模式下,8 位的 SCITXBUF 作为发送 FIFO 和发送移位寄存器 TXSHF 间的缓冲器,当移位寄存器的最后一位被移出后,SCITXBUF 才从 FIFO 加载 CPU 写好的需要发送的数据;而在 FIFO 模式下,SCITXBUF 将不被使用,发送移位寄存器 TXSHF 将直接从 FIFO 加载需要发送的数据,而且加载数据的速度是可编程的。

通过 SCI FIFO 控制寄存器 SCIFFCT 的位 FFTXDLY[7：0]可以确定 TXSHF 从 FIFO 加载数据的速度，或者说是加载数据的延时，就是隔多久加载一个数据。这种延时是以 SCI 模块数据传输速率的时钟周期为基本单元的，8 位的 FFTXDLY 可以定义最小延时 0 个数据传输速率时钟周期到最大延时 256 个数据传输速率时钟周期。如果将延时设定为最小延时，也就是 0 个数据传输速率时钟周期，则 SCI 模块的 FIFO 加载数据没有延时，实现连续的发送数据。如果将延时设定为 N 个数据传输速率时钟周期，则 SCI 模块发送完一个数据后，TXSHF 将隔 N 个数据传输速率时钟周期再从 FIFO 加载数据进行发送。这种可编程延时功能的好处在于可以协调和慢速设备之间的串行通信，同时也减少了 CPU 的干预。

发送和接收 FIFO 都有状态位 TXFFST 和 RXFFST。TXFFST 位于寄存器 SCIFFTX[12：8]，共 5 位。RXFFST 位于寄存器 SCIFFRX[12：8]，共 5 位。这两个状态位的作用是在任何时间可以标识 FIFO 队列中有用数据的个数。当 TXFFST 被清零时，发送 FIFO 队列的复位位 TXFIFO RESET 也被清零，发送 FIFO 的指针复位为 0，可以通过将 TXFIFO RESET 置位来重新启动 FIFO 队列的发送操作。同样，当 RXFFST 被清零时，接收 FIFO 队列的复位位 RXFIFO RESET 也被清零，接收 FIFO 的指针复位为 0，可以通过将 RXFIFO RESET 置位来重新启动 FIFO 队列的接收操作。

15.2.5　SCI 模块的中断

图 15-6 是 SCI 中断标志和中断使能逻辑汇总。从图 15-6 可以看到，SCI 模块可以产生两种中断：接收中断 RXINT 和发送中断 TXINT。由于 SCI 可以工作在标准的 SCI 模式下，也可以工作在增强的 FIFO 模式下，无论工作于哪种模式，SCI 都能产生接收中断和发送中断，但是不同的模式下，这两种中断信号产生的情况会有所不同，下面进行一一介绍。

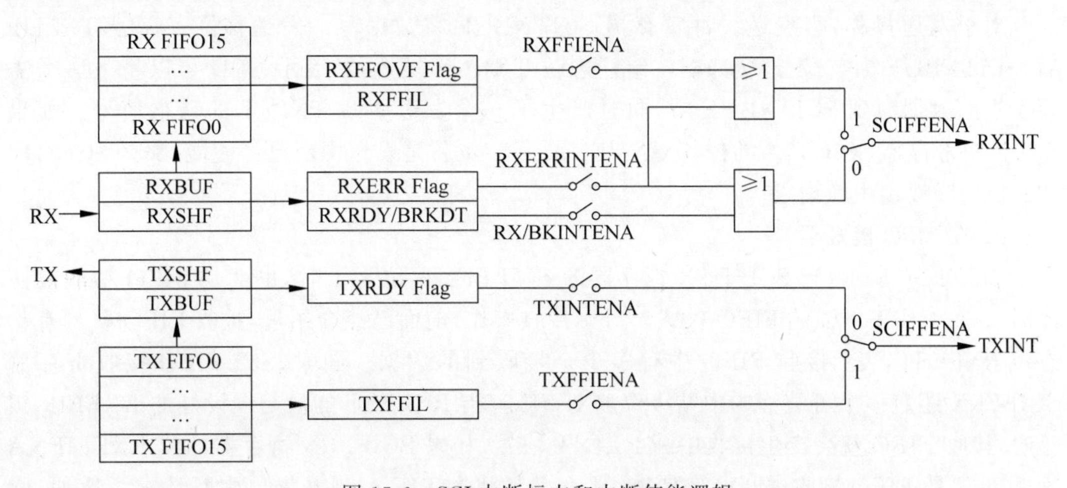

图 15-6　SCI 中断标志和中断使能逻辑

1. 在标准 SCI 模式下

如图 15-6 所示,当 SCIFFTX 寄存器的 SCIFFENA 位为 0 时,也就是 FIFO 功能未被使能时,SCI 工作于标准 SCI 模式。对于接收操作,当 RXSHF 将接收到的数据写入 SCIRXBUF,等待 CPU 来读取时,接收缓冲器就绪标志位 RXRDY 被置位,表示已经接收了一个数据,同时产生了一个接收中断 RXINT 的请求信号。如果 SCI 控制寄存器 SCICTL2 的位 RX/BKINTENA 为 1,也就是接收中断已经使能,那么 SCI 将向 PIE 控制器提出中断请求。

由接收中断的中断使能位 RX/BKINTENA 可以看出,其实 RXINT 是一个复用的中断。当 SCI 接收出现错误(RX ERROR)时,或者当 SCI 接收出现间断(RX BREAK)时,都会产生接收中断 RXINT 的请求信号。

当极性错误(parity)、超时错误(overrun)、帧错误(framing)、间断(break)检测这 4 种错误检测标志位中任何一个标志位被置 1 时,SCI 的接收错误标志 RX ERROR 就会被置 1,同时产生一个接收中断 RXINT 的请求信号。如果 SCI 控制寄存器 SCICTL1 的位 RX ERR INT ENA 为 1,也就是接收中断已经使能,那么 SCI 将向 PIE 控制器提出中断请求。

当 SCI 从丢失第一个结束位开始,如果 SCIRXD 引脚上连续的保持至少 10 位的低电平,则 SCI 认为接收产生了一次间断,此时 SCI 接收状态寄存器 SCIRXST 的位 BRKDT 被置位,即间断检测标志位被置位,同时产生一个接收中断 RXINT 的请求信号。如果 SCI 控制寄存器 SCICTL2 的位 RX/BKINTENA 为 1,也就是接收中断已经使能,那么 SCI 将向 PIE 控制器提出中断请求。

从上面的介绍可以看到,SCI 接收时,接收完一个数据、接收出现错误或者接收出现间断,都可以作为 SCI 接收中断 RXINT 的中断事件,如果使能相应的中断使能位,当这些事件发生时,都会产生一个 RXINT 的中断请求。不过,平时使用最多的还是当 SCI 接收完一个数据后产生接收中断的情况。

对于发送操作,当发送缓冲寄存器 SCITXBUF 将数据写入发送移位寄存器 TXSHF 后,SCITXBUF 为空,发送缓冲器就绪标志位 TXRDY 被置位,表示 CPU 可以将下一个需要发送的数据写到 SCITXBUF 中,同时产生了一个发送中断 TXINT 的请求信号。如果 SCI 控制寄存器 SCICTL2 的位 TXINTENA 为 1,也就是发送中断已经使能,那么 SCI 将向 PIE 控制器提出中断请求。

2. 在 FIFO 模式下

如图 15-6 所示,当 SCIFFTX 寄存器的 SCIFFENA 位为 1 时,也就是 FIFO 功能被使能时,SCI 工作于增强的 FIFO 模式。对于接收操作,前面已经介绍过,接收 FIFO 队列有状态位 RXFFST,表示接收 FIFO 中有多少个接收到的数据。同时,SCI FIFO 接收寄存器 SCIFFRX 还有一个可编程的中断级位 RXFFIL。当 RXFFST 的值与预设好的 RXFFIL 相等时,接收 FIFO 就会产生接收中断 RXINT 信号,如果 SCIFFRX 寄存器的位 RXFFIENA 为 1,也就是 FIFO 接收中断已经使能,那么 SCI 将向 PIE 控制器提出中断请求。比如,假设通过编程,将 RXFFIL 位设置为 8,那么当 FIFO 队列中接收到 8 个数据时,RXFFST 的值也为8,正好和RXFFIL的值相等,这时候接收FIFO就产生了接收中断匹配事件。复位后,接收FIFO的中断触发级位RXFFIL默认的值为0x1111,即16,也就是说,FIFO队列中接收到16个数据的时候产生接收中断请求。

同工作于标准SCI模式类似,接收FIFO的接收中断RXINT也是复用的,当SCI接收出现错误(RX ERROR)时,也会产生接收中断RXINT的请求信号。前面已经详细介绍过,这里就不再赘述了。

对于发送操作,发送FIFO队列有状态位TXFFST,表示发送FIFO中有多少个数据需要发送。同时SCI FIFO发送寄存器SCIFFTX也有一个可编程的中断级位TXFFIL。当TXFFST的值与预设好的TXFFIL相等时,发送FIFO就会产生发送中断TXINT信号,如果SCIFFTX寄存器的位TXFFIENA为1,也就是FIFO发送中断已经使能,那么SCI将向PIE控制器提出中断请求。比如,假设通过编程,将TXFFIL位设置为8,那么当FIFO队列中还剩8个数据需要发送时,TXFFST的值也为8,正好和TXFFIL的值相等,这时候发送FIFO就产生了发送中断匹配事件。复位后,发送FIFO的中断触发级位TXFFIL默认的值为0x0000,即0,也就是说,FIFO队列中数据全部发送完毕后产生发送中断请求。

综上所述,SCI的中断如表15-3所示。

表15-3　SCI的中断

工作模式	SCI中断源	中断标志位	中断使能位	SCIFFENA	中断线
标准SCI模式	接收完成	RXRDY	RX/BKINTENA	0	RXINT
	接收错误	RXERR	RXERRINTENA	0	RXINT
	接收间断	BRKDT	RX/BKINTENA	0	RXINT
	发送完成	TXRDY	TXINTENA	0	TXINT
FIFO模式	接收错误和接收间断	RXERR	RXERRINTENA	1	RXINT
	FIFO接收中断	RXFFIL	RXFFIENA	1	RXINT
	FIFO发送中断	TXFFIL	TXFFIENA	1	TXINT

15.3　SCI多处理器通信模式

多处理器通信,顾名思义,就是多个处理器之间进行数据通信。一个简单的多处理器通信拓扑示意图如图15-7所示。在图中,处理器A、B、C、D之间都可以实现通信,图中的实线表示处理器A和处理器B、C、D之间的通信。在同一个时刻,处理器A只能和处理器B、C、D之中的一个实现数据传输。当处理器A给处理器B、C、D中的某一个处理器发送数据时,A-B、A-C、A-D这3条通路上都会出现相同的数据,那么如何来确保这些数据被正确的处理器接收呢?

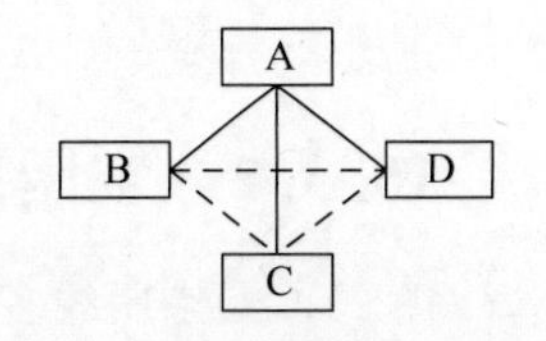

图15-7　一个简单的多处理器通信拓扑示意图

先来思考一下,比如寄了一封信给远方的朋友,那么邮递员是如何准确地将信投递到这位朋友家的邮箱的呢？原因是寄出的信封上清楚地写上了朋友家的地址，邮递员将实际地址和信封上的地址进行核对，两者相符时，就把信投进信箱了。根据这个原理，如果给处理器 A、B、C、D 都预先分配好地址，然后 A 发出去的信息里含有接收方的地址信息，接收处理器 B 或者 C 或者 D，在接收到这个数据信息时，首先进行地址的核对，如果地址不符合，则不予响应；如果地址符合，则立即读取数据。这就是 SCI 多处理器通信的基本原理。

SCI 在进行多处理器通信时，根据地址信息识别方法的不同，多处理器通信方式分为空闲线模式和地址位模式，下面分别进行说明。

15.3.1 地址位多处理器通信模式

图 15-8 为地址位多处理器通信模式示意图。当处理器 A 发出一连串数据信息时，将这串数据叫作数据块。数据块是由一个个帧构成的。前面讲过，帧就是带有格式信息的字符数据。从图 15-8 扩展后的数据格式可以看到，某一个数据块中的第一帧是地址信息，接下去的帧是数据信息，然后，在一些空闲周期之后，又有一个数据块，块中的第一帧也是地址信息，后面帧是数据信息。在块内，第一帧地址信息后面的一个位是 1，代表此帧是地址信息，而第 2 帧数据信息后面的一个位是 0，代表此帧是数据信息。这个位就叫作地址位，用于表示某个帧的数据是地址信息还是数据信息。像这样在通信格式中加入专门的地址位来判断帧是数据信息还是地址信息的方式叫作多处理器通信的地址位模式。

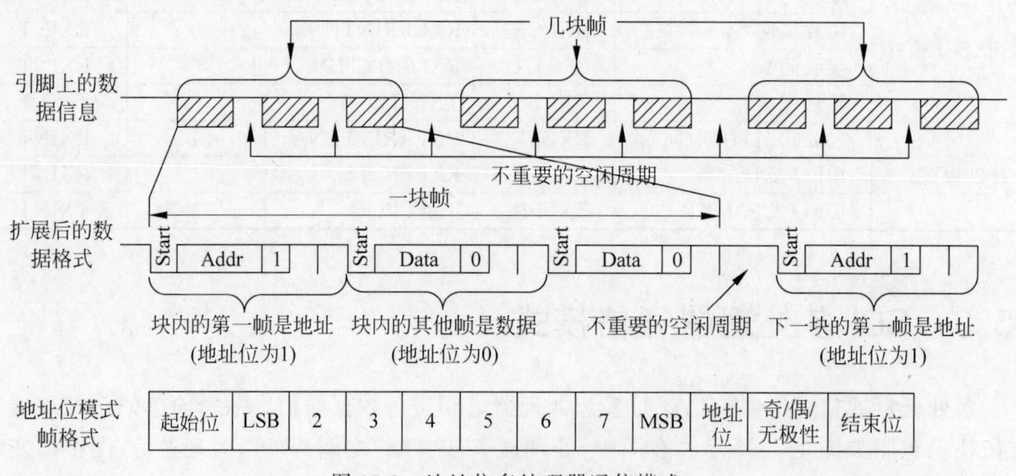

图 15-8 地址位多处理器通信模式

15.3.2 空闲线多处理器通信模式

图 15-9 是空闲线多处理器通信模式示意图。在空闲线模式中，没有专门表示帧是数据或者地址的地址位。块与块之间有一段比较长的空闲周期，这段时间要明显长于块内帧与帧之间的空闲周期。如果某个帧之后有一段 10 位或者更长的空闲周期，那就表明新的数据

块开始了。在某一个数据块中,第一帧代表地址信息,后面的帧代表数据信息。可见,在空闲线模式下,地址信息还是数据信息是通过帧与帧之间的空闲周期来判断的。当帧与帧之间的空闲周期超过10位的时候,就表示新的数据块开始了,而且块中的第一帧是地址信息。

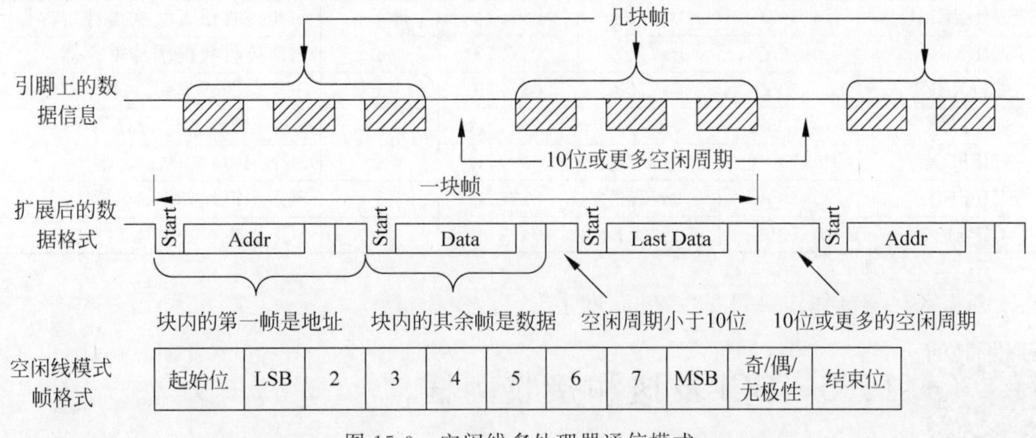

图 15-9　空闲线多处理器通信模式

空闲线模式中数据格式里没有提供额外的地址位,在处理10字节以上的数据块时比地址位模式更为有效,被应用于典型的非多处理器SCI通信场合。地址位模式由于有专门的位来识别地址信息,所以数据块之间不需要空闲周期等待,所以这种模式在处理一些小的数据块的时候更为有效,当然,当传输数据的速度比较快,而程序执行速度不够快时,很容易块与块之间产生10位以上的空闲,这样其优势就不明显了。平时接触比较多的还是双处理器之间的通信,因此这部分内容了解一下就行。

15.4　SCI模块的寄存器

SCI的功能都是可以通过软件进行配置的,可以通过对寄存器的设置来实现SCI通信格式的初始化,包括工作模式和协议、数据传输速率、数据格式和中断使能等。SCI的寄存器如表15-4所示。

表 15-4　SCI 寄存器

寄存器名	地址范围			尺寸(×16)	说明
	SCIA	SCIB	SCIC		
SCICCR	0x7050	0x7750	0x7770	1	SCI通信控制寄存器
SCICTL1	0x7051	0x7751	0x7771	1	SCI控制寄存器1
SCIHBAUD	0x7052	0x7752	0x7772	1	SCI数据传输速率寄存器高位
SCILBAUD	0x7053	0x7753	0x7773	1	SCI数据传输速率寄存器低位
SCICTL2	0x7054	0x7754	0x7774	1	SCI控制寄存器2
SCIRXST	0x7055	0x7755	0x7775	1	SCI接收状态寄存器

续表

寄存器名	地址范围			尺寸(×16)	说明
	SCIA	SCIB	SCIC		
SCIRXEMU	0x7056	0x7756	0x7776	1	SCI 接收仿真数据缓冲寄存器
SCIRXBUF	0x7057	0x7757	0x7777	1	SCI 接收数据缓冲寄存器
SCITXBUF	0x7059	0x7759	0x7779	1	SCI 发送数据缓冲寄存器
SCIFFTX	0x705A	0x775A	0x777A	1	SCI FIFO 发送寄存器
SCIFFRX	0x705B	0x775B	0x777B	1	SCI FIFO 接收寄存器
SCIFFCT	0x705C	0x775C	0x777C	1	SCI FIFO 控制寄存器
SCIPRI	0x705F	0x775F	0x777F	1	SCI 优先权控制寄存器

SCI 寄存器具体定义可见“C2000 助手”。

视频讲解

15.5 SCI 发送和接收例程

SCI 实现数据的接收或者发送可以采用查询的方式，也可以采用中断的方式，下面以查询方式为例进行介绍。HDSP-Super28335 上的 RS232-1 和 RS232-2 是异步串行通信 RS232 的接口，是将 SCI 接口通过 MAX3232 芯片转换而来的。RS232-1 的串口对应于 SCIB，RS232-2 的串口对应于 SCIC。用串口线将 RS232-1 接口和计算机上的 DB9 串口连接起来。由于现在的计算机大多自身不带有串口，所以还需要配有 USB 转 RS232 的线，将计算机的 USB 口通过软件转变成 RS232 口。还需要注意的是，串口线有两种：一种是直通线，另一种是交叉线，要根据硬件设计时采用的方式来定，HDSP-Super28335 使用的是交叉线，如果使用的串口线和实际的硬件情况不符，通信将无法实现。

这里 SCI 的程序主要实现的功能是 DSP 先给计算机上的串口调试软件发送一个字符串，然后串口调试助手向 DSP 发送用户输入的一串字符串，DSP 接收到字符串后再发送给计算机。SCIB 通信的数据格式设定为：数据传输速率 9600bps，起始位 1 位，数据位 8 位，无校验位，结束位 1 位。在配置串口调试软件的参数时，上述的所有参数都必须与 SCIB 设置得完全一致。

SCI 无论采用查询方式还是中断方式来发送和接收数据，为了保证数据通信的准确性，必须遵守的原则是如果是接收数据，那么在接收新的数据之前需要将旧的数据读取，否则会产生数据丢失。如果是发送数据，那么必须等旧的数据发送完毕以后，才能发送新的数据，否则也会产生数据丢失。这也是平时编写程序时需要注意的地方。下面以查询方式为例介绍程序的编写。

查询方式，就是通过查询发送缓冲器的就绪标志位 TXRDY 和接收缓冲器的就绪标志位 RXRDY 来判断 SCI 是否做好了发送准备或者接收准备。

通过前面的学习已经知道，当发送缓冲寄存器 SCITXBUF 将数据发送给发送移位寄存器 TXSHF 后，SCITXBUF 为空，这时发送缓冲器的就绪标志位 TXRDY 被置 1，意思是通知 CPU 可以发送新的数据了，因此，通过不断地查询，当 TXRDY 为 1 的时候，就可以发送新的数据了。

当接收移位寄存器 RXSHF 将接收到的字符发送给接收缓冲寄存器 SCIRXBUF 后，SCIRXBUF 内有数据，这时接收缓冲器的就绪标志位 RXRDY 被置 1，意思是通知 CPU 已经接收好了一个数据，让 CPU 赶紧来读取，因此，通过不断地查询，当 RXRDY 为 1 的时候，就可以去读取新的数据了。

本程序的整体思路如下：

(1) 初始化系统，为系统分配时钟，处理看门狗电路等。

(2) 初始化 GPIO，将 SCIB 的引脚 SCITXDB 和 SCIRXDB 设定为功能引脚。

(3) 初始化 SCIB 模块，设定通信数据格式。

(4) 循环查询 SCIB 发送和接收的状态，如果状态被置位，则相应地进行数据接收或者发送的工作。

参考程序见程序清单 15-1～程序清单 15-4。

程序清单 15-1　初始化系统控制模块

```
/*********************************************************************
* 文件名:DSP2833x_SysCtrl.c
* 功　能:对 F28335 的系统控制模块进行初始化
*********************************************************************/
#include "DSP2833x_Device.h"                    //Headerfile Include File
#include "DSP2833x_Examples.h"                  //Examples Include File

void InitSysCtrl(void)
{

   DisableDog();                                //关看门狗

   //初始化 PLL 控制: PLLCR and DIVSEL
   //DSP28_PLLCR and DSP28_DIVSEL 在 DSP2833x_Examples.h 中有定义
   InitPll(DSP28_PLLCR,DSP28_DIVSEL);

   InitPeripheralClocks();                      //初始化外设时钟
}

void DisableDog(void)                           //禁止看门狗
{
    EALLOW;
    SysCtrlRegs.WDCR = 0x0068;
    EDIS;
}

void InitPll(Uint16 val, Uint16 divsel)         //PLL 初始化函数
```

```
{

    if (SysCtrlRegs.PLLSTS.bit.MCLKSTS != 0)
    {
        asm("        ESTOP0");
    }
    if (SysCtrlRegs.PLLSTS.bit.DIVSEL != 0)
    {
        EALLOW;
        SysCtrlRegs.PLLSTS.bit.DIVSEL = 0;
        EDIS;
    }

    //改变 PLLCR 寄存器
    if (SysCtrlRegs.PLLCR.bit.DIV != val)
    {

       EALLOW;
       //在设置前关闭时钟丢失检测逻辑
       SysCtrlRegs.PLLSTS.bit.MCLKOFF = 1;
       SysCtrlRegs.PLLCR.bit.DIV = val;
       EDIS;

       DisableDog();

       EALLOW;
       SysCtrlRegs.PLLSTS.bit.MCLKOFF = 0;
       EDIS;
    }

    //If switching to 1/2
    if((divsel == 1)||(divsel == 2))
    {
          EALLOW;
          SysCtrlRegs.PLLSTS.bit.DIVSEL = divsel;
          EDIS;
    }

    if(divsel == 3)
    {
         EALLOW;
         SysCtrlRegs.PLLSTS.bit.DIVSEL = 2;
         DELAY_US(50L);
         SysCtrlRegs.PLLSTS.bit.DIVSEL = 3;
         EDIS;
    }
```

```
}

void InitPeripheralClocks(void)
{
    EALLOW;

    SysCtrlRegs.HISPCP.all = 0x0001;                //高速外设时钟 HSPCLK = 75M
    SysCtrlRegs.LOSPCP.all = 0x0002;                //低速外设时钟 LSPCLK = 37.5M

    SysCtrlRegs.PCLKCR0.bit.SCIBENCLK = 1;          //使能 SCIB 时钟

    EDIS;
}
```

程序清单 15-2　初始化 SCI 引脚

```
void InitScibGpio()
{
    EALLOW;

    GpioCtrlRegs.GPAPUD.bit.GPIO18 = 0;
    GpioCtrlRegs.GPAPUD.bit.GPIO19 = 0;
    GpioCtrlRegs.GPAQSEL2.bit.GPIO19 = 3;
    GpioCtrlRegs.GPAMUX2.bit.GPIO18 = 2;            //配置 GPIO18 为 SCIB 发送引脚
    GpioCtrlRegs.GPAMUX2.bit.GPIO19 = 2;            //配置 GPIO19 为 SCIB 接收引脚

    EDIS;
}
```

程序清单 15-3　初始化 SCIB

```
void scib_echoback_init()                           //SCIB 初始化函数
{
    ScibRegs.SCICCR.all = 0x0007;                   //1 位结束位,无校验位,8 位数据位

    ScibRegs.SCICTL1.all = 0x0003;                  //使能发送和接收功能
    ScibRegs.SCICTL2.all = 0x0003;
    ScibRegs.SCICTL2.bit.TXINTENA = 1;              //使能发送中断
    ScibRegs.SCICTL2.bit.RXBKINTENA = 1;            //使能接收中断
    #if (CPU_FRQ_150MHZ)
            ScibRegs.SCIHBAUD    = 0x0001;  //数据传输速率为 9600 @LSPCLK = 37.5MHz
            ScibRegs.SCILBAUD    = 0x00E7;
    #endif
    #if (CPU_FRQ_100MHZ)
        ScibRegs.SCIHBAUD    = 0x0001;              //数据传输速率为 9600@LSPCLK = 20MHz
```

```
        ScibRegs.SCILBAUD      = 0x0044;
    #endif
    ScibRegs.SCICTL1.all = 0x0023;
}

void scib_fifo_init()                          //SCIB FIFO 初始化
{
    ScibRegs.SCIFFTX.all = 0xE040;
    ScibRegs.SCIFFRX.all = 0x204f;
    ScibRegs.SCIFFCT.all = 0x0;
}
```

程序清单 15-4　主函数程序

```
#include "DSP2833x_Device.h"               //包含头文件
#include "DSP2833x_Examples.h"

void scib_echoback_init(void);
void scib_fifo_init(void);
void scib_xmit(int a);
void scib_msg(char * msg);

void main(void)
{
    Uint16 ReceivedChar;
    char * msg;

//第一步,初始化系统控制
   InitSysCtrl();

//第二步,初始化 GPIO
   InitScibGpio();

//第三步,清除所有 CPU 中断,并使能 CPU 中断向量表
//禁止所有 CPU 中断
   DINT;

//初始化 PIE 控制器
   InitPieCtrl();

//禁止 CPU 中断,并清除中断标志位
   IER = 0x0000;
   IFR = 0x0000;

//初始化 PIE 向量表
```

```
    InitPieVectTable();

//第四步,初始化外设
    scib_fifo_init();          //初始化 SCI FIFO
    scib_echoback_init();

    msg = "\r\nHello dsp!\0";
    scib_msg(msg);

    msg = "\r\nYou will enter a character, and the DSP will echo it back! \n\0";
    scib_msg(msg);

    for(;;)
    {
       msg = "\r\nEnter a character: \0";
       scib_msg(msg);

       while(ScibRegs.SCIFFRX.bit.RXFFST == 0) {}
       msg = " You sent: \0";
       scib_msg(msg);
       //接收数据
       do
       {
         ReceivedChar = ScibRegs.SCIRXBUF.all;
       //回发接收到的数据
         scib_xmit(ReceivedChar);
        }while(ScibRegs.SCIFFRX.bit.RXFFST != 0);
    }
}

//通过 SCI 发送一个字符
void scib_xmit(int a)
{
    while (ScibRegs.SCIFFTX.bit.TXFFST != 0) {}
    ScibRegs.SCITXBUF = a;
}

//通过 SCI 发送一个字符串
void scib_msg(char * msg)
{
    int i;
    i = 0;
    while(msg[i] != '\0')
    {
        scib_xmit(msg[i]);
        i++;
    }
}
```

这里需要提醒的是,在系统初始化的时候需要使能 SCIB 的时钟;在 GPIO 初始化时,需要将 SCIB 的两个引脚 SCITXDB 和 SCIRXDB 设定为功能引脚;在 SCI 初始化时,配置完 SCIB 的参数后需要重新启动 SCIB。

将串口线已经连接好以后,将仿真器和开发板也连接好,然后给开发板供电,将仿真器 USB 插到计算机上。打开 CCS6,导入工程。通过仿真器将代码下载到 DSP 的 RAM 中,打开串口调试软件,界面如图 15-10 所示。

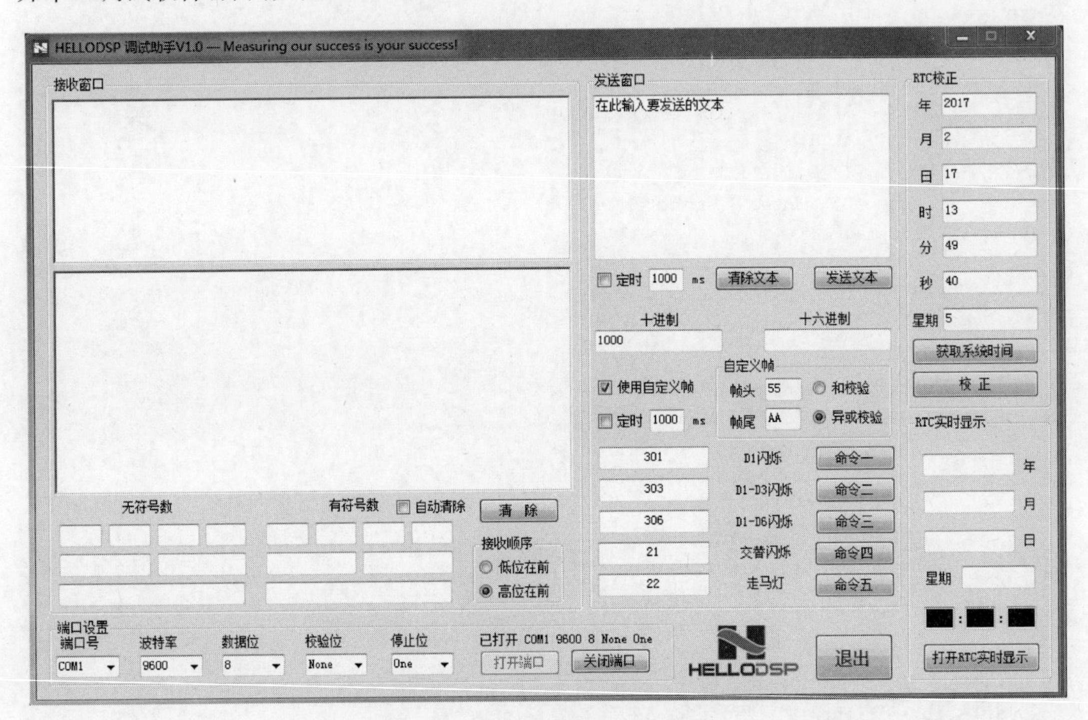

图 15-10 串口调试软件设置界面

上述的例程中采用的数据传输速率为 9600bps,数据位 8 位,无极性校验,结束位 1 位,所以在串口调试软件里也要做相同的设置,如图 15-10 所示。运行 DSP 程序,若通信成功,则串口调试助手接收到 SCIB 发送过来的字符串,如图 15-11 所示。

在发送窗口输入想要发送的字符串,比如"123",然后单击"发送文本"按钮,结果如图 15-12 所示。

本章首先详细介绍了 SCI 模块的结构、特点及其工作原理,讲解了 SCI 通信时的数据格式、数据传输速率的设置以及 SCI 的各种中断。然后,在标准 SCI 模式的基础上,介绍了 SCI 的 FIFO 功能,并简单介绍了 SCI 的多处理器通信的地址位和空闲线两种方式。最后以具体的例子说明了如何实现数据的发送和接收。第 16 章将详细讲解 F28335 的串行外设接口 SPI。

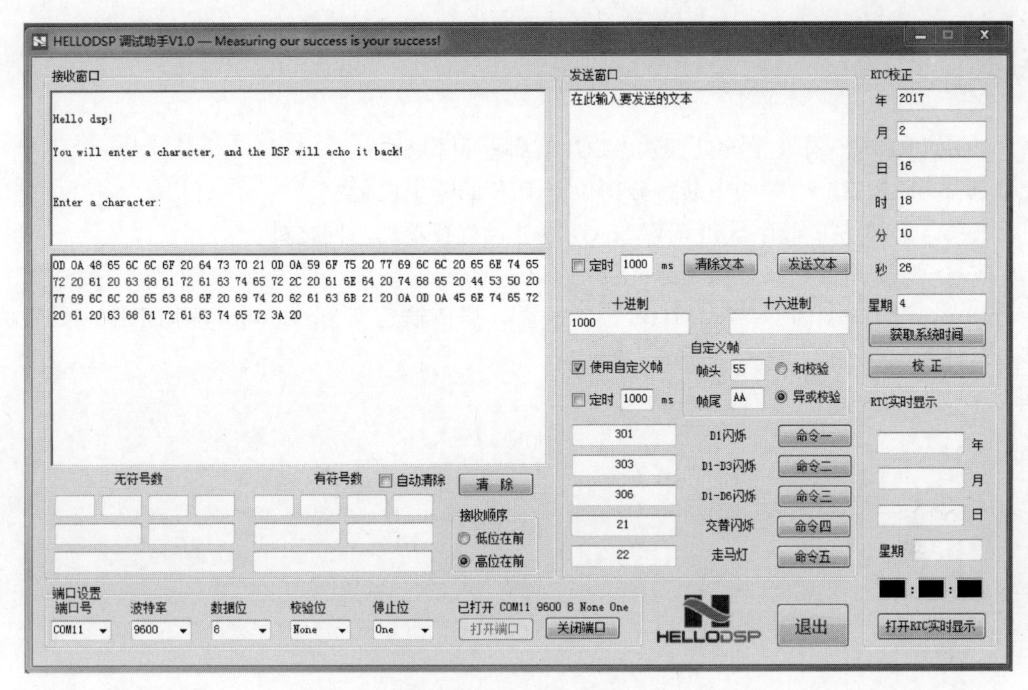

图 15-11　串口通信成功

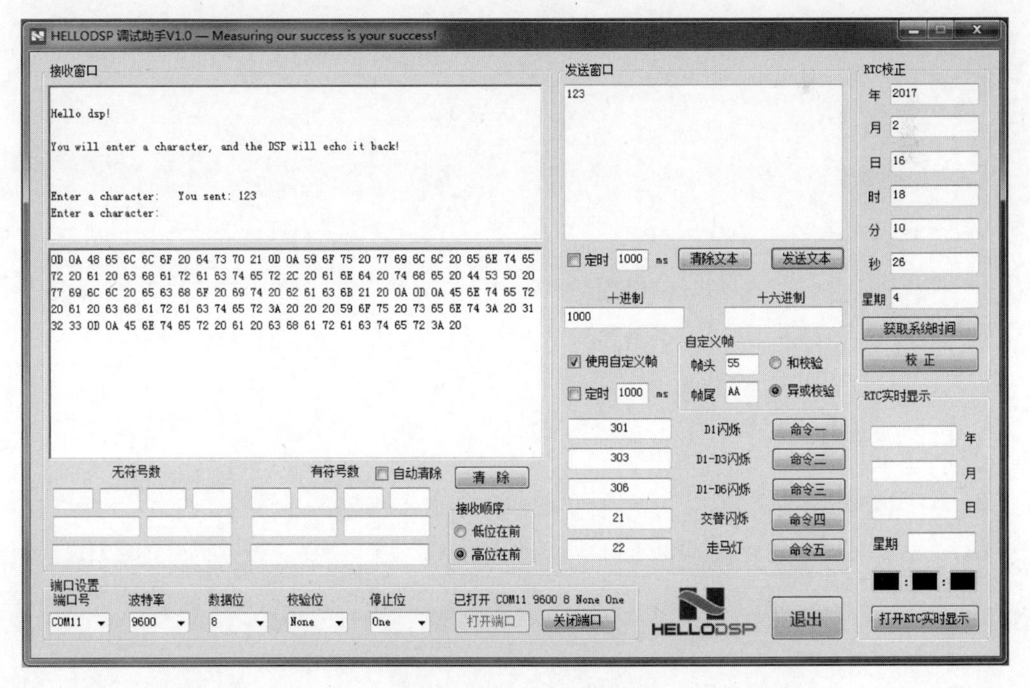

图 15-12　串口通信

习题

15-1 F28335 有几个 SCI 模块？SCI 有哪些引脚？

15-2 SCI 能产生哪些中断？分别位于 PIE 的哪个位置？

15-3 简述 SCI 寄存器和 PWM、AD 等外设寄存器的不同之处。

15-4 SCI 通信格式包括了哪些位？

15-5 设 LSPCLK＝37.5MHz，若要配置数据传输速率为 9600bps，则 BRR 应设置为多少？

第 16 章

串行外设接口 SPI

在开发 F28335 时，有时候可能需要扩展一些外围设备，例如，觉得 F28335 内部 12 位的 ADC 精度不够，想要外扩一个串行高精度的 ADC，或者想外扩 EEPROM、LCD 显示驱动器、网络控制器、DAC 等，就需要用到 F28335 的串行外围设备接口 SPI。SPI 是一种高速的同步串行输入/输出接口，允许 1～16 位的数据流在设备与设备之间进行交换，通常用于 DSP 与外围设备或者 DSP 与其他控制器之间进行通信。本章首先会介绍 SPI 接口通用的一些基本知识，然后将详细介绍 F28335 内部 SPI 的结构、特点、中断、工作方式等内容。

16.1 SPI 模块的通用知识

SPI 是 Serial Peripheral Interface 的缩写，翻译成中文就是串行外围设备接口。SPI 最早是由 Motorola 公司在其 MC68HCXX 系列处理器上定义的一种高速同步串行通信接口。而第 15 章中所介绍的 SCI 是一种低速异步串行通信接口，从这一点上就能看出 SPI 和 SCI 的区别，SPI 是同步通信，SCI 是异步通信。同步通信和异步通信有什么区别呢？简单来讲，同步通信时，通信双方的设备必须拥有相同的时钟脉冲，以相同的频率进行数据传输。而异步通信时，通信双方的设备可以拥有各自独立的时钟脉冲，可以独自进行数据传输，就像是两个人在散步，可以各走各的。

SPI 的总线系统可以直接与各个厂家生产的多标准外围器件直接接口，SPI 接口一般使用 4 条线，如表 16-1 所示。当然，并不是所有的 SPI 接口都是采用四线制的，有的 SPI 接口带有中断信号线 INT，而有的 SPI 接口没有主机输出/从机输入线 MOSI。在 F28335 中 SPI 接口采用的是四线制。

表 16-1　SPI 接口通用的 4 条线

线路名称	线路作用
SCK	串行时钟线
MISO	主机输入/从机输出线
MOSI	主机输出/从机输入线
$\overline{CS}$	低电平有效的从机选择线

SPI 接口的通信原理很简单，它以主从方式进行工作，这种模式的通信系统中通常有一个主设备和多个从设备。其中，CS 信号用来控制从机的芯片是否被选中。如图 16-1 所示，系统内有一个主设备 M1 和两个从设备 S1 和 S2。当 S1 的片选信号为低电平时，S1 被选中，M1 通过 MOSI 引脚发送数据，S1 通过 MOSI 引脚接收数据，或者 S1 通过 MISO 引脚发送数据，而 M1 通过 MISO 引脚接收数据。同样，当 S2 的片选信号 CS 为低电平时，S2 被选中，M1 通过 MOSI 引脚发送数据，S2 通过 MOSI 引脚接收数据，或者 S2 通过 MISO 引脚发送数据，而 M1 通过 MISO 引脚接收数据。从机只有通过 CS 信号被选中之后，对此从机的操作才会有效，可见，片选信号的存在使得允许在同一总线上连接多个 SPI 设备成为可能。

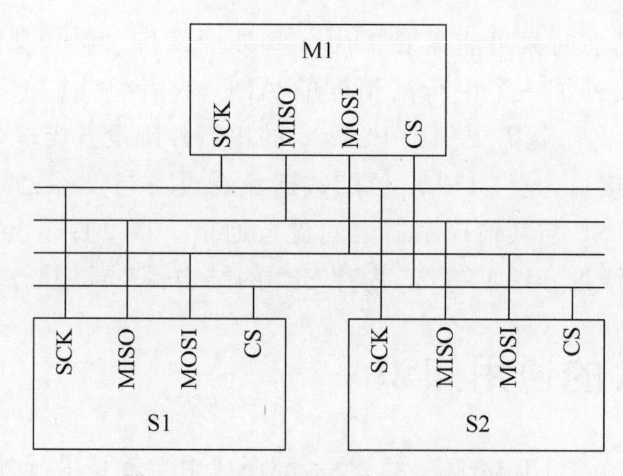

图 16-1　SPI 主从工作方式示意图

当从机被选中，和主机建立连接之后，接下来起作用的就是负责通信的 3 根线了。通信时通过进行数据交换来完成的，这里首先要知道 SPI 采用的是串行通信协议，也就是说，通信时数据是一位一位进行传输的。这也是 SCK 时钟信号存在的原因，传输时，由 SCK 提供时钟脉冲，MOSI 和 MISO 引脚则是基于此脉冲完成数据的发送或者接收。如图 16-1 所示，当 M1 给 S1 发送数据时，数据在时钟脉冲的上升沿或者下降沿时通过 M1 的 MOSI 引脚发送，在紧接着的下降沿或者上升沿时通过 S1 的 MOSI 引脚接收。当 S1 给 M1 发送数据时，原理是一样的，只不过通过 MISO 引脚来完成。

值得注意的是，SCK 信号只由主设备控制，从设备不能控制时钟信号线，因此，在一个基于 SPI 的系统中，必须至少有一个主控设备，其向整个 SPI 系统提供时钟信号，系统内所有的设备都基于这个时钟脉冲进行数据的接收或者发送，所以 SPI 是同步串行通信接口。在点对点的通信中，SPI 接口不需要寻址操作，且为全双工通信，因此显得简单高效。在多个从设备的系统中，每个从设备都需要独立的使能信号，硬件上比 I2C 系统要稍微复杂一些。

SPI 是一个环形总线结构，其时序其实比较简单，主要是在时钟脉冲 SCK 的控制下，两个双向移位寄存器 SPIDAT 进行数据交换。假设主机 M1 和从机 S1 进行通信，主机的 8 位寄存器 SPIDAT1 内的数据是 10101010，而从机的 8 位寄存器 SPIDAT2 内的数据是

01010101，在时钟脉冲上升沿的时候发送数据，在下降沿的时候接收数据，最高位的数据先发送，主机和从机之间进行全双工通信，也就是说，两个 SPI 接口同时发送和接收数据，如图 16-2 所示。从图 16-2 可以看到，SPIDAT 移位寄存器总是将最高位的数据移出，接着将剩余的数据分别左移一位，然后将接收到的数据移入其最低位。

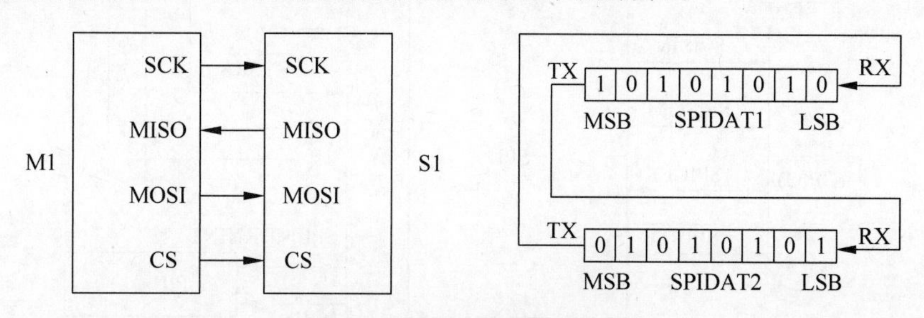

图 16-2 SPI 的环形总线结构

如图 16-3 所示，当时钟脉冲第一个上升沿来的时候，SPIDAT1 将最高位 1 移出，并将剩余所有的数据左移 1 位，这时主机的 MOSI 引脚为高电平，而 SPIDAT2 将最高位 0 移出，并将剩余所有的数据左移 1 位，这时从机的 MOSI 引脚为低电平。然后，当时钟脉冲下降沿到来的时候，SPIDAT1 将锁存主机 MISO 引脚上的电平，也就是从机发出的低电平，并将数值 0 移入其最低位，同样，SPIDAT2 将锁存从机 MISO 引脚上的电平，也就是主机发出的高电平，并将数值 1 移入其最低位。经过 8 个时钟脉冲后，两个移位寄存器就实现了数据的交换，也就是完成了一次 SPI 的时序。

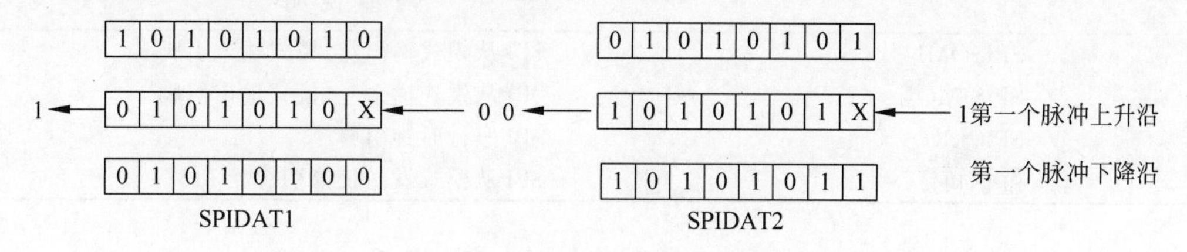

图 16-3 SPIDAT 数据传输示例

前面只是对 SPI 接口的基本情况作了介绍，分别讲述了 SPI 与 SCI 接口的区别、应用的范围、通信原理等方面的内容，目的是对 SPI 接口本身有所了解，因为不是只有 DSP 才具有 SPI 接口，很多外围设备同样具有 SPI 接口。接下来，就要回归到本章的主体部分，开始 F28335 中 SPI 接口的介绍。通过后面的学习可以发现，其实 SPI 核心的知识这里已经提出来了，可以前后对照着学习。

16.2 F28335 SPI 模块的概述

图 16-4 是 F28335 SPI 的 CPU 接口。

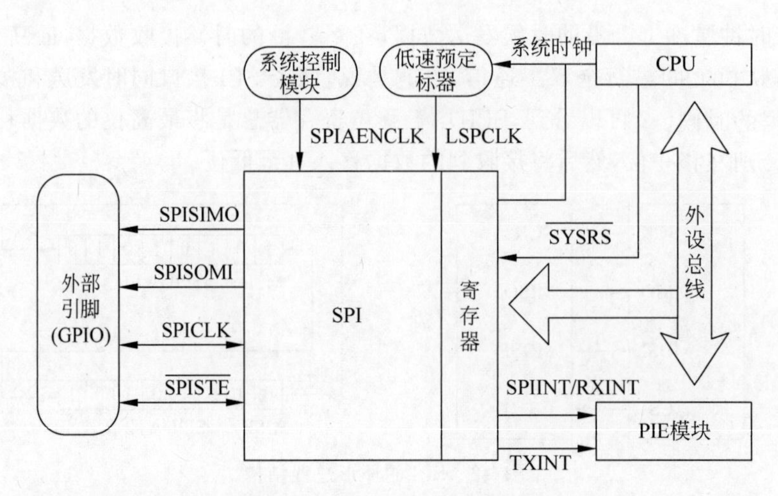

图 16-4　F28335 SPI 的 CPU 接口

16.2.1　SPI 模块的特点

图 16-4 所示的是 F28335 SPI 模块的接口图，其特点如下：

(1) 有 4 个外部引脚，如表 16-2 所示，可见，F28335 采用的是四线制的 SPI 接口。

表 16-2　F28335 SPI 接口的引脚

引　脚	功能说明
SPISOMI	SPI 从模式输出/主模式输入引脚
SPISIMO	SPI 从模式输入/主模式输出引脚
SPICLK	SPI 串行时钟引脚
$\overline{\text{SPISTE}}$	SPI 从模式发送使能引脚

(2) 有两种工作模式可以选择：主工作模式和从工作模式。

(3) 数据传输速率：具有 125 种可编程的数据传输速率。能够使用的最大数据传输速率受 I/O 缓冲器最大缓存速度的限制，这些缓冲器是使用在 SPI 引脚上的 I/O 缓冲器，而最高的数据传输速率不能超过 LSPCLK/4。

(4) 单次发送的数据字的长度为 1～16 位，可以通过寄存器设定。

(5) 可选择的 4 种脉冲时钟配置方案，具体将在后面进行介绍。

(6) 接收和发送可以同步操作，也就是说，可以实现全双工通信。当然，发送功能可以通过 SPICTL 寄存器的 TALK 位禁止或者使能。

(7) 和 SCI 相同，发送和接收都能通过查询或者中断方式来实现。

(8) 具有 6 个控制寄存器、3 个数据寄存器和 3 个 FIFO 寄存器。值得注意的是，SPI 所有的控制寄存器都是 8 位的，当寄存器被访问时，数据位于低 8 位，而高 8 位为 0，因此把数据写入 SPI 这 6 个控制寄存器的高 8 位是无效的。但是，3 个数据寄存器 SPIRXBUF、

SPITXBUF 和 SPIDAT 都是 16 位的。3 个 FIFO 寄存器也是 16 位的。

(9) F28335 的 SPI 也具有 2 个 16 级的 FIFO：一个用于发送数据，另一个用于接收数据。发送数据的时候，数据与数据之间的延时可以通过编程进行控制。

(10) 在标准的 SPI 模式(非 FIFO 模式)下，发送中断和接收中断都使用 SPIINT/RXINT。在 FIFO 模式中，接收中断使用 SPIINT/RXINT，而发送中断使用的是 SPITXINT。

16.2.2 SPI 的信号总结

表 16-3 为 SPI 模块信号的功能描述。

表 16-3 SPI 信号功能描述

信号名称	功能描述
外部引脚	
SPISOMI	SPI 从模式输出/主模式输入引脚
SPISIMO	SPI 从模式输入/主模式输出引脚
SPICLK	SPI 串行时钟引脚
$\overline{\text{SPISTE}}$	SPI 从模式发送使能引脚
控制信号	
SPI 时钟速率	LSPCLK
中断信号	
SPIINT/RXINT	发送中断/接收中断(不使用 FIFO 情况下)
SPITXINT	发送中断(使用 FIFO 情况下)

16.3 SPI 模块的工作原理

图 16-5 为 SPI 模块的结构框图。从图中可以看出，SPI 能够完成数据的交换主要依赖 3 个数据寄存器，接收数据缓冲寄存器 SCIRXBUF、发送数据缓冲寄存器 SCITXBUF 和数据移位寄存器 SPIDAT，这 3 个寄存器均为 16 位数据寄存器。

SPI 模块可以通过移位寄存器实现数据的交换，即通过 SPIDAT 寄存器移入或者移出数据。下面简单介绍 SPI 工作在标准 SPI 模式下(FIFO 未使能)时数据交换的过程。首先，通过程序向发送缓冲寄存器 SCITXBUF 写入数据，如果此时 SPIDAT 寄存器为空，则 SCITXBUF 将需要发送的完整数据传输给 SPIDAT，数据在 SCITXBUF 寄存器和 SCIDAT 寄存器内存放都是左对齐的，也就是从高位开始存储的。SPIDAT 经过每一个时钟脉冲，完成一位数据的发送或者接收。假设在时钟脉冲的上升沿时，SPIDAT 将数据的最高位发送出去，然后将剩余的所有数据左移一位，接下来，在时钟脉冲的下降沿时，SPIDAT 锁存一位数据，并保存至其最低位。当发送完指定位数的数据后，SPIDAT 寄存器将其内部的数据发送给接收缓冲寄存器 SPIRXBUF，等待 CPU 来读取。数据在 SPIRXBUF 中存放是右对齐的，也就是从低位开始存储的。

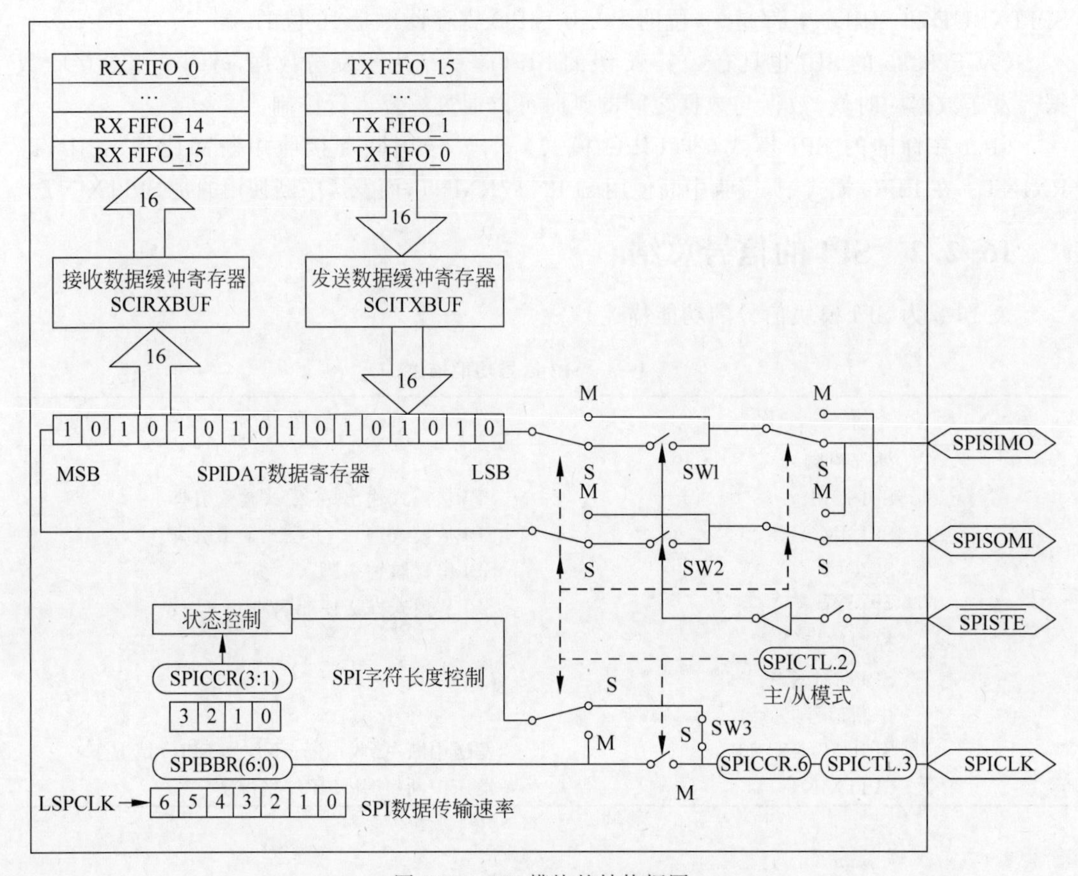

图 16-5　SPI 模块的结构框图

在标准 SPI 模式下，接收操作支持双缓冲，也就是在新的接收操作启动时，CPU 可以暂时不读取 SPIRXBUF 中接收到的数据，但是在新的接收操作完成之前必须读取 SPIRXBUF，否则将会覆盖原来接收到的数据。同样，发送操作也支持双缓冲功能。

16.3.1　SPI 主/从工作方式

图 16-6 所示的是典型的 SPI 主/从模式的连接图，系统中有两个处理器，处理器 1 的 SPI 工作于主机模式，而处理器 2 的 SPI 工作于从机模式。SPI 工作控制寄存器 SPICTL 的 MASTER/SLAVE 位决定了 SPI 工作于何种模式：当 MASTER/SLAVE＝1 时，SPI 工作于主机模式；而当 MASTER/SLAVE＝0 时，SPI 工作于从机模式。从图 16-6 也可以看到，时钟信号 SPICLK 是由主机提供给从机的，主机和从机在 SPICLK 的协调下同步进行数据的发送或者接收，数据在时钟脉冲信号的上升沿或者下降沿进行发送或者读取。当然，主机和从机之间进行通信的前提是从机片选信号 $\overline{\text{SPISTE}}$ 为低电平，将 SPI 从机选中，也就是将处理器 2 选中。主机和从机之间可以同时实现数据的发送和接收，也就是说，可以工作于全双工模式。下面将分别详细探讨 SPI 工作于主机模式和从机模式时的特点。为了能够突出

知识点，将采用问答的方式来表达，希望能够帮助对这部分内容的理解。

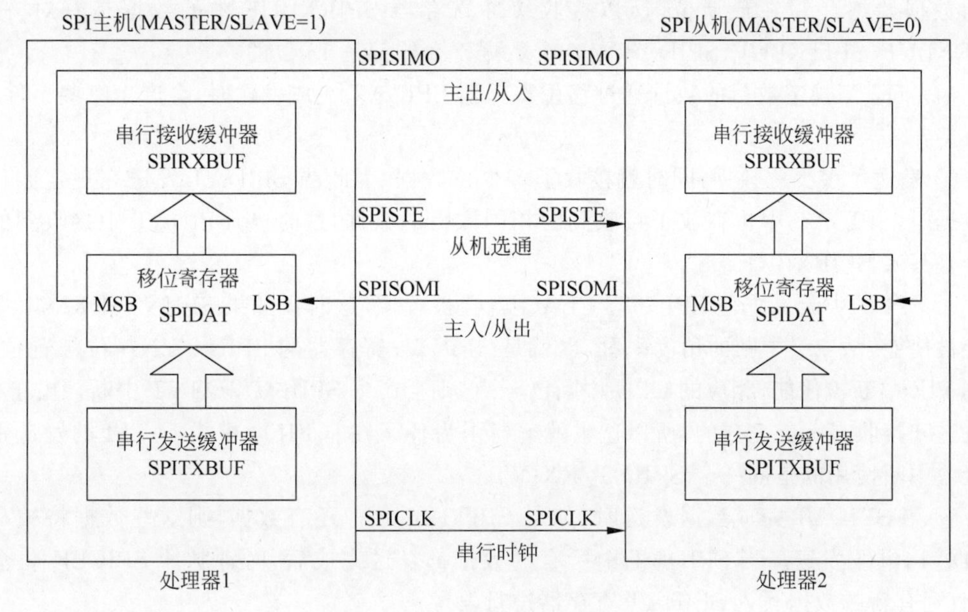

图 16-6　SPI 主/从模式连接图

1. 主机模式

(1) 问：如何设置 SPI 成为主机，就像图 16-6 中的处理器 1?

答：通过设置 SPI 工作控制寄存器 SPICTL 的 MASTER/SLAVE 位为 1 来使得 SPI 工作于主机模式。编程的语句为：

```
SpiaRegs.SPICTL.bit.MASTER_SLAVE = 1
```

(2) 问：整个 SPI 的通信网络中的时钟和数据传输速率是由主机来提供的吗?

答：是的。从字面上理解，主机就是在系统中占主导地位的设备，关乎整个系统的运行。主机通过 SPICLK 引脚为整个通信网络提供时钟脉冲信号。由于每经过一个时钟脉冲，SPI 就完成一位数据的发送，因此时钟脉冲的频率就是通常所说的数据传输速率，其值由主机的 SPIBBR 寄存器来决定。通过对 SPIBBR 寄存器的编程，SPI 能够实现 125 种不同的数据传输速率，最大数据传输速率为 LSPCLK/4。

(3) 问：主机的数据是如何发送和接收的呢?

答：主机通过 SPISIMO 引脚来发送数据，通过 SPISOMI 引脚输入数据。如图 16-6 所示，当数据写到移位寄存器 SPIDAT 或串行发送缓冲器 SPITXBUF 时，会启动 SPISIMO 引脚开始发送数据，首先发送的是 SPIDAT 的最高位，接着将剩余的数据左移一位，然后将接收到的数据通过 SPISOMI 引脚移入 SPIDAT 的最低有效位。如此重复，当 SPIDAT 中所要发送的数据都发送出去之后，SPIDAT 中接收到的数据被写到 SPI 的接收缓冲器 SPIRXBUF 中，等待 CPU 来读取。根据上面的描述不难理解，为了保证首先发送的是最高位，发送缓冲器 SPITXBUF 和移位寄存器 SPIDAT 中的数据是左对齐的，而由于每次接收到的数据始终是写在最低位，所以接收缓冲寄存器 SPIRXBUF 中的数据是右对齐的。SPIRXBUF、SPITXBUF、SPIDAT 这 3 个数据寄存器都是 16 位的。

(4) 问：当规定数目的数据通过移位寄存器 SPIDAT 完成发送时，会产生哪些事件？

答：

① 发送了多少位数据，同时就接收了多少位数据，因此当 SPIDAT 发送完规定数目中的数据时，SPIDAT 中也存放了接收到的相同数目的数据，这时候，SPIDAT 中接收到的数据会被写入 SPIRXBUF。

② SPI 的中断标志位 SPI INT FLAG 就会被置位，这时候如果 SPIINT/RXINT 中断已经被使能，从三级中断的角度来看，也就是 SPICTL 寄存器的 SPINT ENA 位被置位，相应的 PIE 中断被使能，相应的 CPU 中断已开启，则会产生 SPIINT/RXINT 中断。由于 SPI 的发送和接收是一起完成的，所以这也就解释了为什么在非 FIFO 模式下，SPI 的发送中断和接收中断使用的是同一个 SPIINT/RXINT。

③ 当 SPIDAT 完成数据发送时，如果 SPITXBUF 中还有数据，则这些数据将被写入 SPIDAT，继续发送。当 SPIDAT 中所有的数据都发送完成后，时钟脉冲 SPICLK 将会停止，直到有新的数据写入 SPIDAT 寄存器进行发送。

(5) 问：在数据传输过程和传输完成两种状态时，主机的 SPISTE 引脚有何变化？

答：从前面的学习已经知道，$\overline{\text{SPISTE}}$ 引脚是从机使能信号，这是一个低电平有效的信号，也就是说，当主机需要给从机发送数据时，$\overline{\text{SPISTE}}$ 引脚就被置为低电平；当主机发送完需要发送的数据后，$\overline{\text{SPISTE}}$ 引脚重新被置为高电平。片选信号的存在使得系统能够同时拥有多个从机，但是在同一时刻，只能有一个从机起作用。

2. 从机模式

(1) 问：如何设置 SPI 成为从机，就像图 16-6 中的处理器 2？

答：通过设置 SPI 工作控制寄存器 SPICTL 的 MASTER/SLAVE 位为 0 来使得 SPI 工作于从机模式。编程的语句为：

```
SpiaRegs.SPICTL.bit.MASTER_SLAVE = 0
```

(2) 问：SPI 从机的时钟是由谁决定的？

答：前面已经讲到过，SPI 系统通信的时钟是由主机来决定的，也就是说，从机通过 SPICLK 引脚来接收主机提供的串行移位时钟。从机 SPICLK 引脚的输入频率应不大于 LSPCLK/4。

(3) 问：从机的数据是如何接收和发送的？

答：这个过程和主机的数据传输机制是类似的。从机数据通过 SPISOMI 引脚发送，通过 SPISIMO 引脚接收。当从机接收到来自于主机脉冲信号的边沿时，就可以启动数据的发送和接收了。数据写入 SPIDAT 或者 SPITXBUF 后，SPIDAT 就开始将数据的最高位移出，同时左移剩下的数据，然后将接收到的数据移入 SPIDAT 的最低位。在这里还需要探讨一下数据写入 SCITXBUF 时的情况，如果数据写到 SCITXBUF 时，SPIDAT 内有数据正在发送，则 SPITXBUF 就要等待，等到 SPIDAT 中数据发送完成后再把 SPITXBUF 中的数据写入 SPIDAT，而如果数据写到 SCITXBUF 时，SPIDAT 没有数据在发送，则这些数据会被立刻写入 SPIDAT 寄存器。

(4) 问：由于从机通常是接收功能用得比较多，那么如何禁止 SPI 的发送功能？

答：可以通过设置 SPICTL 寄存器的 TALK 位来禁止 SPI 的发送功能，编程语句为：

```
SpiaRegs.SPICTL.bit.TALK = 0
```

当发送功能被禁止后，发送引脚 SPISOMI 就会被置为高阻态。如果在禁止发送功能的时候，还有数据正在被发送，则要等到数据被发送完成之后，SPISOMI 引脚才会被置为高阻态，这样可以保证 SPI 正确地接收数据。

通过前面的介绍，应该对标准 SPI 模式下 SPI 模块的工作原理和运行情况有所了解。需要提醒的是，请千万不要在通信期间改变 SPI 的配置。

16.3.2 SPI 数据格式

F28335 的 SPI 通过对配置控制寄存器 SPICCR 的第 3 位至第 0 位的选择，可以实现 1～16 位数据的传输。当每次传输的数据少于 16 位时，需要注意以下几点：

(1) 当数据写入 SPITXBUF 和 SPIDAT 寄存器时，必须左对齐；

(2) 当数据从 SPIRXBUF 寄存器读取时，必须右对齐；

(3) SPIRXBUF 寄存器中存放的是最新接收到的数据，数据采用右对齐方式，再加上前面移位到左边后留下的位。

假设 SPIDAT 寄存器当前的值为 737BH，发送数据的长度为 1 位，则 SPIDATA 和 SPIRXBUF 在发送前后的状态如图 16-7 所示。

图 16-7 SPIDATA 和 SPIRXBUF 寄存器数据移动方式

16.3.3 SPI 数据传输速率

SPI 通过对寄存器 SPIBRR 的配置，可以实现 125 种不同的数据传输速率，计算公式如下：

当 SPIBRR＝0～2 时，

$$\text{SPIBaudRate} = \frac{\text{LSPCLK}}{4} \tag{16-1}$$

当 SPIBRR＝3～127 时，

$$\text{SPIBaudRate} = \frac{\text{LSPCLK}}{\text{SPIBRR}+1} \tag{16-2}$$

式(16-1)和式(16-2)中的 LSPCLK 为 DSP 的低速外设时钟频率。从上面的数据传输速率计算公式可以看出，SPI 模块最大的数据传输速率为 LSPCLK/4。从式(16-2)可以看出，当 SBPIBRR 为奇数时，(SPIBRR＋1)为偶数，SPICLK 信号高电平与低电平在一个周期内保持对称；当 SPIBRR 为偶数时，(SPIBRR＋1)为奇数，SPICLK 信号高电平和低电平在一个周期内不对称。当时钟极性位被清零时，SPILCK 的低电平比高电平多一个系统时钟周期；当时钟极性被置位时，SPICLK 的高电平比低电平多一个系统时钟周期。当 SPIBBR＝0，1，2，3 时，SPICLK 如图 16-8 所示。当 SPIBBR＝4，且时钟极性被置位时，SPICLK 如图 16-9 所示。

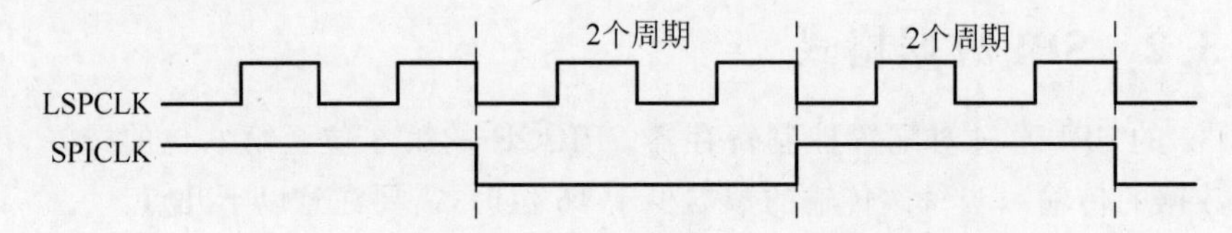

图 16-8　当 SPIBBR＝0，1，2，3 时的 SPICLK 特性图

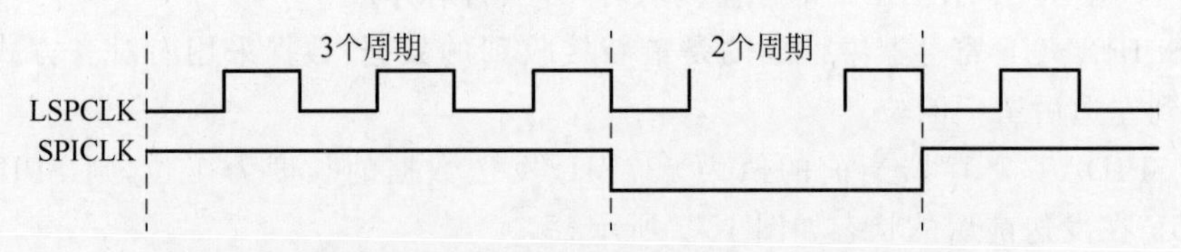

图 16-9　当 SPIBRR＝4 且时钟极性被置位时 SPICLK 特性图

16.3.4　SPI 时钟配置

SPI 时钟配置方案是指 SPI 在时钟脉冲的什么时刻去发送或者接收数据。寄存器 SPICCR 的 CLOCK POLARITY 位和寄存器 SPICTL 的 CLOCK PHASE 位决定了 SPI 的时钟特性，前面的 CLOCK POLARITY 决定了时钟的极性，而后面的 CLOCK PHASE 决定了时钟的相位。两个参数不同取值的组合可以构成 4 种不同的时钟方案，如图 16-10 所示，每一种时钟方案都会对数据传输产生影响。

(1) 当 CLOCK POLARITY＝0，且 SPICLK 没有数据发送时，SPICLK 处于低电平，这时候：

① 当 CLOCK PHASE＝0 时，SPI 在 SPICLK 信号的上升沿发送数据，在 SPICLK 信号的下降沿接收数据；

② 当 CLOCK PHASE＝1 时，SPI 在 SPICLK 信号的上升沿延时了半个周期后发送，

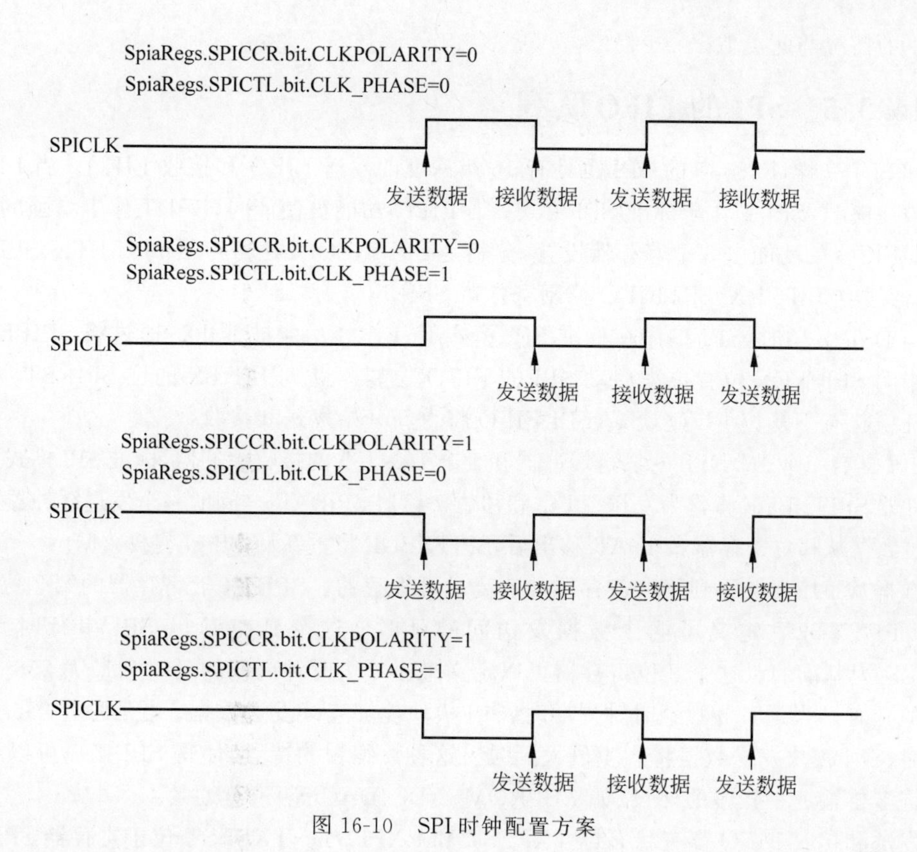

图 16-10 SPI 时钟配置方案

在随后的上升沿处接收数据。

(2) 当 CLOLCK PLARITY＝1，且 SPICLK 没有数据发送时，SPLCLK 处于高电平，这时候：

① 当 CLOCK PHASE＝0 时，SPI 在 SPICLK 信号的下降沿发送数据，在 SPICLK 信号的上升沿接收数据；

② 当 CLOCK PHASE＝1 时，SPI 在 SPICLK 信号的下降沿延时了半个周期后发送，在随后的下降沿处接收数据。

图 16-10 形象地表述了 4 种时钟配置方案下，数据接收或者发送操作发生的时刻。下面将以时钟极性设置为低电平为例，进行详细的分析。如果时钟极性设置为低电平，当没有数据发送的时候，SPICLK 引脚保持为低电平。那什么时候会启动数据传输呢？很显然，当 SPICLK 引脚的电平发生跳变时开始传输数据。低电平状态只能向高电平状态跳变，所以当时钟相位无延迟时，在低电平跳变为高电平，也就是上升沿的时刻发送数据，而在高电平跳变为低电平，也就是下降沿的时候锁存数据。当 CLOLCK PHASE＝1 时，时钟相位有延迟，此情况下数据传输的时刻与时钟相位无延时情况下数据传输的时刻相比，整体延迟了半个时钟周期。从图 16-10 可以看到，本来应在时钟脉冲上升沿的时刻发送数据的，但是延时了半个周期，也就是到下降沿的时候才发送数据，在随后的上升沿处接收数据。时钟极性为

高电平的情况与此类似。

16.3.5 SPI的FIFO队列

和SCI一样，F28335的SPI也具有16级深度的发送FIFO和接收FIFO。当FIFO功能未被使能时，SPI工作于标准SPI模式；当FIFO功能被使能时，SPI工作于增强的FIFO模式。FIFO的功能由3个寄存器设置，分别是SPI FIFO发送寄存器SPIFFTX、SPI FIFO接收寄存器SPIFFRX、SPI FIFO控制寄存器SPIFFCT。

当DSP复位时，SPI工作在标准SPI模式下，FIFO功能被禁止。通过将SPIFFTX寄存器中的SPIFFEN位置位来启动SPI的FIFO功能。将SPIFFTX的位SPIRST置1，可以在任何状态下复位FIFO模式，SPI FIFO将重新开始发送和接收数据。

SPI具有1个16×16b的发送缓冲器和1个16×16b的接收缓冲器，标准SPI模式下的发送缓冲器SPITXBUF将作为发送FIFO和移位寄存器SPIDAT之间的一个发送缓冲器。当最后一位数据从移位寄存器SPIDAT移出后，SPITXBUF将重新从FIFO装载数据。

数据从FIFO转移到移位寄存器的速度是可编程的。SPIFFCT寄存器的第7位到第0位，即FFTXDLY定义了两个数据发送间的延时。这个延时是以SPI串行时钟周期SPICLK为基准的。这个8位寄存器可以定义最小0个时钟周期的延时和最大256个时钟周期的延时。当延时为0个时钟周期时，SPI模块能够连续发送数据；当延时为256个时钟周期时，SPI模块发送数据将产生最大延时。这种可编程的特点，使得SPI接口可以更方便地与许多传输速率较慢的外设(如EEPROM、ADC、DAC等)进行通信。

发送和接收FIFO都有状态位TXFFST和RXFFST。TXFFST位于寄存器SPIFFTX[12：8]，共5位；RXFFST位于寄存器SPIFFRX[12：8]，共5位。这两个状态位的作用是在任何时间都可以标识FIFO队列中有用数据的个数。当TXFFST被清零时，发送FIFO队列的复位位TXFIFO RESET也被清零，发送FIFO的指针复位为0，可以通过将TXFIFO RESET置位来重新启动FIFO队列的发送操作。同样，当RXFFST被清零时，接收FIFO队列的复位位RXFIFO RESET也被清零，接收FIFO的指针复位为0，可以通过将RXFIFO RESET置位来重新启动FIFO队列的接收操作。

16.3.6 SPI的中断

图16-11是SPI中断标志和中断使能逻辑汇总。从图16-11可以看到，当SPI工作于标准SPI模式下时，能够产生接收溢出中断RX_OVRN INT和发送或接收操作的中断SPIINT，这两个中断共用中断线SPIRXINT。当SPI工作于FIFO模式下时，能够产生接收中断SPIRXINT和发送中断SPITXINT。下面逐一介绍。

1. 在标准SPI模式下

如图16-11所示，当SPIFFTX寄存器的SPIFFENA位为0时，也就是FIFO功能未被使能时，SPI工作于标准SPI模式。当一个完整的字符移入或者移出SPIDAT时，SPIRXINT的中断标志位SPIINT FLAG被置位，此时，SPIDAT中接收到的数据就会被写

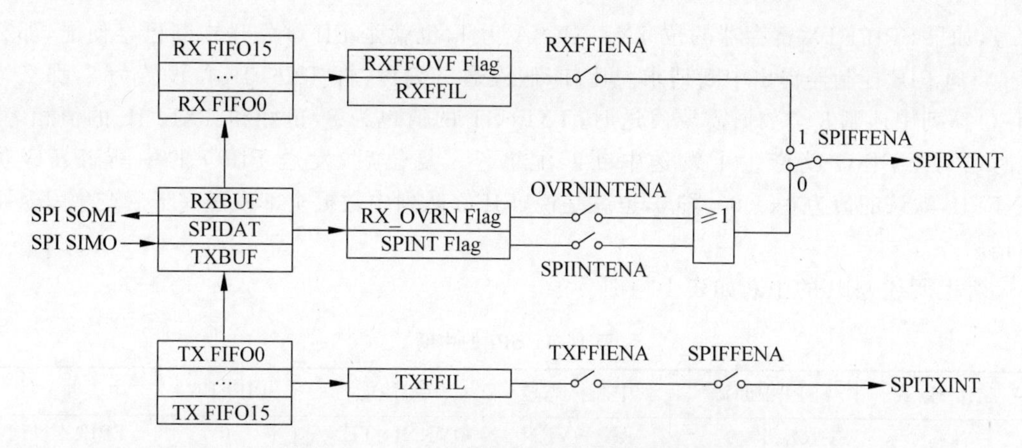

图 16-11 SPI 中断标志和中断使能逻辑汇总

入 SPIRXBUF 缓冲寄存器，等待 CPU 读取。如果 SPI 工作控制寄存器的位 SPI INT ENA 被置位，也就是 SPIRXINT 中断被使能，则 SPI 将向 PIE 控制寄存器提出中断请求。

SPIRXINT 也是一种复用的中断，当 SPI 接收数据产生溢出时，也会产生 SPIRXINT 的中断请求信号。如果在新的接收数据写入 SPIRXBUF 寄存器之前，旧的数据 CPU 还尚未读取，那么新的数据写入之后就丢失了旧的数据，这时候接收溢出标志位 RX_OVRN FLAG 被置位，如果 SPICTL 寄存器的 OVERRUN INT ENA 位被置位，也就是接收溢出中断被使能，则 SPI 也将向 PIE 控制寄存器提出中断请求。

无论是接收溢出，还是接收完成或者发送完成，所产生的中断都使用 SPIRXINT 中断线。当 CPU 读取 SPIRXBUF 寄存器中的数据后，中断标志位 SPI INT FLAG 会自动被清除。

2. 在 FIFO 模式下

如图 16-11 所示，当 SPIFFTX 寄存器的 SPIFFENA 位为 1 时，也就是 FIFO 功能被使能时，SPI 工作于增强的 FIFO 模式。对于接收操作，前面已经介绍过，接收 FIFO 队列有状态位 RXFFST，表示接收 FIFO 中有多少个接收到的数据。同时，SPI FIFO 接收寄存器 SPIFFRX 还有一个可编程的中断触发级位 RXFFIL。当 RXFFST 的值与预设好的 RXFFIL 相等时，接收 FIFO 就会产生接收中断 SPIRXINT 信号，如果 SPIFFRX 寄存器的位 RXFFIENA 为 1，也就是 FIFO 接收中断已经使能，那么 SPI 将向 PIE 控制器提出中断请求。比如，假设通过编程，将 RXFFIL 位设置为 8，那么当 FIFO 队列中接收到 8 个数据时，RXFFST 的值也为 8，正好和 RXFFIL 的值相等，这时候接收 FIFO 就产生了接收中断匹配事件。复位后，接收 FIFO 的中断触发级位 RXFFIL 默认的值为 0x1111，即 16，也就是说，FIFO 队列中接收到 16 个数据时产生接收中断请求。

对于发送操作，发送 FIFO 队列有状态位 TXFFST，表示发送 FIFO 中有多少个数据需要发送。同时 SPI FIFO 发送寄存器 SPIFFTX 也有一个可编程的中断触发级位 TXFFIL。当 TXFFST 的值与预设好的 TXFFIL 相等时，发送 FIFO 就会产生发送中断 SPITXINT

信号,如果 SPIFFTX 寄存器的位 TXFFIENA 为 1,也就是 FIFO 发送中断已经使能,那么 SPI 将向 PIE 控制器提出中断请求。比如,假设通过编程,将 TXFFIL 位设置为 8,那么当 FIFO 队列中还剩 8 个数据需要发送时,TXFFST 的值也为 8,正好和 TXFFIL 的值相等,这时候发送 FIFO 就产生了发送中断匹配事件。复位后,发送 FIFO 的中断触发级位 TXFFIL 默认的值为 0x0000,即 0,也就是说,FIFO 队列中数据全部发送完毕后产生发送中断请求。

综上所述,SPI 的中断如表 16-4 所示。

表 16-4 SPI 的中断

工作模式	SPI 中断源	中断标志位	中断使能位	SPIFFENA	中断线
标准 SPI 模式	接收溢出	RX_OVRN	OVRNINTENA	0	SPIRXINT
	接收数据	SPIINT	SPIINTENA	0	SPIRXINT
	发送空	SPIINT	SPIINTENA	0	SPIRXINT
	FIFO 接收中断	RXFFIL	RXFFIENA	1	SPIRXINT
	FIFO 发送中断	TXFFIL	TXFFIENA	1	SPITXINT

16.4 SPI 模块的寄存器

SPI 模块具有 6 个控制寄存器、3 个数据寄存器、3 个 FIFO 寄存器,如表 16-5 所示。

表 16-5 SPI 寄存器

寄存器名	地址范围	尺寸(×16)	说明
SPICCR	0x0000 7040	1	SPI 配置控制寄存器
SPICTL1	0x0000 7041	1	SPI 工作控制寄存器
SPIST	0x0000 7042	1	SPI 状态寄存器
SPIBRR	0x0000 7044	1	SPI 数据传输速率寄存器
SPIEMU	0x0000 7046	1	SPI 仿真缓冲寄存器
SPIRXBUF	0x0000 7047	1	SPI 接收数据缓冲寄存器
SPITXBUF	0x0000 7048	1	SPI 发送数据缓冲寄存器
SPIDAT	0x0000 7049	1	SPI 数据移位寄存器
SPIFFTX	0x0000 704A	1	SPI FIFO 发送寄存器
SPIFFRX	0x0000 704B	1	SPI FIFO 接收寄存器
SPIFFCT	0x0000 704C	1	SPI FIFO 控制寄存器
SPIPRI	0x0000 704F	1	SPI 优先权控制寄存器

注：SPI 寄存器的具体定义可见“C2000 助手”。

本章首先介绍了 SPI 接口通用的一些知识,了解了 SPI 接口的基本工作原理,然后以 F28335 内部 SPI 模块为核心,详细介绍了 SPI 接口的结构、特点、工作方式、数据格式、数据传输速率设置、时钟方案、FIFO 队列、中断等内容。第 17 章将详细介绍 F28335 增强型的

CAN 总线。

习题

16-1　SPI 接口有哪些引脚？有哪些工作模式？

16-2　如何设置 SPI 成为主机？如何设置 SPI 成为从机？

16-3　如何禁止 SPI 从机的发送功能？

16-4　若 SPIBRR＝1，LSPCLK＝37.5MHz，则 SPI 的数据传输速率为多少？

16-5　若 SPIBRR＝4，LSPCLK＝37.5MHz，则 SPI 的数据传输速率为多少？

第 17 章

增强型控制器局域网通信接口 eCAN

CAN 总线对于很多工程师来说都耳熟能详，但可能之前只是听过，尚未真正接触到 CAN 总线的具体内容。CAN 是德国 BOSCH 公司为现代汽车应用领域推出的一种多主局域网，换句话说，就是一条总线上可以挂多个主机进行通信。CAN 总线是一种串行通信协议，具有较高的通信速率和较强的抗干扰能力，现已被广泛地应用于工业自动化、交通工具、医疗器械、机械制造、楼宇控制、自动化仪表等众多领域。F28335 的 DSP 集成了增强型 CAN 总线通信接口，能够支持 CAN2.0B 协议。本章首先详细讲解 CAN2.0B 协议，在此基础上详细介绍 F28335 eCAN 接口的结构、工作方式、寄存器、中断等内容，并以详细的实例来介绍如何使用 eCAN 接口收发报文。

17.1 CAN 总线的概述

前面已经学习了串行通信接口 SCI 和串行外设接口 SPI，相对于这两种通信接口，同为串行通信接口的增强型控制器局域网接口 eCAN 就显得比较复杂了。为了能够更好地理解和掌握 eCAN，下面将从 CAN 总线最基本的知识入手，全面地介绍 CAN 通信的相关知识。

17.1.1 什么是 CAN

CAN 是 Controller Area Network 的缩写，意思为控制器局域网，是国际上应用最为广泛的现场总线之一。起初，CAN 被设计作为汽车环境中的微控制器通信，在车载的各种电子控制装置之间交换信息，形成汽车电子控制网络，比如，在发电机管理系统、变速箱控制器、仪表装备、电子主干系统中，均嵌入 CAN 通信接口。

如图 17-1 所示，串行通信接口 SCI 通信时是一对一的。串行外设接口 SPI 通信时可以组成一个网络，网络中只能有一个设备为主机，其余的为从机。而 CAN 总线则是一种多主的局域网，也就是通信时这个网络中的各个设备都可以工作于主机模式。

一个由 CAN 总线构成的单一网络中，理论上可以挂接无数个节点。在实际应用中，节

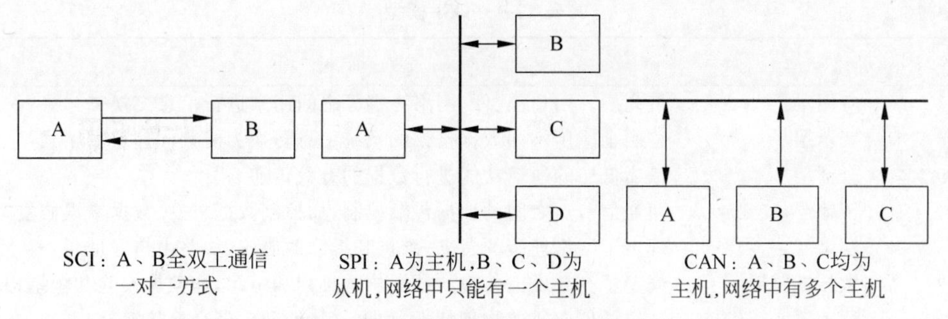

图 17-1　各种通信接口的组网方式

点数目受网络硬件的电气特性限制。例如，当使用 Philips P82C50 作为 CAN 收发器时，同一个网络中允许挂接 110 个节点。CAN 可提供高达 1Mbps 的数据传输速率，这使实时控制变得非常容易。另外，硬件的错误检定特性也增强了 CAN 的抗电磁干扰能力。

17.1.2　CAN 是怎样发展起来的

CAN 最初出现在 20 世纪 80 年代末的汽车工业中，由德国 BOSCH 公司最先提出。当时，由于消费者对于汽车功能的要求越来越多，而这些功能的实现大多是基于电子操作的，这就使得电子装置之间的通信越来越复杂，同时意味着需要更多的连接信号线。提出 CAN 总线的最初动机就是为了解决现代汽车中庞大的电子控制装置之间的通信问题，减少不断增加的信号线。于是，BOSCH 公司设计了一个单一的网络总线，所有的外围器件都可以被挂接在该总线上。1993 年，CAN 已经成为国际标准 ISO 11898（高速应用）和 ISO 11519（低速应用）。

CAN 是一种多主方式的串行通信总线，基本设计规范要求有高的位速率、高抗电磁干扰性，而且能够检测出产生的任何错误。当信号传输距离达到 10km 时，CAN 仍可提供高达 50kbps 的数据传输速率。由于 CAN 总线具有很高的实时性能，因此，CAN 已经在汽车工业、航空工业、工业控制、安全防护等领域得到了广泛的应用。

17.1.3　CAN 是怎样工作的

CAN 通信协议主要描述设备之间的信息传递方式。CAN 层的定义和开放系统互连模型（OSI）一致。每一层与另一设备上相同的那一层进行通信。实际的通信发生在每一设备上相邻的两层，而设备只通过模型物理层的物理介质相互连接。OSI 模型的各层描述如表 17-1 所示。CAN 的规范定义了 OSI 模型的最下面两层，即数据链路层和物理层。应用层协议可以由 CAN 用户自由定义成适合于某个特定领域的任意的方案。也就是说，CAN 的规范规定了 CAN 接口用什么样的传输线进行物理连接，以及数据按照什么方式进行传输，但是用户可以自由定义传输的数据代表什么含义。

表 17-1 OSI 模型

序 号	层	描 述
7	应用层	最高层。用户、软件、网络终端等之间用来进行信息交换
6	表示层	将两个应用不同数据格式的系统信息转换为能共同理解的格式
5	会话层	依靠低层的通信功能进行数据的有效传递
4	传输层	两通信节点之间的数据传输控制,如控制数据重发、数据错误修复
3	网络层	规定了网络连接的建立、维持和拆除的协议,如路由与寻址
2	数据链路层	规定了在介质上传输的数据位的排列和组织,如数据校验和帧结构
1	物理层	规定通信介质的物理特性,如电气特性和信号交换的解释

CAN 总线的物理连接关系如图 17-2 所示。CAN 能够使用多种物理介质进行数据传输,例如双绞线、光纤等,最常用的是双绞线。CAN 总线上的信号使用差分电压进行传送,两条信号线被称为 CAN_H 和 CAN_L,静态时均是 2.5V 左右,这时候的状态表示逻辑 1,也可以叫作"隐性"电平。用 CAN_H 的电平比 CAN_L 的电平高的状态表示逻辑 0,称为"显性"电平,此时,通常 CAN_H 的电平为 3.5V,CAN_L 的电平为 1.5V。CAN 总线的电平特性如图 17-3 所示。

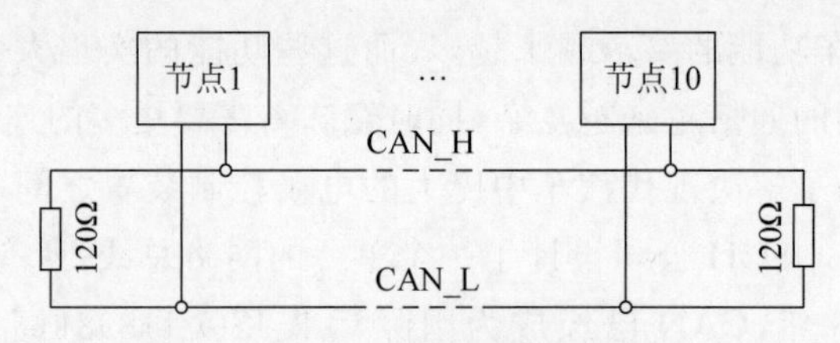

图 17-2 CAN 总线的物理连接关系

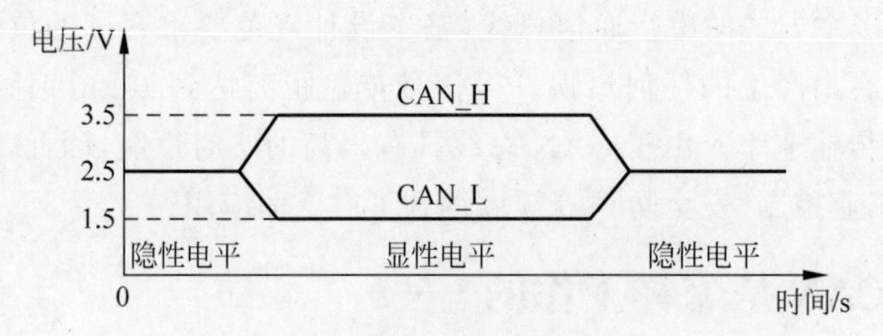

图 17-3 CAN 总线的电平特性

17.1.4 CAN 有哪些特点

CAN 总线具有许多十分优越的特点,被广泛应用于分布式实时系统中。这些特点包括:

- 低成本;
- 极高的总线利用率;
- 很远的数据传输距离(长达 10km);

- 高的数据传输速率(高达 1Mbps);
- 可根据报文的 ID 决定接收或者屏蔽该报文;
- 可靠的错误处理和检错机制;
- 发送的信息遭到破坏后,可自动重发;
- 节点在错误严重的情况下具有自动退出总线的功能;
- 报文不含源地址或目标地址,仅用标识符来指示功能信息、优先级信息等。

17.1.5 什么是标准格式 CAN 和扩展格式 CAN

如果一个网络中有多个设备进行通信,假如设备 A 发送信息给设备 B,那么怎么让设备 B 知道这条信息是发给它的呢?通常的做法是给系统中的每个设备指定一个独一无二的地址,当设备 A 发送信息给设备 B 时,信息中最前面的一段内容就是设备地址,这样设备 B 发现这条信息的目标地址和自身的地址相同时,设备 B 就接收此信息。例如,以太网中的计算机是以 IP 地址来进行识别的。CAN 总线所发送的数据是以报文为单位的,每个报文中并没有源地址或者目标地址信息,而是以若干位的二进制数来作为识别信息的标志,这些二进制数被称为标识符。例如,CAN 总线上挂有 3 个节点 A、B、C,事先将设备 B 的邮箱的标识符定为 00001111000,只有当设备 A 发出的报文的标识符为 00001111000 时,设备 B 才会接收该标识符。

CAN 的数据格式有标准格式和扩展格式两种,其主要区别在于标识符的长度不同。标准格式 CAN 的标识符长度是 11 位,而扩展格式 CAN 标识符长度可达 29 位。CAN 协议分为 2.0A 版本和 2.0B 版本,2.0A 版本规定 CAN 控制器必须有一个 11 位的标识符。同时,CAN2.0B 版本规定 CAN 控制器的标识符长度可以是 11 位或者 29 位。遵循 2.0B 协议的 CAN 控制器可以发送和接收 11 位标识符的标准格式报文或 29 位标识符的扩展格式报文。如果禁止 CAN2.0B,则 CAN 控制器只能发送和接收 11 位标识符的标准格式报文,而忽略扩展格式的报文结构。值得注意的是,只要没有用到扩展格式,则根据 2.0A 设计的仪器可以和根据 2.0B 设计的仪器相互进行通信。

F28335 的增强型控制器局域网接口 eCAN 支持 CAN2.0B 协议,接下来将详细介绍 CAN2.0B 协议的具体内容。

17.2 CAN2.0B 协议

CAN2.0B 协议不仅支持 11 位的标识符,还支持 29 位的标识符。接下来全面、详细地介绍 CAN2.0B 协议的具体内容,以便于理解 F28335 eCAN 模块的工作原理。

17.2.1 CAN 总线帧的格式和类型

CAN 总线具有两种不同的帧格式,不同之处在于标识符的长度不同:具有 11 位标识符的帧称为标准帧,而含有 29 位标识符的帧称为扩展帧。

CAN 网络中交换与传输的数据单元叫作报文,报文也是网络传输的单位,传输过程中会不断地将数据封装成帧来进行传输,封装的方式就是添加一些信息。帧是一定格式组织起来的数据。一个报文可能会由几帧组成。在 CAN 中,报文传输由以下 4 个不同的帧类型来表示和控制。

- 数据帧:数据帧将数据从发送器传输到接收器;
- 远程帧:总线单元发出远程帧,请求其他单元发送具有同一标识符的数据帧;
- 错误帧:任何单元检测到总线错误就发出错误帧;
- 过载帧:过载帧用来在先行和后续的数据帧或远程帧之间提供一个附加的延时,换句话说,就是在帧与帧之间插入适当的延时,使得帧与帧之间保持一定的距离,就像开车一样,为防止因突然刹车发生碰撞,车与车之间在行驶时都要保持一定的距离。

数据帧和远程帧可以使用标准帧及扩展帧两种格式。它们用一个帧间空间与前面的帧分隔。下面来详细介绍上述的 4 种帧格式。

1. 数据帧

数据帧的格式如图 17-4 所示,由 7 个不同的位场组成:帧起始(Start of Frame)、仲裁场(Arbitration Frame)、控制场(Control Frame)、数据场(Data Frame)、CRC 场(CRC Frame)、应答场(ACK Frame)、帧结尾(End of Frame)。其中数据场的长度可以为 0。

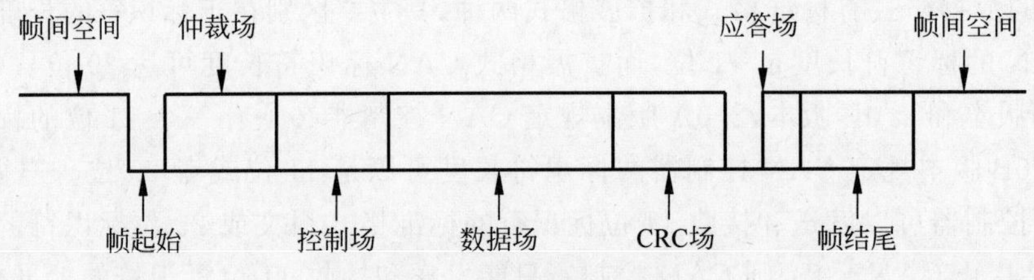

图 17-4 数据帧的格式

帧起始标志着数据帧和远程帧的开始,仅由一个"显性位"组成。网络中的 CAN 节点只能在总线空闲时才能开始发送信号。所有节点必须同步于首先开始发送报文的节点的帧起始前沿。

标准帧和扩展帧的仲裁场格式不同。如图 17-5 所示,在标准格式中,仲裁场由 11 位的标识符和 RTR 位组成,标识符位由 ID28…ID18 组成。在扩展格式中,仲裁场包括 29 位识别符、SRR 位、IDE 位和 RTR 位,其识别符由 ID28…ID0 组成。

从图 17-5 可以看到,对于标准格式,标识符的长度为 11 位,相当于扩展格式的基本 ID。这些位按 ID28 到 ID18 的顺序发送,最低位是 ID18。需要注意的是,7 个最高位 ID28～ID22 必须不能全是"隐性"。标识符后面是 RTR 位。RTR 的全称为"远程发送请求位"(Remote Transmission Request Bit),RTR 位在数据帧里必须为"显性",而在远程帧里必须为"隐性"。也就是说,RTR 位在数据帧里必须为 0,而在远程帧里必须为 1。

扩展格式标识符的长度为 29 位,其格式包含两部分:11 位基本 ID 和 18 位扩展 ID。

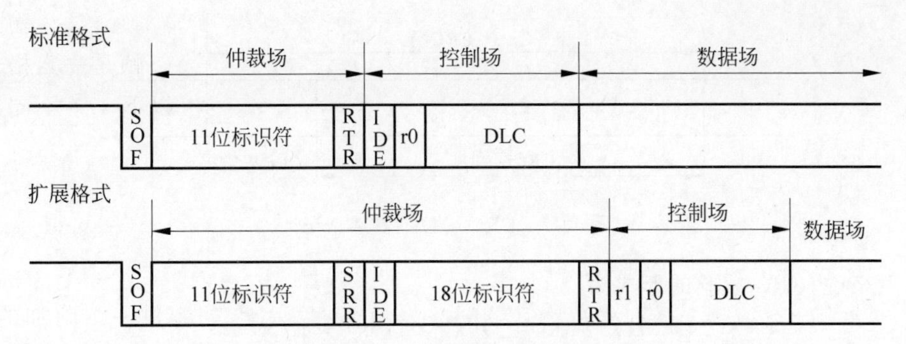

图 17-5 不同格式帧的仲裁场

基本ID按ID28到ID18的顺序发送，它相当于标准标识符的格式，基本ID定义扩展帧的基本优先权。扩展ID按照ID17～ID0顺序发送。在扩展格式中，首先发送基本ID，其次是IDE位和SRR位，然后是扩展ID，最后是RTR位。SRR位的全称是“替代远程请求位”(Substitute Remote Request Bit)，它是一个隐性位，在扩展格式的标准帧RTR位的位置，因此替代标准帧的RTR位。当标准帧和扩展帧出现冲突时，标准帧优先于扩展帧。IDE的全称是“标识符扩展位”(Identifier Extension Bit)，IDE位位于扩展格式的仲裁场，是标准格式的控制场。标准格式里的IDE位为“显性”，而扩展格式里的IDE位为“隐性”，也就是说，在标准格式中，IDE位的值为0；而在扩展格式里，IDE位的值为1。

图17-6所示的是标准格式以及扩展格式时帧的控制场。控制场由6位组成。标准格式的控制场和扩展格式的控制场有所不同。标准格式帧的控制场包括数据长度代码、IDE位，及保留位r0。而扩展格式帧的控制场包括数据长度代码和两个保留位r0和r1。其保留位必须发送为显性，但是接收器认可“显性”和“隐性”位的组合。数据长度代码指示了数据场里的字节数量，数据长度代码为4位。数据长度代码取值范围为0～8，其他的数值不允许使用，其定义了数据帧里数据场中数据的长度，单位为字节。也就是说，一个数据帧可以发送0～8字节的数据。

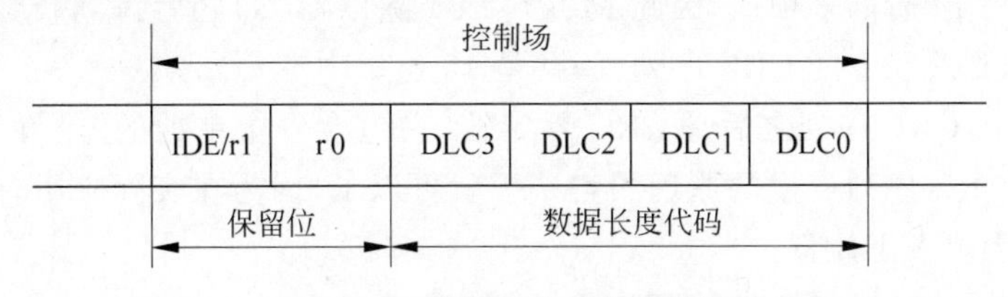

图 17-6 控制场具体的位情况

数据场由数据帧里需要发送的数据组成，它可以为0～8字节，每字节包含8位，首先发送的是MSB位。

图17-7为帧的CRC场，其由CRC序列和CRC界定符组成。CRC是Cyclic Redundancy Check的缩写，意思是循环冗余校验。由循环冗余码求得的帧检查序列最适用于位数低于127位的帧。下面先来简单介绍一下CRC校验的原理以及CRC序列的产生方法。

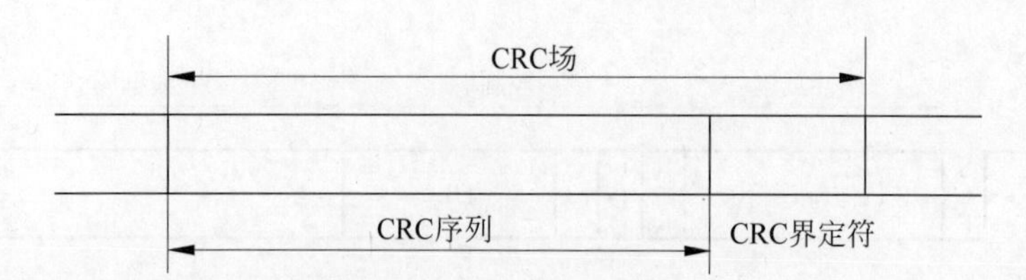

图 17-7　CRC 场位的具体情况

一般来说，CRC 校验的形式为：

$$M(x) \times x^n = Q(x) \times G(x) - R(x) \tag{17-1}$$

其中，M(x)是原始的信息多项式。G(x)是事先约定好的一个 n 阶的生成多项式。$M(x) \times x^n$ 表示将原始信息后面加上 n 个 0。R(x)是余数多项式，即是 CRC"校验和"。在通信中，发送者在原始的信息数据 M 后附加上 n 位的 R 再发送。接收者收到 M 和 R 后，检查 $M(x) \times x^n + R(x)$是否能被 G(x)整除。如果是，那么接收者认为该信息时正确的；反之该信息不正确。值得注意的是，$M(x) \times x^n + R(x)$就是发送者想要发送的数据。

举个简单的例子。假设事先约定好生成多项式为 $G(x)= x^2+1$，需要发送的二进制信息为 1110，则多项式 M(x)为：

$$M(x) = 1 \times x^3 + 1 \times x^2 + 1 \times x^1 + 0 \times x^0 = x^3 + x^2 + x \tag{17-2}$$

由于 G(x)是一个二阶的多项式，因此 M(x)需要乘上 x^2，然后除以 G(x)，求得余式 R(x)。由于：

$$(x^3 + x^2 + x)x^2 = (x^3 + x^2 - 1)(x^2 + 1) + 1 \tag{17-3}$$

由式(17-3)可知 CRC 序列为 01，发送时发送的信息为 111001。

当然，上面只是举了一个简单的例子。在 CAN 通信中，为了进行 CRC 计算，被除的多项式 M(x)的系数由无填充位流给定，也就是这些位不是填充位，包括帧起始、仲裁场、控制场、数据场(假如有)。而生成多项式 G(x)约定为：

$$G(x) = x^{15} + x^{14} + x^{10} + x^8 + x^7 + x^4 + x^3 + 1 \tag{17-4}$$

由于 G(x)是 15 阶的多项式，因此 $M(x) \times x^{15}$ 除以 G(x)之后得到余数多项式 R(x)，其系数就是发送到总线上的 CRC 序列，一共是 15 位。

在 CRC 场中，CRC 序列之后是 CRC 界定符，它包含一个单独的"隐性"位，即 CRC 界定符的值为 1。CRC 序列产生的原理了解一下就可以了，因为在实际应用时，都是 CAN 控制器自动算的，无须人工计算。

如图 17-8 所示，帧的应答场长度为 2 位，包含应答间隙和应答界定符。在应答场里，发送器发送两个"隐性"位。当接收器正确地接收到有效的报文，接收器就会在应答间隙期间向发送器发送一个"显性"的位以示应答。应答界定符是应答场的第二个位，并且是一个必须为"隐性"的位。因此，应答间隙被两个"隐性"的位所包围，也就是 CRC 界定符和应答界

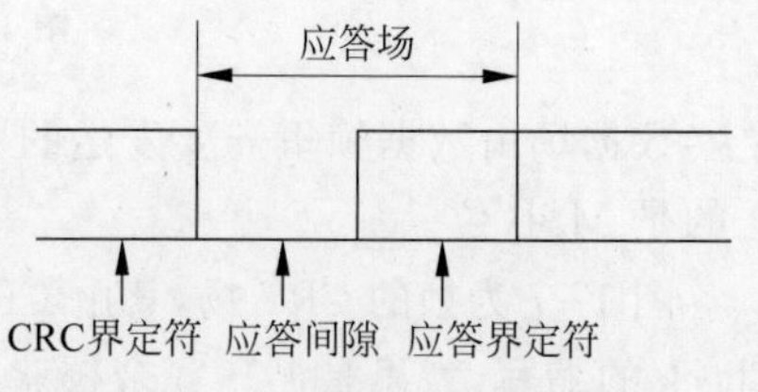

图 17-8　应答场位的具体情况

定符。

在帧的最后是帧结尾，每一个数据帧和远程帧都由一个标志序列来定界，就是帧结尾。这个标志序列由7个“隐性”位组成。

通过上面的分析可以知道，CAN总线的标准数据帧的长度为44～108位，而扩展数据帧的长度是64～128位。根据数据流代码的不同，标准数据帧可以插入23位填充位，扩展数据帧可以插入28位填充位。因此，标准数据帧最长为131位，扩展数据帧为156位。

2. 远程帧

远程帧由一个接收节点发出，请求网络中其他节点发送带有相同标识符的数据帧。远程帧也有标准格式和扩展格式，而且如图17-9所示，都由6个不同的位场组成：帧起始、仲裁场、控制场、CRC场、应答场、帧结尾。

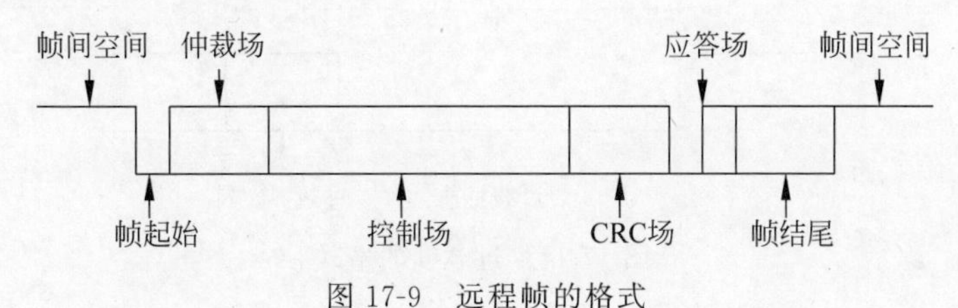

图17-9　远程帧的格式

与数据帧相反，远程帧的RTR位是“隐性”的。也就是说，RTR位反映这个帧是数据帧还是远程帧。当RTR位为0时，表示数据帧；当RTR位为1时，表示远程帧。远程帧没有数据场，数据长度代码的值可以为0～8的任何数值而不受制约。

3. 错误帧

错误帧是由总线上任何检测到错误的节点所发出的帧。如图17-10所示，错误帧由两个不同的场组成。第一个场是由不同的节点提供的错误标志的叠加，第二个场是错误界定符。

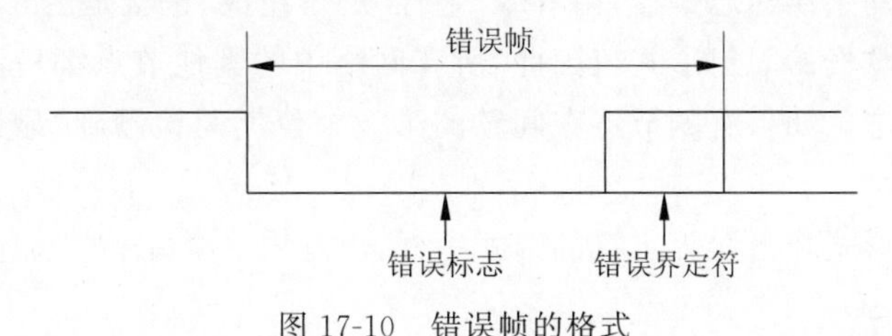

图17-10　错误帧的格式

CAN总线有两种形式的错误标志：主动的错误标志和被动的错误标志。

- 主动的错误标志：由6个连续的“显性”位组成。
- 被动的错误标志：由6个连续的“隐性”位组成，除非被其他节点的“显性”位重写。

检测到错误条件的“错误激活”的节点通过发送主动错误标志指示错误。错误标志的形式破坏了从帧起始到CRC界定符的位填充规则，或者破坏了ACK场或帧结尾场的固定形式。网络中的其余节点由此检测到错误条件并与此同时发送错误标志。因此，“显性”位的序列导致一个结果,这个结果就是把个别节点发送的不同的错误标志叠加在一起。这个序列的总长度最小为6位,最大为12位。

检测到错位条件的"错误被动"的节点试图通过发送被动错误标志来指示错误。"错误被动"的节点等待6个相同极性的连续位,这6位位于被动错误标志的开始。当这6个相同的位被检测到时,被动错误标志的发送就完成了。

错误标志传送了以后,发送的是错误界定符。错误界定符包括了8个"隐性"的位,就是8个1。

4. 过载帧

如图17-11所示,过载帧包括了两个位场:过载标志和过载界定符。

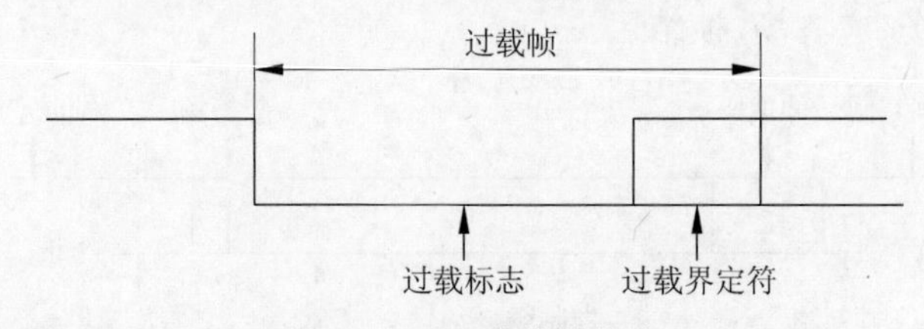

图17-11 过载帧的格式

通常有3种过载的情况,这3种情况都会引发过载标志的发送:

- 相邻的数据帧或远程帧之间需要增加一定的额外延时。
- 在间歇的第一和第二字节检测到一个"显性"位。
- 如果CAN节点在错误界定符或过载界定符的第8位(最后一位)采样到一个显性位,节点会发送一个过载帧,但错误计数器不会增加。

根据过载情况1而引发的过载帧只允许起始于所期望的间歇的第一个位时间,而根据情况2和情况3引发的过载帧应起始于所检测到"显性"位之后的位。

过载标志和主动错误标志一样,由6个"显性"的位组成,也就是由6个0组成。过载标志的形式破坏了间歇场的固定形式。因此,所有网络中的其他节点都检测到过载条件并与此同时发出过载标志。如果有的节点在间歇的第3个位期间检测到"显性"位,则这个位应当理解为帧的起始。

过载界定符的形式和错误界定符的形式一样,也是由8个"隐性"位组成的。

5. 帧间空间

数据帧(或远程帧)与先行帧的隔离是通过帧空间来实现的,无论此先行帧类型如何(数据帧、远程帧、错误帧、过载帧)。所不同的是,过载帧与错误帧之前没有帧间空间,多个过载帧之间也不是由帧间空间来隔离的。

如图17-12所示,帧间空间包括间歇和总线空闲两种位场。

间歇包括3个"隐性"的位,在间歇期间,所有的站均不允许传送数据帧或远程帧,唯一要做的是标识一个过载条件。如果CAN节点有一个报文等待发送并且节点在间歇的第3位采集到一个显性位,则此位被解释为帧的起始位,并从下一个位开始发送报文的标识符首

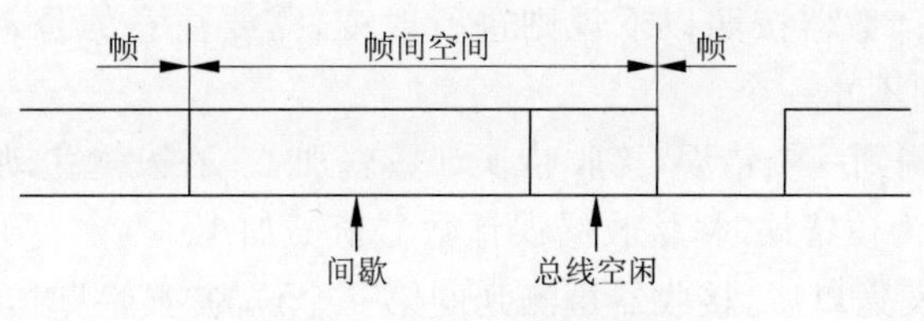

图 17-12　帧间空间的格式

位，而不用首先发送帧的起始位。

总线空闲的时间是任意的，只要总线被认定为空闲，任何等待发送报文的节点就会访问总线。在发送其他报文期间，有报文被挂起，对于这样的报文，其传送始于间歇之后的第一个位。总线上检测到的"显性"的位可以解释为一个帧的起始。

前面介绍了 CAN 总线的数据帧、远程帧、错误帧、过载帧以及帧间空间，可能内容比较多也比较难理解，从平时应用的角度出发，重点掌握数据帧和远程帧就可以了。

17.2.2　CAN 总线通信错误处理

在 CAN 总线中有 5 种不同的错误类型，这 5 种错误不会互相排斥。下面详细介绍它们的区别、产生的原因及处理方法。

- 位错误(Bit Error)。节点在向总线发送位的同时也在对总线进行监视。如果所发送的位值与所监视的位值不相同，则检测到一个位错误。但是，在仲裁区的填充位流期间或者应答间隙送出"隐性"位而检测到"显性"位时，不认为是位错误。当发送节点发送一个被动错误标志但见检测到"显性"位时，也不认为是位错误。
- 填充错误(Stuff Error)。如果在使用位填充法进行编码的信息中，出现了第 6 个连续相同的位电平时，将检测到一个填充错误。
- CRC 错误(CRC Error)。发送节点在发送报文的时候，会对报文的帧起始、仲裁场、控制场、数据场(假如有)进行 CRC 计算，求出 CRC 序列，并将其和报文一起发送出去。接收节点会以与发送节点相同的方法来计算 CRC 序列。如果计算的结果与接收到的 CRC 序列不同，则检测出一个 CRC 错误。
- 形式错误(Form Error)。当一个固定形式的位场中含有一个或多个非法位时，则检测到一个形式错误。但是，接收节点接收到的帧末尾最后的显性位不被当作帧错误。
- 应答错误(Acknowledgment Error)。只要在应答间隙期间所监视的位不为"显性"，则发送器检测到一个应答错误。

在 CAN 总线中，任何一个节点如果发生了错误，那么它可能出于下列 3 种故障状态之一："错误主动"状态、"错误被动"状态和离线状态。打个不够恰当的比喻，这 3 种状态就像是一个病人病情的 3 种阶段：患病的初期、中期和晚期。那 CAN 总线如何鉴定错误节点处于这 3 种状态中的哪一种呢？

为了界定故障，CAN 总线的每个节点都设有两个错误计数器：发送错误计数器和接收

错误计数器。这两个计数器按照以下规则进行改变,需要注意的是,在给定的报文发送期间,可能要用到的规则不止一个:

(1) 当接收器检测到一个错误,接收错误计数就加1。在发送主动错误标志或过载标志期间所检测到的错误为位错误时,接收错误计数器值不加1。

(2) 当错误标志发送以后,接收器检测到的第一个位为"显性"时,接收错误计数值加8。

(3) 当发送器发送一个错误标志时,发送错误计数器值加8。有两种情况例外:一种是发送器错误状态为"错误被动",并检测到一个应答错误;另一种是发送器因为填充错误而发送错误标志。在这两种情况下,发送错误计数器值不改变。

(4) 发送主动错误标志或过载标志时,如果发送器检测到位错误,则发送错误计数器值加8。

(5) 当发送主动错误标志或过载标志时,如果接收器检测到位错误,则接收错误计数器值加8。

(6) 在发送主动错误标志、被动错误标志或过载标志以后,任何节点最多容许7个连续的"显性"位。在以下的情况,每一个发送器将其发送错误计数值加8,及每一个接收器将其接收错误计数值加8

- 当检测到14个连续的"显性"位后;
- 在检测到第8个跟随着被动错误标志的连续的"显性"位以后;
- 在每一个附件的8个连续"显性"位顺序之后。

(7) 如果报文在得到ACK响应及直到帧末尾结束都没有错误,也就是报文成功发送后,发送错误计数器值减1,除非已经是0。

(8) 如果接收器错误计数值为1~127,那么在成功接收到报文后(直到应答间隙接收没有错误及成功地发送了ACK位),接收错误计数器值减1。如果接收错误计数器值是0,则它保持0;如果大于127,则它会设置一个119~127的值。

无论是发送错误计数器还是接收错误计数器,其值小于128时,该节点被认为处于"错误主动"状态,称为"错误主动"节点;其值等于或大于128时,该节点被认为处于"错误被动"状态,称为"错误被动"节点。当发送错误计数器值大于或等于256时,节点处于离线状态,被迫退出总线。3种状态是可以转化的,当发送错误计数器值和接收错误计数器值小于或等于127时,"错误被动"节点将重新变为"错误主动"节点。当总线监视到128次出现11个连续的"隐性"位之后,处于离线状态的节点可以变为"错误主动"状,其错误计数器的值也将被设置为0。需要注意的是,当错误计数器的值大于96时,说明CAN总线被严重干扰,最好能够预先采取措施测试这个条件。

检测到错误条件的节点通过发送错误标志来指示错误。对于"错误主动"的节点,错误信息为"主动错误标志",对于"错误被动"的节点,错误信息为"被动错误标志"。节点检测到无论是位错误、填充错误、形式错误,还是应答错误,这个节点都会在下一位时发送错误标志信息。如果检测到的错误条件是CRC错误,则错误标志在应答界定符后面那一位开始发送,除非其他错误条件的错误标志已经开始发送。

17.2.3 CAN总线的位定时要求

在CAN总线中，将一个理想的发送器在没有重新同步的情况下每秒所发送的位数量称为标称位速率。而将发送每一个位所需要花费的时间称为标称位时间。也就是说：

$$标称位时间 = 1/标称位速率 \tag{17-5}$$

可以把标称位时间划分成几个不重叠的时间片段，如图17-13所示，它们是：

- 同步段(SYNC_SEG)；
- 传播时间段(PROP_SEG)；
- 相位缓冲段1(PHASE_SEG1)；
- 相位缓冲段2(PHASE_SEG2)。

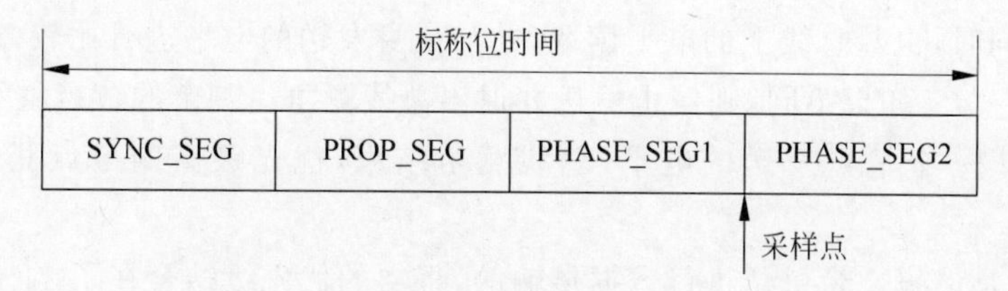

图17-13 标称位时间的分段

下面介绍和标称位时间相关的一些概念。

- 同步段(SYNC_SEG)：位时间的同步段用于同步总线上的不同节点。这一段内要有一个边沿。
- 传播段(PROP_SEG)：传播段用于补偿网络内的物理延时时间。它是总线上输入比较器延时和输出驱动器延时总和的2倍。
- 相位缓冲段1、相位缓冲段2(PHASE_SEG1、PHASE_SEG2)：相位缓冲段用于补偿边沿阶段的误差。这两个段可以通过重新同步加长或缩短。
- 采样点(SAMPLE POINT)：采样点是去读总线上的电平并解释各位的值的一个时间点。采样点位于相位缓冲段1之后。
- 信息处理时间(INFORMATION PROCESSING TIME)：信息处理时间是一个以采样点作为起始的时间段。采样点用于计算后续位的位电平。
- 时间份额(TIME QUANTUM)：时间份额是振荡器周期中的固定时间单元。存在有一个可编程的预比例因子，其整体数值范围为1～32的整数，以最小时间份额为起点，时间份额的长度为：

  时间份额(TIME QUANTUM)

  =m×最小时间份额(MINIMUM TIME QUANTUM) (17-6)

  其中，m为预比例因子，m=1～32。
- 时间段的长度(Length of Time Segments)：同步段为1个时间份额；传播段的长度可设置为1～8个时间份额；相位缓冲段1的长度可设置为1～8个时间份额；相位

缓冲段 2 的长度为相位缓冲段 1 和信息处理时间之间的最大值；信息处理时间小于或等于 2 个时间份额。一个位时间总的时间份额值可以设置为 8～25。

17.2.4 CAN 总线的位仲裁

如想要对数据进行实时处理，就必须将数据进行快速的传送，这要求数据的物理传输通路不仅要有较高的速度，而且在几个站同时需要发送数据的时候，要能够快速进行总线分配，要有一个分配机制将总线安排给拥有最紧急数据的站点。CAN 总线采用的是一种叫作“载波检测，多主掌控/冲突避免”(CSMA/CA)的通信模式。当总线处于空闲状态时呈隐性电平，此时任何节点都可以向总线发送显性电平作为帧的开始。两个或两个以上的节点同时发送就会产生竞争。CAN 总线解决的方法是：按位对标识符进行仲裁。各节点在向总线发送电平的同时，也对总线上的电平读取，并与自身发送的电平进行比较，如果电平相同，则继续发送下一位；如果不同，则停止发送并退出总线竞争。剩余的节点继续上述过程，直到总线上只剩下一个节点发送的电平，总线竞争结束，优先级高的节点获得了总线的控制权。

CAN 总线是以报文为单位进行数据传输的，报文的优先级结合在了 11 位或者 29 位的标识符中，具有最低二进制数的标识符拥有最高的优先级。这种优先级一旦在系统设计时被确立后就不能再更改了。如图 17-14 所示，假设 CAN 总线上有 3 个节点同时向总线发送报文，节点 1 的报文标识符为 0111110，节点 2 的报文标识符为 0100110，节点 3 的报文标识符为 0100111。所有标识符都有相同的两位——01，直到第 3 位进行比较时，节点 1 的报文

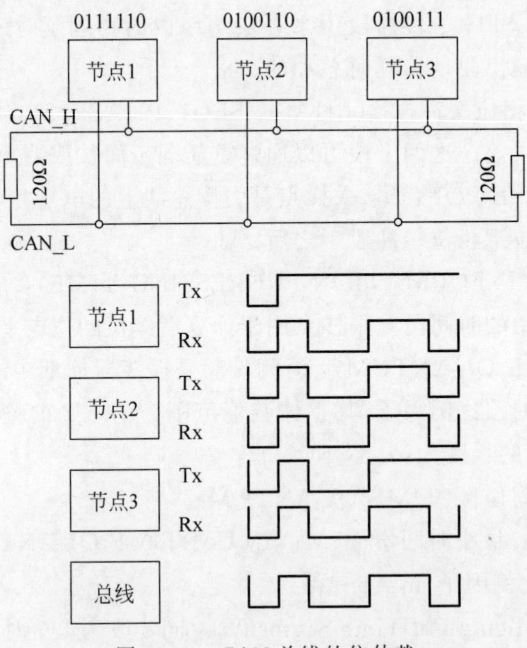

图 17-14　CAN 总线的位仲裁

被丢掉,因为它的第3位为高,而其他两个接个节点的报文第3位为低。节点2和节点3报文的第4、5、6位相同,直到第7位时,节点3的报文才被丢失,节点2获得总线的控制权。注意,总线中的信号持续跟踪最后获得总线读取权的节点的报文。在这里,节点2的报文始终被跟踪。这种非破坏性位仲裁方法的优点是:在网络最终确定哪一个节点的报文被传送以前,报文的起始部分已经在网络上传送了。所有未获得总线读取权的节点都成为了具有最高优先权报文的接收站,并且在总线再次空闲前不会发送报文。

17.3 F28335 eCAN 模块的概述

17.3.1 eCAN 模块的结构

F28335有两个增强型的CAN模块:eCANA和eCANB。F28335的eCAN控制器为CPU提供了完整的CAN2.0B协议,减少了通信时CPU的开销。图17-15为eCAN模块的结构框图,从图中可以看到,eCAN控制器的内部结构是32位的,主要由CAN协议内核CPK和消息控制器构成。

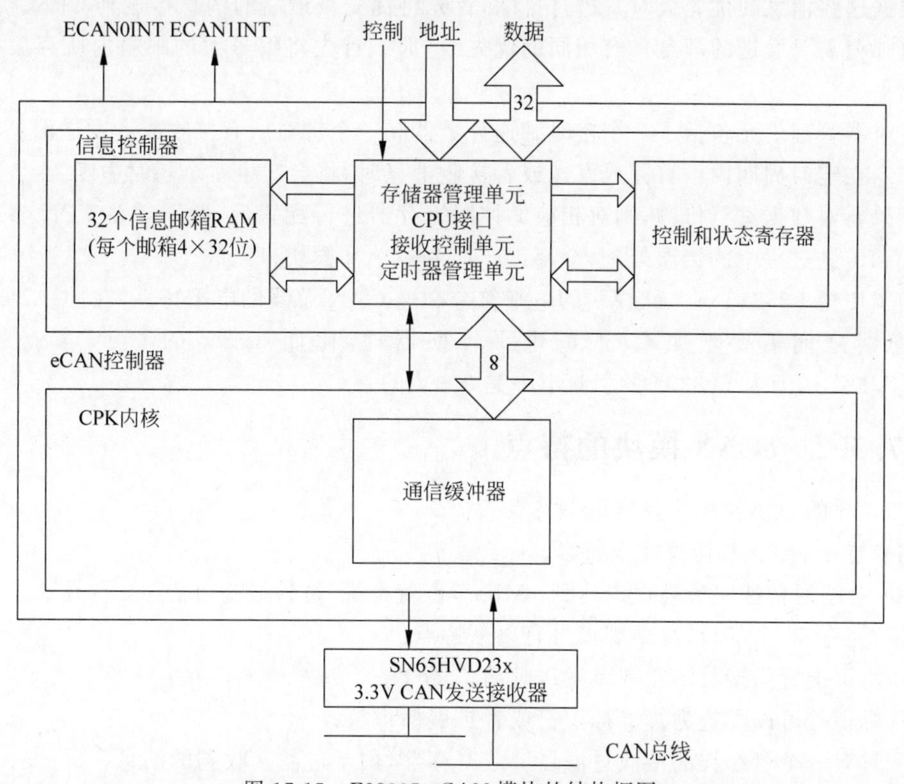

图17-15 F28335 eCAN模块的结构框图

CPK内核主要有两个功能:第一个功能是根据CAN协议对从CAN总线上接收到的所有消息进行译码并把这些消息发送给接收缓冲器,第二个功能是根据CAN协议将需要发送的消息发送到CAN总线上。其实,CPK对于用户来说是透明的,用户不能通过代码对其进行访问,也就是说,在应用时,可以不用去关注它。

从图17-15可以看到,消息控制器由以下部分组成:

- 存储器管理单元,包括了CPU接口、接收控制单元和定时器管理单元;
- 32个邮箱存储器,每个邮箱具有4×32位空间;
- 控制和状态寄存器。

消息控制器的主要作用是决定是否保存由CPK接收到的消息,以便供CPU使用或者丢弃,同时也负责根据消息的优先级来将消息发送给CPK。

对于接收操作,当CPK接收到有效的消息后,消息控制器的接收单元确定是否将接收到的消息存储到邮箱存储器中。接收控制单元根据消息的状态、标识符和所有消息对象的滤波来确定相应邮箱的位置。如果接收控制单元不能找到存放接收消息的有效地址,那么接收到的消息将会被丢弃。

对于发送操作,当CPU需要发送消息时,消息控制器将要发送的消息传送到CPK的发送缓冲,以便在下一个总线空闲状态开始发送该消息。当有多个消息需要发送时,消息控制器将根据这些消息的优先级对其进行排队,首先将优先级最高的消息传送到CPK。如果两个发送邮箱需要发送的消息具有相同的优先级,那么首先将编号大的邮箱内所存放的消息发送出去。

定时器管理单元包括了一个定时邮递计数器和一个针对所有接收或者发送消息的定时标识。当在定时周期内没有完成发送或者接收消息时,将会产生一个超时中断。

如果要对数据进行传输,则对相应的控制寄存器进行配置后,并不需要CPU参与传送的过程和传送过程中的错误处理,全部工作都由eCAN模块来完成。

为了使得F28335 eCAN模块的电平符合高速CAN总线的电平特性,在eCAN模块和CAN总线之间需要增加CAN的电平转换器件,比如3.3V的CAN发送接收器SN65HVD23x,因为F28335的引脚电平是3.3V的。

17.3.2 eCAN模块的特点

F28335的eCAN模块具有以下特点。

(1) 与CAN2.0B协议完全兼容。

(2) 总线通信速率最高可以达到1Mbps,也就是说,每秒最高可传送10^6位。

(3) 拥有32个邮箱,每个邮箱具有以下特点:

- 均可配置为接收邮箱或者发送邮箱;
- 标识符可以配置为标准标识符或者扩展标识符;
- 具有一个可编程的接收过滤器屏蔽寄存器,用于过滤接收到的消息;
- 支持数据帧和远程帧;
- 支持的数据位由0~8字节组成;
- 32位定时邮递发送、接收消息模式;

- 可通过编程设置发送消息的优先级，从而决定发送消息的顺序；
- 采用两个中断优先级的可编程中断选择；
- 支持可编程中断的发送、接收超时警报。

(4) 工作于低功耗模式。

(5) 具有可编程的总线唤醒功能。

(6) 可自动应答远程请求消息。

(7) 在仲裁或错误丢失消息时，可自动重发一帧消息。

(8) 自测试模式。在自测试模式下，会得到一个自己发送的信息，提供一个虚构的应答信号，因此不需要其他节点提供应答信号。

17.3.3 eCAN 模块的存储空间

在 F28335 的 DSP 中，eCAN 模块的相关存储器被映射到了两个不同的地址空间。如图 17-16 所示，第一段地址空间分配给了控制寄存器、状态寄存器、接收滤波器、定时邮递和消息对象超时等。控制和状态寄存器采用 32 位宽度访问，局部接收滤波器、定时邮递寄存器和消息对象超时寄存器可以采用 8 位、17 位、32 位宽度进行访问。第二段地址空间分配给了 32 个邮箱。两段地址空间各占 512 字节。

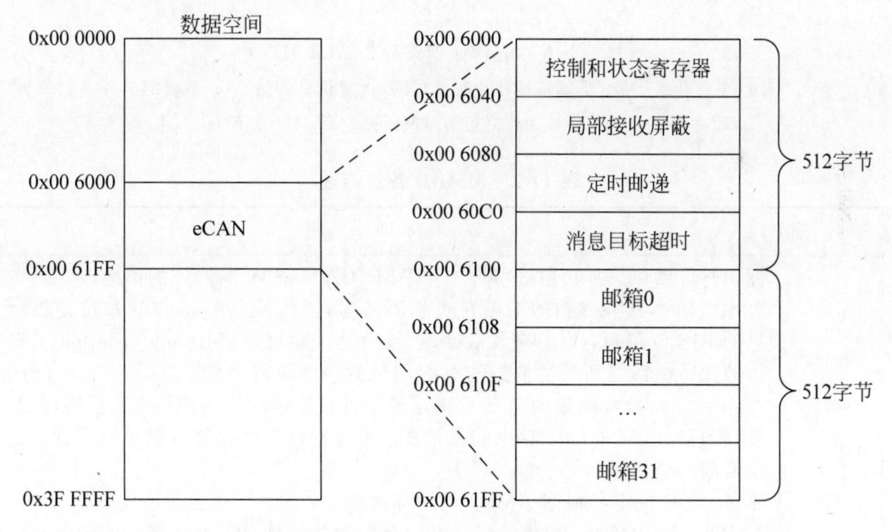

图 17-16 eCAN 存储器映射示意图

17.3.4 eCAN 模块的邮箱

从图 17-16 可以看到，eCAN 模块具有 32 个邮箱，共占了 512 字节的存储空间，也就是说，每一个邮箱具有了 17 字节的存储空间。如图 17-17 所示，以邮箱 0 为例，每个邮箱由标识符寄存器(MSGID)、消息控制寄存器(MSGCTRL)、消息数据寄存器的低位(CANMDL)和消息数据寄存器的高位(CANMDH)组成。由于每个地址都是 17 位的寄存器，也就是 2

字节的空间，所以消息标识寄存器、消息控制寄存器、消息数据寄存器和消息数据寄存器高均具有 4 字节的空间。消息标识符寄存器用于存储 11 位或者 29 位的标识符，也就是用于存储消息的 ID。消息控制寄存器用于存储几个控制位，定义消息的字节数、发送优先级和远程帧等。消息数据寄存器用于存储报文中的数据信息，由前面的数据报文格式知道，数据信息不超过 8 字节。下面来具体看看这些寄存器的内容。

地址	寄存器
0x00 6100 0x00 6101	消息标识寄存器
0x00 6102 0x00 6103	消息控制寄存器
0x00 6104 0x00 6105	消息数据寄存器低
0x00 6106 0x00 6107	消息数据寄存器高

图 17-17 邮箱的构成

1. 消息标识寄存器 MSGID

消息标识寄存器 MSGID 包含了消息的 ID 和要设置的邮箱的其他控制位，消息标识寄存器的位情况如图 17-18 所示，各位描述如表 17-2 所示。

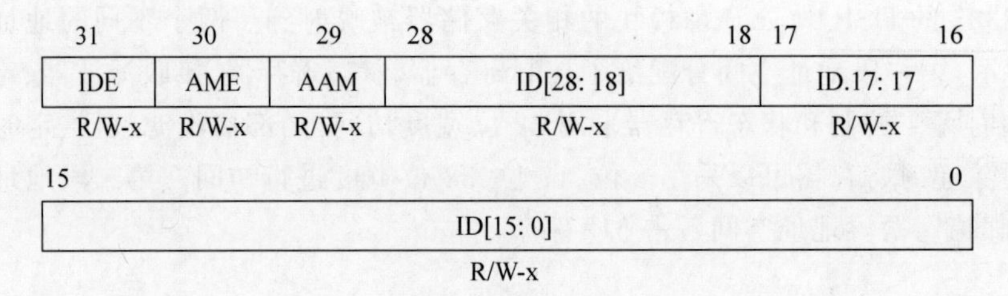

图 17-18 消息标识寄存器 MSGID

注：R=可读；W=当邮箱被禁止时可写；-n=复位后的值；x=不确定。

该寄存器仅当邮箱 n 被禁止时可写，(ME[n](ME.31～ME.0)=0)。

表 17-2 MSGID 各位描述

位	名 称	说 明
31	IDE	标识符扩展位。IDE 位的特性根据 AMI(CANGAM[31])位的值而改变。 AMI=1 时，接收邮箱的 IDE 位可以不考虑，因为接收邮箱的 IDE 位会被所发送消息的 IDE 位覆盖；为了接收消息，必须满足过滤规定(filtering criterion)；要进行比较的比特位数是所发送消息的 IDE 位值的一个函数。 AMI=0 时，接收邮箱的 IDE 位决定着要进行比较的比特位数；未使用过滤，为能够接收到消息，MSGID 必须各位都匹配；要进行比较的比特位数是所发送消息的 IDE 位值的一个函数。 注意：IDE 位定义根据 AMI 位的值而改变。 AMI=1 时，IDE=1 接收的消息有一个扩展标识符，IDE=0 接收的消息有一个标准标识符。 AMI=0 时，IDE=1 要接收的消息必须有一个扩展标识符，IDE=0 要接收的消息必须有一个标准标识符
30	AME	接收屏蔽使能位。AME 只用于接收邮箱。当该位被置位时，不能将邮箱设置为对、自动应答邮箱(AAM[n]=1，MD[n]=0)，否则邮箱的操作将不确定。该位不能被接收消息修改。 1　使能相应的接收屏蔽。 0　不使用接收屏蔽，为了接收消息，所有的标识符位必须匹配

续表

位	名　称	说　明
29	AAM	自动应答模式位。AAM只用于发送邮箱。对于接收邮箱，该位没有影响，邮箱总被配置为标准接收操作。该位不能被接收消息所修改。 1　自动应答模式。如果接收到一个匹配的远程帧请求，CAN模块通过发送邮箱中的内容来应答远程帧请求。 0　正常发送模式。邮箱不应答远程请求。接收到的远程帧对消息邮箱没有影响
28～0	ID 28：0	消息标识符。 1　标准标识符模式。如果IDE位(MSGID.31)是0，那么消息标识符存储在ID.28～ID.18中。此时ID.17～ID.0位无意义。 0　扩展标识符模式。如果IDE位(MSGID.31)是1，那么消息标识符存储在ID.28～ID.0中

2. 消息控制寄存器MSGCTRL

对于发送邮箱，消息控制寄存器确定了要发送的字节数、发送的优先级和远程帧操作等内容。消息控制寄存器MSGCTRL的位情况如图17-19所示，各位描述如表17-3所示。

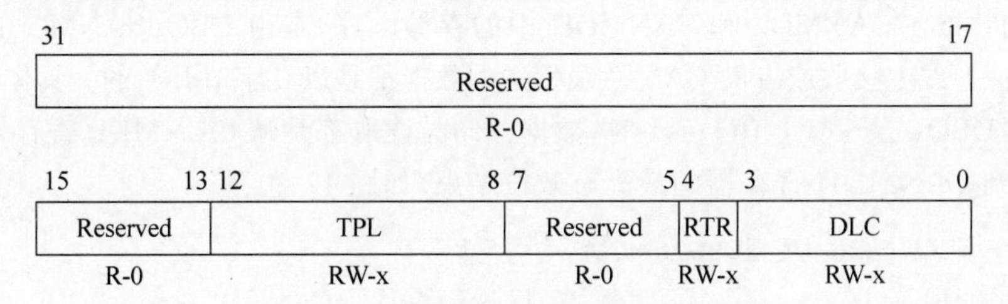

图17-19　消息控制寄存器MSGCTRL

注：RW＝任何时间可读，当邮箱被禁止时或为传输进行配置时可写；-n＝复位后的值；x＝不确定。

表17-3　MSGCTRL各位描述

位	名　称	说　明
31～13	Reserved	保留位。 读为不确定值，写无效
12～8	TPL.4：0	发送优先级。 这5位定义了该邮箱相对于其他31个邮箱的优先级。数值最大的优先级最高。当两个邮箱具有相同的优先级时，具有较大邮箱号的消息将被优先发送。TPL只用于发送邮箱，而且在SCC模式(标准CAN模式)中，不使用TPL
7～5	Reserved	保留位读为不确定值，写无效

续表

位	名　称	说　明
4	RTR	远程发送请求位。 1　对于接收邮箱：如果 TRS 标志被置位，则会发送一个远程帧并且用同一个邮箱接收相应的数据帧。一旦远程帧被发送出去，邮箱的 TRS 位就会被 CAN 模块清零。 对于发送邮箱：如果 TRS 标志被置位，则会发送一个远程帧，但是会用另一个邮箱接收相应的数据帧。 0　没有远程帧请求
3～0	DLC 3：0	数据长度代码。这些位决定了进行发送或接收的数据字节数。有效值范围是 0～8。不允许从 9～15 中取值

注意：MSGCTRLn 必须初始化为 0。作为 CAN 模块初始化的一部分，在初始化各种区域之前，必须将 MSGCTRLn 寄存器的所有位初始化为 0。

3. 消息数据寄存器 CANMDL、CANMDH

每个邮箱具有 8 字节的空间来存储一个 CAN 消息。CANMDL 和 CANMDH 各 4 字节。具体的数据在 CANMDL 和 CANMDH 中的存储顺序，是由 DBO(CANMC[10])来决定的。从 CAN 总线上接收或者向 CAN 总线发送的数据都是以 0 字节开始的。具体情况如下：

(1) 当 DBO(CANMC[10])＝1 时，数据存储与读取都是从 CANMDL 寄存器的最低有效位开始，到 CANMDH 寄存器的最高有效位结束，如图 17-20 所示。

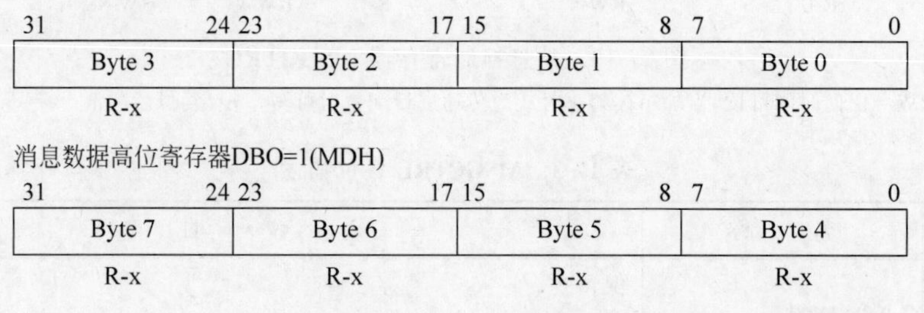

图 17-20　DBO＝1 时，消息数据在 MDL 和 MDH 寄存器中的存储顺序

(2) 当 DBO(CANMC[10])＝0 时，数据存储与读取都是从 CANMDL 寄存器的最高有效位开始，到 CANMDH 寄存器的最低有效位结束，如图 17-21 所示。

消息邮箱实际上对应于 RAM 中的空间，内部存放着需要发送或者接收到的数据。32 个邮箱都可以被配置为发送邮箱或者接收邮箱，下面一一讨论。

1. 发送邮箱

首先，CPU 将要发送的数据存放在发送邮箱中，将数据和标识符存放在相应的 RAM 空间中。当相应的发送请求位(TRSn)被置位后，数据就会发送出去。如果有多个发送邮

消息数据低位寄存器DBO=0(MDL)

31　　　　24	23　　　　17	15　　　　8	7　　　　0
Byte 0	Byte 1	Byte 2	Byte 3
R-x	R-x	R-x	R-x

消息数据高位寄存器DBO=0(MDH)

31　　　　24	23　　　　17	15　　　　8	7　　　　0
Byte 4	Byte 5	Byte 6	Byte 7
R-x	R-x	R-x	R-x

图 17-21　DBO＝0 时，消息数据在 MDL 和 MDH 寄存器中的存储顺序

箱，且有多个发送请求被置位，则 CPU 根据优先级的高低来选择发送的顺序。

在标准的 CAN 模式下，发送邮箱的优先级取决于发送邮箱的号码，邮箱号大的拥有较高的优先级，因此，31 号邮箱拥有最高的优先级，0 号邮箱拥有最低的优先级。

在增强的 eCAN 模式下，MSGCTRL 寄存器中的 TPL 决定了发送邮箱的优先级。在 TPL 中，数值大的邮箱拥有较高的优先级。当两个邮箱的 TPL 位数值相同时，邮箱号大的邮箱首先发送数据。

如果由于仲裁丢失或者错误的发生导致发送失败，那么系统将会重新发送该信息。在重新发送前，CAN 模块会重新检查是否有其他的发送请求，并判断发送优先级，根据优先级的高低来选择发送的数据。

2. 接收邮箱

每个发送的数据都会有 11 位或者 29 位的标识符。在 CAN 模块接收消息时，首先将比较接收到消息的标识符和接收邮箱的标识符，通常寻找邮箱的顺序是序号从大到小。如果消息的标识符和邮箱的标识符匹配，则接收标识符、控制位和数据字节就会被写入该邮箱对应的 RAM 存储区域。同时，相应的接收消息挂起位（RMPn）被置位，也就是通知 CAN 模块该邮箱已经存储有数据。如果使能了中断，则模块就会产生一个接收中断。如果消息的标识符和邮箱的标识符不符，则该消息不会被存储。

当 CPU 读取数据时，接收消息挂起位（RMPn）必须被复位，就是通知 CAN 模块该邮箱已经清空，可以接收新的数据。如果新的数据已经发送到，而该邮箱的接收挂起位仍然处于置位状态，也就是说，旧的数据还没有被读取，则新的数据就会被丢失，那么相应的消息丢失位（RMLn）将会置位，当然前提是覆盖保护位（OPCn）被置位。在这种情况下，如果覆盖保护位（OPCn）被清零，则原来保存的消息就会被新接收到的消息所覆盖。

如果一个邮箱被配置为接收邮箱，而且 RTR 位已经置位，则该邮箱可以发送一个远程帧。一旦该远程帧发送出去，CAN 模块就会清除该邮箱的发送请求位 TRS。

17.4　F28335 eCAN 模块的寄存器

eCAN 模块通信都是通过对寄存器的配置来实现的，由于 eCAN 模块拥有非常复杂的寄存器单元，并且在介绍对 eCAN 的操作时必然要涉及相关的寄存器，所以本章将先介绍

eCAN 模块的各个寄存器,这部分内容无须做太多的记忆,可以当成手册来看,需要的时候查阅一下就行了。表 17-4 所示为 eCAN 模块所有的控制和状态寄存器及相应的地址映射。eCAN 模块寄存器的定义参见"C2000 助手"。

表 17-4 eCAN 模块的控制和状态寄存器

寄存器名称	地　址	大小(×32 位)	功能描述
CANME	0x0000 6000	1	邮箱使能寄存器
CANMD	0x0000 6002	1	邮箱方向寄存器
CANTRS	0x0000 6004	1	发送请求置位寄存器
CANTRR	0x0000 6006	1	发送请求复位寄存器
CANTA	0x0000 6008	1	传输响应寄存器
CANAA	0x0000 600A	1	异常中断响应寄存器
CANRMP	0x0000 600C	1	接收消息挂起寄存器
CANRML	0x0000 600E	1	接收消息丢失寄存器
CANRFP	0x0000 6010	1	远程帧请求寄存器
CANGAM	0x0000 6012	1	全局接收屏蔽寄存器
CANMC	0x0000 6014	1	主设备控制寄存器
CANBTC	0x0000 6017	1	位定时配置寄存器
CANES	0x0000 6018	1	错误和状态寄存器
CANTEC	0x0000 601A	1	发送错误计数寄存器
CANREC	0x0000 601C	1	接收错误计数寄存器
CANGIF0	0x0000 601E	1	全局中断标志寄存器 0
CANGIM	0x0000 6020	1	全局中断屏蔽寄存器
CANGIF1	0x0000 6022	1	全局中断标志寄存器 1
CANMIM	0x0000 6024	1	邮箱中断屏蔽寄存器
CANMIL	0x0000 6026	1	邮箱中断优先级寄存器
CANOPC	0x0000 6028	1	覆盖保护控制寄存器
CANTIOC	0x0000 602A	1	TX I/O 控制寄存器
CANRIOC	0x0000 602C	1	RX I/O 控制寄存器
CANTSC	0x0000 602E	1	计时邮递计数器(SCC 模式下保留)
CANTOC	0x0000 6030	1	超时控制寄存器(SCC 模式下保留)
CANTOS	0x0000 6032	1	超时状态寄存器(SCC 模式下保留)

17.4.1 邮箱使能寄存器 CANME

邮箱使能寄存器 CANME 用来使能或者屏蔽独立的邮箱。邮箱使能寄存器的位情况如图 17-22 所示,各位描述如表 17-5 所示。

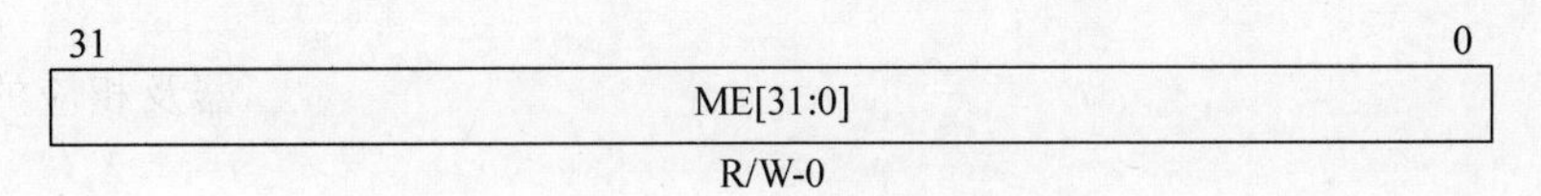

图 17-22　邮箱使能寄存器 CANME

注：R＝只读访问，W＝只写访问；-n＝复位后的值。

表 17-5　CANME 各位描述

位	名　称	说　明
31～0	ME[31：0]	邮箱使能位。上电以后，在 CANME 中的所有位都被清零。没有使能的邮箱所映射的存储空间可以当作一般的存储器使用。 1　CAN 模块相应的邮箱被使能。在写标识符之前，必须将所有的邮箱屏蔽。如果 CANME 中相应的使能位被置位，则不能对该消息对象的标识符进行写操作。 0　对应的邮箱 RAM 区域被屏蔽，此时它可被 CPU 作为普通的 RAM 空间使用

17.4.2　邮箱数据方向寄存器 CANMD

邮箱数据方向寄存器 CANMD 用来配置邮箱为发送邮箱还是接收邮箱。邮箱数据方向寄存器 CANMD 的位情况如图 17-23 所示，各位描述如表 17-6 所示。

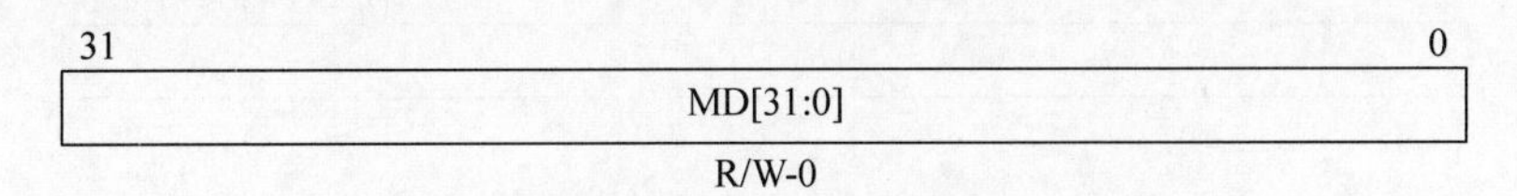

图 17-23　邮箱数据方向寄存器 CANMD

注：R＝只读访问，W＝只写访问；-n＝复位后的值。

表 17-6　CANMD 各位说明

位	名　称	说　明
31～0	MD[31：0]	邮箱数据方向控制位。上电以后，所有位清零。 1　对应的邮箱被定义为接收邮箱。 0　对应的邮箱被定义为发送邮箱

17.4.3　发送请求置位寄存器 CANTRS

当邮箱 n 准备发送时，CPU 将 TRSn 置 1，启动发送，就相当于一个开关，当数据要被发送时，将开关 TRSn 闭合，则数据发送出去。上电复位，各位都被清零。发送请求置位寄存器 CANTRS 的位情况如图 17-24 所示，各位描述如表 17-7 所示。

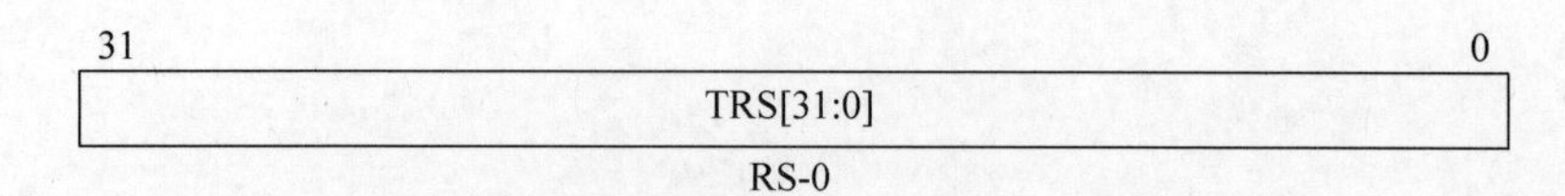

图 17-24　发送请求置位寄存器 CANTRS

注：RS=可读/设置；-n=复位后的值。

表 17-7　CANTRS 各位描述

位	名　称	说　明
31～0	TRS[31：0]	发送请求设置位。 1　置位该位会发送在相应邮箱中的消息。可以同时置位几个比特位而使多个消息轮流发送。 0　无操作

17.4.4　发送请求复位寄存器 CANTRR

如果邮箱 n 的 TRSn 已经被置位，此时假设相应的 TRRn 也被置位，如果还没有对消息进行处理，则取消原来的传输请求。如果当前正在处理相应的消息，那么无论数据发送成功还是失败，相应的位将被复位。如果发送失败，则相应的状态位 AA(31：0)将被置位；如果发送成功，则相应的状态位 TA(31：0)将被置位。发送请求复位寄存器 CANTRR 的位情况如图 17-25 所示，各位描述如表 17-8 所示。

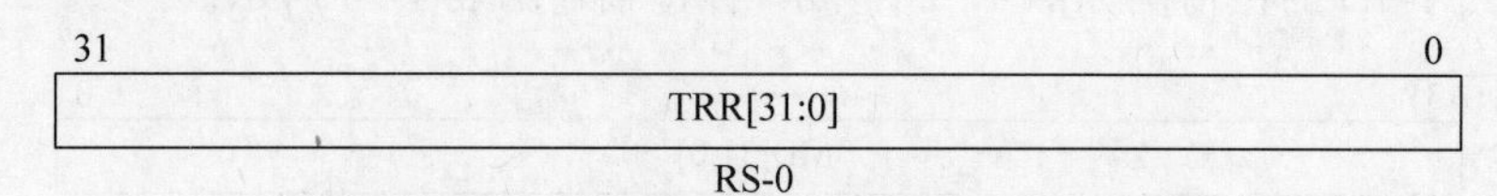

图 17-25　发送请求复位寄存器 CANTRR

注：RS=可读/设置；-n=复位后的值。

表 17-8　CANTRR 各位描述

位	名　称	说　明
31～0	TRR[31：0]	发送请求复位位。 1　置位 TRRn 会取消一个相应的发送请求。 0　无操作

17.4.5　发送响应寄存器 CANTA

如果邮箱 n 中的消息已经发送成功，则相应的 TAn 将置位。CPU 通过向 CANTA 中的位写 1，使其复位。如果已经产生中断，向 CANTA 寄存器写 1，则可以清除中断，向 CANTA 寄存器写 0 没有影响。上电后，寄存器所有的位都被清除。发送响应寄存器 CANTA 的位情况如图 17-26 所示，各位描述如表 17-9 所示。

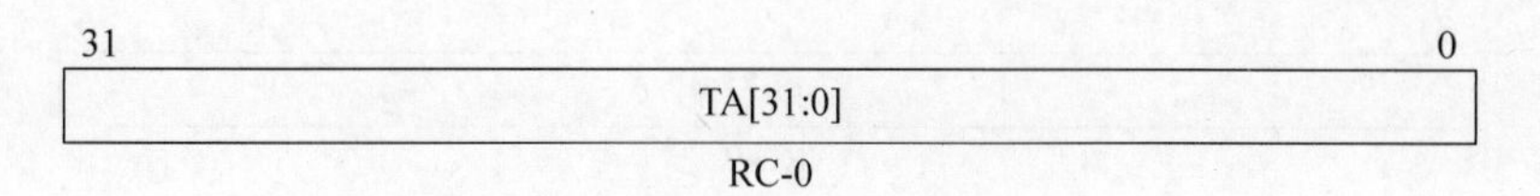

图 17-26 发送响应寄存器 CANTA

注：RC=可读/清除；-n=复位后的值。

表 17-9 CANTA 各位描述

位	名 称	说 明
31～0	TA[31：0]	发送响应位 1 如果信箱 n 中的消息被成功发送，则该寄存器的比特位 n 被置位。 0 消息没有被发送

17.4.6 发送失败响应寄存器 CANAA

如果邮箱 n 中的消息发送时失败，则相应的 AAn 位置位，AAIF(CANGIF1[14])也被置位，如果中断已经使能，则可能引发中断。如果 CPU 通过向 CANAA 寄存器写 1 使能中断，则 AAIF 也被置位，写 0 没有影响。上电后，寄存器所有的位都被清除。发送失败响应寄存器 CANAA 的位情况如图 17-27 所示，各位描述如表 17-10 所示。

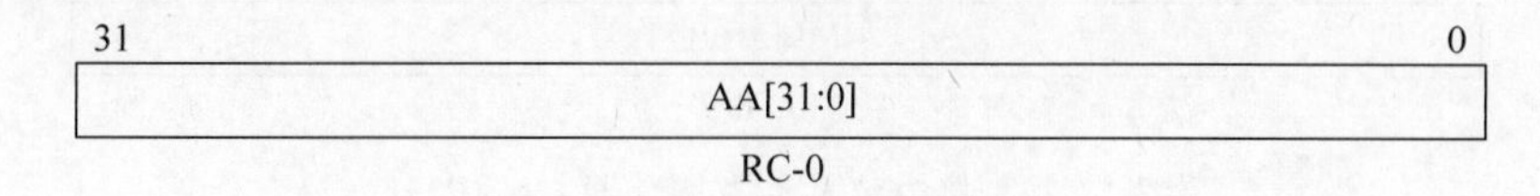

图 17-27 发送失败响应寄存器 CANAA

注：RC=可读/清除；-n=复位后的值。

表 17-10 CANAA 各位描述

位	名 称	说 明
31～0	AA[31：0]	失败响应位。 1 如果邮箱 n 中的消息发送失败，则该寄存器的第 n 位被置位。 0 消息发送成功

17.4.7 接收消息挂起寄存器 CANRMP

如果邮箱 n 接收到消息，则寄存器的 RMPn 被置位，表示这个邮箱已经接收到了一个数据。接收消息挂起寄存器 CANRMP 的位情况如图 17-28 所示，各位描述如表 17-11 所示。

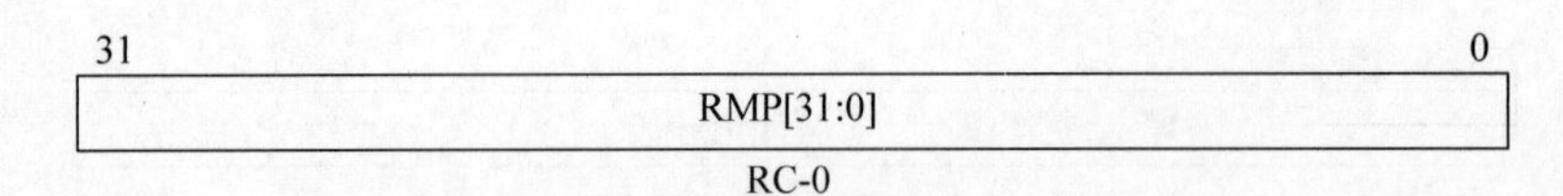

图 17-28 接收消息挂起寄存器 CANRMP

注：RC=可读/清除；-n=复位后的值。

表 17-11 CANRMP 各位描述

位	名称	说明
31～0	RMP[31：0]	接收消息挂起位。 1 如果邮箱 n 中接收到一个消息，则该寄存器的 RMPn 位被置位。 0 邮箱内没有消息

17.4.8 接收消息丢失寄存器 CANRML

如果邮箱 n 中前一个消息被新接收到的消息覆盖，则 RMLn 将被置位，表示邮箱 n 丢失了一个数据。通过向 CANRMP 相应的位写 1，可以清除该位。需要注意的是，是向 CANRMP 寄存器写 1 来实现清零的。接收消息丢失寄存器 CANRML 的位情况如图 17-29 所示，各位描述如表 17-12 所示。

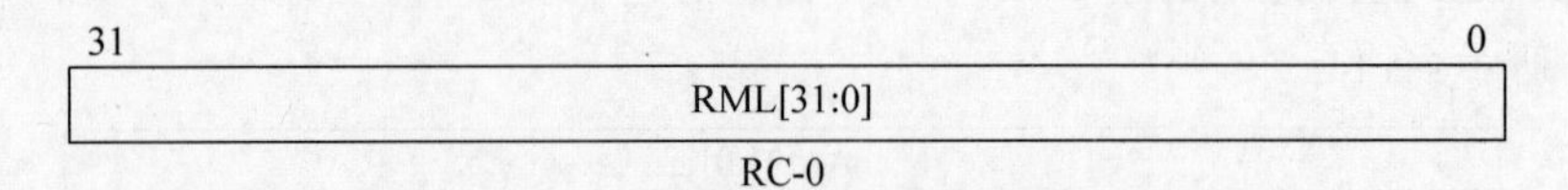

图 17-29 接收消息丢失寄存器 CANRML

注：RC=可读/清除；-n=复位后的值。

表 17-12 CANRML 各位描述

位	名称	说明
31～0	RML[31：0]	接收消息丢失位。 1 某邮箱中的一个旧的未被及时读取的消息已被一个新的消息所覆盖。 0 没有丢失消息

17.4.9 远程帧请求寄存器 CANRFP

无论何时，CAN 模块接收到远程帧请求，远程帧请求寄存器相应的 RPFn 位将被置位。如果接收邮箱中已经存在有远程帧（AAM=0，CANMD=1），则 RPFn 位将不会被置位。远程帧请求寄存器 CANRFP 的位情况如图 17-30 所示，各位描述如表 17-13 所示。

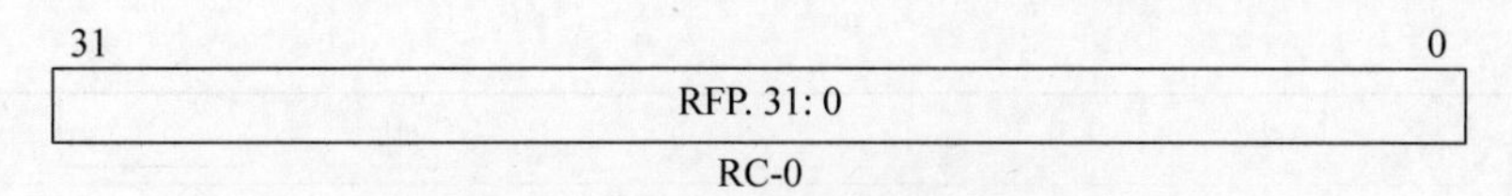

图 17-30 远程帧请求寄存器 CANRFP

注：RC＝可读/清除；-n＝复位后的值。

表 17-13 CANRFP 各位描述

位	名 称	说 明
31～0	RFP[31：0]	远程帧请求寄存器。对于一个接收邮箱，如果接收到一个远程帧，RFPn 被置位，而 TRSn 则无影响。对于一个发送邮箱，如果接收到远程帧，RPFn 被置位，并且如果邮箱的 AAM 值为 1，则 TRSn 也置位。邮箱的 ID 必须与远程帧的 ID 匹配。 1 模块接收到一个远程帧请求。 0 没有接收到远程帧请求。该寄存器被 CPU 清零

17.4.10 全局接收屏蔽寄存器 CANGAM

CAN 模块的全局接收屏蔽功能在标准 CAN 模式(SCC)下使用。如果相应邮箱的 AME 位，也就是 MSGID 的第 30 位置位，则全局接收屏蔽功能用于邮箱 6～15，接收到的消息只有存储到第一个标识符号匹配的邮箱内。全局接收屏蔽寄存器 CANGAM 的位情况如图 17-31 所示，各位描述如表 17-14 所示。

31	30 29	28 17
AMI	Reserved	GAM[28:17]
RWI-0	R-0	RWI-0

15 0
GAM[15:0]
RWI-0

图 17-31 全局接收屏蔽寄存器 CANGAM

注：RWI＝在任何时间可读/仅在初始化模式期间可写；-n＝复位后的值。

表 17-14 CANGAM 各位描述

位	名 称	说 明
31	AMI	接收屏蔽标识符扩展位。 1 可以接收标准帧和扩展帧。如果是扩展帧，所有的 29 位标识符都要存储到邮箱中，并且全局接收屏蔽寄存器的所有 29 位都被用于过滤。如果是标准帧，则只使用前 11 位(28～18)标识符和全局接收屏蔽功能。此时，接收邮箱的 IDE 位不起作用，并且会被所发送消息的 IDE 位所覆盖。为了接收到消息，必须满足过滤器的规定。 0 存储在邮箱中的标识符扩展位决定着哪一个消息要被接收，接收邮箱的 IDE 位决定着要进行比较的比特位的数目，此时不能用过滤器。为了接收某个消息，MSGID 必须逐位进行匹配

续表

位	名　称	说　明
30～29	Reserved	保留位。读操作为不确定值,写操作无效
28～0	GAM[28：0]	全局接收屏蔽位。 这些比特位允许屏蔽输入消息的任何标识符位。接收到的标识符相应的位可以是0或者1(无关)。接收到的消息的标识符位的值必须与MSGID寄存器的相应的标识符位匹配

17.4.11 主控寄存器CANMC

主控寄存器CANMC用来控制CAN模块的设置,其位的情况如图17-32所示,各位描述如表17-15所示。

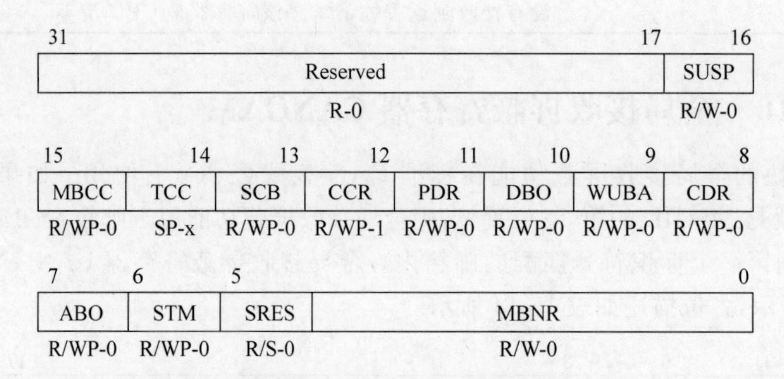

图17-32　主控寄存器CANMC

注：R=可读；WP=仅在EALLOW模式中可写；S=仅在EALLOW模式中可设置；

-n=复位后的值；-x=仅在eCAN是不确定的。

表17-15　CANMC各位描述

位	名　称	说　明
31～17	Reserved	保留位。读操作为不确定值,写操作无效
17	SUSP	暂停(SUSPEND)模式位。这一位决定CAN模块在SUSPEND(仿真停止时,如断点或单步执行)时的操作。 1　FREE模式。在SUSPEND模式下,外设继续运行,节点正常参加CAN通信操作(比如发送响应、产生错误帧、发送/接收数据)。 0　SOFT模式。在完成当前的发送操作后,在SUSPEND模式下,外设将被关闭
15	MBCC	邮箱定时邮递计数器清0位。在SCC模式下,该位被保留并且它是受EALLOW保护的。 1　发送成功或者邮箱17接收到消息后,邮箱定时邮递计数器清零。 0　邮箱定时邮递寄存器未复位

续表

位	名　称	说　明
14	TCC	邮箱定时邮递计数器 MSB 清零位。在 SCC 模式下，该位被保留并且它是受 EALLOW 保护的。 1　邮箱定时邮递计数器最高位 MSB 复位。在由内部逻辑产生的一个时钟周期以后，TCC 位由内部逻辑清零。 0　邮箱定时邮递计数器不变
13	SCB	SCC 模式兼容控制位。在 SCC 模式下，该位被保留并且它是受 EALLOW 保护的。 1　选择 eCAN 模式。 0　eCAN 模块处于 SCC 模式。只能使用 0～15 号邮箱
12	CCR	改变配置请求位。它是受 EALLOW 保护的。 1　CPU 请求对 SCC 模式下的配置寄存器 CANBTC 和接收屏蔽寄存器(CANGAM、LAM[0]、LAM[3])进行写操作。置位该位后，在对 CANBTC 进行操作之前，CPU 必须等待，直到寄存器 CANES 的 CCE 标志位为 1 为止。 0　CPU 请求正常的操作。只有当配置寄存器 CANBTC 被设置为允许的值后，才能执行这项操作
11	PDR	掉电模式(Power down mode)请求位。当从低功耗模式(low-power mode)被唤醒后，该位由 eCAN 模块自动清零。该位是受 EALLOW 保护的。 1　局部掉电模式请求。 0　不请求局部掉电模式(处于正常操作模式)
10	DBO	数据字节顺序。 这一位选择消息数据区域的字节顺序。该位是受 EALLOW 保护的。 1　首先发送或接收数据的最低有效字节(LSB)。 0　首先发送或接收数据的最高有效字节(MSB)
9	WUBA	总线唤醒位。该位是受 EALLOW 保护的。 1　在检测到任何总线活动后，模块退出低功耗模式。 0　仅当对 PDR 写入 0 后，模块才退出低功耗模式。
8	CDR	改变数据区域请求位。该位允许快速更新数据消息。 1　CPU 请求向由 MBNR.4～MBNR.0(MC[4～0])确定的邮箱的数据区写数据。CPU 访问完该邮箱后，必须将 CDR 位清除。在 CDR 置位时，CAN 模块不会发送该邮箱里的内容。在从邮箱中读取数据然后将其存储到发送缓冲器，由状态机检测该位。 0　CPU 请求正常操作
7	ABO	自动总线连接位。该位是受 EALLOW 保护的。 1　在总线脱离状态下，当检测到 128×11 个隐性位后，模块将自动恢复总线的连接状态。 0　无操作

续表

位	名　称	说　明
6	STM	自测试模式使能位。该位是受 EALLOW 保护的。 1　模块工作在自测试模式。此时 CAN 模块生成自己的应答信号,这样,在没有总线连接到模块时,也可使能相应的操作。消息没有被发送,但可以读取并存储在适当的邮箱中。 0　模块工作在正常模式
5	SRES	模块软件复位。该位只能进行写操作,读出的数据始终为 0。 1　对这一位的写操作会引起模块的软件复位(除了受保护的寄存器以外,所有的参数将复位到默认值)。但这不会修改邮箱内容和错误寄存器。在不至于造成通信混乱的情况下,将取消未完成的和正在进行的传输。 0　无效
4～0	MBNR[4：0]	邮箱号。MBNR.4 位只用于 eCAN 模式,而对 SCC 模式保留。CPU 请求对其数据区进行写操作的邮箱号。使用这一区域需要同时需要考虑 CDR 位的设置

17.4.12　位时序配置寄存器 CANBTC

位时序配置寄存器 CANBTC 用来配置 CAN 节点的适当的网络时序参数,例如,通信传输的数据传输速率。在使用 CAN 模块前,必须对该寄存器进行编程。在应用时,该寄存器被写保护,只能在初始化阶段进行写操作。位时序配置寄存器 CANBTC 的位情况如图 17-33 所示,各位描述如表 17-16 所示。

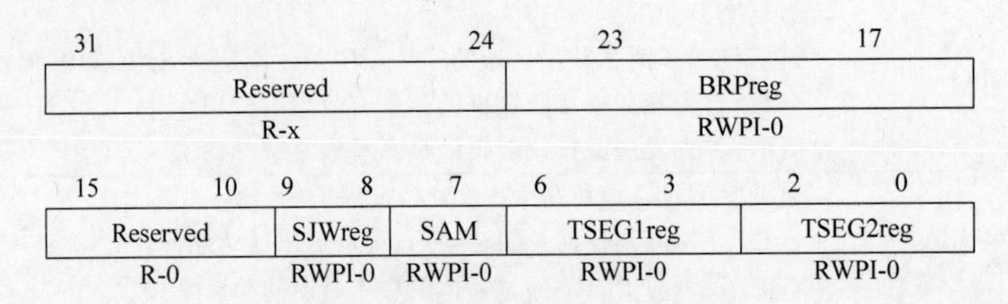

图 17-33　位时序配置寄存器 CANBTC

注：RWPI=在任何模式可读,仅在 EALLOW 模式中在初始化期间可写；-n=复位后的值；-x=仅在 eCAN 是不确定的。

表 17-16　CANBTC 各位描述

位	名　称	说　明
31～24	Reserved	保留位。读操作为不确定值,写操作无效
23～17	BRPreg[7：0]	数据传输速率预定标器。这个寄存器为数据传输速率设定预定标器。一个时间份额 TQ 的长度定义为 TQ=(1/SYSCLK)×(BRPreg+1),其中,SYSCLK 为 CAN 模块系统时钟的频率；BRPreg 表示预定标器的寄存器值,也就是写入 CANBTC 寄存器 23～17 位的值,当 CAN 访问它时,这个值自动加 1,增加以后的值表示为 BRP(BRP=BRPreg+1),BRP 从 1～256 可编程

续表

<table>
<tr><th>位</th><th>名 称</th><th>说 明</th></tr>
<tr><td>15～10</td><td>Reserved</td><td>保留位。读操作为不确定值，写操作无效</td></tr>
<tr><td>9～8</td><td>SJWreg[1：0]</td><td>同步跳转宽度控制位。SJW 参数指示了当进行重新同步时，可允许一个位延长或缩短多少个 TQ 单元。该值可以在 1(SJW=00b)和 4(SJW=11b)之间调整。
SJWreg 表示重新同步跳跃宽度的寄存器值，也就是写入 CANBTC 寄存器的 9～8 位中的值。当 CAN 模块访问它时，该值自动加 1。增加以后的值由符号 SJW 表示。
SJW＝SJWreg＋1
SJW 为 1～4 个 TQ，可编程设置。SJW 的最大值由 TSEG2 和 4 个 TQ 的最小值决定，即 SJW(max)＝min[4TQ，TSEG2]</td></tr>
<tr><td>7</td><td>SAM</td><td>该参数由 CAN 模块设置，确定 CAN 总线数据的采样次数。当 SAM 位被置位时，CAN 模块对总线上的每位数据进行 3 次采样，根据结果中占多数的值来决定最终的结果。
1 CAN 模块采样 3 个值并进行多数判决。只有在数据传输速率预定标值大于 4(BRP>4)时才选择这种 3 次采样模式。
0 CAN 模块在每个采样点处仅采样一次</td></tr>
<tr><td>6～3</td><td>TSEG1reg 3：0</td><td>时间段 1。CAN 总线上一个比特位的时间长度由参数 TSEG1、TSEG2 和 BRP 决定。所有 CAN 总线上的控制器必须具有相同的数据传输速率和位宽度。对于个别的具有不同时钟频率的控制器，其数据传输速率必须进行相应的调整。
这一参数以 TQ 单元为单位确定 TSEG1 段的长度。
TSEG1 合并了 PROP_SEG 和 PHASE_SEG1，TSEG1＝PROP_SEG＋PHASE_SEG1，其中，PROP_SEG 和 PHASE_SEG1 是以 TQ 单元为单位的段的长度。
TSEG1reg 表示时间段 1 的寄存器值，也就是写入寄存器 CANBTC 的 6～3 位的值。当 CAN 模块访问它时，该值自动加 1。增加以后的值由符号 TSEG1 表示。
TSEG1＝TSEG1reg＋1
应该合理选择 TSEG1 的值而使其大于或等于 TSEG2 和 IPT</td></tr>
<tr><td>2～0</td><td>TSEG2reg 2：0</td><td>时间段 2。TSEG2 以 TQ 单元为单位定义了 PHASE_SEG2 段的长度。TSEG2 在 1TQ～8TQ 范围内可编程，并且必须满足下面的定时规则：TSEG2 必须小于或等于 TSEG1 并且必须大于或等于 IPT。TSEG2reg 表示时间段 2 的寄存器值，也就是写入寄存器 CANBTC 的 2～0 位的值。当 CAN 模块访问它时，该值自动加 1。增加以后的值由符号 TSEG2 表示：TSEG2＝TSEG2reg 2＋1</td></tr>
</table>

17.4.13 错误和状态寄存器CANES

错误和状态寄存器是由CAN模块的实际状态信息位组成的，主要显示总线上的错误标志以及错误状态标志。错误和状态寄存器CANES的位情况如图17-34所示，各位描述如表17-17所示。

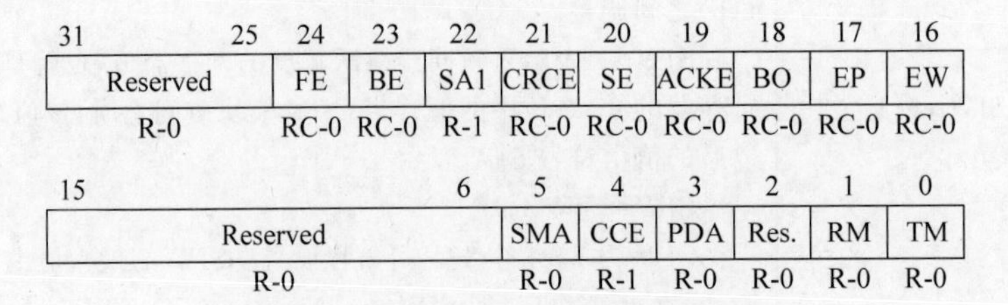

图17-34 错误和状态寄存器CANES

注：R=可读；C=清除；-n=复位后的值。

表17-17 CANES各位说明

位	名　称	说　明
31～25	Reserved	保留位。读操作为不确定值，写操作无效
24	PE	格式错误标志。 1 在总线上产生了格式错误，这意味着在总线上一个或多个固定格式位区域有错误状态。 0 没有检测到格式错误。CAN模块可以正确地发送和接收。
23	BE	位错误标志。 1 在发送仲裁位时或发送后，接收的位和发送的位不匹配。 0 没有检测到位错误
22	SA1	出现显性错误标志。SA1位在软、硬件复位或者总线禁止后总是1，当总线上检测到隐性位时，该位自动清零。 1 CAN没有检测到隐性位。 0 CAN检测到一个隐性位
21	CRCE	CRC错误。 1 CAN模块接收到一个CRC错误。 0 CAN模块没有接收到一个CRC错误
20	SE	填充错误(Stuff error)。 1 发生了一个填充位错误。 0 未发生填充位错误
19	ACKE	应答错误。 1 CAN没有接收到应答。 0 所有消息已被正确应答

续表

位	名　称	说　明
18	BO	总线禁止状态。CAN 模块处于总线禁止状态。 1　在 CAN 总线上出现了异常的错误率。当发送错误计数器值(CANTEC)达到 256 的限制时，将出现这一问题。在总线禁止状态，不能发送或接收消息。通过置位自动开启总线位(ABO)(CANMC.7)和在接收到 128×11 个隐性位后，可以退出总线禁止状态。在离开总线禁止状态后，错误计数器会清零。 0　正常操作
17	EP	被动错误状态。 1　CAN 处于被动错误(error-passive)模式。CANTEC 已经达到 128。 0　CAN 处于主动错误(error-active)模式
16	EW	警告状态。 1　两个错误计数器(CANREC 或 CANTEC)的其中一个达到了报警值 96。 0　两个错误计数器(CANREC 或 CANTEC)的值均小于 96
15～6	Reserved	读操作为不确定值，写操作无效
5	SMA	SUSPEND 模式确认。在激活 SUSPEND 模式以后，经过一个时钟周期(最多一个帧的长度)的等待时间，会置位该位。 1　模块已进入暂停模式。 0　模块未处于暂停模式
4	CCE	改变配置使能位。这一位显示了配置访问权限。操作时，在延迟一个时钟周期后，该位被置位。 1　CPU 已经对配置寄存器进行写操作。 0　CPU 禁止对配置寄存器进行写操作
3	PDA	掉电模式响应位。 1　CAN 模块已经进入了掉电模式。 0　正常操作
2	Reserved	保留位。读操作为不确定值，写操作无效
1	RM	接收模式位。CAN 模块处于接收模式。不管邮箱的配置如何，这一位反映的是 CAN 模块实际正在进行的操作。 1　CAN 模块正在接收消息。 0　CAN 模块没有接收消息
0	TM	发送模式位。CAN 模块处于发送模式。不管邮箱的配置如何，这一位反映的是 CPK 模块实际正在进行的操作。 1　CAN 模块正在发送消息。 0　CAN 模块没有发送消息

17.4.14 错误计数寄存器 CANTEC/CANREC

CAN 模块包含两个错误计数器：接收错误计数器 CANREC 和发送错误计数器 CANTEC。这两个寄存器都可以通过 CPU 来读取。根据 CAN2.0 协议规范，两个计数器可以递增或递减计数。这两个寄存器具体的位情况分别如图 17-35 和图 17-36 所示。

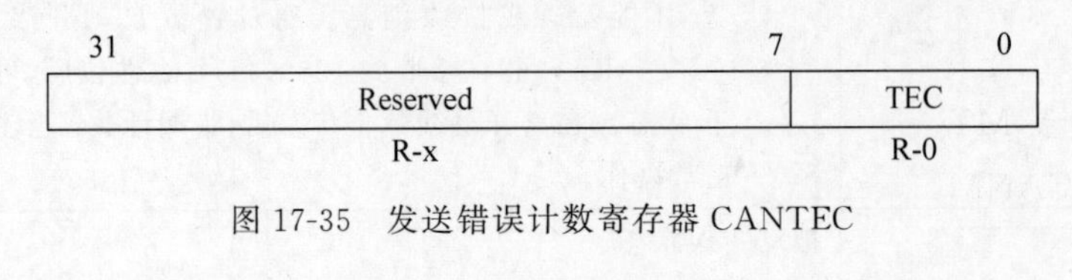

图 17-35 发送错误计数寄存器 CANTEC

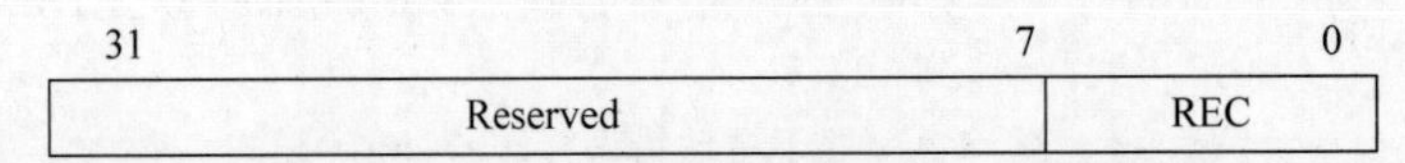

图 17-36 接收错误计数寄存器 CANREC

17.4.15 全局中断标志寄存器 CANGIF0/CANGIF1

CAN 模块如果相应的中断条件产生，则中断标志位将被置位。全局中断将根据 CANGIM 寄存器的 GIF 位的设置情况，将 CANGIF1 的中断标志位置位或者将 CANGIF0 的中断标志位置位。值得注意的是，CANGIFx 的标志位必须通过向 CANTA 或 CANRMP 寄存器的相关位写 1 来清除，而不能在 CANGIFx 寄存器中清除，这和之前的外设中断标志寄存器是不同的。CANGIF0 的位情况如图 17-37 所示，CANGIF1 的位情况如图 17-38 所示，各位描述如表 17-18 所示。

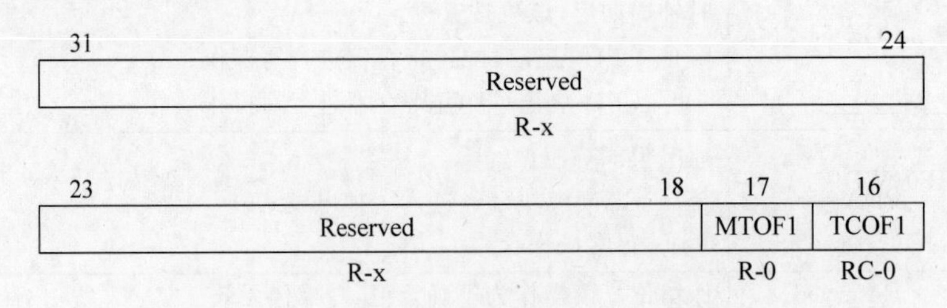

图 17-37 全局中断标志寄存器 CANGIF0

15	14	13	12	11	10	9	8
GMIF1	AAIF1	WDIF1	WUIF1	RMLIF1	BOIF1	EPIF1	WLIF1
R/W-0	R-0	RC-0	RC-0	R-0	RC-0	RC-0	RC-0

7	6	5	4	3	2	1	0
Reserved			MIV1.4	MIV1.3	MIV1.2	MIV1.1	MIV1.0
R/W-0			R-0	R-0	R-0	R-0	R-0

图 17-38 全局中断标志寄存器 CANGIF1

注：R=可读；C=清除；-n=复位后的值。仅 eCAN 在 SCC 中被保留。

注意：下面的比特位描述对 CANGIF0 和 CANGIF1 寄存器都适用。对于下面的中断标志，由寄存器 CANGIM 的 GIL 位决定是对寄存器 CANGIF0 还是对寄存器 CANGIF1 进行设置：

TCOFn、AAIFn、WDIFn、WUIFn、RMLIFn、BOIFn、EPIFn 和 WLIFn。

如果 GIL＝0，则对 CANGIF0 寄存器中的标志进行设置；如果 GIL＝1，则对 CANGIF1 寄存器中的标志进行设置。

同样，设置 MTOFn 和 GMIFn 位时，对寄存器 CANGIF0 和 CANGIF1 的选择将由寄存器 CANMIL 中的 MILn 位来决定。

表 17-18 CANGIF 各位描述

位	名　称	说　明
31～18	Reserved	保留位。读操作为不确定值，写操作无效
17	MTOF0/1	邮箱超时标志位。在 SCC 模式下，无该标志位。 1　某邮箱在特定的时间帧内没有发送或接收消息。 0　邮箱没有发生超时
16	TCOF0/1	定时邮递计数器溢出标志位。 1　定时邮递计数器的 MSB 从 0 变为 1。 0　定时邮递计数器的 MSB 为 0，也就是说，它没有从 0 变为 1
15	GMIF0/1	全局邮箱中断标志位。只有当在 CANMIM 寄存器中的对应邮箱中断屏蔽位已置位时，该位才可被置位。 1　某一邮箱成功地发送和接收了一个消息。 0　没有发送或接收任何消息
14	AAIF0/1	失败确认中断标志位。 1　发送请求已失败。 0　没有发送失败
13	WDIF0/WDIF1	“写拒绝”中断标志位。 1　CPU 对某邮箱的写操作失败。 0　CPU 对某邮箱的写操作成功
12	WUIF0/WUIF1	唤醒中断标志位。 1　在局部掉电过程期间，这一标志表示模块已退出休眠模式(sleep mode)。 0　模块仍处于休眠模式或正常模式
11	RMLIF0/1	“接收消息丢失”中断标志位。 1　至少有一个接收邮箱发生了溢出，并且 MILn 寄存器中的相应位已被置位。 0　没有丢失任何消息
10	BOIF0/BOIF1	总线禁止中断标志位。 1　CAN 模块已进入总线禁止模式。 0　CAN 模块仍处于总线运行模式

续表

位	名　称	说　明
9	EPIF0/EPIF1	被动错误中断标志位 1　CAN 模块已进入被动错误模式。 0　CAN 模块没有进入被动错误模式
8	WLIF0/WLIF1	警告级别中断标志位。 1　至少有一个错误计数器达到了警告级别。 0　没有错误计数器达到了警告级别
7～5	Reserved	保留位。读为不确定值,写无效
4～0	MIV0.4～0.0/ MIV1.4～1.0	邮箱中断向量在 SCC 模式下,只有 3～0 可用。 这个向量指出了置位全局邮箱中断标志的邮箱号。它会保存这个向量值,直到相应的位被清零或发生了一个更高优先级的邮箱中断。邮箱 31 具有最高的优先级,所以这是最大的中断向量。在 SCC 模式,邮箱 15 具有最高优先级,而邮箱 17～30 无效。 如果在 TA/RMP 寄存器中的标志没有置位并且 GMIF1 或 GMIF0 也清零,则该值为不确定值

17.4.16　全局中断屏蔽寄存器 CANGIM

全局中断屏蔽寄存器 CANGIM 的位情况如图 17-39 所示,各位描述如表 17-19 所示。

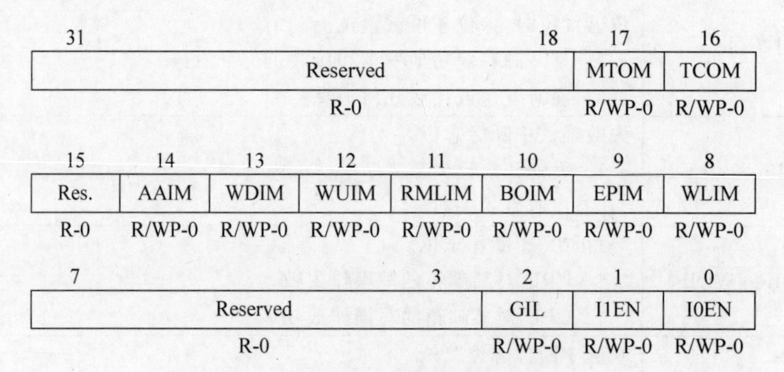

图 17-39　全局中断屏蔽寄存器 CANGIM

注：R＝可读；W＝可写；WP＝仅在 EALLOW 模式中可写；-n＝复位后的值。

表 17-19　CANGIM 各位描述

位	名　称	说　明
31～18	Reserved	读操作为不确定值,写操作无效
17	MTOM	邮箱超时中断屏蔽位。 1　使能。 0　禁止

续表

位	名　称	说　明
17	TCOM	定时邮递计数器溢出屏蔽位。 1　使能。 0　禁止
15	Reserved	保留位。读操作为不确定值,写操作无效
14	AAIM	失败响应中断屏蔽位。 1　使能。 0　禁止
13	WDIM	写拒绝中断屏蔽位。 1　使能。 0　禁止
12	WUIM	唤醒中断屏蔽位。 1　使能。 0　禁止
11	RMLIM	接收消息丢失中断屏蔽位。 1　使能。 0　禁止
10	BOIM	总线禁止中断屏蔽位。 1　使能。 0　禁止
9	EPIM	被动错误中断屏蔽位。 1　使能。 0　禁止
8	WLIM	警告标志中断屏蔽位。 1　使能。 0　禁止
7～3	Reserved	保留位。读操作为不确定值,写操作无效
2	GIL	中断 TCOF、WDIF、WUIF、BOIF、EPIF、WLIF 的全局中断级。 1　所有全局中断都映射到 ECAN1INT 中断线上。 0　所有全局中断都映射到 ECAN0INT 中断线上
1	I1EN	中断 1 使能。 1　如果相应的中断屏蔽位置位,ECAN1INT 中断线上的所有中断被使能。 0　ECAN1INT 中断线所有中断被禁止
0	I0EN	中断 0 使能。 1　如果相应的中断屏蔽位置位,ECAN0INT 中断线上的所有中断被使能。 0　ECAN0INT 中断线所有中断被禁止

17.4.17　邮箱中断屏蔽寄存器 CANMIM

每个邮箱都有一个中断标志,中断可以是接收中断,也可以是发送中断,具体由邮箱的配置决定。邮箱中断屏蔽寄存器 CANMIM 的位情况如图 17-40 所示，各位描述如表 17-20 所示。

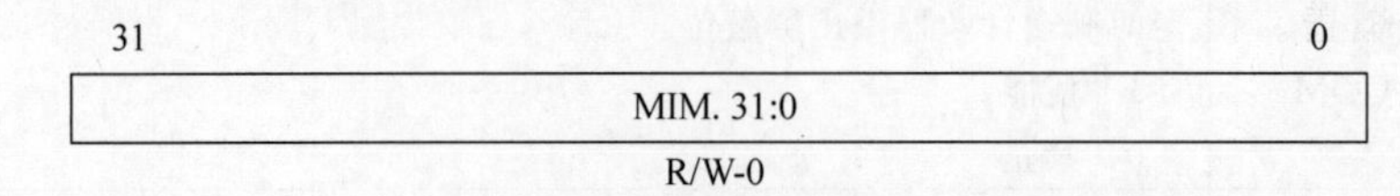

图 17-40 邮箱中断屏蔽寄存器 CANMIM

注：R=可读；W=可写；-n=复位后的值。

表 17-20 CANMIM 各位描述

位	名 称	说 明
31～0	MIM. 31：0	邮箱中断屏蔽位。在上电以后，所有的中断屏蔽位都被清 0，从而使所有邮箱中断都被禁止。另外，允许单独屏蔽某个邮箱的中断。 1 邮箱中断使能。当成功发送一个消息(对于发送邮箱)或成功接收一个消息而没有发生任何错误(对于接收邮箱)时，会产生一个中断。 0 禁止邮箱中断

17.4.18 邮箱中断级别设置寄存器 CANMIL

32 个邮箱中的任何一个都可以使两个中断线中的一个产生中断。如果 MILn=0，则中断产生在 ECAN0INT 上；如果 MILn=1，则中断产生在 ECAN1INT 上。邮箱中断级别设置寄存器 CANMIL 的位情况如图 17-41 所示，各位描述如表 17-21 所示。

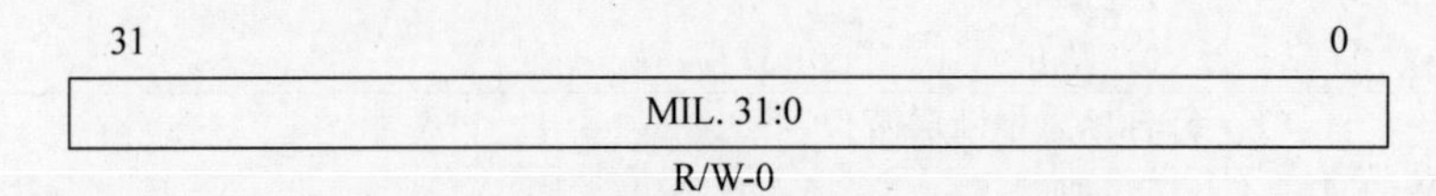

图 17-41 邮箱中断级别设置寄存器 CANMIL

注：R=可读；W=可写；-n=复位后的值。

表 17-21 CANMIL 各位描述

位	名 称	说 明
31～0	MIL. 31：0	邮箱中断级别位。这些位允许选择任意的邮箱中断级别。 1 在中断线 1 上产生邮箱中断。 0 在中断线 0 上产生邮箱中断

17.4.19 覆盖保护控制寄存器 CANOPC

如果邮箱 n 的 RMPn 置 1，也就是已经存放有一个消息，这时候如果接收到的新消息又是符合邮箱 n 的，则新消息的存储取决于 CANOPC 寄存器的设置。如果 OPCn 的相应位被置 1，那么原来的消息受到保护，不会被新的消息所覆盖，因此，下一个邮箱将被检测，判断是否与ID号匹配。如果没有找到邮箱，那么该消息将会被丢掉，同时不会产生任何报告。如果OPCn清除为0，那么旧的消息将被新的消息覆盖，同时会将接收消息丢失位PMLn置位，表示已经覆盖。覆盖保护控制寄存器CANOPC的位情况如图17-42所示，各位描述如表17-22所示。

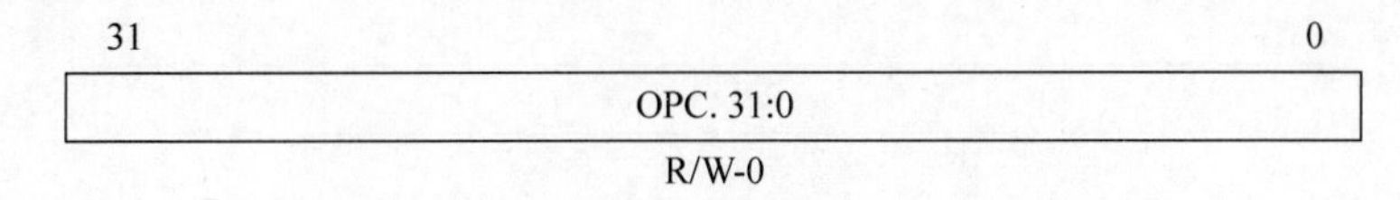

图17-42 覆盖保护控制寄存器CANOPC

注：R=可读；W=可写；-n=复位后的值。

表17-22 CANOPC各位描述

位	名　称	说　明
31～0	OPC. 31：0	覆盖保护控制位。 1 如果OPC[n]被置位，对应邮箱中的旧消息会对新的消息写保护而阻止被覆盖。 0 如果OPC[n]没有置位，则旧的消息将被新的消息覆盖

17.4.20 TX I/O控制寄存器CANTIOC

CANTX引脚应该配置为CAN使用，通过使用寄存器CANTIOC来完成，其位的具体情况如图17-43所示，各位描述如表17-23所示。

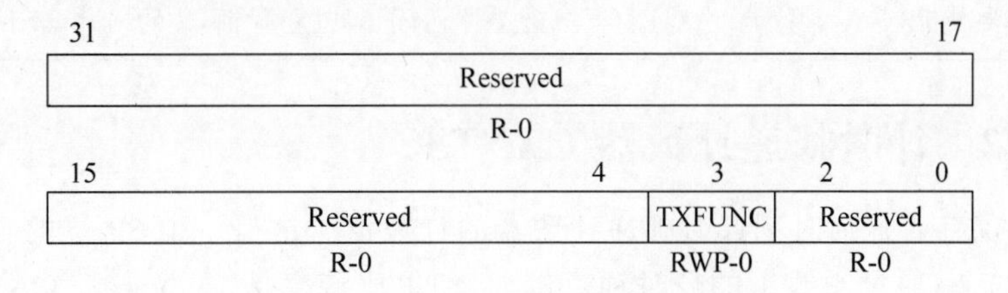

图17-43 TX I/O控制寄存器CANTIOC

注：R/W=可读/可写；RWP=在所有模式中可读，仅在特权模式中可写；-n=复位后的值。

表17-23 CANTIOC各位描述

位	名　称	说　明
31～4	Reserved	保留位。读为不确定值，写无效
3	TXFUNC	对CAN模块的这一位必须进行设置。 1 CANTX引脚用于CAN发送操作。 0 保留
2～0	Reserved	保留

17.4.21 RX I/O 控制寄存器 CANRIOC

CANRX 引脚应该配置为 CAN 使用，通过使用寄存器 CANRIOC 来完成，其位的具体情况如图 17-44 所示，各位描述如表 17-24 所示。

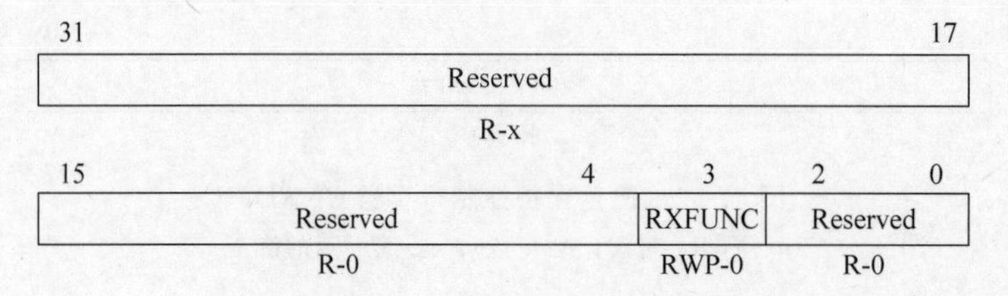

图 17-44 RX I/O 控制寄存器 CANRIOC

注：R/W＝可读/可写；RWP＝在所有模式下可读，仅在特权模式下可写；-n＝复位后的值；x＝不确定。

表 17-24 CANRIOC 各位描述

位	名 称	说 明
31～4	Reserved	保留位。读为不确定值，写无效。
3	RXFUNC	对 CAN 模块的这一位必须进行设置。 1 CANRX 引脚用于 CAN 接收操作。 0 保留
2～0	Reserved	保留

注意：如果想要使用 CAN 引脚的 GPIO 功能，则 GPFMUX 寄存器的 6 和 7 位必须写入 0。

17.4.22 计时邮递计数器 CANTSC

该寄存器保存着任何时刻计时邮递计数器的计数值。这是一个 32 位的自由运行的计数器，它使用的是 CAN 总线上的位时钟。例如，如果比特率是 1Mbps，则 CANTSC 每 1μs 增加 1。计时邮递计数器 CANTSC 的位情况如图 17-45 所示，各位描述如表 17-25 所示。

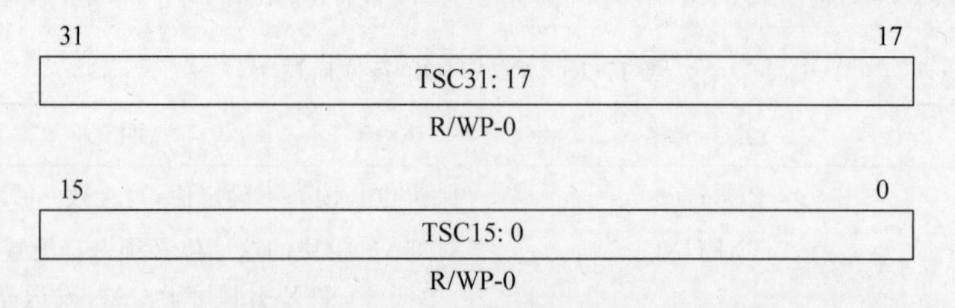

图 17-45 计时邮递计数器 CANTSC

注：R＝可读；WP＝仅在 EALLOW 使能模式下可写；-n＝复位后的值。

表 17-25　CANTSC 各位描述

位	名　称	说　明
31～0	TSC.31：0	计时邮递计数器寄存器。本地网络计时计数器的值(用于计时邮递和超时功能)

17.4.23　消息目标计时邮递寄存器 MOTS

当相应的邮箱数据被成功发送或者接收时，消息目标计时邮递寄存器将存放 TSC 的值。每个邮箱都有自己的 MOTS 寄存器。消息目标计时邮递寄存器 MOTS 的位情况如图 17-46 所示，各位描述如表 17-26 所示。

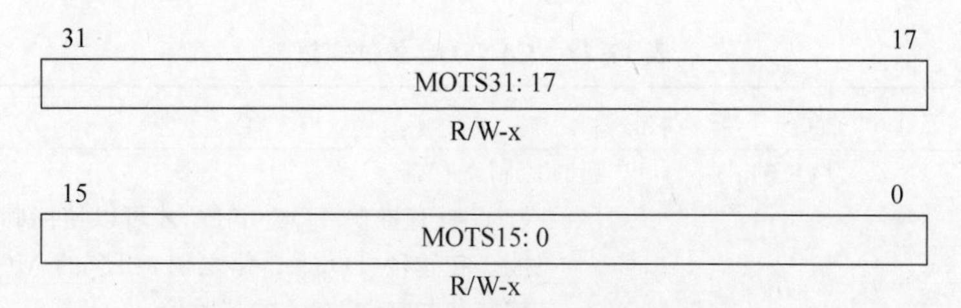

图 17-46　消息目标计时邮递寄存器 MOTS

注：R/W＝可读/可写；-n＝复位后的值；x＝不确定。

表 17-26　MOTS 各位描述

位	名　称	说　明
31～0	MOTS.31：0	消息目标计时邮递寄存器。当消息被成功发送或接收后，该寄存器会保持计时邮递计数器(CANTSC)的值

17.4.24　消息目标超时寄存器 MOTO

当相应的邮箱数据被成功发送或者接收时，该寄存器将保存 TSC 的超时值。每个邮箱都有自己的 MOTO 寄存器。消息目标超时寄存器 MOTO 的位情况如图 17-47 所示，各位描述如表 17-27 所示。

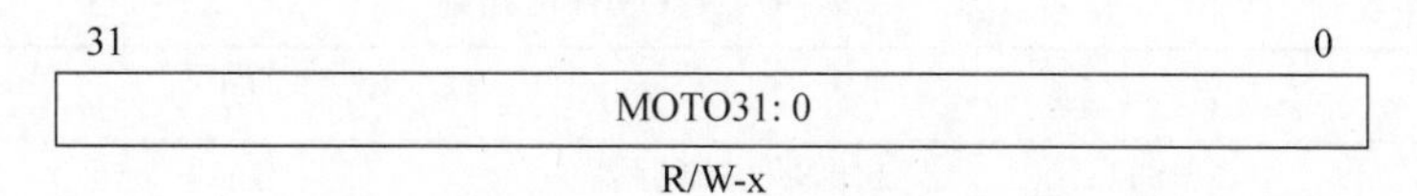

图 17-47　消息目标超时寄存器 MOTO

注：R/W＝可读/可写；-n＝复位后的值；x＝不确定。

表 17-27　MOTO 各位描述

位	名　称	说　明
31～0	MOTO31：0	消息目标超时寄存器 MOTO。存放用于发送或接收的时间标志计数器(TSC)的限制值

17.4.25 超时控制寄存器 CANTOC

该寄存器用来控制是否对某一个给定的邮箱进行超时功能使能。超时控制寄存器CANTOC的位情况如图17-48所示，各位描述如表17-28所示。

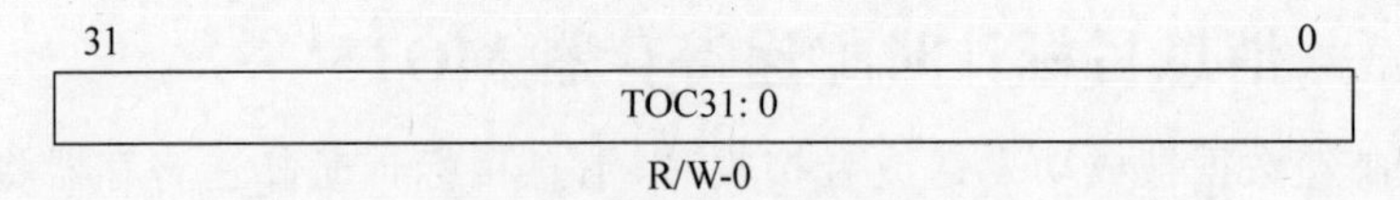

图17-48 超时控制寄存器CANTOC

注：R/W=可读/可写；-n=复位后的值；x=不确定。

表17-28 CANTOC各位描述

位	名称	说明
31～0	TOC31：0	超时控制寄存器。 1 CPU只有置位TOC[n]位，才可以使能邮箱n的超时功能。在置位TOC[n]位之前，相应的MOTO寄存器应该装载与TSC有关的超时值。 0 禁止超时功能。TOS[n]标志不置位

17.4.26 超时状态寄存器 CANTOS

该寄存器用来保存超时邮箱的状态信息，具体的超时状态寄存器CANTOS的位情况如图17-49所示，各位描述如表17-29所示。

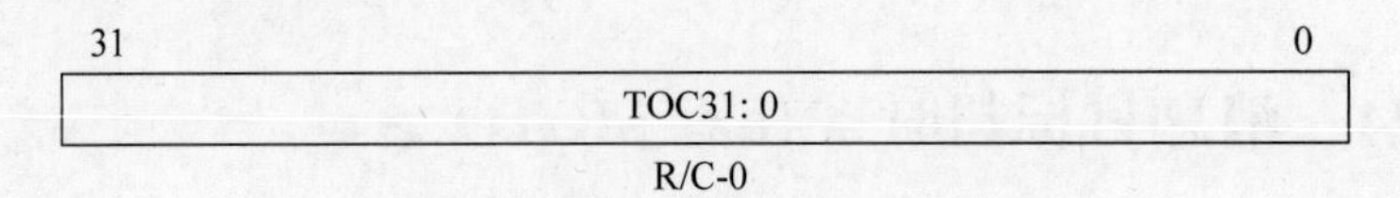

图17-49 超时状态寄存器CANTOS

注：R/C=可读/清除；-n=复位后的值；x=不确定。

表17-29 CANTOS各位描述

位	名称	说明
31～0	TOS31：0	超时状态寄存器。 1 邮箱n已超时。计数器的值大于或等于对应邮箱n的超时寄存器的值，并且此时TOC[n]已置位。 0 没有超时或此功能对于该邮箱已被禁止。 当以下3个条件全部满足时，TOSn被置位： TSC的值大于或等于超时寄存器MOTOn内的值； TOCn置位； TRSn置位

17.5　F28335 eCAN 模块的配置

前面已经详细介绍了 eCAN 模块的寄存器，下面介绍如何使用这些控制寄存器实现对 eCAN 模块的功能配置。

17.5.1　数据传输速率的配置

前面已经学过，数据传输速率就是指每秒钟所能够传输的位数，也就是说，如果知道了每一个位传输时需要多少时间，也就能够得到数据传输速率了。在 eCAN 模式下，CAN 总线上位的长度由参数 TSEG1（CANBTC[6～3]）、TSEG2（CANBTC[2～0]）和 BRP（CANBTC[23～17]）来确定。之前也介绍过 CAN 总线的位定时要求，如图 17-12 所示。CAN 协议定义了 PROP_SEG 和 PHASE_SEG1 结合构成了 TSEG1；TSEG2 定义了 PHASE_SEG2 时间段的长度。TESG1 和 TESG2 都是以 TQ 为单位的。TQ 是指时间份额，就是一个时间单位。由 SYSCLK 和 BRP 的值来确定，如式(17-7)所示。

$$TQ = \frac{BRP_{reg} + 1}{SYSCLK} \tag{17-7}$$

而由图 17-12 可以清楚地看到，CAN 总线中一个位的时间由 TQ、TESG1 和 TESG2 来组成，如式(17-8)所示。

$$BitTime = TQ + TSEG1 + TSEG2 \tag{17-8}$$

假设通过配置 CANBTC 寄存器，使得 $TSEG1=(1+TESG1_{reg})\times TQ$，$TSEG2=(1+TESG2_{reg})\times TQ$，那么：

$$\begin{aligned} BitTime &= (1 + TSEG1_{reg} + 1 + TSEG2_{reg} + 1) \times TQ \\ &= (3 + TSEG1_{reg} + TSEG2_{reg}) \times \frac{BRP_{reg} + 1}{SYSCLK} \end{aligned} \tag{17-9}$$

也就是说，CAN 总线需要传输一个比特位所花的时间为 BitTime，那么 1 秒内传输的比特位数即数据传输速率就为：

$$BaudRate = \frac{1}{BitTime} = \frac{SYSCLK}{(3 + TSEG1_{reg} + TSEG2_{reg})(1 + BRP_{reg})} \tag{17-10}$$

可能会有这样的疑问，已经知道了一个位的时间是由 TQ、TSEG1 和 TSEG2 组成的，那 TSEG1 和 TSEG2 的大小是不是可以随意选择呢？肯定不是的，在确定位时间的时候，需要满足以下规则：

- TSEG1≥TSEG2；
- IPT≤TSEG2≤8TQ；
- IPT 为信息处理时间，相当于位读取操作所需要的时间，IPT 约为 2TQ；
- SJW=min[4TQ，TSEG2]≥TQ，SJW 为同步跳转宽度；
- CAN 模块在对每一个位采样的时候，可以选择使用对这个位采样 3 次，然后取多数值的方法,也可以选择只采样一次作为采样值的方法。如果选择3次采样模式,那么必须选择$BRP_{reg} \geq 4$。

现在假设系统时钟工作于150MHz,$BRP_{reg}=9$,$TSEG1_{reg}=10$,$TSEG2_{reg}=2$,那么此时选择的数据传输速率就为:

$$\text{BaudRate}=\frac{150}{(3+10+2)\times(1+9)}=1(\text{MHz}) \tag{17-11}$$

从图17-12还可以看出,采样时刻出现在TSEG2之前,将采样时刻在整个位时间所处的位置定义为采样点SP,则SP的计算公式如式(17-12)所示。

$$\text{SP}=\frac{2+\text{TSEG1}_{reg}}{3+\text{TSEG1}_{reg}+\text{TSEG2}_{reg}}\times 100\% \tag{17-12}$$

也就是说,上面的例子当$TSEG1_{reg}=10$,$TSEG2_{reg}=2$时,采样点SP为80%。

17.5.2 邮箱初始化的配置

邮箱的初始化主要是配置邮箱的方向、标识符、消息帧的类型、是远程帧还是普通数据帧以及消息的数据长度等内容。邮箱初始化的步骤如图17-50所示。

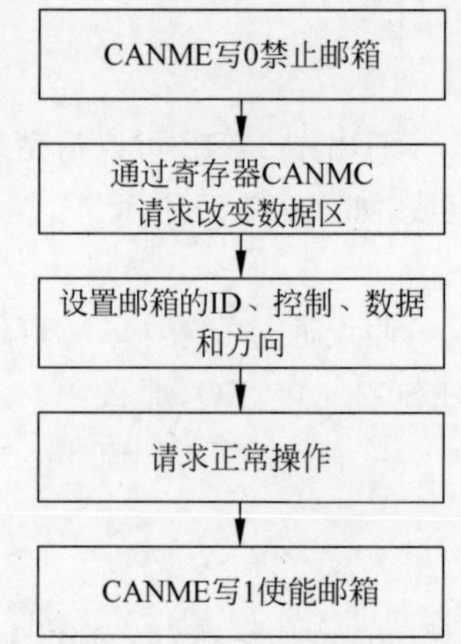

图17-50 邮箱初始化的步骤

假设将邮箱0配置为一个发送邮箱,将邮箱17配置为一个接收邮箱,采用扩展的普通数据帧,数据长度为8,则根据图17-50所示的邮箱初始化步骤,有:

```
struct ECAN_REGS ECanaShadow;
EALLOW;
ECanaShadow.CANMC.all = ECanaRegs.CANMC.all;
/*工作在正常模式*/
ECanaShadow.CANMC.bit.STM = 0;
/*工作在eCAN模式*/
ECanaShadow.CANMC.bit.SCM = 1;
ECanaRegs.CANMC.all = ECanaShadow.CANMC.all;
EDIS;
//第一步,向寄存器CANME写0禁止邮箱
ECanaRegs.CANME.all = 0;
//第二步,通过寄存器CANMC请求改变数据区
EALLOW;
ECanaShadow.CANMC.all = ECanaRegs.CANMC.all;
ECanaShadow.CANMC.bit.CDR = 1;
ECanaRegs.CANMC.all = ECanaShadow.CANMC.all;
EDIS;
//第三步,设置邮箱的ID、控制、数据、方向等
/*邮箱0为TX,17为RX*/
ECanaShadow.CANMD.all = ECanaRegs.CANMD.all;
ECanaShadow.CANMD.bit.MD0 = 0;
ECanaShadow.CANMD.bit.MD17 = 1;
```

```
ECanaRegs.CANMD.all = ECanaShadow.CANMD.all;
/*发送邮箱的ID号*/
ECanaMboxes.MBOX0.MID.all = 0x10C80000;
/*接收邮箱的ID号*/
ECanaMboxes.MBOX17.MID.all = 0x10C80000;
/*数据长度8个BYTE*/
ECanaMboxes.MBOX0.MCF.bit.DLC = 8;
ECanaMboxes.MBOX17.MCF.bit.DLC = 8;
//设置发送优先级
ECanaMboxes.MBOX0.MCF.bit.TPL = 0;
ECanaMboxes.MBOX17.MCF.bit.TPL = 0;
/*没有远方应答帧被请求*/
ECanaMboxes.MBOX0.MCF.bit.RTR = 0;
ECanaMboxes.MBOX17.MCF.bit.RTR = 0;
//向邮箱RAM区写数据
ECanaMboxes.MBOX0.MDRL.all = 0x01234567;
ECanaMboxes.MBOX0.MDRH.all = 0x89ABCDEF;
//第四步,请求正常操作
EALLOW;
ECanaShadow.CANMC.all = ECanaRegs.CANMC.all;
ECanaShadow.CANMC.bit.CDR = 0;
ECanaRegs.CANMC.all = ECanaShadow.CANMC.all;
EDIS;
//第五步向寄存器CANME写1使能邮箱
ECanaShadow.CANME.all = ECanaRegs.CANME.all;
ECanaShadow.CANME.bit.ME0 = 1;
ECanaShadow.CANME.bit.ME17 = 1;
ECanaRegs.CANME.all = ECanaShadow.CANME.all;
```

读上面例子的代码时可能会有些疑惑,比如在第五步中,向CANME中的某些位赋值时,为何要采用如此复杂的步骤呢?这里需要重点介绍一下对于CAN模块寄存器的操作方式。在之前的章节中,由于外设模块的控制寄存器都是17位的,因此采用的是17位寻址的方式。但是此处CAN模块能兼容17位和32位的寻址方式,当确定CAN的控制和状态寄存器为32位寻址,即选择了增强型CAN总线模式时,如果采用17位寻址方式,将会产生不确定的结果,所以eCAN的控制和状态寄存器需要作为一个特例来处理。对CAN模块的控制和状态寄存器有两种处理方式:

(1) 设置CAN总线为标准模式(SCC),此时则只有17个邮箱可用,即邮箱0～15,此时CAN模块的控制和状态寄存器可以采用17位寻址方式,也就是和之前对寄存器的操作方式相同。例如:

```
EALLOW;
ECanaRegs.CANME.bit.ME0 = 1;
EDIS;
```

(2) 设置CAN总线为增强型CAN总线模式,此时eCAN的控制和状态寄存器必须采用32位寻址方式。可以先将数据写入一个临时寄存器(Shadow Register)中,处理完数据后将32位数据用.all的形式写入寄存器中。

```
struct ECAN_REGS ECanaShadow;
ECanaShadow.CANME.all = ECanaRegs.CANME.all;
ECanaShadow.CANME.bit.ME0 =1;
ECanaRegs.CANME.all = ECanaShadow.CANME.all;
```

邮箱初始化以后,就可以对其进行实现发送或者接收操作了。

17.5.3 消息的发送操作

eCAN模块发送消息的过程如图17-51所示。eCAN模块发送消息的过程主要包括邮箱初始化、发送传输设置以及等待传输响应等几个步骤。

前面已经将邮箱0配置为发送邮箱,并已经将其初始化,根据图17-51所示的流程,使用邮箱0来发送消息的具体操作为:

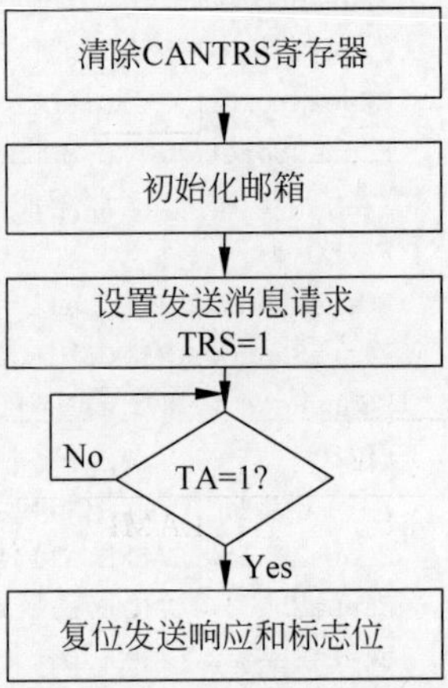

```
//第一步,清除 CANTRS 寄存器
ECanaRegs.CANTRR.all = 0xFFFFFFFF;
ECanaRegs.CANTA.all = 0xFFFFFFFF;
//第二步,初始化邮箱,见17.5.2节
//第三步,设置 TRS 请求发送标志,请求发送消息
ECanaShadow.CANTRS.all = 0;
ECanaShadow.CANTRS.bit.TRS0 = 1;
ECanaRegs.CANTRS.all = ECanaShadow.CANTRS.all;
//第四步,等待传输响应位置位,邮箱完成发送
while(ECanaRegs.CANTA.bit.TA0 == 0){}
//第五步,复位 TA 和传输标志,需要向相应的寄存器位写1才能清零
ECanaShadow.CANTA.all = 0;
ECanaShadow.CANTA.bit.TA0 = 1;
ECanaRegs.CANTA.all = ECanaShadow.CANTA.all;
```

清除CANTRS寄存器
初始化邮箱
设置发送消息请求 TRS=1
TA=1?
No
Yes
复位发送响应和标志位

图17-51 消息发送的流程图

17.5.4 消息的接收操作

当接收到一条消息时,接收消息的标识符首先和邮箱的标识符进行比较,然后,使用适当的接收器屏蔽将不需要比较的标识符屏蔽,如图17-52所示。eCAN模块有全局接收屏蔽寄存器CANGAM,同时,每个邮箱都有自己的局部接收屏蔽寄存器,或者叫滤波寄存器LAMn。这些屏蔽寄存器的作用就是指明哪些标识符位可以不进行比较。

在前面介绍控制和状态寄存器的时候已经介绍了全局接收屏蔽寄存器,这里补充介绍一下局部接收屏蔽寄存器LAMn,其位的具体情况如图17-53所示,各位描述如表17-30所示。

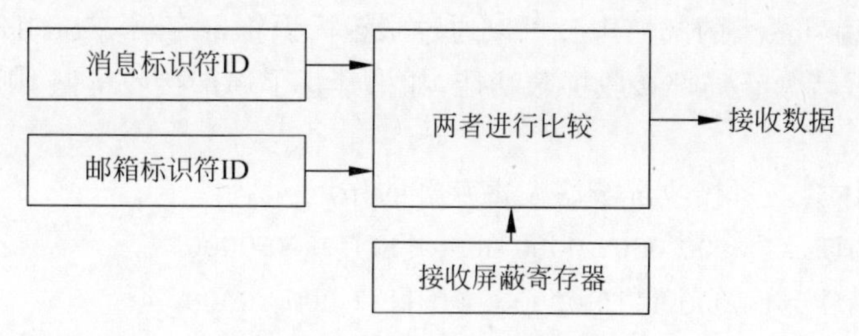

图 17-52 接收滤波过程

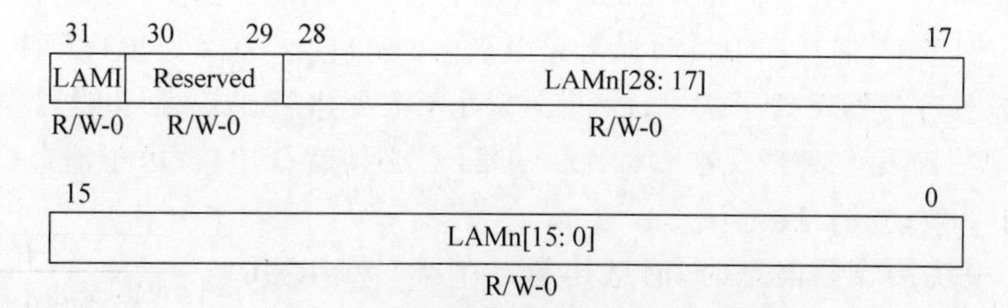

图 17-53 局部接收屏蔽寄存器 LAMn

注：R＝只读访问，W＝只写访问；-0＝复位后的值。

表 17-30 LAMn 各位描述

位	名 称	说 明
31	LAMI	局部接收屏蔽寄存器扩展位。 1 可以接收标准帧和扩展帧。对于扩展帧，邮箱中存储所有的29位标识符，而且局部接收屏蔽寄存器中的全部29位都被用于过滤操作。对于标准帧，仅仅使用标识符的第一个11位(28～18)，而且将使用局部接收屏蔽寄存器。 0 存储在邮箱中的标识符扩展位决定接收哪一个消息
30～29	Reserved	保留位。读为不确定值，写无效
28～0	LAMn[28：0]	这些位会使能对输入消息的任何标识符的屏蔽功能。 1 对接收的标识符的相应位允许是0或1(无关)。 0 接收的标识符的位值必须同 MSGID 寄存器中的相应的标识符位匹配

当 CAN 模块工作于标准 CAN 模式时，能够使用邮箱 0～15。邮箱 0～2 使用局部接收屏蔽寄存器 LAM0，邮箱 3～5 使用局部接收屏蔽寄存器 LAM3，邮箱 6～15 使用全局接收屏蔽寄存器 CAMGAM。

当 CAN 模块工作于增强型 CAN 模式时，能够使用邮箱 0～31。每个邮箱都使用自己的局部接收屏蔽寄存器 LAMn。

在接收屏蔽寄存器中没有被屏蔽的标识符位，相应的接收消息的标识符位必须同接收邮箱的标识符位相同，否则消息既不会接收也不会存放到邮箱中。接收到的消息存放在标识符匹配的邮箱编号最大的邮箱中。可以通过邮箱标识符寄存器 MSGID 的接收屏蔽使能位 AME 来使能或者禁止局部接收屏蔽功能,如果禁止了局部接收屏蔽,则所有的标识符都需要进行比较。

下面举例来体会一下接收屏蔽滤波寄存器的作用:

消息标识符 ID =1 0000 0000 0000 0000 1111 0000 0000

邮箱标识符 ID =1 0000 1110 0000 0000 1111 0000 0000

接收屏蔽　　 = 1 0000 1110 0000 0000 1111 0000 0000(消息被接收)

接收屏蔽　　 = 1 0000 0000 0000 0000 1111 0000 0000(消息被拒绝)

在上面的例子中,消息标识符和邮箱标识符在 D21、D22、D23 处出现了不同,第一种情况刚好接收屏蔽寄存器设置了 D21、D22、D23 处不需要进行比较,所以这 3 处不同将被忽略,消息被接收。而第二种情况在 D21、D22、D23 处必须就行比较,由于消息标识符和邮箱标识符此处不一致,故消息被拒绝。

当 CAN 模块接收到消息时,消息挂起寄存器 CANRMP 相应的位就会被置位,也就是告诉 CPU,对应的邮箱中已经接收并存储了数据,请 CPU 前去读取,然后,CPU 就可以读取接收邮箱数据寄存器中接收到的数据。接收消息的过程如图 17-54 所示。

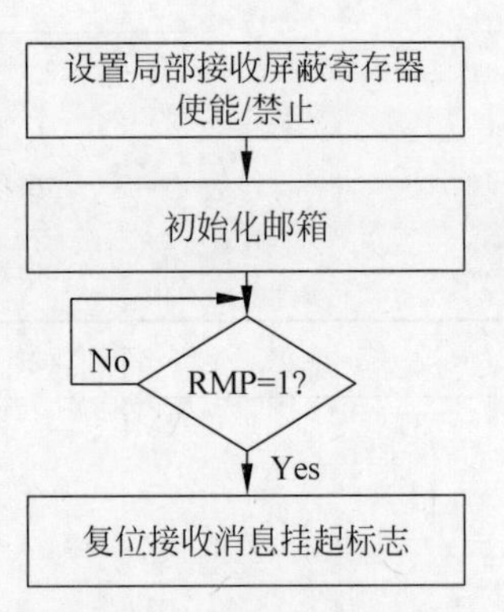

图 17-54　消息接收的流程图

前面已经将邮箱 17 配置为接收邮箱,并已经将其初始化,根据图 17-54 所示的流程,使用邮箱 17 来接收消息的具体操作为:

```
//第一步,设置局部接收屏蔽寄存器
/*使能局部接收屏蔽功能*/
ECanaMboxes.MBOX6.MID.bit.AME = 1;
//第二步,初始化邮箱,见 17.5.2 节
//第三步,等待接收响应标志置位
while(ECanaRegs.CANRMP.all != 0x00010000 );
//第四步,CPU 读取邮箱中的数据
/*收到的数据在接收邮箱 Mbox17 */
Rec_l = ECanaMboxes.MBOX17.MDRL.all;
Rec_h = ECanaMboxes.MBOX17.MDRH.all;
//第五步,复位接收消息挂起标志
ECanaRegs.CANRMP.all = 0x00010000;
```

17.6　eCAN 模块的中断

如图 17-55 所示,CAN 模块有两种类型的中断:一种是与邮箱相关的中断,例如,邮箱完成了消息的发送或者接收所响应的中断;另一种是和系统相关的中断,例如,写拒绝或者总线唤醒等中断。各位描述如表 17-31 所示。

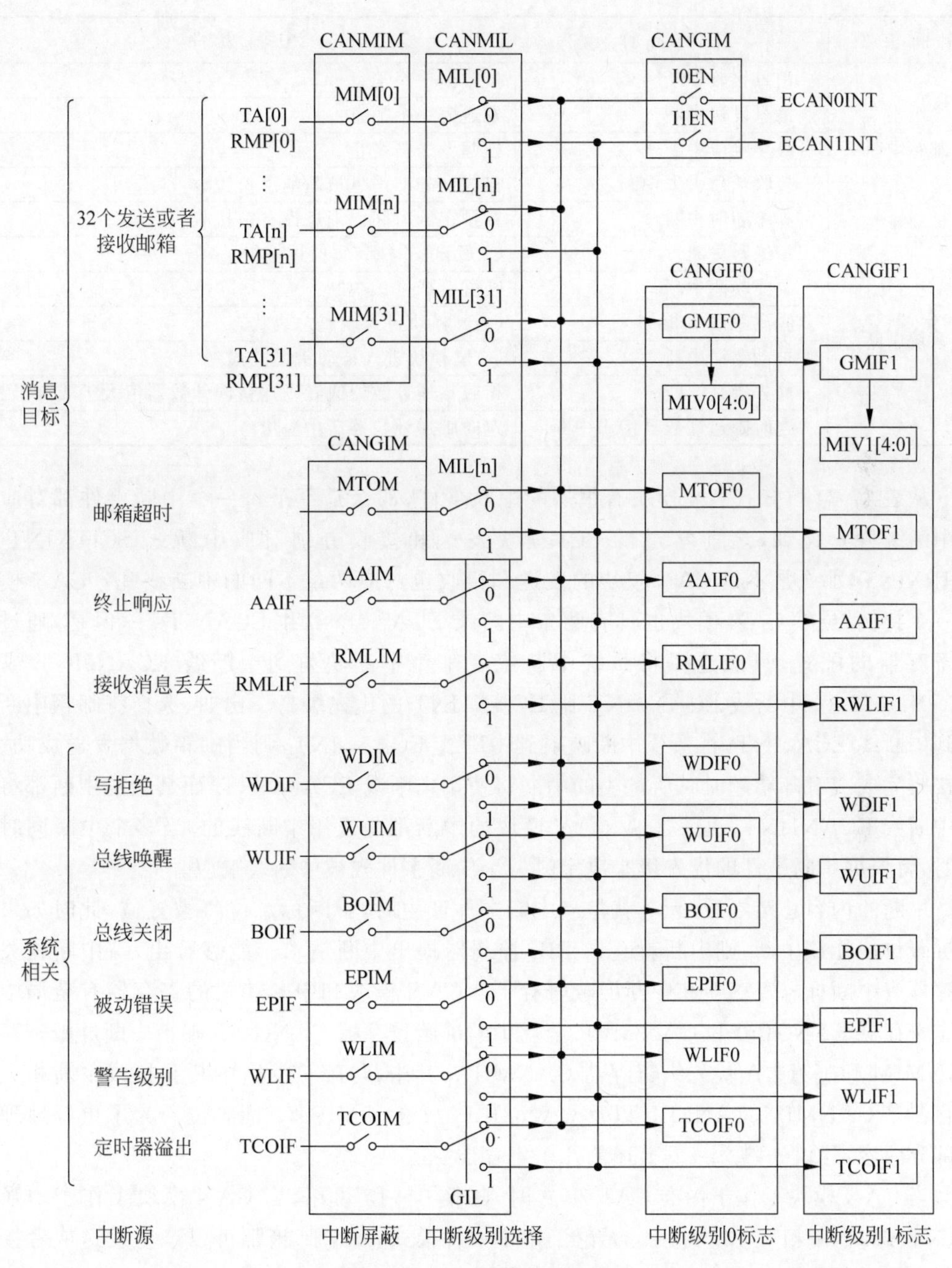

图 17-55 CAN 模块的中断

表 17-31　CAN 模块的中断类型

中断类型	中断名称	中断事件
邮箱中断	消息接收中断	接收到一个消息
	消息发送中断	发送完一个消息
	终止响应中断	挂起发送被终止
	接收消息丢失中断	接收到的旧消息被新消息覆盖
	邮箱超时中断	在预定的时间内消息没有被接收或者发送
系统中断	拒绝写中断	CPU 试图写邮箱,但被拒绝了
	总线唤醒中断	唤醒后产生该中断
	脱离总线中断	CAN 模块进入脱离总线状态
	被动错误中断	CAN 模块进入被动错误模式
	警告级别中断	接收错误计数器或者发送错误计数器值大于或等于 96
	定时邮递计数器溢出中断	定时邮递计数器产生溢出

从表 17-31 可知,CAN 模块有很多的中断事件,那么是不是每一个中断事件都对应一条中断线呢? 比如,之前学过的 SCI 模块发送和接收分别对应中断线 SCITXINT 和 SCIRXINT,那么是不是 CAN 模块的发送和接收也对应两条不同的中断线呢? CAN 模块是一个特例,虽然 CAN 模块也具有两条中断线 ECAN0INT 和 ECAN1INT,但是,通过相应寄存器的配置,只能选择将系统中断或者邮箱中断映射到中断线 ECAN0INT 或者 ECAN1INT 上,中断线 ECAN0INT 比 ECAN1INT 的优先级高。比如,选择将邮箱中断映射到中断线 ECA0INT,将系统中断映射到中断线 ECAN1INT,则当邮箱数据发送成功、数据接收完成或者邮箱超时时所产生的中断将使用中断线 ECAN0INT,而其余的中断都将使用中断线 ECAN1INT,也就是说,CAN 模块的中断都是复用中断线的,当多个中断同时产生时,将根据中断事件的优先级来决定哪一个中断事件先被中断线响应。

中断的内容总结之后,无非就是当中断事件产生时,中断标志位将被置位,此时如果中断屏蔽位使能该中断,则中断就会向 PIE 控制器提出中断请求。能够看出,与中断相关的寄存器有中断标志寄存器和中断屏蔽寄存器。CAN 模块和中断相关的寄存器有全局中断标志寄存器 CANGIF0 和 CANGIF1、全局中断屏蔽寄存器 CANGIM、邮箱中断屏蔽寄存器 CANMIM 和邮箱中断优先级寄存器 CANMIL。其中,与邮箱发送中断和接收中断相关的寄存器是 CANMIM、CANMIL 以及 CANGILF0/1 的 GMIF0/1 标志位。为了更好地理解这部分内容,建议先熟悉一下上述的几个寄存器。

当 CAN 模块工作于标准 CAN 模式时,邮箱 0～15 可用,当 CAN 模块工作于增强型 CAN 模式时,邮箱 0～31 可用。无论工作于哪种模式,每个邮箱都可以产生发送或者接收中断。每个邮箱都有一个专用的中断屏蔽位 MIMn 和中断级别位 MILn。中断级别位 MILn 决定了当邮箱产生中断事件时,该中断映射到 ECAN0INT 还是 ECAN1INT。如果接收邮箱接收到了 CAN 的消息,此时 RMPn=1,或者从发送邮箱发送了一条消息,此时 TAn=1,系统将根据 MILn 的情况来对中断标志位进行置位。如果 MILn 的值为 1,则

CANGIF1 的位 GMIF1 被置位，否则 CANGIF0 的位 GMIF0 被置位。如果相应的邮箱中断屏蔽位 MIMn 已经置位，则相应的中断线就会向 PIE 控制器提出中断请求。当邮箱产生中断时，可以通过寄存器 CANGIF0/1 的 MIV0/1 来判断是哪个邮箱产生了中断。

当发送请求复位寄存器的位 TRRn 置位后，将终止发送消息，此时，异常中断相应寄存器 CANAA 的位 AAn 和全局中断标志寄存器 CANGIF0/1 的终止响应中断标志 AAIF0/1 都被置位。如果 CANGIM 寄存器中的屏蔽位 AAIM 已经置位，则发送终止就会产生中断，相应的中断线向 PIE 控制器提出中断请求。

当接收消息丢失时，接收消息丢失寄存器 CANRML 的位 RMLn 和全局中断标志寄存器 CANGIF0/1 的位 RMLF0/1 都会被置位。如果 CANGIM 寄存器中的屏蔽位 RMLIM 已经置位，则接收消息发生丢失时便会产生中断，相应的中断线向 PIE 控制器提出中断请求。

当邮箱在规定的时间内没有接收消息或者发送完成消息，则产生一个超时事件，超时状态寄存器 CANTOS 的位 TOSn 和全局中断标志寄存器 CANGIF0/1 的位 MTOF0/1 被置位。如果 CANGIM 寄存器中的屏蔽位 MTOM 已经置位，则邮箱超时时便会产生中断，相应的中断线向 PIE 控制寄存器提出中断请求。

前面只是分析了 CAN 模块常见的一些中断事件，其余的中断发生情况也都是类似的，可以参照进行分析。需要指出的是，为了能够使得外设中断能够被正确响应，当退出中断服务子程序时，必须清除外设的中断标志位，CAN 模块也不例外。因此，CANGIF0 和 CANGIF1 寄存器的中断标志必须被清除，通过向相应的标志位写 1 即可清除相应的中断标志位，当然，也会存在一些例外的情况。各位描述如表 17-32 所示。

表 17-32 CAN 模块中断标志位的清除方法

中断标志位	中断条件	中断级别的确定	清除机制
WLIFn	接收错误计数器或者发送错误计数器计数值大于或等于 96	GIL	写 1 清除
EPIFn	CAN 模块进入被动错误模式	GIL	写 1 清除
BOIFn	CAN 模块进入总线禁止模式	GIL	写 1 清除
RMLIFn	有一个接收邮箱丢失了消息	GIL	写 1 将 RMPn 置位
WUIFn	CAN 模块退出了局部掉电模式	GIL	写 1 清除
WDIFn	写邮箱操作被拒绝	GIL	写 1 清除
AAIFn	发送请求被终止	GIL	通过清除 AAn 的置位清除
GMIFn	其中一个邮箱成功发送或者接收消息	MILn	写 1 到 CANTA 或者 CANRMP 寄存器的相应位来清除
TCOFn	TSC 的最高位从 0 变为 1	GIL	写 1 清除
MTOFn	在规定的时间内没有发送或者接收消息	MILn	通过清除 TOSn 的置位清除

17.7 手把手教你实现 CAN 通信

F28335 eCAN 模块的理论知识前面介绍得已经差不多了，下面通过两个具体的例子来学习如何使用 eCAN 实现消息的发送和接收。硬件上，除了需要使用 HDSP-Super28335 外，还需要一个 CAN 调试器，CAN 调试器可以将计算机虚拟成一个 CAN 节点，这样可以和 HDSP-Super28335 上的 CAN 接口进行通信，而且也可以通过上位机的调试软件和 CCS 来观察每个节点中邮箱的具体情况。

17.7.1 CAN 消息的发送

本实例将实现 HDSP-Super28335 上的 CAN 接口发送数据给 CAN 调试器，使用 F28335 的 eCANB，通信的数据传输速率为 500kbps，帧格式采用标准帧，邮箱采用 0 号邮箱作为发送邮箱，发送数据{0x00,0x01,0x02,0x03,0x04,0x05,0x06,0x07}。然后通过 CAN 调试器工具软件来接收数据，并将其显示出来，以便于分析。

程序的整体思路如下：

(1) 初始化系统，为系统分配时钟，处理看门狗电路等。

(2) 初始化 eCAN 模块。

(3) 在主函数中循环发送字符串。

参考程序见程序清单 17-1～程序清单 17-3。

程序清单 17-1 初始化系统模块

```
/***********************************************************************
* 文件名:DSP2833x_SysCtrl.c
* 功  能:对 F28335 的系统控制模块进行初始化
***********************************************************************/
#include "DSP2833x_Device.h"                 //包含头文件
#include "DSP2833x_Examples.h"               //包含头文件
void InitSysCtrl(void)
{
   DisableDog();                             //关看门狗
   //初始化 PLL 控制: PLLCR and DIVSEL
   //DSP28_PLLCR and DSP28_DIVSEL 在 DSP2833x_Examples.h 中有定义
   InitPll(DSP28_PLLCR,DSP28_DIVSEL);
   InitPeripheralClocks();                   //初始化外设时钟
}
void DisableDog(void)                        //禁止看门狗
{
    EALLOW;
    SysCtrlRegs.WDCR = 0x0068;
    EDIS;
```

```
}
void InitPll(Uint16 val, Uint16 divsel)                //PLL 初始化函数
{
   //确保锁相环没有在软模式下运行
   if (SysCtrlRegs.PLLSTS.bit.MCLKSTS != 0)
   {
        asm("        ESTOP0");
   }
//在 PLLCR 从 0x0000 更改之前,DIVSEL 必须为 0.通过外部重置 XRSn 将其设置为 0.
  if (SysCtrlRegs.PLLSTS.bit.DIVSEL != 0)
   {
        EALLOW;
        SysCtrlRegs.PLLSTS.bit.DIVSEL = 0;
        EDIS;
   }
   //改变 PLLCR 寄存器
   if (SysCtrlRegs.PLLCR.bit.DIV != val)
   {
        EALLOW;
        //在设置 PLLCR 之前,关闭丢失时钟检测逻辑
        SysCtrlRegs.PLLSTS.bit.MCLKOFF = 1;
        SysCtrlRegs.PLLCR.bit.DIV = val;
        EDIS;
        DisableDog();
        EALLOW;
        SysCtrlRegs.PLLSTS.bit.MCLKOFF = 0;
        EDIS;
    }
    if((divsel == 1)||(divsel == 2))
    {
          EALLOW;
          SysCtrlRegs.PLLSTS.bit.DIVSEL = divsel;
          EDIS;
    }
    if(divsel == 3)
    {
         EALLOW;
         SysCtrlRegs.PLLSTS.bit.DIVSEL = 2;
         DELAY_US(50L);
         SysCtrlRegs.PLLSTS.bit.DIVSEL = 3;
         EDIS;
    }
}
void InitPeripheralClocks(void)
{
   EALLOW;
```

```
    SysCtrlRegs.HISPCP.all = 0x0001;                    //高速外设时钟 HSPCLK = 75M
    SysCtrlRegs.LOSPCP.all = 0x0002;                    //低速外设时钟 LSPCLK = 37.5M
    SysCtrlRegs.PCLKCR0.bit.ECANBENCLK = 1;             //eCAN - B;
    EDIS;
}
```

程序清单 17-2　初始化 eCAN 模块

```
void InitECan(void)                                     //初始化 eCAN - B 模块
{
    struct ECAN_REGS ECanbShadow;
    EALLOW;
   //配置 GPIO 引脚工作在 eCAN 功能
    GpioCtrlRegs.GPAPUD.bit.GPIO16 = 1;             //禁止上拉 GPIO16 (CANTXB)
    GpioCtrlRegs.GPAPUD.bit.GPIO17 = 0;             //使能上拉 GPIO17 (CANRXB)
    GpioCtrlRegs.GPAQSEL2.bit.GPIO17 = 3;
    GpioCtrlRegs.GPAMUX2.bit.GPIO16 = 2;            //配置 GPIO16 为 CANTXB
    GpioCtrlRegs.GPAMUX2.bit.GPIO17 = 2;            //配置 GPIO17 为 CANRXB
   //配置 eCAN 的 RX 和 TX 分别为 eCAN 的接收和发送引脚
     ECanbShadow.CANTIOC.all = ECanbRegs.CANTIOC.all;
     ECanbShadow.CANTIOC.bit.TXFUNC = 1;
     ECanbRegs.CANTIOC.all = ECanbShadow.CANTIOC.all;
     ECanbShadow.CANRIOC.all = ECanbRegs.CANRIOC.all;
     ECanbShadow.CANRIOC.bit.RXFUNC = 1;
     ECanbRegs.CANRIOC.all = ECanbShadow.CANRIOC.all;
     ECanbShadow.CANMC.all = ECanbRegs.CANMC.all;
     ECanbShadow.CANMC.bit.STM = 0;                 //工作在正常模式
     ECanbShadow.CANMC.bit.SCB = 1;
     ECanbRegs.CANMC.all = ECanbShadow.CANMC.all;
    //初始化所有主设备控制区域为 0,MCF 所有的位都初始化为 0
     ECanbMboxes.MBOX0.MSGCTRL.all = 0x00000000;
     ECanbMboxes.MBOX1.MSGCTRL.all = 0x00000000;
     ECanbMboxes.MBOX2.MSGCTRL.all = 0x00000000;
     ECanbMboxes.MBOX3.MSGCTRL.all = 0x00000000;
     ECanbMboxes.MBOX4.MSGCTRL.all = 0x00000000;
     ECanbMboxes.MBOX5.MSGCTRL.all = 0x00000000;
     ECanbMboxes.MBOX6.MSGCTRL.all = 0x00000000;
     ECanbMboxes.MBOX7.MSGCTRL.all = 0x00000000;
     ECanbMboxes.MBOX8.MSGCTRL.all = 0x00000000;
     ECanbMboxes.MBOX9.MSGCTRL.all = 0x00000000;
     ECanbMboxes.MBOX10.MSGCTRL.all = 0x00000000;
     ECanbMboxes.MBOX11.MSGCTRL.all = 0x00000000;
     ECanbMboxes.MBOX12.MSGCTRL.all = 0x00000000;
     ECanbMboxes.MBOX13.MSGCTRL.all = 0x00000000;
     ECanbMboxes.MBOX14.MSGCTRL.all = 0x00000000;
     ECanbMboxes.MBOX15.MSGCTRL.all = 0x00000000;
     ECanbMboxes.MBOX16.MSGCTRL.all = 0x00000000;
     ECanbMboxes.MBOX17.MSGCTRL.all = 0x00000000;
```

```
EcanbMboxes.MBOX18.MSGCTRL.all = 0x00000000;
ECanbMboxes.MBOX19.MSGCTRL.all = 0x00000000;
ECanbMboxes.MBOX20.MSGCTRL.all = 0x00000000;
ECanbMboxes.MBOX21.MSGCTRL.all = 0x00000000;
ECanbMboxes.MBOX22.MSGCTRL.all = 0x00000000;
ECanbMboxes.MBOX23.MSGCTRL.all = 0x00000000;
ECanbMboxes.MBOX24.MSGCTRL.all = 0x00000000;
ECanbMboxes.MBOX25.MSGCTRL.all = 0x00000000;
ECanbMboxes.MBOX26.MSGCTRL.all = 0x00000000;
ECanbMboxes.MBOX27.MSGCTRL.all = 0x00000000;
ECanbMboxes.MBOX28.MSGCTRL.all = 0x00000000;
ECanbMboxes.MBOX29.MSGCTRL.all = 0x00000000;
ECanbMboxes.MBOX30.MSGCTRL.all = 0x00000000;
ECanbMboxes.MBOX31.MSGCTRL.all = 0x00000000;
ECanbShadow.CANTA.all = ECanbRegs.CANTA.all;
ECanbShadow.CANTA.all = 0xFFFFFFFF;
ECanbRegs.CANTA.all = ECanbShadow.CANTA.all;
ECanbShadow.CANRMP.all = ECanbRegs.CANRMP.all;
ECanbShadow.CANRMP.all = 0xFFFFFFFF;
ECanbRegs.CANRMP.all = ECanbShadow.CANRMP.all;
ECanbShadow.CANGIF0.all = ECanbRegs.CANGIF0.all;
ECanbShadow.CANGIF0.all = 0xFFFFFFFF;
ECanbRegs.CANGIF0.all = ECanbShadow.CANGIF0.all;
ECanbShadow.CANGIF1.all = ECanbRegs.CANGIF1.all;
ECanbShadow.CANGIF1.all = 0xFFFFFFFF;
ECanbRegs.CANGIF1.all = ECanbShadow.CANGIF1.all;
/* 为 eCANB 配置位定时参数 */
ECanbShadow.CANMC.all = ECanbRegs.CANMC.all;
ECanbShadow.CANMC.bit.CCR = 1 ;                    //设置 CCR = 1
ECanbRegs.CANMC.all = ECanbShadow.CANMC.all;
ECanbShadow.CANES.all = ECanbRegs.CANES.all;
do
{ECanbShadow.CANES.all = ECanbRegs.CANES.all;}
while(ECanbShadow.CANES.bit.CCE != 1 ) ;           //等待 CCE 位被置位
ECanbShadow.CANBTC.all = ECanbRegs.CANBTC.all;
ECanbShadow.CANBTC.bit.BRPREG = 9;
/* 150/10 = 15 */
ECanbShadow.CANBTC.bit.TSEG2REG = 2;
ECanbShadow.CANBTC.bit.TSEG1REG = 10;
ECanbRegs.CANBTC.all = ECanbShadow.CANBTC.all;
ECanbShadow.CANMC.all = ECanbRegs.CANMC.all;
ECanbShadow.CANMC.bit.CCR = 0 ;                    //Set CCR = 0
ECanbRegs.CANMC.all = ECanbShadow.CANMC.all;
do
{
  ECanbShadow.CANES.all = ECanbRegs.CANES.all;
```

```
    } while(ECanbShadow.CANES.bit.CCE != 0 );           //等待 CCE 位被清除
    ECanbShadow.CANME.all = ECanbRegs.CANME.all;
    ECanbShadow.CANME.all = 0;
    ECanbRegs.CANME.all = ECanbShadow.CANME.all;
    /* 发送邮箱的 ID 号 */
    ECanbMboxes.MBOX0.MSGID.all = 0x00C80000;            //标准帧
    /* 邮箱 0 为 TX,16 为 RX */
    ECanbShadow.CANMD.all = ECanbRegs.CANMD.all;
    ECanbShadow.CANMD.bit.MD0 =0;
    ECanbShadow.CANMD.bit.MD16 =1;
    ECanbRegs.CANMD.all = ECanbShadow.CANMD.all;
    /* 数据长度 8 个 BYTE */
    ECanbMboxes.MBOX0.MSGCTRL.bit.DLC = 8;
    ECanbMboxes.MBOX16.MSGCTRL.bit.DLC = 8;
    //设置发送优先级 2009.3.15 Add
    ECanbMboxes.MBOX0.MSGCTRL.bit.TPL = 0;
    ECanbMboxes.MBOX16.MSGCTRL.bit.TPL = 0;
    /* 没有远方应答帧被请求 */
    ECanbMboxes.MBOX0.MSGCTRL.bit.RTR = 0;
    ECanbMboxes.MBOX16.MSGCTRL.bit.RTR = 0;
   //向邮箱 RAM 区写数据
    ECanbMboxes.MBOX0.MDL.all = 0x01234567;
    ECanbMboxes.MBOX0.MDH.all = 0x89ABCDEF;
    //邮箱使能 Mailbox0
    ECanbShadow.CANME.all = ECanbRegs.CANME.all;
    ECanbShadow.CANME.bit.ME0 =1;
    ECanbShadow.CANME.bit.ME16 =1;
    ECanbRegs.CANME.all = ECanbShadow.CANME.all;
    EDIS;
}
```

程序清单 17-3 主函数

```
#include "DSP2833x_Device.h"                          //包含头文件
#include "DSP2833x_Examples.h"
//定义全局变量
Uint32 MessageSendCount;
Uint32 MessageReceiveCount;
void main(void)
{
     unsigned int i;
     unsigned char senddata[] = {0x00,0x01,0x02,0x03,0x04,0x05,0x06,0x07};
     InitSysCtrl();
     DINT;
     IER = 0x0000;
     IFR = 0x0000;
```

```
    InitPieCtrl();
    InitPieVectTable();
    InitECan();
    MessageSendCount = 0;
    MessageReceiveCount = 0;
    i = 0;
    for(;;)
    {
        ECanbRegs.CANTRS.all = 0x00000001;
        while(ECanbRegs.CANTA.all == 0){} ;          //等待 TA 被置位
        ECanbRegs.CANTA.all = 0x00000001;
        MessageSendCount++;                           //在这里设断点,观察
        ECanbMboxes.MBOX0.MDL.all = senddata[i];
        ECanbMboxes.MBOX0.MDH.all = senddata[i+1];
        i = i+2;
    if(i>8)
    i = 0;
    }
}
```

将 HDSP-Super28335 上的 CAN 接口同 CAN 调试器的接口通过导线连接好,然后运行此程序,CAN 调试工具软件接收到数据,其结果如图 17-56 所示。

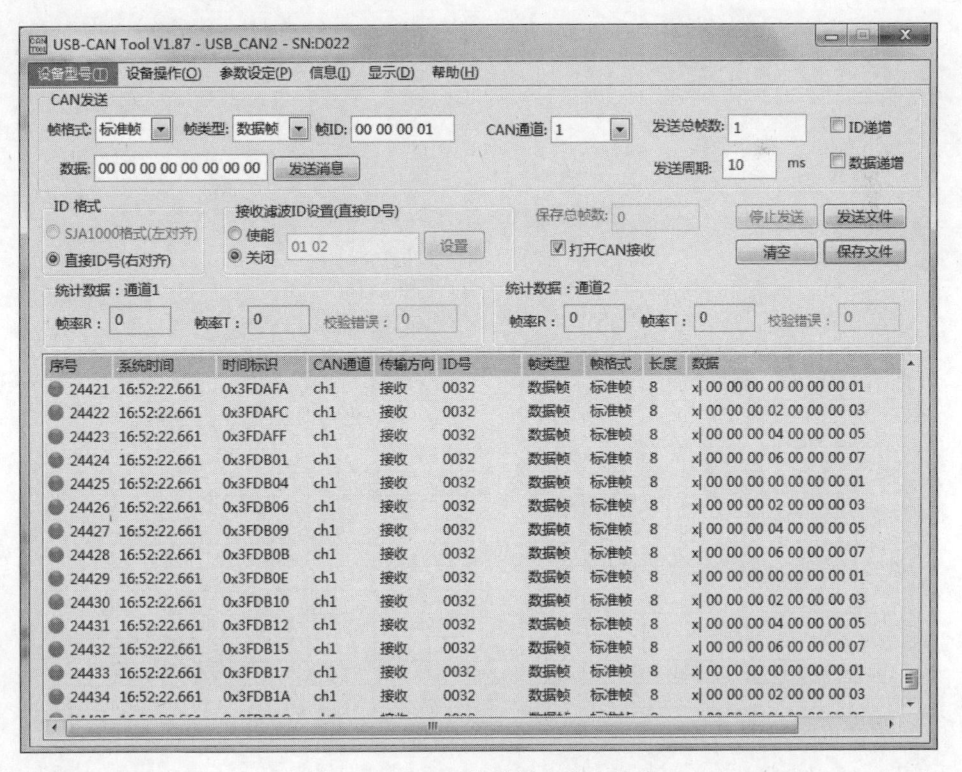

图 17-56 CAN 发送消息实验结果

从图 17-56 可以看到,CAN 调试器接收到的数据帧为标准帧,帧 ID 为 0x00C80000,第一帧接收到的数据是初始化值 0x0000000000000001,第二帧为 0x0000000200000003,第三帧为 0x0000000400000005,第四帧为 0x0000000600000007,结果完全正确。

17.7.2 CAN 消息的接收(中断方式)

本实例将使用 CAN 调试器发送数据给 HDSP-Super28335 上的 CAN 接口,DSP 的 eCANB 模块接收数据,通信的数据传输速率为 500kbps,帧格式采用扩展帧,邮箱采用 17 号邮箱作为接收邮箱,并采用中断的方式来接收数据,中断使用 ECAN0INTB 中断线。CAN 调试器给 F28335 发送的数据是"01 02 03 04 05 06 07 08",然后在中断服务子程序出设置断点,观察邮箱 17 接收到的数据。

程序的整体思路如下:

(1) 初始化系统,为系统分配时钟,处理看门狗电路等。

(2) 初始化 eCAN 模块。

(3) 写中断服务子程序,从邮箱读取接收到的数据。

参考程序见程序清单 17-4～程序清单 17-7。

程序清单 17-4 初始化系统模块

```
/*************************************************************************
* 文件名:DSP2833x_SysCtrl.c
* 功   能:对 F28335 的系统控制模块进行初始化
*************************************************************************/
#include "DSP2833x_Device.h"                    //包含头文件
#include "DSP2833x_Examples.h"
void InitSysCtrl(void)
{
   DisableDog();                                //关看门狗
   //初始化 PLL 控制: PLLCR and DIVSEL
   //DSP28_PLLCR and DSP28_DIVSEL 在 DSP2833x_Examples.h 中有定义
   InitPll(DSP28_PLLCR,DSP28_DIVSEL);
   InitPeripheralClocks();                      //初始化外设时钟
}
void DisableDog(void)                           //禁止看门狗
{
    EALLOW;
    SysCtrlRegs.WDCR = 0x0068;
    EDIS;
}
void InitPll(Uint16 val, Uint16 divsel)         //PLL 初始化函数
{
   //确保 PLL 没有运行在软模式
   if (SysCtrlRegs.PLLSTS.bit.MCLKSTS != 0)
```

```
    {
        asm("              ESTOP0");
    }
    if (SysCtrlRegs.PLLSTS.bit.DIVSEL != 0)
    {
          EALLOW;
          SysCtrlRegs.PLLSTS.bit.DIVSEL = 0;
          EDIS;
    }
    //改变 PLLCR 寄存器
    if (SysCtrlRegs.PLLCR.bit.DIV != val)
    {
         EALLOW;
         //配置 PLLCR 寄存器前关闭时钟丢失检测逻辑
         SysCtrlRegs.PLLSTS.bit.MCLKOFF = 1;
         SysCtrlRegs.PLLCR.bit.DIV = val;
         EDIS;
         DisableDog();
         EALLOW;
         SysCtrlRegs.PLLSTS.bit.MCLKOFF = 0;
         EDIS;
     }
     if((divsel == 1)||(divsel == 2))
     {
          EALLOW;
          SysCtrlRegs.PLLSTS.bit.DIVSEL = divsel;
          EDIS;
     }
     if(divsel == 3)
     {
          EALLOW;
          SysCtrlRegs.PLLSTS.bit.DIVSEL = 2;
          DELAY_US(50L);
          SysCtrlRegs.PLLSTS.bit.DIVSEL = 3;
          EDIS;
     }
}
void InitPeripheralClocks(void)
{
    EALLOW;
    SysCtrlRegs.HISPCP.all = 0x0001;                  //高速外设时钟 HSPCLK = 75M
    SysCtrlRegs.LOSPCP.all = 0x0002;                  //低速外设时钟 LSPCLK = 37.5M
    SysCtrlRegs.PCLKCR0.bit.ECANBENCLK = 1;           //eCAN - B;
    EDIS;
}
```

程序清单 17-5 初始化 CAN 模块

```
void InitECan(void)                                      //初始化 eCAN - B 模块
{
   struct ECAN_REGS ECanbShadow;
   EALLOW;
  //配置 GPIO 引脚工作在 eCAN 功能
   GpioCtrlRegs.GPAPUD.bit.GPIO16 = 1;
   GpioCtrlRegs.GPAPUD.bit.GPIO17 = 0;
   GpioCtrlRegs.GPAQSEL2.bit.GPIO17 = 3;)
   GpioCtrlRegs.GPAMUX2.bit.GPIO16 = 2;                  //CANTB 功能
   GpioCtrlRegs.GPAMUX2.bit.GPIO17 = 2;                  //CANRB 功能
  //配置 eCAN 的 RX 和 TX 分别为 eCAN 的接收和发送引脚
    ECanbShadow.CANTIOC.all = ECanbRegs.CANTIOC.all;
    ECanbShadow.CANTIOC.bit.TXFUNC = 1;
    ECanbRegs.CANTIOC.all = ECanbShadow.CANTIOC.all;
    ECanbShadow.CANRIOC.all = ECanbRegs.CANRIOC.all;
    ECanbShadow.CANRIOC.bit.RXFUNC = 1;
    ECanbRegs.CANRIOC.all = ECanbShadow.CANRIOC.all;
    ECanbShadow.CANMC.all = ECanbRegs.CANMC.all;
    ECanbShadow.CANMC.bit.STM = 0;                       //工作在正常模式
    ECanbShadow.CANMC.bit.SCB = 1;
    ECanbRegs.CANMC.all = ECanbShadow.CANMC.all;
   //初始化所有主设备控制区域为 0,MCF 所有的位都初始化为 0
    ECanbMboxes.MBOX0.MSGCTRL.all = 0x00000000;
    ECanbMboxes.MBOX1.MSGCTRL.all = 0x00000000;
    ECanbMboxes.MBOX2.MSGCTRL.all = 0x00000000;
    ECanbMboxes.MBOX3.MSGCTRL.all = 0x00000000;
    ECanbMboxes.MBOX4.MSGCTRL.all = 0x00000000;
    ECanbMboxes.MBOX5.MSGCTRL.all = 0x00000000;
    ECanbMboxes.MBOX6.MSGCTRL.all = 0x00000000;
    ECanbMboxes.MBOX7.MSGCTRL.all = 0x00000000;
    ECanbMboxes.MBOX8.MSGCTRL.all = 0x00000000;
    ECanbMboxes.MBOX9.MSGCTRL.all = 0x00000000;
    ECanbMboxes.MBOX10.MSGCTRL.all = 0x00000000;
    ECanbMboxes.MBOX11.MSGCTRL.all = 0x00000000;
    ECanbMboxes.MBOX12.MSGCTRL.all = 0x00000000;
    ECanbMboxes.MBOX13.MSGCTRL.all = 0x00000000;
    ECanbMboxes.MBOX14.MSGCTRL.all = 0x00000000;
    ECanbMboxes.MBOX15.MSGCTRL.all = 0x00000000;
    ECanbMboxes.MBOX16.MSGCTRL.all = 0x00000000;
    ECanbMboxes.MBOX17.MSGCTRL.all = 0x00000000;
    ECanbMboxes.MBOX18.MSGCTRL.all = 0x00000000;
    ECanbMboxes.MBOX19.MSGCTRL.all = 0x00000000;
    ECanbMboxes.MBOX20.MSGCTRL.all = 0x00000000;
    ECanbMboxes.MBOX21.MSGCTRL.all = 0x00000000;
```

```
ECanbMboxes.MBOX22.MSGCTRL.all = 0x00000000;
ECanbMboxes.MBOX23.MSGCTRL.all = 0x00000000;
ECanbMboxes.MBOX24.MSGCTRL.all = 0x00000000;
ECanbMboxes.MBOX25.MSGCTRL.all = 0x00000000;
ECanbMboxes.MBOX26.MSGCTRL.all = 0x00000000;
ECanbMboxes.MBOX27.MSGCTRL.all = 0x00000000;
ECanbMboxes.MBOX28.MSGCTRL.all = 0x00000000;
ECanbMboxes.MBOX29.MSGCTRL.all = 0x00000000;
ECanbMboxes.MBOX30.MSGCTRL.all = 0x00000000;
ECanbMboxes.MBOX31.MSGCTRL.all = 0x00000000;
ECanbShadow.CANTA.all = ECanbRegs.CANTA.all;
ECanbShadow.CANTA.all = 0xFFFFFFFF;
ECanbRegs.CANTA.all = ECanbShadow.CANTA.all;
ECanbShadow.CANRMP.all = ECanbRegs.CANRMP.all;
ECanbShadow.CANRMP.all = 0xFFFFFFFF;
ECanbRegs.CANRMP.all = ECanbShadow.CANRMP.all;
ECanbShadow.CANGIF0.all = ECanbRegs.CANGIF0.all;
ECanbShadow.CANGIF0.all = 0xFFFFFFFF;
ECanbRegs.CANGIF0.all = ECanbShadow.CANGIF0.all;
ECanbShadow.CANGIF1.all = ECanbRegs.CANGIF1.all;
ECanbShadow.CANGIF1.all = 0xFFFFFFFF;
ECanbRegs.CANGIF1.all = ECanbShadow.CANGIF1.all;
/* 为 eCANB 配置位时间参数 */
ECanbShadow.CANMC.all = ECanbRegs.CANMC.all;
ECanbShadow.CANMC.bit.CCR = 1 ;
ECanbRegs.CANMC.all = ECanbShadow.CANMC.all;
do
{
 ECanbShadow.CANES.all = ECanbRegs.CANES.all;
} while(ECanbShadow.CANES.bit.CCE != 1 );                    //等待 CCE 位被清除
ECanbShadow.CANBTC.all = ECanbRegs.CANBTC.all;
ECanbShadow.CANBTC.bit.BRPREG = 9;                           //数据传输速率
/* 150/10 = 15 */
ECanbShadow.CANBTC.bit.TSEG2REG = 2;
ECanbShadow.CANBTC.bit.TSEG1REG = 10;
ECanbRegs.CANBTC.all = ECanbShadow.CANBTC.all;
ECanbShadow.CANMC.all = ECanbRegs.CANMC.all;
ECanbShadow.CANMC.bit.CCR = 0 ;
ECanbRegs.CANMC.all = ECanbShadow.CANMC.all;
do
{
  ECanbShadow.CANES.all = ECanbRegs.CANES.all;
} while(ECanbShadow.CANES.bit.CCE != 0 );                    //等待 CCE 位被置位
ECanbShadow.CANME.all = ECanbRegs.CANME.all;
ECanbShadow.CANME.all = 0;
ECanbRegs.CANME.all = ECanbShadow.CANME.all;
```

```
    /*接收邮箱的 ID 号*/
    ECanbMboxes.MBOX16.MSGID.all = 0x80C20000;              //扩展帧
    /*邮箱 0 为 TX,16 为 RX*/
    ECanbShadow.CANMD.all = ECanbRegs.CANMD.all;
    ECanbShadow.CANMD.bit.MD16 =1;
    ECanbRegs.CANMD.all = ECanbShadow.CANMD.all;
    /*数据长度 8 个 BYTE*/
    ECanbMboxes.MBOX16.MSGCTRL.bit.DLC = 8;
    //设置发送优先级 2009.3.15 Add
    //ECanbMboxes.MBOX16.MSGCTRL.bit.TPL = 0;
    /*没有远方应答帧被请求*/
    ECanbMboxes.MBOX16.MSGCTRL.bit.RTR = 0;
   //向邮箱 RAM 区写数据
    //ECanbMboxes.MBOX0.MDH.all = 0x89ABCDEF;
    //邮箱使能 Mailbox0
    ECanbShadow.CANME.all = ECanbRegs.CANME.all;
    ECanbShadow.CANME.bit.ME16 =1;
    ECanbRegs.CANME.all = ECanbShadow.CANME.all;
    ECanbRegs.CANMIM.all = 0xFFFFFFFF;
    //邮箱中断将产生在 ECAN0INT
    ECanbRegs.CANMIL.all = 0;
    ECanbRegs.CANGIF0.all = 0xFFFFFFFF;
    //ECAN0INT 中断请求线被使能
    ECanbRegs.CANGIM.bit.I0EN = 1;
    EDIS;
}
```

程序清单 17-6　主函数

```
#include "DSP2833x_Device.h"                               //包含头文件
#include "DSP2833x_Examples.h"
void main(void)
{
    InitSysCtrl();
    DINT;
    IER = 0x0000;
    IFR = 0x0000;
    InitPieCtrl();
    InitPieVectTable();
    InitECan();
    //使能 PIE 中断
    PieCtrlRegs.PIEIER9.bit.INTx7 = 1;
    //使能 CPU 中断
    IER |= M_INT9;
    EINT;                                                  //开全局中断
```

```
    ERTM;                                           //开实时中断
    for(;;)
    {
    }
}
```

程序清单 17-7　中断服务子程序

```
Uint32 Rec_l;
Uint32 Rec_h;
interrupt void ECAN0INTB_ISR(void)                  //eCAN - B
{
    while(ECanbRegs.CANRMP.all != 0x00010000 ) ;
    ECanbRegs.CANRMP.all = 0x00010000;              //复位 RMP 标志,同时也复位中断标志
    Rec_l = ECanbMboxes.MBOX16.MDL.all;             //接收到的数据在接收邮箱 Mbox16
    Rec_h = ECanbMboxes.MBOX16.MDH.all;
    PieCtrlRegs.PIEACK.bit.ACK9 = 1;
    EINT;
}
```

将 HDSP-Super28335 上的 CAN 接口同 CAN 调试器的接口通过导线连接好,然后运行此程序,在中断服务子程序的最后一行代码处设置断点,然后设置 CAN 调试工具,其软件的参数设置如图 17-57 所示,然后单击“发送消息”按钮。

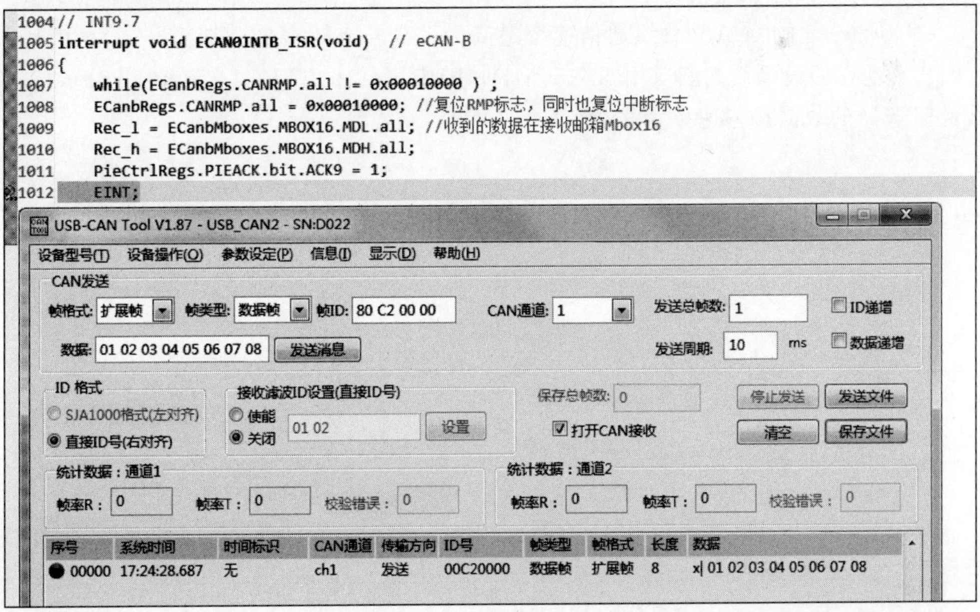

图 17-57　CAN 调试工具软件参数设置

CAN 调试工具将数据发出以后，F28335 的程序将在中断服务子程序的断点处暂停下来，说明 F28335 接收到了数据；然后将变量 Rec_l 和 Rec_h 添加到 Watch Window 中，观察 DSP 所接收到的数据，结果如图 17-58 所示。

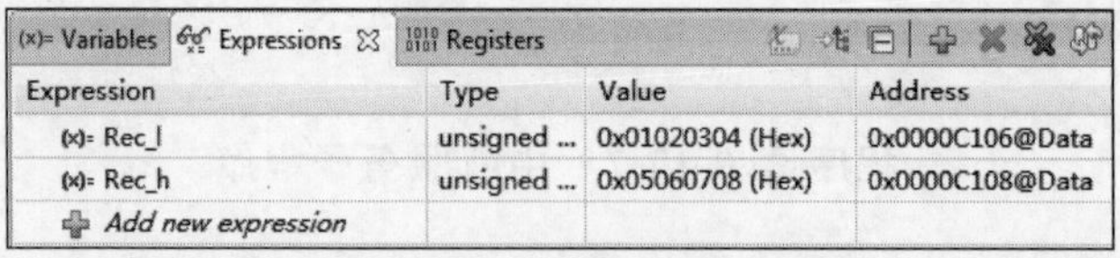

(x)= Variables | Expressions | Registers

Expression	Type	Value	Address
(x)= Rec_l	unsigned ...	0x01020304 (Hex)	0x0000C106@Data
(x)= Rec_h	unsigned ...	0x05060708 (Hex)	0x0000C108@Data
Add new expression			

图 17-58　CAN 接收消息的结果

从图 17-58 可以看出，变量 Rec_l 的值是 0x01 02 03 04，变量 Rec_h 的值是 0x05 06 07 08，结果完全正确。

本章首先详细介绍了 CAN2.0B 协议的由来、特点及其具体的内容，然后详细介绍了 F28335 eCAN 模块的结构、寄存器、具体的配置、中断等方面的知识，最后举例说明了如何实现使用 eCAN 模块进行通信，完成发送数据和接收数据的操作。

习题

17-1　CAN 总线两端应加终端电阻，其标准阻值为多少？

17-2　CAN2.0B 支持哪两种帧格式？有什么区别？

17-3　CAN 支持哪些帧类型？

17-4　F28335 的 eCAN 总线通信速率最高为多少？支持多少个邮箱？

17-5　现在假设系统时钟工作于 150MHz，$BRP_{reg}=19$，$TSEG1_{reg}=10$，$TSEG2_{reg}=2$，那么此时选择的数据传输速率为多少？

第18章 将程序烧写在Flash中

前面介绍的工程都是通过仿真器下载到F28335的RAM中调试运行的，如果DSP掉电，则RAM中的代码就会失去，所以当调试完成后，工程就需要固化到Flash中，使其能够脱离CCS开发环境和仿真器而独立运行。本章将介绍F28335上电的启动过程，如何将工程烧写在Flash中运行，以及如何将代码段从Flash复制到RAM中运行。

18.1 F28335的上电启动过程

如果工程被正确地烧写在F28335的Flash中，当DSP上电时，程序就会自动脱机运行，那么，F28335究竟是如何开始工作的？它是怎么知道要去运行这些代码的？这里面肯定有一套运行机制，也就是F28335上电的启动过程。

首先来看F28335内部的boot ROM，它是一块8K×16位的只读存储器，地址为0x3F E000～0x3F FFFF。"只读"说明用户只能对其进行读取操作，而不能进行修改。在出厂时，boot ROM内固化了引导加载程序、定点数学表、浮点数学表、复位向量、CPU向量等内容。boot ROM存储器映像如图18-1所示。

在图18-1中，0x3F FFC0处的是DSP的复位向量，复位向量中存放的是指向InitBoot函数的地址。InitBoot函数的功能是对DSP启动进行一些初始化操作。

F28335的上电启动过程如图18-2所示。F28335的启动代码固化在boot ROM中，当F28335上电或者热复位后，首先由芯片本身对一些寄存器进行初始化，比如禁止PIE，设置CPU状态寄存器ST1的VMAP、OBJMODE、AMODE、M0M1MAP等位，然后从boot ROM中获取复位向量。

boot ROM中的复位向量（位于0x3F FFC0）指向的是InitBoot函数（位于0x3F FC00），从而F28335开始执行InitBoot。InitBoot函数所做的工作主要有：初始化状态寄存器；将堆栈指针设为0x400；读CSM密码保护部分；调用SelectBootMode，选择引导模式；调用ADC校准函数ADC_cal()；调用ExitBoot，退出启动初始化。最后，跳转到Flash模式的起始地址，也就是0x33 FFF6，开始执行用户的C语言程序。

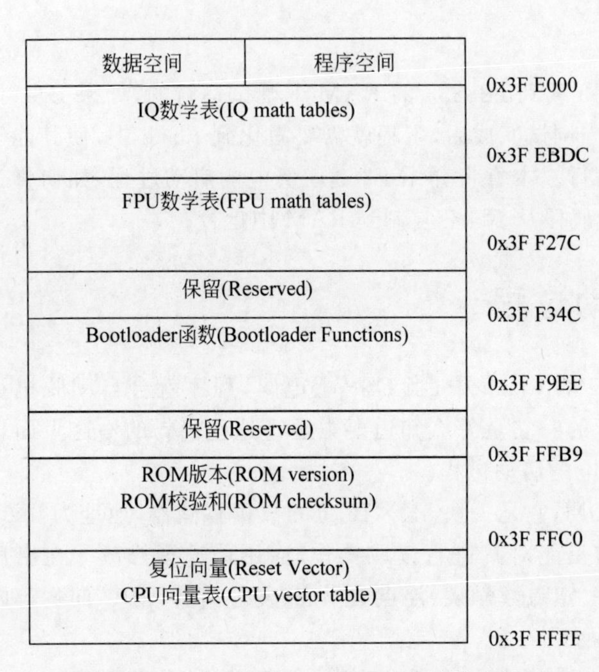

图 18-1　F28335 boot ROM 的存储器映像

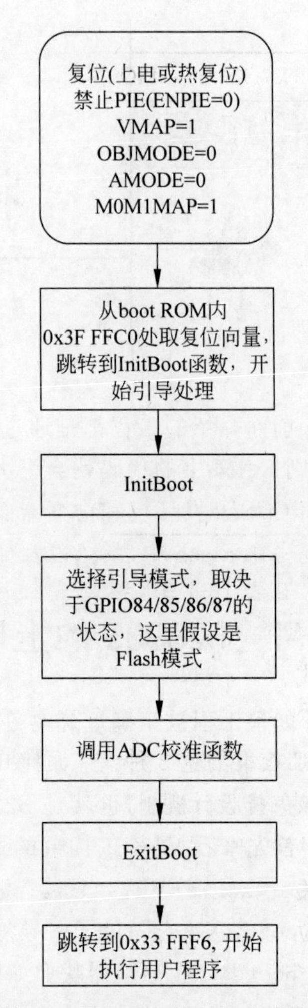

图 18-2　F28335 的上电启动过程

在前面介绍的 F28335 的上电启动过程中，引导模式假定为 Flash 模式，而事实上，为了满足不同系统的需求，F28335 的 boot ROM 具有多种引导模式，启动时选择何种引导模式取决于 4 个 GPIO 引脚的电平状态，它们分别是 GPIO84、GPIO85、GPIO86 和 GPIO87。引导模式与这些引脚电平的关系如表 18-1 所示。

表 18-1　引导模式选择

GPIO87/XA15	GPIO86/XA14	GPIO85/XA13	GPIO84/XA12	启 动 模 式
1	1	1	1	跳转到 Flash，Flash 模式
1	1	1	0	SCI-A 引导
1	1	0	1	SPI-A 引导
1	1	0	0	I2C-A 引导

续表

GPIO87/XA15	GPIO86/XA14	GPIO85/XA13	GPIO84/XA12	启动模式
1	0	1	1	eCAN-A 引导
1	0	1	0	McBSP-A 引导
1	0	0	1	跳转到 XINTF x16
1	0	0	0	跳转到 XINTF x32
0	1	1	1	跳转到 OTP
0	1	1	0	并行 GPIO I/O 引导
0	1	0	1	并行 XINTF 引导
0	1	0	0	跳转到 SARAM
0	0	1	1	跳转到检测引导模式分支
0	0	1	0	跳过 ADC 校准,跳转到 Flash
0	0	0	1	跳过 ADC 校准,跳转到 SARAM
0	0	0	0	跳过 ADC 校准,跳转到 SCI

在表 18-1 中,当 GPIO 引脚检测到高电平时,数值为 1;当 GPIO 引脚检测到低电平时,数值为 0。可以看出,引脚电平高低状态的组合决定了 F28335 启动时应该选择的引导模式。由于这 4 个 GPIO 引脚内部有上拉,所以如果不对这些引脚电平做相关设定,默认就是 Flash 模式。当然在实际应用中,最常见的也是 Flash 模式。表 18-1 中最后 3 行,跳过 ADC 校准的这 3 种模式是仅提供给 TI 调试用的,用户无法使用。如果需要使用其他模式,应该怎样设计呢?

F28335 引导模式选择的硬件电路如图 18-3 所示,图中的 J1、J2、J3、J4 可以是双向选择开关,也可以是单排针,通过短路帽进行选择。以 J1 为例,当 2 端与 1 端短接时,GPIO84 被下拉,若此时上电,F28335 会认为 GPIO 引脚的状态为低电平;当 2 端与 3 端短接时,

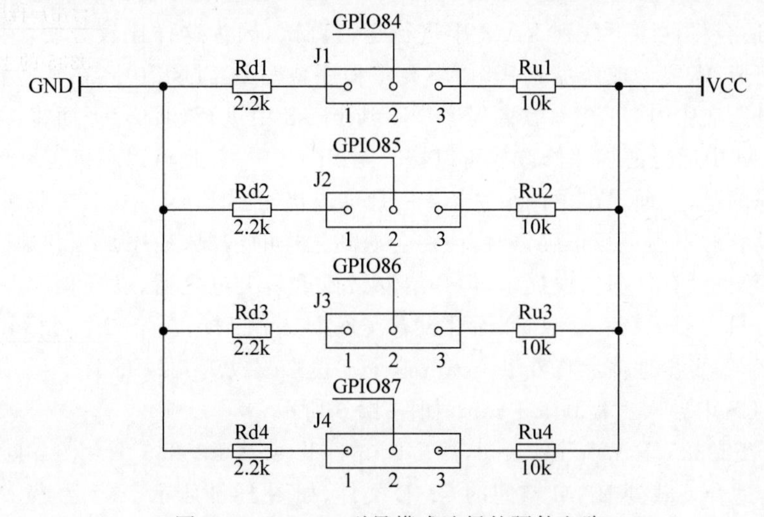

图 18-3　F28335 引导模式选择的硬件电路

GPIO84 被上拉,若此时上电,F28335 会认为 GPIO 引脚状态为高电平。需要说明的是,这里的下拉指的是弱下拉,上拉也指的是弱上拉,不会影响 GPIO84 引脚的正常配置与使用。由此可知,若需要选择某种引导模式,只需根据表 18-1 中 4 个引脚的状态进行配置即可。

在开始介绍下面的内容前,先看看相关的例程资源,因为接下来讲解的内容是围绕这些例程进行的。相关例程所在的路径为"例程资源/project example/第 18 章/v6/",里面有 4 个工程文件夹和 1 个 need files 文件夹,如图 18-4 所示。

图 18-4 例程资源

图 18-4 中的例程所实现的功能是一样的,都是控制 LED 灯的闪烁,区别就在于运行的存储器不一样,分别是:

- 0_led_ram——在 RAM 中运行;
- 1_led_flash——在 Flash 中运行;
- 2_led_flash_copysections——从 Flash 中复制段到 RAM 中运行;
- 3_led_flash_copyfunctions——从 Flash 中复制函数到 RAM 中运行。

18.2 程序在 Flash 中运行

之前所介绍的工程都是下载到 RAM 中运行的,一是要连着仿真器才能运行,二是如果电路板关闭电源,则下载到 RAM 中的程序就不存在了,下次运行必须再连接仿真器,通过 CCS 将工程的. out 文件重新下载到 RAM 中。作为一个产品,这是用户无法接受的情况,因为不可能在使用前每次都要重新下载代码。那么如何解决这个问题呢?可以把工程烧写到 F28335 的内部 Flash 中,它是一块 256K×16 位的掉电可保存的存储器,也就是代码一旦烧写到 Flash 中,即使电路板掉电,存储在 Flash 内的程序也不会丢失。通常在一个项目的初期,比较适合将程序下载到 RAM 中进行运行调试,因为这样比较方便,但是当最终程序全部调试完成,需要做成产品销售时,就要将程序烧写到 Flash 中。在某些特殊的场合,比如在做高电压实验时,可以考虑将程序烧写到 Flash 中进行调试。下面将详细介绍如何将一个在 RAM 中运行的程序修改成可以烧写到 Flash 中,并且可以脱机正常运行的程序。

值得一提的是,上面提出了两个目标:一是可以烧写到 Flash 中,二是脱机后可以正常运行。如果没有对工程进行正确修改,往往会遇到这样的情况,程序是顺利地烧写到 Flash 中了,整个过程也没有任何错误提示,但是给电路板重新上电之后,发现程序并没有正常运行,这就是说,只实现了第一个目标,而并没有实现第二个目标,但第二个目标其实才是终极目标。接下来,一步步地演示将 0_led_ram 这个工程修改成 1_led_flash。

(1) 在 CCS 中导入工程 0_led_ram,如图 18-5 所示。

(2) 右击 F28335_RAM_lnk. cmd,然后单击 Delete,将 F28335_RAM_lnk. cmd 从工程中删除,这是适合下载到 RAM 空间的 CMD 文件,如图 18-6 所示。

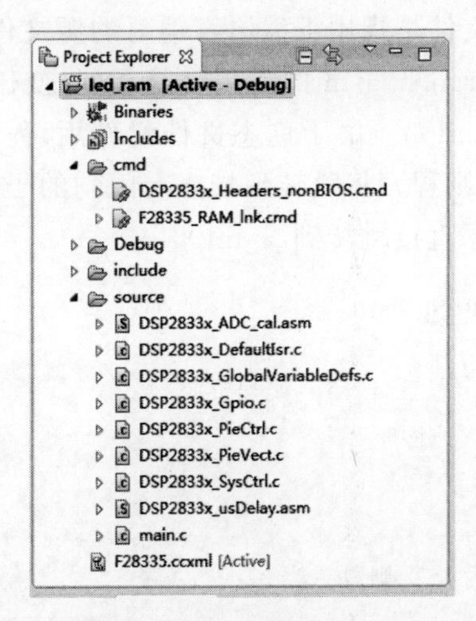

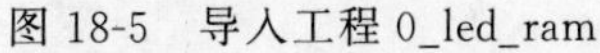
图 18-5　导入工程 0_led_ram

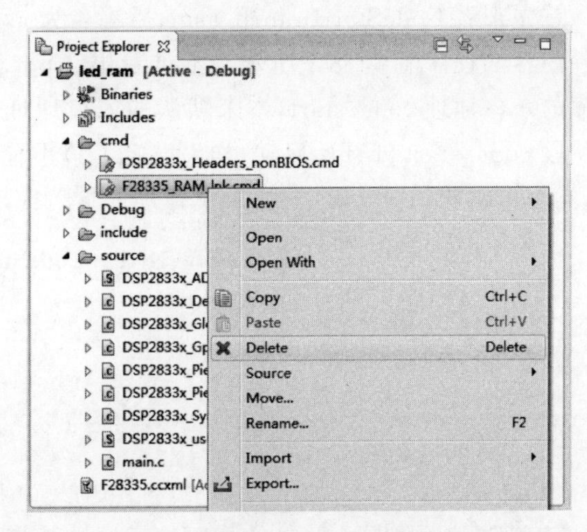

图 18-6　删除 F28335_RAM_lnk. cmd

(3) 打开图 18-4 中的 need files 文件夹，打开文件夹 1，然后：

- 将 F28335_nonBIOS_flash. cmd 复制到 0_led_ram 工程的 cmd 文件夹内，F28335_nonBIOS_flash. cmd 是适合烧写到 Flash 空间的 CMD 文件，它将工程编译产生的各个段都分配到了 F28335 的内部 Flash。
- 将 F28335_example. h 复制到 0_led_ram 工程的 include 文件夹内。
- 将 CodeStartBranch. asm、Passwords. asm、Flash. c 复制到 0_led_ram 工程的 source 文件夹内，这时的工程如图 18-7 所示。这里，先详细解读一下这 3 个文件的内容及其作用。

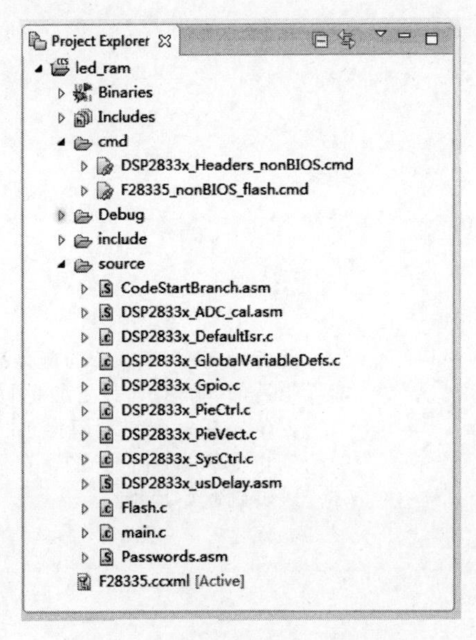

图 18-7　替换完文件后的工程

首先来看 CodeStartBranch.asm，后缀名为 asm 的文件是指用汇编语言编写的源文件，文件内容如程序清单 18-1 所示。不难看出，CodeStartBranch.asm 的作用就是重新定义了程序的入口地址 code_start，本来默认的入口地址是_c_int00。由于这个文件的作用，程序将从段 code_start 处开始启动，如果设定了禁止看门狗，则程序将跳转到禁止看门狗的子函数，然后再跳转到_c_int00；如果没有禁止看门狗，则程序直接跳转到_c_int00。

程序清单 18-1　CodeStartBranch.asm

```
**********************************************************************
* 文件：CodeStartBranch.asm
* 芯片：TMS320F2833x
* 作者：David M. Alter, Texas Instruments Inc.
**********************************************************************
WD_DISABLE.set1                     ;关闭看门狗设置为 1,否则设置为 0
    .ref _c_int00
    .def code_start
**********************************************************************
* 功能：codestart 段
*
* 描述：跳转到代码起始点
**********************************************************************
    .sect "codestart"
code_start:
    .if WD_DISABLE == 1
        LB wd_disable               ;跳转到看门狗禁止分支
    .else
        LB _c_int00                 ;跳转到 RTS 库中 boot.asm 的开始处
    .endif
;结束 code start 段
**********************************************************************
* 功能：wd_disable
*
* 描述：禁止看门狗
**********************************************************************
    .if WD_DISABLE == 1
    .text
wd_disable:
    EALLOW                          ;使能受 EALLOW 保护的寄存器访问
    MOVZ DP, #7029h >> 6            ;给看门狗寄存器设置数据页
    MOV @7029h, #0068h              ;置位 WDDIS,禁止看门狗
    EDIS                            ;禁止受 EALLOW 保护的寄存器访问
    LB _c_int00                     ;跳转到起始地址
    .endif
**********************************************************************
    .end
```

接着来看 Passwords.asm，这是对 Flash 设置密码的文件，文件内容如程序清单 18-2 所示。F28335 的内部 Flash 有一个 128 位的密码区域，可以通过设置 128 位的密码来保护烧写到 Flash 中的程序，防止其被外部设备再次读取。通常在程序调试阶段，建议密码就保持默认的 0xFFFF，也就是 128 位全是 1。在程序调试完成，需要作为产品进行销售时，可以设置密码，不过请记住所设置的密码，因为如果要对 Flash 进行再次烧写，要输入密码对 Flash 进行解锁。注意，如果将密码设置为 0x0000，即 128 位全 0，则 Flash 将被锁死，之后就无法再对 Flash 进行任何操作了。

程序清单 18-2　Passwords.asm

```
*************************************************************************
* 文件: Passwords.asm
* 芯片: TMS320F2833x
* 作者: David M. Alter, Texas Instruments Inc.
*************************************************************************
    .sect "passwords"
    .int    0xFFFF              ;PWL0,低位
    .int    0xFFFF              ;PWL1
    .int    0xFFFF              ;PWL2
    .int    0xFFFF              ;PWL3
    .int    0xFFFF              ;PWL4
    .int    0xFFFF              ;PWL5
    .int    0xFFFF              ;PWL6
    .int    0xFFFF              ;PWL7,高位
*************************************************************************
    .sect "csm_rsvd"
    .loop (33FFF5h - 33FF80h + 1)
        .int 0x0000
    .endloop
*************************************************************************
    .end
```

最后来看看 Flash.c，这是对 F28335 的 Flash 进行初始化的文件，文件内容如程序清单 18-3 所示。其主要作用有两个：一个是定义了 InitFlash 函数，就是对 Flash 寄存器进行适当的设置，这样使得程序烧写到 Flash 内后可以正常运行；另一个是通过 # pragma CODE_SECTION 命令为 InitFlash 函数定义了段 secureRamFuncs，当程序编译后，InitFlash 函数就会被存放到段 secureRamFuncs 中。这里需要提醒的是，到 DSP2833x_SysCtrl.c 文件中查看一下，是否也有 InitFlash 函数，如果有，将其注释掉或者删掉，不然编译工程的时候会出现函数重复定义的错误。

程序清单 18-3 Flash.c

```
/*****************************************************************************
* 文件:Flash.c
* 芯片:TMS320F2833x
* 作者:David M. Alter, Texas Instruments Inc.
*****************************************************************************/
#include "F28335_example.h"                    //包含头文件
/*****************************************************************************
* 函数:InitFlash()
* 描述:初始化 F2833x Flash 寄存器.
*****************************************************************************/
#pragma CODE_SECTION(InitFlash, "secureRamFuncs")
void InitFlash(void)
{
   //使能受 EALLOW 保护寄存器的访问
   asm(" EALLOW");
   FlashRegs.FPWR.bit.PWR = 3;
   FlashRegs.FSTATUS.bit.V3STAT = 1;
   FlashRegs.FSTDBYWAIT.bit.STDBYWAIT = 0x01FF;
   FlashRegs.FACTIVEWAIT.bit.ACTIVEWAIT = 0x01FF;
   FlashRegs.FBANKWAIT.bit.RANDWAIT = 5;
   FlashRegs.FBANKWAIT.bit.PAGEWAIT = 5;
   FlashRegs.FOTPWAIT.bit.OTPWAIT = 8;
   FlashRegs.FOPT.bit.ENPIPE = 1;
   //禁止访问受 EALLOW 保护的寄存器
   asm(" EDIS");
//强制一个完整的管道刷新,以确保在返回之前对最后配置的寄存器进行写操作。最安全的方法是
//等待 8 个完整的周期
    asm(" RPT #6 || NOP");
}
```

(4) 打开 main.c,添加代码,具体内容见程序清单 18-4。因为在 Flash 中执行针对 Flash 控制寄存器的初始化代码,也就是函数 InitFlash,将会发生不可预计的后果,所以 InitFlash 函数必须从 Flash(载入地址)复制到 RAM(运行地址)中运行。这里,需要用到 C 语言的内存复制函数 memcpy。

C 语言中,函数 memcpy 的原型为:

```
void *memcpy(void *dest,void *src,unsigned int count)
```

其功能是从源 src 所指地址的起始位置开始复制 count 个字节的代码到目标 dest 所指向的目标地址开始的存储空间中去。应用在 DSP 的代码搬移,通常的格式是:

```
memcpy(runstart,loadstart,loadsize)
```

也就是从地址 loadstart 开始复制 loadsize 个字节的代码到地址 runstart 开始的空间中去,

其中 runstart 是搬移后的段或者函数的运行地址，loadstart 是需要搬移的段或者函数的起始地址，loadsize 是其相应代码的字节数。

程序清单 18-4　main.c

```
#include "F28335_example.h"
#include "DSP2833x_Project.h"
#include <stdio.h>
#include <string.h>
/*********************** 需要添加的代码开始 *******************************/
extern Uint16 secureRamFuncs_loadstart;
extern Uint16 secureRamFuncs_loadsize;
extern Uint16 secureRamFuncs_runstart;
/************************ 需要添加的代码结束 ******************************/
void main(void)
{
//初始化系统控制器:PLL、看门狗、使能外设时钟
//此函数在文件 DSP2833x_SysCtrl.c 中.
   InitSysCtrl();
   asm(" RPT #8 || NOP");
   DINT;
   InitGpio();
   InitPieCtrl();
/*********************** 需要添加的代码开始 *******************************/
//Section secureRamFuncs contains user defined code that runs from CSM secured RAM
   memcpy(&secureRamFuncs_runstart, &secureRamFuncs_loadstart, (Uint32)&secureRamFuncs_
loadsize);
//初始化 Flash
   InitFlash();
/************************* 需要添加的代码结束 ****************************/
//禁止 CPU 中断,并清除中断标志位
   IER = 0x0000;
   IFR = 0x0000;
   InitPieVectTable();
   asm(" RPT #8 || NOP");
   while(1)
   {
     configtestledOFF();
     DELAY_US(200000);

     configtestledON();
     DELAY_US(200000);
   }
}

void configtestledON(void)
```

```
{
    EALLOW;
    GpioDataRegs.GPASET.bit.GPIO0 = 1;
    GpioDataRegs.GPASET.bit.GPIO1 = 1;
    GpioDataRegs.GPASET.bit.GPIO2 = 1;
    GpioDataRegs.GPASET.bit.GPIO3 = 1;
    GpioDataRegs.GPASET.bit.GPIO4 = 1;
    GpioDataRegs.GPASET.bit.GPIO5 = 1;
    EDIS;
}
void configtestledOFF(void)
{
    EALLOW;
    GpioDataRegs.GPACLEAR.bit.GPIO0 = 1;
    GpioDataRegs.GPACLEAR.bit.GPIO1 = 1;
    GpioDataRegs.GPACLEAR.bit.GPIO2 = 1;
    GpioDataRegs.GPACLEAR.bit.GPIO3 = 1;
    GpioDataRegs.GPACLEAR.bit.GPIO4 = 1;
    GpioDataRegs.GPACLEAR.bit.GPIO5 = 1;
    EDIS;
}
```

对 Flash 进行初始化，并将 InitFlash 函数复制到 RAM 中，保证了程序烧写到 Flash 中以后，脱机可以正常运行。完成以上的这些操作，就可以对工程重新编译了，这时生成的 .out 文件就可以烧写到 Flash 中运行了。

18.3 将函数从 Flash 复制到 RAM 中运行

不过很快你就会发现，程序烧写到 Flash 中后，运行速度比在 RAM 里慢了，比如这里所举 led 工程的例子，其功能是通过 GPIO 引脚输出高低电平来控制 LED 灯的闪烁。烧写到 Flash 后运行，LED 灯闪烁的速度明显变慢了，这是为什么呢？原来，F28335 在访问内部 Flash 的时候需要等待状态，所以使得程序的运行速度变慢了。当然，对于大多数应用而言，这种变化并没有带来太大影响，可以就这么使用，但是在某些对运行速度要求比较高的场合，比如医疗设备、运动控制、电机控制等，往往为了获得最高的运行速度而要求无等待状态，那么怎么解决这个问题呢？

有两种解决方案：一种是将被编译器初始化的代码段从 Flash 复制到 RAM；另一种是只将某些函数从 Flash 复制到 RAM。如果工程比较小，可以采用第一种方案，把所有初始化了的段复制到 RAM，然而有些工程初始化了的段可能比所有的内部 RAM 还要大，把所有的段都复制过去肯定是不现实的，这时候可以采用第二种方案，只把某些函数或者某些段复制到 RAM 中运行。其实，在介绍 InitFlash 函数的时候，已经用到了函数的搬移，下面再举一个例子来讲解如何实现将一个函数从 Flash 复制到 Ram 中运行。

比如将工程 0_led_ram 中的函数 configtestledON 和 configtestledOFF 从 Flash 复制到 RAM 中运行。首先，需要声明 3 个变量：

```
extern Uint16 RamFuncs_loadstart;
extern Uint16 RamFuncs_loadsize;
extern Uint16 RamFuncs_runstart;
```

然后，用 CODE_SECTION 指令来创建段 RamFuncs，工程编译后，函数 configtestledON 和 configtestledOFF 的代码就放在段 RamFuncs 中。

```
#pragma CODE_SECTION(configtestledON, "RamFuncs")
#pragma CODE_SECTION(configtestledOFF, "RamFuncs")
```

接着，需要为段 RamFuncs 指定存储空间，在 F28335_nonBIOS_flash.cmd 中的 SECTIONS 部分加入下面的代码：

```
RamFuncs : LOAD = Flash_ABCDEFGH, PAGE = 0
           RUN = L0123SARAM,      PAGE = 0
           LOAD_START(_RamFuncs_loadstart),
           LOAD_SIZE(_RamFuncs_loadsize),
           RUN_START(_RamFuncs_runstart)
```

最后，用 memcpy 函数将段 RamFuncs 从 Flash 复制到 RAM。

```
memcpy(&RamFuncs_runstart,&RamFuncs_loadstart,(Uint32)& RamFuncs_loadsize) ;
```

通过上述的操作，就可以实现将函数 configtestledON 和 configtestledOFF 从 Flash 复制到 RAM 运行了。详细的代码见程序清单 18-5。

程序清单 18-5　将函数从 Flash 复制到 RAM

```
#include "F28335_example.h"
#include "DSP2833x_Project.h"
extern Uint16 secureRamFuncs_loadstart;
extern Uint16 secureRamFuncs_loadsize;
extern Uint16 secureRamFuncs_runstart;
extern Uint16 RamFuncs_loadstart;
extern Uint16 RamFuncs_loadsize;
extern Uint16 RamFuncs_runstart;
void main(void)
{
//初始化系统控制器:PLL、看门狗、使能外设时钟
//此函数在文件 DSP2833x_SysCtrl.c 中.
   InitSysCtrl();
   asm(" RPT #8 || NOP");
```

```
    DINT;
    InitGpio();
    InitPieCtrl();
//段 secureRamFuncs 包含用户自定义的代码,存储的 RAM 受 CSM 保护
memcpy(&secureRamFuncs_runstart, &secureRamFuncs_loadstart, (Uint32)&secureRamFuncs_loadsize);
//初始化 Flash
    InitFlash();
    #pragma CODE_SECTION(configtestledON, "RamFuncs")
    #pragma CODE_SECTION(configtestledOFF, "RamFuncs")
    memcpy(&RamFuncs_runstart, &RamFuncs_loadstart, (Uint32)&RamFuncs_loadsize);
//禁止 CPU 中断并清除中断标志位
    IER = 0x0000;
    IFR = 0x0000;
    InitPieVectTable();
    asm(" RPT #8 || NOP");
    while(1)
    {
        configtestledOFF();
        DELAY_US(200000);

        configtestledON();
        DELAY_US(200000);
    }
}
void configtestledON(void)
{
    EALLOW;
    GpioDataRegs.GPASET.bit.GPIO0 = 1;
    GpioDataRegs.GPASET.bit.GPIO1 = 1;
    GpioDataRegs.GPASET.bit.GPIO2 = 1;
    GpioDataRegs.GPASET.bit.GPIO3 = 1;
    GpioDataRegs.GPASET.bit.GPIO4 = 1;
    GpioDataRegs.GPASET.bit.GPIO5 = 1;
    EDIS;
}
void configtestledOFF(void)
{
    EALLOW;
    GpioDataRegs.GPACLEAR.bit.GPIO0 = 1;
    GpioDataRegs.GPACLEAR.bit.GPIO1 = 1;
    GpioDataRegs.GPACLEAR.bit.GPIO2 = 1;
    GpioDataRegs.GPACLEAR.bit.GPIO3 = 1;
    GpioDataRegs.GPACLEAR.bit.GPIO4 = 1;
    GpioDataRegs.GPACLEAR.bit.GPIO5 = 1;
    EDIS;
}
```

为了验证函数从 Flash 复制到 RAM 运行的效果,可以统计 0_led_ram、1_led_flash、3_led_flash_copyfunctions 这 3 个工程中 configtestledON 函数的运行时间。如图 18-8 所示,在函数开始的地方和结束的地方分别设置一个断点,使用前面介绍过的 CCS 的 clock 功能来计算运行所需的时间。

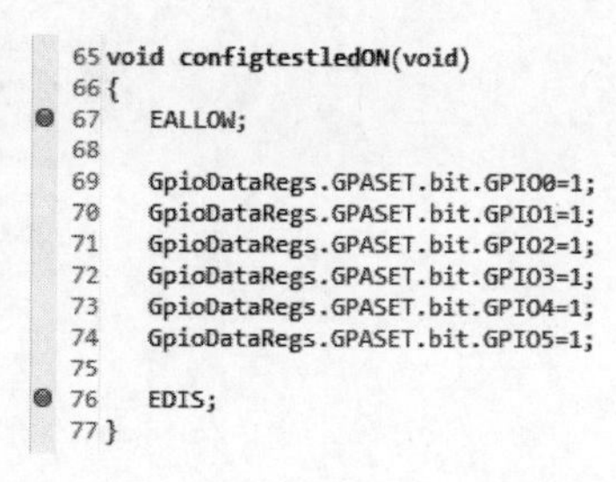

图 18-8　统计 configtestledON 函数的运行时间

程序运行到第一个断点处停下来时 clock 显示的时间为 timer1,然后继续运行,到第二个断点处停下来时 clock 显示的时间为 timer2,那么 timer2-timer1 就是两个断点间程序运行所花的时间。具体统计结果如表 18-2 所示。

表 18-2　统计程序运行的时间

工　程	运行环境	Timer1	Timer2	结　果
0_led_ram	RAM	9003359	9003398	39
1_led_flash	Flash	108008674	108008716	42
3_led_flash_copyfunctions	从 Flash 复制到 RAM	143992919	143992958	39

从表 18-2 可以看出,函数 configtestledON 在 RAM 中运行时需要 39 个系统时钟(SYSCLK),在 Flash 中运行时需要 42 个系统时钟,当从 Flash 中复制到 RAM 中运行时,也用了 39 个系统时钟,说明将函数从 Flash 复制到 RAM 中运行,可以提高运行速度。

18.4　将段从 Flash 复制到 RAM 中运行

如果工程不是很大,那么可以直接将被编译器初始化的代码段从 Flash 复制到 RAM,这样虽然程序代码是存储在 Flash 中的,但上电运行时,代码是在 RAM 中运行的。涉及的段有. const、. econst、. pinit、. switch、. text、. cinit,下面将一步步地讲解如何从 0_led_ram 修改成 2_led_flash_copysections。

(1) 在 CCS 中导入工程 0_led_ram,如图 18-5 所示。

(2) 右击 F28335_RAM_lnk. cmd,然后单击 Delete,将 F28335_RAM_lnk. cmd 从工程中删除,这是适合下载到 RAM 空间的 CMD 文件,如图 18-6 所示。

(3) 打开图 18-4 中的 need files 文件夹,打开文件夹 2,然后:

- 将 F28335_nonBIOS_flash. cmd 复制到 0_led_ram 工程的 cmd 文件夹内,F28335_nonBIOS_flash. cmd 的内容见程序清单 18-6。从程序清单中可以看到,上面提到的这些被编译器初始化的代码段都是从 Flash 区域装载(LOAD),但是从 RAM 区域运行的(RUN)。
- 将 CodeStartBranch. asm、Passwords. asm、DSP28xxx_SectionCopy_nonBIOS. asm 复制到 0_led_ram 工程的 source 文件夹内,这时的工程如图 18-9 所示。

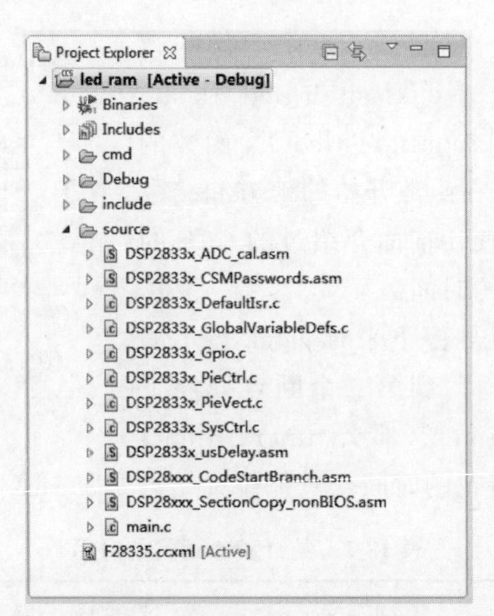

图 18-9　替换完文件后的工程

程序清单 18-6　F28335_nonBIOS_flash. cmd

```
/*##########################################################################
文件: F28335_nonBIOS_flash.cmd
描述: F28335 CMD 文件
##########################################################################*/
MEMORY
{
PAGE 0:                                                          /*程序空间*/
 ZONE0 : origin = 0x004000, length = 0x001000                    /*XINTF 区域 0*/
 RAM_L0L1L2L3: origin = 0x008000, length = 0x004000              /*片上 RAM*/
 OTP : origin = 0x380400, length = 0x000400                      /*片上 OTP*/
 ZONE6 : origin = 0x100000, length = 0x100000                    /*XINTF 区域 6*/
 ZONE7A : origin = 0x200000, length = 0x00FC00                   /*XINTF 区域 7*/
 FLASHH : origin = 0x300000, length = 0x008000                   /*片上 Flash*/
 FLASHG : origin = 0x308000, length = 0x008000                   /*片上 Flash*/
 FLASHF : origin = 0x310000, length = 0x008000                   /*片上 Flash*/
 FLASHE : origin = 0x318000, length = 0x008000                   /*片上 Flash*/
 FLASHD : origin = 0x320000, length = 0x008000                   /*片上 Flash*/
 FLASHC : origin = 0x328000, length = 0x008000                   /*片上 Flash*/
 FLASHA : origin = 0x338000, length = 0x007F80                   /*片上 Flash*/
 CSM_RSVD : origin = 0x33FF80, length = 0x000076
BEGIN_FLASH : origin = 0x33FFF6, length = 0x000002
/*FlashA 部分,用于从 Flash 启动.*/
 CSM_PWL : origin = 0x33FFF8, length = 0x000008
/*FlashA 部分,用于存放 CSM 的密码*/
 ADC_CAL : origin = 0x380080, length = 0x000009
 IQTABLES : origin = 0x3FE000, length = 0x000b50
```

```
IQTABLES2 : origin = 0x3FEB50, length = 0x00008c
/ * Boot ROM 中的 IQMATH 表 * /
FPUTABLES : origin = 0x3FEBDC, length = 0x0006A0
/ * Boot ROM 中的 FPU 表 * /
 ROM : origin = 0x3FF27C, length = 0x000D44
 RESET : origin = 0x3FFFC0, length = 0x000002
 VECTORS : origin = 0x3FFFC2, length = 0x00003E
PAGE 1 :        / * 数据空间 * /
RAMM0 : origin = 0x000000, length = 0x000400
/ * 片上 RAM 块 M0 * /
 BOOT_RSVD : origin = 0x000400, length = 0x000080
/ * M1 的部分, BOOT rom 用作堆栈 * /
 RAMM1 : origin = 0x000480, length = 0x000380
/ * 片上 RAM 块 M1 * /
 RAML4 : origin = 0x00C000, length = 0x001000
/ * 片上 RAM 块 L4 * /
 RAML5 : origin = 0x00D000, length = 0x001000
/ * 片上 RAM 块 L5 * /
 RAML6 : origin = 0x00E000, length = 0x001000
/ * 片上 RAM 块 L6 * /
 RAML7 : origin = 0x00F000, length = 0x001000
/ * 片上 RAM 块 L7 * /
 ZONE7B : origin = 0x20FC00, length = 0x000400
/ * XINTF 区域 7 * /
}
/ ************************************************************** /
/ * 链接所有用户定义的段 * /
/ ************************************************************** /
SECTIONS
{
   / *** 安全密码段 *** /
   csmpasswds : > CSM_PWL         PAGE = 0
   csm_rsvd : > CSM_RSVD          PAGE = 0
   / ***用户定义段 *** /
   codestart : > BEGIN_FLASH,     PAGE = 0
/ * 用于文件 CodeStartBranch.asm * /
   wddisable: > FLASHA,           PAGE = 0
   copysections: > FLASHA,        PAGE = 0
   / * 存放 IQ math 区域 * /
   IQmath : > FLASHC              PAGE = 0
   IQmathTables : > IQTABLES,     PAGE = 0, TYPE = NOLOAD
   IQmathTables2 : > IQTABLES2,   PAGE = 0, TYPE = NOLOAD
   FPUmathTables : > FPUTABLES,   PAGE = 0, TYPE = NOLOAD
   / * 存放 DMA 访问的段: * /
   DMARAML4 : > RAML4,            PAGE = 1
   DMARAML5 : > RAML5,            PAGE = 1
```

```
    DMARAML6 : > RAML6,          PAGE = 1
    DMARAML7 : > RAML7,          PAGE = 1
    /* 使用 XINTF 区域 7 存放数据 */
    ZONE7DATA : > ZONE7B,        PAGE = 1
/* 存放函数 ADC_cal */
    .adc_cal : load = ADC_CAL,   PAGE = 0, TYPE = NOLOAD
    .reset : > RESET,            PAGE = 0, TYPE = DSECT
     vectors : > VECTORS         PAGE = 0, TYPE = DSECT
    /*** 未初始化的段 ***/
    .stack : > RAMM0             PAGE = 1
    .ebss : > RAMM1              PAGE = 1
    .esysmem : > RAMM1           PAGE = 1
    /*** 初始化的段 ***/
   .cinit     :  LOAD = FLASHA,PAGE = 0
                 RUN = RAM_L0L1L2L3, PAGE = 0
                 LOAD_START(_cinit_loadstart),
                 RUN_START(_cinit_runstart),
                 SIZE(_cinit_size)
   .const     :     LOAD = FLASHA, PAGE = 0
                    RUN = RAM_L0L1L2L3,PAGE = 0
                    LOAD_START(_const_loadstart),
                    RUN_START(_const_runstart),
                    SIZE(_const_size)
   .econst    :     LOAD = FLASHA, PAGE = 0
                    RUN = RAM_L0L1L2L3, PAGE = 0
                    LOAD_START(_econst_loadstart),
                    RUN_START(_econst_runstart),
                    SIZE(_econst_size)
   .pinit     :     LOAD = FLASHA, PAGE = 0
                    RUN = RAM_L0L1L2L3, PAGE = 0
                    LOAD_START(_pinit_loadstart),
                    RUN_START(_pinit_runstart),
                    SIZE(_pinit_size)
    .switch   :     LOAD = FLASHA, PAGE = 0
                    RUN = RAM_L0L1L2L3, PAGE = 0
                    LOAD_START(_switch_loadstart),
                    RUN_START(_switch_runstart),
                    SIZE(_switch_size)
   .text      :     LOAD = FLASHA, PAGE = 0
                    RUN = RAM_L0L1L2L3, PAGE = 0
                    LOAD_START(_text_loadstart),
                    RUN_START(_text_runstart),
                    SIZE(_text_size)
}
/*******************end of file *************************/
```

CodeStartBranch.asm、Passwords.asm这两个文件前面已经介绍过了，这里重点介绍DSP28xxx_SectionCopy_nonBIOS.asm这个文件，其功能就是实现把各个段从loadstart地址复制到runstart地址，具体内容见程序清单18-7。

程序清单18-7 DSP28xxx_SectionCopy_nonBIOS.asm

```
;##########################################################################
;
; 文件：DSP28xxx_SectionCopy_nonBIOS.asm
;
; 描述：把各个段从 loadstart 地址复制到 runstart 地址
;##########################################################################
    .ref _c_int00
    .global copy_sections
    .global _cinit_loadstart, _cinit_runstart, _cinit_size
    .global _const_loadstart, _const_runstart, _const_size
    .global _econst_loadstart, _econst_runstart, _econst_size
    .global _pinit_loadstart, _pinit_runstart, _pinit_size
    .global _switch_loadstart, _switch_runstart, _switch_size
    .global _text_loadstart, _text_runstart, _text_size

***********************************************************************
* Function: copy_sections
*
* Description: Copies initialized sections from flash to ram
***********************************************************************
    .sect "copysections"
copy_sections:
    MOVL XAR5,#_const_size                ; 存储段的大小到 XAR5
    MOVL ACC,@XAR5                        ; 存储段的大小到 ACC
    MOVL XAR6,#_const_loadstart           ; 存储装载起始地址到 XAR6
    MOVL XAR7,#_const_runstart            ; 存储运行地址到 XAR7
    LCR copy                              ; 跳转到 copy

    MOVL XAR5,#_econst_size               ; 存储段的大小到 XAR5
    MOVL ACC,@XAR5                        ; 存储段的大小到 ACC
    MOVL XAR6,#_econst_loadstart          ; 存储装载起始地址到 XAR6
    MOVL XAR7,#_econst_runstart           ; 存储运行地址到 XAR7
    LCR copy                              ; 跳转到 copy

    MOVL XAR5,#_pinit_size                ; 存储段的大小到 XAR5
    MOVL ACC,@XAR5                        ; 存储段的大小到 ACC
    MOVL XAR6,#_pinit_loadstart           ; 存储装载起始地址到 XAR6
    MOVL XAR7,#_pinit_runstart            ; 存储运行地址到 XAR7
    LCR copy                              ; 跳转到 copy

    MOVL XAR5,#_switch_size               ; 存储段的大小到 XAR5
```

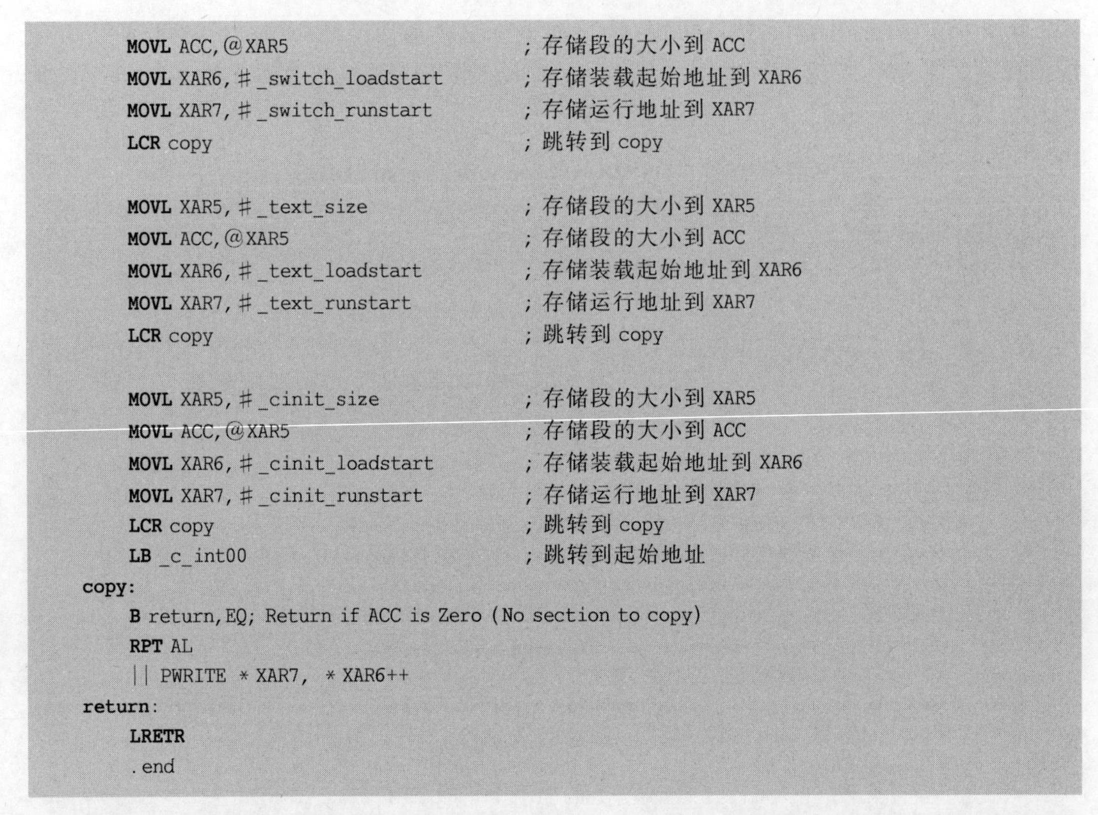

```
    MOVL ACC,@XAR5                     ;存储段的大小到 ACC
    MOVL XAR6,#_switch_loadstart       ;存储装载起始地址到 XAR6
    MOVL XAR7,#_switch_runstart        ;存储运行地址到 XAR7
    LCR copy                           ;跳转到 copy

    MOVL XAR5,#_text_size              ;存储段的大小到 XAR5
    MOVL ACC,@XAR5                     ;存储段的大小到 ACC
    MOVL XAR6,#_text_loadstart         ;存储装载起始地址到 XAR6
    MOVL XAR7,#_text_runstart          ;存储运行地址到 XAR7
    LCR copy                           ;跳转到 copy

    MOVL XAR5,#_cinit_size             ;存储段的大小到 XAR5
    MOVL ACC,@XAR5                     ;存储段的大小到 ACC
    MOVL XAR6,#_cinit_loadstart        ;存储装载起始地址到 XAR6
    MOVL XAR7,#_cinit_runstart         ;存储运行地址到 XAR7
    LCR copy                           ;跳转到 copy
    LB _c_int00                        ;跳转到起始地址
copy:
    B return,EQ; Return if ACC is Zero (No section to copy)
    RPT AL
    || PWRITE *XAR7, *XAR6++
return:
    LRETR
    .end
```

前面的操作完成后，就可以对工程进行编译了。如果没有问题就会顺利完成编译链接，生成.out格式的可执行文件。把程序固化到Flash运行后，可以发现代码的运行速度明显变快了，和将程序下载到RAM中运行是一样的。

18.5 使用Uniflash烧写程序

有了可以固化到Flash的可执行文件后，该怎样把它烧写到F28335的内部Flash中呢？当然，可以通过CCS软件来完成对Flash的烧写，CCS6下的操作和将程序下载到RAM里是一样的，所以不多做介绍，这里需要介绍的是如何使用Uniflash软件来烧写程序。

Uniflash是TI公司推出的一款独立的Flash编程软件，可支持对TI各种处理器的片上Flash进行烧写，操作灵活方便，烧写过程无须打开CCS软件，特别适合用来批量烧写DSP芯片。获取Uniflash软件的途径有两个：一是访问TI网站下载，其地址为http://www.ti.com/tool/uniflash；二是通过“C2000助手”下载，如图18-10所示。

安装完成后双击图标就可打开Uniflash。如果是通过“C2000助手”下载的免安装的Uniflash，则解压缩后打开eclipse文件夹就可看到Uniflash图标，同样双击该图标便可打开软件，如图18-11所示。

在使用Uniflash固化程序前，请先将仿真器和电路板连接好，仿真器插上计算机，给电

图 18-10 获取 Uniflash 软件

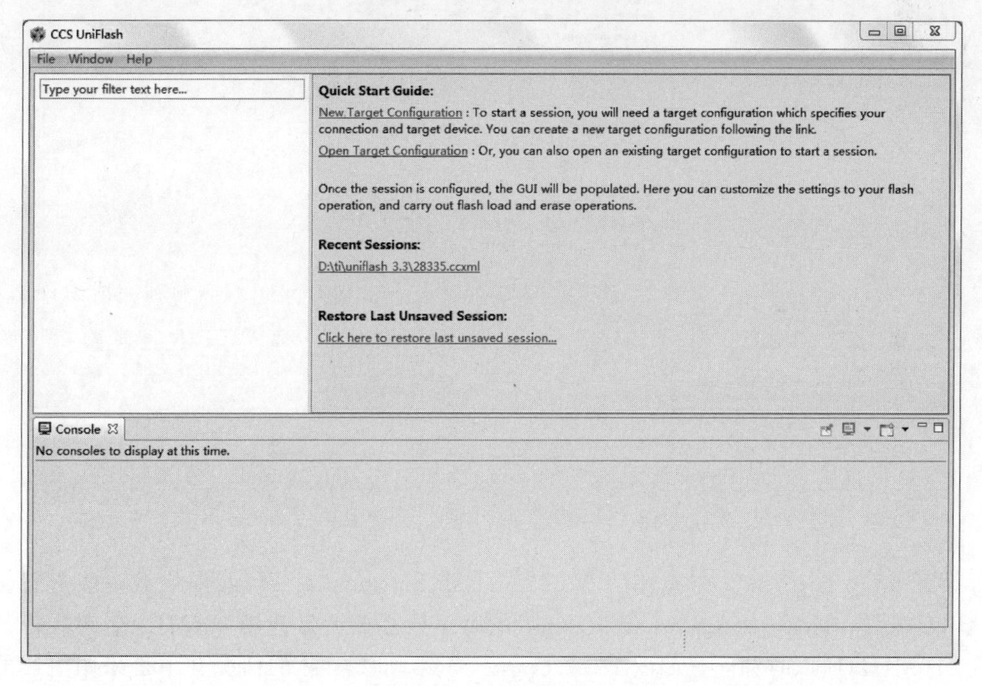

图 18-11 Uniflash 界面

路板通电，这样硬件就准备好了，下面操作 Uniflash。如果是第一次使用，则选择 File→New Configuration，弹出 New Configuration 对话框。

如图 18-12 所示，Connection 选项需要选择实际使用的仿真器，这里使用的是 HDSP-XDS200 USB Emulator，所以选择 Texas Instruments XDS2xx USB Debug Probe。在 Board or Device 下拉列表框中需要选择 CPU 的型号，这里选择 TMS320F28335。单击 OK 按钮，如果硬件连接没有问题，则 Uniflash 与 F28335 建立连接，如图 18-13 所示。

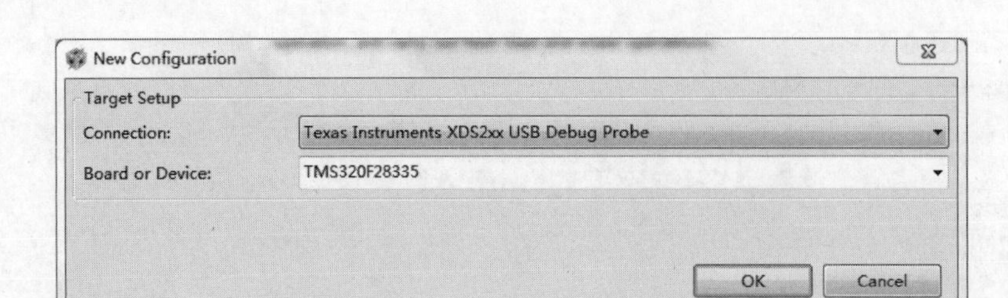

图 18-12　New Configuration 对话框

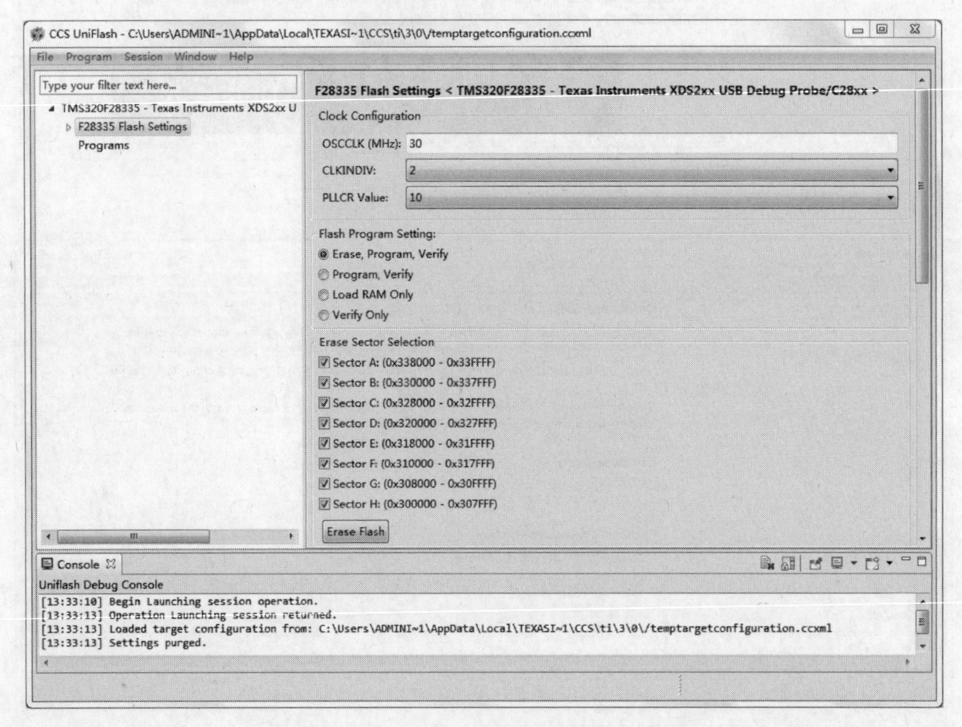

图 18-13　Uniflash 与 F28335 建立连接

接下来，单击图 18-13 中左侧的 F28335 Flash Settings，对 Flash 固化做一些配置。首先是时钟配置 Clock Configuration，F28335 的电路板晶振通常选用 30MHz，倍频后使其工作在 150MHz，所以时钟配置如图 18-14 所示。当然，如果实际的情况并不是采用上述的方案，则根据实际情况来设置。

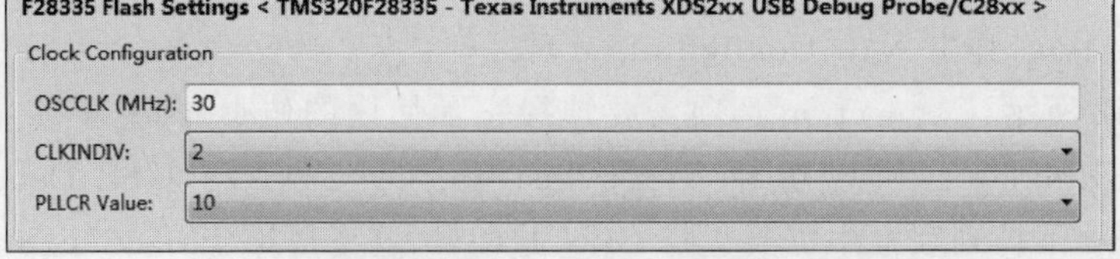

F28335 Flash Settings < TMS320F28335 - Texas Instruments XDS2xx USB Debug Probe/C28xx >
Clock Configuration
OSCCLK (MHz): 30
CLKINDIV: 2
PLLCR Value: 10

图 18-14　Clock Configuration

然后是 Flash 编程设置 Flash Program Settings，需要选择编程的操作，如图 18-15 所示，这里选择“Erase，Program，Verify”，也就是先擦除 Flash 中的内容，然后编程，最后进行校验，这是固化 Flash 的一个常用流程。

接下来选择擦除 Flash 的块 Erase Sector Selection，如果不需要擦除指定的某个或某些块，则将所有的块都选上，如图 18-16 所示。这里重点讲一下，如果不需要对 Flash 固化程序，而只是要擦除掉 Flash 内已经固化的程序，则直接单击图 18-16 中的 Erase Flash 按钮即可。

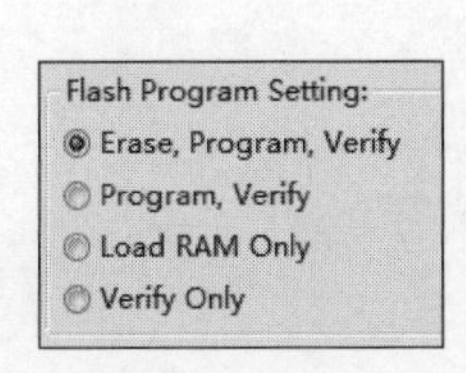

图 18-15　Flash Program Settings

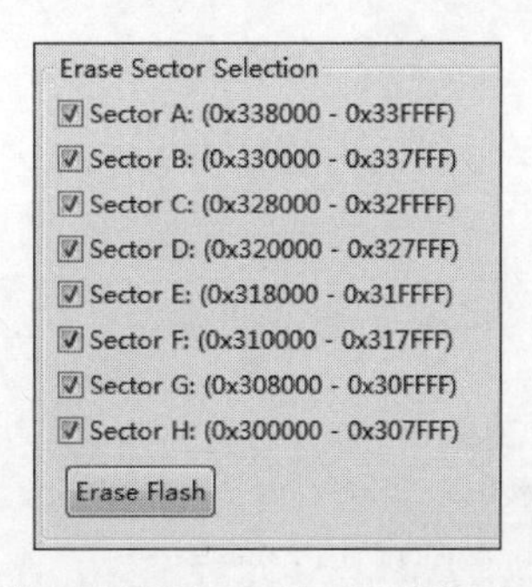

图 18-16　Erase Sector Selection

图 18-17 所示的是 Flash 的安全密码设置模块 Code Security Password，F28335 的内部 Flash 可以设置 128 位的密码用于保护其固化的程序。如果默认不设置密码，则 128 位全 1，如图 18-17 所示，假如产品还没有定型，建议不用设置密码，等产品完全定型交付给客户时再设置密码也不迟。那么假如需要设置密码又该如何正确操作呢？因为固化的流程是先对 Flash 进行编程，然后再对 Flash 设置密码，锁住内容，所以在完成编程操作之后再来介绍密码的设置。

图 18-17　Code Security Password

完成上述的几项 Flash 配置后，单击图 18-13 中左侧的 Programs，打开 Flash 编程界面，如图 18-18 所示。

单击图 18-18 中的 Add 按钮，可以将需要固化的程序添加进来，这里可以添加多个程序，如图 18-19 所示。

选中需要固化的程序，如在图 18-19 中，选中了 led_flash_copysections. out 这个程序，

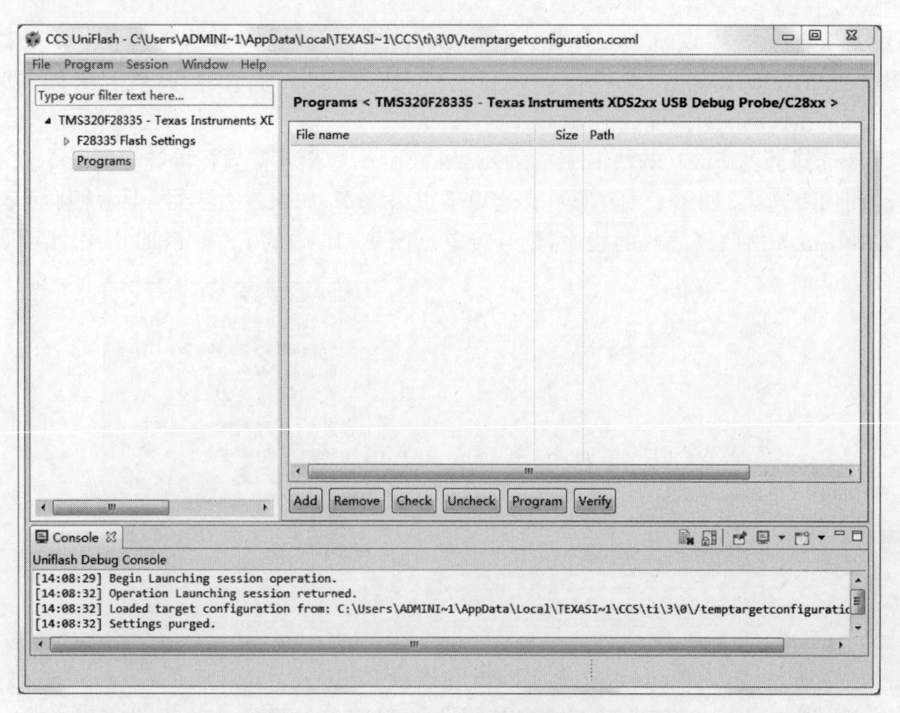

图 18-18　Flash 编程界面

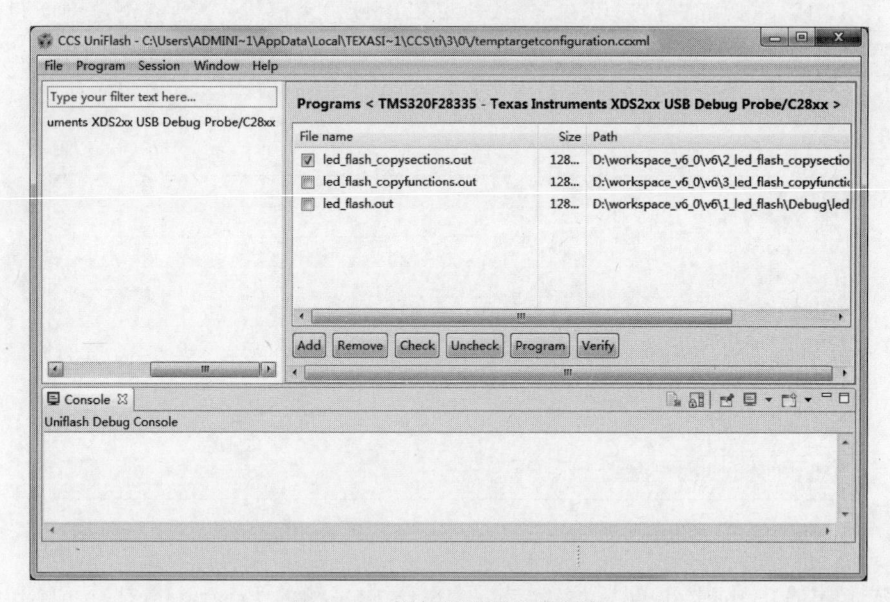

图 18-19　添加需要固化的程序

单击 Program 按钮即可对 Flash 进行编程。编程完成后，便可以拔掉仿真器，给电路板重新上电，刚才固化地程序就可以正常脱机运行了！

如果还需要对 Flash 设置密码，使产品用户不能再对 F28335 的 Flash 进行编程，也不能从 Flash 中读取已固化的程序，从而有效地保护知识产权，则如图 18-20 所示，在 F28335 Flash Settings 界面下先填写好需要设定的密码，然后单击 Program Password 按钮，等到提示完成之后，再单击 Lock 按钮。这样，用户就无法再对 Flash 进行任何操作了。当然如果需要对 Flash 进行重新编程，则需要先设定好密码，然后单击图 18-20 中的 Unlock 按钮，再打开 Programs 界面进行编程操作。最后需要强调两点：一是请牢记所设定的密码，因为如果忘记密码，则无法再对 Flash 进行解锁；二是 Flash 的 128 位密码不能全部为 0，如果全部为 0，则 Flash 永久锁死，再也无法对 Flash 进行解锁。

Code Security Password
Key 7 (0xAE7): 1234
Key 6 (0xAE6): FFFF
Key 5 (0xAE5): FFFF
Key 4 (0xAE4): FFFF
Key 3 (0xAE3): FFFF
Key 2 (0xAE2): FFFF
Key 1 (0xAE1): FFFF
Key 0 (0xAE0): FFFF
Program Password　Lock　Unlock

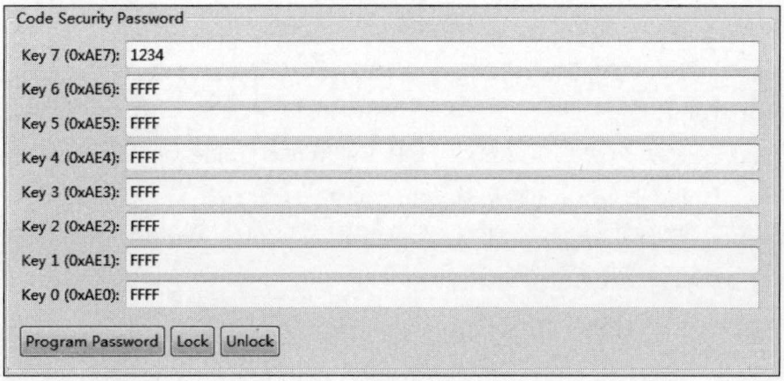

图 18-20　设置 Flash 密码

将程序固化在 Flash 中让其能够脱机运行，是 F28335 开发过程中常用的操作，也是至关重要的一部分内容。本章首先介绍了 F28335 的上电启动过程；然后详细介绍了程序可以在 Flash 内正常运行的一些条件，以及如何将 Flash 中的函数或者段等内容复制到 RAM 中，以提高程序运行的速度；最后介绍了如何使用 Uniflash 软件将程序固化到 Flash 中。

习题

18-1　F28335 的 boot ROM 中有哪些内容？

18-2　如果 F28335 上电从 Flash 引导，应该如何设计？

18-3　如果 F28335 上电从 SCI-A 引导，应该如何设计？

18-4　简述 F28335 的上电启动过程。

18-5　写一段代码将程序清单 18-4 中的 InitGpio()复制到 RAM 中运行。

18-6　为下面的代码每行添加上注释，对其进行解读。

```
.text: LOAD = FlashA, PAGE = 0
       RUN = RAM_L0L1L2L3, PAGE = 0
       LOAD_START(_text_loadstart),
       RUN_START(_text_runstart),
       SIZE(_text_size)
```

18-7　F28335 的 Flash 密码安全模块一共可设置多少位密码？可以将这些密码全部设置为 0 吗？为什么？

参 考 文 献

[1] 顾卫钢. 手把手教你学 DSP——基于 TMS320X281x[M]. 北京：北京航空航天大学出版社，2011.

[2] 符晓，朱洪顺. TMS320F28335 DSP 原理、开发及应用[M]. 北京：清华大学出版社，2017.

[3] 刘陵顺，高艳丽，张树团，等. TMS320F28335 DSP 原理及开发编程[M]. 北京：北京航空航天大学出版社，2011.

[4] Texas Instruments. TMS320x2833x Analog-to-Digital Converter（ADC）Module Reference Guide [J/OL]. www. ti. com. cn.

[5] Texas Instruments. TMS320x28xx，28xxx Enhanced Capture（eCAP）Module Reference Guide [J/OL]. www. ti. com. cn.

[6] Texas Instruments. TMS320x28xx，28xxx DSP Reference Guide Controller Area Network（eCAN）Module Reference Guide[J/OL]. www. ti. com. cn.

[7] Texas Instruments. TMS320x28xx，28xxx Enhanced Pulse Width Modulator（ePWM）Module Reference Guide[J/OL]. www. ti. com. cn.

[8] Texas Instruments. TMS320x28xx，28xxx Enhanced Quadrature Encoder Pulse（eQEP）Module Reference Guide[J/OL]. www. ti. com. cn.

[9] Texas Instruments. TMS320x2833x DSC External Interface（XINTF）Module Reference Guide [J/OL]. www. ti. com. cn.

[10] Texas Instruments. TMS320x28xx，28xxx High-Resolution Pulse Width Modulator（HRPWM）Module Reference Guide[J/OL]. www. ti. com. cn.

[11] Texas Instruments. TMS320x28xx，28xxx Inter-Integrated Circuit（I2C）Module Reference Guide [J/OL]. www. ti. com. cn.

[12] Texas Instruments. TMS320F2833x Multichannel Buffered Serial Port（McBSP）Module Reference Guide[J/OL]. www. ti. com. cn.

[13] Texas Instruments. TMS320x28xx，28xxx DSP Serial Communication Interface（SCI）Module Reference Guide[J/OL]. www. ti. com. cn.

[14] Texas Instruments. TMS320x28xx，28xxx DSP Serial Peripheral Interface（SPI）Module Reference Guide[C]. www. ti. com. cn.

[15] Texas Instruments. TMS320x2833x System Control and Interrupts Module Reference Guide[J/OL]. www. ti. com. cn.